Reinhold P. Bäder, Walter Mauer, Claudia Steiner

Fachwissen Fliesentechnik

Fachwissen Fliesentechnik

mit Fragen, Antworten und Beispielen
für Ausbildung und Praxis

4., aktualisierte Auflage

mit 182 Abbildungen, 76 Tabellen und
1.050 Fragen mit Antworten

Reinhold P. Bäder

Studiendirektor, Diplom-Gewerbelehrer a. D.

Dipl.-Ing. Walter Mauer

langjähriger Leiter der Anwendungstechnik bei
Herstellern bauchemischer Produkte

Dipl.-Lab.-Chem. Claudia Steiner

Anwendungstechnikerin MAPEI GmbH

RM Rudolf Müller

Bibliografische Information der Deutschen Nationalbibliothek
Die Deutsche Nationalbibliothek verzeichnet diese Publikation in der Deutschen Nationalbibliografie; detaillierte bibliografische Daten sind im Internet über https://dnb.de abrufbar.

4., aktualisierte Auflage 2024

Maßgebend für das Anwenden von Regelwerken, Richtlinien, Merkblättern, Hinweisen, Verordnungen usw. ist deren Fassung mit dem neuesten Ausgabedatum, die bei der jeweiligen herausgebenden Institution erhältlich ist. Zitate aus Normen, Merkblättern usw. wurden, unabhängig von ihrem Ausgabedatum, in neuer deutscher Rechtschreibung abgedruckt.

Das vorliegende Werk wurde mit größter Sorgfalt erstellt. Verlag und Autoren können dennoch für die inhaltliche und technische Fehlerfreiheit, Aktualität und Vollständigkeit des Werkes keine Haftung übernehmen.

Wir freuen uns, Ihre Meinung über dieses Fachbuch zu erfahren. Bitte teilen Sie uns Ihre Anregungen, Hinweise oder Fragen per E-Mail: fachmedien.bau@rudolf-mueller.de oder Telefax: 0221 5497-326 mit.

Lektorat: Petra Lindner, Kescheid
Umschlaggestaltung: WMTP Wendt-Media Text-Processing GmbH, Birkenau
Umschlagbild: maskalin – stock.adobe.com (links), andrey gonchar – stock.adobe.com (rechts unten)
Satz: WMTP Wendt-Media Text-Processing GmbH, Birkenau
Druck und Bindearbeiten: Westermann Druck Zwickau GmbH, Zwickau
Printed in Germany

ISBN 978-3-481-04775-7 (Buch-Ausgabe)
ISBN 978-3-481-04776-4 (E-Book-Ausgabe als PDF)
ISBN 978-3-481-04777-1 (Buch-Ausgabe + E-Book als PDF)

FSC www.fsc.org
MIX
Papier aus verantwortungsvollen Quellen
FSC® C110508

Vorwort zur 4. Auflage

Die dritte Auflage des ursprünglich von Herrn Reinhold Bäder im Jahr 2002 konzipierten Fachbuches ist bereits wieder vergriffen.

Die relativ kurze Zeitspanne, in der die aufgelegten Exemplare vergriffen waren, zeugt von dem großen Interesse der angesprochenen Zielgruppen an der Weiter- und Ausbildung, sei es zur Vorbereitung auf die Meisterprüfung im Fliesen- und Mosaiklegerhandwerk oder zur Wissenserweiterung für die qualifizierte Betriebsführung.

Dem Wunsch des Verlages, eine vierte Auflage auszuarbeiten, sind die Autoren deshalb gerne nachgekommen.

Die wesentlichen Änderungen bzw. Ergänzungen zur dritten Auflage sind:

- Anpassung der Inhalte an die aktuellen europäischen Produktnormen (DIN EN) und die deutschen Ausführungsnormen (DIN),
- Anpassung der Inhalte an die aktuellen Technischen Merkblätter des Fachverbandes Fliesen und Naturstein (FFN),
- Anpassung der Inhalte an die Fachinformationen der Regelwerke und Informationen der Deutschen Gesetzlichen Unfallversicherung (DGUV),
- Berücksichtigung neuer Belagsmaterialien und Verlegeprodukte.

Für Kapitel 2.2 „Einteilung von Bekleidungen und Belägen aus Fliesen und Platten“ sowie Kapitel 3 „Farblehre und Gestaltung“ haben die Firmen Palette GmbH, Stuttgart, und die Fa. Visoft, Sindelfingen, wertvolle Ausarbeitungen gefertigt und Unterstützung gewährt.

Ebenso haben Frau Ewerhardy-Blocher aus Mettlach, Herr Günter Marksteiner, Lützelbach, und Herr Prof. Dr. Stein, Kruft, uns bei der Ausarbeitung einzelner Kapitel unterstützt.

Besonderer Dank gebührt Herrn Rechtsanwalt Thomas Zauner, Inhaber der Anwaltskanzlei für Baurecht in Berlin, der die Überarbeitung des Kapitels 2.1 „Baurecht“, mit Ausnahme der VOB/A, vorgenommen und dieses mit wertvollen Kommentaren und Praxistipps versehen hat. Im Hinblick auf die Ausführungen zur VOB/A gebührt des Weiteren Dank der Regierungsdirektorin Frau Ulrike Boetermann vom Brandenburgischen Landesbetrieb für Liegenschaften und Bauen (BLB).

Im Februar 2024

Claudia Steiner
Walter Mauer

Aufbau und Handhabung des Buches

Das Fliesengewerbe ist im Vergleich zu anderen Handwerksberufen komfortabel mit Normen und vom Verband selbst erarbeiteten Merkblättern ausgestattet. Diese stellen für dieses Handwerk den Stand der Technik dar. Betriebsinhaber und Führungskräfte des Betriebs sollten über die wesentlichen Kenntnisse verfügen.

Hierzu ist ein fortlaufendes Studium der aktuellen Regelwerke unerlässlich. Dies ist mit einem großen zeitlichen Aufwand verbunden, der in der Hektik des Alltagsgeschäfts nicht oder nur selten zur Verfügung steht.

Der einheitliche Aufbau des Buches mit gezielten Fragen und Antworten sowie die übersichtliche Gestaltung der einzelnen Kapitel ermöglichen dem Leser die Aneignung dieses erforderlichen Wissens in relativ kurzer Zeit.

Das Buch nimmt Bezug auf das aktuelle Baurecht, die aktuellen Regelwerke des Fliesenhandwerks und angrenzender Gewerke, skizziert Fallbeispiele aus dem Berufsalltag und gibt Lösungen und Vorgehensweisen bei Problemstellungen aus der Praxis vor.

Die einzelnen Kapitel orientieren sich am fachtheoretischen Teil der Meisterprüfung im Fliesen-, Platten- und Mosaikleger-Handwerk.

Die Kapitel selbst sind fast durchgängig in gleicher Art aufgebaut.

Stichworte

Dieser Abschnitt bildet die Einführung in das jeweilige Fachgebiet und gibt in Kurzform einen Überblick über beachtenswerte Schwerpunkte und Kernprobleme der Thematik.

Regelwerke

In dieser Rubrik sind die relevanten Regelwerke, wie Normen, Merkblätter und Vorschriften, benannt.

Fall aus der Praxis

Typische Beispiele aus der betrieblichen Praxis und ihre angebotenen Lösungen dienen als projektorientierte Aufgabenstellungen im Lehrwesen bzw. zur Problemlösung in der Praxis.

Bausteine

Dieser Teil bietet vertiefende Informationen, fasst Regelwerke zusammen oder gibt Zusatzinformationen dort, wo keine Regelwerke vorhanden sind.

Fragen und Antworten

Dieser Abschnitt ermöglicht es, Detailwissen systematisch zu erarbeiten und zu lernen. Dabei beziehen sich die Fragen nicht nur auf die im jeweiligen Kapitel dargestellten Bausteine, sondern auch auf die Inhalte der dort aufgeführten und für das jeweilige Thema relevanten Regelwerke. Außerdem können Problemstellungen aus dem betrieblichen Alltag gefunden und deren Lösungen nachgeschlagen werden.

Inhalt

1 Baustofftechnologie

1.1 Baustoffkunde Keramik

1.1.1 Stichworte zum Thema

- Wissen über keramische Fliesen und Platten als wichtige Baustoffe des Fliesenlegers
- Erläuterung von Fachbegriffen
- Informationen über die Rohstoffe und die Produktionsprozesse
- Regelwerke und die Klassifizierungen von keramischen Fliesen und Platten
- Wichtige Produkteigenschaften
- Zusammenhang von Produkteigenschaften und Klassifizierung
- Kennzeichnung von Keramik

1.1.2 Regelwerke

VOB/C ATV DIN 18352	VOB Vergabe- und Vertragsordnung für Bauleistungen – Teil C: Allgemeine Technische Vertragsbedingungen für Bauleistungen (ATV) – Fliesen- und Plattenarbeiten (2019), Abschnitt 2: Stoffe, Bauteile
DIN EN 14411	Keramische Fliesen und Platten – Definitionen, Klassifizierungen, Eigenschaften, Bewertung und Überprüfung der Leistungsbeständigkeit und Kennzeichnung; Deutsche Fassung EN 14411:2016 (2016)

Wesentliche Inhalte der DIN EN 14411

Die maßgebende Norm legt Begriffe und Eigenschaften für durch Strangpress- und Trockenpresstechniken hergestellte keramische Fliesen und Platten zur Anwendung in Innen- und/oder Außenbereichen für Boden- (einschließlich Treppen) und Wandbeläge fest. Sie beinhaltet im Wesentlichen die Einteilung keramischer Fliesen und Platten in Produktgruppen (Klassifizierung), die Anforderungen an deren Eigenschaften sowie die Verweise auf die anzuwendenden Prüfverfahren und die Kennzeichnung keramischer Fliesen und Platten.

1.1.3 Bausteine

1.1.3.1 Herstellung

Die wichtigsten **Rohstoffe** für die Herstellung von keramischen Fliesen und Platten sind Tone, Sand (Quarz), Feldspat (Flussmittel), Farbstoffe sowie andere mineralische Zusätze.

Die aufwendige **Herstellung** erfolgt in 4 Schritten. Zunächst werden die Rohstoffe aufbereitet (Mahlen, Sieben, Mischen und Befeuchten). Als Nächstes

Abb. 1.1: Herstellung keramischer Fliesen und Platten (Quelle: Engers Keramik GmbH & Co. KG, Neuwied)

wird das Material in seine Form gebracht (Formgebung). Entscheidend für das Formgebungsverfahren ist der Wassergehalt der keramischen Masse. Massen mit einem Feuchtegehalt von 5 bis 10 % werden trockengepresst (Formgebungsverfahren B), während Massen mit einem Feuchtegehalt von 15 bis 25 % stranggepresst (Formgebungsverfahren A) und Massen mit einem Feuchtegehalt zwischen 26 und 40 % in Formlinge gegossen (Formgebungsverfahren C) werden. Im dritten Schritt erfolgt die Trocknung und abschließend das Brennen der keramischen Fliesen.

1.1.3.2 Begriffe

Keramische Fliesen und Platten sind Baustoffe, die für den Belag von Böden und für die Bekleidung von Wänden verwendet werden.

Die **Oberflächen** können glasiert (GL), unglasiert (UGL), engobiert oder poliert sein.

Die **Glasur** ist eine gesinterte Oberfläche.

Die **Engobe** ist eine Beschichtung auf Tonbasis. Fliesen und Platten mit engobierter Oberfläche gelten als unglasiert.

Polierte Fliesen und Platten sind in der Regel unglasiert.

Beim **Einbrandverfahren** erfolgt der Glasurauftrag vor dem Brennen.

Beim **Zweibrandverfahren** erfolgt der Glasurauftrag nach dem ersten Brand. Danach erfolgt ein zweiter Brand.

Beim **Strangpressverfahren** werden Platten in bestimmter Länge von einem Strang abgeschnitten, der durch eine Strangpressung geformt wird.

Spaltplatten werden zunächst als Doppelplatten geformt und nach dem Brennen in Einzelplatten gespalten.

Einzeln gezogene Platten werden zunächst stranggepresst und danach in eine Form gepresst.

Feinkeramik ist eine feinkörnige Scherbe (z. B. Steingut und Steinzeug) mit Korngrößen bis zu 0,2 mm.

Grobkeramik ist eine grobkörnige Scherbe (z. B. Spaltplatten oder Klinkerplatten) mit Korngrößen bis zu 5 mm.

Ein **Mosaik** ist nach DIN EN 14411 ein kleinformatiges Belagsmaterial mit einer Oberfläche von bis zu 49 cm^2.

Bodenklinkerplatten sind frostbeständige, unglasierte Steinzeugplatten mit dichtem Gefüge und einer niedrigen Wasseraufnahme von bis zu max. 3 %.

Labortischfliesen sind feinkeramische Fliesen mit niedriger Wasseraufnahme.

1.1.3.3 Maße

Das **Koordinierungsmaß C** ist das Maß einer koordinierten Abmessung (C = Werkmaß W + Fuge J).

Das **Nennmaß N** ist das Maß für die Beschreibung einer Fliese/Platte in cm.

Das **Werkmaß W** ist das für die Herstellung einer Fliese/Platte vorgesehene Maß in mm, mit dem das Istmaß innerhalb der festgelegten zulässigen Abweichungen übereinstimmt.

Das **Istmaß** ist das Maß, das durch Messen der Oberfläche der Fliese/Platte erhalten wird.

Die **Toleranz** ist die zulässige Abweichung vom Werkmaß.

Das **modulare Maß** ist das Maß auf der Grundlage von M = 100 mm sowie dessen Vielfachem und Teilprodukten.

Beispiele:
10 cm × 10 cm
15 cm × 15 cm
20 cm × 15 cm
20 cm × 20 cm
30 cm × 30 cm

Ein **nicht modulares Maß** ist ein Maß, das nicht auf dem Modul M = 100 mm beruht.

Beispiele:
15,2 cm × 15,2 cm
21,6 cm × 10,8 cm

1.1.3.4 Klassifizierung

Die **Klassifizierung** keramischer Fliesen und Platten erfolgt nach DIN EN 14411 (vgl. Tabelle 1.1) nach dem jeweiligen Formgebungsverfahren (A, B) und der Wasseraufnahme E_b in Gruppen (I, II, III).

Die DIN EN 14411 unterteilt bei dem Formgebungsverfahren in das Formgebungsverfahren A (Strangpressung), bei dem Stücke in bestimmter Länge von einem Strang abgeschnitten werden, der durch die Strangpresse geformt wird, und dem Formgebungsverfahren B (Trockenpressung), bei dem eine pulverförmige Trockenmasse unter hohem Druck gepresst wird.

Bei der Klassifizierung mithilfe der **Wasseraufnahme E_b** wird der prozentuale Anteil (Massenanteil) des Wassers berücksichtigt, der von der keramischen Masse aufgenommen wird. Dies ist ein entscheidender Faktor für die Eigenschaften keramischer Fliesen und Platten.

Tabelle 1.1: Klassifizierung keramischer Fliesen und Platten nach DIN EN 14411

Formgebung	**Wasseraufnahme**			
	niedrige Wasseraufnahme	**mittlere Wasseraufnahme**		**hohe Wasseraufnahme**
	Gruppe I $E_b \leq 3$ %	**Gruppe II$_a$** 3 % < $E_b \leq 6$ %	**Gruppe II$_b$** 6 % < $E_b \leq 10$ %	**Gruppe III** $E_b > 10$ %
Formgebung A, stranggepresste Fliesen und Platten	Gruppe AI$_a$ $E_b \leq 0{,}5$ % (Anhang M) Gruppe AI$_b$ 0,5 % < $E_b \leq 3$ % (Anhang A)	Gruppe AII$_{a\text{-}1}$ (Anhang B) Gruppe AII$_{a\text{-}2}$ (Anhang C)	Gruppe AII$_{b\text{-}1}$ (Anhang D) Gruppe AII$_{b\text{-}2}$ (Anhang E)	Gruppe AIII (Anhang F)
Formgebung B, trockengepresste Fliesen und Platten	Gruppe BI$_a$ $E_b \leq 0{,}5$ % (Anhang G) Gruppe BI$_b$ 0,5 % < $E_b \leq 3$ % (Anhang H)	Gruppe BII$_a$ (Anhang J)	Gruppe BII$_b$ (Anhang K)	Gruppe BIII (Anhang L)

1.1.3.5 Eigenschaften und Verwendung der gebräuchlichsten Produktgruppen

Bei den Materialien der Gruppe BIII (trockengepresste keramische Fliesen mit hoher Wasseraufnahme) handelt es sich um **Steingut**. Dieses ist nicht frostbeständig und wird vorwiegend für Wandbekleidungen in Innenräumen verwendet.

Feinsteinzeugfliesen sind trockengepresste keramische Fliesen und Platten mit sehr niedriger Wasseraufnahme (Gruppe BI$_a$). Es handelt sich um dicht gesinterte Keramik, die in der Regel eine Wasseraufnahme von weniger als 0,1 % (max. zulässig 0,5 %) aufweist. Diese Materialien sind extrem frostbeständig und hart. Sie eignen sich für stark beanspruchte Bodenbeläge und für die Verlegung wird im Allgemeinen ein kunststoffvergüteter Verlegemörtel benötigt.

Trockengepresste keramische Fliesen und Platten mit einer geringen Wasseraufnahme der Gruppe BI$_b$ bezeichnet man als **Steinzeug**. Diese Materialien sind frostbeständig und eignen sich für den Innen- und Außenbereich als Wand- und Bodenbelag.

1.1.3.6 Anforderungen und Eigenschaften

Die in Abhängigkeit von der Klassifizierung an die verschiedenen Fliesen und Platten gestellten Anforderungen hinsichtlich der Abmessungen und Oberflächenbeschaffenheiten sowie an deren physikalische und chemische Eigenschaften sind in dem jeweiligen Anhang der DIN EN 14411 (Anhänge A bis M) angeführt. Eine Übersicht der Eigenschaften (Gütemerkmale) für unterschiedliche Anwendungen ist in der Tabelle 1.2 angeführt.

Tabelle 1.2: Erforderliche Gütemerkmale keramischer Fliesen und Platten für unterschiedliche Anwendungen nach DIN EN 14411

Gütemerkmale	**Bodenbeläge**		**Wände**	
	innen	**außen**	**innen**	**außen**
Abmessungen und Oberflächenbeschaffenheit				
Länge und Breite	×	×	×	×
Dicke	×	×	×	×
Geradheit der Seiten	×	×	×	×
Rechtwinkligkeit	×	×	×	×
Ebenflächigkeit	×	×	×	×
Oberflächenbeschaffenheit	×	×	×	×
physikalische Eigenschaften				
Wasseraufnahme	×	×	×	×
Bruchlast	×	×	×	×
Biegezugfestigkeit	×	×	×	×
Widerstand gegen Tiefenverschleiß – unglasierte Fliesen und Platten	×	×		
Widerstand gegen Oberflächenverschleiß – glasierte Fliesen und Platten	×	×		
lineare thermische Dehnung	×	×	×	×
Temperaturwechselbeständigkeit	×	×	×	×
Widerstand gegen Glasurrisse	×	×	×	×
Frost-Tau-Wechsel-Beständigkeit		×		×
rutschhemmende Eigenschaften	×	×		
Verbundfestigkeit – zementhaltige Mörtel			×	×
Verbundfestigkeit – Dispersionsklebstoffe			×	×
Verbundfestigkeit – Reaktionsharzklebstoffe			×	×
Feuchtigkeitsdehnung	×	×	×	×
kleine Farbabweichungen	×	×	×	×
Schlagfestigkeit	×	×		
Brandverhalten	×		×	×
Taktilität	×	×		
chemische Eigenschaften				
Beständigkeit gegen Fleckenbildner	×	×	×	×
Beständigkeit gegen Säuren und Laugen in niedriger bzw. hoher Konzentration	×	×	×	×
Beständigkeit gegen Haushaltschemikalien und Badezusätze (Schwimmbad)	×	×	×	×
Abgabe von Cadmium oder Blei bei glasierten Fliesen und Platten bzw. Abgabe weiterer gefährlicher Stoffe	×	×	×	×

Glasierte keramische Fliesen und Platten für Bodenbeläge werden entsprechend ihrem Widerstand gegen Oberflächenverschleiß in der DIN EN 14411, Anhang N, wie folgt für die angeführten Beanspruchungen empfohlen:

- Klasse 0: nicht zur Herstellung von Bodenbelägen empfohlen,
- Klasse 1: Bodenbeläge mit sehr leichter Beanspruchung (z. B. Wohnbäder und Schlafzimmer ohne direkten Zugang von außen),
- Klasse 2: Bodenbeläge mit leichter Beanspruchung (z. B. Räume in Wohnbereichen von Häusern, mit Ausnahme von Küchen, Eingängen und weiteren Räumen, die möglicherweise häufig begangen werden),
- Klasse 3: Bodenbeläge mit mittlerer Beanspruchung (z. B. Wohnküchen, Flure, Korridore, Balkone, Loggien und Terrassen),
- Klasse 4: Bodenbeläge mit stärkerer Beanspruchung (z. B. Eingänge, gewerbliche Küchen, Hotels, Ausstellungs- und Verkaufsräume),
- Klasse 5: Bodenbeläge mit starker Beanspruchung (z. B. öffentliche Bereiche wie Einkaufszentren, Abfertigungshallen auf Flughäfen, Hotelfoyers, öffentliche Fußwege und industrielle Anwendungen).

Hinweis

Oft resultieren Brüche in Fliesen und Platten bei einwirkender Belastung aus einer unzureichenden Bettung der Keramik.

Je höher die Belastung einer Fliese im Zuge der Nutzung ist, desto dicker sollte diese sein.

Im Hinblick auf die chemische Beständigkeit kann man davon ausgehen, dass die Beständigkeit gegen Chemikalien umso größer ist, je dichter eine keramische Fliese/Platte ist.

1.1.3.7 Sortierung, Kennzeichnung, Verpackung

Fliesen und Platten der ersten Sortierung (Güteklasse) müssen den Anforderungen der DIN EN 14411 entsprechen. Gegebenenfalls weitere Sortierungen weisen Abweichungen von der Norm, wie z. B. Farbdifferenzen oder Überschreitung der Maßtoleranzen, auf. Vorgaben und Festlegungen existieren in diesem Fall nicht.

Jede Verpackung von keramischen Fliesen und Platten nach DIN EN 14411 muss mit folgenden Angaben gekennzeichnet sein:

- Hersteller bzw. Warenzeichen und Angabe des Herstellerlandes,
- Güteklasse,
- Hinweis auf die DIN EN 14411 und den relevanten, produktgruppenbezogenen Anhang der Norm,
- Nenn- und Werksmaß,
- Oberfläche glasiert (GL) oder unglasiert (UGL),
- ggf. Oberflächenbehandlung nach dem Brennverfahren,
- CE-Zeichen,
- Angabe des Gewichts einer Verpackungseinheit.

Beispiel

> Keramische Fliesen der ersten Güteklasse nach EN 14411
> Anhang G, 30 cm × 30 cm (W 297 mm × 297 mm × 10 mm)
> UGL
> poliert, max. Trockenmasse: 18 kg
>
> bedeutet:
>
> trockengepresste Fliesen, die den im Anhang G der Norm genannten Anforderungen entsprechen
> Wasseraufnahme: ≤ 0,5 %
> Nennmaß: 30 cm × 30 cm
> Werkmaß: 297 mm × 297 mm × 10 mm
> unglasiert
> Gewicht der Verpackungseinheit: max. 18 kg

Darüber hinaus sollte, auch wenn nicht normativ gefordert, jede Verpackung zusätzliche Angaben des Herstellers, wie z. B. Artikelnummer, Farbtonbezeichnung, ggf. Benennung des Kalibers und Anzahl der Fliesen je Verpackung, aufweisen.

1.1.4 Fragen und Antworten

Nr.	Fragen
1.	Nennen Sie die wichtigsten Fertigungsstationen der Fliesenherstellung.
2.	Wie ist die chemische Zusammensetzung des nicht gebrannten Tones?
3.	Wie heißt die Mischung aus Ton und Sand?
4.	Was versteht man unter „hygroskopisch"?
5.	Welche Tone haben eine große Trocken- und Brennschwindung, welche eine geringe?
6.	Was ist der Masseversatz?
7.	Welche Aufgaben hat Feldspat bei der Fliesenherstellung?
8.	Welche Aufgaben haben Schamotte und Quarzsand?
9.	Was ist der Sprühturm?
10.	Wozu werden Trockenpressmassen, plastische Versatzmassen und keramische Gießmassen verwendet?
11.	Bis zu welcher Feuchte wird das Granulat für die Trockenpressung im Sprühturm getrocknet?
12.	Beschreiben Sie den Vorgang der Trockenpressung.
13.	Was ist ein Schlicker?
14.	Was versteht man unter Fritte, Scherben, Monocottura, Bicottura und Biskuit?
15.	Welche Rohstoffe werden für Glasuren verwendet?
16.	Welcher Bestandteil des Masseversatzes bewirkt eine bessere Haftung der Glasur?

Nr.	Fragen
17.	Wie wird die Glasur aufgebracht?
18.	Was ist eine Engobe?
19.	Wie wird eine weinrote, eine hellrote, eine orangefarbene Glasurfarbe hergestellt?
20.	Beschreiben Sie die Herstellung von Spaltplatten.
21.	Beschreiben Sie die Wirkungsweise einer Strangpresse.
22.	Welche Platten werden beim Strangpressen einzeln gezogen?
23.	Welches sind die heute üblichen Brennofenarten?
24.	Welche Temperaturzonen gibt es im Brennofen?
25.	Wie lange dauert der Durchlauf im Tunnelofen, im Rollenofen?
26.	Nennen Sie keramische Produkte und ihre Brenntemperaturen.
27.	Was versteht man unter Sinterung? Wo beginnt sie?
28.	Beschreiben Sie das Firestream-Verfahren.
29.	Wie heißt der erste Brand beim Zweibrandverfahren?
30.	Welche Norm ist für die Klassifizierung keramischer Fliesen und Platten maßgebend?
31.	Nach welchen Kriterien werden keramische Fliesen und Platten nach DIN EN 14411 eingeteilt?
32.	Welche Formgebung und Wasseraufnahme hat eine keramische Fliese der Gruppe BI_a?
33.	Was bedeuten die Kürzel GL und UGL?
34.	Welche Formgebungsverfahren gibt es?
35.	Erklären Sie die Begriffe Feinkeramik und Grobkeramik. Nennen Sie Beispiele.
36.	Was ist eine Glasur?
37.	Mit welchen Angaben muss eine Verpackung gekennzeichnet sein?
38.	Erklären Sie die Begriffe Koordinierungsmaß, Nennmaß, Werkmaß, Istmaß. Wie unterscheiden sich die angegebenen Maße?
39.	Was sind modulare Maße und nicht modulare Maße?
40.	Wie heißt die Differenz zwischen Werkmaß und Istmaß?
41.	Erklären Sie die Begriffe Cotto, Terracotta, Terre cuite, Quarry Tiles.
42.	Wie können Sichtflächen von Fliesen und Platten gestaltet werden?
43.	Wie unterscheidet sich Feinsteinzeug von anderen keramischen Produkten?
44.	Was ist eine Majolikafliese?
45.	Was ist Mosaik?
46.	Welche Eigenschaften können als Verkaufsargument für keramische Fliesen und Platten genannt werden?

Nr.	Antworten
1.	Rohstoffe aufbereiten, mahlen, mischen, Feuchte einstellen (trocknen), pressen, trocknen, brennen, Glasur auftragen, brennen, sortieren, verpacken
2.	$Al_2O_3 \times 2\ SiO_2 \times 2\ H_2O$
3.	Lehm
4.	Die Feuchtigkeit wird angezogen.
5.	„Fette" Tone, d. h. Tone mit großem Wasseranteil, schwinden stark, „magere" Tone schwinden gering.
6.	eine Mischung der Rohstoffe nach bestimmten Rezepturen: Ton, Kaolin, Quarz, Feldspat, Schamotte, Kreide, Wasser
7.	Er wirkt als Flussmittel beim Brennen.
8.	Schamotte wirkt abmagernd, sie erhöht die Standfestigkeit und verringert das Schwinden. Quarzsand erhöht die Abriebfestigkeit.
9.	Der Sprühturm ist ein senkrecht stehender Behälter, in den der Schlicker durch Düsen eingesprüht und zu einem pressfertigen Granulat getrocknet wird.
10.	Trockenpressmassen werden für die Herstellung trockengepresster Fliesen verwendet, plastische Versatzmassen für die Herstellung stranggepresster Fliesen, keramische Gießmassen für die Herstellung von Sanitärkeramik.
11.	5–10 %
12.	Sie erfolgt in hydraulischen Pressen, in deren Formen das Granulat eingefüllt und mit hohem Druck gepresst wird. Die Pressdrücke bewegen sich zwischen 150 und 400 kg/cm^2.
13.	eine Mischung aus den gemahlenen Bestandteilen des Versatzes und Wasser
14.	Fritte nennt man geschmolzene Glasurmasse, die in einem Wasserbad abgeschreckt wurde. Scherben: gebrannte, unglasierte Fliesen, Monocottura: Einbrandfliesen, Bicottura: Zweibrandfliesen, Biskuit: gebrannte Rauware für den zweiten Brand
15.	Glasbildner (Quarz, Ton, Feldspat, Kaolin, Borax), Flussmittel (Soda, Flussasche, Bleioxid) und Metalloxide zur Farbgebung
16.	Kreidebestandteile im Masseversatz
17.	durch Gießen, Spritzen oder Walzen
18.	eine Tonschlämme als Unterlage für die Glasur oder als Oberfläche z. B. für Dachziegel
19.	Weinrote Glasuren entstehen durch Manganbeimischung, rote durch Selenbeimischung, orangefarbene durch eine Cadmium-Selen-Beimischung.
20.	Versatzmasse aufbereiten, strangpressen, trocknen, glasieren, brennen, spalten, sortieren und verpacken
21.	Verdichten durch innen laufende Schnecken und Pressen durch ein Mundstück
22.	Spaltplatten, Cotto, Formstücke wie Rinnen, Randsteine.
23.	Tunnelofen und Rollenofen
24.	Vorwärmzone, Brennzone, Kühlzone
25.	Die Durchlaufzeit im Tunnelofen beträgt 20–24 Stunden, im Rollenofen 45–60 Minuten.

Nr.	Antworten
26.	Steinzeug: 1150–1250 °C, Steingut: 1000–1100 °C (Schrühbrand), 850–1000 °C (Glattbrand)
27.	Sinterung ist der Zusammenfluss der Mineralien– je nach Rohstoffen bei 1200–1250 °C.
28.	Brennen im Rollenofen: Die Keramik wird über Rollen in die Brennzone transportiert in der Brennzone umströmt die Brennflamme in einem flachen Kanal das Brenngut und ermöglicht so wesentlich kürzere Brennzeiten.
29.	Schrühbrand oder Biskuitbrand
30.	die DIN EN 14411
31.	Nach dem Formgebungsverfahren und der Wasseraufnahme
32.	Formgebungsverfahren (B) trockengepresst mit einer Wasseraufnahme $\leq$ 0,5%
33.	GL = glasiert, UGL = unglasiert
34.	A stranggepresst, B trockengepresst, C gegossen
35.	Feinkeramik und Grobkeramik sind alte Begriffe; Feinkeramik: dichtes Steinzeug, poröses Steingut – trockengepresst; Grobkeramik: Spaltplatten, Schwimmbad-Formteile.
36.	eine gesinterte Oberfläche
37.	Jede Verpackung von keramischen Fliesen und Platten nach DIN EN 14411 muss mit folgenden Angaben gekennzeichnet sein: Hersteller bzw. Warenzeichen und Angabe des Herstellerlandes, Güteklasse, Hinweis auf die DIN EN 14411 und den relevanten produktgruppenbezogenen Anhang der Norm, Nenn- und Werksmaß, Oberfläche glasiert (GL) oder unglasiert (UGL), ggf. Oberflächenbehandlung nach dem Brennverfahren, CE-Zeichen, Angabe des Gewichts einer Verpackungseinheit.
38.	Koordinierungsmaß C: Werkmaß W + Fuge J (cm); Nennmaß N: Bezeichnung der Fliese N1 (modular) = W + J (cm); Werkmaß W: für die Herstellung vorgesehenes Maß (mm); Istmaß: tatsächlich gemessenes Maß
39.	Modulare Maße dienen der Abstimmung der Maße im Bauwesen; Grundmodul M = 100 mm; nicht modulare Maße bauen nicht auf M auf, wie z. B. 15,2 cm.
40.	Herstellungstoleranz
41.	Cotto: italienische Ziegelfliese; Terracotta: Tonkeramik; Terre cuite: französische Bezeichnung für Tonkeramik; Quarry Tiles: englische Bezeichnung für Tonkeramik (einzeln gezogene Platten)
42.	glasiert – unglasiert, glatt – relief, hochglanz – matt, geschliffen – poliert, profiliert – mit V-Raum
43.	Es ist härter, abriebfester, widerstandsfähiger als andere keramische Produkte, es hat praktisch keine Wasseraufnahme.
44.	eine farbig glasierte (auch dekorierte) Steingutfliese
45.	nach DIN EN 14411 ein kleinformatiges Belagsmaterial mit einer Oberfläche von bis zu 49 cm^2
46.	Mögliche Verkaufsargumente für keramische Fliesen und Platten sind Dauerhaftigkeit, Oberfläche, Hygiene und Sauberkeit, Natürlichkeit, baubiologische Unbedenklichkeit, Schönheit, Vielfalt.

Abb. 1.2: Marmorsteinbruch in Griechenland

1.2 Baustoffkunde Naturstein

1.2.1 Stichworte zum Thema

- Genese und Einteilung von Natursteinen
- Auswahlkriterien Naturstein
- CE-Kennzeichnung und Produktnormen
- Bemusterung
- Auswahlkriterien Verlegemörtel

1.2.2 Regelwerke

DIN EN 12058	Natursteinprodukte – Bodenplatten und Stufenbeläge – Anforderungen; Deutsche Fassung EN 12058:2015 (2015)
DIN EN 12057	Natursteinprodukte – Fliesen – Anforderungen; Deutsche Fassung EN 12057:2015 (2015)
DIN EN 12440	Naturstein – Kriterien für die Bezeichnung; Deutsche Fassung EN 12440:2017 (2018)

1.2.3 Bausteine

1.2.3.1 Definition Natursteine

Natursteine sind feste Materialien, die durch geologische Prozesse natürlich entstanden sind. Sie bestehen aus unterschiedlichen Mineralien.

Sie werden in Steinbrüchen, so wie sie in der Natur vorkommen, aus ihren ursprünglichen Lagerstätten in der Erdkruste abgebaut (siehe Abb. 1.2). Aus dem abgebauten Gestein entstehen u. a. Blöcke, Platten, Pflastersteine, Schotter und Brechsand.

Eine große Vielfalt an Natursteinen hat sich aufgrund unterschiedlicher Ausgangsmaterialien und Entstehungsbedingungen gebildet. Nach dem Prozess ihrer Entstehung (**Genese**) werden 3 Hauptgesteinsarten unterschieden: Erstarrungsgesteine, Sedimentgesteine und Umwandlungsgesteine.

Erstarrungsgesteine

Erstarrungsgesteine werden auch als magmatische Gesteine bezeichnet. Das Ausgangsmaterial dieser Gesteine ist das flüssige Magma im Innern der Erde. Durch Erstarrung (Kristallisation) des Magmas bildet sich magmatisches Gestein. Unterschieden wird in Plutonite (Tiefengestein), die in den Tiefen der Erde (> 5 km) entstanden sind, in Subvulkanite, die in Tiefen zwischen 0 und 5000 m erkaltet sind, sowie in Vulkanite, die vulkanischen Ursprungs (Ergussgestein) sind.

Sedimentgesteine

Sedimentgesteine werden auch Ablagerungsgesteine genannt. Sie entstanden aus Ablagerungen zerkleinerter Gesteinsmassen, wie z. B. Schotter und Sand, sowie Resten von Lebewesen. Das lose Material wurde von z. B. Wasser transportiert und lagerte sich in Schichten ab. Durch das Gewicht der oberen Schichten wurden die unteren Schichten allmählich zu festen Gesteinsmassen verdichtet.

Umwandlungsgesteine

Umwandlungsgesteine werden auch metamorphe Gesteine genannt und sind durch die Umwandlung bestehender Gesteine infolge hoher Drücke und Temperaturen im Erdinneren entstanden. Hierbei werden deren Zusammensetzung und Struktur verändert.

1.2.3.2 Einteilung der Natursteine

Tabelle 1.3 gibt eine Übersicht über die Gliederung von Natursteinen.

Tabelle 1.3: Gliederung von Natursteinen

Hauptgruppe	Untergruppe	Gesteinstypen
Magmatite (Erstarrungsgestein)	Plutonite	Granite, Syenite, Diorite, Gabbro
	Subvulkanite	Dolerite, Aplite, Lamprophyre, Pegmatite
	Vulkanite	Rhyolithe, Trachyte, Andesite, Basalte
Sedimentgesteine (Schichtgesteine)	klastische Sedimente	Sandstein, Grauwacke, Konglomerate, Tongesteine
	chemische Sedimente	Chemisch gefällter Kalkstein
	biologische Sedimente	organogener Kalk, Knollen usw.
Metamorphite (Umwandlungsgesteine)	Kontaktmetamorphite	Marmore, Fruchtschiefer
	Regionalmethamorphite	Gneise, Migmatite, Glimmerschiefer, Tonschiefer

1.2.3.3 Auswahl des Natursteins

Bei der Auswahl des Natursteins sind die physikalischen Eigenschaften (Abriebfestigkeit, Biegefestigkeit, Druckfestigkeit, Wasseraufnahme, offene Porosität, Beständigkeit gegen chemische Aggressoren zur Einschätzung der Verfärbungsempfindlichkeit und Auswahl von möglichen Reinigungsmitteln), die optischen Eigenschaften (Farbe, Struktur, Textur) sowie die Reinigungsfähigkeit auf die Anforderungen abzustimmen.

Für den Planer und Nutzer ist es teilweise schwierig, Informationen über die physikalischen und gebrauchstypischen Eigenschaften der einzelnen Natursteinvarietäten zu erhalten. Der Planer sollte die physikalischen Eigenschaften im Leistungsverzeichnis einfordern.

CE-Kennzeichnung

In diesem Zusammenhang sind Leistungserklärung und CE-Kennzeichnung hilfreich. Mit der CE-Kennzeichnung werden die einzelnen Natursteine untereinander vergleichbar. Sie liefert Informationen über mechanische Festigkeiten, chemische Zusammensetzungen, Verfärbungsrisiken, Fleckempfindlichkeiten und Anschmutzungsverhalten.

Bemusterung

Bei der Bemusterung von Natursteinvarietäten sind einzelne Handmuster in der Regel unzureichend, da sie erhebliche Abweichungen von der späteren Lieferung gestatten. Es sind mehrere Muster erforderlich, um die gewünschte Bandbreite von Farbe, Textur und Struktur wiederzugeben.

1.2.3.4 Auswahl des Verlegemörtels

Bei der Auswahl des geeigneten Verlegemörtels sind neben dem Terminplan (Berücksichtigung ausreichender Aushärtungs-, Abbinde- und Austrocknungszeiten für die Verlegemörtel) die Eigenschaften des Verlegeuntergrundes und die Gesteinseigenschaften wie das Haftspektrum (Schiefer), die Verformungsneigung (hygrisches Quellen/Schüsseln) sowie die Verfärbungsneigung (Mineralbestand) zu berücksichtigen.

1.2.4 Fragen und Antworten

Nr.	Fragen
1.	In welche Hauptgruppen unterteilt man Natursteine entsprechend ihrer Genese?
2.	In welche Untergruppen werden Erstarrungsgesteine untergliedert? Beschreiben Sie diese mit kurzer Erläuterung.
3.	In welche Gesteinsgruppe fallen Migmatite?
4.	Welche Europanormung beinhaltet die Anforderungen an Fliesen aus Naturstein?
5.	Welche Eigenschaften sind bei der Auswahl der Natursteine zu beachten?
6.	Was beinhalten die Leistungserklärungen und CE-Zeichen von Natursteinen?
7.	Was ist bei der Bemusterung zu beachten?
8.	Welche Natursteineigenschaften haben Auswirkungen auf die Auswahl des Verlegemörtels?
9.	Welche Auswirkungen hat eine geringe offene Porosität auf die Auswahl des Verlegemörtels?

Nr.	Antworten
1.	Erstarrungsgestein, Sedimentgestein und Umwandlungsgestein
2.	Plutonite (Tiefengestein), die in den Tiefen der Erde (> 5 km) entstanden sind, Subvulkanite, die in Tiefen zwischen 0 und 5.000 m erkaltet sind, sowie Vulkanite, die vulkanischen Ursprungs (Ergussgestein) sind
3.	Umwandlungsgesteine
4.	die DIN EN 12057 „Natursteinprodukte – Fliesen – Anforderungen"
5.	Die physikalischen Eigenschaften, die optischen Eigenschaften und die Reinigungsfähigkeit sind auf die Anforderungen abzustimmen.
6.	Sie liefern Informationen über mechanische Festigkeiten, chemische Zusammensetzungen, Verfärbungsrisiken, Fleckempfindlichkeiten und Anschmutzungsverhalten.
7.	Bei der Bemusterung sind mehrere Muster erforderlich, um die gewünschte Bandbreite von Farbe, Textur und Struktur wiederzugeben.
8.	Gesteinseigenschaften wie das Haftspektrum (Schiefer), die Verformungsneigung (hygrisches Quellen/Schüsseln) sowie die Verfärbungsneigung (Mineralbestand)
9.	Sie weist u. a. auf eine geringe Verankerungsfähigkeit für den Verlegemörtel hin und ist ein Hinweis auf eine erforderliche Kunststoffvergütung des Klebers.

1.3 Allgemeine Baustoffkunde

1.3.1 Stichworte zum Thema

Kenntnisse der allgemeinen Baustofftechnologie über

- Zemente
- Mauermörtel
- Estriche
- Putzmörtel
- ausgewählte Begriffe aus der Betontechnologie
- Dünnbettmörtel und Klebstoffe, Fugenmörtel
- Dichtstoffe, Grundierungen

1.3.2 Regelwerke

Die VOB/C ATV DIN 18352 „VOB Vergabe- und Vertragsordnung für Bauleistungen – Teil C: Allgemeine Technische Vertragsbedingungen für Bauleistungen (ATV) – Fliesen- und Plattenarbeiten" nennt in Abschnitt 2 „Stoffe, Bauteile" Normen für Baustoffe. Diese Normen sind Herstellungsnormen und regeln hauptsächlich die Herstellung, Abmessungen, Eigenschaften, Prüfungen und Bezeichnungen.

Anwendungstechnische Hinweise sind in Herstellungsnormen nicht vorgesehen.

Bei den einzelnen Unterpunkten ist eine Auswahl der wichtigsten Normen zu den jeweiligen Baustoffen angeführt.

1.3.3 Bausteine

1.3.3.1 Zement

Regelwerke

Europäische Normung

DIN EN 197-1	Zement – Teil 1: Zusammensetzung, Anforderungen und Konformitätskriterien von Normalzement; Deutsche Fassung EN 197-1:2011 (2011)
DIN EN 197-2	Zement – Teil 2: Konformitätsbewertung; Deutsche Fassung EN 197-2:2020 (2020)
DIN EN 14216	Zement – Zusammensetzung, Anforderungen und Konformitätskriterien von Sonderzement mit sehr niedriger Hydratationswärme; Deutsche Fassung EN 14216:2015 (2015)

Nationale Normung

DIN 1164-10	Zement mit besonderen Eigenschaften – Teil 10: Zusammensetzung, Anforderungen und Überwachungshinweise von Zement mit niedrigem wirksamem Alkaligehalt (2013)
DIN 1164-11	Zement mit besonderen Eigenschaften – Teil 11: Zusammensetzung, Anforderungen und Übereinstimmungsnachweis von Zement mit verkürztem Erstarren (2003)
DIN 1164-12	Zement mit besonderen Eigenschaften – Teil 12: Zusammensetzung, Anforderungen und Übereinstimmungsnachweis von Zement mit einem erhöhten Anteil an organischen Bestandteilen (2005)

Gemäß DIN EN 197-1 erfolgt eine Einteilung in die folgenden 5 Hauptzementarten:

- Portlandzement CEM I,
- Portlandkompositzement CEM II,
- Hochofenzement CEM III,
- Puzzolanzement CEM IV,
- Kompositzement CEM V.

Zusammensetzung von Zementen

Tabelle 1.4 gibt eine Übersicht über die Hauptbestandteile der Zemente.

Tabelle 1.4: Hauptbestandteile der Zemente

Hauptbestandteile	Zusatzinformation	Reaktivverhalten
Portlandzementklinker (K)	• besteht im Wesentlichen aus Calciumsilikaten • Herstellung durch Mahlen und Brennen bis zur Sinterung bei ca. 1450 °C der Rohstoffe Kalkstein oder Kreide und Ton	hydraulisch
Hüttensand (S)	gemahlene, granulierte Hochofenschlacke	bei entsprechender Anregung (z. B. Calciumhydroxid aus dem Zementklinker) latent (verborgen) hydraulisch
Puzzolan	• besteht hauptsächlich aus reaktionsfähigem Siliciumdioxid (SiO_2) und Aluminiumoxid (Al_2O_3)	puzzolanisch
• natürlich (P)	• im Allgemeinen Stoffe vulkanischen Ursprungs oder Sedimentgesteine mit geeigneter chemisch-mineralogischer Zusammensetzung	
• natürlich getempert (Q)	• thermisch aktivierte Stoffe vulkanischen Ursprungs, Tone, Schiefer oder Sedimentgestein	

Tabelle 1.4: Hauptbestandteile der Zemente (Fortsetzung)

Haupt-bestandteile	Zusatzinformation	Reaktivverhalten
Flugasche	• fein gemahlene, aus Rauchgasen gefilterte Teilchen	puzzolanisch
• kieselsäurereich (V)	• feinkörniger Staub, hauptsächlich aus kugeligen Partikeln • stammen in der Regel aus steinkohlebefeuerten Kraftwerken	hydraulisch und/oder puzzolanisch
• kalkreich (W)	• stammen vorwiegend aus Braunkohle-Feuerungsanlagen	
gebrannter Schiefer (T)	• gebrannter Schiefer, insbesondere gebrannter Ölschiefer, wird in einem speziellen Ofen bei Temperaturen von etwa 800 °C hergestellt und gemahlen	hydraulisch und puzzolanisch
Kalkstein	• dient in gemahlener Form zur Verbesserung der Korngrößenverteilung im feinen Bereich • Gesamtgehalt an organischem Kohlenstoff (TOC):	inert
(LL)	– ≤ 0,20 M.-%	
(L)	– ≤ 0,50 M.-%	
Silicastaub (D)	• entsteht als Feinstaub bei der Herstellung von Silicium und Siliciumlegierungen • hoher Anteil an amorphem Siliciumoxid	puzzolanisch

Nebenbestandteile (bis zu 5 M.-%)

Bei Nebenbestandteilen handelt es sich um besonders ausgewählte anorganische natürliche mineralische Stoffe und anorganische mineralische Stoffe, die aus der Klinkerherstellung stammen oder Hauptbestandteilen entsprechen.

Sie verbessern die physikalischen Eigenschaften von Zement (wie z. B. Verarbeitbarkeit oder Wasserrückhaltevermögen).

Sie können inert sein oder schwach ausgeprägt hydraulische, latent hydraulische oder puzzolanische Eigenschaften aufweisen.

Nebenbestandteile dürfen den Wasserbedarf von Zement nicht wesentlich erhöhen und die Beständigkeit des Betons oder Mörtels in keiner Weise beeinträchtigen oder den Korrosionsschutz der Bewehrung herabsetzen.

Calciumsulfat

Calciumsulfat wird den anderen Bestandteilen des Zements bei seiner Herstellung zur Regelung des Erstarrungsverhaltens zugegeben.

Tabelle 1.5 gibt eine Übersicht über Zusammensetzung, Anforderungen, Konformitätskriterien, Arten und Bestandteile in Masse-% gemäß DIN EN 197-1.

Tabelle 1.5: Zement nach DIN EN 197-1, Tabelle 1

Hauptzementarten	Normalzemente		Zusammensetzung (Massenanteile in Prozent)[1]										
			Hauptbestandteile										Nebenbestandteile
						Puzzolan		Flugasche					
			Klinker	Hüttensand	Silicastaub	natürlich	natürlich getempert	kieselsäurereich	kalkreich	gebrannter Schiefer	Kalkstein		
			K	S	D[2]	P	Q	V	W	T	L	LL	
CEM I	Portlandzement	CEM I	95–100	–	–	–	–	–	–	–	–	–	0–5
CEM II	Portlandhüttenzement	CEM II/A-S	80–94	6–20	–	–	–	–	–	–	–	–	0–5
		CEM II/B-S	65–79	21–35	–	–	–	–	–	–	–	–	0–5
	Portlandsilicastaubzement	CEM II/A-D	90–94	–	6–10	–	–	–	–	–	–	–	0–5
	Portlandpuzzolanzement	CEM II/A-P	80–94	–	–	6–20	–	–	–	–	–	–	0–5
		CEM II/B-P	65–79	–	–	21–35	–	–	–	–	–	–	0–5
		CEM II/A-Q	80–94	–	–	–	6–20	–	–	–	–	–	0–5
		CEM II/B-Q	65–79	–	–	–	21–35	–	–	–	–	–	0–5
	Portlandflugaschezement	CEM II/A-V	80–94	–	–	–	–	6–20	–	–	–	–	0–5
		CEM II/B-V	65–79	–	–	–	–	21–35	–	–	–	–	0–5
		CEM II/A-W	80–94	–	–	–	–	–	6–20	–	–	–	0–5
		CEM II/B-W	65–79	–	–	–	–	–	21–35	–	–	–	0–5
	Portlandschieferzement	CEM II/A-T	80–94	–	–	–	–	–	–	6–20	–	–	0–5
		CEM II/B-T	65–79	–	–	–	–	–	–	21–35	–	–	0–5
	Portlandkalksteinzement	CEM II/A-L	80–94	–	–	–	–	–	–	–	6–20	–	0–5
		CEM II/B-L	65–79	–	–	–	–	–	–	–	21–35	–	0–5
		CEM II/A-LL	80–94	–	–	–	–	–	–	–	–	6–20	0–5
		CEMII/B-LL	65–79	–	–	–	–	–	–	–	–	21–35	0–5
	Portlandkompositzement[3]	CEM II/A-M	80–88	← 12–20 →									0-5
		CEM II/B-M	65–79	← 21–35 →									0-5
CEM III	Hochofenzement	CEM III/A	35–64	36-65	–	–	–	–	–	–	–	–	0–5
		CEM III/B	20–34	66–80	–	–	–	–	–	–	–	–	0–5
		CEM III/C	5–19	81–95	–	–	–	–	–	–	–	–	0–5
CEM IV	Puzzolanzement[3]	CEM IV/A	65–89	–	← 11–35 →					–	–	–	0–5
		CEM IV/B	45–64	–	← 36–55 →					–	–	–	0–5
CEM V	Kompositzement[3]	CEM V/A	40–64	18–30	–	← 18–30 →			–	–	–	–	0–5
		CEM V/B	20–38	31–49	–	← 31–49 →			–	–	–	–	0–5

1) Die Werte in der Tabelle beziehen sich auf die Summe der Haupt- und Nebenbestandteile.
2) Der Anteil an Silicastaub ist auf 10 % beschränkt.
3) In den Portlandkompositzementen CEMII/A-M und CEM II/B-M, in den Puzzolanzementen CEM IV/A und CEM IV/B und in den Kompositzementen CEM V/A und CEM V/B müssen die Hauptbestandteile außer Klinker durch die Bezeichnung des Zements angegeben werden.

In Tabelle 1.6 sind Festigkeitsklassen und Erstarrungsbeginn nach DIN EN 197-1 dargestellt.

Tabelle 1.6: Festigkeitsklassen und Erstarrungsbeginn nach DIN EN 197-1

Festigkeits-klasse	Druckfestigkeit (MPa)				Erstarrungs-beginn
	Anfangsfestigkeit		Normfestigkeit		
	2 Tage	7 Tage	28 Tage		Minuten
32,5 L[1)]	–	≥ 12,0	≥ 32,5	≤ 52,5	≥ 75
32,5 N	–	≥ 16,0			
32,5 R	≥ 10,0	–			
42,5 L[1)]	–	≥ 16,0	≥ 42,5	≤ 62,5	≥ 60
42,5 N	≥ 10,0	–			
42,5 R	≥ 20,0	–			
52,5 L[1)]	≥ 10,0	–	≥ 52,5	–	≥ 45
52,5 N	≥ 20,0,	–			
52,5 R	≥ 30,0	–			

1) Die Festigkeitsklasse gilt nur für CEM-III-Zemente.
L (low) – niedrige Anfangsfestigkeit
N (normal) – übliche Anfangsfestigkeiten
R (rapid) – hohe Anfangsfestigkeit

Tabelle 1.7 gibt einen Überblick über die verschiedenen Sonderzemente, die zugrunde liegenden Normen und die zusätzlichen Anforderungen.

Tabelle 1.7: Sonderzemente und deren zusätzliche Anforderungen nach Zementmerkblatt Betontechnik B1 „Zemente und ihre Herstellung", Tafel 5 (InformationsZentrum Beton GmbH, 2017)

Zementart	Norm	Anforderung
Zemente mit niedriger Hydratationswärme; LH-Zemente (LH – Low Heat of Hydratation)		
CEM I-CEM V	DIN EN 197-1	Hydratationswärme nach 7 Tagen ≤ 270 J/g
Zemente mit sehr niedriger Hydratationswärme; VLH-Zemente (VLH – Very Low Heat of Hydratation)		
VLH III VLH IV VLH V	DIN EN 14216	Hydratationswärme nach 7 Tagen ≤ 220 J/g

Tabelle 1.7: Sonderzemente und deren zusätzliche Anforderungen nach Zementmerkblatt Betontechnik B1 „Zemente und ihre Herstellung", Tafel 5 (InformationsZentrum Beton GmbH, 2017) (Fortsetzung)

Zementart	**Norm**	**Anforderung**		
Zemente mit hohem Sulfatwiderstand[1]; SR-Zemente (SR – sulfate resisting)				
		C_3A-Gehalt im Klinker	SO_3-Gehalt im Klinker für die Festigkeitsklasse …	
			32,5 N 32,5 R 42,5 N	42,5 R 52,5 N 52,5 R
CEM I SR-0	DIN EN 197-1	0 M.-%	≤ 3,0 M.-%	≤ 3,5 M.-%
CEM I SR-3		≤ 3,0 M.-%	≤ 3,0 M.-%	≤ 3,5 M.-%
CEM III/B-SR		keine weiteren Anforderungen		
CEM III/C-SR		keine weiteren Anforderungen		
Zemente mit niedrigem wirksamem Alkaligehalt; NA-Zemente (NA – niedriger wirksamer Alkaligehalt)				
		Hüttensandgehalt in M.-%		Na_2O-Äquivalent in %
CEM I bis CEM V	DIN 1164-10			≤ 0,60
CEM II/B-S		21–35		≤ 0,70
CEM III/A		36–49		≤ 0,95
		50–65		≤ 1,10
CEM III/B		66–80		≤ 2,00
CEM III/C		81–95		≤ 2,00
Zemente mit frühem Erstarren; FE-Zemente (FE – frühes Erstarren)				
CEM I bis CEM V	DIN 1164-11	Festigkeitsklasse		Erstarrungsbeginn in Minuten
		32,5 N/ 32,5 R		≥ 15 ….< 75
		42,5 N/ 42,5 R		≥ 15 ….< 60
		52,5 N/ 52,5 R		≥ 15 ….< 45
Zemente mit schnellem Erstarren; SE-Zemente (SE – schnelles Erstarren)				
CEM I bis CEM V	DIN 1164-11	Festigkeitsklasse 32,5N ….52,5 R		Erstarrungsbeginn in Minuten < 45
Zemente mit erhöhtem Anteil organischer Bestandteile; HO-Zemente (HO – erhöhter Anteil organischer Bestandteile)				
CEM I bis CEM V	DIN 1164-12	Menge an organischen Zusätzen ≤ 1M.-%		
1) In der DIN 197-1 sind weitere Zemente mit hohem Sulfatwiderstand angeführt, die jedoch nach DIN 1045-2 nicht als Zemente mit hohem Sulfatwiderstand eingesetzt werden dürfen.				

1.3.3.2 Mauermörtel

Regelwerke

DIN EN 998-2	Festlegungen für Mörtel im Mauerwerksbau – Teil 2: Mauermörtel; Deutsche Fassung EN 998-2:2016 (2017)
DIN EN 1996-1-1	Entwurf Eurocode 6: Bemessung und Konstruktion von Mauerwerksbauten – Teil 1-1: Allgemeine Regeln für bewehrtes und unbewehrtes Mauerwerk; Deutsche Fassung EN 1996-1-1:2005+A1:2012 (2019)
DIN 20000-412	Anwendung von Bauprodukten in Bauwerken – Teil 412: Regeln für die Verwendung von Mauermörtel nach DIN EN 998-2:2017-02 (2019)
DIN 18580	Baustellenmauermörtel (2019)

Einteilung der Mauermörtel

Die zurückgezogene DIN 1053 „Mauerwerk" unterteilte die Mauermörtel in Mörtelgruppen (MG) und 2 Untergruppen nach Druckfestigkeit des Mauerwerks:

- MG I (Kalkmörtel),
- MG II (Kalkzement/hydraulischer Mörtel, 2,5 N/mm^2),
- MG IIa (Kalkzementmörtel, 5 N/mm^2),
- MG III (Zementmörtel, 10 N/mm^2),
- MG IIIa (Zementmörtel, 20 N/mm^2.

Mörtelklassen gemäß DIN EN 998-2

- M 1 (Druckfestigkeit 1 N/mm^2)
- M 2,5 (Druckfestigkeit 2,5 N/mm^2)
- M 5 (Druckfestigkeit 5 N/mm^2)
- M 10 (Druckfestigkeit 10 N/mm^2)
- M 15 (Druckfestigkeit 15 N/mm^2)
- M 20 (Druckfestigkeit 20 N/mm^2)
- M d (vom Hersteller angegebene Druckfestigkeit, die höher als 20 N/mm^2 ist [in Stufen von 5 N/mm^2])

In der DIN EN 998-2 und der DIN 20000-412 werden 3 Mörtelarten unterschieden:

Normalmauermörtel (G)

Hierunter sind Mörtel mit einem dichten Gefüge mit einer Trockenrohdichte $\geq$ 1.300 kg/m^3 zu verstehen.

Die Mörtel werden nach ansteigender Mindestdruckfestigkeit in die Gruppen M 1, M 2,5, M 5, M 10, M 15 und M 20 mit dazugehöriger Verbundfestigkeit eingeteilt. Zusammensetzungen und Mischungsverhältnisse für ausgewählte Mörtelklassen gemäß DIN 18580 sind in der Tabelle 1.8 zusammengestellt.

Dünnbettmörtel (T)

Dünnbettmörtel besitzen ein dichtes Gefüge mit einem Größtkorn von 1,0 mm und einer Rohdichte von im Allgemeinen ≥ 1.300 kg/m³.

Die Druckfestigkeit beträgt mindestens M 10.

Leichtmörtel (L)

- Werktrocken- oder Werkfrischmörtel mit Leichtzuschlägen und dichtem Gefüge
- Rohdichte < 1.300 kg/m³
- Druckfestigkeit mindestens M 5
- Unterteilung gemäß der Wärmeleitfähigkeit in die Gruppen LM 21 und LM 36. Diese beiden Gruppen unterscheiden sich zudem in den Trockenrohdichten und den Querdehnungsmodulen (vgl. Tabelle 1.9).

Tabelle 1.8: Rezeptmörtel (Normalmauermörtel); Zusammensetzung und Mischungsverhältnis in Raumteilen nach DIN 18580, Tabelle 2

Mörtelgruppe MG	Mörtelgruppe nach DIN 1053 (zurückgezogen)	Mörtelklasse nach DIN EN 998-2	Luftkalk		hydraulischer Kalk (HL2)	hochhydraulischer Kalk (HL5), Putz- und Mauerbinder (MC5)	Zement	Sand[1)] aus natürlichem Gestein
			Kalkteig	Kalkhydrat				
I	MG I	M 1	1	–	–	–	–	4
			–	1	–	–	–	3
			–	–	1	–	–	3
			–	–	–	1	–	4,5
II	MG II	M 2,5	1,5	–	–	–	1	8
			–	2	–	–	1	8
			–	–	2	–	1	8
			–	–	–	1	–	3
Iia	MG IIa	M 5	–	1	–	–	1	6
			–	–	–	2	1	8
III	MG III	M 10	–	–	–	–	1	4

1) Angaben beziehen sich auf den lagerfeuchten Zustand

Tabelle 1.9: Anforderungen an Mauermörtel (Ausnahme Rezeptmörtel) nach DIN 20000-412

Prüfgröße	Prüfnorm	Einheit	Normalmauermörtel				Leichtmauermörtel (LM)		Dünnbettmörtel (DM)
			Mörtelgruppe nach DIN 18580						
			II	IIa	III	IIIa	LM21	LM36	DM
			Mörtelklasse nach DIN EN 998-2						
			M2,5	M5	M10	M20	M5	M5	M10
Druckfestigkeit $ß_D$	DIN EN 1015-11	N/mm²	2,5	5	10	20	5	5	10
Fugendruckfestigkeit	DIN 18555-9	N/mm²							
• Verfahren I			1,25	2,5	5,0	10,0	2,5		–
• Verfahren II$_1$			2,5	5,0	10,0	20,0	5,0		–
• Verfahren III			1,75	3,5	7,0	14,0	3,5		–
Verbundfestigkeit, charakteristische Anfangsscherfestigkeit (Haftscherfestigkeit)	DIN EN 1052-3 Verfahren B	N/mm²	0,04	0,08	0,10	0,12	0,08		0,20
Haftscherfestigkeit (Mittelwert)	DIN 18555-5	N/mm²	0,10	0,20	0,25	0,30	0,20		0,50
Trockenrohdichte ρ_d	DIN EN 1015-10	kg/m³	≥ 1.300				≤ 700	≤ 1000	–
			–				max. Abweichung +10 % vom Istwert		
Querdehnungsmodul E_q	DIN 18555-4	N/mm²	–				≥ 7.500	≥ 15.000	–
Längendehnungsmodul E_l	DIN 18555-4	N/mm²	–				≥ 2.000	≥ 3.000	–
Wärmeleitfähigkeit $\lambda_{10,dry,mat}$	DIN EN 1745	W/(m·K)	–				≤ 0,18	≤ 0,27	–

Prüfalter für Festmörteleigenschaften: 28 Tage: Mindestwerte; Normalmauermörtel (M1): keine Anforderungen

1.3.3.3 Estrich

Regelwerke

Europäische Normen

DIN EN 13318	Estrichmörtel und Estriche, Begriffe; Dreisprachige Fassung EN 13318:2000 (2000)
DIN EN 13813	Estrichmörtel, Estrichmassen und Estriche – Estrichmörtel und Estrichmassen – Eigenschaften und Anforderungen; Deutsche Fassung EN 13813:2003 (2003)

Nationale Normen – Anwendung

DIN 18560-1 Berichtigung 1	Estriche im Bauwesen – Teil 1: Allgemeine Anforderungen, Prüfung und Ausführung; Berichtigung 1 (2021)
DIN 18560-2	Estriche im Bauwesen – Teil 2: Estriche und Heizestriche auf Dämmschicht (schwimmende Estriche) (2022)
DIN 18560-3	Estriche im Bauwesen – Teil 3: Verbundestriche (2006)
DIN 18560-4	Estriche im Bauwesen – Teil 4: Estriche auf Trennschicht (2012)
DIN 18560-7	Estriche im Bauwesen – Teil 7: Hochbeanspruchte Estriche (Industrieestriche)“ (2004)

Begriffe (Abkürzungen)

- Estrichmörtel
  - CT Zementestrich (englisch: cementitious screed)
  - CA Calciumsulfatestrich (englisch: calcium sulfate screed)
  - MA Magnesiaestrich (englisch: magnesite screed)
  - AS Gussasphaltestrich (englisch: mastic asphalt screed)
  - SR Kunstharzestrich (englisch: synthetic resin screed)
- Eigenschaften
  - C Druckfestigkeit (englisch: compressive strength)
  - σ_{10} Druckspannung bei 10 % Stauchung (englisch: compressive stress at 10 % compression)
  - F Biegezugfestigkeit (englisch: flexural strength)
  - D Dichte (englisch: density)
  - A Verschleißwiderstand nach Böhme (englisch: abrasion resistance according to Böhme)
  - AR Verschleißwiderstand nach BCA (englisch: abrasion resistance according to BCA)
  - RWA Verschleißwiderstand gegen Rollbeanspruchung (englisch: resistance to rolling wheel)
  - SH Oberflächenhärte (englisch: surface hardness)
  - IC Eindringtiefe (Härte an Würfeln; englisch: resistance to indentation)
  - IP Eindringtiefe (Härte an Platten; englisch: resistance to indentation)

- IR Schlagfestigkeit (englisch: impact resistance)
- RWFC Widerstand gegen Rollbeanspruchung von Estrichen mit Bodenbelägen (englisch: resistance to rolling stress of screeds with floor coverings)
- E Biegeelastizitätsmodul (englisch: flexural elasticity modulus)
- B Haftzugfestigkeit (englisch: bond strength)
- SK Schwinden (englisch: shrinkage)
- EM Elastizitätsmodul (englisch: elastic modulus)
- WP Wasserdurchlässigkeit (englisch: water permeability)
- CDF Frost-Tau-Wechsel-Beständigkeit (englisch: resistance of freeze-thaw)

In der DIN EN 13813 werden die anzugebenden Eigenschaften und Anforderungen an den Estrichmörtel in Abhängigkeit von dem Bindemittel festgelegt. Eine Zusammenstellung, welche Angaben bzw. Prüfungen für Estrichmörtel ausgeführt werden müssen bzw. im Bedarfsfall notwendig sind, ist in der Tabelle 1.10 angegeben.

Tabelle 1.10: Estrichmörtel und Prüfungen nach DIN EN 13813, Tabelle 1

Estrichmörtel auf der Basis von:	**Druckfestigkeit**	**Biegezugfestigkeit**	**Verschleißwiderstand nach Böhme**	**Verschleißwiderstand nach BCA**	**Verschleißwiderstand gegen Rollbeanspruchung**	**Oberflächenhärte**	**Eindringtiefe**	**Widerstand gegen Rollbeanspruchung von Estrichen mit Bodenbelägen**	**Verarbeitungszeit**	**Schwinden und Quellen**	**Konsistenz**	**pH-Wert**	**Elastizitätsmodul**	**Schlagfestigkeit**	**Haftzugfestigkeit**
Zement	N	N	N[a] (eine von drei)			O	–	O	O	O	O	O	O	O[a]	O
Calciumsulfat	N	N	O	O	O	O	–	O	O	O	O	N	O	–	O
Magnesit	N	N	O	O	O	N[a]	–	O	–	O	O	O	O	–	O
Gussasphalt	–	–	O	O	O	–	N	O	–	–	–	–	–	–	–
Kunstharz	O	O	–	N[a] (eine von zwei)		O	–	O	–	O	O	–	O	N[a]	N

N normativ
O optional, wenn zutreffend
– nicht zutreffend
[a] nur für Estrichmörtel, die für Nutzflächen vorgesehen sind

Anforderungen an Estrichmörtel

Die normativen geforderten Angaben hinsichtlich der Druck- bzw. Biegezugfestigkeitsklassen setzen voraus, dass die Mörtel entsprechende Mindestdruck- bzw. Mindestbiegezugfestigkeiten aufweisen. Entsprechende Aufstellungen, welche Mindestdruckfestigkeit bei einer bestimmten Druckfestigkeitsklasse gefordert ist, sind in der Tabelle 1.11 angeführt und die entsprechenden Zuordnungen für die Biegezugfestigkeiten in der Tabelle 1.12.

Tabelle 1.11: Druckfestigkeitsklassen für Estrichmörtel nach DIN EN 13813, Tabelle 2

Klasse	C5	C7	C12	C16	C20	C25	C30	C35	C40	C50	C60	C70	C80
Druckfestigkeit in N/mm^2	5	7	12	16	20	25	30	35	40	50	60	70	80

Tabelle 1.12: Biegezugfestigkeitsklassen für Estrichmörtel nach DIN EN 13813, Tabelle 3

Klasse	F1	F2	F3	F4	F5	F6	F7	F10	F15	F20	F30	F40	F50
Biegezugfestigkeit in N/mm^2	1	2	3	4	5	6	7	10	15	20	30	40	50

Zusätzlich zu den in DIN EN 13813 geforderten Angaben wird in der DIN 18560-1 mit der Dimensionsstabilität eine weitere entscheidende Materialeigenschaft berücksichtigt.

Das Schwindverhalten hat entscheidende Auswirkungen auf die Rissgefahr und die Verformungen in Rand- und Fugenbereichen sowie auf die planerische Festlegung notwendiger Fugen.

In folgende Schwindklassen wird unterschieden:

- Schwindklasse SW3 mit einem Schwindmaß $\Delta L \geq 0{,}5$ mm/m wird als normal klassifiziert.
- Schwindklasse SW2 mit einem Schwindmaß $0{,}2 \geq \Delta L < 0{,}5$ mm/m wird als schwindreduziert klassifiziert.
- Schwindklasse SW1 mit einem Schwindmaß $\Delta L < 0{,}2$ mm/m wird als schwindarm klassifiziert.
- Schwindklasse SW0 mit einem Quellmaß $\Delta S > 0$ mm/m wird als quellend klassifiziert.

Wird keine Klassifizierung angegeben, so muss bei Zement-, Kunstharz- und Magnesiaestrichen von der Schwindklasse SW3 ausgegangen werden.

Dämmstoffe unter schwimmenden Estrichen nach DIN 18560-2 dürfen sich unter Belastung nicht mehr als 5 mm zusammendrücken lassen. Die Reduzierung der Zusammendrückbarkeit je nach zu erwartenden Nutzlasten ist auf max. 3 mm vorgeschrieben.

Die Dämmschicht kann aus einer oder mehreren Lagen aus den für die vorgesehene Art des Estrichs geeigneten Dämmstoffen bestehen; die Zusammendrückbarkeiten werden addiert.

Tabelle 1.13: Nutzungskategorien und charakteristische Nutzlasten auf Decken, Balkonen und Treppen im Hochbau nach DIN EN 1991-1-1, Tabelle 6.1 und 6.2

Kategorie	Nutzungsmerkmal	Beispiele	gleichmäßig verteilte Last q_k kN/m²	konzentrierte Einzellast Q_k kN
A	Wohnflächen	Räume in Wohngebäuden und -häusern, Stations- und Krankenzimmer in Krankenhäusern, Zimmer in Hotels und Herbergen, Küchen, Toiletten		
		• Decken	1,5 bis 2,0	2,0 bis 3,0
		• Treppen	2,0 bis 4,0	2,0 bis 4,0
		• Balkone	2,5 bis 4,0	2,0 bis 3,0
B	Büroflächen		2,0 bis 3,0	1,5 bis 4,5
C	Flächen mit Personenansammlungen (außer Kategorie A, B und D)[1]	**C1:** Flächen mit Tischen usw., z. B. in Schulen, Cafés, Restaurants, Speisesälen, Lesezimmern, Empfangsräumen	2,0 bis 3,0	3,0 bis 4,0
		C2: Flächen mit fester Bestuhlung, z. B. in Kirchen, Theatern, Kinos, Konferenzräumen, Vorlesungssälen, Versammlungshallen, Wartezimmern, Bahnhofswartesälen	3,0 bis 4,0	2,5 bis 7,0 (4,0)
		C3: Flächen ohne Hindernisse für die Beweglichkeit von Personen, z. B. in Museen, Ausstellungsräumen usw., sowie Zugangsflächen in öffentlichen Gebäuden und Verwaltungsgebäuden, Hotels, Krankenhäusern, Bahnhofshallen	3,0 bis 5,0	4,0 bis 7,0
		C4: Flächen mit möglichen körperlichen Aktivitäten von Personen, z. B. Tanzsäle, Turnsäle, Bühnen	4,5 bis 5,0	3,5 bis 7,0
		C5: Flächen mit möglichem Menschengedränge, z. B. in Gebäuden mit öffentlichen Veranstaltungen wie Konzertsäle, Sporthallen mit Tribünen, Terrassen und Zugangsbereiche sowie Bahnsteige	5,0 bis 7,5	3,5 bis 4,5
D	Verkaufsflächen	**D1:** Flächen in Einzelhandelsgeschäften	4,0 bis 5,0	3,5 bis 7,0 (4,0)
		D2: Flächen in Kaufhäusern	4,0 bis 5,0	3,5 bis 7,0

1) Es wird besonders bei C4 und C5 auf Abschnitt 6.3.1.1(2) der DIN EN 1991-1-1 hingewiesen. Bei Notwendigkeit dynamischer Nachweise siehe EN 1990. Für Kategorie E siehe Tabelle 6.3 der DIN EN 1991-1-1.

ANMERKUNG 1: In Abhängigkeit von ihrer Nutzung können im nationalen Anhang und/oder durch Festlegung des Bauherren die Flächen, die als C2, C3 oder C4 eingestuft werden könnten, auch der Kategorie C5 zugeordnet werden.

ANMERKUNG 2: Zu den Kategorien A, B, C1 bis C5 und D1 bis D2 können weitere Unterkategorien im nationalen Anhang festgelegt werden.

ANMERKUNG 3: Für Flächen mit industrieller Nutzung oder Lagernutzung siehe Abschnitt 6.3.2.

Wichtig

Die für eine Baumaßnahme erforderliche Estrichdicke, speziell von Estrichen auf Dämmschicht, ist stark abhängig von den zu erwartenden Nutzlasten (vgl. Tabelle 1.13).

Je nach zu erwartenden lotrechten Nutzlasten werden in der DIN 18560-2 Mindestanforderungen an die Estrichnenndicken in Verbindung mit Biegezugfestigkeiten von unbeheizten Estrichen auf Dämmschicht gestellt (vgl. Tabelle 1.14 bis 1.17).

Tabelle 1.14: Nenndicken und Biegezugfestigkeiten unbeheizter Estriche auf Dämmschichten für lotrechte Nutzlasten (Einzellast ≤ 1 kN[1)], Flächenlast ≤ 2 kN/m²) nach DIN 18560-2, Tabelle 1

Estrichart	Biegezug-festigkeits-klasse nach DIN EN 13813	Estrichnenn-dicke[2)] (mm) bei einer Zusammen-drückbarkeit der Dämmschicht *c* ≤ 5 mm[3)]	Bestätigungsprüfung – Biegezugfestigkeit $ß_{BZ}$ in N/mm²	
			kleinster Einzelwert	Mittelwert
Calciumsulfat-Fließestriche (CAF)	F4	≥ 35	≥ 3,5	≥ 4,0
	F5	≥ 35	≥ 4,5	≥ 5,0
	F7	≥ 35	≥ 6,5	≥ 7,0
Calciumsulfat-estriche (CA)	F4	≥ 45	≥ 2,0	≥ 2,5
	F5	≥ 40	≥ 2,5	≥ 3,5
	F7	≥ 35	≥ 3,5	≥ 4,5
Kunstharz-estriche (SR)	F7	≥ 35	≥ 4,5	≥ 5,5
	F10	≥ 30	≥ 6,5	≥ 7,0
Magnesia-estriche (MA)[4)]	F4	≥ 45	≥ 2,0	≥ 2,5
	F5	≥ 40	≥ 2,5	≥ 3,5
	F7	≥ 35	≥ 3,5	≥ 4,5
Zement-estriche (CT)	F4	≥ 45	≥ 2,0	≥ 2,5
	F5	≥ 40	≥ 2,5	≥ 3,5

1) Bei Einzellasten sind für deren Aufstandsflächen im Allgemeinen zusätzliche planerische Überlegungen erforderlich. Das Gleiche gilt für Fahrbeanspruchung.
2) Bei Dämmschichten ≤ 40 mm kann die Estrichdicke um 5 mm reduziert werden; die Mindestnenndicke von 35 mm darf nicht unterschritten werden.
3) Bei lotrechten Nutzlasten bis 2 kN/m² sind im Ausnahmefall höhere Zusammendrückbarkeiten bis 10 mm zulässig. In diesem Fall muss die Estrichnenndicke um 5 mm erhöht werden.
4) Die Oberflächenhärte bei Steinholzestrichen muss mindestens SH30 nach DIN EN 13813 betragen.

Tabelle 1.15: Nenndicken und Biegezugfestigkeiten unbeheizter Estriche auf Dämmschichten für lotrechte Nutzlasten (Einzellast bis ≤ 2 kN[1], Flächenlasten ≤ 3 kN/m²) nach DIN 18560-2, Tabelle 2

Estrichart	Biegezugfestigkeitsklasse nach DIN EN 13813	Estrichnenndicke[2] (mm) bei einer Zusammendrückbarkeit der Dämmschicht *c* ≤ 5 mm	Bestätigungsprüfung Biegezugfestigkeit β_{BZ} in N/mm²	
			kleinster Einzelwert	Mittelwert
Calciumsulfat-Fließestriche (CAF)	F4	≥ 50	≥ 3,5	≥ 4,0
	F5	≥ 45	≥ 4,5	≥ 5,0
	F7	≥ 40	≥ 6,5	≥ 7,0
Calciumsulfatestriche (CA)	F4	≥ 65	≥ 2,0	≥ 2,5
	F5	≥ 55	≥ 2,5	≥ 3,5
	F7	≥ 50	≥ 3,5	≥ 4,5
Kunstharzestriche (SR)	F7	≥ 50	≥ 4,5	≥ 5,5
	F10	≥ 40	≥ 6,5	≥ 7,0
Magnesiaestrich (MA)[3]	F4	≥ 65	≥ 2,0	≥ 2,5
	F5	≥ 55	≥ 2,5	≥ 3,5
	F7	≥ 50	≥ 3,5	≥ 4,5
Zementestriche (CT)	F4	≥ 65	≥ 2,0	≥ 2,5
	F5	≥ 55	≥ 2,5	≥ 3,5

1) Bei Einzellasten sind für deren Aufstandsflächen im Allgemeinen zusätzliche planerische Überlegungen erforderlich. Das Gleiche gilt für Fahrbeanspruchung.
2) Bei Dämmschichten ≤ 40 mm kann die Estrichdicke um 5 mm reduziert werden; die Mindestdicke von 35 mm darf nicht unterschritten werden.
3) Die Oberflächenhärte bei Steinholzestrichen muss mindestens SH30 nach DIN EN 13813 betragen.

Erforderliche Estrichdicke

- Anhaltswerte in DIN 18560-2 in Abhängigkeit von den zu erwartenden Lasten
- bei anderen Biegezugfestigkeitsklassen abweichende Nenndicken von den in Tabelle 1.15 bis 1.18 genannten möglich
- bei geringeren Nenndicken Prüfung der Tragfähigkeit und der Durchbiegung erforderlich

Tabelle 1.16: Nenndicken und Biegezugfestigkeiten unbeheizter Estriche auf Dämmschichten für lotrechte Nutzlasten (Einzellast bis ≤ 3 kN[1]), Flächenlasten ≤ 4 kN/m²) nach DIN 18560-2, Tabelle 1

Estrichart	Biegezugfestigkeitsklasse nach DIN EN 13813	Estrichnenndicke[2] (mm) bei einer Zusammendrückbarkeit der Dämmschicht $c \leq 3$ mm	Bestätigungsprüfung Biegezugfestigkeit $ß_{BZ}$ in N/mm²	
			kleinster Einzelwert	Mittelwert
Calciumsulfat-Fließestriche (CAF)	F4	≥ 60	≥ 3,5	≥ 4,0
	F5	≥ 50	≥ 4,5	≥ 5,0
	F7	≥ 45	≥ 6,5	≥ 7,0
Calciumsulfatestriche (CA)	F4	≥ 70	≥ 2,0	≥ 2,5
	F5	≥ 60	≥ 2,5	≥ 3,5
	F7	≥ 55	≥ 3,5	≥ 4,5
Kunstharzestriche (SR)	F7	≥ 55	≥ 4,5	≥ 5,5
	F10	≥ 45	≥ 6,5	≥ 7,0
Magnesiaestriche (MA)[3]	F4	≥ 70	≥ 2,0	≥ 2,5
	F5	≥ 60	≥ 2,5	≥ 3,5
	F7	≥ 55	≥ 3,5	≥ 4,5
Zementestriche (CT)	F4	≥ 70	≥ 2,0	≥ 2,5
	F5	≥ 60	≥ 2,5	≥ 3,5

1) Bei Einzellasten sind für deren Aufstandsflächen im Allgemeinen zusätzliche planerische Überlegungen erforderlich. Das Gleiche gilt für Fahrbeanspruchung.
2) Bei Dämmschichten ≤ 40 mm kann die Estrichdicke um 5 mm reduziert werden; die Mindestnenndicke von 35 mm darf nicht unterschritten werden.
3) Die Oberflächenhärte bei Steinholzestrichen muss mindestens SH30 nach DIN EN 13813 betragen.

Tabelle 1.17: Nenndicken und Biegezugfestigkeiten unbeheizter Estriche auf Dämmschichten für lotrechte Nutzlasten (Einzellast bis ≤ 4 kN[1]), Flächenlasten ≤ 5 kN/m²) nach DIN 18560-2, Tabelle 1

Estrichart	Biegezugfestigkeitsklasse nach DIN EN 13813	Estrichnenndicke[2)] (mm) bei einer Zusammendrückbarkeit der Dämmschicht *c* ≤ 3 mm	Bestätigungsprüfung Biegezugfestigkeit β_{BZ} in N/mm²	
			kleinster Einzelwert	Mittelwert
Calciumsulfat-Fließestriche (CAF)	F4	≥ 65	≥ 3,5	≥ 4,0
	F5	≥ 55	≥ 4,5	≥ 5,0
	F7	≥ 50	≥ 6,5	≥ 7,0
Calciumsulfatestriche (CA)	F4	≥ 75	≥ 2,0	≥ 2,5
	F5	≥ 65	≥ 2,5	≥ 3,5
	F7	≥ 60	≥ 3,5	≥ 4,5
Kunstharzestriche (SR)	F7	≥ 60	≥ 4,5	≥ 5,5
	F10	≥ 50	≥ 6,5	≥ 7,0
Magnesiaestriche (MA)[3)]	F4	≥ 75	≥ 2,0	≥ 2,5
	F5	≥ 65	≥ 2,5	≥ 3,5
	F7	≥ 60	≥ 3,5	≥ 4,5
Zementestriche (CT)	F4	≥ 75	≥ 2,0	≥ 2,5
	F5	≥ 65	≥ 2,5	≥ 3,5

1) Bei Einzellasten sind für deren Aufstandsflächen im Allgemeinen zusätzliche planerische Überlegungen erforderlich. Das Gleiche gilt für Fahrbeanspruchung.
2) Bei Dämmschichten ≤ 40 mm kann die Estrichdicke um 5 mm reduziert werden; die Mindestnenndicke von 35 mm darf nicht unterschritten werden.
3) Die Oberflächenhärte bei Steinholzestrichen muss mindestens SH30 nach DIN EN 13813 betragen.

Gussasphaltestriche

Nach DIN 18560-2 wird bei Gussasphaltestrichen auf Dämmschicht die Tragfähigkeit der Estrichkonstruktion durch die Dauerdruckbelastbarkeit der Dämmschicht definiert. Somit ist bei geeigneter Dämmschicht eine Nenndicke des Gussasphaltestrichs der Härteklasse IC10 nach DIN EN 13813 von ≥ 25 mm ausreichend.

Dauerhafte Punktlasten (z. B. Möbelfüße), die auf den Gussasphalt einwirken, müssen berücksichtigt werden.

Bei Gussasphaltestrichen auf Dämmschicht der Klasse IC10 (IC15) darf unter Einwirkung einer Einzellast auf Dauer keine Pressung mehr als 0,25 N/mm² betragen.

Die Zusammendrückbarkeit c der Dämmschichten darf nicht mehr als 2 mm betragen.

Die Temperatur des Estrichs in der Nutzung muss beachtet werden.

Bei Gussasphalt-Heizestrichen ist nur die Härteklasse ICH10 nach DIN EN 13813 zulässig. Die Mindestnenndicke des Heizestrichs der Bauart A beträgt 35 mm.

Abweichend von den in DIN 18560-2 genannten Estrichnenndicken fordert die DIN 18157-1, dass die Estrichnenndicke bei unbeheizten Gussasphaltestrichen der Härteklasse IC 10, die auf Dämmschichten mit einer Zusammendrückbarkeit $c \leq 2$ mm verlegt werden, für übliche Wohnraumbelastungen (Flächenlasten ≤ 2 kN/m², Einzellast ≤ 1 kN) mindestens 40 mm betragen muss. Bei höheren Verkehrslasten sind zusätzliche Maßnahmen (z. B. größere Lastaufstandsflächen) erforderlich.

Der Gussasphaltestrich muss eine homogene, vollflächig abgesandete Oberfläche aufweisen.

1.3.3.4 Putze

Regelwerke

Europäische Normung Materialkennwerte

DIN EN 998-1	Festlegungen für Mörtel im Mauerwerksbau – Teil 1: Putzmörtel; Deutsche Fassung EN 998-1:2016 (2017)
DIN EN 13279-1	Gipsbinder und Gips-Trockenmörtel – Teil 1: Begriffe und Anforderungen; Deutsche Fassung EN 13279-1:2008 (2008)
DIN EN 15824	Festlegungen für Außen- und Innenputze mit organischen Bindemitteln; Deutsche Fassung EN 15824:2017 (2017)

Europäische Normung – Anwendung

DIN EN 13914-1	Planung, Zubereitung und Ausführung von Außen- und Innenputzen – Teil 1: Außenputze; Deutsche Fassung EN 13914-1:2016 (2016)
DIN EN 13914-2:	Planung, Zubereitung und Ausführung von Innen- und Außenputzen – Teil 2: Innenputze; Deutsche Fassung EN 13914-2:2016 (2016)

Nationale Normung – Anwendung

DIN 18550-1	Planung, Zubereitung und Ausführung von Außen- und Innenputzen – Teil 1: Ergänzende Festlegungen zu DIN EN 13914-1:2016-09 für Außenputze (2018)
DIN 18550-1/A1	Planung, Zubereitung und Ausführung von Außen- und Innenputzen – Teil 1: Ergänzende Festlegungen zu DIN EN 13914-1:2016-09 für Außenputze; Änderung A1 (2022)

DIN 18550-2	Planung, Zubereitung und Ausführung von Außen- und Innenputzen – Teil 2: Ergänzende Festlegungen zu DIN EN 13914-2:2106-09 für Innenputze (2018)
DIN 18550-2/A1	Planung, Zubereitung und Ausführung von Außen- und Innenputzen – Teil 2: Ergänzende Festlegungen zu DIN EN 13914-2:2016-09 für Innenputze; Änderung A1 (2022)

Aufgaben von Putzen/Putzsystemen

- Schaffung einer ebenen Oberfläche als Sichtfläche oder Untergrund für nachfolgende Aufbauten
- Beständigkeit gegen langzeitig einwirkende Feuchtigkeit in Innenräumen (z. B. bei der Anwendung in Feuchträumen)
- ausreichende mechanische Beständigkeit und Abriebfestigkeit (z. B. Anwendung als Sockelputz)
- Witterungsschutz, insbesondere Feuchtigkeitsschutz (z. B. bei Außenputzen)
- ansprechende Oberflächenoptik (z. B. bei Sichtflächen)

Einteilung von Putzen gemäß DIN EN 998-1

- Normalputzmörtel (GP)
- Leichtputzmörtel (LW)
- Edelputzmörtel (CR)
- Einlagenputzmörtel für außen (OC)
- Sanierputzmörtel (R)
- Wärmedämmputzmörtel (T)

Die Klassifizierung der Putzmörtel nach den Festmörteleigenschaften nach DIN EN 998-1 ist in der Tabelle 1.18 zusammengestellt.

Tabelle 1.18: Klassifizierung von Putzmörteln nach den Festmörteleigenschaften nach DIN EN 998-1, Tabelle 1

Eigenschaften	Kategorien	Werte
Druckfestigkeit nach 28 Tagen	CS I	0,4 N/mm² bis 2,5 N/mm²
	CS II	1,5 N/mm² bis 5,0 N/mm²
	CS III	3,5 N/mm² bis 7,5 N/mm²
	CS IV	≥ 6 N/mm²
kapillare Wasseraufnahme	W_C 0	nicht festgelegt
	W_C 1	$C \leq 0{,}40$ kg/(m²min^{0,5})
	W_C 2	$C \leq 0{,}20$ kg/(m²min^{0,5})
Wärmeleitfähigkeit	T1	≤ 0,1 W/ (mK)
	T2	≤ 0,2 W/ (mK)

Tabelle 1.19 und 1.20 geben eine Übersicht über mineralische und organische Putzmörtel sowie deren Anwendung nach DIN EN 13914 und DIN 18550.

Tabelle 1.19: Überblick mineralischer Putzmörtel und deren Anwendung nach DIN EN 13914 und DIN 18550

Bezeichnung	Beschreibung	Produktnorm	Druckfestigkeitskategorie	Anwendungsbeispiele (zugehörige Anwendungsregeln sind zu beachten)	ehemalige Putzmörtelgruppen nach DIN 18550
Mörtel mit Luftkalk (CL)	Putzmörtel mit Luftkalk (Kalkhydrat) als Hauptbindemittel	DIN EN 998-1	CS I	Denkmalpflege, Innenbereich	P I
Mörtel mit hydraulischem Kalk (NHL, HL)	Putzmörtel mit Hauptbindemittel hydraulischer Kalk (NHL; HL)	DIN EN 998-1	CS I/CS II	Außenbereich, Innenbereich, Denkmalpflege	P I
Kalk-Zementmörtel	Putzmörtel, der die Bindemittel Baukalk (Kalkhydrat) und Zement enthält	DIN EN 998-1	CS II/CS III	Außenbereich, Sockelbereich, Innenbereich, Feuchträume	P II
Zementmörtel	Putzmörtel mit Hauptbindemittel Zement	DIN EN 998-1	CS III/CS IV	Außenbereich (Sockel, Kelleraußenwände), Innenbereich, Feuchträume	P III
Gips-/Gipskalkmörtel	Putzmörtel, dessen Hauptbindemittel aus Calciumsulfat besteht	DIN EN 13279-1	B1-B7	Innenbereich (einschließlich häusliche Küchen und Bäder*)	P IV

* ggf. in Verbindung mit einer geeigneten Abdichtungsmaßnahme

Tabelle 1.20: Überblick organischer Putzmörtel und deren Anwendung nach an DIN EN 13914 und DIN 18550

Bezeichnung	Beschreibung	Produktnorm	übliche Kategorie der Wasseraufnahme und der Wasserdampfdiffusionsstromdichte nach EN 15824	Anwendungsbeispiele (zugehörige Anwendungsregeln sind zu beachten)	ehemalige Putzmörtelgruppen nach DIN 18550
Dispersions-Silikatputz (Silikatputz)	Putz, der als eigenschaftsbestimmendes Bindemittel Kali-Wasserglas und Polymerdispersion enthält	DIN EN 15824	W_2 und V_1 keine	Außenbereich Innenbereich	P Org 1 keine
Dispersionsputz (Kunstharzputz)	Putz, dessen eigenschaftsbestimmendes Bindemittel aus Polymerdispersion besteht	DIN EN 15824	W_3 und V_1 bis V_2 keine	Außenbereich Innenbereich	P Org 1 P Org 2
Silikonharzputz	Putz, der als eigenschaftsbestimmendes Bindemittel eine Silikonharzemulsion und Polymerdispersion enthält	DIN EN 15824	W_3 und V_1 keine	Außenbereich Innenbereich	P Org 1 P Org 2

Anforderungen:

- Der Putzgrund muss eine auf die Festigkeit des Putzmörtels abgestimmte ausreichende Festigkeit und gleichmäßige Oberflächenbeschaffenheit aufweisen.
- Der Putz muss eine gute Haftung zum Putzgrund aufweisen und die einzelnen Lagen müssen untereinander eine gute Haftung haben.
- Der Unterputz muss mindestens die Festigkeit des Oberputzes haben.
- Der Oberputz darf nur so fest wie nötig sein.
- Wenn schwere Beläge, wie etwa Keramikfliesen, zur Anwendung kommen, sollte der Planer nach DIN EN 13914 überprüfen, ob die Haftfestigkeit und die Druck-/Zugfestigkeit des Putzes ausreichend ist.

1.3.3.5 Beton

Regelwerke

DIN EN 206	Beton – Festlegung, Eigenschaften, Herstellung und Konformität; Deutsche Fassung EN 206:2013+A2:2021 (2021)
DIN 1045-2	Tragwerke aus Beton, Stahlbeton und Spannbeton – Teil 2: Beton (2023)
DIN EN 1992-1-1/NA	Nationaler Anhang – National festgelegte Parameter Eurocode 2: Bemessung und Konstruktion von Stahlbeton- und Spannbetontragwerken – Teil 1-1: Allgemeine Bemessungsregeln und Regeln für den Hochbau (2013)
DIN EN 1992-1-1/NA/A1	Nationaler Anhang – National festgelegte Parameter – Eurocode 2: Bemessung und Konstruktion von Stahlbeton- und Spannbetontragwerken – Teil 1-1: Allgemeine Bemessungsregeln und Regeln für den Hochbau; Änderung A1 (2015)

Bestandteile des Betons

Beton wird aus Zement, Gesteinskörnung, Wasser und gegebenenfalls Betonzusätzen hergestellt. Hierbei ist Zement das Bindemittel, das mit Wasser vermischt Zementleim bildet, der durch Hydratation erhärtet. Eine wesentliche Eigenschaft von Beton ist die Druckfestigkeit. Art und Menge des Zementes sowie der verwendete Wasserzementwert (Verhältnis zwischen der Masse des Wassers und der Masse des Bindemittels) haben einen wesentlichen Einfluss auf die Druckfestigkeiten.

Einteilung von Beton

Einteilung des Betons nach der Trockenrohdichte

- Leichtbeton Rohdichte 800–2.000 kg/m^3
- Normalbeton > 2.000–2.600 kg/m^3
- Schwerbeton > 2.600 kg/m^3

Einteilung nach der Druckfestigkeit

Die erste Zahl der folgenden Auflistung ist die Zylinderfestigkeit, die zweite Zahl ist die Würfelfestigkeit:

C8/10, C12/15, C16/20, C20/25, C25/30, C30/37, C35/45, C40/50, C45/55, C50/60, C55/67, C60/75, C70/85, C80/95, C90/105, C100/115.

Expositionsklassen

In dem Zement-Merkblatt Betontechnik B 9 „Expositionsklassen für Betonbauteile im Geltungsbereich des EC2“ (InformationsZentrum Beton GmbH, 2020) sind wesentliche Details zusammengefasst, die Anforderungen an Beton erläutern, damit Betonbauteile die zu erwartenden Beanspruchungen sicher aufnehmen und über viele Jahrzehnte dagegen widerstandsfähig bleiben.

Bei der Planung von Bauteilen bzw. Bauwerken müssen zur Sicherstellung der Dauerhaftigkeit sowohl die lastunabhängigen als auch die lastabhängigen Einwirkungen berücksichtigt werden. Im Eurocode 2 und in DIN 1045-2 sind die Anforderungen an den Beton in Abhängigkeit von den möglichen korrosiven Einwirkungen durch Expositionsklassen festgelegt. Den Expositionsklassen werden die Betonzusammensetzung, Mindestdruckfestigkeitsklassen, Rechenwerte der Rissbreite, Mindestbetondeckung der Bewehrung und Nachbehandlungsdauer zugeordnet.

Für die Festlegung der Expositionsklassen muss zusätzlich auch die Feuchtigkeitsklasse festgelegt werden (vgl. Tabelle 1.21).

Tabelle 1.21: Expositionsklassen und Feuchtigkeitsklassen nach DIN EN 206-1 und DIN 1045-2, Tabelle 1

Klasse	Beschreibung der Umgebung	Beispiele für die Zuordnung von Expositionsklassen (informativ)
1 kein Korrosions- oder Angriffsrisiko		
Für Bauteile ohne Bewehrung oder eingebettetes Metall in nicht betonangreifender Umgebung kann die Expositionsklasse X0 zugeordnet werden.		
X0	für Beton ohne Bewehrung oder eingebettetes Metall: alle Umgebungsbedingungen, ausgenommen Frostangriff, Verschleiß oder chemischer Angriff	• Fundamente ohne Bewehrung ohne Frost • Innenbauteile ohne Bewehrung • Beton in Gebäuden mit sehr geringer Luftfeuchte[1)]
2 Bewehrungskorrosion, ausgelöst durch Karbonatisierung		
Wenn Beton, der Bewehrung oder anderes eingebettetes Metall enthält, Luft und Feuchte ausgesetzt ist, muss die Expositionsklasse wie folgt zugeordnet werden[2)]:		
XC1	trocken oder ständig nass	• Bauteile in Innenräumen mit üblicher Luftfeuchte (einschließlich Küche, Bad und Waschküche in Wohngebäuden) • Beton, der ständig in Wasser getaucht ist
XC2	nass, selten trocken	• Teile von Wasserbehältern • Gründungsbauteile
XC3	mäßige Feuchte	• Bauteile, zu denen die Außenluft häufig oder ständig Zugang hat, z. B. offene Hallen • Innenräume mit hoher Luftfeuchtigkeit z. B. in gewerblichen Küchen, Bädern, Wäschereien, in Feuchträumen von Hallenbädern und in Viehställen • Dachflächen mit flächiger Abdichtung • Verkehrsflächen mit flächiger unterlaufsicherer Abdichtung[3)]
XC4	wechselnd nass und trocken	Außenbauteile mit direkter Beregnung
3 Bewehrungskorrosion, verursacht durch Chloride, ausgenommen Meerwasser		
Wenn Beton, der Bewehrung oder anderes eingebettetes Metall enthält, chloridhaltigem Wasser einschließlich Taumittel (ausgenommen Meerwasser) ausgesetzt ist, muss die Expositionsklasse wie folgt zugeordnet werden:		
XD1	mäßige Feuchte	• Bauteile im Sprühnebelbereich von Verkehrsflächen • Einzelgaragen • befahrene Flächen mit vollflächigem Oberflächenschutz[3)]
XD2	nass, selten trocken	• Solebäder • Bauteile, die chloridhaltigen Industrieabwässern ausgesetzt sind
XD3	wechselnd nass und trocken	• Teile von Brücken mit häufiger Spritzwasserbeanspruchung • Fahrbahndecken • befahrene Verkehrsflächen mit rissvermeidenden Bauweisen ohne Oberflächenschutz oder ohne Abdichtung[3)] • befahrene Verkehrsflächen mit dauerhaftem lokalem Schutz vor Rissen[3) 4)]

Tabelle 1.21: Expositionsklassen und Feuchtigkeitsklassen nach DIN EN 206-1 und DIN 1045-2, Tabelle 1 (Fortsetzung)

Klasse	Beschreibung der Umgebung	Beispiele für die Zuordnung von Expositionsklassen (informativ)
4 Bewehrungskorrosion, verursacht durch Chloride aus Meerwasser Wenn Beton, der Bewehrung oder anderes eingebettetes Metall enthält, Chloriden aus Meerwasser oder salzhaltiger Seeluft ausgesetzt ist, muss die Expositionsklasse wie folgt zugeordnet werden:		
XS1	salzhaltige Luft, aber kein unmittelbarer Kontakt mit Meerwasser	Außenbauteile in Küstennähe
XS2	unter Wasser	Bauteile in Hafenanlagen, die ständig unter Wasser liegen
XS3	Tidebereiche, Spritzwasser- und Sprühnebelbereiche	Kaimauern in Hafenanlagen
5 Frostangriff mit und ohne Taumittel Wenn durchfeuchteter Beton erheblichem Angriff durch Frost-Tau-Wechsel ausgesetzt ist, muss die Expositionsklasse wie folgt zugeordnet werden:		
XF1	mäßige Wassersättigung, ohne Taumittel	Außenbauteile
XF2	mäßige Wassersättigung, mit Taumittel	• Bauteile im Sprühnebel- oder Spritzwasserbereich von taumittelbehandelten Verkehrsflächen, soweit nicht XF4 • Betonbauteile im Sprühnebelbereich von Meerwasser
XF3	hohe Wassersättigung, ohne Taumittel	• offene Wasserbehälter • Bauteile in der Wasserwechselzone von Süßwasser • horizontale Bauteile mit Beanspruchung aus stehendem Wasser
XF4	hohe Wassersättigung, mit Taumittel	• Verkehrsflächen, die mit Taumitteln behandelt werden • überwiegend horizontale Bauteile im Spritzwasserbereich von taumittelbehandelten Verkehrsflächen • Räumerlaufbahnen von Kläranlagen • Meerwasserbauteile in der Wasserwechselzone
6 Betonkorrosion durch chemischen Angriff Wenn Beton chemischem Angriff durch natürliche Böden, Grundwasser nach DIN 1045-2, Tabelle 2, sowie Meerwasser und Abwasser ausgesetzt ist, muss die Expositionsklasse wie folgt zugeordnet werden[5)]:		
XA1	chemisch schwach angreifende Umgebung nach DIN 1045-2, Tabelle 2	• Behälter von Kläranlagen • Güllebehälter
XA2	chemisch mäßig angreifende Umgebung nach DIN 1045-2, Tabelle 2, und Meeresbauwerke	• Betonbauteile, die mit Meerwasser in Berührung kommen • Bauteile in betonangreifenden Böden
XA3	chemisch stark angreifende Umgebung nach DIN 1045-2, Tabelle 2	• Industrieabwasseranlagen mit chemisch angreifenden Abwässern • Futtertische der Landwirtschaft • Kühltürme mit Rauchgasableitung

Tabelle 1.21: Expositionsklassen und Feuchtigkeitsklassen nach DIN EN 206-1 und DIN 1045-2, Tabelle 1 (Fortsetzung)

Klasse	Beschreibung der Umgebung	Beispiele für die Zuordnung von Expositionsklassen (informativ)
7 Betonkorrosion durch Verschleißbeanspruchung		
Wenn Beton einer erheblichen mechanischen Beanspruchung ausgesetzt ist, muss die Expositionsklasse wie folgt zugeordnet werden:		
XM1	mäßige Verschleißbeanspruchung	tragende oder aussteifende Industrieböden mit Beanspruchung durch luftbereifte Fahrzeuge
XM2	starke Verschleißbeanspruchung	tragende oder aussteifende Industrieböden mit Beanspruchung durch luft- oder vollgummibereifte Gabelstapler
XM3	sehr starke Verschleißbeanspruchung	• tragende oder aussteifende Industrieböden mit Beanspruchung durch elastomer- oder stahlrollenbereifte Gabelstapler • Oberflächen, die häufig mit Kettenfahrzeugen befahren werden • Wasserbauwerke in geschiebebelasteten Gewässern, z. B. Tosbecken
8 Betonkorrosion infolge Alkali-Kieselsäure-Reaktion		
Anhand der zu erwartenden Umgebungsbedingungen ist der Beton einer der 3 nachfolgenden Feuchtigkeitsklassen zuzuordnen.		
W0	Beton, der nach normaler Nachbehandlung nicht längere Zeit feucht und nach dem Austrocknen während der Nutzung weitgehend trocken bleibt	• Innenbauteile des Hochbaus • Bauteile, auf die Außenluft, nicht jedoch z. B. Niederschläge, Oberflächenwasser, Bodenfeuchte, einwirken kann und/oder die nicht ständig einer relativen Luftfeuchte von mehr als 80 % ausgesetzt werden
WF	Beton, der während der Nutzung häufig oder längere Zeit feucht ist	• ungeschützte Außenbauteile, die z. B. Niederschlägen, Oberflächenwasser oder Bodenfeuchte ausgesetzt sind • Innenbauteile des Hochbaus für Feuchträume, wie z. B. Hallenbäder, Wäschereien und andere gewerbliche Feuchträume, in denen die relative Luftfeuchte überwiegend höher als 80 % ist • Bauteile mit häufiger Taupunktunterschreitung, wie z. B. Schornsteine, Wärmeübertragerstationen, Filterkammern und Viehställe • massige Bauteile gemäß DAfStb-Richtlinie „Massige Bauteile aus Beton", deren kleinste Abmessung 0,80 m überschreitet (unabhängig vom Feuchtezutritt)
WA	Beton, der zusätzlich zu der Beanspruchung nach Klasse WF häufiger oder langzeitiger Alkalizufuhr von außen ausgesetzt ist	• Bauteile mit Meerwassereinwirkung • Bauteile unter Tausalzeinwirkung ohne zusätzliche hohe dynamische Beanspruchung (z. B. Spritzwasserbereiche, Fahr- und Stellflächen in Parkhäusern) • Bauteile von Industriebauten und landwirtschaftlichen Bauwerken (z. B. Güllebehälter) mit Alkalisalzeinwirkung

1) Sehr geringe Luftfeuchte bedeutet RH ≤ 30 %.
2) Die Feuchtebedingung bezieht sich auf den Zustand innerhalb der Betondeckung der Bewehrung oder anderer eingebetteter Metalle. In vielen Fällen kann jedoch angenommen werden, dass die Bedingungen in der Betondeckung den Umgebungsbedingungen entsprechen. In diesen Fällen darf die Klasseneinteilung nach der Umgebungsbedingung als gleichwertig angenommen werden. Dies braucht nicht der Fall zu sein, wenn sich zwischen dem Beton und seiner Umgebung eine Sperrschicht befindet.
3) Für die Sicherstellung der Dauerhaftigkeit ist ein Instandsetzungsplan im Sinne der Technischen Regel „Instandhaltung von Betonbauwerken (TR Instandsetzung)" (Deutsches Institut für Bautechnik [DiBt], 2021) aufzustellen.
4) Für die Planung und Ausführung des dauerhaften Schutzes von Rissen gilt die TR Instandhaltung (DiBt, 2021).
5) Bei XA3 und unter Umgebungsbedingungen außerhalb der Grenzen der DIN 1045-2, Tabelle 2, bei Anwesenheit anderer angreifender Chemikalien, bei chemisch verunreinigtem Boden oder Wasser, bei hoher Fließgeschwindigkeit von Wasser und Einwirkung von Chemikalien nach DIN 1045-2, Tabelle 2, sind Anforderungen an den Beton oder Schutzmaßnahmen in diesen Anwendungsregeln nach DIN 1045-2, Abschnitt 5.3.2, vorgegeben.

1.3.3.6 Betonzusatzmittel

Betonzusatzmittel werden dem Beton zugesetzt, um die Eigenschaften des Frisch- oder Festbetons – wie z. B. Verarbeitbarkeit, Erstarren, Erhärten oder Frostwiderstand – zu verändern. Sie werden in der Regel in geringen Mengen (< 5 M.-% des Zementanteils) zugegeben:

- Betonverflüssiger (BV), Farbkennzeichnung: gelb,
- Fließmittel (FM), Farbkennzeichnung: grau,
- Luftporenbilder (LP), Farbkennzeichnung: blau,
- Dichtungsmittel (DM), Farbkennzeichnung: braun,
- Verzögerer (VZ), Farbkennzeichnung: rot,
- Erhärtungsbeschleuniger (BE), Farbkennzeichnung: grün,
- Zusatzmittel für Einpressmörtel (EH), Farbkennzeichnung: weiß,
- Stabilisierer (ST), Farbkennzeichnung: violett,
- Viskositätsmodifizierer (VMA),
- Chromreduzierer (CR), Farbkennzeichnung: rosa,
- Recyclinghilfen (RH), Farbkennzeichnung: schwarz,
- Schaumbildner (SB), Farbkennzeichnung: orange,
- Sedimentationsreduzierer (SR), Farbkennzeichnung: gelb-grün.

1.3.3.7 Dünnbettmörtel und Klebstoffe kompakt

Weitere detaillierte Informationen sind in Kapitel 2.4 aufgeführt.

Regelwerke

Europäische Normen

DIN EN 12004-1	Mörtel und Klebstoffe für keramische Fliesen und Platten – Teil 1: Anforderungen, Bewertung und Überprüfung der Leistungsbeständigkeit, Einstufung und Kennzeichnung; Deutsche Fassung EN 12004-1:2017 (2017)
DIN EN 12004-2	Mörtel und Klebstoffe für keramische Fliesen und Platten – Teil 2: Prüfverfahren; Deutsche Fassung EN 12004-2:2017 (2017)

Nationale Normen – Anwendung

DIN 18157-1	Ausführung von Bekleidungen und Belägen im Dünnbettverfahren – Teil 1: Zementhaltige Mörtel (2017)
DIN 18157-2	Ausführung von Bekleidungen und Belägen im Dünnbettverfahren – Teil 2: Dispersionsklebstoffe (2017)
DIN 18157-3	Ausführung von Bekleidungen und Belägen im Dünnbettverfahren – Teil 3: Reaktionsharzklebstoffe (2017)

Dünnbettverfahren

- Ansetzen oder Verlegen von Fliesen und Platten auf einem ebenen Untergrund mit einem Mörtel oder Klebstoff
- Auftrag mit einer Glättkelle in gleichmäßiger Schicht
- anschließendes Abkämmen mit einer Kammspachtel
- ebene und tragfähige Ansetz- oder Verlegefläche (Untergrund) erforderlich

Auftragsverfahren

- einseitiges Auftragen (Floating-Verfahren; Kammspachtelverfahren):
  - Auftrag des Mörtels oder Klebstoffs nur auf die Ansetz- oder Verlegefläche
  - Ansetzen oder Verlegen der Fliesen und Platten, bevor die Hautbildung eintritt
- beidseitiges Auftragen (kombiniertes Verfahren; Buttering-Floating-Verfahren):
  - Auftrag des Mörtels oder Klebstoffs sowohl auf die Ansetz- oder Verlegefläche als auch auf die Rückseite der Fliesen und Platten.

Tabelle 1.22: Mörtel und Klebstoffe nach DIN EN 12004-1

Bezeichnung	**zementhaltiger Mörtel**	**Dispersionsklebstoff**	**Reaktionsharzklebstoff**
Kurzzeichen	C	D	R
Zusammensetzung	Gemisch aus hydraulischen Bindemitteln, Zuschlägen und organischen Zusätzen	Gemisch aus organischen Bindemittel(n) in Form einer wässrigen Polymerdispersion, organischen Zusätzen und mineralischen Füllstoffen	ein- oder mehrkomponentiges Gemisch aus synthetischen Harzen, mineralischen Füllstoffen und organischen Zusätzen
Anmischen	vor der Anwendung mit Wasser oder flüssigem Zusatzmittel anmischen	gebrauchsfertig	mehrkomponentige Systeme sorgfältig anmischen

Abkürzungen für Klassifizierung von Mörteln und Klebstoffen gemäß DIN EN 12004-1:

C zementhaltiger Mörtel
D Dispersionsklebstoff
R Reaktionsharzklebstoff
1 Mörtel oder Klebstoff für normale Anforderungen
2 Mörtel oder Klebstoff für erhöhte Anforderungen
F schnell erhärtender Mörtel oder Klebstoff
T Mörtel oder Klebstoff mit verringertem Abrutschen
E Mörtel oder Klebstoff mit verlängerter offener Zeit
S1 verformbarer Mörtel oder Klebstoff
S2 stark verformbarer Mörtel oder Klebstoff

Anforderungen

Die DIN EN 12004-1 unterscheidet in zementhaltige Mörtel, Dispersions- und Reaktionsharzklebstoffe. Deren Bindemittelbasis und das damit verbundene Anmischverhalten sowie deren Kennzeichnung sind in den Tabellen 1.23 bis 1.25 übersichtlich zusammengefasst.

Tabelle 1.23: Anforderungen an zementhaltige Mörtel nach DIN EN 12004-1, Tabelle 1

verbindliche Anforderungen	wählbare Anforderungen	
	besondere	**zusätzliche**
normal erhärtend (C1) Haftzugfestigkeit • Ausgangshaftzugfestigkeit (nach Trockenlagerung) ≥ 0,5 N/mm² • nach Wasserlagerung ≥ 0,5 N/mm² • nach Warmlagerung ≥ 0,5 N/mm² • nach Frost-Tauwechsellagerung ≥ 0,5 N/mm² Offene Zeit: Haftzugfestigkeit ≥ 0,5 N/mm² nach mind. 20 Min	**Abrutschen (T) ≤ 0,5 mm**	**hohe Haftzugfestigkeit (C2)** Haftzugfestigkeit • Ausgangshaftzugfestigkeit (nach Trockenlagerung) ≥ 1 N/mm² • nach Wasserlagerung ≥ 1 N/mm² • nach Warmlagerung ≥ 1 N/mm² • nach Frost-Tauwechsellagerung ≥ 1 N/mm²
schnell erhärtend (C1F) Früh-Haftzugfestigkeit ≥ 0,5 N/mm² nach spätestens 6 Stunden offene Zeit: Haftzugfestigkeit ≥ 0,5 N/mm² nach mind. 10 Min Alle anderen Anforderungen bleiben unverändert.	**verlängerte offene Zeit (E)** Haftzugfestigkeit ≥ 0,5 N/mm² nach mind. 30 Min **verformbare Mörtel (S1)** Durchbiegung ≥ 2,5 mm und < 5 mm **stark verformbare Mörtel (S2)** Durchbiegung ≥ 5 mm	

Tabelle 1.24: Anforderungen an Dispersionsklebstoffe nach DIN EN 12004-1, Tabelle 2

verbindliche Anforderungen	wählbare Anforderungen	
	besondere	**zusätzliche**
normale Anforderungen (D1) Haftscherfestigkeit • Ausgangshaftscherfestigkeit (nach Trockenlagerung) ≥ 1 N/mm² • nach Warmlagerung ≥ 1 N/mm² offene Zeit: Haftzugfestigkeit ≥ 0,5 N/mm² nach mind. 20 Min	**Abrutschen (T) ≤ 0,5 mm** **verlängerte offene Zeit (E)** Haftzugfestigkeit ≥ 0,5 N/mm² nach mind. 30 Min	**erhöhte Anforderungen (D2)** Haftfestigkeit • nach Wasserlagerung ≥ 0,5 N/mm² • bei erhöhten Temperaturen ≥ 1 N/mm²

Tabelle 1.25: Anforderungen an Reaktionsharzklebstoffe nach DIN EN 12004-1, Tabelle 3

verbindliche Anforderungen	wählbare Anforderungen	
	besondere	**zusätzliche**
normale Anforderungen (D1) Haftscherfestigkeit • Ausgangshaftscherfestigkeit (nach Trockenlagerung) ≥ 2 N/mm² • nach Wasserlagerung ≥ 2 N/mm² offene Zeit: Haftzugfestigkeit ≥ 0,5 N/mm² nach mind. 20 Min	**Abrutschen (T) ≤ 0,5 mm**	**erhöhte Anforderungen (R2)** Haftscherfestigkeit • nach Temperaturwechsel ≥ 2 N/mm²

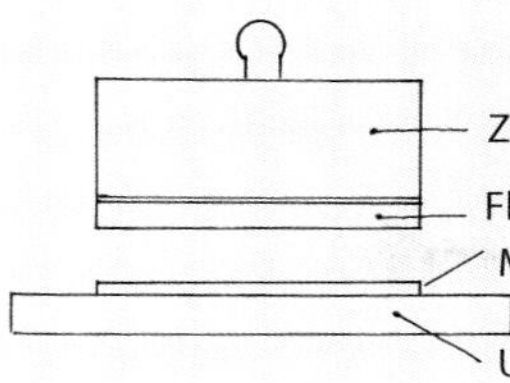

Abb. 1.3: Adhäsionsbruch zwischen Klebstoff oder Mörtel und Fliese (AF-T) nach DIN EN 12004-2

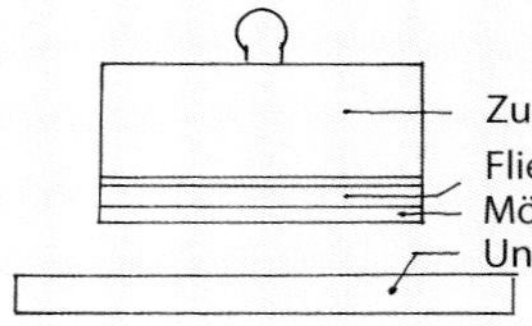

Abb. 1.4: Adhäsionsbruch zwischen Klebstoff oder Mörtel und Untergrund (AF-S) nach DIN EN 12004-2

Eigenschaften während der Anwendung

- Während der **Lagerdauer** behält der Mörtel oder Klebstoff seine Verarbeitungseigenschaften.
- Die **Reifezeit** benötigt der Mörtel nach dem Anmischen, um seine Verarbeitungsmöglichkeiten zu entwickeln.
- Während der **Topfzeit** kann der Mörtel oder Klebstoff nach dem Anmischen verarbeitet werden.
- Während der **offenen Zeit** können die Fliesen oder Platten in den aufgetragenen Mörtel oder Klebstoff eingelegt werden.
- Die **Benetzungsfähigkeit** ist das Vermögen einer abgekämmten Mörtel- oder Klebstoffschicht, eine Fliese oder Platte zu benetzen.
- Das **Abrutschen** ist die Abwärtsbewegung einer angesetzten Fliese oder Platte.
- Während der **Korrigierzeit** können die eingelegten Fliesen oder Platten in ihrer Lage korrigiert werden, ohne dass die Haftfestigkeit darunter leidet.

Eigenschaften nach dem Erhärten

- Die **Haftfestigkeit** wird als Kraft pro Flächeneinheit angegeben (N/mm^2).
- Die **Verformbarkeit** gibt an, wie ein Mörtel oder Klebstoff durch Spannungen verformt werden kann, ohne dass ein Schaden auftritt.
- Adhäsionsbruch (Bruch an der Grenzfläche):
  - oberhalb des Mörtels oder Klebstoffs (zwischen Mörtel und Fliese) (siehe Abb. 1.3) oder
  - unterhalb des Mörtels oder Klebstoffs (zwischen Mörtel und Untergrund) (siehe Abb. 1.4)

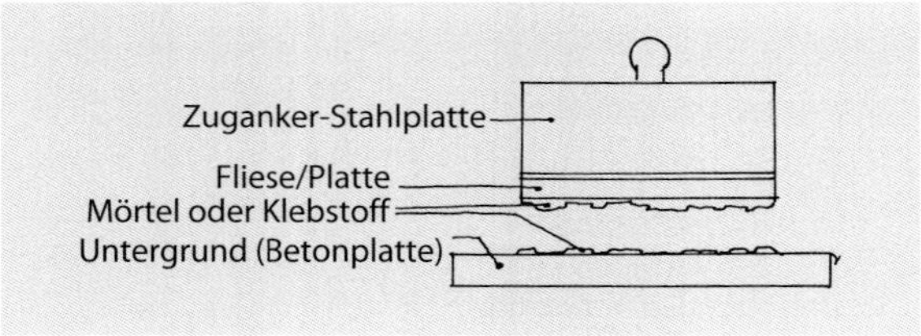

Abb. 1.5: Kohäsionsbruch innerhalb des Mörtels oder Klebstoffs (CF-A) nach DIN EN 12004-2

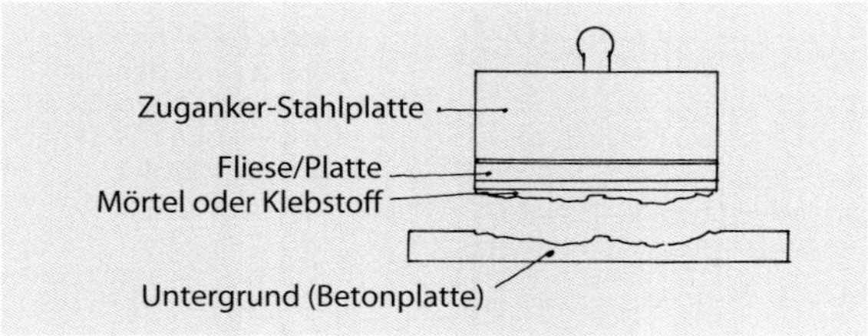

Abb. 1.6: Kohäsionsbruch innerhalb des Untergrundes (CF-S) nach DIN EN 12004-2

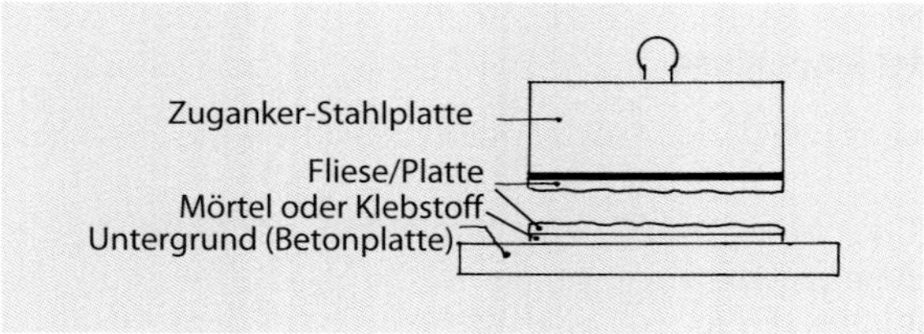

Abb. 1.7: Kohäsionsbruch innerhalb der Fliese (CF-T) nach DIN EN 12004-2

Kohäsionsbruch (Bruch durch das Material):

- durch den Mörtel oder Klebstoff (siehe Abb. 1.5) oder
- durch den Untergrund (siehe Abb. 1.6) oder
- durch die Fliese (siehe Abb. 1.7)

1.3.3.8 Fugenmörtel

Regelwerk

DIN EN 13888-1	Fugenmörtel für keramische Fliesen und Platten – Teil 1: Anforderungen, Klassifizierung, Bezeichnung und Kennzeichnung; Deutsche Fassung EN 13888-1:2022 (2022)
DIN EN 13888-2	Fugenmörtel für keramische Fliesen und Platten – Teil 2: Prüfverfahren; Deutsche Fassung EN 13888-2:2022 (2022)

Diese Norm unterscheidet zwischen zementhaltigen Mörteln (CG) und Reaktionsharzfugenmörteln (RG).

Für zementäre Fugenmörtel gelten nach DIN EN 13888-1 die in Tabelle 1.26 dargestellten Anforderungen.

Tabelle 1.26: Eigenschaften zementärer Fugenmörtel nach DIN EN 13888-1

grundlegende Eigenschaften normal abbindender Mörtel	**Anforderungen**
Abriebbeständigkeit	≤ 2.000 mm^3
Biegefestigkeit nach Trockenlagerung	≥ 2,5 N/mm^2
Biegefestigkeit nach Frost-Tau-Wechsel	≥ 2,5 N/mm^2
Druckfestigkeit nach Trockenlagerung	≥ 15 N/mm^2
Druckfestigkeit nach Frost-Tau-Wechsel	≥ 15 N/mm^2
Schwindung	≤ 3 mm/m
Wasseraufnahme nach 30 Minuten	≤ 5 g
Wasseraufnahme nach 240 Minuten	≤ 10 g
grundlegende Eigenschaften schnell abbindender Mörtel	**Anforderungen**
alle Eigenschaften für normal abbindende Mörtel und frühe Druckfestigkeit	≥ 7,5 N/mm^2 nach nicht mehr als 6 Stunden
zusätzliche Eigenschaften	**Anforderungen**
besonders hohe Abriebbeständigkeit	≤ 1.000 mm^3
verringerte Wasseraufnahme nach 30 Minuten	≤ 2 g
verringerte Wasseraufnahme nach 240 Minuten	≤ 5 g

Für Reaktionsharzfugenmörtel gelten nach DIN EN 13888-1 die in Tabelle 1.27 dargestellten Anforderungen.

Tabelle 1.27: Eigenschaften Reaktionsharzfugenmörtel nach DIN EN 13888-1

grundlegende Eigenschaften	**Anforderungen**
Abriebbeständigkeit	≤ 250 mm^3
Biegefestigkeit nach Trockenlagerung	≥ 30 N/mm^2
Druckfestigkeit nach Trockenlagerung	≥ 45 N/mm^2
Schwindung	≤ 1,5 mm/m
Wasseraufnahme nach 240 Minuten	≤ 0,1 g

Klassifizierung und Bezeichnung

- **CG**: zementhaltige Fugenmörtel
  - **CG1:** normaler Fugenmörtel (erfüllt die grundlegenden Eigenschaften)
  - **CG2** verbesserter Fugenmörtel (erfüllt zusätzlich Anforderungen der zusätzliche Eigenschaften und wird mit **W** für verringerte Wasseraufnahme und/oder **A** für hohe Abriebbeständigkeit bezeichnet)
- **F**: schnell abbindender Mörtel
- **RG**: Reaktionsharzfugenmörtel

Verarbeitung

Vor der Verfugung von Keramik- und Natursteinbelägen ist je nach Oberflächenporigkeit und -rauigkeit eine Probeverfugung anzuraten.

Zur Sicherstellung einer einheitlichen Fugenoptik und Festigkeitsentwicklung sind die Verarbeitungsanweisungen zu beachten. So sind die Fugen bereits während der Verlegung gleichmäßig tief auszukratzen (je dünner die Platte, desto größer diese Notwendigkeit). Der Verlegemörtel muss zum Zeitpunkt der Verfugung ausreichend erhärtet und trocken sein. Bei warmer Witterung und stark saugenden Natursteinen sollten die Fugenquerschnitte vorgenässt werden, ohne dass jedoch stehendes Wasser in der Fugenkammer verbleibt. Der Anmachwassergehalt ist abhängig von dem zur Anwendung kommenden Applikationsverfahren. Keinesfalls jedoch dürfen die vom Hersteller vorgegebenen Minimal- bzw. Maximalwerte unter- bzw. überschritten werden.

Zu hoher Anmachwassergehalt kann Calciumcarbonatausblühungen an der Oberfläche, konkav ausgewaschene Fugen, geringe Festigkeiten des Fugenmörtels, eine Zunahme des Porenvolumens/erhöhte Wasseraufnahme, eine geringere mechanische und chemische Widerstandsfähigkeit oder Rissbildung zur Folge haben.

1.3.3.9 Dichtstoffe

Regelwerke

DIN EN ISO 11600	Hochbau – Fugendichtstoffe – Einteilung und Anforderungen von Dichtungsmassen (ISO 11600:2002 + Amd 1:2011); Deutsche Fassung EN ISO 11600:2003 + A1:2011 (2011)
DIN EN 15651-1	Fugendichtstoffe für nicht tragende Anwendungen in Gebäuden und Fußgängerwegen – Teil 1: Fugendichtstoffe für Fassadenelemente; Deutsche Fassung EN 15651-1:2017 (2017)
DIN EN 15651-2	Fugendichtstoffe für nicht tragende Anwendungen in Gebäuden und Fußgängerwegen – Teil 2: Fugendichtstoffe für Verglasungen; Deutsche Fassung EN 15651-2:2017 (2017)

DIN EN 15651-3	Fugendichtstoffe für nicht tragende Anwendungen in Gebäuden und Fußgängerwegen – Teil 3: Dichtstoffe für Fugen im Sanitärbereich; Deutsche Fassung EN 15651-3:2017 (2017)
DIN EN 15651-4	Fugendichtstoffe für nicht tragende Anwendungen in Gebäuden und Fußgängerwegen – Teil 4: Fugendichtstoffe für Fußgängerwege; Deutsche Fassung EN 15651-4:2017 + AC:2017 (2017)
DIN EN 15651-5	Fugendichtstoffe für nicht tragende Anwendungen in Gebäuden und Fußgängerwegen – Teil 5: Bewertung und Überprüfung der Leistungsbeständigkeit, Kennzeichnung und Etikettierung; Deutsche Fassung EN 15651-5:2017 (2017)
DIN 18540	Abdichten von Außenfugen im Hochbau (2014)

Bei der Auswahl des Dichtstoffs ist die Beanspruchung zu berücksichtigen.

Speziell für den gewerblichen Gebrauch existiert eine Vielzahl von Spezialprodukten.

Vor der Anwendung ist z. B. über das Produktdatenblatt die explizite Eignung zu kontrollieren.

Dichtstoffarten

Silikone (bei Natursteinen ist auf die Eignung des Dichtstoffs zu achten)

Die Aushärtung erfolgt über eine chemische Reaktion der Silikondichtstoffe mit der Feuchtigkeit der Luft. Dabei spalten sich kleine Moleküle (je nach Silikonbasis unterschiedliche) ab. Der typische Geruch dieser Moleküle kann einen Hinweis auf die Vernetzungsart geben. Sie sind plastisch bis plastoelastisch, haben in der Regel eine praktische Dehnfähigkeit von 20 bis 25 %, sind witterungsbeständig, gebrauchsfertig, vielfach fungizid ausgerüstet, nicht überstreichbar und weich. Bei der Vernetzungsart wird unterschieden in:

- sauer vernetzend (Acetat- bzw. essigsäurevernetzend): Vorsicht bei säureempfindlichen Materialien, wie z. B. unedlen Metallen, Kalksteinen, Marmor (diese Silikone sind mit speziellen Primern und zusätzlichem Abkleben auch hier verwendbar, allerdings ist eine Rücksprache mit dem Produkthersteller erforderlich); sie werden häufig im Innenausbau von Häusern in Sanitärbereichen verwendet;
- alkalisch vernetzend: amin-/aminoxyvernetzend (Fischgeruch);
- neutral vernetzend:
  - alkoxyvernetzend (Abspaltungsprodukt: niedere Alkohole mit kaum wahrnehmbarem Geruch),
  - oximvernetzend (mehrere Untersysteme).

Polyurethane (ein- oder zweikomponentige Dichtstoffe)

Sie weisen elastische Eigenschaften und in der Regel eine praktische Dehnfähigkeit von 15 bis 25 % auf. Je nach Formulierung besitzen sie eine hohe Ölresistenz sowie eine gute Abriebfestigkeit und sind weich bis mittelhart (mit zunehmender Härte reduziert sich die zulässige Gesamtverformung). Sie werden zum Schließen von Hochbau- und Bodenfugen verwendet.

Polysulfide (im Allgemeinen ein zweikomponentiger Dichtstoff)

Sie eignen sich für hoch beanspruchte Bereiche. Die chemische oder mechanische Belastung ist von der Formulierung abhängig. Sie verfügen über elastische Eigenschaften und eine praktische Dehnfähigkeit von in der Regel 15 bis 25 %. Sie sind mittelhart bis weich (mit zunehmender Härte reduziert sich die zulässige Gesamtverformung). Sie werden in Laboratorien und chemischen Betrieben, bei stark belasteten und befahrenen Belägen im Industriebau und zum Schließen von elastischen Fugen im Tankstellenbereich verwendet.

Acryl

Diese einkomponentigen Dichtstoffe erhärten durch Trocknung (klimaabhängig) und weisen elastoplastische Eigenschaften mit einem Trocknungsschwund von 10 bis 25 % sowie eine begrenzte Bewegungsaufnahme auf. Allerdings sind sie überstreichbar und werden zum Schließen von Fugen und Rissen ohne nennenswerte Bewegungen und für Anschlussfugen im Innenbereich verwendet.

Silanmodifizierte Dichtstoffe

Diese Dichtstoffe erfahren im Markt u. a. unter den Synonymen MS-Silikon, MS-Polymere Hybrid-Polymere, SMP wachsende Bedeutung. Es ist eine Vielzahl an Eigenschaftsprofilen möglich und die Mehrzahl dieser Dichtstoffe ist einkomponentig und luftfeuchtigkeitshärtend. Sie sind fast geruchlos, verfügen über ein geringes Schwinden und sind beständig gegen zahlreiche Lösemittel. Diese Gruppe der Dichtstoffe verbindet eine einfache Verarbeitung auch bei tieferen Temperaturen mit einer geringen Staubanfälligkeit und Überstreichbarkeit mit einer elastischen Farbe.

CE-Kennzeichnung und Klassifizierung von Fugendichtstoffen

Die DIN EN ISO 11600 unterteilt Dichtstoffe auf Grundlage spezifischer Eigenschaften. Die europäische Stoffnorm DIN EN 15651 „Fugendichtstoffe für nicht tragende Anwendungen in Gebäuden und Fußgängerwegen – Teil 1 bis 5“ legt Mindestanforderungen an Fugendichtstoffe für verschiedene Anwendungsbereiche fest. Anhand dieser harmonisierten europäischen Norm erfolgt die CE-Kennzeichnung mit der dazugehörigen Leistungserklärung.

DIN EN 15651-1 „Fugendichtstoffe für nicht tragende Anwendungen in Gebäuden und Fußgängerwegen – Teil 1: Fugendichtstoffe für Fassadenelemente; Deutsche Fassung EN 15651-1:2017“ (2017)

- Kennzeichnung der Dichtstoffe: **F**
- weitere Kennzeichnungskürzel:
  - EXT Außenanwendung (Exterior)
  - INT Innenanwendung (Interior)
  - CC auch für tiefe Temperaturen geprüft (–30 °C) (Cold climate)
  - Zahl zulässige Gesamtverformung des Dichtstoffs
  - LM niedriger Dehnspannungswert (Low Modulus)
  - HM hoher Dehnspannungswert (High Modulus)
  - P plastisch
  - E elastisch
- Klassifizierungsstufen gemäß DIN EN 15651-1: 25 LM, 25 HM, 20 LM, 20 HM, 12,5 E, 12,5 P, 7,5 P

Beispiel

F-EXT-INT-CC-, class 20 HM:

Fugendichtstoff für Fassadenelemente für den Innen- und Außenbereich auch in kalten Klimazonen mit einer zulässigen Gesamtverformung von 20 % und einem hohen Dehnspannungswert

DIN EN 15651-2 „Fugendichtstoffe für nicht tragende Anwendungen in Gebäuden und Fußgängerwegen – Teil 2: Fugendichtstoffe für Verglasungen; Deutsche Fassung EN 15651-2:2017“ (2017)

- Kennzeichnung der Dichtstoffe: **G**
- weitere Kennzeichnungskürzel entsprechend der Verwendung in Teil 1
- Klassifizierungsstufen gemäß DIN EN 15651-2: 25 LM, 25 HM, 20 LM, 20 HM

DIN EN 15651-3 „Fugendichtstoffe für nicht tragende Anwendungen in Gebäuden und Fußgängerwegen – Teil 3: Dichtstoffe für Fugen im Sanitärbereich; Deutsche Fassung EN 15651-3:2017“ (2017)

- Kennzeichnung der Dichtstoffe: **S/XS**
  Die XS-Klassen stellen höhere Anforderungen an den Dichtstoff. Dichtstoffe dieser Klassen werden auf Haft-Dehn-Verhalten unter Vorspannung bei Eintauchen in Wasser und unterschiedlichen Temperaturen geprüft und besitzen gegenüber Dichtstoffen der Klasse S einen deutlich geringeren Volumenschwund (vgl. Tabelle 1.28), der jedoch noch höher ist als die Qualitätsanforderungen an den Volumenschwund des Industrieverbands Dichtstoffe (IVD) mit einem Volumenschwund von ≤ 10 %. Dichtstoffe der Klassifizierung 1 besitzen die geringste Wachstumsintensität von Mikroorganismen.
- weitere Kennzeichnungskürzel entsprechend der Verwendung in Teil 1

Tabelle 1.28: Zusammenfassung der Klassen für nicht tragende Dichtstoffe für Fugen im Sanitärbereich nach DIN EN 15651-3, Tabelle 2

Eigenschaften	Klasse					
	XS 1	XS 2	XS 3	S 1	S 2	S 3
Zugverhalten unter Vorspannung	NF	NF	NF	–	–	–
Haft-Dehn-Verhalten bei unterschiedlichen Temperaturen	NF	NF	NF	–	–	–
Haft-Dehn-Verhalten unter Vorspannung nach Eintauchen in Wasser	NF	NF	NF	–	–	–
Haft-Dehn-Verhalten unter Vorspannung nach Eintauchen in Wasser; Bruchdehnung (%)	–	–	–	≥ 25	≥ 25	≥ 25
Volumenverlust (%)	≤ 20 ≤ 30[1)] ≤ 40[2)]	≤ 20 ≤ 30[1)] ≤ 40[2)]	≤ 20 ≤ 30[1)] ≤ 40[2)]	≤ 55	≤ 55	≤ 55
Standvermögen (mm)	≤ 3	≤ 3	≤ 3	≤ 5	≤ 5	≤ 5
Mikroorganismen: Wachstumsintensität	0 oder 1	2	3–5	0 oder 1	2	3–5

1) für Dispersionsdichtstoffe auf Wasserbasis
2) für klare Dispersionsdichtstoffe auf Wasserbasis
NF – kein Versagen nach EN ISO 11600:2003

DIN EN 15651-4 „Fugendichtstoffe für nicht tragende Anwendungen in Gebäuden und Fußgängerwegen – Teil 4: Fugendichtstoffe für Fußgängerwege; Deutsche Fassung EN 15651-4:2017 + AC:2017“ (2017) (vgl. Tabelle 1.29)

- Kennzeichnung der Dichtstoffe: **PW**
- weitere Kennzeichnungskürzel entsprechend der Verwendung in Teil 1
- Klassifizierungsstufen gemäß DIN EN 15651-4: 25 LM, 25 HM, 20 LM, 20 HM, 12,5 E
  - Qualitätsanforderungen im Hinblick auf den Volumenschwund vom IVD ist bei allen Klassen ≤ 5 %

Tabelle 1.29: Zusammenfassung der erforderlichen Eigenschaften und Klassen für Fugendichtstoffe für Fußgängerwege nach DIN EN 15651-4, Tabelle 3

Eigenschaften	**Klasse**				
	25 LM	**25 HM**	**20 LM**	**20 HM**	**12,5 E**
elastisches Rückstellvermögen (%)	≥ 70	≥ 70	≥ 60	≥ 60	≥ 40
Zugverhalten: Sekantenmodul					
bei 23 ± 2 °C (MPa)	≤ 0,4 und	≤ 0,4 oder	≤ 0,4 und	≤ 0,4 oder	
bei −20 ± 2 °C (MPa)	≤ 0,6	≤ 0,6	≤ 0,6	≤ 0,6	
Zugverhalten unter Vorspannung	NF	NF	NF	NF	NF
Haft-Dehn-Verhalten bei unterschiedlichen Temperaturen	NF	NF	NF	NF	NF
Haft-Dehn-Verhalten unter Vorspannung nach Eintauchen in Wasser	NF	NF	NF	NF	NF
Volumenverlust bei nicht absackenden Fugendichtstoffen (%)	≤ 10	≤ 10	≤ 10	≤ 10	≤ 15
Volumenverlust bei selbstverlaufenden Fugendichtstoffen (%)	≤ 10	≤ 10	≤ 10	≤ 10	≤ 15
Standvermögen bei nicht absackenden Fugendichtstoffen (mm)	≤ 3	≤ 3	≤ 3	≤ 3	≤ 5
Fugendichtstoffe mit selbstverlaufenden Eigenschaften	deklarierter Wert	deklarierter Wert	deklarierter Wert	deklarierter Wert	deklarierter Wert
Reißfestigkeit	NF	NF	NF	NF	NF

NF kein Versagen

Wichtige Materialeigenschaften von Dichtstoffen

Das **Rückstellvermögen** (Angabe in Prozent) ist die Eigenschaft eines Dichtstoffs, die Ausgangsform und das Ausgangsmaß nach einer Dehnung oder Stauchung ganz oder teilweise wieder anzunehmen, wenn die Kräfte aufgehoben werden, die die Verformung verursacht haben.

Die **zulässige Gesamtverformung (ZGV)** (praktische Dehnfähigkeit) gibt an, welche Dehn- bzw. Stauchverformungen ein Dichtstoff aufnehmen kann, ohne seine Funktionsfähigkeit zu verlieren. In der DIN EN ISO 11600 wird in diesem Zusammenhang auch von Bewegungsvermögen gesprochen. Es ist entscheidend für die Fugendimensionierung und liegt bei Dichtstoffen zwischen 7,5 und 25 %.

Beispiel

> Eine 10 mm breite Fuge mit einem Fugendichtstoff mit einer zulässigen Gesamtverformung von 20 % kann Bewegungen aus Dehnung und Stauchung von bis zu 2,0 mm schadensfrei aufnehmen. Ein Dichtstoff mit 25 % zulässiger Gesamtverformungen hingegen von 2,5 mm.

Der **Dehnspannungswert** ist ein Ausdruck für das E-Modul und zeigt an, welche Kraft aufgebracht werden muss, um den Dichtstoff um einen definierten Wert zu dehnen. In der Normung wird unterschieden zwischen Dichtstoffen mit hohem Elastizitätsmodul (Kennbuchstaben HM) und Dichtstoffen mit niedrigem Elastizitätsmodul (Kennbuchstaben LM).

Hinweis

> Für bauseitige Untergründe mit hoher Eigenfestigkeit (Beton, Metalle, Keramik, Granit usw.) sind hochmodulige Dichtstoffe (Klasse HM) oder niedermodulige Dichtstoffe (Klasse LM) einsetzbar. Bei Untergründen mit geringen Eigenfestigkeiten (Putz, Porenbeton, Wärmedämm-Verbundsysteme [WDVS], einige Sandsteine usw.) sind niedermodulige Dichtstoffe (Klasse LM) zu bevorzugen.

Elastisch ist die Eigenschaft eines Dichtstoffs, sich bei auftretenden Bewegungen im Fugenbereich reversibel zu verformen. Ein elastischer Dichtstoff verändert unter Einwirkung einer Kraft seine Form und nimmt nach Beendigung der Krafteinwirkung seine ursprüngliche Form vollständig bzw. nahezu vollständig wieder an.

Unter einer **plastischen** Verformungseigenschaft ist die Eigenschaft eines Dichtstoffs zu verstehen, sich bei einer einwirkenden Kraft zu verformen und nach Beendigung der Krafteinwirkung seine Verformung nicht bzw. nur geringfügig rückzubilden.

Die DIN EN ISO 11600 unterscheidet zwischen elastischen und plastischen Dichtstoffen wie in Tabelle 1.30 dargestellt.

Tabelle 1.30: Unterteilung elastischer und plastischer Dichtstoffe nach DIN EN ISO 11600

zulässige Gesamtverformung	**25 %**		**20 %**		**12,5 %**		**7,5 %**
Bezeichnung	elastisch					plastisch	
Dichtstoffklasse	25 LM	25 HM	20 LM	20 HM	12,5 E	12,5 P	7,5 P

Durch Abgabe flüchtiger Substanzen bei der Vernetzung kommt es zu einer **Volumenänderung**/einem **Volumenschwund.** Das Maß ist abhängig vom Dichtstofftyp und der Zusammensetzung. Die Volumenänderung soll möglichst gering sein, da starkes Schwinden zu einem Haftverlust oder zur Rissbildung führen kann.

Die Messung der **Härte** erfolgt nach Shore (Shore-A-Härte für Weich-Elastomere, Shore-D-Härte für zäh-elastische Elastomere). Sie gibt die Widerstandsfähigkeit eines Dichtstoffs gegenüber mechanischen Belastungen an (gemessen wird die Eindringtiefe eines federbelasteten Stahlstiftes auf einer Skala). Prinzipiell gilt: Je höher der Wert, umso härter und mechanisch belastbarer ist der Dichtstoff und desto geringer ist in der Regel die zulässige Gesamtverformung.

1.3.3.10 Grundierungen

Aufgaben von Grundierungen

- Reduzierung der Untergrundsaugfähigkeit
- Reststaubbindung
- Verbesserung des Haftverbundes
- Untergrundverfestigung
- Ausbildung eines Trennfilms zwischen gipsgebundenen Untergründen und zementären Verlegemörteln
- Feuchteschutz des Untergrundes vor Feuchtigkeit aus den Verlegewerkstoffen
- Feuchteschutz in Form einer Dampfbremse/-sperre bei zementären Untergründen mit erhöhter Restfeuchtigkeit

Arten von Grundierungen

Dispersionsgrundierungen

Diese werden verwendet zur

- Reduzierung der Untergrundsaugfähigkeit,
- Reststaubbindung,
- je nach Formulierung zur Verbesserung des Haftverbundes

und erhärten (trocknen) physikalisch.

Reaktionsharzgrundierungen

Diese sind unterteilt in:

- **2K-Epoxidharzgrundierungen**
  - Bei Epoxidharzen reagiert die Stammkomponente Epoxidharz (z. B. Bisphenol A und Epichlorhydrin) mit der Härterkomponente (z. B. Polyamine) über Polyaddidition.
- **1K-Polyurethanharz- oder 1K-Silanharzgrundierungen**
  - reagieren mit der Feuchtigkeit aus dem Untergrund oder der Luft unter Bildung von gasförmigem Kohlendioxid

Die Anwendungsbereiche für diese Systemgruppen sind ähnlich:

- Verbesserung des Haftverbundes,
- Ausbildung eines Feuchtigkeitsschutzes,
- Reduzierung der Untergrundsaugfähigkeit und der Reststaubbindung.

Um eine gute Anhaftung der mineralischen Ausgleichs- und Verlegesysteme zu erzielen, ist die frische Reaktionsharzgrundierung mit gewaschenem und getrocknetem Quarzsand in einer hinreichenden Korngröße im Überschuss abzustreuen.

Eine chemische Verfestigung von Untergründen lässt sich, wenn überhaupt, nur mit reaktiven Grundierungssystemen erreichen (Herstellerhinweise sind zu beachten).

1.3.4 Fragen und Antworten

Nr.	Fragen
1.	Was ist ein Atom?
2.	Erklären Sie die Begriffe Dispersion, Emulsion, Suspension.
3.	Nennen Sie Baustoffe aus organischen und anorganischen Grundstoffen.
4.	Was sind Minerale?
5.	Erklären Sie die Begriffe Aggregatzustand, Kohäsion, Adhäsion.
6.	Was ist Silizium?
7.	Erklären Sie den Begriff Neutralisation.
8.	Welche Auswirkungen hat Schwimmbadwasser mit einem pH-Wert von 9,2?
9.	Was versteht man unter Viskosität?
10.	Erklären Sie die Temperaturdehnzahl. Nennen Sie Beispiele.
11.	Welche Aufgaben haben Grundierungen?
12.	Welche Arten von Grundierungen gibt es?
13.	Was ist der Unterschied zwischen einem plastischen und einem elastischen Dichtstoff?
14.	Welche Dichtstoffarten gibt es?
15.	Was versteht man unter der praktischen Dehnfähigkeit eines Dichtstoffs?
16.	Welcher Normung unterliegen Dichtstoffe für den Sanitärbereich und an welcher Kennzeichnung erkennt man diese?
17.	Erläutern Sie die folgenden Kürzel von Dichtstoffen nach DIN EN 15651: EXT, INT, CC, Zahl, LM, HM, P, und E.
18.	Geben Sie die genaue Bezeichnung für einen Puzzolanzement an.
19.	Wie viel Anmachwasser wird vom Zement chemisch und physikalisch gebunden?
20.	In wie viele Zementarten wird nach EN 197-1 unterteilt und in welche?
21.	Nennen Sie jeweils einen hydraulisch reaktiven und einen puzzolanisch reaktiven Bestandteil von Zement mit den wesentlichen Reaktivpartnern.
22.	Was bedeuten die Buchstaben L, N und R bei der Kennzeichnung der Festigkeitsklassen von Zementen?

Nr.	Fragen
23.	Benennen Sie die Mörtelklassen für Mauermörtel nach DIN EN 998-2.
24.	Was ist Kalkhydrat?
25.	Welcher Faktor beeinflusst im Wesentlichen die Zementgüte?
26.	Nennen Sie die 3 Mörtelarten, in die Mauermörtel unterschieden werden.
27.	Welche europäische Norm legt die Anforderungen an Estrichmörtel in Innenräumen fest?
28.	In welche Estrichmörtelarten wird unterschieden?
29.	Was muss bei der erforderlichen Estrichdicke bei Estrichen auf Dämmung insbesondere berücksichtigt werden?
30.	In welche Putzarten wird nach DIN EN 998-1 unterschieden?
31.	Was sind Betonzusatzmittel?
32.	Teilen Sie Beton nach seiner Rohdichte ein.
33.	Wie kann die Erhärtung von Beton beschleunigt werden?
34.	Welche europäische Norm beschäftigt sich mit den Anforderungen an Mörtel und Klebstoffe für keramische Fliesen und Platten?
35.	Welche nationale Norm legt die Regeln für die Ausführung von Belägen im Dünnbettverfahren fest?
36.	Welche Auftragsverfahren für die Klebemörtel/-stoffe gibt es?
37.	Was sind Schnellkleber?
38.	Welche Vorteile besitzen Dispersionsklebstoffe? Wie erhärten sie?
39.	Welche Arten von Klebstoffen und Dünnbettmörteln gibt es?
40.	Erklären Sie die Begriffe Reifezeit, Topfzeit, offene Zeit, Korrigierzeit.
41.	Erläutern Sie die Kennzeichnung nach DIN EN 12004.
42.	In welche Arten von Anforderungen wird in der DIN EN 12004 unterschieden?
43.	Welche Normung gilt für Fugenmörtel?
44.	In welche Fugenmörtelarten wird unterschieden?
45.	Erläutern Sie die Klassifizierung der DIN EN 13888.
46.	Welche Baustoffe oder Bauteile benötigen einen hohen Diffusionswiderstand?
47.	Warum sollte der Anmachwassergehalt bei der Verarbeitung von zementären Fugenmörteln nicht überschritten werden?
48.	Was bedeuten die Abkürzungen PE, PVC, PIB, PS?
49.	Was sind Duromere, Elastomere?
50.	Was sind Reaktionsharze? Nennen Sie Beispiele.

Nr.	Antworten
1.	kleinstes Teilchen einer Materie; alle Stoffe bestehen aus Atomen
2.	Dispersion: Mischung von fein verteilten festen Stoffen mit Wasser; Emulsion: Mischung von fein verteilten Fett- oder Ölteilchen in Wasser; Suspension: „Untermischung" zwischen 2 sich nicht lösenden Stoffen
3.	Baustoffe aus organischen Grundstoffen sind Kunststoffe, Bitumen, Holz, Kork; Baustoffe aus anorganischen Stoffen sind mineralische Stoffe, Steine, Bindemittel und Beton.
4.	Bausteine der Natursteine, beispielsweise Feldspat, Quarz, Calciumcarbonat, Biotit
5.	Aggregatzustände: fest – flüssig – gasförmig; Kohäsion = Zusammenhangskraft eines Stoffes; Adhäsion = Anhangskraft zwischen 2 Stoffen
6.	Silizium (Si) ist ein Element, das hauptsächlich im Quarzsand vorkommt.
7.	chemischer Vorgang beim mengenmäßig entsprechenden Mischen von Basen und Säuren
8.	Schwimmbadwasser mit einem pH-Wert von 9,2 ist stark alkalisch/basisch. Es ist ätzend und reizend für Haut und Schleimhäute.
9.	Maß für Flüssigkeiten und plastischen Substanzen, wie dick- oder dünnflüssig
10.	Gibt an, um wie viel mm sich ein Stoff von 1 m Länge bei einer Temperaturveränderung von 1 K ausdehnt oder zusammenzieht. Beispiele: Fliesen 0,008 mm, Beton 0,01 mm, Kunststoff, 0,05–0,12 mm, Stahl 0,012 mm, Aluminium 0,024 mm
11.	Je nach Grundierungen werden diese zur Reduzierung der Untergrundsaugfähigkeit, der Reststaubbindung, zur Verbesserung des Haftverbundes, zur Untergrundverfestigung, zur Ausbildung eines Trennfilms zwischen gipsgebundenen Untergründen und zementären Verlegemörteln, als Feuchteschutz des Untergrundes vor Feuchtigkeit aus den Verlegewerkstoffen und Feuchteschutz in Form einer Dampfbremse/-sperre bei zementären Untergründen mit erhöhter Restfeuchtigkeit verwendet
12.	Dispersionsgrundierungen und Reaktionsharzgrundierungen
13.	Elastische Dichtstoffe haben die Eigenschaft, sich bei auftretenden Bewegungen im Fugenbereich reversibel zu verformen. Ein elastischer Dichtstoff verändert unter Einwirkung einer Kraft seine Form und nimmt nach Beendigung der Krafteinwirkung seine ursprüngliche Form vollständig bzw. nahezu vollständig wieder an. Plastische Dichtstoffe haben die Eigenschaft, sich nach einer einwirkenden Kraft zu verformen und nach Beendigung der Krafteinwirkung ihre Verformung nicht bzw. nur geringfügig rückzubilden.
14.	Silikone (sauer, alkalisch oder neutral vernetzend), Polyurethane, Polysulfide, Acryl und silanmodifizierte Dichtstoffe
15.	Die zulässige Gesamtverformung (ZGV) (praktische Dehnfähigkeit) gibt an, welche Dehn- bzw. Stauchverformungen ein Dichtstoff aufnehmen kann, ohne seine Funktionsfähigkeit zu verlieren. Sie ist entscheidend für die Fugendimensionierung und liegt bei Dichtstoffen zwischen 7,5 und 25 %.
16.	DIN EN 15651-3 „Fugendichtstoffe für Fugen im Sanitärbereich"; an der Kennzeichnung der Dichtstoffe mit S/XS kann man entsprechende Dichtstoffe erkennen.

Nr.	Antworten
17.	EXT – Außenanwendung (Exterior), INT – Innenanwendung (Interior), CC – auch für tiefe Temperaturen geprüft (–30 °C) (Cold climate), Zahl – zulässige Gesamtverformung des Dichtstoffs, LM – niedriger Dehnspannungswert (Low Modulus), HM – hoher Dehnspannungswert (High Modulus), P – plastisch, E – elastisch
18.	CEM IV/A; CEM IV/B
19.	40 % der Zementmasse
20.	Nach DIN EN 197-1 erfolgt eine Einteilung in die 5 Zementarten Portlandzement (CEM I), Portlandkompositzement (CEM II), Hochofenzement (CEM III), Puzzolanzement (CEM IV) und Kompositzement (CEM V).
21.	Ein hydraulisch reaktiver Bestandteil von Zement ist Portlandzementklinker, der im Wesentlichen aus Calciumsilikaten besteht. Ein puzzolanisch reaktiver Bestandteil von Zement sind Puzzolane (natürlich und natürlich getempert), die im Wesentlichen aus reaktionsfähigem Siliciumdioxid und Aluminiumoxid bestehen.
22.	L (low) – niedrige Anfangsfestigkeit, N (normal) – übliche Anfangsfestigkeit, R (rapid) – hohe Anfangsfestigkeit
23.	M 1 (Druckfestigkeit 1 N/mm^2), M 2,5 (Druckfestigkeit 2,5 N/mm^2), M 5 (Druckfestigkeit 5 N/mm^2), M 10 (Druckfestigkeit 10 N/mm^2), M 15 (Druckfestigkeit 15 N/mm^2), M 20 (Druckfestigkeit 20 N/mm^2) und M d (vom Hersteller angegebene Druckfestigkeit, die höher als 20 N/mm^2 (in Stufen von 5 N/mm^2)
24.	$Ca(OH)_2$
25.	die Mahlfeinheit
26.	Normalmörtel (G), Dünnbettmörtel (T) und Leichtmörtel (L)
27.	DIN EN 13813 „Estrichmörtel, Estrichmassen und Estriche – Estrichmörtel und Estrichmassen – Eigenschaften und Anforderungen"
28.	CT Zementestrich (englisch: cementitious screed), CA Calciumsulfatestrich, MA Magnesiaestrich, AS Gussasphaltestrich (englisch: mastic asphalt screed), SR Kunstharzestrich (englisch: synthetic resin screed)
29.	Neben der Estrichart und deren Biegezugfestigkeit muss insbesondere die Nutzlast berücksichtigt werden. Höhere Nutzlasten machen höhere Estrichdicken erforderlich. Damit verbunden sind in der Regel längere Trocknungszeiten.
30.	Normalputzmörtel (GP), Leichtputzmörtel (LW), Edelputzmörtel (CR), Einlagenputzmörtel für außen (OC), Sanierputzmörtel (R), Wärmedämmputzmörtel (T)
31.	Betonzusatzmittel werden dem Beton zugesetzt, um die Eigenschaften des Frisch- oder Festbetons – wie z. B. Verarbeitbarkeit, Erstarren, Erhärten oder Frostwiderstand – zu verändern. Sie werden in der Regel in geringen Mengen (< 5 M.-% des Zementanteils) zugegeben.
32.	Leichtbeton 800–2.000 kg/m^3, Normalbeton > 2.000–2.600 kg/m^3, Schwerbeton > 2.600 kg/m^3
33.	durch die Verwendung schnell erhärtender Zemente und/oder eine Erhöhung der Temperatur
34.	DIN EN 12004-1 „Mörtel und Klebstoffe für keramische Fliesen und Platten – Teil 1: Anforderungen, Bewertung und Überprüfung der Leistungsbeständigkeit, Einstufung und Kennzeichnung"

Nr.	Antworten
35.	DIN 18157 „Ausführung von Bekleidungen und Belägen im Dünnbettverfahren, – Teil 1: zementhaltige Mörtel; – Teil 2: Dispersionsklebstoffe und – Teil 3: Reaktionsharzklebstoffe“
36.	• einseitiges Auftragen (Floating-Verfahren; Kammspachtelverfahren): Auftrag des Mörtels oder Klebstoffs nur auf die Ansetz- oder Verlegefläche • beidseitiges Auftragen (kombiniertes Verfahren; Buttering-Floating-Verfahren): Auftrag des Mörtels oder Klebstoffs sowohl auf die Ansetz- oder Verlegefläche, also auch auf die Rückseite der Fliesen und Platten
37.	hydraulisch erhärtende zementäre Dünnbettmörtel mit einer durch entsprechende Zusätze erreichten schnellen Erhärtung (Kennzeichnung F gemäß DIN EN 12004)
38.	Dispersionsklebstoffe werden verarbeitungsfertig angeliefert und verfügen in der Regel über eine höhere Flexibilität im Vergleich zu zementären Verlegemörteln, die Erhärtung erfolgt durch Trocknung.
39.	zementhaltige Dünnbettmörtel (hydraulisch erhärtende Dünnbettmörtel), Dispersionsklebstoffe, Reaktionsharzstoffe (Epoxidharz- und Polyurethanharzklebstoffe)
40.	Die Reifezeit benötigt der Mörtel nach dem Anmischen, um seine Verarbeitungsmöglichkeiten zu entwickeln. Während der Topfzeit kann der Mörtel oder Klebstoff nach dem Anmischen verarbeitet werden. Während der offenen Zeit können die Fliesen oder Platten in den aufgetragenen Mörtel oder Klebstoff eingelegt werden. Während der Korrigierzeit können die eingelegten Fliesen oder Platten in ihrer Lage korrigiert werden, ohne dass die Haftfestigkeit darunter leidet.
41.	Abkürzungen für Klassifizierung von Mörtel und Klebstoffen nach DIN EN 12004 sind C – zementhaltiger Mörtel, D – Dispersionsklebstoff, R – Reaktionsharzklebstoff, 1 – Mörtel oder Klebstoff für normale Anforderungen, 2 – Mörtel oder Klebstoff für erhöhte Anforderungen, F – schnell erhärtender Mörtel oder Klebstoff, T – Mörtel oder Klebstoff mit verringertem Abrutschen, E – Mörtel oder Klebstoff mit verlängerter offener Zeit, S1 – verformbarer Mörtel und S2 – stark verformbarer Mörtel
42.	Es wird unterschieden in verbindliche und wählbare Anforderungen. Bei den wählbaren Anforderungen unterscheidet man zusätzlich in besondere und zusätzliche Eigenschaften. Bei zementhaltigen Mörteln stehen als verbindliche Anforderungen die Klassifizierungen C1 bzw. C1F zur Wahl. Bei den besonderen wählbaren Eigenschaften stehen Abrutschen (T), verlängerte klebeoffene Zeit (E), Verformbarkeit S1 oder S2 sowie die zusätzlich wählbaren Anforderungen hinsichtlich erhöhter Haftzugfestigkeit (C2) zur Wahl.
43.	DIN EN 13888 „Fugenmörtel für Fliesen und Platten – Anforderungen, Konformitätsbewertung, Klassifikation und Bezeichnung“
44.	zementhaltige Mörtel (CG) (normal abbindend und schnell abbindend) und Reaktionsharzfugenmörtel (RG)
45.	**CG:** zementhaltige Fugenmörtel mit **CG1:** normaler Fugenmörtel (erfüllt die grundlegenden Eigenschaften) und **CG2:** verbesserter Fugenmörtel (erfüllt zusätzlich Anforderungen der zusätzlichen Eigenschaften und wird mit **W** für verringerte Wasseraufnahme und/oder **A** für hohe Abriebbeständigkeit bezeichnet) und **RG:** Reaktionsharzfugenmörtel. Die Kennzeichnung **F** steht für einen schnell abbindenden zementären Fugenmörtel.
46.	Abdichtstoffe und Werkstoffe, die als Dampfsperre eingesetzt werden

Nr.	**Antworten**
47.	Zu hoher Anmachwassergehalt kann Calciumcarbonatausblühungen an der Oberfläche, konkav ausgewaschene Fugen, geringe Festigkeiten des Fugenmörtels, eine Zunahme des Porenvolumens/erhöhte Wasseraufnahme, eine geringere mechanische und chemische Widerstandsfähigkeit oder Rissbildung zur Folge haben.
48.	PE = Polyethylen, PVC = Polyvinylchlorid, PIB = Polyisobutylen, PS = Polystyrol
49.	Kunststoffe bestehen aus Makromolekülen, die je nach Kunststoffsorte unterschiedlich angeordnet sein können. Bei Thermoplasten liegen die Makromoleküle hauptsächlich nebeneinander vor. Wird ein Thermoplast erwärmt, können die Makromoleküle aneinander entlanggleiten und der Gegenstand verformt sich. Beim Abkühlen erhärtet der Kunststoff. Bei Duromeren liegen die Makromoleküle engmaschig miteinander vernetzt vor. Dabei entstehen zwischen den Molekülen feste Bindungen, sodass die Moleküle beim Erhitzen nicht aneinander vorbeigleiten können. Die Makromoleküle der Elastomere bilden „Knäuel". Beim Dehnen eines Gegenstandes aus Elastomeren werden die „Knäuel" der Makromoleküle auseinandergezogen. Lässt man den Gegenstand wieder los, „verknäulen" sich die Moleküle wieder.
50.	Kunststoffe, die beim Vermischen zweier Komponenten erhärten; Beispiele sind Epoxid- oder Polyesterharze.

2 Fachtechnologie

2.1 Bauvertragsrecht

2.1.1 Stichworte zum Thema

- wichtigste Texte der VOB und des BGB
- Rechtsgrundlagen von Bauverträgen
- Anforderungen an den Belag
- Verhalten bei Vertragsverletzungen des Vertragspartners

Abb. 2.1: Der Handwerker muss sich ständig mit der VOB auseinandersetzen

2.1.2 Regelwerke

Bürgerliches Gesetzbuch (BGB)

Vergabe- und Vertragsordnung für Bauleistungen (VOB)

Wesentliche Inhalte der VOB

DIN 1960	VOB Vergabe- und Vertragsordnung für Bauleistungen – Teil A: Allgemeine Bestimmungen für die Vergabe von Bauleistungen (2019)
DIN 1961	VOB Vergabe- und Vertragsordnung für Bauleistungen – Teil B: Allgemeine Vertragsbedingungen für die Ausführung von Bauleistungen (2016)
DIN 18299	VOB Vergabe- und Vertragsordnung für Bauleistungen – Teil C: Allgemeine Technische Vertragsbedingungen für Bauleistungen (ATV) - Allgemeine Regelungen für Bauarbeiten jeder Art (2023) 0. Hinweise für das Aufstellen einer Leistungsbeschreibung 1. Geltungsbereich 2. Stoffe, Bauteile 3. Ausführung 4. Nebenleistungen, Besondere Leistungen 5. Abrechnung
DIN 18352	VOB Vergabe- und Vertragsordnung für Bauleistungen – Teil C: Allgemeine Technische Vertragsbedingungen für Bauleistungen (ATV) – Fliesen- und Plattenarbeiten (2019)

2.1.3 Bedeutung des Bauvertragsrechts

Sofern der Fliesenleger als Handwerker erfolgreich sein will, bedarf es neben einem handwerklichen und kaufmännischen Sachverstand ebenfalls auch eines rechtlichen Überblicks. Die zu erbringenden Leistungen des Fliesenlegers sind unter Berücksichtigung der anerkannten Regeln der Technik sehr anspruchsvolle Tätigkeiten. Neben der Berücksichtigung der anerkannten Regeln der Technik hat der Auftraggeber regelmäßig konkrete Anforderungen an die Leistungserbringung des Fliesenlegers. Zur Vermeidung von Missverständnissen werden dementsprechend im Regelfall sehr umfangreiche Leistungsverzeichnisse aufgestellt. Im Weiteren ist der Anspruch des Auftraggebers an den Fliesenleger nicht lediglich auf dessen inhaltliche Leistungserbringung begrenzt, sondern dieser möchte ebenfalls, dass der Fliesenleger auch innerhalb eines bestimmten Zeitraums und zu den vorher vereinbarten kaufmännischen Konditionen tätig wird. Dies alles kann mit einem Handschlag nicht mehr bewältigt werden. Vor diesem Hintergrund wird der Auftraggeber mit dem Fliesenleger vor Beginn von dessen Tätigkeit einen Bauvertrag abschließen. Als Möglichkeiten kommt hierbei der sogenannte BGB-Bauvertrag oder aber ein VOB-Bauvertrag für die Ausführung der zu erbringenden Leistungen des Fliesenlegers in Betracht. Für eine erfolgreiche Abwicklung eines Auftrags sollte auch der Fliesenleger ein gewisses Augenmerk auf einen akkuraten Bauvertrag legen, der die Interessen beider Seiten berücksichtigt. Zielführend ist es hierbei, die Themen in technischer, zeitlicher und im Weiteren in kaufmännischer Hinsicht möglichst vor dem Baubeginn zu besprechen und damit zum Gegenstand des zu schließenden Bauvertrages zu machen. Die Qualität des Bauvertrages hängt im Wesentlichen davon ab, inwiefern beide Vertragsparteien die gesamte Bauabwicklung bereits vorhersehen konnten. Im Nachfolgenden soll unter Differenzierung eines BGB-Bauvertrages und eines VOB-Bauvertrages erläutert werden, welche die wesentlichen rechtlichen Regelungen bei der Abwicklung von Bauverträgen sind. Abschließend bleibt noch der Hinweis, dass selbst der beste Bauvertrag nichts hilft, wenn der Fliesenleger bei der Auswahl seines Auftraggebers nicht gründlich recherchiert hat. Grundsätzlich sollten dessen Bonität sowie Vertrauenswürdigkeit, sofern möglich, am Markt hinterfragt werden. Ein Fehler bei der richtigen Auswahl des Auftraggebers kann auch durch den besten Bauvertrag nicht mehr geheilt werden.

2.1.3.1 Bedeutung des BGB für das Bauvertragsrecht

Das BGB ist bereits zum 01.01.1900 in Kraft getreten. Mit der Reform des Bauvertragsrechts sind zum 01.01.2018 erstmals grundlegende gesetzliche Regelungen zum Bauvertrag in das BGB eingeführt worden. Diese grundlegenden gesetzlichen Regelungen zum Bauvertragsrecht finden sich nunmehr in den Regelungen der §§ 650a bis 650h BGB. Damit hat der Gesetzgeber erstmals die Rechtssicherheit im Hinblick auf die zahlreichen am Markt verwendeten Vertragsformulare erheblich erhöht. Im Ergebnis der Gesetzesreform im Bauvertragsrecht zum 01.01.2018 haben die Auftraggeber am Baumarkt mittlerweile im Wesentlichen ihre Vertragsformulare an den neuen gesetzlichen Leitbildern des Bauvertragsrechts ausgerichtet. Damit hat der Gesetzgeber mit seiner Reform wesentlich zur Steigerung der Qualität und Praktikabilität der verwendeten Vertragsformulare am Markt beigetragen. Es ist zu erwarten, dass der Gesetzgeber in den kommenden Jahren noch weitere Regelungen zum Bauvertragsrecht, insbesondere im Hinblick auf die bessere Regelung des Herstellungsprozesses, erlassen wird.

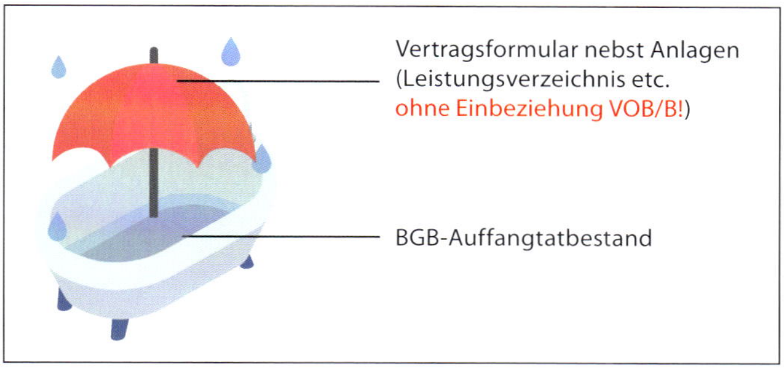

Abb. 2.2: Der BGB-Bauvertrag (Quelle: Thomas Zauner, Berlin, unter Verwendung von Icons von Freepik und Nikita Golubev, www.flaticon.com)

BGB-Bauvertrag

Wichtige Regelungen des BGB für den BGB-Bauvertrag

Abb. 2.3 gibt einen Überblick über relevante Regelungen für den BGB-Bauvertrag.

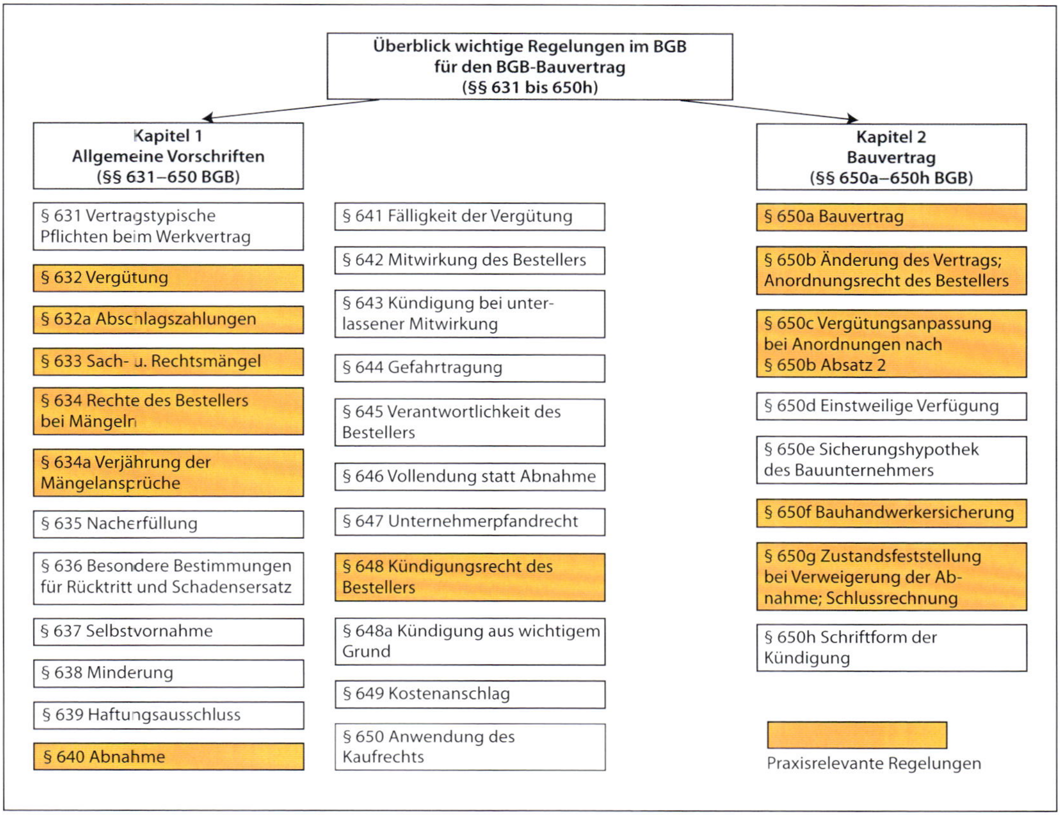

Abb. 2.3: Überblick über wichtige Regelungen im BGB für den BGB-Bauvertrag (§§ 631 bis 650h) (Quelle: Thomas Zauner, Berlin)

Chronologie der Bauabwicklung

(1) § 650a BGB Bauvertrag
(2) § 632a BGB Abschlagszahlungen
(3) § 650b BGB Änderungen des Vertrags, Anordnungsrecht des Bestellers
(4) § 650c BGB Vergütungsanpassung bei Anordnungen nach § 650b Abs. 2 BGB
(5) § 650f BGB Bauhandwerkersicherung
(6) § 648 BGB Kündigungsrecht des Bestellers
(7) § 640 BGB Abnahme
(8) § 650g BGB Zustandsfeststellung bei Verweigerung der Abnahme, Schlussrechnung
(9) § 633 BGB Sach- und Rechtsmängel
(10) § 634 BGB Rechte des Bestellers bei Mängeln
(11) § 634a BGB Verjährung der Mängelansprüche

Bei den vorgenannten Paragrafen des BGB ist die Auswahl auf die wesentlichen Regelungen im Hinblick auf die praktische Bauabwicklung für Fliesenleger unter Berücksichtigung des chronologischen Ablaufs einer Baustelle vom Abschluss des Bauvertrages bis hin zur Gewährleistungszeit begrenzt worden. In den abzuschließenden Bauverträgen des Fliesenlegers werden sich die vorgenannten Regelungen im Wesentlichen als Übernahme des Regelungsgehaltes indirekt wiederfinden oder sie dienen jedenfalls als Auffangtatbestand. Es ist dementsprechend wichtig, dass der Fliesenleger ein Grundverständnis über den Inhalt und die Konsequenzen der vorgenannten Regelungen besitzt. Im Nachfolgenden werden die ausgewählten Regelungen des Baurechtes jeweils mit dem für die Praxis relevanten Absatz zitiert. Im Weiteren wird dann die betreffende Regelung rechtlich kommentiert und regelmäßig eine konkrete Praxisempfehlung abgegeben. Im Rahmen der **Kommentierung** zur betreffenden Regelung wird jeweils versucht, einfach und klar den Rechtsgehalt und seine Bedeutung für den Praktiker und damit den Fliesenleger darzulegen. Häufig ist es allerdings so, dass sich die Praxis auf der Baustelle von der Theorie ganz erheblich unterscheidet. Vor diesem Hintergrund wird unter der Überschrift **Praxistipp** zur betreffenden Regelung versucht, dem Fliesenleger praktische Tipps bei der erfolgreichen Umsetzung seiner Baustelle in taktischer Hinsicht an die Hand zu geben. Ziel ist es, mit den Ausführungen unter der Kommentierung und der Praxisempfehlung den Fliesenleger so aufzustellen, dass er im Wesentlichen ohne weitere rechtliche Beratung durch Dritte seine Baustellen im Einvernehmen mit seinem jeweiligen Auftraggeber und damit auch wirtschaftlich erfolgreich abwickeln kann.

(1) § 650a BGB Bauvertrag

„§ 650a BGB

(1) Ein Bauvertrag ist ein Vertrag über die Herstellung, die Wiederherstellung, die Beseitigung oder den Umbau eines Bauwerks, einer Außenanlage oder eines Teils davon [...]

[...]“

Bei einem Bauvertrag im Sinne des § 650a Abs. 1 BGB handelt es sich um einen Spezialfall des Werkvertrages, der in § 631 BGB geregelt ist. Unter Berücksichtigung der Definition des Bauvertrages in § 650a Abs. 1 BGB dürfte es sich bei den Arbeiten eines Fliesenlegers regelmäßig um einen Bauvertrag im Sinne des BGB handeln.

(2) § 632a BGB Abschlagszahlungen

„§ 632a BGB

(1) Der Unternehmer kann von dem Besteller eine Abschlagszahlung in Höhe des Wertes der von ihm erbrachten und nach dem Vertrag geschuldeten Leistungen verlangen.

[...]“

Gemäß der Regelung des § 632 Abs. 1 BGB kann der Auftragnehmer jeweils in Abhängigkeit vom Baufortschritt Abschlagsrechnungen legen. Diese Abschlagsrechnungen müssen jeweils prüfbar den Baufortschritt in Abhängigkeit von dem geschlossenen Bauvertrag dokumentieren. In Bauverträgen ist regelmäßig die Möglichkeit der Stellung von Abschlagsrechnungen geregelt. Häufig wird dies damit verbunden, dass die Abschlagsrechnungen einen bestimmten Leistungsfortschritt voraussetzen und mit einem bestimmten Zahlungsziel fällig werden.

Praxistipp

Um einen möglichst reibungslosen Ablauf und damit schnellen Ausgleich der Abschlagsrechnungen durch den Auftraggeber zu gewährleisten, sollte idealerweise bereits bei Vertragsschluss festgelegt werden, welche Person auf Auftraggeberseite gemeinsam mit dem Auftragnehmer das erstellte Aufmaß vor der Rechnungslegung prüft. Ein von beiden Parteien unterzeichnetes gemeinsames Aufmaß führt dann zur schnelleren Prüfung der Abschlagsrechnung auf Auftraggeberseite und damit ebenfalls zur schnelleren Wertstellung auf dem Konto des Auftragnehmers.

(3) § 650b BGB Änderungen des Vertrags, Anordnungsrecht des Bestellers

„§ 650b BGB

(1) Begehrt der Besteller

1. *eine Änderung des vereinbarten Werkerfolgs (§ 631 Absatz 2) oder*
2. *eine Änderung, die zur Erreichung des vereinbarten Werkerfolgs notwendig ist,*

streben die Vertragsparteien Einvernehmen über die Änderung und die infolge der Änderung zu leistende Mehr- oder Mindervergütung an. [...]

(2) Erzielen die Parteien binnen 30 Tagen nach Zugang des Änderungsbegehrens beim Unternehmer keine Einigung nach Absatz 1, kann der Besteller die Änderung in Textform anordnen. […]"

Die Abwicklung von Baustellen ist regelmäßig ein sehr komplexer Vorgang. Es lässt sich unmöglich aufseiten des Auftraggebers alles vorhersehen. Um diesem Umstand Rechnung zu tragen, sieht § 650b BGB vor, dass der Auftraggeber auch einseitig Änderungen zum bereits geschlossenen Bauvertrag anordnen kann. Ziel ist es hierbei, zunächst mit dem Auftragnehmer eine einvernehmliche Regelung über den Änderungswunsch als Nachtrag zum Bauvertrag herbeizuführen. Sollte innerhalb von 30 Tagen ab Zugang des Änderungsbegehrens keine Einigung zwischen den Vertragsparteien herbeigeführt worden sein, besteht für den Auftraggeber die Möglichkeit einer einseitigen Anordnung. Tatsache ist jedoch, dass im Rahmen der Abwicklung der Bauvorhaben hier im Regelfall eine Einigung gefunden wird. Streitpunkt ist weniger die Erweiterung des Leistungsvolumens für den Auftragnehmer als vielmehr die Frage, zu welchem Preis er diese zusätzliche bzw. geänderte Leistung dann auszuführen hat.

Praxistipp

Der Auftragnehmer muss regelmäßig bei einer Anordnung des Auftraggebers methodisch prüfen, ob es sich hierbei um eine zusätzliche bzw. geänderte Leistung im Abgleich zum vertragsgegenständlichen Leistungsverzeichnis handelt. Sofern die Kapazität und auch die Fähigkeit zur Ausführung des Änderungswunsches gegenüber dem Auftraggeber bestehen, sollte vielmehr die Zeit mit dem Auftraggeber darauf verwendet werden, einen fairen Preis für die zusätzliche oder geänderte Leistung zu finden und möglichst auch kurzfristig schriftlich zu fixieren.

(4) § 650c BGB Vergütungsanpassung bei Anordnungen nach § 650b Abs. 2 BGB

„§ 650c BGB

(1) Die Höhe des Vergütungsanspruchs für den infolge einer Anordnung des Bestellers nach § 650b Absatz 2 vermehrten oder verminderten Aufwand ist nach den tatsächlich erforderlichen Kosten mit angemessenen Zuschlägen für allgemeine Geschäftskosten, Wagnis und Gewinn zu ermitteln.

[…]"

Die Regelung des § 650c Abs. 1 BGB stellt bei der Berechnung der zusätzlichen Vergütung für eine geänderte bzw. zusätzliche Leistung vollständig auf die konkreten Herstellungskosten des Auftragnehmers verbunden mit angemessenen Zuschlägen für die allgemeinen Geschäftskosten (AGK) sowie Wagnis und Gewinn ab. Die Regelung des § 650c Abs. 1 BGB kann als absolut fair erachtet werden. Die Herstellungskosten des Auftragnehmers beinhalten die konkret zu kalkulierenden Einzelkosten der Teilleistungen zuzüglich ggf. eines Zuschlages für die Baustellengemeinkosten (BGK). Dem

Fliesenleger bleibt dementsprechend mit den von ihm ohnehin kalkulierten Zuschlägen für AGK sowie Wagnis und Gewinn vollständig sein Deckungsbeitrag zur Aufrechterhaltung des Unternehmens sowie zur Schaffung von Rücklagen erhalten.

Praxistipp

Im Regelfall wird der Auftragnehmer für die vom Auftraggeber angeforderten zusätzlichen bzw. geänderten Leistungen ein Nachtragsangebot unter Konkretisierung der Leistungen erstellen. Hierbei sollte er sich möglichst auch an den für den Ort der Baustellenerbringung üblichen Kosten des Marktes orientieren. Diese wird der Auftraggeber im Regelfall kennen bzw. sich durch Personen mit Marktkenntnis einholen. Sofern es sich um erhebliche Mehrvergütungen im Rahmen des Bauvertrages handelt, sollte der Auftragnehmer auch darüber nachdenken, die konkreten Arbeitsschritte für die Ermittlung des Preisangebotes mit Material und Zeitaufwand schriftlich zu konkretisieren und darüber hinaus auch seine Zuschläge für AGK sowie Wagnis und Gewinn nachvollziehbar für den Auftraggeber darzulegen. Transparenz schafft hier Vertrauen und führt auch zur schnelleren Prüfbarkeit bzw. Beauftragung des vom Fliesenleger eingereichten Nachtragsangebotes.

(5) § 650f BGB Bauhandwerkersicherung

„§ 650f BGB

(1) Der Unternehmer kann vom Besteller Sicherheit für die auch in Zusatzaufträgen vereinbarte und noch nicht gezahlte Vergütung einschließlich dazugehöriger Nebenforderungen, die mit 10 Prozent des zu sichernden Vergütungsanspruchs anzusetzen sind, verlangen.

[…]

(5) Hat der Unternehmer dem Besteller erfolglos eine angemessene Frist zur Leistung der Sicherheit nach Absatz 1 bestimmt, so kann der Unternehmer die Leistung verweigern oder den Vertrag kündigen. […]

[…]“

Der Anspruch auf Einforderung einer Bauhandwerkersicherung gemäß § 650f Abs. 1 BGB ist das effektivste Mittel, das der Gesetzgeber in den vergangenen Jahren dem Auftragnehmer im Hinblick auf säumige Auftraggeber bezüglich der Zahlung an die Hand gegeben hat. Der Auftragnehmer kann hierbei für die vollständige vertraglich vereinbarte Vergütung, inklusive Nachträgen, zuzüglich einer pauschalen Erhöhung von 10 % für Nebenforderungen, seinen Vergütungsanspruch berechnen und mit den bereits erfolgten Abschlagszahlungen saldieren. In Höhe des verbleibenden Betrages kann der Auftragnehmer zu jeder Zeit während der Bauabwicklung vom Auftraggeber schriftlich eine Bauhandwerkersicherung, im Regelfall eine Sicherungsbürgschaft, einfordern. Die Einforderung dieser Bauhandwerkersicherung ist nicht abhängig vom bereits geleisteten Baufortschritt.

Praxistipp

Ein Praxisbeispiel zur Herleitung der Bauhandwerkersicherung könnte wie folgt aussehen.

Hauptauftrag:	100.000,00 €
1. Nachtrag:	10.000,00 €
2. Nachtrag:	5.000,00 €
Zwischensumme:	115.000,00 €
zuzüglich 10 % Nebenforderungen:	11.500,00 €
Zwischensumme:	126.500,00 €
abzüglich erhaltene Zahlungen:	50.000,00 €
Anspruch auf Bauhandwerkersicherung:	**76.500,00 €**

Die schriftliche Anforderung der Bauhandwerkersicherung muss mit einer angemessenen Frist zur Stellung der Sicherheit gegenüber dem Auftraggeber verbunden werden. Die Angemessenheit der Frist orientiert sich hierbei u. a. an der Höhe der geltend gemachten Bauhandwerkersicherung. Bauhandwerkersicherungen werden im Regelfall über Sicherungsbürgschaften von Banken bzw. Versicherungen durch den Auftraggeber zur Verfügung gestellt. Im Regelfall ist hier eine angemessene Frist ca. 14 Kalendertage ab Zugang des Sicherungsbegehrens beim Auftraggeber. Sofern der Auftraggeber innerhalb der angemessenen Frist die Bauhandwerkersicherung nicht zur Verfügung stellt, kann der Auftragnehmer gemäß der Regelung des § 650f Abs. 5 BGB seine Arbeiten entweder einstellen (Leistungsverweigerungsrecht) oder aber auch den Vertrag kündigen.

Praxistipp

Von der Aufforderung zur Stellung einer Bauhandwerkersicherung sollte seitens des Auftragnehmers gegenüber dem Auftraggeber lediglich in Ausnahmefällen Gebrauch gemacht werden. Im Regelfall wird die Aufforderung zur Stellung einer Bauhandwerkersicherung das Vertragsverhältnis belasten. Lediglich dann, wenn der Auftragnehmer verstärkt spürt, dass der Auftraggeber nicht nur nachhaltig im Zahlungsverzug ist, sondern auch im Weiteren auf der Baustelle mit erheblichen Liquiditätsengpässen zu kämpfen hat, sollte der Auftragnehmer über die Anforderung einer Bauhandwerkersicherung gegenüber dem Auftraggeber nachdenken. Vor Aufforderung zur Stellung einer Bauhandwerkersicherung sollte der Auftragnehmer allerdings über seinen zuständigen Ansprechpartner auf der Baustelle und damit den Bauleiter des Auftraggebers zunächst mehrfach versucht haben, doch noch kurzfristig eine vernünftige Zahlungsweise unter Hinweis auf die ansonsten bestehende Notwendigkeit zur Einholung einer Bauhandwerkersicherung zu realisieren. Ein Schreiben zur Einforderung einer Bauhandwerkersicherung könnte beispielsweise wie in Abb. 2.4 dargestellt aussehen.

Muster GmbH
z. Hd. Herrn Mustermann
Straße
PLZ Ort

…, 01.12.2020

BVH: ………
Bauvertrag vom 10.07.2020
Gewerk: Fliesenarbeiten
Offene Forderung i. H. v. 20.000,00 € gemäß 3. AR vom 05.10.2020
Bitte um Bereitstellung einer Bauhandwerkersicherung i. H. v. 76.500,00 €

Sehr geehrte(r) ………,

gemäß Bauvertrag vom 10.07.2020 sind wir von Ihnen mit der Ausführung von Fliesenarbeiten beauftragt worden. Wir haben unsere Bauleistungen bisher einwandfrei erbracht. Dies betrifft sowohl die Qualität als auch die Einhaltung Ihrer zeitlichen Vorgaben. Leider ist der Ausgleich der letzten Abschlagsrechnungen immer schleppend erfolgt. Insbesondere ist die Abschlagsrechnung vom 05.10.2020 über 20.000,00 € bereits seit dem 20.10.2020 fällig. Zwischenzeitlich haben wir erheblichen weiteren Baufortschritt geleistet. Wir bitten um Verständnis, dass wir in Anbetracht der leider schleppenden Zahlungsweise Ihrerseits in den vergangenen Monaten Sorge haben, zu einem späteren Zeitpunkt mit einer nicht unerheblichen Summe auszufallen. Wir haben hier leider in der Vergangenheit auf anderen Baustellen wirtschaftlich sehr unangenehme Erfahrungen machen müssen. Wir möchten darauf hinweisen, dass wir regelmäßig mit Material und Lohn erheblich in Vorleistung gehen. Wir sind allerdings lediglich ein kleines mittelständisches Unternehmen und darauf angewiesen, dass es einen kontinuierlichen Zahlungsfluss aus den von uns betriebenen Baustellen gibt.

Unter Berücksichtigung der vorgenannten Ausführungen bitten wir Sie höflich, zur Absicherung unserer noch offenen Restwerklohnforderung bis spätestens zum

15.12.2020

eine Bauhandwerkersicherung im Sinne des § 650f Abs. 1 BGB in Höhe von insgesamt ***76.500,00 €*** *zu übersenden. Dieser Betrag leitet sich wie folgt her:*

Hauptauftrag:	100.000,00 €
1. Nachtrag:	10.000,00 €
2. Nachtrag:	5.000,00 €
Zwischensumme:	115.000,00 €
zuzüglich 10 % Nebenforderungen:	11.500,00 €
Zwischensumme:	126.500,00 €
abzüglich erhaltene Zahlungen:	50.000,00 €
Anspruch auf Bauhandwerkersicherung:	**76.500,00 €**

Höchstvorsorglich haben wir die Regelung im Sinne des § 650f BGB diesem Schreiben als Kopie zur schnelleren Nachvollziehbarkeit beigefügt ***(Anlage)****.*

Der Unterzeichner steht Ihnen selbstverständlich auch für ein klärendes Gespräch kurzfristig zur Verfügung. Andernfalls erwarten wir die erbetene Bauhandwerkersicherung innerhalb der vorgenannten Frist.

Mit freundlichen Grüßen

Abb. 2.4: Musterschreiben zur Einforderung einer Bauhandwerkersicherung

Der Entwurf in Abb. 2.4 zur Aufforderung einer Bauhandwerkersicherung ist sehr freundlich und konstruktiv gestaltet. Ziel ist es, zunächst über die Aufforderung der Bauhandwerkersicherung den Auftraggeber für die Schieflage im Vertragsverhältnis zu sensibilisieren und gegebenenfalls eine Nachtragsabrede mit dem Auftraggeber über veränderte Zahlungsbedingungen bzw. anderweitige Sicherheiten herbeizuführen. Sofern sich allerdings abzeichnet, dass der Auftraggeber nicht in der Lage ist, auch im Weiteren einen vernünftigen Zahlungsfluss bzw. eine korrekte Bezahlung der Abschlagsrechnungen des Auftragnehmers zu gewährleisten, muss in Abstimmung mit einem versierten Baurechtler darüber nachgedacht werden, ob dann nicht besser den Vertrag gekündigt und nicht lediglich die Arbeiten nur verlangsamt oder zunächst vollständig eingestellt werden. Anderenfalls besteht die Gefahr, dass im Rahmen eines Nachtrages quasi ein zahnloses *„Gentlemen's Agreement"* vereinbart und am Ende im Zusammenhang mit der Schlussrechnungsprüfung durch den Auftraggeber noch mehr an Geld verloren wird, als der Auftragnehmer zum Zeitpunkt des Aufforderungsschreibens für eine Bauhandwerkersicherung bereits verloren hatte.

(6) § 648 BGB Kündigungsrecht des Bestellers

„§ 648 BGB

Der Besteller kann bis zur Vollendung des Werkes jederzeit den Vertrag kündigen. Kündigt der Besteller, so ist der Unternehmer berechtigt, die vereinbarte Vergütung zu verlangen; er muss sich jedoch dasjenige anrechnen lassen, was er infolge der Aufhebung des Vertrags an Aufwendungen erspart oder durch anderweitige Verwendung seiner Arbeitskraft erwirbt oder zu erwerben böswillig unterlässt. Es wird vermutet, dass danach dem Unternehmer 5 vom Hundert der auf den noch nicht erbrachten Teil der Werkleistung entfallenden vereinbarten Vergütung zustehen."

Gemäß § 648 BGB kann der Auftraggeber jederzeit den Bauvertrag gegenüber dem Auftragnehmer kündigen (freie Kündigung). Es bedarf dafür keines besonderen Kündigungsgrundes. Für den Fall der Kündigung kann der Auftragnehmer allerdings rein theoretisch gegenüber dem Auftraggeber seinen entgangenen Anteil an Wagnis und Gewinn nebst dem entgangenen Anteil für die AGK für die nicht ausgeführten Leistungen geltend machen.

Praxistipp

Sofern der Auftraggeber ohne außerordentlichen Kündigungsgrund gemäß § 648 BGB den Bauvertrag gegenüber dem Auftragnehmer kündigt, muss gut überlegt werden, ob der Auftragnehmer neben der Abrechnung der erbrachten Leistungen auch noch den entgangenen Anteil an Wagnis und Gewinn bzw. die entgangenen AGK-Beträge beim Auftraggeber geltend macht. Grundsätzlich muss sich nämlich der Auftragnehmer das anrechnen lassen, was er während des Zeitraums für die entfallenden Arbeiten anderweitig mit seinen Mitarbeitern erwirtschaften konnte. Sofern er diese Mitarbeiter ohne Probleme anderweitig einsetzen könnte, wird unter Berücksichtigung des Rentabilitätsansatzes davon ausgegangen, dass er dort im Wesentlichen die Beiträge an AGK sowie Wagnis und Gewinn erwirtschaften konnte, derer er im Rahmen der freien Kündigung beim gekündigten Auftragsverhältnis verlustig gegangen sind. Es ist zu sagen, dass die Durchsetzung eines Anspruchs auf den Anteil an entgangenem Gewinn und Wagnis bzw. entgangener AKG-Beträge gemäß § 648 BGB regelmäßig mit großem Aufwand verbunden ist und zu enormen Verstimmungen im Vertragsverhältnis zwischen Auftraggeber und Auftragnehmer führen wird. Hier sollte unter kaufmännischen Gesichtspunkten überlegt werden, ob der Auftragnehmer sich nicht nur auf die Abrechnung der erbrachten Leistungen konzentriert und vielmehr dort versucht, das Optimale an erbrachten Leistungen auch beim Auftraggeber abrechnen zu können.

(7) § 640 BGB Abnahme

„§ 640 BGB

(1) Der Besteller ist verpflichtet, das vertragsmäßig hergestellte Werk abzunehmen, sofern nicht nach der Beschaffenheit des Werkes die Abnahme ausgeschlossen ist. Wegen unwesentlicher Mängel kann die Abnahme nicht verweigert werden.

[...]“

Neben der Zahlungsverpflichtung ist die Abnahme der Bauleistung des Auftragnehmers die zweite Hauptpflicht des Auftraggebers. Die Abnahme darf nur wegen wesentlicher Mängel durch den Auftraggeber verweigert werden. Mit der Abnahme beginnt die Gewährleistungszeit für den Auftragnehmer und damit im Regelfall ein Zeitraum von 5 Jahren. Des Weiteren ist die Abnahme neben der Prüfbarkeit der Schlussrechnung Fälligkeitsvoraussetzung für den Schlusszahlungsanspruch. Darüber hinaus geht mit der Abnahme die Beweislast bezüglich der Mangelfreiheit der Werkleistung des Auftragnehmers auf den Auftraggeber über.

Praxistipp

Aus Transparenz- und Klarstellungsgründen sollte bereits in den Bauverträgen zwischen den Vertragsparteien regelmäßig eine förmliche Abnahme vereinbart werden. Dies bedeutet, dass zum Zeitpunkt der Abnahme der Werkleistung des Auftragnehmers ein Protokoll über die getroffenen Feststellungen zum Zeitpunkt der Abnahme erstellt wird. In diesem Protokoll werden dann auch regelmäßig Vorbehalte für noch auszuführende Mangelbeseitigungsarbeiten bzw. noch bestehende Restleistungen des Auftragnehmers dokumentiert. Sofern die Leistung des Auftragnehmers im Wesentlichen mangelfrei ist, besteht für den Auftraggeber eine Verpflichtung zur Abnahme der Leistung des Auftragnehmers. Mit der förmlichen Abnahme und damit der Protokollierung dieses entscheidenden Zeitmoments im Vertragsverhältnis zwischen dem Auftraggeber und dem Auftragnehmer wird dann im

Regelfall auch eine reibungslose Prüfung der im Nachgang zur Abnahme erfolgten Schlussrechnung durch den Auftraggeber einhergehen. Gegebenenfalls noch nicht beseitigte Mängel bzw. offene Restleistungen werden im Rahmen der Schlussrechnungsprüfung durch den Auftraggeber als vorläufige Einbehalte ausgewiesen.

(8) § 650g BGB Zustandsfeststellung bei Verweigerung der Abnahme, Schlussrechnung

„§ 650g BGB

(1) Verweigert der Besteller die Abnahme unter Angabe von Mängeln, hat er auf Verlangen des Unternehmers an einer gemeinsamen Feststellung des Zustands des Werks mitzuwirken. Die gemeinsame Zustandsfeststellung soll mit der Angabe des Tages der Anfertigung versehen werden und ist von beiden Vertragsparteien zu unterschreiben.

(2) Bleibt der Besteller einem vereinbarten oder einem von dem Unternehmer innerhalb einer angemessenen Frist bestimmten Termin zur Zustandsfeststellung fern, so kann der Unternehmer die Zustandsfeststellung auch einseitig vornehmen. […]

(3) Ist das Werk dem Besteller verschafft worden und ist in der Zustandsfeststellung nach Absatz 1 oder 2 ein offenkundiger Mangel nicht angegeben, wird vermutet, dass dieser nach der Zustandsfeststellung entstanden und vom Besteller zu vertreten ist. Die Vermutung gilt nicht, wenn der Mangel nach seiner Art nicht vom Besteller verursacht worden sein kann.

(4) […]“

In Ausnahmefällen kann es gerade auf Großbaustellen dazu kommen, dass der Auftraggeber ungeachtet der im Wesentlichen fertigstellten Leistungen des Auftragnehmers nicht gewillt ist, dessen Leistungen abzunehmen. Dies wird regelmäßig darauf zurückzuführen sein, dass er nicht in der Lage ist, nach Abnahme der Bauleistung des Auftragnehmers diese Leistungen vor den anderen noch nicht beendeten Gewerken zu schützen. Schädigungen nach Abnahme durch Dritte wären dann nämlich im Regelfall lediglich über die Vergütung von zusätzlichen Leistungen vom Auftragnehmer zu erbringen. Vor der Abnahme trägt der Auftragnehmer nach wie vor die Leistungsgefahr und müsste dementsprechend ohne Kenntnis des Schädigers auf eigene Rechnung die erfolgten Beschädigungen gegenüber dem Auftraggeber beseitigen. Dem hat der Gesetzgeber mit der Regelung des § 650g Abs. 1 BGB Rechnung getragen. Bei Verweigerung der Abnahme durch den Auftraggeber kann eine gemeinsame Zustandsfeststellung seitens des Auftragnehmers verlangt werden. Sofern der Auftraggeber diesbezüglich kein Interesse hat, kann der Auftragnehmer diese Zustandsfeststellung auch selbstständig vornehmen. Die möglichst gemeinsame Zustandsfeststellung der Leistungen des Bauunternehmers sollte entsprechend dokumentiert und sodann das Protokoll von beiden Parteien unterzeichnet werden. Schädigungen, die später vom Auftraggeber angezeigt werden und im Rahmen der gemeinsamen Zustandsfeststellung nicht protokolliert worden sind, gehen dann im Zweifelsfall zulasten des Auftraggebers. Dies hat wiederum zur Folge, dass bei Aufforderung zur Beseitigung dieser Schädigungen der Auftragnehmer auch vor Abnahme eine zusätzliche Vergütung vom Auftraggeber verlangen kann.

Praxistipp

Sofern der Auftraggeber aus den benannten Gründen eine Abnahme ungeachtet der im Wesentlichen erfolgten Fertigstellung durch den Auftragnehmer ablehnt, sollte aufseiten des Auftragnehmers überlegt werden, wie im Einzelfall möglichst konkret und umfassend der Zustand auf der Baustelle gemeinsam mit dem Auftraggeber dokumentiert werden kann. Gegebenenfalls kann auch darüber nachgedacht werden, sich hier der Hilfe eines praktisch veranlagten Sachverständigen zu bedienen. Es geht nicht darum, umfangreiche Werke zu erstellen, sondern möglichst umfassend, transparent und für jeden Dritten schnell nachvollziehbar die erbrachten Leistungen auf der Baustelle zu dokumentieren. Die Variante der Zustandsfeststellung wird allerdings im Praxisleben eher die Ausnahme als die Regel darstellen.

(9) § 633 BGB Sach- und Rechtsmängel

„§ 633 BGB

(1) Der Unternehmer hat dem Besteller das Werk frei von Sach- und Rechtsmängeln zu verschaffen.

(2) Das Werk ist frei von Sachmängeln, wenn es die vereinbarte Beschaffenheit hat. […]

(3) […]“

Gemäß der Regelung des § 633 Abs. 1 BGB hat der Auftragnehmer dem Auftraggeber seine Leistungen frei von Sach- und Rechtsmängeln zu verschaffen. Frei von Sachmängeln ist die Bauleistung des Auftragnehmers regelmäßig dann, wenn diese Leistung den vertraglich vereinbarten Leistungen in Quantität und Qualität entspricht (vereinbarte Beschaffenheit). Absolute Minimalanforderung ist hierbei, dass die vom Auftragnehmer zu erbringenden Werkleistungen den anerkannten Regeln der Technik zum Zeitpunkt der Abnahme entsprechen müssen.

(10) § 634 BGB Rechte des Bestellers bei Mängeln

„§ 634 BGB

Ist das Werk mangelhaft, kann der Besteller, wenn die Voraussetzungen der folgenden Vorschriften vorliegen und soweit nicht ein anderes bestimmt ist,

1. *nach § 635 Nacherfüllung verlangen,*
2. *nach § 637 den Mangel selbst beseitigen und Ersatz der erforderlichen Aufwendungen verlangen,*

3. *nach den §§ 636, 323 und 326 Abs. 5 von dem Vertrag zurücktreten oder nach § 638 die Vergütung mindern und*
4. *nach den §§ 636, 280, 281, 283 und 311a Schadensersatz oder nach § 284 Ersatz vergeblicher Aufwendungen verlangen.“*

Sofern der Auftraggeber nach Abnahme der Leistungen des Auftragnehmers Mängel an dessen Werk feststellt, stehen ihm die Rechte aus § 634 BGB zu. Zunächst hat er lediglich einen Anspruch auf Nacherfüllung gegenüber dem Auftragnehmer im Hinblick auf die vertraglich vereinbarte Beschaffenheit der zu erbringenden Bauleistung. Der Auftragnehmer ist hierbei frei in seiner Entscheidung, wie er die vertraglich vereinbarte Beschaffenheit herstellt. Lediglich dann, wenn diese nicht nur aus Sicht des Auftraggebers, sondern auch aus Sicht eines verständigen, objektiven Dritten niemals zielführend für die Herbeiführung der vertraglich vereinbarten Beschaffenheit sein kann, kann der Auftraggeber hier ausnahmsweise Vorgaben gegenüber dem Auftragnehmer tätigen.

Sofern der Auftragnehmer nicht in angemessener Frist (Frage des Einzelfalls) die Mängel an seiner erbrachten Bauleistung beseitigt, hat der Auftraggeber des Weiteren die Möglichkeit, die Mängel entweder selbst auf Kosten des Auftragnehmers zu beseitigen oder durch einen Dritten auf Kosten des Auftragnehmers beseitigen zu lassen. Er kann allerdings auch einen Kostenvorschuss vom Auftragnehmer verlangen und im Weiteren dann auf Abrechnung gegenüber dem Bauunternehmer zum Nachweis den Mangel durch einen Dritten beseitigen lassen. Diese Variante hat für den Auftraggeber den Vorteil, dass er nicht in Vorleistung gehen muss, sondern zunächst die erforderlichen Geldmittel vom Auftragnehmer einholt, bevor er mit der Mangelbeseitigung startet.

Letztendlich verbleibt dem Auftraggeber nach Ablauf der angemessenen Frist zur Nacherfüllung gegenüber dem Auftragnehmer noch die Möglichkeit, den Werklohn des Auftragnehmers lediglich zu mindern. Nach erfolglosem Ablauf der Frist für die Mängelbeseitigung ist der Auftraggeber im Wesentlichen frei, für welche der vorgenannten Varianten er sich gegenüber dem Auftragnehmer entscheidet.

Praxistipp

Selbstverständlich muss der Auftragnehmer regelmäßig prüfen, ob der vom Auftraggeber behauptete Mangel an seiner Werkleistung wirklich besteht, und darüber hinaus, ob er auch lediglich von ihm zu vertreten oder aber auch auf andere Gewerke zurückzuführen ist. Sofern die Mangelbeseitigung im Hinblick auf die Mehrwertschaffung für den Auftraggeber allerdings außer jedem Verhältnis zu den Kosten steht, die der Auftragnehmer hierfür aufbringen muss, steht dem Auftragnehmer gegebenenfalls ein Leistungsverweigerungsrecht gemäß § 635 BGB zu. Dies ist im Regelfall dann zu bedenken, wenn die vom Auftraggeber angezeigten Mangelerscheinungsbilder lediglich optischer Natur sind. Die Frage des Leistungsverweigerungsrechts ist jeweils eine Frage des Einzelfalls, allerdings mit gesundem Menschenverstand sehr gut auch ohne Sachverständige zu beantworten. Der Auftragnehmer sollte sich hierbei rein empathisch in die Person des Auftraggebers versetzen und sich fragen, welche Qualitätssteigerung die Mängelbeseitigung für ihn als Auftraggeber bedeuten würde und ob diese Qualitätssteigerung im Verhältnis zu den aufzuwendenden Kosten aufseiten des Auftragnehmers steht. Der Auftragnehmer muss regelmäßig auch als guter Kaufmann am Markt bestehen. Sofern er von einem Leistungsverweigerungsrecht ausgeht, sollte er dies sowohl mündlich als auch schriftlich gegenüber dem Auftraggeber anzeigen und mit ihm vielmehr eine Regelung dahin gehend finden, wie über eine Minderung des Werklohns hier dem Nachteil des Auftraggebers Rechnung getragen werden kann. Kommunikation und Einfühlungsvermögen aufseiten des Auftragnehmers sind hier der Schlüssel zum Erfolg.

(11) § 634a BGB Verjährung der Mängelansprüche

„§ 634a BGB

(1) Die in § 634 Nr. 1, 2 und 4 bezeichneten Ansprüche verjähren

1. *vorbehaltlich der Nummer 2 in zwei Jahren bei einem Werk, dessen Erfolg in der Herstellung, Wartung oder Veränderung einer Sache oder in der Erbringung von Planungs- oder Überwachungsleistungen hierfür besteht,*
2. *in fünf Jahren bei einem Bauwerk und einem Werk, dessen Erfolg in der Erbringung von Planungs- oder Überwachungsleistungen hierfür besteht, und*
3. *[…]*

(2) Die Verjährung beginnt in den Fällen des Absatzes 1 Nr. 1 und 2 mit der Abnahme.

[…]“

Sofern der Auftragnehmer Arbeiten an einem Bauwerk ausführt, beträgt gemäß § 634a Abs. 1 Nr. 2 BGB die Gewährleistungszeit 5 Jahre. Arbeiten an einem Bauwerk führt der Fliesenleger insbesondere regelmäßig dann aus, wenn seine Arbeiten im Zusammenhang mit einem **Neubau** im Sinne des § 634a Abs. 1 Nr. 2 BGB vorgenommen werden. Für die Definition des Neubaus im Sinne des § 634a Abs. 1 Nr. 2 BGB spielt es keine Rolle, ob die Arbeiten des Fliesenlegers im Rahmen einer komplexen Bestandssanierung ausgeführt werden oder aber das Gebäude vollständig neu errichtet wird. Lediglich dann, wenn nur Reparaturarbeiten bzw. Instandsetzungsarbeiten durch den Fliesenleger ausgeführt werden, beträgt die Gewährleistungszeit für die von ihm erbrachten Leistungen gemäß § 634a Abs. 1 Nr. 1 BGB nur 2 Jahre. Die Gewährleistungszeit beginnt immer mit der Abnahme der Werkleistungen durch den Auftraggeber.

2.1.3.2 Bedeutung der VOB/B für das Bauvertragsrecht

VOB-Bauvertrag

Vor der Reform des Bauvertragsrechts zum 01.01.2018 war die VOB/B in der letzten aktuellen Fassung aus dem Jahre 2016 die wesentliche Orientierung bei der Erstellung von Bauverträgen, vor allem in der professionellen Bauabwicklung zwischen Unternehmen. Mit der Reform des Bauvertragsrechts zum 01.01.2018 im BGB ist die VOB/B etwas ins Hintertreffen geraten. Im Hinblick auf eingeführte gesetzliche Leitbilder, wie beispielsweise die zusätzliche Vergütung bei geänderten bzw. zusätzlichen Leistungen im Sinne des § 650c BGB, hat die VOB/B ihren bestehenden Reformstau bisher nicht beseitigt. Zum aktuellen Zeitpunkt werden für die Erstellung der Vertragsformulare seitens des Verwenders sowohl Anleihen beim neuen Bauvertragsrecht seit dem 01.01.2018 aus dem BGB als auch weiterhin aus der VOB/B genommen. Nach wie vor spiegelt die VOB/B allerdings wesentlich umfangreicher die Komplexität der Bauabwicklung vom Vertragsschluss bis hin zur finalen Schlussrechnung sowie den Zeitraum der Gewährleistungszeit wider. Gleichwohl ist die uneingeschränkte Vormachtstellung der VOB/B im Zusammenhang mit der Erstellung von Bauverträgen, gerade unter Unternehmen, nicht mehr gegeben. Lediglich im Zusammenhang mit der Vergabe von öffentlichen Bauverträgen ist die öffentliche Hand nach wie vor verpflichtet, die VOB/B uneingeschränkt zur Grundlage der Bauvertragsabwicklung zu machen. Dies ist allerdings die Ausnahme.

Wichtige Regelungen der VOB/B für den VOB-Bauvertrag

Chronologie der Bauabwicklung

(1) § 2 VOB/B Vergütung
(2) § 4 VOB/B Ausführung
(3) § 5 VOB/B Ausführungsfristen
(4) § 8 VOB/B Kündigung durch den Auftraggeber
(5) § 11 VOB/B Vertragsstrafe
(6) § 12 VOB/B Abnahme
(7) §13 VOB/B Mangelansprüche
(8) § 15 VOB/B Stundenlohnarbeiten
(9) § 16 VOB/B Zahlung
(10) § 17 VOB/B Sicherheitsleistung

(1) § 2 VOB/B Vergütung

„§ 2 VOB/B

(1) Durch die vereinbarten Preise werden alle Leistungen abgegolten, die nach der Leistungsbeschreibung, den Besonderen Vertragsbedingungen, den Zusätzlichen Vertragsbedingungen, den Zusätzlichen Technischen Vertragsbedingungen, den Allgemeinen Technischen Vertragsbedingungen für Bauleistungen und der gewerblichen Verkehrssitte zur vertraglichen Leistung gehören.

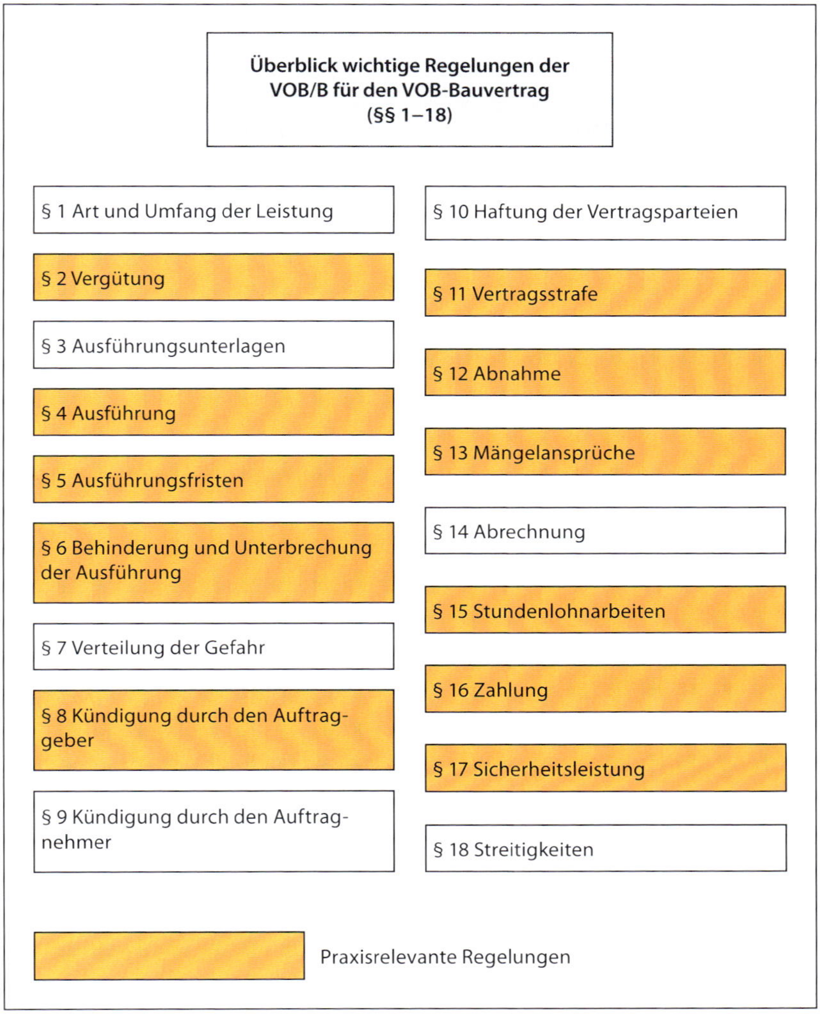

Abb. 2.5: Überblick über wichtige Regelungen der §§ 1 bis 18 VOB/B für den VOB-Bauvertrag (Quelle: Thomas Zauner, Berlin)

(2) Die Vergütung wird nach den vertraglichen Einheitspreisen und den tatsächlich ausgeführten Leistungen berechnet, wenn keine andere Berechnungsart (z. B. durch Pauschalsumme, nach Stundenlohnsätzen, nach Selbstkosten) vereinbart ist.

(3) […]

(7) […]“

Die VOB/B differenziert in § 2 Abs. 2 im Wesentlichen zwischen einem Einheitspreisvertrag, einem Detailpauschalpreisvertrag, einem Stundenlohnvertrag sowie einem Vertrag zu Selbstkosten. Im Regelfall sind im Rahmen von

Bauabwicklungen anzutreffen der Einheitspreisvertrag und damit die Abrechnung nach konkret erbrachten Leistungen zu vorher vertraglich fixierten Einheitspreisen je Quadratmeter, laufendem Meter usw., oder aber der Detail-Pauschalpreisvertrag, bei dem zwar die Leistung nach wie vor detailliert beschrieben, die Vergütung jedoch im Wesentlichen entkoppelt wird von der konkreten Menge der Leistungserbringung. Hier wird das Mengenermittlungsrisiko zu gleichen Teilen auf den Auftraggeber und den Auftragnehmer verteilt. Mehrmengen berechtigen im Wesentlichen nicht zu einer höheren Vergütung für den Auftragnehmer und Mindermengen berechtigen im Wesentlichen nicht zu einer Reduzierung der Vergütung durch den Auftraggeber. Eine reine Abwicklung von Bauverträgen auf Stundenbasis ist eher die Ausnahme. Im Regelfall fallen Stundenlohnabreden im Zusammenhang mit zusätzlichen Leistungen zum Ende des Bauvorhabens bzw. bei Leistungen an, für die sich eine konkrete Ausschreibung im Zusammenhang mit Nachtragsvergütungen nicht lohnt. Eine vertragliche Abwicklung zu Selbstkosten dürfte wiederum dem deutschen unternehmerisch geprägten Bauabwicklungssystem eher fremd und damit die Ausnahme sein. Aufgrund des Leitbildcharakters des § 650c BGB ist bei der Berechnung der zulässigen Vergütung von geänderten oder zusätzlichen Leistungen auch im Zusammenhang mit der Regelung des § 2 VOB/B auf die Berechnung gemäß § 650c BGB und damit eine Abrechnung zu den konkreten Herstellungskosten zuzüglich angemessener Zuschläge für AGK sowie Wagnis und Gewinn zu verweisen.

Praxistipp

Die fairste Form der Vertragsgestaltung ist im Wesentlichen eine Abrechnung zu Einheitspreisen und damit ein sogenannter Abrechnungsauftrag. Hier bezahlt der Auftraggeber nur so viel, wie er konkret an Leistungen zu vorher vereinbarten Einheitspreisen auch erhält. Der Auftragnehmer wiederum muss das Mengenermittlungsrisiko einer möglicherweise nicht akkuraten Ausschreibung des Auftraggebers nicht tragen. Vielmehr bekommt er alles vergütet, was er auch konkret gegenüber dem Auftraggeber erbringt.

Regelmäßig wollen die Auftraggeber jedoch eine sogenannte Preissicherheit im Zusammenhang mit ihrer Budgetverfolgung. Folglich wird häufig bereits bei Anmoderation des Vertrages bzw. nach Abschluss eines Einheitspreisvertrages der Auftraggeber den Auftragnehmer auffordern, unter Berücksichtigung der konkreten Pläne zur Bauausführung seine Vergütung der konkreten Leistungserbringung zu pauschalieren. Dies hat für den Auftraggeber den Vorteil einer gewissen Preissicherheit und für den Auftragnehmer den Vorteil einer vereinfachten Abrechnung ohne umfangreiche Aufmaße bei den Abrechnungen.

(2) § 4 VOB/B Ausführung

„§ 4 VOB/B

(1) […]

[…]

(3) Hat der Auftragnehmer Bedenken gegen die vorgesehene Art der Ausführung (auch wegen der Sicherung gegen Unfallgefahren), gegen die Güte der vom Auftraggeber gelieferten Stoffe oder Bauteile oder gegen die Leistungen anderer Unternehmer, so hat er sie dem Auftraggeber unverzüglich – möglichst schon vor Beginn der Arbeiten – schriftlich mitzuteilen; der Auftraggeber bleibt jedoch für seine Angaben, Anordnungen oder Lieferungen verantwortlich.

[…]

(7) Leistungen, die schon während der Ausführung als mangelhaft oder vertragswidrig erkannt werden, hat der Auftragnehmer auf eigene Kosten durch mangelfreie zu ersetzen. Hat der Auftragnehmer den Mangel oder die Vertragswidrigkeit zu vertreten, so hat er auch den daraus entstehenden Schaden zu ersetzen. Kommt der Auftragnehmer der Pflicht zur Beseitigung des Mangels nicht nach, so kann ihm der Auftraggeber eine angemessene Frist zur Beseitigung des Mangels setzen und erklären, dass er nach fruchtlosem Ablauf der Frist den Vertrag kündigen werde (§ 8 Absatz 3).

[…]“

Gemäß der Regelung des § 4 Abs. 3 VOB/B hat jeder Auftragnehmer eine sogenannte Prüfungs- und Hinweispflicht, insbesondere auf die vom Auftraggeber gelieferten Stoffe oder Bauteile sowie die Leistungen anderer Unternehmer, auf die der Auftragnehmer im Weiteren mit seinen Leistungen aufsetzt. Vor allen Dingen an der Schnittstelle zu den Vorleistungen anderer Bauunternehmen muss der Auftragnehmer prüfen, ob hier die Vorleistungen an der Schnittstelle zu seinen Leistungen so akkurat erbracht sind, dass er in seiner Leistungserbringung gegenüber dem Auftraggeber nicht beeinträchtigt wird. Sind die Voraussetzungen beim Vorunternehmer für eine einwandfreie Leistungserbringung des Auftragnehmers nicht gegeben, muss er dies dem Auftraggeber schriftlich anzeigen und diesen auf die möglichen Konsequenzen der mangelhaften Vorleistung konkret hinweisen (beispielsweise zu erwartende Schadensbilder). Solange die mangelhafte Vorleistung auf Anweisung des Auftraggebers durch den anderen Vorunternehmer nicht beseitigt ist, ist der Auftragnehmer im Wesentlichen in seiner Leistungsausführung behindert. Verletzt der Auftragnehmer seine Prüfungs- und Hinweispflicht gegenüber dem Auftraggeber, indem er in Kenntnis der mangelhaften Vorleistung auf diese Leistungen mit seinen Arbeiten aufsetzt, und schlägt später der Mangel der Vorleistung auf seine Leistung durch, kann er sich gegenüber dem Auftraggeber nicht mehr auf die mangelhafte Vorleistung berufen. Vielmehr steht er vollumfänglich für die Mangelbeseitigung seines Leistungsbereiches und daraus ggf. resultierende Mangelfolgeschäden ein.

Gemäß § 4 Abs. 7 VOB/B muss der Auftragnehmer während der Ausführung und damit vor Abnahme seiner Leistungen auf Hinweis des Auftraggebers bereits als mangelhaft erkannte Leistungen beseitigen. Sofern der Auftragnehmer auf eine Mangelanzeige des Auftraggebers nicht in angemessener Zeit reagiert, hat dieser die Möglichkeit, nach fruchtlosem Fristablauf gemäß § 8 Abs. 3 in Verbindung mit § 4 Abs. 7 VOB den gesamten Bauvertrag außerordentlich zu kündigen, sofern er dies dem Auftragnehmer vorher schriftlich angekündigt hat.

Praxistipp

Selbst wenn der Auftragnehmer seiner Prüfungs- und Hinweispflicht schriftlich gegenüber dem Auftraggeber im Hinblick auf eine mangelhafte Vorleistung des Vorunternehmers nachgekommen ist, stellt sich regelmäßig die Frage, ob er dann auf Aufforderung des Auftraggebers seine Leistungen gleichwohl fortführen muss. In Ausnahmefällen wird ihm vom Auftraggeber sogar die Befreiung von seiner Gewährleistungsverpflichtung in Anbetracht der Risiken der mangelhaften Vorunternehmerleistung schriftlich angeboten. Dies ist allerdings wohl eher die Ausnahme. Tatsache ist, dass selbst bei schriftlicher Freizeichnung durch den Auftraggeber im Hinblick auf mögliche Mangelerscheinungsbilder während der Gewährleistungszeit aufgrund der mangelhaften Vorunternehmerleistungen der Auftragnehmer ein großes finanzielles Risiko trägt. Im Regelfall wird der Auftraggeber später nicht einfach akzeptieren, dass die Mangelerscheinungsbilder bei der Leistung des Auftragnehmers lediglich auf die mangelhafte Vorunternehmerleistung zurückzuführen sind. Es wird dann regelmäßig ein Sachverständiger eingeschaltet. Dieser findet häufig ein Sammelsurium an Mängeln sowohl im Leistungsbereich des Vorunternehmers als auch im Leistungsbereich des Auftragnehmers. Dies hat dann zur Konsequenz, dass der Auftragnehmer, ungeachtet seiner schriftlichen Bedenkenanzeige während der Bauabwicklung, gleichwohl mit einer gewissen Quote für die Kosten der Mangelbeseitigung einzustehen hat. Der Auftragnehmer muss dementsprechend gut überlegen, ob es überhaupt eine Chance gibt, dass sich die mangelhafte Vorunternehmerleistung nicht negativ in seiner Leistung niederschlägt. Sofern er nach eigener Einschätzung die Überzeugung vertritt, dass sich im Rahmen der Gewährleistungszeit mit an Sicherheit grenzender Wahrscheinlichkeit dieser Mangel aus der Vorunternehmerleistung auch in seinen Leistungen realisieren wird, sollte er seine Leistung verweigern. Dies liegt darin begründet, dass er grundsätzlich eine mangelfreie Leistung schuldet. Sofern nach seiner Überzeugung der Mangel in der Vorunternehmerleistung von vornherein einer mangelfreien Leistungserbringung seinerseits entgegensteht, ist er nicht verpflichtet, seine Leistungen fortzuführen. Hier ist vielmehr mit dem Auftraggeber und seinem beratenden Ingenieur bzw. Architekten das Gespräch zu suchen und darauf hinzuwirken, dass die mangelhafte Vorunternehmerleistung durch den anderen Auftragnehmer oder aber durch einen Dritten zunächst beseitigt wird. Im Ergebnis ist niemandem geholfen, wenn der Auftraggeber zur Beschleunigung des Bauvorganges auf eine Mangelbeseitigung bei der Vorunternehmerleistung verzichtet und am Ende des Tages langwierige Rechtsstreitigkeiten mit enormen Kosten während der Gewährleistungszeit anstehen. Hier ist ein offenes und zielführendes Gespräch mit dem notwendigen Nachdruck immer mit dem Auftraggeber und seinen technischen Beratern zu suchen.

Mangelanzeigen während der Bauausführungszeit sollte der Auftragnehmer seitens des Auftraggebers regelmäßig ernst nehmen. Er sollte hier immer versuchen, die angezeigten Mangelerscheinungsbilder kurzfristig zu beseitigen und hierbei den Auftraggeber immer auf dem Laufenden zu halten, wann und wie er die Mängel zu beseitigen gedenkt. Erster Ansprechpartner dürfte jeweils der Bauleiter des Auftraggebers sein. Gegebenenfalls sollten entsprechende Mangelanzeigen mit einer kurzen und knappen eigenen E-Mail für den weiteren Fortgang der Arbeiten auch kommentiert und natürlich nach Mangelbeseitigung die Freimeldung angezeigt werden. Sofern das Gespräch mit dem Auftraggeber immer gesucht wird und dieser über die Beseitigung der Mangelerscheinungsbilder auf dem Laufenden gehalten wird, ist die Gefahr einer möglichen Auftragsentziehung als nicht hoch einzuschätzen. Kein Auftraggeber hat Interesse daran, während der Bauabwicklung einen Auftragnehmer vollständig von der Baustelle zu nehmen. Sofern die Kommunikation weder im mündlichen noch im schriftlichen Bereich geführt wird, besteht schnell die Gefahr, dass die Diskussion bzw. der Schlagabtausch eskaliert. In der Not und ohne Wissen um die daraus resultierenden Konsequenzen wird dann der eine oder andere Auftraggeber auch schnell einmal geneigt sein, dem Auftragnehmer den Auftrag zu entziehen. Dies hat dann für den Auftragnehmer enorme negative Konsequenzen. Er bekommt nicht ansatzweise die von ihm für das Bauvorhaben veranschlagte Vergütung. Im Regelfall hat er dann unterhalb der Herstellungskosten und damit ohne jeglichen Beitrag für seine AGK sowie Wagnis und Gewinn gearbeitet. Im Weiteren steigern sich die Kosten noch dadurch, dass der Auftraggeber durch Dritte die Restleistungen fertigstellen lässt und gegenüber dem Auftragnehmer neben den Mehrkosten diesbezüglich auch noch teure Sachverständigenkosten und ggf. Rechtsanwaltskosten abrechnet.

(3) § 5 VOB/B Ausführungsfristen

„§ 5 VOB/B

(1) Die Ausführung ist nach den verbindlichen Fristen (Vertragsfristen) zu beginnen, angemessen zu fördern und zu vollenden. In einem Bauzeitenplan enthaltene Einzelfristen gelten nur dann als Vertragsfristen, wenn dies im Vertrag ausdrücklich vereinbart ist.

[…]

(4) Verzögert der Auftragnehmer den Beginn der Ausführung, gerät er mit der Vollendung in Verzug oder kommt er der in Absatz 3 erwähnten Verpflichtung nicht nach, so kann der Auftraggeber bei Aufrechterhaltung des Vertrages Schadensersatz nach § 6 Absatz 6 verlangen oder dem Auftragnehmer eine angemessene Frist zur Vertragserfüllung setzen und erklären, dass er nach fruchtlosem Ablauf der Frist den Vertrag kündigen werde (§ 8 Absatz 3).“

Im Regelfall werden in den Bauverträgen der Starttermin und der Fertigstellungstermin für die Ausführungsleistungen schriftlich fixiert. Dies sind dann verbindliche Vertragsfristen gemäß § 5 Abs. 1 VOB/B. Sofern der Auftragnehmer beispielsweise den Fertigstellungstermin nicht einhalten kann, kommt er regelmäßig in Verzug, es sei denn, er hat die Verschiebung der Fertigstellung aufgrund einer Behinderung seiner Bauausführung nicht zu vertreten. Für das Nichtvertreten der Behinderung bei der Bauausführung trägt jedoch der Auftragnehmer die Beweislast. Sofern der Auftragnehmer in Verzug mit der Fertigstellung seiner Leistung geraten ist, kann es sein, dass er diesbezüglich dem Auftraggeber schadensersatzpflichtig ist oder aber diesem gegenüber sogar eine Vertragsstrafe schuldet.

Neben der Konsequenz einer möglichen vereinbarten Vertragsstrafe oder aber eines weiteren Schadensersatzanspruches seitens des Auftraggebers kann dieser auch dem Auftragnehmer eine angemessene Frist zur finalen Fertigstellung setzen und nach erfolglosem Fristablauf den Vertrag gemäß § 8 Abs. 3 in Verbindung mit § 5 Abs. 4 VOB/B kündigen. Sowohl während der Bauarbeiten als auch kurz vor Beendigung der Bauabwicklung sollte der Auftragnehmer ein derartiges Szenario vermeiden, da ähnlich wie bei der außerordentlichen Kündigung im Zusammenhang mit mangelhaften Leistungen im Sinne des § 4 Abs. 7 VOB/B eine vorzeitige außerordentliche Auftragsentziehung mit enormen finanziellen Verlusten aufseiten des Auftragnehmers verbunden ist. Darüber hinaus wird ihn im Weiteren die Auseinandersetzung mit dem Auftraggeber und dessen Rechtsbeistand viel Zeit und Geld kosten.

Praxistipp

Damit der Auftragnehmer sowohl den Eintritt des Verzugs als auch die Möglichkeit einer außerordentlichen Auftragsentziehung durch den Bauherrn vermeidet, sollte er Behinderungen während der Bauausführung gegenüber dem Auftraggeber anzeigen. Hier ist eine mündliche Anzeige nicht ausreichend. Vielmehr sollte beispielsweise im Rahmen der jedenfalls wöchentlich abzugebenden Bautagebücher konkret ausgeführt werden, welche Umstände den Auftragnehmer für welchen Zeitraum konkret behindert haben. Aus den Bautagebüchern sollten sich sowohl der Beginn, die Konsequenzen und das Ende als auch der Inhalt der Behinderung ergeben. Darüber hinaus sollte möglichst nur auf dem Niveau von E-Mails gegenüber dem zuständigen Bauleiter parallel auf das Problem der bestehenden Behinderung sowie die Konsequenzen daraus hingewiesen werden. Auf der Ebene des E-Mail-Verkehrs sollte dann gegenüber dem Bauleiter auch die Beendigung der Behinderung jeweils angezeigt werden. Förmliche Schreiben via Post oder Boten sind hier eher hinderlich und beeinträchtigen erfahrungsgemäß die Atmosphäre auf der Baustelle. Die tägliche Kommunikation mit dem zuständigen Bauleiter in mündlicher Form sowie die Dokumentation im Rahmen des Bautagebuches nebst einem kompakten E-Mail-Verkehr dürften zur Sicherung der Interessen des Auftragnehmers ausreichend sein.

(4) § 6 VOB/B Behinderung und Unterbrechung der Ausführung

„§ 6 VOB/B

(1) Glaubt sich der Auftragnehmer in der ordnungsgemäßen Ausführung der Leistung behindert, so hat er es dem Auftraggeber unverzüglich schriftlich anzuzeigen. Unterlässt er die Anzeige, so hat er nur dann Anspruch auf Berücksichtigung der hindernden Umstände, wenn dem Auftraggeber offenkundig die Tatsache und deren hindernde Wirkung bekannt waren.

(2) Ausführungsfristen werden verlängert, soweit die Behinderung verursacht ist:

a) durch einen Umstand aus dem Risikobereich des Auftraggebers,
[…]"

Gemäß § 6 Abs. 1 VOB/B ist der Auftragnehmer verpflichtet, gegenüber dem Auftraggeber anzuzeigen, sofern er sich in der ordnungsgemäßen Ausführung seiner Leistung behindert sieht. Ziel ist es hierbei, den Auftraggeber in die Lage zu versetzen, auf den Bauablauf so einzuwirken, dass der Auftragnehmer seine Leistungen wieder ordnungsgemäß ausführen kann. Die Behinderungsanzeige ist dementsprechend für den Auftraggeber eine Warnfunktion und soll ihn bzw. den von ihm beauftragten Bauleiter dahin gehend unterstützen, nachhaltig einen optimalen Bauablauf zu gewährleisten. Für den Auftragnehmer ist die Behinderungsanzeige wiederum wichtig, da für die Zeit der von ihm nicht zu vertretenden und zugleich gegenüber dem Auftraggeber dokumentierten Behinderung seine Ausführungsfristen verlängert werden. Sofern nämlich die Behinderungen aus dem Risikobereich des Auftraggebers stammen, werden die vertraglich vereinbarten Ausführungsfristen um den Gesamtzeitraum der Behinderung zuzüglich eines Zuschlages für die Wiederaufnahme der Arbeiten für den Auftragnehmer nach hinten verschoben. Es kann dann zum ursprünglich vertraglich vereinbarten Zeitpunkt auch kein Verzug eintreten.

Praxistipp

Im Hinblick auf die Anzeige der Behinderung wird auf die Ausführungen zum Praxistipp unter § 5 VOB/B vollumfänglich verwiesen. Insbesondere sollte der Auftragnehmer nicht mit Formularen unter Hinweis auf § 6 VOB/B arbeiten, sondern lediglich im Zusammenspiel von Ausführungen im Bautagebuch zu Anfang, Inhalt, Konsequenzen und Ende der Behinderung nebst entsprechenden E-Mails gegenüber dem Auftraggeber das Thema so einfach und konstruktiv wie möglich abwickeln. Hier ist weniger mehr.

(5) § 8 VOB/B Kündigung durch den Auftraggeber

„§ 8 VOB/B

(1)

1. *Der Auftraggeber kann bis zur Vollendung der Leistung jederzeit den Vertrag kündigen.*
2. *Dem Auftragnehmer steht die vereinbarte Vergütung zu. Er muss sich jedoch anrechnen lassen, was er infolge der Aufhebung des Vertrags an Kosten erspart oder durch anderweitige Verwendung seiner Arbeitskraft und seines Betriebs erwirbt oder zu erwerben böswillig unterlässt (§ 649 BGB).*

(2) […]

(3)

1. *Der Auftraggeber kann den Vertrag kündigen, wenn in den Fällen des § 4 Absätze 7 und 8 Nummer 1 und des § 5 Absatz 4 die gesetzte Frist fruchtlos abgelaufen ist. Die Kündigung kann auf einen in sich abgeschlossenen Teil der vertraglichen Leistung beschränkt werden.*
2. *Nach der Kündigung ist der Auftraggeber berechtigt, den noch nicht vollendeten Teil der Leistung zu Lasten des Auftragnehmers durch einen Dritten ausführen zu lassen, doch bleiben seine Ansprüche auf Ersatz des etwa entstehenden weiteren Schadens bestehen. […]*
   […]"

Wegen der freien Kündigungsmöglichkeit des Auftraggebers im Sinne des § 8 Abs. 1 VOB/B wird vollumfänglich auf die Ausführungen zu § 648 BGB sowohl zur Kommentierung als auch zum Praxistipp verweisen.

Gemäß § 8 Abs. 3 VOB/B besteht für den Auftraggeber ein außerordentliches Kündigungsrecht, wenn der Auftragnehmer entweder in angemessener Frist die Mängel gemäß § 4 Abs. 7 VOB/B nicht rechtzeitig beseitigt oder aber gemäß § 5 Abs. 4 VOB/B nicht innerhalb der vertraglich vereinbarten Ausführungsfristen seine Leistungen ungeachtet angemessener Fristsetzung fertiggestellt hat. Im Ergebnis der außerordentlichen Kündigung kann der Auftraggeber gegenüber dem Auftragnehmer nach schriftlich erteilter Kündigung die Mehrkosten gegenüber dem Auftragnehmer geltend machen, die ihm nach Ausführung der Restleistungen durch ein Drittunternehmen entstanden sind.

Praxistipp

Sofern der Auftraggeber dem Auftragnehmer außerordentlich gemäß § 8 Abs. 3 VOB/B gekündigt hat, sollte der Auftragnehmer mit einem Rechtsanwalt, der auf dem Gebiet des Baurechts versiert ist, Rücksprache halten. Es sollte überlegt werden, welche Maßnahmen konkret eingeleitet werden müssen, um den Schaden im Hinblick auf die weitere Abwicklung aufseiten des Auftragnehmers so gering wie möglich zu halten. Im Weiteren sollte kurzfristig versucht werden, die erbrachten Leistungen vom Auftraggeber abnehmen zu lassen. Ferner sollte kurzfristig versucht werden, eine Schlussrechnung über die bis zur Kündigung erbrachten Leistungen zu legen, und möglichst im Einvernehmen mit dem Auftraggeber eine Schlusszahlungsvereinbarung herbeigeführt werden. Im Regelfall wird der Auftraggeber dann einen vorläufigen Einbehalt von der Schlussrechnungszahlung nehmen, da er noch nicht weiß, in welcher Höhe sich die Mehrkosten durch die Beauftragung des Drittunternehmens gestalten werden. Es kann sogar sein, dass aufgrund des Einbehaltes zunächst überhaupt kein Betrag zur Auszahlung kommt. Der Auftragnehmer muss sich dann auf ein Zeitfenster mit dem Auftraggeber verständigen, zu dem sich die Parteien nach vollständiger Beendigung der Restleistungen durch das Drittunternehmen ins Benehmen setzen, um dann die finale Schlusszahlungsforderung oder aber Schlusszahlungsverpflichtung für den Auftragnehmer zu vereinbaren.

(6) § 11 VOB/B Vertragsstrafe

„§ 11 VOB/B

(1) […]

(2) Ist die Vertragsstrafe für den Fall vereinbart, dass der Auftragnehmer nicht in der vorgesehenen Frist erfüllt, so wird sie fällig, wenn der Auftragnehmer in Verzug gerät.

(3) […]

(4) Hat der Auftraggeber die Leistung abgenommen, so kann er die Strafe nur verlangen, wenn er dies bei der Abnahme vorbehalten hat.

[…]“

Vertragsstrafe kann vom Auftraggeber nur dann geltend gemacht werden, wenn diese zwischen den Parteien vereinbart worden ist. Der Anspruch auf Vertragsstrafe entsteht allerdings nur dann, wenn der Auftragnehmer mit seinen Bauleistungen in Verzug geraten ist. Das ist dann der Fall, wenn er beispielsweise den Fertigstellungstermin gemäß § 5 Abs. 1 VOB/B nicht eingehalten hat. In den meisten Fällen bestehen jedoch keine belastbaren Ansprüche auf Vertragsstrafe, weil es regelmäßig zu Behinderungen im Sinne des § 6 VOB/B gekommen ist. Dies führte wiederum dazu, dass sich der eigentliche Fertigstellungstermin rechnerisch um die jeweiligen Zeiträume der Behinderung nebst Zuschlägen für die Wiederaufnahme der Arbeiten nach hinten verschoben hat. Dann kommt der Auftragnehmer nicht automatisch durch Zeitablauf in Verzug, sondern müsste jeweils durch den Auftraggeber noch einmal gemahnt werden. Häufig findet dies nicht statt, weshalb es bereits deshalb an der grundsätzlichen Voraussetzung für eine Vertragsstrafe und damit einem Verzug mangelt. Darüber hinaus ist es so, dass sich häufig der Fertigstellungstermin aufgrund von Behinderungen so weit verschoben hat, dass überhaupt kein Verzug mehr in Betracht kommt. Ein rechtlich belastbarer Vertragsstrafenanspruch ist am Baumarkt die Ausnahme und nicht die Regel.

Praxistipp

Sofern der Auftraggeber gegenüber dem Auftragnehmer im Zusammenhang mit der Schlussrechnungsprüfung Vertragsstrafenansprüche geltend macht, empfiehlt sich die Prüfung auf Belastbarkeit. Häufig dürften diese Ansprüche nicht belastbar sein, sondern vom Auftraggeber lediglich als taktische Verhandlungsmasse in das Schlusszahlungsgespräch eingebracht werden. Sofern sich der Auftragnehmer im Hinblick auf die Belastbarkeit des Vertragsstrafenanspruchs nicht sicher ist, sollte er diesbezüglich mit einem versierten Baurechtler Rücksprache halten. Ferner sollte der Auftragnehmer in Vorbereitung eines finalen Schlusszahlungsgespräches auch schriftlich, allerdings ohne einen Rechtsanwalt offiziell einzubinden, noch einmal zu den einzelnen Punkten der Schlussrechnungsprüfung durch den Auftraggeber Stellung nehmen. Ziel sollte es sein, im Rahmen der finalen Schlusszahlungsverhandlung alles einvernehmlich mit dem Auftraggeber aufzulösen.

(7) § 12 VOB/B Abnahme

„§ 12 VOB/B

(1) Verlangt der Auftragnehmer nach der Fertigstellung – gegebenenfalls auch vor Ablauf der vereinbarten Ausführungsfrist – die Abnahme der Leistung, so hat sie der Auftraggeber binnen 12 Werktagen durchzuführen; eine andere Frist kann vereinbart werden.

(2) […]

(3) Wegen wesentlicher Mängel kann die Abnahme bis zur Beseitigung verweigert werden.

(4)

1. *Eine förmliche Abnahme hat stattzufinden, wenn eine Vertragspartei es verlangt. Jede Partei kann auf ihre Kosten einen Sachverständigen zuziehen. Der Befund ist in gemeinsamer Verhandlung schriftlich niederzulegen. In die Niederschrift sind etwaige Vorbehalte wegen bekannter Mängel und wegen Vertragsstrafen aufzunehmen, ebenso etwaige Einwendungen des Auftragnehmers. Jede Partei erhält eine Ausfertigung.*
2. *Die förmliche Abnahme kann in Abwesenheit des Auftragnehmers stattfinden, wenn der Termin vereinbart war oder der Auftraggeber mit genügender Frist dazu eingeladen hatte. Das Ergebnis der Abnahme ist dem Auftragnehmer alsbald mitzuteilen.*

[…]“

Im Hinblick auf die Abnahme gelten im Wesentlichen die Ausführungen zu § 640 BGB beim BGB-Bauvertrag.

(8) § 13 VOB/B Mangelansprüche

„§ 13 VOB/B

(1) Der Auftragnehmer hat dem Auftraggeber seine Leistung zum Zeitpunkt der Abnahme frei von Sachmängeln zu verschaffen. Die Leistung ist zur Zeit der Abnahme frei von Sachmängeln, wenn sie die vereinbarte Beschaffenheit hat und den anerkannten Regeln der Technik entspricht.

[…]

[…]

(4) […]

1. *Ist für Mängelansprüche keine Verjährungsfrist im Vertrag vereinbart, so beträgt sie für Bauwerke 4 Jahre, für andere Werke, deren Erfolg in der Herstellung, Wartung oder Veränderung einer Sache besteht, und für die vom Feuer berührten Teile von Feuerungsanlagen 2 Jahre. […]*

[…]“

Die Mangeldefinition gemäß § 13 Abs. 1 VOB/B ist im Wesentlichen identisch mit der Mangeldefinition gemäß § 633 BGB. Bei den Mangelansprüchen des Auftragnehmers im Sinne des § 13 VOB/B kann im Wesentlichen auf die Ausführungen unter § 633 BGB verwiesen werden.

Lediglich die Gewährleistungszeit eines Auftragnehmers ist im Rahmen eines reinen VOB-Bauvertrages auf lediglich 4 Jahre reduziert, wohingegen sie beim klassischen BGB-Bauvertrag bei 5 Jahren liegt. Im Regelfall wird jedoch im Rahmen von sog. VOB-Bauverträgen die Regelung des § 13 Abs. 4 VOB/B abbedungen und als Gewährleistungszeit der fünfjährige Zeitraum des § 634a Abs. 1 Nr. 2 BGB vertraglich vereinbart.

(9) § 15 VOB/B Stundenlohnarbeiten

„§ 15 VOB/B

(1)

1. *Stundenlohnarbeiten werden nach den vertraglichen Vereinbarungen abgerechnet.*
   […]

(2) […]

(3) Dem Auftraggeber ist die Ausführung von Stundenlohnarbeiten vor Beginn anzuzeigen. […]

(4) […]“

Die Vereinbarung von Stundenlohnarbeiten ist am Baumarkt vordergründig im Zusammenhang mit zusätzlichen oder aber geänderten Leistungen am Ende der Baumaßnahme anzutreffen. Es geht hierbei vordergründig um Ausbesserungsarbeiten bzw. kurzfristig angeordnete zusätzliche Leistungen, für deren Umfang sich eine Konkretisierung eines Angebotes mit Mengen und Einheitspreisen weder anbietet noch zeitlich möglich ist. Wichtig ist, zu wissen, dass es sich bei den sog. Stundenlohnarbeiten gemäß § 15 Abs. 1

VOB/B um zusätzliche Leistungen im Sinne des Bauvertrages handelt, bei denen lediglich als Abrechnungsmodus auf einen regelmäßig bereits im Vertrag vereinbarten Stundenlohnsatz zurückgegriffen wird. Diese Stundenlohnarbeiten müssen allerdings für ihre Wirksamkeit schriftlich durch einen vertretungsberechtigten Mitarbeiter des Auftraggebers auch gegenüber dem Auftragnehmer angeordnet und nach Leistungserbringung auch bestätigt werden. Kann der Auftragnehmer später nicht nachweisen, dass die von ihm erbrachten zusätzlichen Leistungen auf Stundenlohnbasis von einem vertretungsberechtigten Mitarbeiter des Auftraggebers schriftlich beauftragt und nach Abwicklung auch bestätigt worden sind, verbleibt ihm lediglich, nachträglich kleinteilige Angebote mit Einheitspreisen zu unterbreiten und dann zu erheblich schlechteren Konditionen mit dem Auftraggeber eine vertragliche Abrede zur Abrechnung herbeizuführen.

Praxistipp

Der Auftragnehmer sollte mit Formularen für Stundenlohnarbeiten auf der Baustelle arbeiten. Im Regelfall haben hier die Bauunternehmen sogenannte Tagelohnzettel, auf denen einerseits die angeordnete Arbeit als Stundenlohnarbeit ausgewiesen und darüber hinaus auch jeweils ausgewiesen wird, wer für den Auftraggeber diese Arbeiten als Tagelohnarbeiten gegenüber dem Auftragnehmer beauftragt und nach Erbringung mit seiner Unterschrift bestätigt hat. Zur Vermeidung von Streitigkeiten sollte bereits bei Abschluss des Bauvertrages festgelegt werden, welche Mitarbeiter des Auftraggebers autorisiert sind, Stundenlohnarbeiten zu beauftragen bzw. über welches Budget an Stunden und Euro sie hierbei verfügen können. Sofern kein autorisierter Mitarbeiter des Bauherrn unterzeichnet, sollte der Auftragnehmer kurzfristig die Arbeiten verlangsamen und zunächst mit dem zuständigen Bauleiter des Auftraggebers das Gespräch suchen. Dann sollte schriftlich vom Auftraggeber bestätigt werden, wer auf Auftraggeberseite autorisiert ist, Tagelohnarbeiten zu beauftragen, und nach Erbringung durch den Auftragnehmer dies auch schriftlich bestätigt werden. Der Auftraggeber ist regelmäßig an der kurzfristigen Abwicklung von sogenannten Regieleistungen interessiert und wird bei hohem Druck dann dementsprechend jemanden benennen. Es ist einem Auftragnehmer nicht zuzumuten, hier „Hunderte von Tagelohnstunden" zu erbringen, ohne dass ein autorisierter Mitarbeiter des Auftraggebers unterzeichnet hat. Macht der Auftragnehmer dies trotz alledem, läuft er Gefahr, dass er am Ende des Tages gar nichts oder nur einen geringen Lohn auf Basis von nachträglich einzureichenden Angeboten für die erbrachten Leistungen erhält.

(10) § 16 VOB/B Zahlung

„§ 16 VOB/B

(1)

1. Abschlagszahlungen sind auf Antrag in möglichst kurzen Zeitabständen oder zu den vereinbarten Zeitpunkten zu gewähren, und zwar in Höhe des Wertes der jeweils nachgewiesenen vertragsgemäßen Leistungen einschließlich des ausgewiesenen, darauf entfallenden Umsatzsteuerbetrages. Die Leistungen sind durch eine prüfbare Aufstellung nachzuweisen, die eine rasche und sichere Beurteilung der Leistungen ermöglichen muss.
2. […]
3. Ansprüche auf Abschlagszahlungen werden binnen 21 Tagen nach Zugang der Aufstellung fällig.
4. […]

(3)

1. Der Anspruch auf Schlusszahlung wird alsbald nach Prüfung und Feststellung fällig, spätestens innerhalb von 30 Tagen nach Zugang der Schlussrechnung […].
[…]"

Im Hinblick auf die Abschlagszahlungen gemäß § 16 Abs. 1 VOB/B gilt im Wesentlichen das Gleiche wie bei den kommentierten Abschlagszahlungen unter § 632a BGB. Im Übrigen gilt auch hier, dass sowohl die Abschlagsrechnung als auch die Schlussrechnung für den Auftraggeber prüfbar sein muss. Darüber hinaus muss als weitere Fälligkeitsvoraussetzung die Abnahme der Bauleistung erfolgt sein.

(11) § 17 VOB/B Sicherheitsleistung

„§ 17 VOB/B

(1)

1. Wenn Sicherheitsleistung vereinbart ist, gelten die §§ 232 bis 240 BGB, soweit sich aus den nachstehenden Bestimmungen nichts anderes ergibt.
2. Die Sicherheit dient dazu, die vertragsgemäße Ausführung der Leistung und die Mängelansprüche sicherzustellen.
[…]

(6)

1. Soll der Auftraggeber vereinbarungsgemäß die Sicherheit in Teilbeträgen von seinen Zahlungen einbehalten, so darf er jeweils die Zahlung um höchstens 10 v. H. kürzen, bis die vereinbarte Sicherheitssumme erreicht ist. Sofern Rechnungen ohne Umsatzsteuer gemäß § 13 b UStG gestellt werden, bleibt die Umsatzsteuer bei der Berechnung des Sicherheitseinbehaltes unberücksichtigt. Den jeweils einbehaltenen Betrag hat er dem Auftragnehmer mitzuteilen und binnen 18 Werktagen nach dieser Mitteilung auf ein Sperrkonto bei dem vereinbarten Geldinstitut einzuzahlen. Gleichzeitig muss er veranlassen, dass dieses Geldinstitut den Auftragnehmer von der Einzahlung des Sicherheitsbetrags benachrichtigt. Absatz 5 gilt entsprechend.

2. *Bei kleineren oder kurzfristigen Aufträgen ist es zulässig, dass der Auftraggeber den einbehaltenen Sicherheitsbetrag erst bei der Schlusszahlung auf ein Sperrkonto einzahlt.*
3. *Zahlt der Auftraggeber den einbehaltenen Betrag nicht rechtzeitig ein, so kann ihm der Auftragnehmer hierfür eine angemessene Nachfrist setzen. Lässt der Auftraggeber auch diese verstreichen, so kann der Auftragnehmer die sofortige Auszahlung des einbehaltenen Betrags verlangen und braucht dann keine Sicherheit mehr zu leisten.*
[...]"

Im Regelfall wird bei den Bauverträgen zwischen Auftraggeber und Auftragnehmer vereinbart, dass für die vertragsgemäße Erfüllung der Ausführung der Leistungen des Auftragnehmers bis zur Abnahme ein zehnprozentiger Sicherheitseinbehalt vereinbart wird (Vertragserfüllungssicherheit). Des Weiteren wird regelmäßig vereinbart, dass sich dieser Sicherheitseinbehalt für den Zeitraum der Gewährleistung ab Abnahme und damit regelmäßig für weitere 5 Jahre auf einen Betrag von 5 % der Abrechnungssumme reduziert (Gewährleistungssicherheit). Sofern wiederum die Regelung des § 17 VOB/B Gegenstand des Bauvertrages geworden ist, hat dies im Rahmen eines VOB-Bauvertrages zur Konsequenz, dass der Auftraggeber den zehnprozentigen Sicherheitseinbehalt von den Abschlagsrechnungen des Auftragnehmers mit Ausnahme von kleinen Aufträgen sowie auch den fünfprozentigen Sicherheitseinbehalt von der Schlussrechnung des Auftragnehmers auf ein sogenanntes Sperrkonto im Sinne des § 17 Abs. 6 VOB einzahlen muss. Dies ist ein insolvenzfestes Konto, mit der Konsequenz, dass bei Insolvenz des Auftraggebers der Insolvenzverwalter auf dieses Geld nicht zugreifen kann. Darüber hinaus kann auch der Auftraggeber auf dieses Konto nur mit Zustimmung des Auftragnehmers zugreifen. Tatsache ist jedoch, dass kein Auftraggeber freiwillig den Sicherheitseinbehalt während der Vertragserfüllung bis zur Abnahme und damit 10 % sowie nach der Abnahme und damit in Höhe von 5 % der Abrechnungssumme auf ein sogenanntes Sperrkonto einzahlt. Häufig ist dies bereits nicht notwendig, weil sowohl die Vertragserfüllungssicherheit von 10 % als auch die Gewährleistungssicherheit von 5 % durch den Auftragnehmer durch eine sog. Vertragserfüllungsbürgschaft bzw. Gewährleistungsbürgschaft abgelöst wird. Dann bekommt der Auftragnehmer ohnehin den vollständigen Betrag der Abschlagsrechnung als auch den vollständigen Betrag der Schlussrechnung ausbezahlt. Sofern allerdings der Auftragnehmer nicht in der Lage oder willens ist, den Sicherheitseinbehalt durch eine entsprechende Bürgschaft abzulösen, besteht grundsätzlich die vorgenannte Verpflichtung für den Auftraggeber zur Einzahlung auf ein Sperrkonto gemäß § 17 Abs. 6 VOB/B. Sofern allerdings der Auftraggeber den Sicherheitseinbehalt, insbesondere im Zusammenhang mit der Schlussrechnungslegung von 5 %, nicht auf ein Sperrkonto einzahlt, könnte ihn der Auftragnehmer diesbezüglich schriftlich mit angemessener Frist auffordern. Kommt der Auftraggeber in angemessener Frist dieser Aufforderung nicht nach, wird der jeweilige Sicherheitseinbehalt mit Fristablauf automatisch fällig und müsste vom Auftraggeber nach vollständiger Leistungserbringung oder aber Ablauf der Gewährleistungszeit ausgezahlt werden.

Praxistipp

Im Regelfall ist dem Auftragnehmer zur Sicherung seiner Liquidität zu empfehlen, über die bei ihm bestehenden Verträge mit Banken oder Versicherungen durch entsprechende Bürgschaften die Vertragserfüllungssicherheit von 10 % bzw. die Gewährleistungssicherheit von 5 % fällig zu stellen. Dies hat dann zur Konsequenz, dass mit Stellung der jeweiligen Bürgschaft auch der Sicherheitseinbehalt ausgezahlt wird. Nach Fertigstellung der Leistungen wird die Vertragserfüllungsbürgschaft dann gegen eine Gewährleistungsbürgschaft für den Zeitraum der Gewährleistungszeit ausgetauscht. Sofern der Auftragnehmer nicht willens oder in der Lage ist, für den Zeitraum der Gewährleistungszeit eine Bürgschaft zur Fälligstellung des Sicherheitseinbehaltes aufzubringen, kann über die Aufforderung zur Einzahlung des fünfprozentigen Sicherheitseinbehaltes auf ein Sperrkonto gegenüber dem Auftraggeber nachgedacht werden. Dies ist allerdings ausschließlich dann zu empfehlen, wenn es generell Probleme mit dem Auftraggeber bei der Schlussrechnungsprüfung bzw. im Hinblick auf die Schlusszahlungsvereinbarung gibt. Sollte dagegen alles einwandfrei auch im Interesse des Auftragnehmers gelaufen sein, sollten im Interesse der Aufrechterhaltung einer guten Vertragsbeziehung die 5 % beim Auftraggeber belassen oder aber durch eine Gewährleistungsbürgschaft abgelöst werden. Sofern der Auftragnehmer gleichwohl den Anspruch auf Einzahlung auf ein Sperrkonto beim Auftraggeber geltend macht, muss er davon ausgehen, dass dieser auch ein Sperrkonto einrichtet und darüber hinaus das Vertragsverhältnis im Hinblick auf weitere Bauvorhaben belastet ist und dementsprechend eine weitere vertragliche Zusammenarbeit auf anderen Bauvorhaben ausscheidet. Die Geltendmachung der Einzahlung des Sicherheitseinbehaltes auf ein Sperrkonto gegenüber dem Auftraggeber, insbesondere im Hinblick auf den fünfprozentigen Sicherheitseinhalt für die Gewährleistungszeit, sollte dementsprechend nur die Ausnahme darstellen und nur dann in Betracht kommen, wenn der Auftragnehmer sich ohnehin im Rechtsstreit mit dem Auftraggeber befindet. Befindet der Auftragnehmer sich nämlich im Rechtsstreit, wird der Auftraggeber im Regelfall die 5 % nicht auf ein Sperrkonto einzahlen und damit sind die vorgenannten 5 % fällig und gleichzeitig Gegenstand der finalen Verhandlungsmasse zwischen den Vertragsparteien.

2.1.3.3 VOB/C Allgemeine Technische Vertragsbedingungen (ATV)

Der Teil C, die Allgemeinen Technischen Vertragsbedingungen, wird kurz ATV genannt. Es geht hierbei nicht mehr um rechtliche, sondern um technische Inhalte der Ausführung. Den einzelnen Gewerken sind dabei unterschiedliche DIN-Zahlen zugeordnet, beginnend bei DIN 18300 „Erdarbeiten". Bei Abschluss eines VOB-Bauvertrags und damit der Einbeziehung der VOB/B in den Vertrag wird die VOB/C automatisch gemäß § 1 VOB/B Bestandteil des Vertrags. Dort ist geregelt:

„§ 1 VOB/B

(1)** Die auszuführende Leistung wird nach Art und Umfang durch den Vertrag bestimmt.* ***Als Bestandteil des Vertrags gelten auch die Allgemeinen Technischen Vertragsbedingungen für Bauleistungen (VOB/C). **[Hervorhebung durch den Autor]**

(2) […]"

Für den Fliesenleger ist die wichtigste ATV die VOB/C ATV DIN 18352 „Fliesen- und Plattenarbeiten".

Es ist sehr hilfreich, wenn ein junger Meister den Text dieser ATV gut beherrscht. Entsprechend dem Berufsbild für Fliesenleger sind jedoch darüber hinaus gehende Kenntnisse erforderlich:

- DIN 18332 VOB Vergabe- und Vertragsordnung für Bauleistungen – Teil C: Allgemeine Technische Vertragsbedingungen für Bauleistungen (ATV) – Naturwerksteinarbeiten (2023),
- DIN 18333 VOB Vergabe- und Vertragsordnung für Bauleistungen – Teil C: Allgemeine Technische Vertragsbedingungen für Bauleistungen (ATV) – Betonwerksteinarbeiten (2019),
- DIN 18350 VOB Vergabe- und Vertragsordnung für Bauleistungen – Teil C: Allgemeine Technische Vertragsbedingungen für Bauleistungen (ATV) – Putz- und Stuckarbeiten (2019),
- DIN 18353 VOB Vergabe- und Vertragsordnung für Bauleistungen – Teil C: Allgemeine Technische Vertragsbedingungen für Bauleistungen (ATV) – Estricharbeiten (2023).

Seit 1988 wurde durch eine Überarbeitung der ATV die DIN 18299 „VOB Vergabe- und Vertragsordnung für Bauleistungen – Teil C: Allgemeine Technische Vertragsbedingungen für Bauleistungen (ATV) – Allgemeine Regelungen für Bauarbeiten jeder Art" (2023) vorgeschaltet, die allgemeingültige Regeln für alle Gewerke enthält.

Jede ATV gliedert sich in sechs Abschnitte, von denen der erste mit

0 Hinweise für das Aufstellen der Leistungsbeschreibung

eine Sonderstellung einnimmt: Zum einen werden diese Hinweise nicht Vertragsbestandteil, zum anderen sind sie für die Erfordernisse der Leistungsbeschreibung und damit für den Architekten eine Hilfe.

Die weiteren Abschnitte lauten:

1. Geltungsbereich,
2. Stoffe, Bauteile,
3. Ausführung,
4. Nebenleistungen, besondere Leistungen,
5. Abrechnung.

0 Hinweise für das Aufstellen der Leistungsbeschreibung

Hier finden sich interessante Angaben, deren Ermittlung – falls vom Architekten nicht benannt – später auf der Baustelle viel Zeit kosten kann.

Beispiel

- Welche Art und Beschaffenheit hat der Untergrund?
- Sollen Beläge im Dickbett oder Dünnbett, auf Trennschicht oder Dämmschicht verlegt werden?
- Mit welcher Dicke und Zusammendrückbarkeit von Dämmschichten ist zu rechnen?
- Welche Vorbehandlung des Untergrundes ist vorgesehen?
- Mit welcher Art und Dicke des Putzes ist zu rechnen?
- Welche Einteilung soll ausgeführt werden (Diagonalverlegung, Fugenschnitt)?
- Welche Art der Verfugung ist zu wählen?
- Wie sind Bewegungsfugen auszuführen?

Ausführlich und bedeutend ist die Angabe der Abrechnungseinheiten, die sowohl im Leistungsverzeichnis (LV) als auch im Aufmaß und in der Schlussrechnung entsprechend eingehalten werden müssen.

1 Geltungsbereich

„1.1 Die ATV ‚Fliesen- und Plattenarbeiten‘ – DIN 18352 – gilt für das Ansetzen und Verlegen von

- *keramischen Fliesen, Platten und Mosaik,*
- *Platten und Mosaik aus Glas*

1.2 Die ATV DIN 18352 gilt nicht für das Ansetzen und Verlegen von

- *anderen Platten aus Naturwerksteinen […] und*
- *Platten aus Betonwerksteinen […]“*

1.3 Ergänzend gilt die ATV DIN 18299 ‚Allgemeine Regelungen für Bauarbeiten jeder Art‘, Abschnitte 1–5. Bei Wiedersprüchen gehen Regelungen der 18352 vor.“

Im ersten Abschnitt werden die Grenzen dieser Norm aufgezeigt. Sie umfassen den gesamten Keramikbereich, sofern es sich um Fliesen, Platten und Mosaik handelt.

In dieser ATV sind Arbeiten mit anderen Platten aus Naturwerkstein oder Betonwerkstein nicht geregelt. Dafür stehen die VOB/C ATV DIN 18332 und die VOB/C ATV DIN 18333 zur Verfügung.

2 Stoffe, Bauteile

In diesem Abschnitt ist die Qualität von keramischen Fliesen, Platten und Mosaik definiert. Die wichtigsten Normen keramischer Produkte sind aufgelistet.

Als Bindemittel sind Zemente nach DIN 1164 und DIN EN 197-1 sowie Dünnbettmörtel bzw. Klebstoffe nach DIN EN 12004-1 beschrieben.

Der dritte Abschnitt nimmt Bezug auf Verfugungsstoffe nach DIN 18540.

Der Teil 4 behandelt genormte Dämmstoffe (z. B. Kork, Schaumkunststoffe, Faserdämmstoffe und Schaumglas erwähnt).

Der Teil 5 behandelt Abdichtungen von Balkonen, Loggien, Innenräumen und Behältern und Becken.

3 Ausführung

In Abschnitt 3 werden 2 Pflichten des Auftragnehmers angesprochen: prüfen und Bedenken anmelden.

Prüfen soll der Fliesenleger die gesamten Verhältnisse auf der Baustelle, soweit sie für ihn von Interesse sind. Hierunter fällt sicher der Untergrund, auf den er den Belag oder die Bekleidung aufbauen muss.

„3.1.1 Der Auftragnehmer hat bei seiner Prüfung Bedenken (siehe § 4 Nr. 3 VOB/B) insbesondere geltend zu machen bei

- *ungeeigneter Beschaffenheit des Untergrundes (Ansetz- und Verlegefläche), z. B. grobe Verunreinigungen, Ausblühungen, zu glatte, zu feuchte, verölte oder gefrorene Flächen, Risse,*
- *größeren Unebenheiten als nach Abschnitt 3.1.2 zulässig,*
- *fehlenden Höhenbezugspunkten je Geschoss,*
- *fehlendem, ungenügendem oder von der Angabe in den Ausführungsunterlagen abweichendem Gefälle,*
- *einer rauen Oberfläche der Fliesen, die rückstandsfreies Entfernen der Fugenmasse nicht zulässt."*

Fliesenarbeiten sind nach Anbringen von Fenster- und Türzargen, Anschlagschienen, Installationen und Putz auszuführen.

Als Anforderungen an einen Fliesenbelag werden genannt, dass er senkrecht, fluchtrecht, waagrecht oder mit dem angegebenen Gefälle verlegt werden muss. Die Höhenbezugspunkte sind einzuhalten.

Es folgen die Mörtelbettdicken für Bekleidungen und Beläge im Dickbettverfahren:

- bei Wandbekleidungen: 15 mm
- bei Bodenbelägen: 20 mm
- bei Bodenbelägen auf Trennschichten innen: 30 mm
- bei Bodenbelägen auf Trennschichten außen: 50 mm
- bei Bodenbelägen auf Dämmschicht innen: 45 mm
- bei Bodenbelägen auf Dämmschicht außen: 50 mm

Als Bindemittel sind Zemente nach DIN 1164-10 und DIN EN 197-1 vorgeschrieben.

Für das Dünnbettverfahren sind die Vorgaben der DIN 18157-1 bis -3 zu beachten.

Über Fugen sind folgende Angaben gemacht:

- Fugen sind gleichmäßig breit anzulegen.
- Maßabweichungen der Fliesen und Platten sind in den Fugen auszugleichen.
- Das Verfugen muss durch Einschlämmen erfolgen.
- Es ist eine graue, hydraulisch erhärtende Fugenmasse zu verwenden.
- Die technisch notwendige Fugenbreite beträgt 2 bis 8 mm, ausgenommen Mosaike in vorgefertigten Tafeleinheiten.

- Je nach Art, Format und Materialtoleranz sowie Verwendungszweck der Belagsstoffe können größere Fugenbreiten erforderlich sein.
- Mosaike in vorgefertigten Tafeleinheiten unterliegen nicht diesen Vorgaben.

Der Abschnitt 3 schließt mit dem Hinweis auf die Bewegungsfugen. Hierbei werden unterschieden:

- Gebäudetrennfugen,
- Feldbegrenzungsfugen,
- Rand- und Anschlussfugen.

Bewegungsfugen sind grundsätzlich mit Fugendichtmassen oder Profilen zu schließen.

4 Nebenleistungen, Besondere Leistungen

Nebenleistungen sind Leistungen, die auch ohne Erwähnung im Vertrag zur vertraglichen Leistung gehören.

Es handelt sich demnach um Leistungen, die im LV nicht ausgeschrieben sind und deshalb auch nicht gesondert abgerechnet werden können.

Da Nebenleistungen jedoch tatsächliche Kosten verursachen, sind diese in die Gemeinkostensätze einzukalkulieren.

Bei den Nebenleistungen spielt der Begriff „Vorhalten" eine wichtige Rolle. Vorhalten bedeutet beschaffen (kaufen, leihen, leasen), für die Zeit der Ausführung zur Verfügung stellen, abbauen und abtransportieren.

Hierfür kommen infrage:

- Baustelleneinrichtung,
- Werkzeug, Geräte, Maschinen,
- Schutz- und Sicherheitseinrichtungen,
- Gerüste bis zu 3,5 m Arbeitshöhe.

Weitere Beispiele für Nebenleistungen sind:

- Einrichtung der Baustelle,
- Messen für die Vorbereitung, Ausführung,
- Abrechnung der Bauleistungen,
- Liefern, Befördern,
- Entsorgen,
- Schutz der Beläge,
- Reinigung des Untergrundes,
- Beseitigen kleiner Putzüberstände,
- Anarbeiten an angrenzende Bauteile oder Aussparungen bis zu 0,1 m^2 Einzelgröße.

Die Abgrenzung der Nebenleistungen von den Besonderen Leistungen ist für eine einwandfreie Abrechnung der Arbeiten wichtig.

Besondere Leistungen müssen im Leistungsverzeichnis besonders ausgeschrieben sein. Dann können sie auch entsprechend angeboten und abgerechnet werden.

Beispiele für Besondere Leistungen sind:

- Gerüste über 3,5 m Arbeitshöhe,
- Ansetz- und Verlegepläne, vom Auftragnehmer gefertigt,
- Reinigung von grober Verschmutzung,
- Aufbringen von Haftbrücken,
- Auffüllen des Untergrundes,
- Wärme- und Schalldämmung,
- Schutzmaßnahmen gegen Feuchte,
- Löcher für Installationen,
- Anarbeiten an Wannen, Untertritte, schräge Wannenschürzen,
- Bewegungsfugen,
- Scheinfugen,
- Anarbeiten an Aussparungen über 0,1 m^2 Einzelgröße,
- Herstellen von Gehrungsschnitten oder Gehrungsschliffen.

5 Abrechnung

Der Begriff Abrechnung ist in diesem Zusammenhang nicht genau. Es handelt sich eigentlich um die Aufmaßregeln, die bei der Ermittlung der Leistung – also beim Aufmaß – zu beachten sind.

Das Aufmaß führt zusammen mit den Preisen des Angebotes zur Abrechnung.

Bei den Aufmaßregeln handelt es sich demnach um rein technische Angaben, die mit Rechnung oder Preisen nichts zu tun haben.

Erklärungen zum Thema „Aufmaß und Abrechnung“ sind in Kapitel 4 dieses Buches zu finden.

2.1.3.4 VOB/A Allgemeine Bestimmungen für die Vergabe von Bauleistungen

(1) Allgemeine Erläuterungen

- VOB/A enthält allgemeine Bestimmungen für die Vergabe von Bauleitungen.
- VOB/A findet nur bei öffentlichen Auftraggebern verpflichtende Anwendung; private Auftraggeber schließen zwar sog. VOB-Bauverträge auf Grundlage der VOB/B, wählen allerdings selten Ausschreibungsverfahren nach VOB/A.
- § 1 VOB/A definiert den Begriff der Bauleistung als Die Beauftragung umfasst die Lieferung der Baustoffe und deren Einbau.
- Die VOB/A enthält 24 Basisparagrafen sowie im Anhang technische Spezifikationen. Die Abschnitte 2 bis 4 gelten ausschließlich für europaweite Ausschreibungen (entstanden im Zuge der Harmonisierung des europäischen Vergaberechts). Der Auftragswert liegt hier über dem sog. Schwellenwert von 5,35 Mio. € (Stand: Januar 2020).

(2) Vergabearten

- Nach § 3 VOB/A existieren 3 Vergabearten:
  - Öffentliche Ausschreibung gemäß § 3 Abs. 1 VOB/A:
  - Im Regelverfahren der öffentliche Auftraggeber nach öffentlicher Aufforderung (Presse oder Internetplattformen wie Vergabemarktplatz Brandenburg) können unbeschränkt viele Unternehmen ihr Angebot einreichen.
  - Beschränkte Ausschreibung gemäß § 3 Abs. 2 VOB/A:
  - Hier fordert der Auftraggeber eine bestimmte Zahl (= beschränkt) von Unternehmen zur Angebotseinreichung auf.
  - Freihändige Vergabe gemäß § 3 Abs. 3 VOB/A:
    Der Auftraggeber vergibt ohne förmliches Vergabeverfahren die Bauleistung.
- Wann diese Vergabeverfahren jeweils zulässig sind, regelt § 3b VOB/A.

(3) Vergabeunterlagen

Wichtige Vergabeunterlage ist die Leistungsbeschreibung gemäß § 7 VOB/A.

In dieser wird die zu erbringende Leistung genau und umfassend umschrieben. Damit wird gleichzeitig der vom Unternehmen zu erbringende Vertragsgegenstand festgelegt (= klare, vollständige Darstellung des Vertragssolls). Sie enthält Leistungspositionen, die die jeweils auszuführende Leistung beschreiben. Grundpositionen bilden die Bezugsposition, auf die sich Alternativ- oder Zulagenpositionen beziehen.

Alternativ-/Wahlpositionen lässt der Auftraggeber sich zusätzlich anbieten. Für deren Ausführung entscheidet er sich in der Regel bei Vertragsschluss anstelle der zugehörigen Grundposition.

Die Zulagenposition ergänzt die Leistung der Grundposition.

Eventualposition/Bedarfsposition sind erfahrungsgemäß erforderliche Leistungen, über deren Notwendigkeit zum Zeitpunkt der Ausschreibung noch keine Festlegung getroffen werden kann.

Hinweis

> Der Unternehmer darf für VOB-Ausschreibungen **keine** Änderungen am Leistungsverzeichnis vornehmen, ansonsten droht ihm der Ausschluss vom Vergabeverfahren (vgl. § 13 Abs. 1 Nr. 5 in Verbindung mit § 16 Abs. 1 Nr. 2 VOB/A).

Aus welchen Unterlagen die Vergabeunterlagen (§ 8 VOB/A) bestehen und welchem Inhalt/welcher Form die Angebote entsprechen müssen (§ 13 VOB/A), ist ebenfalls in der VOB/A geregelt.

Es werden in der Regel mit der Angebotsabgabe Nachweise über die Fachkunde, Leistungsfähigkeit und Zuverlässigkeit von den Bietern verlangt.

Diese Nachweise sind bei öffentlichen Vergabeverfahren grundsätzlich beizufügen. Welche Eignungsnachweise gefordert werden können, ergibt sich aus § 6a VOB/A.

Sind die Nachweise unvollständig, besteht eine Nachforderungspflicht des Ausschreibenden gemäß § 16 a VOB/A.

In den Vergabeunterlagen wird die zuständige Nachprüfungsstelle ausgewiesen (§ 21 VOB/A), bei privaten Auftraggebern nur in dem Fall, wenn dieser staatliche Fördergelder für den Bau erhält.

(4) Vertragsarten

§ 4 VOB/A kennt folgende Vertragsarten:

- Einheitspreisvertrag,
- Pauschalpreisvertrag,
- Stundenlohnvertrag.

Wegen der inhaltlichen Ausgestaltung dieser Verträge wird auf die Kommentierungen zu § 2 VOB/B verwiesen.

2.1.4 Fragen und Antworten

Nr.	Fragen
1.	Erklären Sie die Abkürzungen BGB, VOB, DIN, AG, AN, ATV, BVB, ZVB.
2.	Welchen Bauvertrag kann der Fliesenfachbetrieb mit dem Auftraggeber abschließen?
3.	Erläutern Sie den Begriff BGB-Bauvertrag.
4.	Nennen Sie die für den Fliesenfachbetrieb wichtigsten praxisrelevanten Regelungen (Paragrafen) für den BGB-Bauvertrag.
5.	Nennen Sie die beiden Hauptpflichten eines Auftraggebers gegenüber dem Fliesenfachbetrieb.
6.	Wie lange ist die Gewährleistungszeit gemäß BGB in der Regel für das Gewerk des Fliesenfachbetriebs?
7.	Erläutern Sie den Begriff VOB.
8.	In welche Teile gliedert sich die VOB?
9.	Welche Pflicht haben Sie als Auftragnehmer bei Abschluss eines VOB-Bauvertrages, wenn Ihr Kunde Verbraucher ist?
10.	Nennen Sie die wichtigsten praxisrelevanten Regelungen (Paragrafen) der VOB/B für den VOB- Bauvertrag.
11.	Welche Vertragsarten unterscheidet die VOB/B hinsichtlich der Vergütung?
12.	Wie lange ist die Gewährleistungszeit gemäß VOB/B in der Regel für das Gewerk des Fliesenfachbetriebs?
13.	Wann muss die VOB/B zur Grundlage der Bauvertragsabwicklung gemacht werden?
14.	Welche Thematik behandelt die VOB/C?

Nr.	**Fragen**
15.	Wie lautet die DIN-Zahl für Fliesenarbeiten?
16.	Nennen Sie die DIN-Zahlen für Natursteinarbeiten, Estricharbeiten und Abdichtungsarbeiten.
17.	Wann wird die VOB/C automatisch Vertragsbestandteil?
18.	Was sind die hauptsächlichen Inhalte aus dem Teil C der VOB?
19.	Welche Thematik behandelt die VOB/A?
20.	Welche Vergabearten gibt es gemäß VOB/A?
21.	Welche Vertragsarten kennt die VOB/A?
22.	Welche 3 Nachweise hat der Fliesenfachbetrieb bei der Angebotsabgabe zu erbringen?
23.	Was sollte der Unternehmer bei der Bearbeitung von Ausschreibungen unbedingt unterlassen?
24.	In welchen Fällen kann der Auftraggeber einen VOB-Vertrag kündigen?
25.	In welchen Fällen kann der Auftragnehmer einen VOB-Vertrag kündigen?
26.	Was versteht man unter Vertragsstrafe und wann wird sie fällig?
27.	Was versteht man unter Abnahme der Leistung?
28.	Welche rechtlichen Folgen hat die Abnahme?
29.	Wozu dient die Sicherheitsleistung im Sinne des § 17 VOB/B und wie hoch ist diese regelmäßig?
30.	Nach welcher ATV werden Natursteinarbeiten an einer Treppe ausgeführt?
31.	Welche Angaben werden in der ATV DIN 18352 bezüglich der Verfugung des Fliesenbelages gemacht?
32.	Wovon ist die Fugenbreite abhängig?
33.	Sie verfliesen ein Bad mit Wandfliesen 20 cm × 25 cm. Welche Fugenbreite können Sie unter Berücksichtigung der VOB/C ATV DIN 18352 wählen?
34.	Was versteht man unter Nebenleistungen?
35.	Nennen Sie 3 Beispiele für Nebenleistungen.
36.	Was sind Besondere Leistungen?
37.	Zählen Sie 3 Beispiele von Besonderen Leistungen auf.

Nr.	Antworten
1.	Bürgerliches Gesetzbuch, Vergabe- und Vertragsordnung für Bauleistungen, Deutsche Industrienorm, Auftraggeber, Auftragnehmer, Allgemeine Technische Vertragsbedingungen, Besondere Vertragsbedingungen, Zusätzliche Vertragsbedingungen
2.	Als Möglichkeiten eines Vertrages kommt der BGB-Bauvertrag oder aber ein VOB-Bauvertrag für die Ausführung der zu erbringenden Leistungen des Fliesenlegers in Betracht.
3.	ein Vertrag zur Herstellung eines Bauwerks bzw. dessen Wiederherstellung ohne Einbeziehung der VOB/B in den Bauvertrag
4.	§ 632a BGB Abschlagszahlungen, § 633 BGB Sach- und Rechtsmängel, § 634 BGB Rechte des Bestellers bei Mängeln, § 634a BGB Verjährung der Mängelansprüche, § 640 BGB Abnahme, § 648 Kündigungsrecht des Bestellers, § 650b BGB Änderungen des Vertrages, Anordnungsrecht des Bestellers, § 650c BGB Vergütungsanpassung bei Anordnungen nach § 650b Abs. 2 BGB, § 650f BGB Bauhandwerkersicherung, § 650g BGB Zustandsfeststellung bei Verweigerung der Abnahme, Schlussrechnung
5.	Zahlungsverpflichtung und Abnahme der Bauleistung
6.	in der Regel 5 Jahre
7.	Abkürzung für den Begriff „Verdingungsordnung für Bauleistungen"
8.	Teil A (DIN 1960, Allgemeine Bestimmungen für die Vergabe von Bauleistungen), Teil B (DIN 1961, Allgemeine Vertragsbedingungen für die Ausführung von Bauleistungen),Teil C (Allgemeine Technische Vertragsbedingungen, ATV)
9.	Sie müssen dem Kunden bei Abschluss des Bauvertrages die VOB/B in der aktuellen Fassung als Anlage zum Vertrag übergeben.
10.	§ 2 Vergütung, § 4 Ausführung, § 5 Ausführungsfristen, § 6 Behinderung und Unterbrechung der Ausführung, § 8 Kündigung durch den Auftraggeber, § 11 Vertragsstrafe, § 12 Abnahme, § 15 Stundenlohnarbeiten, § 16 Zahlung, § 17 Sicherheitsleistung
11.	§ 2 VOB/B differenziert zwischen dem Einheitspreisvertrag, dem Detailpauschalpreisvertrag, dem Stundenlohnvertrag und dem Selbstkostenvertrag.
12.	in der Regel 4 Jahre
13.	Im Zusammenhang mit der Vergabe von öffentlichen Bauverträgen ist die öffentliche Hand verpflichtet, die VOB/B uneingeschränkt zur Grundlage der Bauvertragsabwicklung zu machen.
14.	Der Teil C der VOB hat die Allgemeinen Technischen Vertragsbedingungen (ATV) zum Inhalt. Er behandelt ausschließlich technische Themen. Jedem Gewerk ist eine entsprechende DIN-Zahl zugeordnet.
15.	DIN 18352
16.	Natursteinarbeiten = VOB/C ATV DIN 18332, Estricharbeiten = VOB/C ATV DIN 18353, Abdichtungsarbeiten = VOB/C ATV DIN 18336
17.	Bei Abschluss eines VOB-Vertrages wird die VOB/C aufgrund der Regelung in § 1 VOB/B automatisch Bestandteil des Bauvertrags.
18.	Inhalt VOB/C ATV DIN 18352, Abschnitt 0: Hinweise für das Aufstellen der Leistungsbeschreibung; Abschnitt 1: Geltungsbereich; Abschnitt 2: Stoffe, Bauteile; Abschnitt 3: Ausführung; Abschnitt 4: Nebenleistungen, besondere Leistungen; Abschnitt 5: Abrechnung

Nr.	Antworten
19.	die allgemeinen Bestimmungen für die Vergabe von Bauleistungen
20.	öffentliche Ausschreibung, beschränkte Ausschreibung und freihändige Vergabe
21.	Einheitspreisvertrag, Pauschalpreisvertrag, Stundenlohnvertrag
22.	Fachkunde, Leistungsfähigkeit, Zuverlässigkeit
23.	Der Unternehmer darf am Leistungsverzeichnis keine Änderungen vornehmen, ansonsten droht ihm der Ausschluss vom Vergabeverfahren.
24.	Grundsätzlich kann der Auftraggeber den Vertrag bis zur Vollendung der Leistung jederzeit ohne Kündigungsgrund kündigen (freie Kündigung). In diesem Fall kann der Auftragnehmer für den gekündigten Vertragsteil seinen entgangenen Anteil an AGK sowie Wagnis und Gewinn geltend machen unter Anrechnung dessen, was er mit seinen frei gewordenen Kapazitäten durch andere Verträge im gleichen Zeitraum erwirtschaften konnte. Darüber hinaus kann der Auftraggeber dem Auftragnehmer u. a. bei mangelhafter Ausführung im Sinne des § 4 Abs. 7 VOB/B und bei Nichteinhaltung von Terminen im Sinne des § 5 Abs. 4 VOB/B unter Angabe von Gründen außerordentlich kündigen.
25.	Der Auftragnehmer kann dem Auftraggeber kündigen, wenn dieser seinen Verpflichtungen zur Abnahme und Bezahlung nicht nachkommt.
26.	Eine Vertragsstrafe wird nur fällig, wenn diese vereinbart ist, z. B. bei der Überschreitung des vereinbarten Fertigstellungstermins. Hierbei sind jedoch Behinderungen des Baustellenablaufs, die der Fliesenleger nicht zu verantworten hat, zu seinen Gunsten zu berücksichtigen (automatische Verschiebung des Fertigstellungstermins).
27.	die Bestätigung der fach- und sachgerechten Ausführung durch den Auftraggeber ohne wesentliche Mängel
28.	Die Übergabe der „Gefahr", die Möglichkeit der Stellung zur Schlussrechnung und den Beginn der Verjährungsfrist für Mängelansprüche
29.	Sicherstellung der vertragsgemäßen Ausführung der Leistung und eventueller Mängelansprüche. Im Regelfall beträgt die Sicherheitsleistung bis zum Zeitpunkt der Abnahme 10 %. Diese reduziert sich danach für den Zeitraum bis zum Ablauf der Gewährleistung auf 5 %.
30.	nach VOB/C ATV DIN 18332 „Naturwerksteinarbeiten"
31.	Fugen sind gleichmäßig breit anzulegen. Die Maßtoleranzen der Fliesen sind auszugleichen. Das Verfugen muss durch Einschlämmen erfolgen. Es ist grauer hydraulischer Mörtel zu verwenden.
32.	von Fliesenart und -größe
33.	2–8 mm
34.	Leistungen, die auch ohne Erwähnung im Vertrag zur vertraglichen Leistung gehören und nicht gesondert abgerechnet werden
35.	Vorhalten von Einrichtungen, Werkzeugen und Geräten, Messungen für die Ausführung und Abrechnung, Schutz- und Sicherheitsmaßnahmen nach den Unfallverhütungsvorschriften (UVV), Gerüste bis 3,5 m Arbeitshöhe
36.	Besondere Leistungen müssen im LV besonders erwähnt sein.
37.	Gerüste über 3,5 m Arbeitshöhe, Ansetz- und Verlegepläne, Haftbrücken, Wärme- und Schalldämmung

Abb. 2.6: Fachgerechte Einteilung von Bekleidungen und Belägen (Quelle: Astrid Ewerhardy-Blocher, Mettlach-Tünsdorf)

2.2 Einteilung von Bekleidungen und Belägen aus Fliesen und Platten

2.2.1 Stichworte zum Thema

- sinnvolle Einteilung von Wand- und Bodenflächen
- fachgerechte Einteilung von Pfeilern und Säulen
- Berechnung und Einteilung von Rundbögen, Spitzbögen, Stichbögen und Korbbögen
- Berechnung von Anzahl und Größe von Streifen (geschnittenen Fliesen)
- Zuordnung von Werkskanten und Schnittkanten
- Fliesenkanten als Gehrungen/Jollys
- vertretbarer Zeitaufwand und Verschnitt bei Einteilung

2.2.2 Regelwerke

Zu diesem Kapitel existieren keine Regelwerke. Weder in einer Norm noch in einem Merkblatt sind die Regeln der Einteilung festgeschrieben. Sie sind also nicht geregelt. Die langjährigen, branchenspezifisch bewährten Einteilungsregeln gelten trotzdem als anerkannte Regel der Technik. Sie werden sowohl mündlich als auch schriftlich (nicht selten unterschiedlich) im Rahmen einer Ausbildung vom Meister zum Lehrling und vom Lehrer zum

Schüler weitergegeben. In aktuellen Lehrbüchern werden sie mit unterschiedlicher Gründlichkeit behandelt.

Behandelt wird die Thematik in der VOB/C ATV DIN 18352 „Allgemeine Technische Vertragsbedingungen für Bauleistungen (ATV) – Fliesen- und Plattenarbeiten“ (2019) in den Abschnitten 2 und 4.

Hinweise zur Dimensionierung von Fugen finden sich in dem ZDB-Merkblatt „Bewegungsfugen in Bekleidungen und Belägen aus Fliesen und Platten“ (November 2022).

2.2.3 Fall aus der Praxis

Ein Bauherr möchte die Wand- und Bodenbeläge im Fugenschnitt ausgeführt haben. Die Räume sind durch Fenster, Nischen und Raumteiler stark gegliedert. Besonderen Wert legt er auf eine fachlich korrekte Einteilung der Wandbekleidungen.

Folgende Fragen sind zu klären:

- Wo liegen die Schwierigkeiten bei diesem Kundenwunsch?
- Wie verhalten Sie sich als Fliesenleger, der diese Arbeiten ausführen soll?
- Welche Alternativen bieten Sie an?

Lösung

Die Gestaltung eines Fliesenbelags im Fugenschnitt, insbesondere bei starker Gliederung des Raumes, stellt höchste Anforderungen an das handwerkliche Können eines Fliesenlegers und ist betriebswirtschaftlich besonders zu kalkulieren. Ist der Wunsch aufgrund der Objektsituation nicht möglich, muss der Fliesenleger dies dem Bauherren erläutern und die bestmögliche Alternative anbieten.

Falls Wand und Boden im Fugenschnitt ausgeführt werden sollen, sind entsprechende Fliesenformate vorausgesetzt, z. B. Wand 20 cm × 20 cm oder 20 × 25 cm. Der Fliesenleger versucht, eine optische Übereinstimmung der Flieseneinteilung an Wand und Boden zu erreichen. Der Bodenbelag kann dabei seine Ausgleichsstreifen nur am Rand haben. Die Wandbekleidung kann innerhalb der Flächen keine Ausgleichsstreifen haben, da sie den Fugenschnitt mit dem Boden stören würden.

Gelingt die optische Übereinstimmung von Wand und Boden, so kann die Arbeit im Fugenschnitt ausgeführt werden.

Abb. 2.7: Wand- und Bodenbelag im Fugenschnitt (Quelle: Astrid Ewerhardy-Blocher, Mettlach-Tünsdorf)

Abb. 2.8: Boden in einem anderen Format und in einem anderen Verlegemuster (Quelle: Astrid Ewerhardy-Blocher, Mettlach-Tünsdorf)

Ist eine optische Übereinstimmung aufgrund der starken Gliederung der Wand mit Fenstern, Nischen und Raumteilern nicht möglich, so bieten sich folgende Lösungen an:

- Optische Trennung von Wand und Boden durch einen Fries; der Bodenbelag wird rechtwinklig im Fugenschnitt verlegt (siehe Abb. 2.7).
- Der Bodenbelag wird mit einem anderen Format rechtwinklig im Fugenschnitt verlegt (siehe Abb. 2.8).
- Der Bodenbelag wird im gleichen Format, jedoch diagonal mit Fries verlegt.

Die Alternativen sollten mit dem Bauherrn besprochen werden. Zur besseren Anschaulichkeit können verschiedene Lösungen als Abbildungen vorgelegt werden.

2.2.4 Bausteine

Einteilung von Fliesenbelägen

Zur fachgerechten Ausführung von Fliesen- und Plattenarbeiten gehört deren einwandfreies Aussehen. Die hierfür erforderliche Einteilung wird in der Praxis bedauerlicherweise oftmals vernachlässigt. Ein wesentlicher Grund dafür ist eine unzureichende Kalkulation der Einheitspreise, die für zeitraubende Vorarbeiten keinen Spielraum lässt. Im üblichen Einheitspreisvertrag kann der Aufwand des Einteilens nicht gesondert abgerechnet werden. Er ist eine Nebenleistung, die im Leistungsverzeichnis nicht als Position erscheint und nicht ausdrücklich abgerechnet werden kann.

Die Notwendigkeit, die angebotenen Preise nicht durch zusätzliche Leistungen zu belasten, gilt jedoch vielmehr für den Pauschalvertrag.

Lediglich der Stundenlohnvertrag lässt die Möglichkeit, den Aufwand für die Einteilung leistungsgerecht abzurechnen, wobei sich der Mitarbeiter oft die Frage gefallen lassen muss, „wo die Stunden am Bau geblieben sind".

Andererseits ist es der optische Eindruck, den der Bauherr als Erstes von der Leistung des Fliesenlegers erhält.

Die optische Perfektion ist auch eines der Unterscheidungsmerkmale im Vergleich zu einer weniger guten bzw. zu einer laienhaften Arbeit. Außerdem handelt es sich bei Fliesenarbeiten um hochwertige und langlebige Beläge, die dem Bauherrn viele Jahre gefallen sollen. Arbeiten von langem Bestand und hohe Herstellungskosten tragen in sich die Forderung nach Makellosigkeit. Demnach sollte der Fliesenleger bzw. der Fachbetrieb bemüht sein, eine einwandfreie Arbeit nach den Regeln der Technik abzuliefern. Dazu gehört, dass er das Aussehen und damit die Einteilung nicht vernachlässigt.

Bei etwas Routine und der Beachtung einiger Grundregeln kann der Aufwand für die Einteilung in wirtschaftlich vertretbarem, erträglichem Rahmen gehalten werden.

Verlegepläne

Für bestimmte Arbeiten erkennt der Architekt die Notwendigkeit der Einteilung, z. B., um eine Übereinstimmung mit den Installationsfirmen zu erreichen.

So gibt es – allerdings selten genug – vom Architekten gefertigte Verlegepläne für Räume mit besonderer Installation oder Gestaltung. Falls solche vom Fliesenleger als Auftragnehmer gefordert werden, sind diese als Besondere Leistungen nach VOB/C ATV DIN 18352 auszuschreiben und abzurechnen.

Für spezielle Objekte wie z. B. Schwimmbäder fertigen die Hersteller der Schwimmbadkeramik genaue Verlegepläne.

Einteilungsarten

Welche Möglichkeiten hat der Fliesenleger, die Ansetz- und Verlegeflächen einzuteilen?

- Auslegen von Fliesen am Rand eines Bodenbelages oder unter den betreffenden Wandflächen
- Ausmessen des Verlegeuntergrundes und rechnerische Einteilung, deshalb ist es empfehlenswert, immer einen Taschenrechner zur Hand zu haben
- bei Übereinstimmung der Maße am Bau mit den Werkplänen (Rohbaupläne, Konstruktionspläne) Berechnung der Einteilung mithilfe dieser Pläne

Für die Einteilung ist es erforderlich, die Verlegeart (Dickbettverfahren, Dünnbettverfahren), die Mörtelstärken, das Fliesenformat und die erforderliche bzw. gewünschte Fugenbreite zu kennen. Die Entscheidung, welches Verlegeverfahren zur Anwendung kommen soll, trifft in der Regel der Architekt nach Rücksprache mit dem Bauherrn.

Weitere Kriterien zur Einteilung

- Einteilung von ungegliederten Flächen
- Einteilung von gegliederten Flächen
- Einteilung von ganzen Räumen
- Einteilung von Diagonalböden
- Einteilung bei vorgeschriebenem Fugenschnitt von Wand und Boden
- Einteilung bei fortlaufenden Dekoren oder Bildern
- Einteilung bei Rund- oder Segmentböden
- Einteilung von Pfeilern, Säulen und anderen Formstücken

Zur rechnerischen Einteilung haben sich folgende Abkürzungen bewährt:

Rb	Rohbaumaß
VL	Verlegelänge (Länge von Fliesenanfang bis Fliesenende des Belages)
SVL	sichtbare Verlegelänge für die Einteilung von ganzen Räumen
Fl	Fliese
Fu	Fuge
Str	Streifen
n	Anzahl der ganzen Fliesen
Diag	Diagonale
Fr	Fries

Berechnung

Zur Berechnung der Einteilung, zur Ermittlung der ganzen Fliesen und der Streifenbreite kommt folgende Formel zur Anwendung:

$$n = \frac{VL + Fu}{Fl + Fu}$$

mit

n	Anzahl der ganzen Fliesen
VL	Verlegelänge
Fu	Fuge
Fl	Fliese

Bei der Lösung des Bruchs darf nur bis zum Komma gerechnet werden! Die Dezimalen sind nicht die Streifenbreite.

Die Streifenbreite wird am leichtesten als Rest (Differenz) zwischen der Verlegelänge und der Länge der ganzen Fliesen ermittelt. Vom Ergebnis muss anschließend eine Fuge abgezogen werden.

Beispiel

Die Verlegelänge beträgt 5,49 m, das Format der Fliese beträgt 200 mm × 200 mm, die Fugenbreite beträgt 4 mm.

Ermittlung der Anzahl (n) der ganzen Fliesen:
N = (5.490 mm + 4 mm) : 204 = 26 ganze Fliesen

Ermittlung der Streifenbreite (Str)
Str = 5.490 mm – (26 · 204 mm) = 186 mm

Benötigt werden 26 ganze Fliesen und ein Streifen mit einer Breite von 186 mm.

Einteilungsregeln für ungegliederte Flächen

- Bei genügend großer Streifenbreite werden eine bestimmte Anzahl ganzer Fliesen und ein Seitenstreifen ausgerechnet.
- Die Streifenbreite sollte nicht (wesentlich) kleiner sein als eine halbe Fliese.
- Bei großen Fliesenformaten kann – um zu viel Verschnitt zu vermeiden – die Streifenbreite kleiner sein als eine halbe, jedoch nicht kleiner als eine Drittelfliese.

Einteilungsregeln für gegliederte Flächen

Unter Gliederung ist eine Unterteilung oder Unterbrechung einer Fläche durch andere Bauteile, wie Fenster, Türen, Pfeiler, Brüstungen, Nischen oder Raumteiler, zu verstehen.

- Senkrechte und waagrechte Schnittlinien sollen durchlaufen, wobei die senkrechte Schnittlinie die wichtigere ist.
- An „optisch bedeutenden" Kanten sollen ganze Fliesen angeordnet werden, z. B. rechts und links am Fenster oder an Ecken eines Pfeilers.
- Der Höhenausgleich erfolgt in der untersten Schicht oder unter dem Fenster.
- Installationsanschlüsse werden in der Fliesenmitte oder im Fugenkreuz angeordnet.
- Volle Symmetrie beansprucht einen hohen Aufwand an Material und Zeit. Viele Streifen ergeben einen „zerstückelten" optischen Eindruck. Deshalb wird die „Praktikerlösung" bevorzugt, die nach Möglichkeit mit einem Streifen auskommt.

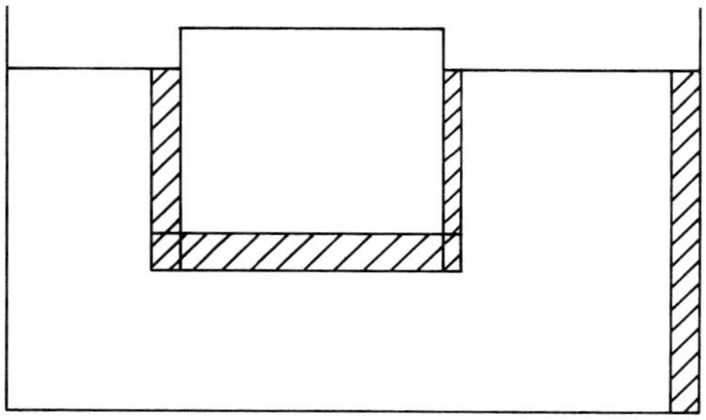

Abb. 2.9: Wandfliesen von links nach rechts ohne Einteilung angesetzt

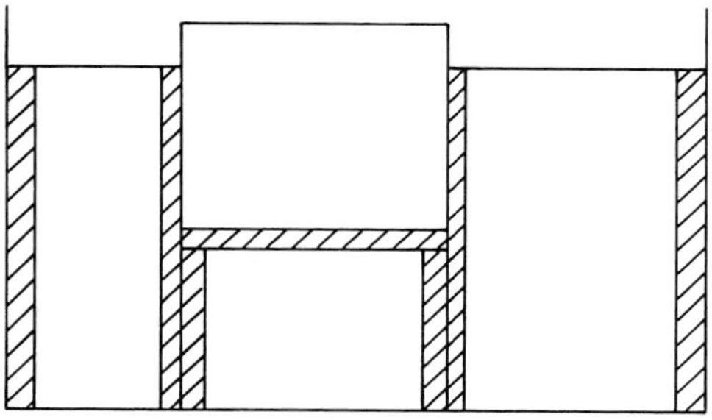

Abb. 2.10: Wandbekleidung mit voller Symmetrie

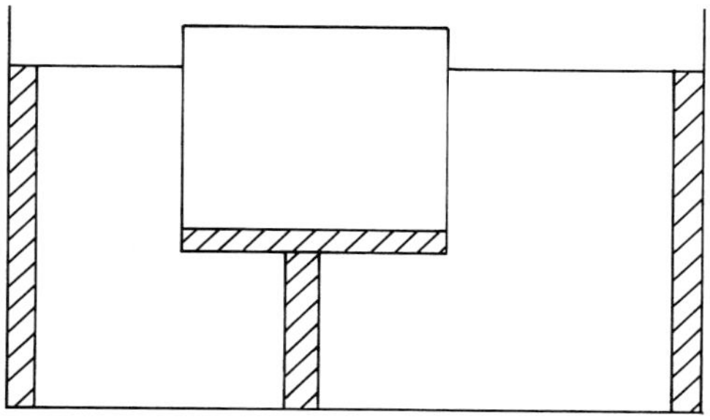

Abb. 2.11: Praktikerlösung bei der Einteilung einer Wand

Beispiel Wand mit Fenster

Das Ansetzen der Wandfliesen von links nach rechts ohne Einteilung ergibt einen ungenügenden, laienhaften Eindruck. Die Schnittlinien laufen nicht durch, die Eckfliesen sind ausgeklinkt (siehe Abb. 2.9).

Volle Symmetrie: Es entsteht optisch ein „zerstückelter" Eindruck. Der Aufwand an Material (Verschnitt) und Zeit ist groß. Die senkrechten Schnittlinien laufen durch (siehe Abb. 2.10).

„Praktikerlösung": ausreichende Symmetrie mit Berücksichtigung der senkrechten Schnittlinien. An „optisch bedeutenden" Kanten, z. B. rechts und links vom Fenster, sind ganze Fliesen angeordnet (siehe Abb. 2.11).

Einteilung von Wandbelägen in kompletten Räumen

Die einzelnen Wände werden nach den bisherigen Einteilungsregeln für gegliederte Flächen eingeteilt. Darüber hinaus ist die Berechnung der sichtbaren Verlegelängen (SVL), die durch das Hinterschieben bzw. Anstoßen der Beläge in den Raumecken entstehen, vorzunehmen.

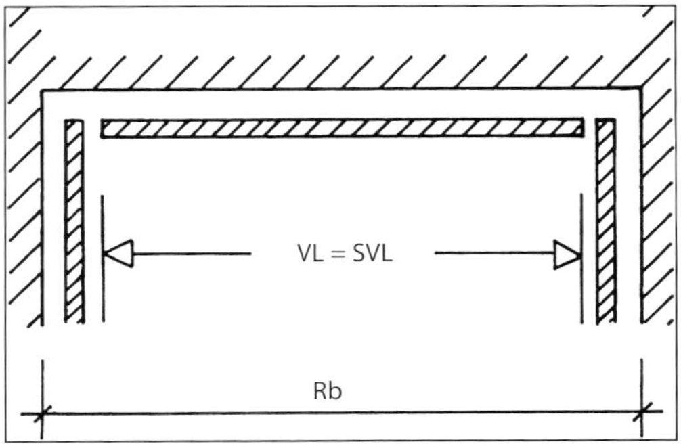

Abb. 2.12: Schnitt durch die Wandbekleidungen: Die Stirnwand wird zwischen die beiden Längswände geschoben.

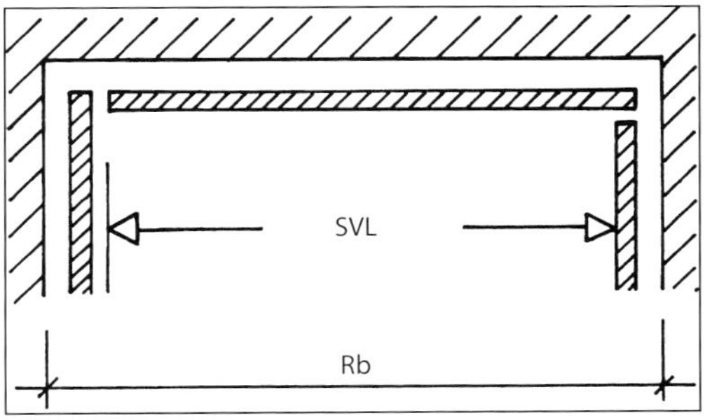

Abb. 2.13: Die Stirnwand wird an einer Ecke hinter die Längswand geschoben.

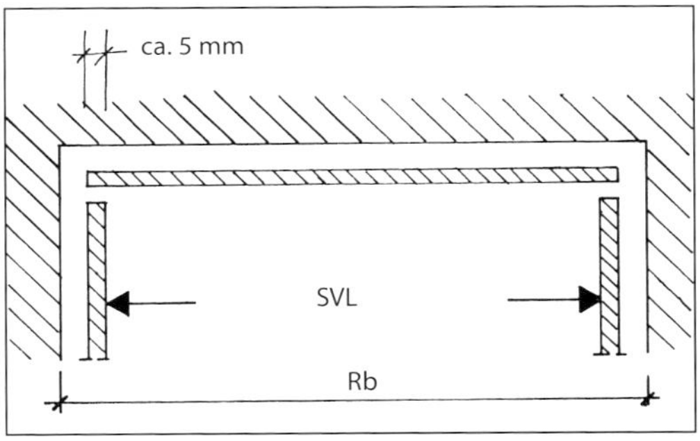

Abb. 2.14: Die Stirnwand wird an beiden Ecken hinter die Längswand geschoben.

Definition der Verlegelängen VL und SVL:

VL = Länge von Fliesenanfang bis Fliesenende

SVL = sichtbare Länge einer Fliesenwand zwischen zwei angrenzenden Wänden

Beispiel Raumwand mit verschiedenen Ecklösungen

Die Stirnwand wird zwischen die beiden Längswände geschoben (siehe Abb. 2.12).

Die Stirnwand wird an einer Ecke hinter die Längswand geschoben (siehe Abb. 2.13).

Die Stirnwand wird an beiden Ecken hinter die Längswände geschoben (siehe Abb. 2.14).

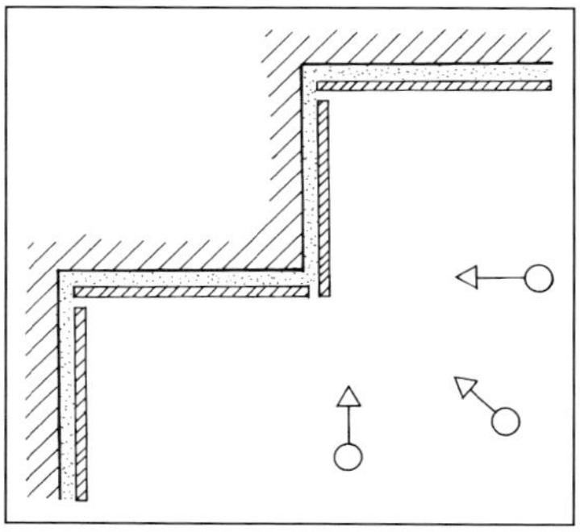

Abb. 2.15: Gleichbleibendes Fugenbild aus allen Blickrichtungen

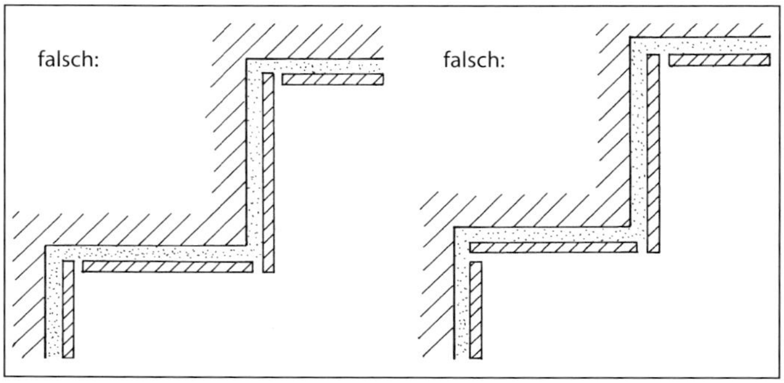

Abb. 2.16: Das durchlaufende Fliesen-Fugen-Raster wird unterbrochen.

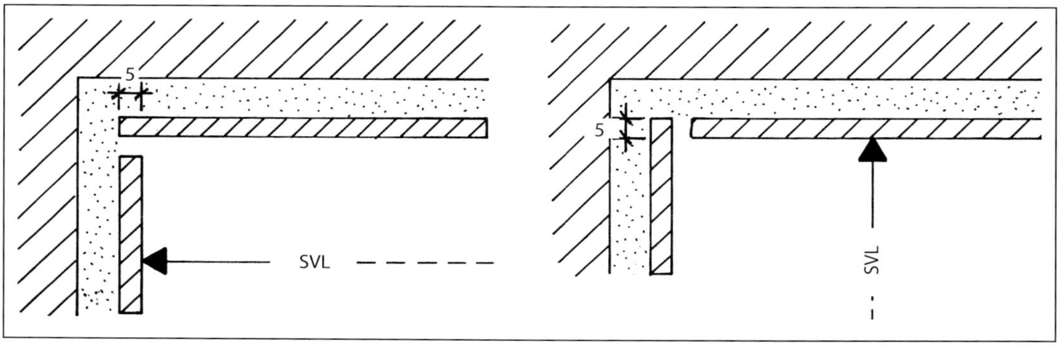

Abb. 2.17: Richtige Ausbildung einer Raumecke

Einteilungsregeln für Wandbekleidungen in ganzen Räumen

- Es gelten die bisherigen Regeln für gegliederte und ungegliederte Wände.
- Anstatt der VL muss bei hinterschobenen Wänden die SVL berechnet werden.
- Für die tatsächliche Streifenbreite bei hinterschobenen Streifen werden ca. 8 mm (Fliesendicke) dazugerechnet.
- Bei vorspringenden Ecken darf sich das Fugenbild der benachbarten rückspringenden Ecke nicht wiederholen.
- Kurze Wände oder Nischen sollen rechts und links das gleiche Bild zeigen (siehe Abb. 2.15).

Die richtige Ecklösung zeigt ein gleichbleibendes Fugenbild aus allen Blickrichtungen.

Nach der vierten Regel wären diese Ecklösungen falsch, weil das Raster Fliese-Fuge unterbrochen wird (siehe Abb. 2.16).

Richtige Ausbildung einer Raumecke: Eine Seite wird hinterschoben, die andere angeschoben (siehe Abb. 2.17).

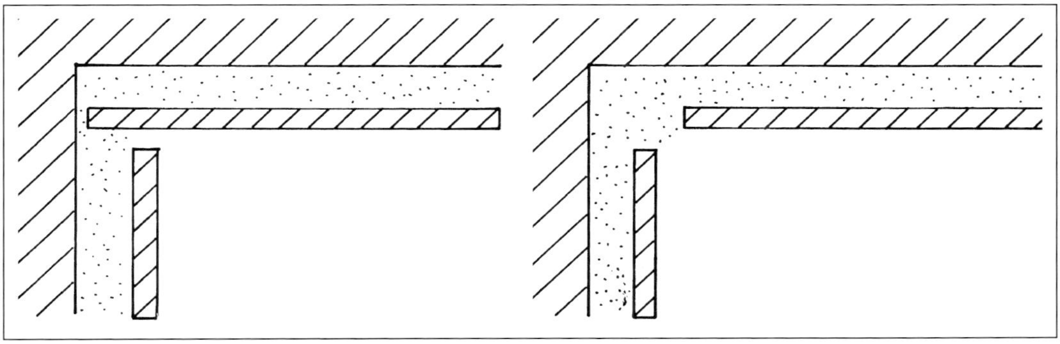

Abb. 2.18: Falsche Ausbildung einer Raumecke

Falsch wäre es, zu viel oder zu wenig zu hinterschieben (siehe Abb. 2.18).

In der Regel wird diese senkrechte oder stehende Ecke mit einem Dichtstoff ausgefugt. Die Dimensionierung der Fuge ist gemäß dem ZDB-Merkblatt „Bewegungsfugen in Bekleidungen und Belägen aus Fliesen und Platten" (November 2022) vorzunehmen.

Einteilung von Belägen bei Diagonalböden

Der Diagonalboden ist eine klassische Verlegeart, die alle gehobenen Ansprüche an Gestaltung und Ausführung erfüllt. Er eignet sich für den privaten Wohnbereich und Badbereich ebenso wie für repräsentative Bodenbeläge in öffentlichen Gebäuden.

Man findet ihn in italienischen Eingangshöfen und Loggien der Renaissance ebenso wie in barocken Kirchen oder zeitgemäßen Bank- bzw. und Hotelhallen.

Der Diagonalboden kann das Format der Wand problemlos aufnehmen, was von dem heute beliebten „Fugenschnitt von Wand und Boden" nicht ohne Weiteres behauptet werden kann.

Zur Diagonalverlegung eignen sich hauptsächlich quadratische Formate. Das Diagonalmaß einer quadratischen Fliese wird nach folgender Formel berechnet:

$$\text{Diagonale} = s \cdot \sqrt{2}$$

mit

s Seitenlänge

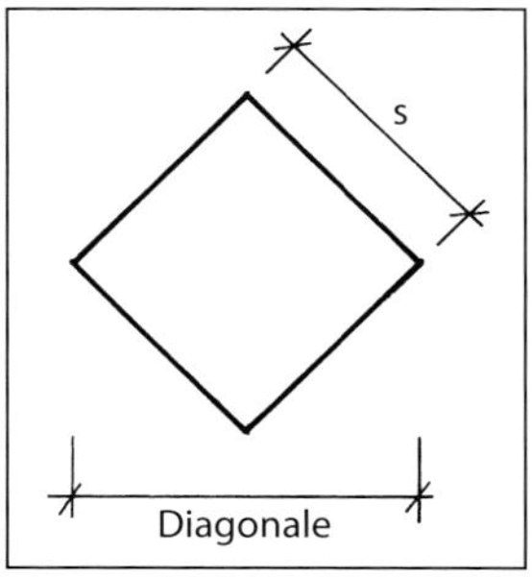

Abb. 2.19: Diagonalmaß einer quadratischen Fliese

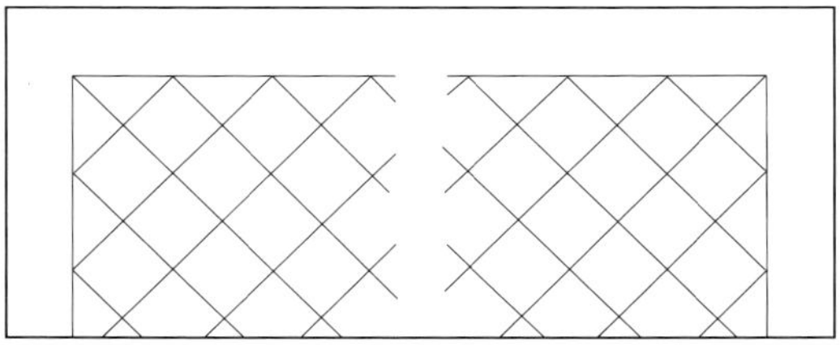

Abb. 2.20: Eckausbildung bei einem Diagonalboden: Fugen in den Ecken

Einteilungsregeln für Beläge bei Diagonalböden

- Teilermaß ist das Diagonalmaß, zu dem auch die diagonal gemessene Fuge gehört (siehe Abb. 2.19).
- Man unterscheidet ganze, halbe oder Viertelformate.
- Der Längen- und Breitenausgleich wird durch den Fries hergestellt. Daraus folgt, dass der Fries an der langen und der kurzen Seite nicht die gleiche Breite hat. Es sind diejenigen Friesbreiten zu wählen, die am nächsten beieinanderliegen. Der Fries dient außerdem der Verschönerung und optischen Einfassung des Belages. Er kann hierfür ganz außen oder auch eine Reihe weiter innen angeordnet werden. Er kann zur Bodenfliese farblich oder vom Material abgesetzt werden.
- Bei der Berechnung des Frieses sind 2 Fugen abzuziehen, die sich zwischen den Diagonalen und dem Fries befinden.

Eckausbildung

Die Diagonalfuge läuft in die rechte und linke Ecke (siehe Abb. 2.20).

Tabelle 2.1: Diagonalmaß

Format in mm	Fuge in mm	Diagonale ohne Fuge in mm	Diagonale mit Fuge in mm
50 × 50	2	71	73
98 × 98	2	139	141
100 × 100	2	141	144
148 × 148	2	209	212
197 × 197	3	279	283
247 × 247	3	349	354
296 × 296	4	419	424
396 × 396	4	560	566
496 × 496	4	701	707
596 × 596	4	842	848

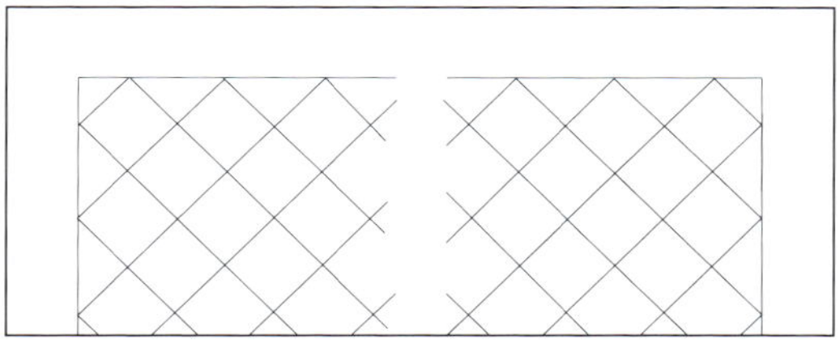

Abb. 2.21: Eckausbildung bei einem Diagonalboden: Viertel in den Ecken

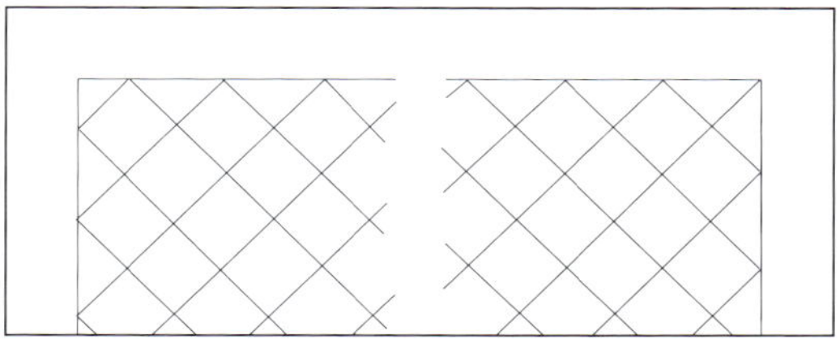

Abb. 2.22: Eckausbildung bei einem Diagonalboden: Fuge und Viertel in jeweils einer Ecke

Abb. 2.23: Optische Trennung von Wand und Boden durch verschiedene Formate (Quelle: Astrid Ewerhardy-Blocher, Mettlach-Tünsdorf)

Ein Viertelformat liegt in der rechten und linken Ecke (siehe Abb. 2.21).

In einer Ecke liegt ein Viertelformat, in die andere Ecke läuft eine Diagonalfuge (siehe Abb. 2.22).

Einteilung von Belägen, bei denen die Fugen von Wand- und Bodenbelag durchlaufen (Fugenschnitt)

Bei den bisher behandelten Einteilungsregeln für Wände und Böden hatte jedes dieser Bauteile eigene Gesetzmäßigkeiten. Der Wandbelag wird oft gegliedert durch Fenster, Türen und Nischen, Vorsprünge oder Brüstungen, die bei der Einteilung berücksichtigt werden sollen. Der Bodenbelag dagegen bringt durch ein regelmäßiges Fugenraster, das höchstens am Wandanschluss einmal verändert wird, die erforderliche Ruhe in den Raum.

Die Gestaltung eines Badezimmers kann auf die optische Trennung oder Verbindung dieser beiden Flächen hinwirken. Die praktisch unterschiedlichen Aufgaben von Wand und Boden rechtfertigen eine optische Trennung, das Ziel größerer Einheitlichkeit bevorzugt eher eine Verbindung.

Die optische Trennung von Wand und Boden wird betont durch

- verschiedene Formate von Wand und Boden (siehe Abb. 2.23),
- verschiedene Farben von Wand und Boden,
- die Trennung mit einem Sockel,
- die Trennung mit einem Fries,
- verschiedene Verlegemuster, z. B. durch die Verwendung von Formfliesen oder die Diagonalverlegung des Bodens.

Abb. 2.24: Optische Einheit von Wand und Boden durch Fugenschnitt (Quelle: Astrid Ewerhardy-Blocher, Mettlach-Tünsdorf)

Die optische Einheit von Wand und Boden wird betont durch

- gleiche Fliesen, Formate, Farben und Fugenbilder an Wand und Boden (siehe Abb. 2.24).

Fugenschnitt von Wand und Boden findet man häufig in Ausstellungsräumen, Demonstrationsnischen und Anwenderbroschüren der Hersteller. Entsprechend wird er als Kundenwunsch – unterstützt vom Architekten oder Raumdesigner – dem Fliesenleger vorgetragen.

Die Situation am Objekt zeigt oftmals dem Kundenwunsch schnell die Grenzen auf. Fugenschnitt von Wand und Boden zwingt den Fliesenleger, einige der bisher behandelten Regeln aufzugeben. An Fenstern und Nischen können z. B. schmale Streifen erforderlich werden. Daraus resultierende Ausgleichsstreifen, die für eine klassische Wandeinteilung erforderlich wären, hätten, wenn sie am Boden fortgesetzt würden, hier wiederum keine Berechtigung.

So sollte sich der Fliesenleger diesen „Kuckuck" nur auf ausdrückliches Verlangen durch den Auftraggeber „ins Nest holen". Ein nachdrücklicher Hinweis auf mögliche Probleme bei der Wandgestaltung ist angebracht.

Fugenschnitt von Wand und Boden verlangt gleiche Formate. Am Boden kommen ausschließlich quadratische Formate in Betracht, z. B. 20 cm × 20 cm. Alternativ würde sich an der Wand auch das Rechteckformat 20 cm × 25 cm anbieten.

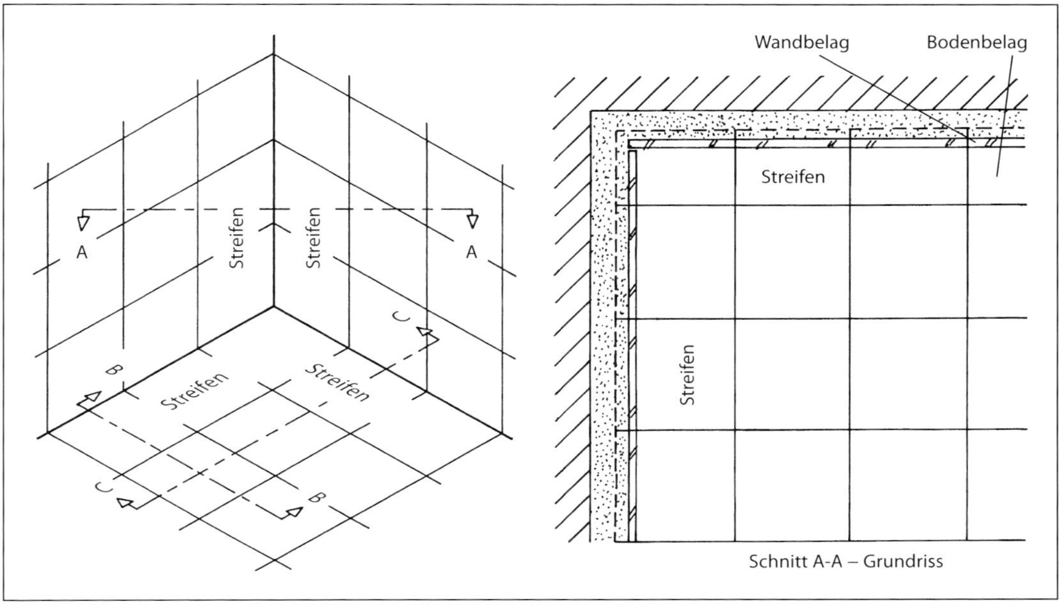

Abb. 2.25: Wand und Boden im Fugenschnitt: Isometrie und Grundriss (Schnitt A-A)

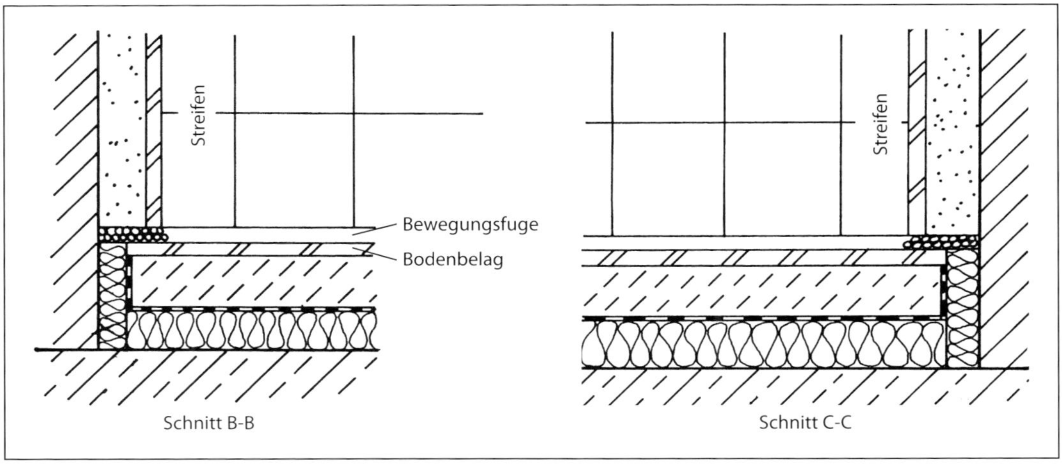

Abb. 2.26: Wand und Boden im Fugenschnitt: Schnitt B-B und C-C

Einteilungsregeln für Beläge bei Fugenschnitt von Wand und Boden

- Die Einteilung geht entweder von der Hauptwand oder vom Bodenbelag aus. Da der Bodenbelag in der Regel nach dem Wandbelag verlegt wird, ist seine Einteilung vorher vorzunehmen.
- Geht die Einteilung vom Boden aus, so ist dieser nach den bisherigen Regeln einzuteilen. Nach Möglichkeit sind gliedernde Wandelemente, z. B. Fenster, zu berücksichtigen.
- Die Streifen in den Ecken des Wandbelages werden entsprechend Abb. 2.25 und 2.26 geschnitten.

Einteilung bei fortlaufenden Dekoren und Bildern

Einteilungsregeln

- Großflächige Bilder aus keramischen Fliesen sind in Flächen und Räume „hineinkomponiert". Sie tragen ihre Proportionen in sich und werden nach Zeichnungen oder Verlegeplan angesetzt und verlegt.
- Dekor und Relieffliesen sind so einzuteilen, dass die regelmäßige Fortführung erkennbar ist. Hierbei müssen gelegentlich auch schmale Streifen in Kauf genommen werden.
- Bei gestreiften oder unauffälligen Dekoren kann auf die unmittelbare Fortsetzung verzichtet werden, sofern die Unterbrechung nicht unharmonisch wirkt.
- Außenecken werden auf Gehrung (Jolly) geschliffen oder geschnitten.
- Innenecken werden „Eck auf Eck", d. h. ohne Hinterschieben, angeordnet.
- Bei der Einteilung von Bordüren oder Friesen ist auf die Fortführung des Dekors oder Ornamentes zu achten.

Einteilung bei Rund und Segmentbögen

Tür- und Fensteröffnungen, Durchgänge und Nischen können unterschiedlich gestaltet sein.

Abb. 2.27 zeigt von links nach rechts: Rechteck stehend, Rechteck liegend, Segment- oder Stichbogen, Rundbogen, Korbbogen oder elliptischer Bogen und Spitzbogen.

Öffnungen, die mit Bögen abschließen, sind einer vergangenen Baustilepoche entlehnt. Im Neubau oder Sanierungsbereich kann der Planer durch Bogenformen etwas Besonderes oder Exklusives ausdrücken. Vervollständigt wird dieser Eindruck durch eine einwandfreie Ausführung der Fliesenarbeiten, die wiederum mit einer fachgerechten Einteilung beginnt.

Die Einteilung der Bögen kann entweder am Bauteil selbst oder rechnerisch erfolgen. Sie lehnt sich an die Verbandsregeln im Mauerwerksbau an.

Dabei gibt es einen wesentlichen Unterschied:

Beim Mauerwerksbau hat der Stein parallele Kanten; der Ausgleich erfolgt durch Fugen.

Bei der Bekleidung mit Fliesen bleiben die Fugen parallel, der Ausgleich der Fugen erfolgt in der Regel durch konisch geschnittene Fliesen.

Ausnahmen bilden Kreise und Bögen bei gestalteten Bodenbelägen. In diesen Fällen werden oft die Fugen konisch ausgebildet.

Abb. 2.28 stellt die Bezeichnungen an einem Korbbogen dar.

Einteilungsregeln für Beläge bei Rund- und Segmentbögen

- Rechts und links an der Laibung sind ganze Fliesen anzuordnen.
- Die ganzen Fliesen folgen dem Bogen (Bogenstirn). Der Ausgleich wird durch konisches Zuschneiden erreicht.
- Die Fugen der Bogenstirn laufen in Richtung Kreismittelpunkt, ein Korbbogen kann 3 oder 5 Mittelpunkte haben.

Abb. 2.27: Wandöffnungen in verschiedenen Formen

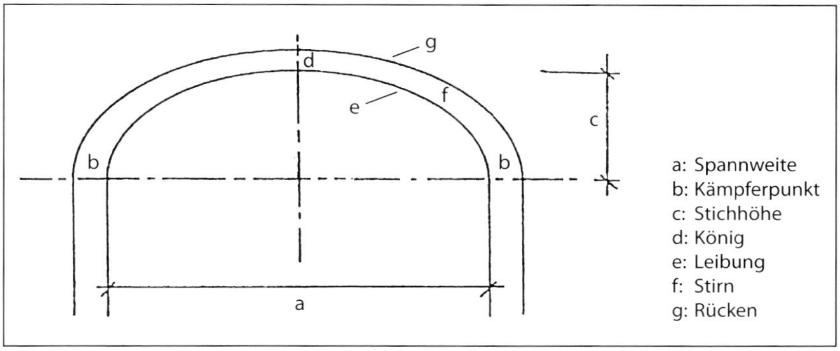

Abb. 2.28: Bogenausbildung als Korbbogen

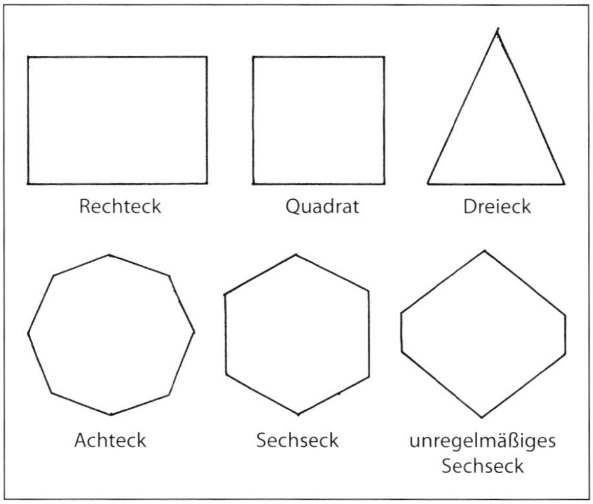

Abb. 2.29: Querschnitt von Pfeilern

- Am Kämpferpunkt ist eine Fuge, am König ist eine Fliese anzuordnen. Insgesamt ergibt sich eine ungerade Anzahl von Bogenfliesen.
- Die Einteilung beginnt mit der Berechnung der Rückenlänge, von der 2 Fugen abzuziehen sind. Diese Verlegelänge wird in eine ungerade Anzahl gleicher Streifen eingeteilt.

Einteilung von Pfeilern

Pfeiler sind Stützen mit „eckigen" Querschnitten (siehe Abb. 2.29).

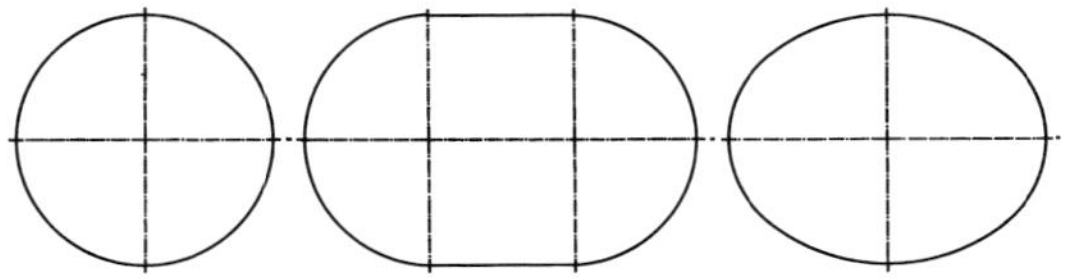

Abb. 2.30: Querschnitte von Säulen

Einteilungsregeln für Beläge bei Pfeilern

- „Lang bleibt lang, kurz bleibt kurz" – d. h.: Die lange Seite erhält die Abdeckfliese, die kurze Seite wird hinterschoben.
- An den Pfeilerecken beginnt die Einteilung mit ganzen Fliesen. Die Streifen werden innerhalb der Flächen angeordnet.
- Ein Pfeiler ist statisch gesehen eine Stütze, in der die Kräfte in vertikaler Richtung gebündelt werden. Sie sollte optisch nicht geteilt werden. Deshalb ist möglichst keine Fuge in der Pfeilermitte anzuordnen und eine ungerade Anzahl von Fliesen ist zu wählen.
- Die Streifen an der langen und an der kurzen Seite sollten in ihrer Breite nicht zu unterschiedlich sein.
- Pfeiler mit regelmäßigen Querschnitten (Quadrate, regelmäßige Sechsecke, regelmäßige Achtecke) erhalten an den Kanten Fliesen mit Gehrungen (Jollys).

Einteilung von Säulen

Säulen sind Stützen mit runden oder elliptischen/korbbogenförmigen Querschnitten (siehe Abb. 2.30).

Einteilungsregeln für Beläge bei Säulen mit runden Querschnitten

- Es gibt nur gleiche Streifen.
- Ausgangsmaß ist eine halbe oder drittel Fliese, von der die Werkskante von etwa 5 mm abgeschnitten wird (siehe Abb. 2.31).
- Je größer der Durchmesser, desto größer sind die Streifen. Je kleiner der Durchmesser, umso kleiner sind die Streifen.
- Die Verlegelänge kann durch die Dicke des Mörtelbettes verändert werden.
- Die geometrische Einteilung des Kreises kann geschickter durchgeführt werden, wenn die Anzahl der Streifen durch 4 oder 6 teilbar ist (siehe Abb. 2.32).
- Die Einteilung beginnt mit der Berechnung des Außenumfanges im fertigen Zustand (Verlegelänge). Es ist zu beachten, dass es gleich viele Fliesen und Fugen gibt.

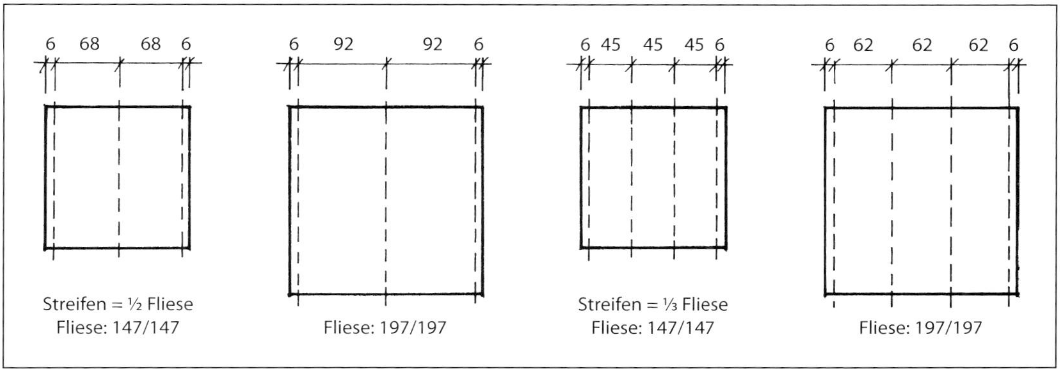

Abb. 2.31: Einteilung an einer Säule: Das Ausgangsmaß ist eine halbe oder drittel Fliese

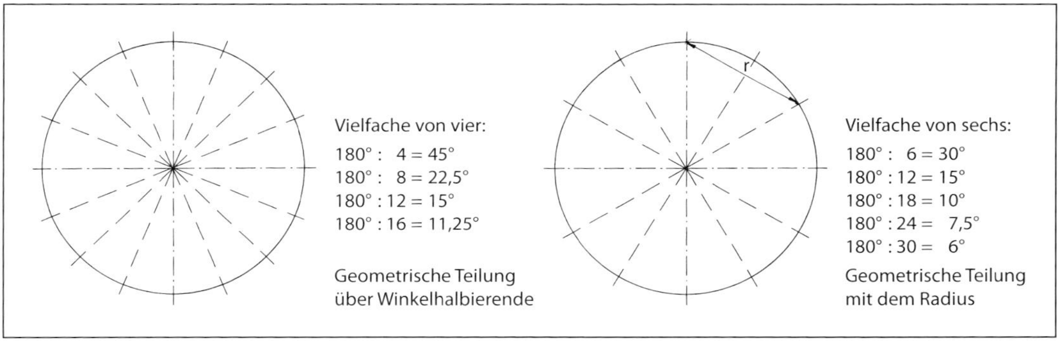

Abb. 2.32: Einteilung von Säulenquerschnitten in das Vielfache von 4 und in das Vielfache von 6

2.2.5 Fragen und Antworten

Nr. Fragen

1. In einem rechteckigen Raum mit den Rohbaumaßen 4,70 m × 2,86 m soll ein Diagonalboden mit umlaufendem Fries verlegt werden. Das Fliesenformat beträgt 300 mm × 300 mm × 8 mm, die Fugenbreite beträgt 4 mm. Der Randabstand ist mit 5 bis 10 mm anzunehmen. Berechnen Sie die Einteilung des Belages.

2. Berechnen Sie die Einteilung einer Rundsäule mit einem Rohbaudurchmesser von 50 cm. Das Fliesenformat beträgt 150 mm × 200 mm × 5 mm, die Fugenbreite beträgt 3 mm. Die Putz- und Mörtelschichtdicke beträgt 20 mm.

Nr.	Antworten
1.	a) Berechnung der langen Seite (siehe Abb. 2.33): VL= Rb – 2 · Randabstand = 4.700 – 20 = 4.680 mm Anzahl der Diagonalen $n = \frac{4.680}{430} = 10$ Rest 380 $= 10$ Diagonale + 2 Friese $\frac{380 - 8}{2} = 186$ mm b) Berechnung der kurzen Seite (siehe Abb. 2.34): VL = 2.860 – 20 = 2.840 mm $n = \frac{2.840}{430} = 6$ Rest 260 $= 6$ Diagonale + 2 Friese $\frac{260 - 8}{2} = 126$ mm Der Fries von 126 mm erscheint etwas zu schmal. Der Fliesenleger möchte einen breiteren ausrechnen. Dazu nimmt er anstatt einer ganzen nur eine halbe Diagonale weg (siehe Abb. 2.35): $n = 5\frac{1}{2}$ Diagonale + 2 Friese $\frac{260 + 215 - 8}{2} = 234$ mm
2.	Berechnung (siehe Abb. 2.36 und 2.37) $VL = 500 + 2 \cdot 25 \cdot \pi = 1.728$ mm vorläufige Streifenbreite 70 mm $n = \frac{1.728}{73} = 23{,}67$ gewählte Streifenzahl = 24 $b = \frac{1.728}{24} = 72 - 3 = 69$ mm Ergebnis: 24 Streifen je 69 mm. Falls der Streifen schmaler gewünscht werden soll, ergibt sich folgende Änderung: vorläufige Streifenbreite 47 mm. $n = \frac{1.728}{47} = 36{,}76$ gewählte Streifenzahl = 36 $b = \frac{1.728}{36} = 48 - 3 = 45$ mm Ergebnis: 36 Streifen je 45 mm

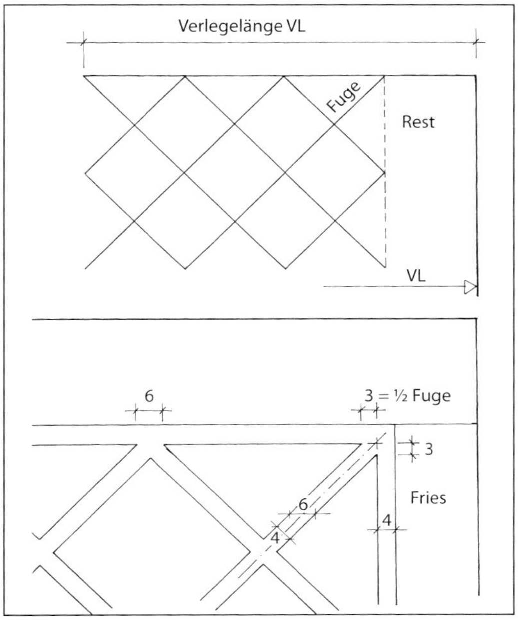

Abb. 2.33: Diagonalboden, lange Seite, Lösung

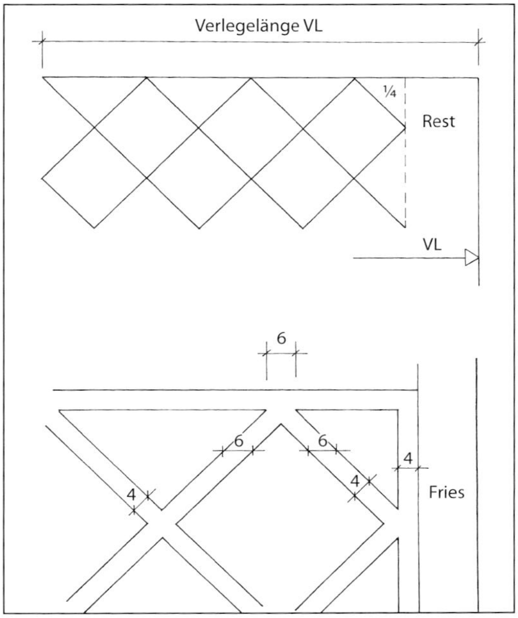

Abb. 2.34: Diagonalboden, kurze Seite, Lösung

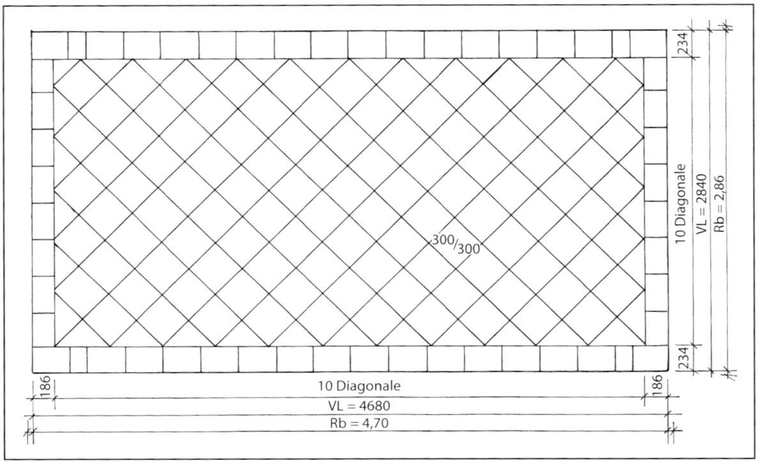

Abb. 2.35: Diagonalboden im Grundriss, Lösung

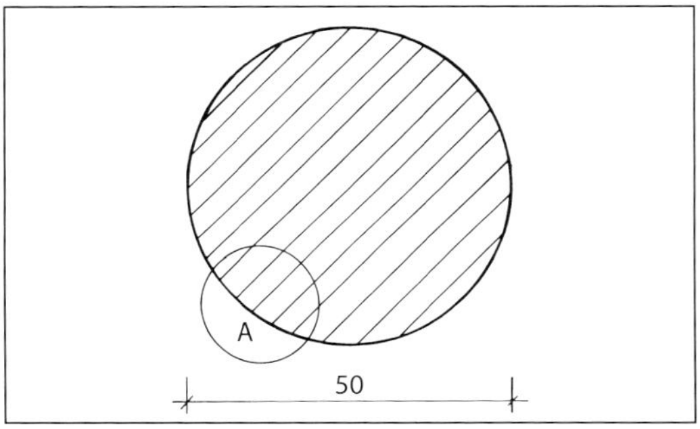

Abb. 2.36: Rundsäule

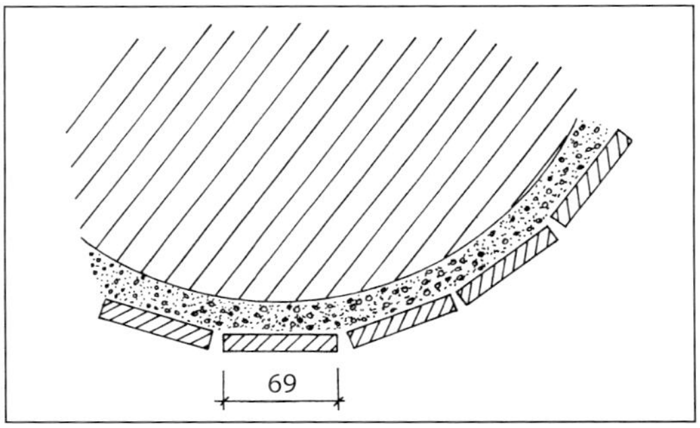

Abb. 2.37: Rundsäule, Detail mit Putz und Fliese

Abb. 2.38: Vielfältige Verlegeuntergründe für Fliesen und Platten, Trockenhohlboden beheizt (Quelle: Walter Mauer, Essen)

2.3 Untergründe für Bekleidungen und Beläge aus Fliesen und Platten

2.3.1 Stichworte zum Thema

- Prüfung des Untergrundes durch den Auftragnehmer
- Anmeldung von Bedenken bei festgestellten Mängeln
- geeignete und problematische Untergründe für das Dickbettverfahren
- geeignete und problematische Untergründe für das Dünnbettverfahren
- problematische Untergründe in der Altbausanierung
- Untergründe in Feuchträumen
- Vergütung von Vorarbeiten

2.3.2 Regelwerke

VOB/C ATV DIN 18299	Allgemeine Technische Vertragsbedingungen für Bauleistungen (ATV) – Allgemeine Regelungen für Bauarbeiten jeder Art (2023)
VOB/C ATV DIN 18352	Allgemeine Technische Vertragsbedingungen für Bauleistungen (ATV) – Fliesen- und Plattenarbeiten (2019)
DIN 18157-1	Ausführung von Bekleidungen und Belägen im Dünnbettverfahren – Teil 1: Zementhaltige Mörtel (2017)
DIN 18157-2	Ausführung von Bekleidungen und Belägen im Dünnbettverfahren – Teil 2: Dispersionsklebstoffe (2017)
DIN 18157-3	Ausführung von Bekleidungen und Belägen im Dünnbettverfahren – Teil 3: Reaktionsharzklebstoffe (2017)

DIN 18560-1	Estriche im Bauwesen – Teil 1: Allgemeine Anforderungen, Prüfung und Ausführung (2021)
DIN 18560-2	Estriche im Bauwesen – Teil 2: Estriche und Heizestriche auf Dämmschichten (schwimmende Estriche) (2022)
ZDB-Merkblatt	Verlegung von Fliesen und Platten auf Entkopplungssystemen im Innenbereich (August 2019)

Die wesentlichen Anforderungen an die Verlegeuntergründe in Abhängigkeit von dem zur Anwendung kommenden Dünnbettmörtel definiert die DIN 18157. Bei Anwendung des Dickbettverfahrens sind die Vorgaben der VOB/C ATV DIN 18352 und die DIN 18560 zu berücksichtigen.

Wesentliche Inhalte der DIN 18157

- Anwendungsbereiche
- Unterkonstruktion
- Ansetz- und Verlegeflächen, allgemeine Anforderungen
- Ansetz- und Verlegeflächen, besondere Anforderungen (Untergründe)
- Bekleidungs- und Belagsstoffe
- Dünnbettmörtel/Klebstoffe
- Ausführung
- Fugen
- Bewegungsfugen

2.3.3 Fall aus der Praxis

Im Rahmen einer Altbausanierung sollen bestehende schadhafte, zum Teil hohl liegende Fliesenbeläge in den Wohnräumen und im Badezimmer erneuert werden. Die Deckenkonstruktion besteht aus Holzbalken mit Massivholzdielen, deren Oberfläche mit einer zementären Fließspachtelmasse beschichtet ist. Eine Ausführung gemäß den anerkannten Regeln der Technik ist aufgrund konstruktiver Gegebenheiten und fehlender Raumhöhe nicht möglich.

- Welche Vereinbarungen treffen Sie mit dem Bauherrn?
- Welche Prüfungen nehmen Sie vor?
- Welche Vorschläge unterbreiten Sie ggf. für eine fachgerechte Ausführung?

Lösung

Vereinbarung mit dem Bauherrn

Zunächst ist der Bauherr darüber zu informieren, dass eine Ausführung gemäß den anerkannten Regeln der Technik nicht möglich ist, allerdings eine Ausführungsvariante als Sonderkonstruktion zur Anwendung gelangen kann, die eine machbare und nachhaltige Lösung darstellt. Im Rahmen des Beratungsgesprächs ist der Bauherr auch hinzuweisen auf mögliche geringfügige negative Begleiterscheinungen (z. B. Lösen des Fugenmörtels von der Fliese, Haarrissbildung im Fugenmörtel), die aus der Ausführungsvariante entstehen könnten.

Die Vereinbarung ist in Schriftform festzuhalten.

Dem Werkvertrag sollte die VOB (mit Hinweis auf die Sonderkonstruktion) zugrunde gelegt werden. Auch dieser sollte schriftlich vereinbart werden.

Für Mängelansprüche und Verjährungsfristen sind machbare Vereinbarungen zu treffen.

Prüfung der Baustellenverhältnisse durch Erkundigungen und Inaugenscheinnahme

- Wie sind die statischen Verhältnisse allgemein, die Durchbiegung, die unter Gebrauchslast zu erwartenden Schwingungen? Hierfür sind vor allem der Querschnitt der Balken, deren Qualität und Abstand untereinander maßgeblich. Im Zweifelsfall ist die Expertise eines Statikers einzuholen.
- Welcher Balkenabstand liegt vor (60, 80, über 80 cm)?
- Was lässt sich zur Verlegung der Massivholzdielen sagen: Nut-und-Feder-Verbindung, stumpf gestoßen, gewölbt (konkav, konvex), ausreichende Verbindung mit den Balken, genagelt, geschraubt, Aussparungen durch geänderte Raumaufteilung? Zustand ohne Mangel, angefault oder von Hausschwamm befallen?
- Liegt eine Anhaftung der Spachtelmasse vor?
- Ist eine ausreichende, dauerhafte Hinterlüftung der Deckenkonstruktion sichergestellt?
- Wie sind die Raumhöhen (Dachschrägen beachten)?

Ausführungsvorschläge für eine fachgerechte Ausführung

Untergrundvorbereitung für Wohnräume und Badezimmer:

- Entfernen der Spachtelmasse und anhaftender haftungsmindernder Bestandteile
- Grundieren der vorbereiteten Flächen mit einer Reaktionsharzgrundierung, die direkt nach Auftrag mit feuergetrocknetem Quarzsand abzustreuen ist
- Fugen zwischen den Holzdielen falls erforderlich mit einem Acryldichtstoff verschließen
- Ausgleich von Ebenheitstoleranzen mit einer faserarmierten, selbstverlaufenden Bodenspachtelmasse
- Verkleben eines plattenförmigen Entkopplungssystems für den Anwendungsbereich EK-W-S (EK = Entkopplung, W = Anwendungsbereich Wohnraum, S = Trittschallminimierung). Eine Randfuge von ≥ 10 mm ist auszubilden.

Ausführung Wohnräume:

- Die keramischen Fliesen ($d \geq 7{,}5$ mm) sind auf Kreuzfuge zu verlegen unter Verwendung eines Dünnbettmörtels der Qualitätsklasse C2 S1 bzw. S2 nach DIN EN 12004-1 im Buttering-Floating-Verfahren oder unter Verwendung eines Fließbettmörtels gleicher Güte. Die Randfuge ist deckungsgleich in den Belag zu übernehmen.

- Die Belagsfugen sind mit einem hydraulisch erhärtenden Fugenmörtel der Qualitätsklasse CG 2 nach DIN EN 13888 zu verfugen.
- Die Belagsdehnungs- und Randanschlussfugen sind mit einem Silikondichtstoff zu verfugen.

Ausführung Badezimmer:

- Einbau eines Abdichtungssystems nach DIN 18534-5; für die Abdichtung von Fugen, Durchdringungen an Wand- und Boden sind ausschließlich systemgeprüfte und zugelassene Werkstoffe (Dichtband, Dichtmanschette Wand, Dichtmanschette Boden) zu verwenden.
- Verlegen der keramischen Fliesen ($d \geq 7{,}5$ mm) möglichst auf Kreuzfuge unter Verwendung eines mit dem Abdichtungssystem geprüften Dünnbettmörtels der Qualitätsklasse C2 S1 bzw. S2 nach DIN EN 12004-1 im Buttering-Floating-Verfahren oder unter Verwendung eines Fließbettmörtels gleicher Güte. Die Randfuge ist deckungsgleich in den Belag zu übernehmen.
- Die Belagsfugen sind mit einem hydraulisch erhärtenden Fugenmörtel der Qualitätsklasse CG 2 nach DIN EN 13888 zu verfugen.
- Die Belagsdehnungs- und Randanschlussfugen sind mit einem Silikondichtstoff zu verfugen.

2.3.4 Bausteine

Prüfen und Bedenken anmelden

Vor Beginn der Ausführung muss der Fliesenleger die Verhältnisse auf der Baustelle prüfen. Die VOB/C ATV DIN 18352 spricht zu Beginn des dritten Abschnitts „Ausführung" von Prüfung und Bedenken:

„3 Ausführung

Ergänzend zur ATV, DIN 18299, Abschnitt 3, gilt:

3.1 Allgemeines

3.1.1 Der Auftragnehmer hat bei seiner Prüfung Bedenken (siehe § 4 Nr.4 VOB/B) insbesondere geltend zu machen bei:

- *ungeeigneter Beschaffenheit des Untergrundes, z. B. grobe Verunreinigungen, fehlerhafte Abdichtungen, Ausblühungen, zu glatte, zu feuchte, verölte oder gefrorene Ansetz- und Verlegeflächen, Risse,*
- *größere Unebenheiten des Untergrundes als nach 3.1.3 zulässig,*
- *fehlenden Bezugspunkte,*
- *fehlende, ungenügende oder von der Angabe in den Ausführungsunterlagen abweichende Gefälle,*
- *wenn die Oberfläche der Fliesen ein rückstandsfreies Entfernen der eingeschlämmten Fugenmasse nicht zulässt."*

Bedenken können nur geltend gemacht werden, wenn zuvor eine entsprechende Prüfung erfolgt ist. „Bedenken anmelden" ist eine vertragliche Verpflichtung des Auftragnehmers.

Die Prüfung des Untergrundes und der Verhältnisse auf der Baustelle nach VOB ist eine arbeitstechnische Aufgabe. Prüfungen des Untergrundes müssen im Rahmen der Möglichkeiten eines Fliesenfachbetriebs liegen. Ausführliche materialtechnische Untersuchungen können von ihm nicht geleistet und auch nicht verlangt werden. Der Prüfungsaufwand muss zumutbar sein.

Prüfung der Ansetz- und Verlegeflächen

- Prüfung der Höhenlage
- Prüfung von Winkel-Ebenheitsabweichungen
- Sichtprüfung auf vorhandene Risse und Rauheit der Oberfläche
- Überprüfung der Anordnung und Ausbildung der Bewegungsfugen entsprechend Fugenplan
- Prüfung der Festigkeit der Oberfläche mittels Hammerschlag- und Gitterritzprüfung
- Prüfung der Beschaffenheit der Oberfläche mittels Wischprüfung oder Benetzungsprüfung
- Ermittlung des Feuchtigkeitsgehaltes mittels CM- oder Darr-Methode

2 schwierige Punkte

2 Punkte erweisen sich im Arbeitsalltag immer wieder als schwierig.

Lediglich die Prüfung der Qualität der Oberfläche mittels Haftzugprüfgerät und die Ermittlung der Restfeuchte mittels CM-Methode werden als Besondere Leistung anerkannt. Der Aufwand für alle weiteren Prüfungen (Zeit und Material) ist in den Regelwerken sonst nicht festgehalten. Er steht weder als Hauptleistung im Leistungsverzeichnis noch als Nebenleistung oder Besondere Leistung in der VOB. Da die Leistungen demnach weder direkt abgerechnet werden können noch meistens in den Gemeinkostensätzen der Einheitspreise einkalkuliert sind, läuft der Fliesenleger Gefahr, diese zu vernachlässigen.

Ähnlich verhält es sich mit dem Aufwand beim Anmelden von Bedenken. Es nützt nichts, wenn sich der Fliesenleger irgendwann einmal irgendwem gegenüber kritisch über den Untergrund geäußert hat. Unterlassene Anmeldung von Bedenken birgt die Gefahr, mit in die Haftung genommen zu werden, auch für Schäden, die der Fliesenleger selbst nicht verursacht hat.

Bedenken gelten nur als angemeldet, wenn sie frühzeitig schriftlich und an die richtige Adresse – nämlich an den Auftraggeber (mit Kopie an den Architekten) – geschickt wurden.

Der ideale Untergrund

Als Gegensatz zu den in VOB/C ATV DIN 18352, Abschnitt 3, genannten Merkmalen eines ungeeigneten Untergrundes können von einem idealen Untergrund folgende Eigenschaften erwartet werden:

- ausreichend standsicher und tragfähig,
- kein Federn oder Schwingen,
- keine unüblichen Ausdehnungen bei Temperatur- und Feuchtigkeitseinwirkung,
- ausreichende Rauigkeit,

- ausreichendes, aber nicht zu starkes Wassersaugvermögen,
- trocken,
- sauber,
- homogen – gleichartig in der Oberfläche und in den bauphysikalischen Eigenschaften –, eben, senkrecht, waagrecht, fluchtrecht oder im vorgegebenen Gefälle.

Anforderung an den Untergrund bei Anwendung des Dünnbettverfahrens

Kommt die Ausführung im Dünnbettverfahren zur Anwendung, sind die allgemeinen Anforderungen an die Ansetz- und Verlegeflächen nach DIN 18157 zu berücksichtigen. Diese sind:

- ebenflächig,
- tragfähig und frei von durchgehenden Rissen,
- gleichmäßige Oberflächenbeschaffenheit und Oberflächenfestigkeit,
- frei von Trennmitteln, losen Teilen, Staub, Absandungen, Bindemittelanreicherungen, Ausblühungen, Verschmutzungen,
- Maßgenauigkeit entsprechend dem fertigen Belag.

Speziell für die Ausführung mit hydraulischem Dünnbettmörtel nach DIN 18157-1 gilt:

- Der Belag ist auf Beton oder bindemittelgebundenen Steinen etwa 6 Monate nach Herstellung aufzubringen.
- Estriche müssen hinsichtlich der Nennfestigkeit und Dicke der DIN 18560 entsprechen und die Belegereife abhängig vom Belag erreicht haben.
- Putze müssen ausreichend fest und trocken sein.
- Metallflächen sind als Untergrund nicht geeignet. Hier ist ein Reaktionsharzklebstoff nach DIN EN 12004 verwenden.
- Holzflächen sind als Untergrund nicht geeignet.
- Kunststoffflächen sind als Untergrund nicht geeignet. Zu verwenden ist ein Reaktionsharzklebstoff nach DIN EN 12004.

Abweichend von den Vorgaben der Regelwerke bieten zahlreiche Hersteller Verlegesysteme an (Grundierung, Entkopplung und Dünnbettmörtel), mit denen auch eine Verlegung auf Metall-, Kunststoff- und Holzflächen mit hydraulisch erhärtendem Dünnbettmörtel erfolgen kann. Eine solche Ausführung muss jedoch als Sonderkonstruktion mit dem Auftraggeber vereinbart werden.

Unterschiedliche Eigenschaften von Untergründen

Die Eigenschaften des Untergrundes hängen im Wesentlichen von 3 grundlegenden Faktoren ab:

- der Konstruktion,
- dem Baustoff,
- der Ausführung.

Welche Konstruktionen und Baustoffe kann der Fliesenleger als Baustoff vorfinden?

Die Tabelle 2.2 gibt einen Überblick über die Vielzahl der Untergründe. Darin ist eine große Anzahl von Baustoffen als Untergrund aufgeführt, die zur Aufnahme von Fliesen und Platten geeignet sind. Allerdings bedingen die materialspezifischen Eigenschaften der einzelnen Baustoffe unterschiedliche Mörtel/Klebstoffe und differierende Vorbereitungen, die bei dem Thema „Vorarbeiten“ behandelt werden.

Tabelle 2.2: Untergründe und ihre Eigenschaften

Untergrund	**Norm**	**Eigenschaften als Verlegeuntergrund für Fliesen und Platten**
1.0 Mauerwerk	DIN EN 1996	Der Fugenmörtel muss die Fuge gut ausfüllen, darf nicht hervortreten, keine losen oder gefrorenen Fugenteile aufweisen.
1.1 Mauerziegel	DIN EN 771-1 DIN 4103-1 DIN 105-5 DIN 105-6	Eine direkte Verlegung ist nur bei ausreichender Ebenflächigkeit bzw. vollfugiger Vermauerung möglich.
1.2 Kalksandstein	DIN EN 771-2	wie 1.1, jedoch glatte Oberfläche, stark saugend
1.3 Hüttensteine	DIN 398	wie 1.1
1.4 Porenbetonsteine	DIN EN 771-4	geringere Festigkeit der Oberfläche, stark saugend
1.5 Leichtbetonsteine	DIN EN 771-3 DIN 18151	Oberfläche abhängig vom Leichtzuschlag, größere Rauigkeit
1.6 Normalbetonsteine	DIN EN 771-3 DIN 20000-403	wie 2.0 Beton
2.0 Beton		
2.1 Ortbeton	DIN 1045-2 DIN EN 206	glatte Oberfläche, geringe Wassersaugfähigkeit, die Oberfläche muss benetzbar sein, sie darf keine Sinterschichten, Riefen an den Schalungsfugen haben oder Trennmittel aufweisen
2.2 Betonfertigteile	DIN 1045-2 DIN EN 206 DIN EN 1168	wie 2.0 Beton; oft glatte und dichte Oberfläche mit geringer Saugfähigkeit
2.3 Putz	DIN EN 998-1 DIN EN 13279-1 DIN EN 15824 DIN 18550	Die Oberfläche muss geschlossen, nicht gefilzt oder geglättet sein. Gipsputze oder gipshaltige Putze sollten grundiert werden. Bei Einsatz in Feuchträumen ist die Feuchtigkeitssensibilität zu beachten.
3.0 Estrich	DIN EN 13813	
3.1 Zementestrich	DIN EN 13813 DIN 18560	• Mindestalter 28 Tage • Die Belegereife ist bei einem max. Feuchtigkeitsgehalt von 2 bis 2,5 CM-% gegeben. Bei der Verwendung großformatiger Fliesen werden 1,8 CM-% empfohlen. • Ausreichende Oberflächenfestigkeit muss vorhanden sein. • Das Schwindverhalten ist zu berücksichtigen.

Tabelle 2.2: Untergründe und ihre Eigenschaften (Fortsetzung)

Untergrund	Norm	Eigenschaften als Verlegeuntergrund für Fliesen und Platten
3.2 Calcium-sulfatestrich	DIN EN 13813 DIN 18560	• Dieser darf keine Sinterschichten aufweisen. • Bei Einsatz in Feuchträumen ist die Feuchtigkeitssensibilität zu beachten. • Die Belegereife ist bei einem max. Feuchtigkeitsgehalt von 0,3 (Heizestrich) bzw. 0,5 CM-% (unbeheizter Estrich) gegeben. • Das Quell- und Schwindverhalten ist zu berücksichtigen.
3.3 Magnesia-estrich	DIN EN 13813 DIN 18560	• glatte Oberfläche • Feuchtigkeitssensibilität beachten • geringes Schwindverhalten
3.4 Guss-asphaltestrich	DIN EN 13813 DIN 18560	• abgesandete, griffige Oberfläche • bei fachgerechter Absandung keine Grundierung erforderlich • nur für mäßige ständig einwirkende Verkehrslasten geeignet • auch als Abdichtung für die Wassereinwirkungsklassen W0-I und W-I-I nach DIN 18534 einsetzbar
3.5 Kunstharz-estrich	DIN EN 13813 DIN 18560	• dichte bis offenporige Oberfläche möglich • je nach Art und Oberfläche bei Verwendung von hydraulisch erhärtenden Dünnbettmörteln eventuell Grundierung erforderlich • Bei Verwendung von Reaktionsharzklebstoffen ist keine Grundierung erforderlich.
3.6 Trockenhohl-boden	DIN EN 13213	• glatte, saugende, feuchtigkeitssensible Oberfläche • Platten müssen kraftschlüssig untereinander und auf den Stützen verklebt sein. • max. Durchbiegung l/650
4.0 Platten, Tafeln, Dielen		
4.1 Holzwolleleicht-bauplatten	DIN EN 824	sind als Untergrund nicht in der DIN 18157 aufgeführt
4.2 Wandbau-platten aus Leichtbeton	DIN EN 771-3	Die Oberfläche ist abhängig vom Leichtzuschlag, größere Rauigkeit.
4.3 Bauplatten aus Porenbeton	DIN EN 771-4 DIN 20000-404	geringere Festigkeit der Oberfläche, stark saugend
4.4 Bauplatten aus Kalksand-stein	DIN EN 771-2 DIN 20000-402	stark saugend
4.5 Gipswand-bauplatten	DIN EN 12859	dürfen nicht verspachtelt sein
4.6 Gipsplatten	DIN EN 520 DIN 18180	zulässiges Flächengewicht für Bekleidungswerkstoffe beachten

Tabelle 2.2: Untergründe und ihre Eigenschaften (Fortsetzung)

Untergrund	**Norm**	**Eigenschaften als Verlegeuntergrund für Fliesen und Platten**
4.7 Gipsplatten, faserverstärkt	DIN EN 15283-2	zulässiges Flächengewicht für Bekleidungswerkstoffe beachten
4.8 Zementgebundene Trockenbauplatten	DIN EN 12467	• dürfen keine Holzbestandteile enthalten • zulässiges Flächengewicht für Bekleidungswerkstoffe beachten
4.9 beidseitig beschichtete Hartschaumplatten	keine Normung	müssen vom Hersteller für die Anwendung des jeweiligen Belagmaterials freigegeben sein
4.10 Massivholzdiele	DIN EN 13629	• als Untergrund nicht in der DIN 18157 aufgeführt • Ausführung als Sonderkonstruktion nach Vorgaben des Herstellers eventuell möglich
4.11 Holzspanplatten	DIN EN 312	• sind als Untergrund nicht in der DIN 18157 aufgeführt • Ausführung als Sonderkonstruktion nach Vorgaben des Herstellers eventuell möglich
5.0 sonstige Untergründe		
5.1 Altbeläge	keramische Fliesen, Naturwerksteine, Betonwerksteine, Agglomeratplatten	• glatte, nicht saugende Oberfläche • oftmals verunreinigt müssen intensiv gereinigt werden • dürfen keine Hohllagigkeiten aufweisen
5.2 Farbanstriche	Lacke, Ölfarben, Dispersionsfarben	• als Untergrund nicht in der DIN 18157 aufgeführt • oftmals nicht feuchtigkeitsbeständig • dichte, glatte Oberfläche
5.3 Metalle	Stahl, verzinkter Stahl, Aluminium	• glatte, dichte, nicht saugfähige Oberfläche; Temperaturdehnung berücksichtigen • Belegung nur mit Reaktionsharzklebstoffen möglich
5.4 Kunststoffe	GFK, PVC, PE u. a.	• glatte, dichte, nicht saugfähige Oberfläche; Temperaturdehnung berücksichtigen • Belegung nur mit Reaktionsharzklebstoffen möglich
5.5 Glas	Flachglas, Spiegelglas, Glasmosaik, Glasbausteine	• glatte, dichte, nicht saugfähige Oberfläche • als Untergrund nicht in der DIN 18157 aufgeführt • Ausführung als Sonderkonstruktion nach Vorgaben des Herstellers eventuell mit Reaktionsharzklebstoffen möglich

Ausführung im Dünnbettverfahren

Die Punkte, die zur allgemeinen Prüfpflicht des Fliesenlegers gehören, fasst die VOB/C ATV DIN 18352, Abschnitt 3, zusammen.

Für die Ausführung im Dünnbettverfahren gelten zusätzliche Anforderungen der DIN 18157-1 bis -3 an die Ansetz- und Verlegeflächen (Untergrund). Sie werden unterteilt in „Allgemeine Anforderungen“ und „Besondere Anforderungen“ und sind abhängig von

- dem Mörtel oder Klebstoff,
- der Art des Untergrundes.

Untergründe und ihre Eigenschaften

Allgemeine Anforderungen an die Untergründe nach DIN 18157-1 bis -3

Untergründe haben nachfolgend aufgeführte Anforderungen zu erfüllen:

- Sie müssen den jeweiligen geltenden Normen entsprechen,
- ausreichend biegesteif und standsicher sein,
- ausreichend eben sein,
- ausreichend beständig gegen Feuchtigkeit sein,
- tragfähig sein,
- frei von durchgehenden Rissen sein,
- eine weitgehend geschlossene Oberfläche aufweisen,
- eine ausreichende Oberflächenfestigkeit haben.
- Sie dürfen sich nur bedingt verformen.
- Beton und Mauerwerk müssen in Abhängigkeit von dem zur Anwendung kommenden Dünnbettmörtel oder Klebstoff die jeweilige Belegereife aufweisen.
- Putze sollten trocken, Gipsputze müssen ausreichend fest und trocken sein.
- Estriche müssen ihre Belegereife und Nennfestigkeit erreicht haben.
- Die Maßgenauigkeit der Ansetz- und Verlegefläche muss der fertigen Bekleidungsfläche entsprechen. Sie muss die Anforderungen der DIN 18202 erfüllen.
- Maßungenauigkeiten, die nicht mit der Klebemörtelschicht ausgeglichen werden können, sind vorher auszugleichen.
- Verlegeutergründe nach DIN 18202 benötigen in der Regel bei der Verlegung von Fliesen oder Platten ≥ 300 mm × 300 mm eine zusätzliche Spachtelung.
- Bei der Verlegung von Mosaiken kann ebenfalls eine zusätzliche Spachtelung erforderlich sein.
- Stoffe und Ausgleichsschichten müssen auf den Untergrund und auf den Mörtel abgestimmt sein und am Untergrund ausreichend gut haften.
- Bei Ansetz- und Verlegeflächen aus Metall und Kunststoff ist die Art des Dünnbettmörtels bzw. des Klebstoffs nach DIN 18157-3 zu verwenden.

Besondere Anforderungen an die Untergründe nach DIN 18157-1 bis -3

Die in Tabelle 2.3 aufgelisteten Anforderungen und Prüfungen der Ansetz- und Verlegeflächen sind weitreichend und verlangen vom Fliesenleger große Fachkenntnis, auch aus anderen Gewerken.

Tabelle 2.3: Besondere Anforderungen an Ansetz- und Verlegeflächen für die Ausführung im Dünnbettverfahren

mit hydraulisch erhärtendem Dünnbettmörtel nach DIN 18157-1, Abschnitt 5.2	**mit Dispersionsklebstoffen nach DIN 18157-2, Abschnitt 5.2, Einsatzbereich innen (trocken, max. geringe Feuchteeinwirkung)**	**mit Epoxidharzklebstoffen nach DIN 18157-3, Abschnitt 5.2**
5.1 Putze		
• müssen DIN 18550 entsprechen • Druckfestigkeit nach Klasse CS II nach DIN 998 • Druckfestigkeit ≥ 1,5 N/mm² • Druckfestigkeit nach DIN EN 13279-1 ≥ 2,0 N/mm² • Oberfläche geschlossen, tragfähig, nicht gefilzt oder geglättet; Gipsputze sollten grundiert werden	• müssen DIN 18550 entsprechen • Druckfestigkeit nach Klasse CS II nach DIN 998 • Druckfestigkeit ≥ 1,5 N/mm² • Druckfestigkeit nach DIN EN 13279-1 ≥ 2,0 N/mm² • Oberfläche geschlossen, tragfähig, nicht gefilzt oder geglättet	• müssen DIN 18550 entsprechen • Druckfestigkeit nach Klasse CS II nach DIN 998 • Druckfestigkeit ≥ 1,5 N/mm² • Druckfestigkeit nach DIN EN 13279-1 ≥ 2,0 N/mm² • Oberfläche geschlossen, tragfähig, nicht gefilzt oder geglättet
5.2 Spachtelmassen		
müssen für den jeweiligen Verwendungszweck geeignet sein. Sie sind nach Herstellerangaben einzusetzen und zu verarbeiten.	müssen für den jeweiligen Verwendungszweck geeignet sein. Sie sind nach Herstellerangaben einzusetzen und zu verarbeiten.	müssen für den jeweiligen Verwendungszweck geeignet sein. Sie sind nach Herstellerangaben einzusetzen und zu verarbeiten.
5.3 Mauerwerk		
• muss der DIN EN 1996 entsprechen • in der Regel mit Putz oder Mauerwerk • direkte Verlegung nur bei ausreichender Ebenheit und vollfugigem Mauerwerk möglich • bei Außenwandbekleidungen DIN 18515-1 beachten	• muss der DIN EN 1996 entsprechen • in der Regel mit Putz oder Mauerwerk • direkte Verlegung nur bei ausreichender Ebenheit und vollfugigem Mauerwerk möglich • Ausführung von Außenwandbekleidungen nicht möglich	• muss DIN EN 1996 entsprechen • in der Regel mit Putz oder Mauerwerk • direkte Verlegung nur bei ausreichender Ebenheit und vollfugigem Mauerwerk möglich • bei Außenwandbekleidungen DIN 18515-1 beachten
5.4 Gipswandbauplatten		
müssen DIN EN 12859 entsprechen; sollten grundiert und dürfen nicht gespachtelt werden	müssen DIN EN 12859 entsprechen; dürfen nicht gespachtelt werden	müssen DIN EN 12859 entsprechen; dürfen nicht gespachtelt werden
5.5 Gipsplatten		
• müssen DIN EN 520 und DIN 18180 entsprechen; sollten grundiert werden • Flächengewicht beachten	• müssen DIN EN 520 und DIN 18180 entsprechen • Flächengewicht beachten	• müssen der DIN EN 520 und DIN 18180 entsprechen • Flächengewicht beachten

Tabelle 2.3: Besondere Anforderungen an Ansetz- und Verlegeflächen für die Ausführung im Dünnbettverfahren (Fortsetzung)

mit hydraulisch erhärtendem Dünnbettmörtel nach DIN 18157-1, Abschnitt 5.2	mit Dispersionsklebstoffen nach DIN 18157-2, Abschnitt 5.2, Einsatzbereich innen (trocken, max. geringe Feuchteeinwirkung)	mit Epoxidharzklebstoffen nach DIN 18157-3, Abschnitt 5.2
5.6 faserverstärkte Gipsplatten		
• müssen der DIN 15283 entsprechen; sollten grundiert werden • Flächengewicht beachten	• müssen der DIN 15283 entsprechen • Flächengewicht beachten	• müssen der DIN 15283 entsprechen • Flächengewicht beachten
5.7 zementgebundene Trockenbauplatten		
• dürfen keine Holzbestandteile enthalten • Flächengewicht beachten	• dürfen keine Holzbestandteile enthalten • Flächengewicht beachten	• dürfen keine Holzbestandteile enthalten • Flächengewicht beachten
5.8 beidseitig beschichtete Hartschaum-Bauplatten		
müssen für die Anwendung mit dem Belagsmaterial freigegeben sein	müssen für die Anwendung mit dem Belagsmaterial freigegeben sein	müssen für die Anwendung mit dem Belagsmaterial freigegeben sein
5.9 Beton		
Ansetz- und Verlegeflächen müssen der DIN EN 206 und der DIN 1045-2 entsprechen.	Ansetz- und Verlegeflächen müssen der DIN EN 206 und der DIN 1045-2 entsprechen.	Ansetz- und Verlegeflächen müssen der DIN EN 206 und der DIN 1045-2 entsprechen.
5.10 Zementestriche		
• dürfen sich nur begrenzt verformen • Mindestalter 28 Tage • Belegereife muss erreicht sein **Achtung:** Es gelten unterschiedliche Grenzwerte für die Belegereife nach ZDB-Merkblatt „Beläge auf Zement- und Calciumsulfatestrichen" (2022) und DIN 18157: • **nach DIN 18157** – bei unbeheiztem Estrich: max. Restfeuchte 2,0–2,5 CM-% – bei beheiztem Estrich: max. Restfeuchte 2,0 CM-%. • **nach ZDB-Merkblatt „Beläge auf Zement- und Calciumsulfatestrichen" (2022)** – bei unbeheiztem Estrich: max. Restfeuchte 2,0 CM-% – bei beheiztem Estrich: 1,8–2 CM-%, bei Verwendung großformatiger Fliesen Empfehlung ≤ 1,8 CM-%	Untergrund in der Norm nicht aufgeführt	• dürfen sich nur begrenzt verformen • Mindestalter 28 Tage • Belegereife muss erreicht sein **Achtung:** Es gelten unterschiedliche Grenzwerte für die Belegereife nach ZDB-Merkblatt „Beläge auf Zement- und Calciumsulfatestrichen" (2022) und DIN 18157: • **nach DIN 18157** – bei unbeheiztem Estrich: max. Restfeuchte 2,0–2,5 CM-% – bei beheiztem Estrich: max. Restfeuchte 2,0 CM-% • **nach ZDB-Merkblatt „Beläge auf Zement- und Calciumsulfatestrichen" (2022)** – bei unbeheiztem Estrich: max. Restfeuchte 2,0 CM-% – bei beheiztem Estrich: 1,8–2 CM-%, bei Verwendung großformatiger Fliesen Empfehlung ≤ 1,8 CM-%

Tabelle 2.3: Besondere Anforderungen an Ansetz- und Verlegeflächen für die Ausführung im Dünnbettverfahren (Fortsetzung)

mit hydraulisch erhärtendem Dünnbettmörtel nach DIN 18157-1, Abschnitt 5.2	mit Dispersionsklebstoffen nach DIN 18157-2, Abschnitt 5.2, Einsatzbereich innen (trocken, max. geringe Feuchteeinwirkung)	mit Epoxidharzklebstoffen nach DIN 18157-3, Abschnitt 5.2
5.11 Gussasphaltestriche		
• Qualitätsklasse nach DIN 18560-2 IC 10 • Zusammendrückbarkeit der Dämmung ≤ 2 mm **Achtung:** Es gelten unterschiedliche Grenzwerte in Bezug auf die Belastbarkeit nach ZDB-Merkblatt „Beläge auf Zement- und Calciumsulfatestrichen" (2022) und DIN 18157: • **nach DIN 18157:** – **40 mm** bei max. Einzellast < 1 kN und max. Flächenlast < 2 kN bei beheizten und Estrichen • **nach ZDB-Merkblatt „Beläge auf Zement- und Calciumsulfatestrichen" (2022):** – **30 mm** bei unbeheizten Estrichen und max. Einzellast < 2 kN und einer max. Flächenlast < 3 kN – **35 mm** bei unbeheizten Estrichen und max. Einzellast < 4 kN und einer max. Flächenlast von < 5 kN – **40 mm** bei beheizten Estrichen und max. Einzellast < 4 kN und einer max. Flächenlast von < 5 kN	Der Untergrund ist in der Norm nicht aufgeführt.	• Qualitätsklasse nach DIN 18560-2 IC 10 • Zusammendrückbarkeit der Dämmung ≤ 2 mm **Achtung:** Es gelten unterschiedliche Grenzwerte in Bezug auf die Belastbarkeit nach ZDB-Merkblatt „Beläge auf Zement- und Calciumsulfatestrichen" (2022) und DIN 18157: • **nach DIN 18157:** – **40 mm** bei max. Einzellast < 1 kN und max. Flächenlast < 2 kN bei beheizten und unbeheizten Estrichen • **nach ZDB-Merkblatt „Beläge auf Zement- und Calciumsulfatestrichen" (2022):** – **30 mm** bei unbeheizten Estrichen und max. Einzellast < 2 kN und einer max. Flächenlast < 3 kN – **35 mm** bei unbeheizten Estrichen und max. Einzellast < 4 kN und einer max. Flächenlast von < 5 kN – **40 mm** bei beheizten Estrichen und max. Einzellast < 4 kN und einer max. Flächenlast von < 5 kN
5.12 Calciumsulfatestriche		
• Oberfläche des Estrichs ist anzuschleifen • instabile Schichten und Sinterschichten entfernen • Grundierung in Abhängigkeit von dem Belag und den Eigenschaften des Mörtels auswählen • Belegereife muss erreicht sein **Achtung:** Es gelten unterschiedliche Grenzwerte für die Belegereife nach ZDB-Merkblatt, nach DIN 18157 und DIN 18560: • **ZDB-Merkblatt und DIN 18157** – **0,5 CM-%** bei unbeheiztem Estrich – **0,3 CM-%** bei beheiztem Estrich • **DIN 18560** – **0,5 CM-%** bei beheiztem und unbeheiztem Estrich	Der Untergrund ist in der Norm nicht aufgeführt.	• Oberfläche des Estrichs ist anzuschleifen • instabile Schichten und Sinterschichten entfernen • Grundierung in Abhängigkeit von dem Belag und den Eigenschaften des Mörtels auswählen • Belegereife muss erreicht sein **Achtung:** Es gelten unterschiedliche Grenzwerte für die Belegereife nach ZDB-Merkblatt, nach DIN 18157 und DIN 18560: • **ZDB-Merkblatt und DIN 18157** – **0,5 CM-%** bei unbeheiztem Estrich – **0,3 CM-%** bei beheiztem Estrich • **DIN 18560** – **0,5 CM-%** bei beheiztem und unbeheiztem Estrich

Tabelle 2.3: Besondere Anforderungen an Ansetz- und Verlegeflächen für die Ausführung im Dünnbettverfahren (Fortsetzung)

mit hydraulisch erhärtendem Dünnbettmörtel nach DIN 18157-1, Abschnitt 5.2	mit Dispersionsklebstoffen nach DIN 18157-2, Abschnitt 5.2, Einsatzbereich innen (trocken, max. geringe Feuchteeinwirkung)	mit Epoxidharzklebstoffen nach DIN 18157-3, Abschnitt 5.2
5.13 Kunstharzestriche		
Die Auswahl der Grundierung ist abhängig von der Estrichoberfläche.	Der Untergrund ist in der Norm nicht aufgeführt.	Über die allgemeinen Anforderungen der DIN 18157 hinaus erfordert der Verlegeuntergrund keine besonderen Maßnahmen.
5.14 Magnesiaestriche		
• müssen dauerhaft vor Feuchtigkeit geschützt werden • Oberfläche gegen eindringende Feuchte aus dem Mörtel durch eine geeignete Grundierung schützen • bauphysikalische Voraussetzungen sind durch den Planer zu prüfen	Der Untergrund ist in der Norm nicht aufgeführt.	• müssen dauerhaft vor Feuchtigkeit geschützt werden • bauphysikalische Voraussetzungen sind durch den Planer zu prüfen
5.15 Fertigteilestriche		
• müssen die einwirkende Nutzlast ohne schädigende Verformung aufnehmen können • müssen flächig aufliegen	Der Untergrund ist in der Norm nicht aufgeführt.	• müssen die einwirkende Nutzlast ohne schädigende Verformung aufnehmen können • müssen flächig aufliegen
5.16 Trockenhohlböden		
• müssen der DIN EN 13213 entsprechen • abweichend davon eine max. Durchbiegung von l/650 berücksichtigen • Grundierung in Abhängigkeit von dem Dünnbettmörtel auswählen	Der Untergrund ist in der Norm nicht aufgeführt.	• müssen der DIN 13213 entsprechen • abweichend davon eine max. Durchbiegung von l/650 berücksichtigen
5.17 Altbeläge aus Keramik-, Beton- und Naturstein		
• dürfen keine Hohllagigkeiten aufweisen • Vorbehandlung durch Schleifen, Strahlen oder Grundieren erforderlich	• nur für Wandflächen • dürfen keine Hohllagigkeiten aufweisen • Entfernen von Verschmutzungen erforderlich	• dürfen keine Hohllagigkeiten aufweisen • Entfernen von Verschmutzungen vornehmen
5.18 Abdichtungen im Verbund mit Fliesen und Platten (AIV-F, -B, -P)		
• Systemanforderungen beachten • Eignungsnachweis des Systemherstellers vor der Ausführung vorlegen • zulässiges Flächengewicht beachten	Der Untergrund ist in der Norm nicht aufgeführt.	• Systemanforderungen sind zu beachten. • Eignungsnachweis des Systemherstellers vor der Ausführung vorlegen • zulässiges Flächengewicht beachten

Tabelle 2.3: Besondere Anforderungen an Ansetz- und Verlegeflächen für die Ausführung im Dünnbettverfahren (Fortsetzung)

mit hydraulisch erhärtendem Dünnbettmörtel nach DIN 18157-1, Abschnitt 5.2	**mit Dispersionsklebstoffen nach DIN 18157-2, Abschnitt 5.2, Einsatzbereich innen (trocken, max. geringe Feuchteeinwirkung)**	**mit Epoxidharzklebstoffen nach DIN 18157-3, Abschnitt 5.2**
5.19 Metalluntergründe		
Der Untergrund ist in der Norm nicht aufgeführt.	Der Untergrund ist in der Norm nicht aufgeführt.	• müssen so befestigt sein, dass sie sich nicht verformen • dürfen nicht korrodiert und müssen frei von Trennmitteln sein
5.20 Kunststoffe		
Der Untergrund ist in der Norm nicht aufgeführt.	Der Untergrund ist in der Norm nicht aufgeführt.	müssen für die Verklebung von Reaktionsharzklebstoffen geeignet sein und dürfen sich nicht verformen

Vorarbeiten

Bestimmte Vorarbeiten sind nach den anerkannten Regeln der Technik oder nach der VOB übliche Leistungen des Fliesenlegers. Hierzu gehören insbesondere:

Vorarbeiten als Nebenleistung nach VOB/C ATV DIN 18299 in Auszügen

„4.1.1 Einrichten und Räumen der Baustelle einschließlich der Geräte und dergleichen. […]

„4.1.3 Messungen für das Ausführen und Abrechnen der Arbeiten einschließlich des Vorhaltens der Messgeräte, Absteckzeichen und dergleichen, des Erhaltens der Lehren und Absteckzeichen während der Bauausführung und des Stellens der Arbeitskräfte, jedoch nicht Leistungen nach § 3 Absatz 2 VOB/B.

4.1.4 Schutz- und Sicherheitsmaßnahmen nach den staatlichen und berufsgenossenschaftlichen Regelwerken zum Arbeitsschutz, ausgenommen Leistungen nach den Abschnitten 4.2.4 und 4.2.5. […]

4.1.6 Heranbringen von Wasser und Energie von den vom Auftraggeber auf der Baustelle zur Verfügung gestellten Anschlussstellen zu den Verwendungsstellen. […]

4.1.9 Befördern aller Stoffe und Bauteile, auch wenn sie vom Auftraggeber beigestellt sind, von den Lagerstellen auf der Baustelle oder von den in der Leistungsbeschreibung angegebenen Übergabestellen zu den Verwendungsstellen und etwaiges Rückbefördern."

Vorarbeiten als Nebenleistung nach VOB/C ATV DIN 18352, Abschnitt 4 in Auszügen

„4.1.1 Auf-, Um- und Abbauen sowie Vorhalten von Gerüsten für eigene Leistungen, sofern die zu bearbeitende oder zu bekleidende Fläche nicht höher als 3,50 m über der Standfläche des hierfür erforderlichen Gerüstes liegt. […]

4.1.5 Reinigen des Untergrundes, ausgenommen Leistungen nach Abschnitt 4.2.8.

4.1.6 Maßnahmen zum Ausgleich von Unebenheiten und Maßabweichungen des Untergrundes innerhalb der nach DIN 18202 zulässigen Abweichungen beim Ansetzen oder Verlegen.

4.1.7 Fertigstellen von Bauteilen in mehreren Arbeitsgängen zur Ermöglichung von Arbeiten anderer Unternehmer, soweit die eigenen Leistungen im Zuge gleichartiger Fliesen- und Plattenarbeiten kontinuierlich erbracht werden können. Sind diese Voraussetzungen nicht gegeben, handelt es sich um ‚Besondere Leistungen' nach Abschnitt 4.2.5. […]

4.1.11 Zubereiten des Mörtels und Vorhalten der hierzu erforderlichen Einrichtungen, auch wenn der Auftraggeber die Stoffe beistellt."

Vorarbeiten als Besondere Leistungen nach VOB/C ATV DIN 18299 in Auszügen

„4.2.8 Besondere Prüfung von Stoffen und Bauteilen, die der Auftraggeber liefert […]

4.2.12 Entsorgen von Abfall über die Leistungen nach den Abschnitten 4.1.11 und 4.1.12 hinaus."

Vorarbeiten als Besondere Leistungen nach VOB/C ATV DIN 18352, Abschnitt 4 in Auszügen

„4.2.2 Auf-, Um- und Abbauen sowie Vorhalten von Gerüsten für Leistungen anderer Unternehmer.

4.2.3 Auf-, Um- und Abbauen sowie Vorhalten von Gerüsten für eigene Leistungen, sofern die zu bearbeitende oder zu bekleidende Fläche höher als 3,50 m über der Standfläche des hierfür erforderlichen Gerüstes liegt.

4.2.4 Auf-, Um- und Abbauen sowie Vorhalten von Gerüsten mit abgestufter oder geneigter Standfläche, z. B. über Treppen oder Rampen, sofern ein Ausgleich von mehr als 40 cm erforderlich ist.

4.2.5 Fertigstellen von Bauteilen in mehreren Arbeitsgängen zur Ermöglichung von Arbeiten anderer Unternehmer, soweit die eigenen Leistungen nicht im Zuge gleichartiger Fliesen- und Plattenarbeiten kontinuierlich fertiggestellt werden können.

4.2.6 Erstellen von Ansetz-, Fugen- und Verlegeplänen.

4.2.7 Herstellen und Anbringen von Mustern, Musterflächen und Musterkonstruktionen.

4.2.8 Beseitigen alter Beläge und Beschichtungen, Klebstoff- und Spachtelmassenschichten. Reinigen des Untergrundes von grober Verschmutzung, z. B. Gipsreste, Mörtelreste, größere Putzüberstände, Farbreste, Öl, soweit diese nicht durch den Auftragnehmer verursacht wurde. [...]

4.2.11 Anschleifen oder Abschleifen von Estrichen.

4.2.12 Aufbringen von Haftbrücken.

4.2.24 Verdübeln und Vergießen von Scheinfugen im Untergrund.

4.2.25 Abschneiden des Überstandes von Randdämmstreifen anderer Unternehmer."

Falls Vorarbeiten aus der Aufzählung der Besonderen Leistungen notwendig oder verlangt werden, müssen sie im Leistungsverzeichnis (oder einem Nachtrag) besonders erwähnt sein. Sie werden somit getrennt berechnet und vergütet.

2.3.5 Fragen und Antworten

Nr.	Fragen
1.	Welche Prüfungen sind dem Auftragnehmer nach VOB aufgetragen?
2.	Was sollte der Auftragnehmer tun, wenn er bei der Überprüfung des Untergrundes Mängel feststellt?
3.	Wie und warum werden Bedenken angemeldet?
4.	Beschreiben Sie die Eigenschaften eines „idealen" Untergrundes für das Dickbettverfahren.
5.	Welche Anforderungen werden an die Untergründe für die Ausführung im Dünnbettverfahren gestellt?
6.	Welche Norm regelt die Ausführung im Dünnbettverfahren?
7.	Welche Untergründe sind bei der Verwendung von hydraulisch erhärtenden Dünnbettmörteln nach DIN 18157-1 nicht zulässig?
8.	Welche Probleme können bei Beton oder bei bindemittelgebundenen Mauersteinen auftreten?
9.	Wann ist die Belegereife von Betonwänden unter Berücksichtigung des Dünnbettmörtels bzw. des Klebstoffs nach DIN 18157-1 bis -3 erreicht?
10.	Welche Eigenschaften müssen Putze als Untergrund aufweisen?
11.	Welche Vorgaben sind nach DIN 18534-3 bzw. Teil 5 und 6 bei Gipsputzen bei Belastungen durch Feuchtigkeit im Innenbereich zu berücksichtigen?
12.	Welche Eigenschaften werden von dem Untergrund Zementestrich auf Dämmung verlangt?
13.	Welche Vorgaben sind nach DIN 18534-3 bzw. Teil 5 und 6 bei Calciumsulfatestrichen bei Belastungen durch Feuchtigkeit im Innenbereich zu berücksichtigen?

Nr.	Fragen
14.	Welche Anforderungen werden nach DIN 18157 an Gussasphaltestriche gestellt?
15.	Warum sind Massivholzdielen als Untergrund problematisch?
16.	Welche Möglichkeit gibt es, auf einem Untergrund aus Massivholzdielen keramische Fliesen zu verlegen?
17.	Was ist bei Untergründen aus Metall und Kunststoff zu beachten?
18.	Unter welchen Voraussetzungen ist ein direktes Aufbringen einer Fliesenbekleidung auf das Mauerwerk möglich?
19.	Was versteht man unter einer Sinterschicht bei Beton oder Zementestrich?
20.	Wie können sich Ansetz- und Verlegeflächen verformen?
21.	Welche Angaben sind hinsichtlich der Verformung von Untergründen aus Beton zu beachten?
22.	Nennen Sie den max. Restfeuchtegehalt für das Verlegen eines Fliesenbelages auf einem Zementestrich und einem Calciumsulfatestrich auf Dämmung.
23.	Was ist bei der Verlegung eines Fliesenbelags auf einem Magnesiaestrich zu beachten?
24.	Wann hat der Estrich seine Belegereife erreicht?
25.	Welche Angaben und Anforderungen gelten für Gipswandbauplatten?
26.	Was ist bei der Verarbeitung von Gipskartonplatten zu beachten?
27.	Was gilt für Calciumsulfatestriche als Verlegeuntergrund für Fliesen und Platten?
28.	Welche Prüfungen sollten bei Untergründen für das Dünnbettverfahren in jedem Fall durchgeführt werden?
29.	Nennen Sie einige Vorarbeiten für die Ausführung von Fliesen- und Plattenarbeiten.
30.	Wie werden Vorarbeiten abgerechnet?

Nr.	Antworten
1.	Er hat die Beschaffenheit des Untergrundes bzw. der Ansetz- und Verlegefläche (bezüglich Verunreinigungen, Ausblühungen, zu glatten, zu feuchten, verölten, gefrorenen Flächen, Rissen), Ebenheit, Höhenbezugspunkte und Gefälle zu überprüfen.
2.	Er sollte Bedenken anmelden.
3.	Sie sollten schriftlich und frühzeitig angemeldet werden. Durch das Anmelden der Bedenken kann sich der Auftragnehmer schützen vor Schadenersatzforderungen aus Mängeln, die er nicht zu vertreten hat. Er kann sich durch die begleitenden Verhandlungen technische und finanzielle Möglichkeiten schaffen, die Ausführung schadensfrei und lohnend zu gestalten.
4.	ausreichende Festigkeit, geringe Verformung, ausreichende Rauigkeit, gleichmäßiges Wassersaugvermögen, trocken, sauber, homogen, senkrecht, fluchtrecht oder in dem vorgeschriebenen Gefälle

Nr.	Antworten
5.	eben, tragfähig, frei von durchgehenden Rissen, gleichmäßige Oberflächenbeschaffenheit, gleichmäßige Oberflächenfestigkeit, frei von Trennmitteln, losen Teilen, Staub, Absandungen, Bindemittelanreicherungen, Ausblühungen, Verschmutzungen, ausreichende Maßgenauigkeit
6.	DIN 18157-1 bis -3 „Ausführung keramischer Bekleidungen im Dünnbettverfahren"
7.	Holz, Holzwerkstoffe, Kunststoffe, Metalle
8.	Durch die werkstoffbedingte Schwindung könnten bei jungen Baustoffen starke Verformungen und daraus resultierende Bauschäden auftreten.
9.	Bei der Anwendung von hydraulisch erhärtenden Dünnbettmörteln sollte das Betonalter 6 Monate, bei Dispersionsklebstoffen 28 Tage, bei Reaktionsharzklebstoffen 3 Monate betragen.
10.	Sie müssen der DIN 18550 entsprechen und nach DIN EN 998-1 mindestens die Klasse CS II (Druckfestigkeit > 1,5 N/mm²) oder DIN EN 13279-1 (Druckfestigkeit > 2,0 N/mm²) erfüllen.
11.	Gipsputze sind nur bei den Wassereinwirkungsklassen WO-I und WI-I zulässig.
12.	Er muss den Anforderungen der DIN 18560 entsprechen. Der Estrich darf sich nur begrenzt verformen. Das Mindestalter beträgt 28 Tage. Die Belegereife muss erreicht sein. Die maximale Restfeuchte beträgt nach DIN 18157 bei unbeheizten Estrichen < 2 bis 2,5 CM-%, bei beheizten Estrichen < 2 CM-%, nach ZDB-Merkblatt 2 CM-% bei beheizten und unbeheizten Estrichen. Kommen großformatige Fliesen > 600 cm Kantenläge zur Anwendung, empfiehlt das ZDB-Merkblatt 1,8 CM-%.
13.	Sie sind nur bei den Wassereinwirkungsklassen WO-I und WI-I zulässig.
14.	Er muss der Qualitätsklasse IC 10 nach DIN 18560-2 entsprechen. Die Zusammendrückbarkeit der Dämmung darf 2 mm nicht überschreiten. Die Oberfläche muss flächendeckend mit Quarzsand abgestreut sein. Es gelten unterschiedliche Grenzwerte für die Belegereife nach ZDB-Merkblatt und DIN 18157. Nach DIN 18157 muss die Mindestdicke grundsätzlich 40 mm betragen. Die max. Einzellast beträgt 1 kN, die max. Flächenlast 2 kN. Das Regelwerk unterscheidet nicht zwischen beheizten und unbeheizten Konstruktionen. Das ZDB-Merkblatt schreibt 30 mm bei einer Einzellast von 2 kN und einer Flächenlast von 3 kN vor. Wirken Lasten von 3 kN Einzellast und 4 kN Flächenlast auf den Estrich ein, muss die Dicke 35 mm betragen. Wird der Estrich beheizt, erhöht sich die Mindestdicke auf 40 mm. Diese Dicke gilt auch bei einer Einzellast von 4 kN und einer Flächenlast von 5 kN.
15.	Die Oberfläche ist oft uneben, Bewegungen und feuchtigkeitsbedingte Verformungen (Schwinden, Quellen) können in hohem Maß auftreten. Die DIN 18157-1 bis -3 sieht sie nicht als Verlegeuntergrund vor.
16.	Sofern die statischen Verhältnisse es erlauben, kann unter Verwendung eines Entkopplungssystems ein Keramikbelag verlegt werden. Die Ausführung ist als Sonderkonstruktion mit dem Auftraggeber zu vereinbaren. Auf mögliche geringfügige Mängel wie Flankenabrisse des Fugenmörtels ist explizit schriftlich hinzuweisen.
17.	Beide Stoffe haben hohe Temperaturdehnzahlen. Hieraus resultieren bei wechselnden Temperaturen hohe Spannungen, die Kräfte in das Verbundsystem (Belag/Klebstoff) einleiten. Nach DIN 18157-3 sind nur Reaktionsharzklebstoffe zulässig.

Nr.	Antworten
18.	Eine direkte Verarbeitung auf ungeputztem Mauerwerk ist nur bei ausreichender Ebenflächigkeit, vollflächig gemauerter Unterkonstruktion (vollfugige Vermauerung) sowie bei einem Auftrag von Dünnbettmörtelschichten möglich, die mit ausreichenden Zahntiefen abgekämmt werden.
19.	Bindemittelanreicherungen an der Oberfläche, die besonders hart und spröde sind sowie eine geringe Benetzbarkeit und oftmals eine geringe Oberflächenfestigkeit aufweisen
20.	Verformungsarten sind Schwinden, Kriechen, Quellen, Aufwölben und Aufschüsseln.
21.	Die Verformung des Betonuntergrundes aus Kriechen und Schwinden sollte weitestgehend abgeschlossen sein. Das Aufbringen des Belags sollte möglichst spät erfolgen.
22.	Ein Zementestrich unbeheizt auf Dämmung ist nach 28 Tagen und bei einer Restfeuchte ≤ 2–2,5 CM-% belegbar. Bei einer beheizten Konstruktion muss die Restfeuchte ≤ 2 CM-%, bei großformatigen Platten sollte sie 1,8 CM-% betragen. Ein Calciumsulfatestrich auf Dämmung ist bei einer Restfeuchte ≤ 0,5 CM-% belegbar. Bei einer beheizten Konstruktion muss die Restfeuchte ≤ 0,3 CM-% betragen.
23.	Er muss dauerhaft vor Feuchtigkeit geschützt werden. Die Oberfläche ist gegen eindringende Feuchte aus dem Mörtel durch eine geeignete Grundierung zu schützen. Die bauphysikalischen Voraussetzungen sind durch den Planer vor Beginn der Ausführung zu prüfen.
24.	Wenn der Belag bei ausgewiesener Nutzung dauerhaft ohne Schaden ist. Bei Estrichen auf Dämmung im Innenbereich muss die in der DIN 18157 vorgegebene max. Restfeuchte gegeben sein.
25.	Sie müssen der DIN EN 12859 entsprechen und dürfen nicht verspachtelt werden.
26.	Sie müssen DIN EN 520 und DIN 18180 entsprechen. Das vom Hersteller angegebene Flächengewicht ist zu beachten.
27.	Die Oberfläche des Estrichs ist anzuschleifen. Instabile Schichten und Sinterschichten sind zu entfernen. Die Grundierung ist in Abhängigkeit von dem Belag und den Eigenschaften des Mörtels auszuwählen. Die Belegereife muss erreicht sein. Bei unbeheizten Estrichen ist diese nach DIN 18157 und ZDB-Merkblatt bei einer max. Restfeuchte von 0,5 CM-%, bei beheizten Estrichen von 0,3 CM-% gegeben.
28.	Ermittlung der Höhenlage mittels Wasserwaage, Ermittlung von Winkel- und Ebenheitsabweichungen, Gitterritzprüfung, Wischprüfung, Benetzungsprüfung
29.	Einrichten der Baustelle, Messen für die Ausführung oder Abrechnung, Einteilen, Untergrund überprüfen, Gerüste erstellen, Reinigen des Untergrundes, Aufbringen von Haftbrücken oder Ausgleichsschichten, Vergießen und Verdübeln von Scheinfugen
30.	Sie können als Nebenleistungen (der Aufwand wird in die Gemeinkosten einkalkuliert), als Besondere Leistungen (der Aufwand wird im Leistungsverzeichnis oder im Nachtrag ausgeschrieben und nach Positionen abgerechnet) oder als Stundenlohnarbeiten abgerechnet werden.

Abb. 2.39: Auftrag von Dünnbettmörtel mit unterschiedlichen Kammstärken

2.4 Dünnbettmörtel im Detail

Im Zuge der Umstellung von der traditionellen Verlegung von Keramik und Naturstein im Dickbettverfahren zur Dünnbettverlegung haben auch die hierfür zur Anwendung kommenden Dünnbettmörtel eine rasante Entwicklung genommen. Betrachtet man das Anwendungsspektrum von Dünnbettmörteln seit deren Einführung in den 50er-Jahren des vergangenen Jahrhunderts im deutschen Fliesenhandwerk, so hat dies bis heute aufgrund immer zahlreicher und größer werdender Fliesenformate sowie einer Vielzahl neuer Untergründe eine rapide Ausweitung erfahren. Nachfolgend finden sich wesentliche Informationen über die Zusammensetzung, die unterschiedlichen Eigenschaftsprofile und die aktuelle Normung zu diesen Verlegewerkstoffen.

2.4.1 Stichworte zum Thema

- Regelwerke
- Definition Dünnbettmörtel
- Rohstoffe, Funktion und Eigenschaften
- Mörtelsysteme
- Mindestanforderungen an Dünnbettmörtel, definierte Eigenschaften

2.4.2 Regelwerke

Die europäische Norm DIN EN 12004 unterscheidet differierende Dünnbettmörtelqualitäten, die es dem Planer und Anwender ermöglichen, diese unter Berücksichtigung der Lage des Bauteils, der aus der objektspezifischen Nutzung einwirkenden Belastung, der Art und dem Format des Belagsmaterials nach ökonomischen und ökologischen Aspekten auswählen zu können (siehe Kapitel 1.3.3.7). Die Norm umfasst 2 Teile.

DIN EN 12004-1	Mörtel und Klebstoffe für keramische Fliesen und Platten – Teil 1: Anforderungen, Bewertung und Überprüfung der Leistungsbeständigkeit, Einstufung und Kennzeichnung (2017)
DIN EN 12004-2	Mörtel und Klebstoffe für keramische Fliesen und Platten – Teil 2: Prüfverfahren (2017)

Wesentliche Inhalte der Regelwerke

- Anwendungsbereiche (Teil 1)
- Produkteigenschaften (Teil 1)
- Prüf-, Bewertungs- und Probenahmeverfahren (Teil 1)
- Bewertung und Überprüfung der Leistungsbeständigkeit (Teil 1)
- Klassifizierung und Bezeichnung (Teil 1)
- Kennzeichnung (Teil 1)
- Prüfverfahren (Teil 2)
- Prüfmaterialien (Teil 2)

2.4.3 Fall aus der Praxis

Sie haben den Auftrag erhalten, anthrazitfarbene, großformatige Feinsteinzeugfliesen (Format 600 mm × 600 mm × 12 mm) auf einer frei bewitterten, nicht unterkellerten Terrasse aus Termingründen kurzfristig zu verlegen. Der Wetterbericht sagt für die nächsten Tage kühles Wetter (Temperatur ca. 5 bis 8 °C) mit Schauerneigung und Nachtfrostgefahr voraus.

- Welchen Dünnbettmörtel wählen Sie aus?
- Nennen Sie die Gründe für die von Ihnen getroffene Wahl.

Lösung

Aufgrund der Wetterprognosen ist die Verwendung eines Dünnbettmörtels der Qualitätsklasse C2 F S2 nach DIN EN 12004 sinnvoll.

Die ausgewählte Qualitätsklasse bietet folgende Vorteile:

- C2 der Dünnbettmörtel gewährleistet ein erhöhtes Haftspektrum.
- F steht für schnell erhärtend und gewährleistet somit eine schnelle Frostbeständigkeit und Feuchtigkeitsbeständigkeit gegenüber anfallendem Oberflächenwasser.
- S 2 bedeutet, dass der Dünnbettmörtel über spannungsabbauende Eigenschaften verfügt, die auf das Verbundsystem (Untergrund/Dünnbettmörtel/Fliese) einwirkende Kräfte, resultierend aus Temperaturdehnung und Kontraktion, minimiert und somit die Dauerhaftigkeit des Belags positiv beeinflusst.

2.4.4 Bausteine

2.4.4.1 Definition Dünnbettmörtel

Mit diesem Begriff sind Mörtelsysteme definiert, die mittels Kammspachtel auf den Untergrund und/oder auf die Plattenrückseite in Schichtdicken von 2 bis 30 mm aufgetragen werden.

2.4.4.2 Mörtelsysteme

Die Norm DIN EN 12004 unterscheidet zwischen 3 Klebstofftypen. Diese sind:

- zementhaltige Dünnbettmörtel für Fliesen und Platten an Wänden und Böden für innen und außen. Hierbei handelt es sich um ein Gemisch aus hydraulischen Bindemitteln, Zuschlägen und Füllstoffen sowie organischen Additiven, das mit Wasser angemischt wird.
- Dispersionsklebstoffe für keramische Fliesen und Platten für die Anwendung an Innenwänden. Der gebrauchsfertige Klebstoff besteht aus wässrigen Polymerdispersionen, organischen Additiven und mineralischen Füllstoffen.
- Reaktionsharzklebstoffe für Fliesen und Platten für die Anwendung an Wänden und Böden innen und außen. Sie sind ein ein- oder zweikomponentiges Gemisch aus synthetischen Harzen (auf Epoxidharz- oder Polyurethanharzbasis), organischen Additiven und mineralischen Füllstoffen.

Zementhaltige Klebstoffe

Rohstoffe

Zur Formulierung kommen zahlreiche Rohstoffe in unterschiedlichen Mengen und differierenden Qualitäten zur Anwendung. Sie bestimmen das Eigenschaftsprofil und die Qualität des Dünnbettmörtels.

Die wesentlichen Rohstoffe sind:

- **Zuschläge/Füllstoffe**
  Diese Rohstoffe bilden das Gerüst des Mörtels. Unterschiedliche Korngrößen und ihr jeweiliger Anteil am Trockenpulver bestimmen, insbesondere bei traditionellen Dünnbettmörteln, im Wesentlichen die Bindemittelmenge, den Wasseranspruch und die max. Auftragsstärke des Mörtelsystems.

  Als Füllstoffe verwendet man feuergetrocknete Quarzsande, in der Größe abgestimmt auf die max. Auftragsstärke des jeweiligen Mörtels, Kalksteinmehl und/oder Leichtfüllstoffe aus z. B. Glashohlraumkugeln, Gummigranulat bzw. Blähtone.

- **zementäre Bindemittel**
  Diese dienen als Bindemittel, also zur Verkettung der Zuschlagkörner untereinander, und bestimmen die Festigkeit des ausgehärteten Mörtels und bei Standarddünnbettmörteln (ohne Polymere) deren Anhaftung zum Verlegeuntergrund und zum Belagsmaterial (Verbund).

  Von der Art und der Qualität des Bindemittels bzw. des Bindemittelsystems ist das Erhärtungs- und Trocknungsverhalten abhängig.

  Mischt man Zement und Wasser, entsteht zunächst Zementleim, der die Zuschlagkörner umhüllt. In Abhängigkeit von der Zeit entwickelt sich aufgrund sich bildender Kristalle Zementgel und in der Endphase des Erhärtungsvorgangs der Zementstein. Je nach Art des Bindemittels, dessen Mahlfeinheit und des vorhandenen Feuchtigkeitspotenzials kann der Hydratationsvorgang einige Tage bis hin zu einigen Wochen dauern.

Abb. 2.40: Dünnbettmörtel auf Portlandzementbasis unter dem Rasterelektronenmikroskop bei 10000-facher Vergrößerung (Quelle: MAPEI GmbH, Großostheim)

Die Entwicklung der Festigkeit ist von der chemischen Zusammensetzung des Bindemittels, der zugegebenen Anmachwassermenge und den während der Erhärtung herrschenden klimatischen Bedingungen (Temperatur, Luftfeuchtigkeit) abhängig.

Zur Formulierung von Mörtelsystemen kommen folgende Zementarten zur Anwendung:

- **Portlandzement**
  Dieses Bindemittel bezeichnet man als normal erhärtend. Das bedeutet, dass die Festigkeitsentwicklung sich über einen relativ langen Zeitraum erstreckt. Diese Zementart ist in der Lage, ca. 40 % ihres Gewichts an Wasser zu binden. Hiervon werden ca. 25 % chemisch als Hydratwasser in das Zementgel eingebunden. Weitere ca. 15 % verbleiben physikalisch gehalten in den Gelporen. Die Flüssigkeit weist jedoch für die Dauer der relativ langen Abbindephase ein hohes Alkalipotenzial auf, das bei verfärbungs- und verformungssensiblen Natursteinen Verfärbungen und Verformungen hervorrufen kann.

  Darüber hinaus verfügen mit Portlandzement formulierte Dünnbettmörtel (siehe Abb. 2.40) über einen langen Zeitraum hinweg über einen hohen Anteil an freiem Calciumhydroxid, der über die Kapillarporen an die Belagsoberfläche transportiert wird, dort mit dem Kohlendioxid der Luft zu Calciumkarbonat reagiert und sog. Kalkausblühungen zur Folge hat.

- **Portlandpuzzolanzement (Trasszement)**
  Bei dieser Bindemittelvariante wird dem Portlandzement ein Anteil des Puzzolans Trass zugegeben. Man unterscheidet die Qualitätsklassen CEM II/A-P mit einem Trassanteil von 6 bis 20 %, CEM II/B-P mit einem Trassanteil von 21 bis 35 % und Spezialtrasszemente mit einem Trassanteil von ca. 50 %.

  Sie kommt überwiegend zur Formulierung herkömmlich gemischter Dickbettmörtel auf der Baustelle zur Anwendung.

  Die im Puzzolan Trass enthaltene Kieselsäure reagiert mit dem bei dem Abbinden des Portlandzements freigesetzten Calciumhxdroxid zu festigkeitsbildenden Calciumsilikathydratphasen und reduziert somit den Anteil an freiem Kalk im erhärteten Mörtel. Dies bedeutet, dass die Menge an

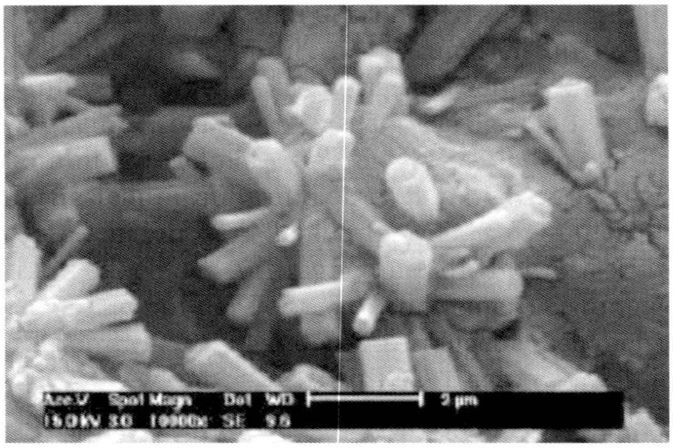

Abb. 2.41: Dünnbettmörtel, schnell trocknend, auf Trisulfatbasis bei 10.000-facher Vergrößerung (Quelle: MAPEI GmbH, Großostheim)

überschüssigem (freiem) Calciumhydroxid in der ausgehärteten Zementsteinmatrix geringer ist als bei ausschließlich mit Portlandzement formulierten Mörteln. Je höher der Anteil des Trasses im Bindemittel, desto geringer ist das Ausblühungspotenzial des erhärteten Mörtels.

- **Aluminatzement**
  Diese Zementart, auch als Tonerdeschmelzzement bezeichnet, kommt zur Formulierung von schnell erhärtenden Dünnbettmörteln in Verbindung mit Portlandzement und/oder Calciumsulfat zur Anwendung.

  Die Bindemittelvariante Portlandzement/Aluminatzement bewirkt eine schnelle Anfangserhärtung und eine rasche Ausbildung des Haftspektrums sowie der Festigkeit des Dünnbettmörtels und erlaubt somit eine deutlich schnellere Belastung des verlegten Belags.

  Das Gefahrenpotenzial in Bezug auf das Verfärbungs- und Verformungsrisiko sensibler Natursteine ist jedoch ähnlich groß wie bei rein mit Portlandzement formulierten Dünnbettmörteln.

- **Spezialzemente auf Trisulfatbasis (ternäre Systeme) (siehe Abb. 2.41)**
  Dies ist eine Bindemittelvariante, die mit den Rohstoffen Portlandzement, Aluminatzement und Calciumsulfat sowie weiteren speziellen Additiven (Wirkstoffen, die spezielle Eigenschaften hervorrufen oder verbessern) formuliert ist.

  Mörtelsysteme auf dieser Bindemittelbasis weisen das höchste Sicherheitspotenzial hydraulisch erhärtender Mörtelsysteme bei der Verlegung verfärbungs- und verformungssensibler Natursteine auf. Sie gewährleisten neben einem schnellen Festigkeitsaufbau auch eine schnelle Trocknung des Dünnbettmörtels. Durch die schnelle Trocknung können die im Dünnbettmörtel integrierten Kunststoffpulver in Abhängigkeit von der Umgebungstemperatur relativ schnell verfilmen. Nur einige spezielle wasserfreie Mörtel auf Reaktionsharzbasis übertreffen solche Mörtelsysteme in Bezug auf diese Parameter.

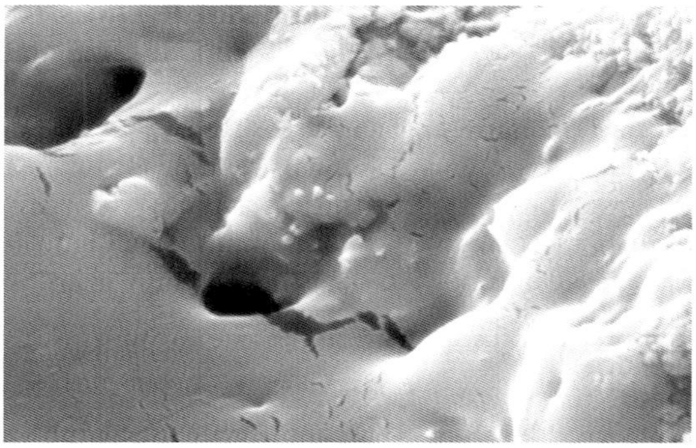

Abb. 2.42: Rasterelektronenaufnahme eines Kunststofffilms im Dünnbettmörtel auf Portlandzementbasis bei 10.000-facher Vergrößerung (Quelle: MAPEI GmbH, Großostheim)

Je nach Anteil und Qualität des jeweiligen Rohstoffs im Bindemittelsystem können Mörtel mit unterschiedlichen Eigenschaftsprofilen entwickelt werden, so z. B. Mörtel mit
- kurzen Verarbeitungszeiten,
- schneller Erhärtung in Verbindung mit hoher Frühfestigkeit,
- geringem Schwindverhalten,
- schneller Trocknung,
- einem sich schnell entwickelnden Haftspektrum.

- **Kunststoffe**

  Kunststoffe kommen in Form flüssiger Dispersionen und überwiegend als Dispersionspulver in Dünnbettmörteln zur Anwendung. Sie erhöhen das Haftspektrum des Mörtelsystems und dessen Verformbarkeit, also dessen spannungsabbauende Eigenschaften. Der Grad der Wirksamkeit ist abhängig von der Art des Kunststoffs und dessen Anteil am Trockenpulver.

  Flüssige Kunststoffe weisen oftmals eine höhere Nassbeständigkeit auf und können in der Regel in größeren Mengen den Mörtelsystemen beigefügt werden als Kunststoffpulver. Letztgenannte werden durch Sprühtrocknung spezieller Dispersionen hergestellt.

  Im alkalischen Milieu des Zementwassers reagiert der Kunststoff mit dem Calciumhydroxid aus dem Zement. Nach vollständiger Trocknung sind die Kunststoffteilchen dann zu einem Kunststofffilm verschmolzen (siehe Abb. 2.42).

  Der Zeitrahmen der Verfilmung bis zum endgültigen Kunststofffilm ist abhängig von der Art des Kunststoffs, der Temperatur und der Luftfeuchtigkeit.

- **Celluloseether**

  Dieser Rohstoff dient im Mörtelsystem als Wasserspeicher. Er kann den Zeitpunkt der Hautbildung verzögern und somit eine längere Einlegezeit gewährleisten. Je nach Cellulosetyp können auch das Standvermögen des Dünnbettmörtels, dessen Fähigkeit zur Benetzung und die Regulierung der Hautbildung positiv beeinflusst werden.

Tabelle 2.4 gibt eine Übersicht über die Funktionen von Rohstoffen in Dünnbettmörteln.

Tabelle 2.4: Funktionen der Rohstoffe in Dünnbettmörteln

Rohstoffe	Funktion
Quarzsand	Füllstoff für Standarddünnbettmörtel
Kalksteinmehl	Füllstoff für Standarddünnbettmörtel
Glashohlraumkugeln	Füllstoff für Leichtdünnbettmörtel
Gummigranulat	Füllstoff für Leichtdünnbettmörtel
Portlandzement (silikatbasierend)	Bindemittel in Standarddünnbettmörteln
Portlandpuzzolanzement (Trasszement)	Bindemittel zur Formulierung von Dünnbettmörteln mit reduzierter Ausblühneigung
Aluminatzement (Tonerdeschmelzzement)	Bindemittel in Kombination mit Portlandzement zur Formulierung schnell erhärtender Dünnbettmörtel
Gips	Regulierung des Erstarrungsverlaufs im Zusammenwirken mit Portlandzement und Portlandpuzzolanzement; Ausbildung von stabilen Ettringitkristallen
Kunststoffdispersion	Verbesserung des Adhäsionsverhaltens und der spannungsabbauenden Eigenschaften; prädestiniert zur Formulierung von Dünnbettmörteln, die überwiegend im Außenbereich zur Anwendung kommen
Kunststoffpulver	Verbesserung des Adhäsionsverhaltens und der spannungsabbauenden Eigenschaften; ihr optimales Haftspektrum können sie nur unter bestimmten Temperatur- und Trocknungsbedingungen erreichen; die Feuchtigkeitsbeständigkeit ist abhängig vom Kunststofftyp und dessen Qualität
Celluloseether	Verbesserung des Standvermögens, Reduzierung der Klebrigkeit, Verbesserung des Wasserrückhaltevermögens, Regulierung der Hautbildung und Sicherstellung der klebeoffenen Zeit

Definierte Eigenschaften und Mindestanforderungen an zementäre Dünnbettmörtel

Verbindliche und wählbare Eigenschaften von Dünnbettmörteln sind in der DIN EN 12004 festgeschrieben. Diese Norm unterscheidet Anforderungsprofile in Bezug auf Frisch- und Festmörteleigenschaften.

Für folgende **Frischmörteleigenschaften** sind Prüfverfahren exakt beschrieben und Mindestanforderungen definiert:

- **Offenzeit**
  Diese Zeit beschreibt die max. Zeitspanne nach dem Auftragen des Dünnbettmörtels, innerhalb derer die Fliesen bzw. Platten die geforderten Haftfestigkeiten zum Mörtel oder Klebstoff erreichen. Die Offenzeit ist ein fundamentales Charakteristikum. Sie ermöglicht es dem Anwender, in

Ruhe zu arbeiten, und gibt ihm die Sicherheit, im Verlauf einer Zeitspanne von bis zu 30 Minuten eine optimale Haftfestigkeit des Mörtels zum Untergrund und zum Belagsmaterial zu erhalten.

- **Abrutschfestigkeit (Standfestigkeit)**
  Hierunter versteht man das Verhalten einer Fliese oder einer Platte nach dem Ansetzen auf den aufgekämmten Mörtel oder Klebstoff an einer senkrechten oder geneigten Fläche.
- **Benetzungsfähigkeit**
  Diese Eigenschaft bewertet die Fähigkeit des aufgekämmten Mörtels, die Rückseite der Fliesen oder Platten zu benetzen.

Prüfkriterium für den **erhärteten Mörtel** ist die

- **Haftfestigkeit.**
  Hierbei handelt es sich um die grundlegende, also die wesentliche Eigenschaft eines Mörtelsystems. Sie wird mit einem dichten Scherben jeweils nach Trockenlagerung, Wasserlagerung, Warmlagerung und Frost-Tau-Wechsel-Lagerung unter Berücksichtigung genau definierter Prüfverfahren ermittelt.

Verbindliche und wählbare Eigenschaften

Verbindliche Eigenschaften sind Eigenschaften, die der Dünnbettmörtel ungeachtet seiner Zusammensetzung und der Art der empfohlenen Anwendung immer aufweisen muss (vgl. Tabelle 2.5). So muss der Mörtel nach jeder Normallagerung mindestens 0,5 N/mm^2 Haftzugfestigkeit und eine Offenzeit von 20 Minuten aufweisen. Weist der Dünnbettmörtel diese auf, entspricht er der **Qualitätsklasse C1**.

Die Gruppe der **wählbaren Eigenschaften** umfasst zusätzliche Anforderungsprofile an die Standfestigkeit, ein erhöhtes Haftspektrum, eine schnellere Erhärtung des Mörtels, eine verlängerte Offenzeit und spannungsabbauende Eigenschaften (vgl. Tabelle 2.6).

Die Kennzeichnungen sind:

- C2
  Dies bedeutet, dass der Dünnbettmörtel nach allen 4 oben genannten Lagerungen bei Normklima eine Haftzugfestigkeit von mindestens 1,0 N/mm^2 aufweist.
- F
  Diese aus dem Englischen abgeleitete Kennzeichnung (fast = schnell) bedeutet, dass der Dünnbettmörtel bereits 6 Stunden nach dessen Aufbringen auf die Prüfplatte (bei Trockenlagerung unter Normklima) eine Haftzugfestigkeit von 0,5 N/mm^2 zum Untergrund und zur Fliese erreicht.
- T
  steht für Standfestigkeit (thixotrop). Weist der Dünnbettmörtel eine der Norm entsprechende Standfestigkeit auf, darf er mit dem Buchstaben T gekennzeichnet werden.

- E
  ist von dem englischen Begriff „extended open time“ (Offenzeit) abgeleitet. Beträgt die Zeitspanne anstatt der verbindlich geforderten 20 Minuten mindestens 30 Minuten, so darf der Dünnbettmörtel mit E gekennzeichnet werden.
- S1 und S2
  Diese Buchstaben-Zahlen-Kombinationen geben einen Hinweis auf die spannungsabbauenden Eigenschaften eines Dünnbettmörtels. S1 bedeutet, dass ein normgerecht erstellter Prüfkörper mit den Maßen 280 mm × 45 mm × 3 mm (± 0,1 mm) sich unter Anwendung des Normprüfverfahrens mindestens 2,5 mm verformt, bevor die einwirkende Last den Prüfkörper zerstört. Biegt sich der Probekörper mehr als 5 mm durch, darf er mit S2 gekennzeichnet werden.

Tabelle 2.5: Verbindliche Kennwerte eines zementären Dünnbettmörtels

Eigenschaft	**Anforderung**	**Kennzeichnung**
Haftfestigkeit nach Trockenlagerung	0,5 N/mm²	C1
Haftfestigkeit nach Wasserlagerung	0,5 N/mm²	
Haftfestigkeit nach Wärmelagerung	0,5 N/mm²	
Haftfestigkeit nach Frost-Tau-Wechsel-Lagerung	0,5 N/mm²	
offene Zeit: Haftzugfestigkeit	0,5 N/mm² nach 20 Minuten	

Tabelle 2.6: Wählbare Kennwerte eines zementären Dünnbettmörtels

Eigenschaft	**Anforderung**	**Kennzeichnung**
Haftfestigkeit nach Trockenlagerung	1,0 N/mm²	C2
Haftfestigkeit nach Wasserlagerung	1,0 N/mm²	
Haftfestigkeit nach Wärmelagerung	1,0 N/mm²	
Haftfestigkeit nach Frost-Tau-Wechsel-Lagerung	1,0 N/mm²	
offene Zeit: Haftzugfestigkeit	0,5 N/mm² nach 30 Minuten	E
Frühhaftfestigkeit (schnell erhärtend)	0,5 N/mm² nach 6 Stunden	F
offene Zeit: Haftzugfestigkeit	0,5 N/mm² nach 10 Minuten	
Abrutschen	< 0,5 mm	T
Verformbarkeit	> 2,5 mm	S 1
Verformbarkeit	> 5,0 mm	S 2

Die DIN EN 12004 unterscheidet nicht zwischen den Begriffen Dünnbettmörtel, Mittelbettmörtel und Fließbettmörtel. Es handelt sich bei diesen Bezeichnungen ausschließlich um gebräuchliche Begriffe, die von Produzenten zur Definition besonderer Eigenschaften kreiert wurden und im Laufe der Zeit zu Gattungsbegriffen für spezielle Mörtelsysteme in Deutschland wurden.

Sie unterscheidet auch nicht die Dünnbettmörtel hinsichtlich der einzelnen zur Anwendung kommenden zementären Bindemittelkombinationen. In diesem Zusammenhang ist von Bedeutung, dass mit der Kennzeichnung F versehene Mörtel nicht grundsätzlich auch schnell trocknende Mörtel sind (siehe Bindemittelsysteme), die bei der Verlegung verformungs- und verfärbungssensibler Natursteine das größte Sicherheitspotenzial aufweisen.

Diese besondere Eigenschaft ist in der Regel dem Produktdatenblatt zu entnehmen.

Besonderheit Leichtdünnbettmörtel

Bei Leichtdünnbettmörteln wird der quarzitische Füllstoff (Quarzsand) ganz oder teilweise durch einen Leichtfüllstoff (z. B. Blähglasgranulat, Gummigranulat) ausgetauscht, Bindemittel und Additive werden dem erforderlichen Qualitätsprofil angepasst.

Das geringe spezifische Gewicht der Leichtfüllstoffe erleichtert dem Fliesenleger sowohl den Gebindetransport als auch die Verarbeitbarkeit des Dünnbettmörtels bei deutlich größerer Flächenleistung. Die materialtechnischen Eigenschaften müssen die Anforderungen der DIN EN 12004 erfüllen.

Besonderheit staubarmer zementärer Dünnbettmörtel

Der Einsatz staubarmer Dünnbettmörtel wird von der Berufsgenossenschaft zum Schutz der Gesundheit der Fliesenleger empfohlen. Deshalb bieten zahlreiche Hersteller Produkte mit diesem besonderen Eigenschaftsprofil an.

Die Verminderung der Staubentwicklung wird durch die Ummantelung aller Partikel des Trockenpulvers mit einem speziellen Additiv (ölhaltige o. ä. Substanz) erreicht. Nach der Zugabe von Wasser während des Anmischvorgangs löst sich der Zusatzstoff vom Trockenpulver, sodass ein komfortables Anmischen möglich wird.

Die Frisch- und Festmörteleigenschaften werden durch den Einsatz dieses Additivs nicht negativ beeinträchtigt.

Dispersionsklebstoffe

Ein Dispersionsklebstoff ist ein gebrauchsfertiger Klebstoff und besteht aus wässrigen Polymerdispersionen, organischen Additiven und mineralischen Füllstoffen.

Besonderheit: Entgegen der Haftzugfestigkeit bei zementären Dünnbettmörteln wird die Haftfestigkeit von Dispersionsklebstoffen mittels der Haftscherfestigkeit ermittelt (vgl. Tabelle 2.7 und 2.8).

Tabelle 2.7: Verbindliche Kennwerte eines Dispersionsklebstoffs (D) der Qualitätsklasse D1

Eigenschaft	Anforderung	Kennzeichnung
Ausgangshaftscherfestigkeit	> 1,0 N/mm²	
Haftscherfestigkeit nach Warmlagerung	> 1,0 N/mm²	D1
offene Zeit: Haftzugfestigkeit	0,5 N/mm² nach 20 Minuten	
besondere Merkmale (optional):		
Abrutschen	< 0,5 mm	T
verlängerte Offenzeit: Haftzugfestigkeit	< 0,5 N/mm² nach 30 Minuten	E

Tabelle 2.8: Wählbare Kennwerte eines Dispersionsklebstoffs (D) der Qualitätsklasse D2

Eigenschaft	Anforderung	Kennzeichnung
Haftfestigkeit nach Wasserlagerung	> 0,5 N/mm²	D2
Haftfestigkeit bei erhöhter Temperatur	> 1,0 N/mm²	

Reaktionsharzklebstoffe

Ein Reaktionsharzklebstoff ist ein ein- oder zweikomponentiges Gemisch aus synthetischen Harzen (auf Epoxidharz- oder Polyurethanharzbasis), organischen Additiven und mineralischen Füllstoffen. Auch bei dieser Klebstoffvariante wird die Haftfestigkeit mittels der Haftscherfestigkeit ermittelt (vgl. Tabelle 2.9 und 2.10).

Tabelle 2.9: Verbindliche Kennwerte eines Reaktionsharzklebstoffs (R) der Qualitätsklasse R 1

Eigenschaft	Anforderung	Kennzeichnung
Ausgangshaftscherfestigkeit	> 2,0 N/mm²	
Haftscherfestigkeit nach Wasserlagerung	> 2,0 N/mm²	R1
offene Zeit: Haftzugfestigkeit	0,5 N/mm² nach 20 Minuten	
besonderes Merkmal (optional): Abrutschen	< 0,5 mm	T

Tabelle 2.10: Wählbare Kennwerte eines Reaktionsharzklebstoffs (R) der Qualitätsklasse R2

Eigenschaft	Anforderung	Kennzeichnung
Haftscherfestigkeit nach Temperaturwechsel	> 2,0 N/mm²	R2

2.4.5 Fragen und Antworten

Nr.	Fragen
1.	Welche Norm regelt die Anforderungen an einen Dünnbettmörtel?
2.	Was bedeuten die Buchstaben C, D und R bei der Kennzeichnung von Dünnbettmörteln?
3.	Was bedeutet in der europäischen Normung die Bezeichnung C2TE?
4.	Was bedeutet in der europäischen Normung der Begriff C1 T?
5.	Was verstehen Sie unter einem Dispersionsklebstoff?
6.	Wo kommen Dispersionsklebstoffe zur Anwendung?
7.	Was verstehen Sie unter einem Reaktionsharzklebstoff?
8.	Wo kommen die Reaktionsharzklebstoffe zur Anwendung?
9.	Welche Reaktionsharze sind in der DIN EN 12004 genormt?
10.	Definieren Sie den Begriff offene Zeit.
11.	Definieren Sie den Begriff Haftfestigkeit.
12.	Definieren Sie den Begriff Verformbarkeit.
13.	Was verstehen Sie unter einem normal erhärtenden zementären Dünnbettmörtel?
14.	Was verstehen Sie unter einem schnell erhärtenden zementären Dünnbettmörtel?
15.	Was verstehen Sie unter einem schnell erhärtenden und schnell trocknenden zementären Dünnbettmörtel?
16.	Ist das Bruchbild nach Haftzugprüfung oder Haftscherfestigkeit ein Kriterium zur Bewertung der Mörtelqualität? Nennen Sie die möglichen Bruchbilder.
17.	Nennen Sie die verbindlichen Kennwerte, die ein zementhaltiger Mörtel der Qualitätsklasse C1 aufweisen muss.
18.	Nennen Sie die zusätzlichen Kennwerte für einen schnell erhärtenden Dünnbettmörtel.
19.	Nennen Sie die verbindlichen Kennwerte, die ein zementhaltiger Mörtel der Qualitätsklasse C2 aufweisen muss.

Nr.	Fragen
20.	Welche Anforderung bestehen an einen Dünnbettmörtel der Qualitätsklasse C2, damit er mit der Kennzeichnung E (verlängerte Offenzeit) gekennzeichnet werden darf?
21.	Definiert die Norm ein Mindestmaß für die Benetzungsfähigkeit des Dünnbettmörtels zur Fliesenrückseite?
22.	Welcher Rohstoff bewirkt die Staubreduzierung eines Dünnbettmörtels?
23.	Welche Rohstoffe kommen zur Formulierung von Leichtdünnbettmörteln zur Anwendung?
24.	Nennen Sie die Vorteile von Leichtdünnbettmörteln gegenüber Dünnbettmörteln mit quarzitischem Füllstoff.

Nr.	Antworten
1.	DIN EN 12004, Teile 1 und 2
2.	C = zementärer Dünnbettmörtel D = Dispersionsklebstoff R = Reaktionsharzklebstoff
3.	C = zementärer Dünnbettmörtel 2 = mit erhöhtem Haftspektrum (≥ 1,0 N/mm^2) T = mit verbesserter Standfestigkeit E = mit verlängerter Offenzeit
4.	C = zementärer Dünnbettmörtel 1 = mit normalem Haftspektrum (≥ 0,5 mm^2) T = mit verbesserter Standfestigkeit
5.	ein direkt zu verarbeitender Klebstoff mit organischen Bindemitteln, organischen Zusätzen und mineralischen Füllstoffen
6.	im trockenen Innenbereich an Wand und Boden
7.	Ein Reaktionsharzklebstoff besteht aus einem Reaktionsharz (in der Regel zweikomponentig, Basiskomponente und Härterkomponente), mineralischen Füllstoffen und organischen Zusätzen. Im Markt werden auch einkomponentige Reaktionsharzklebstoffe angeboten. Bei dieser Produktvariante liegen Basis- und Härterkomponente bereits gemischt im Behälter vor. Durch die Zufuhr von Feuchtigkeit, Luft und Temperatur wird die Aushärtereaktion ausgelöst.
8.	überwiegend auf dichten Untergründen wie Metall und Kunststoff und auf Holzuntergründen sowie bei hoher chemischer Belastung
9.	überwiegend Epoxidharze und Polyurethanharze
10.	die max. Zeitspanne nach dem Auftragen, innerhalb derer die Fliesen in den Mörtel oder Klebstoff eingebettet werden können und die geforderten Haftfestigkeiten erreicht werden

Nr.	Antworten
11.	die max. Kraft je Flächeneinheit, die durch Haftscher- oder Haftzugfestigkeit bestimmt wird
12.	Die Fähigkeit des erhärteten Mörtels, sich bei Spannungen zwischen Fliesen und dem Verlegeuntergrund ohne Verlust der Haftung zu verformen. S 1 = ≥ 2,5 mm Durchbiegung im Normversuch S 2 = ≥ 5,0 mm Durchbiegung im Normversuch
13.	Ein Dünnbettmörtel, der mit dem Bindemittel Portlandzement formuliert ist.
14.	Ein Dünnbettmörtel auf Basis von Portlandzement und Aluminatzement, dessen Haftzugfestigkeit, ermittelt nach 6 Stunden Trockenlagerung, mehr als 0,5 N/mm^2 aufweist.
15.	Ein schnell erhärtender und schnell trocknender Dünnbettmörtel basiert auf einer Bindemittelmischung aus Portlandzement, Aluminatzement und Spezialgipsen, dessen Haftzugfestigkeit (ermittelt nach 6 Stunden Trockenlagerung) mehr als 0,5 N/mm^2 aufweist und zusätzlich das vorhandene Überschusswasser in kurzer Zeit chemisch in seinem Kristallgefüge einlagert. Für diese Eigenschaft gibt es kein normiertes Prüfverfahren und keine Kennzeichnung. Die Hersteller deklarieren diese schnell erhärtenden Dünnbettmörtel (F) in der Regel als Trisulfat- oder ternäres System.
16.	Das Bruchbild ist kein Bewertungskriterium für die Qualität eines Dünnbettmörtels. Die Norm unterscheidet folgende Bruchbilder: • AF-S = Bruch zwischen Dünnbettmörtel und Untergrund, • AF-T = Bruch zwischen Dünnbettmörtel und Keramik, • CF-A = Bruch im Dünnbettmörtel.
17.	• Haftfestigkeit nach Trockenlagerung ≥ 0,5 N/mm^2 • Haftfestigkeit nach Wasserlagerung ≥ 0,5 N/mm^2 • Haftfestigkeit nach Warmlagerung ≥ 0,5 N/mm^2 • Haftfestigkeit nach Frost-Tau-Wechsel-Lagerung ≥ 0,5 N/mm^2
18.	• Haftfestigkeit nach 6 Stunden Trockenlagerung ≥ 0,5 N/mm (F) • offene Zeit: Haftfestigkeit ≥ 0,5 N/mm nach 10 Minuten Wartezeit bis zum Einlegen der Fliese (E)
19.	• Haftfestigkeit nach Trockenlagerung ≥ 1,0 N/mm^2 • Haftfestigkeit nach Wasserlagerung ≥ 1,0 N/mm^2 • Haftfestigkeit nach Warmlagerung ≥ 1,0 N/mm^2 • Haftfestigkeit nach Frost-Tau-Wechsel-Lagerung ≥ 1,0 N/mm^2
20.	Er muss sicherstellen, dass die Haftzugfestigkeit 0,5 N/mm^2 beträgt, auch wenn die Fliese erst 30 Minuten nach Auftrag des Dünnbettmörtels in das Mörtelbett eingeschoben wurde.
21.	nein
22.	die Ummantelung aller Partikel des Trockenpulvers mit einem speziellen Additiv (ölhaltige o. ä. Substanz)
23.	Überwiegend kommen Blähglasgranulate und Gummigranulate zur Anwendung.
24.	das geringere Gebindegewicht, die leichtere und komfortablere Verarbeitung, die größere Flächenleistung

Abb. 2.43: Verlegen von Naturstein im Dickbettverfahren

2.5 Ansetzen und Verlegen im Dickbett- und Dünnbettverfahren

2.5.1 Stichworte zum Thema

- Ansetzen und Verlegen im Dünnbett- oder Dickbettverfahren
- zulässige Dünnbettmörtel und Klebstoffe für das Dünnbettverfahren
- zulässige Verlegeuntergründe
- Untergrundprüfung
- Auswahl des Verlegemörtels in Abhängigkeit von dem Verlegeuntergrund
- Untergrundvorbereitung
- Ausführung
- Anforderungen

2.5.2 Regelwerke

VOB/C ATV DIN 18352	Allgemeine Technische Vertragsbedingungen für Bauleistungen (ATV) – Fliesen und Plattenarbeiten, Abschnitt 3: Ausführung (2019)
DIN EN 12004-1	Mörtel und Klebstoffe für keramische Fliesen und Platten – Teil 1: Anforderungen, Bewertung und Überprüfung der Leistungsbeständigkeit, Einstufung und Kennzeichnung (2017)
DIN EN 12004-2	Mörtel und Klebstoffe für keramische Fliesen und Platten – Teil 2: Prüfverfahren (2017)
DIN 18157-1	Ausführung von Bekleidungen und Belägen im Dünnbettverfahren – Teil 1: zementhaltige Mörtel (2017)
DIN 18157-2	Ausführung von Bekleidungen und Belägen im Dünnbettverfahren – Teil 2: Dispersionsklebstoffe (2017)
DIN 18157-3	Ausführung von Bekleidungen und Belägen im Dünnbettverfahren – Teil 3: Reaktionsharzklebstoffe (2017)

Abb. 2.44: Ansetzen keramischer Fliesen im Dünnbettverfahren mit einem Dispersionsklebstoff

2.5.3 Dickbettverfahren

Die Fachregeln für das Ansetzen und Verlegen in diesem Verfahren (siehe Abb. 2.43) sind in der VOB/C ATV DIN 18352 in Abschnitt 3 „Ausführung" zusammengefasst. Dieser Abschnitt des Regelwerks gibt auch Hinweise zur Belagsverfugung.

Weitere schriftlich definierte Fachregeln, z. B. Normen oder Merkblätter über das Dickbett- oder das Mörtelverfahren, sind nicht vorhanden.

Trotzdem kann diese im Wesentlichen mündlich oder praktisch weitergegebene Ansetz- und Verlegeart als anerkannte Regel der Technik bezeichnet werden. Denn es handelt sich um eine traditionelle Arbeitsweise, die heute noch, insbesondere bei der Verlegung von Naturwerkstein und Betonwerkstein, zur Anwendung gelangt und von jedem Prüfling der Gesellen- oder Meisterprüfung verlangt wird.

Der Bautechnischen Information 2.1 „Fußbodenbeläge innen" (Ausgabe April 2022) des Deutschen Naturwerkstein-Verbandes (BTI) können weitere Details zur Verlegung von Naturwerkstein im Dickbettverfahren entnommen werden.

Wesentliche Inhalte der VOB/C ATV DIN 18352 zur Anwendung des Dickbettverfahrens

- Voraussetzung für die Ausführung im Innenbereich
- Anforderungen an Dämmstoffe
- Anforderung an das Bindemittel
- Mörtelbettdicken
- Belagsfugen/Fugenbreiten
- Hinweise zur Verfugung
- Anordnung von Bewegungsfugen

2.5.4 Dünnbettverfahren

Diese Verlegevariante (siehe Abb. 2.44) setzt im Gegensatz zum Dickbettverfahren nahezu ebene Untergründe voraus. Sowohl für die Anwendung als auch für die Qualitätsanforderungen existieren ausführliche nationale und europäische Regelwerke, die kontinuierlich weiterentwickelt werden, sodass sichergestellt ist, dass neue Produktentwicklungen berücksichtigt werden können. Die Klassifizierung der Dünnbettmörtel ist in DIN EN 12004-1 definiert. Die Prüfverfahren sind in DIN EN 12004-2 festgelegt (siehe Kapitel 2.4) und erläutert. Hinweise zur Ausführung gibt die dreiteilige nationale Norm DIN 18157.

Wesentliche Inhalte der DIN 18157

- Anwendungsbereich
- Unterkonstruktion
- Ansetz- und Verlegeflächen
- Untergrundprüfungen
- Belagsmaterialien
- Auswahl des Dünnbettmörtels
- Applikation des Dünnbettmörtels
- Baustellenbedingungen
- Belagsfugen
- Bewegungsfugen

2.5.5 Fall aus der Praxis

Sie haben den Auftrag erhalten, im Rahmen einer Sanierungsmaßnahme auf den Bodenflächen der Wohnräume und der Küche eines Einfamilienhauses Feinsteinzeugfliesen im Format 600 mm × 600 mm × 12 mm zu verlegen. Die Bodenkonstruktion besteht aus einem Zementestrich. Die Ebenheitstoleranzen überschreiten in Teilbereichen die der DIN 18202. Die übrigen Räume des Gebäudes werden durch die Eigentümer während der Sanierungsarbeiten genutzt. Die verlegten Bodenflächen müssen kurzfristig nach der Verlegung belastbar sein, da das Erreichen der weiteren Räume im Gebäude nur über diese Flächen möglich ist.

- Welche Untergrundprüfungen müssen Sie vornehmen?
- Welche Produkte empfehlen Sie zur Verlegung?
- Nennen Sie die Gründe für die Auswahl des jeweiligen Produktes.

Lösung

Die vorzunehmenden Prüfungen sind:

- Höhenlage (waagrecht oder im geplanten Gefälle), z. B. mittels Wasserwaage,
- Winkel und Ebenheitstoleranzen nach DIN 18202,
- Begutachtung der Flächen in Bezug auf Risse,
- Begutachtung der Oberfläche durch Sichtprüfung,
- Überprüfung der Anordnung und Ausbildung der Bewegungsfugen,
- Überprüfung der Oberflächenfestigkeit mittels Gitterritzprüfung,
- Überprüfung der Oberflächenbeschaffenheit durch Benetzungsprüfung,
- Überprüfung des Feuchtigkeitsgehaltes.

Zur Verlegung werden folgende Produkte empfohlen:

- schnell trocknende Grundierung zur Reduzierung des Saugverhaltens des Estrichs, zur Sicherstellung des kurzfristigen Auftrags einer Ausgleichsmasse und einer geringen Staubbelastung;
- schnell erhärtende, schnell trocknende und staubreduzierte Ausgleichsmasse zur Herstellung der erforderlichen Ebenflächigkeit und einer schnellen Begehbarkeit sowie zur Sicherstellung einer geringen Staubbelastung;
- schnell erhärtender, schnell trocknender und staubreduzierter Dünnbettmörtel der Qualitätsklasse C2FS1 nach DIN EN 12004 zur Sicherstellung einer schnellen Belastbarkeit und geringen Staubbelastung;
- schnell erhärtender Fugenmörtel der Qualitätsklasse CG2 zum Verfüllen und zur Gestaltung des Keramikbelags und zur Sicherstellung einer schnellen Begehbarkeit;
- Fugenprofile zum Schließen der Belagsdehnungsfugen und zur Sicherstellung einer schnellen Begehbarkeit;
- neutral vernetzender, geruchsarmer Dichtstoff zum Verfüllen der Randanschlussfugen.

2.5.6 Bausteine zur Ausführung nach DIN 18157

2.5.6.1 Allgemeine Anforderungen an die Unterkonstruktion

Die Unterkonstruktion muss den jeweiligen Normen entsprechen sowie ausreichend biegesteif, tragfähig und standsicher sein. Sie darf keine durchgehenden Risse aufweisen und muss ausreichend feuchtigkeitsbeständig sein. Die Oberfläche muss zudem ausreichend fest und geschlossen sein. Die Unterkonstruktion muss die vom Baustoff abhängige Belegereife aufweisen.

2.5.6.2 Spezielle Anforderungen an die Unterkonstruktion

Putze

Putze müssen die Anforderungen der DIN 18550 erfüllen, ausreichend fest und tragfähig und sollten trocken sein.

Gipsputze müssen trocken sein und dürfen in durch Feuchte belasteten Räumen nur unter Berücksichtigung der Vorgaben der DIN 18534 in Verbindung mit einer Abdichtung zur Anwendung kommen. Bei der Verwendung von zementhaltigen Dünnbettmörteln auf Gipsputzen ist der Auftrag einer Grundierung zur Vermeidung einer das Belagssystem schädigenden kollodialen Ettringitbildung erforderlich.

Spachtelmassen

Spachtelmassen müssen vom Hersteller für den jeweiligen Verwendungszweck freigegeben sein.

Mauerwerk

Mauerwerk muss der DIN EN 1996 entsprechen und ausreichend eben sein. Bei größeren Unebenheiten ist ein Ausgleich mittels Spachtelung oder Putz erforderlich.

Gipswandbauplatten

Gipswandbauplatten dürfen nicht gespachtelt werden und müssen der DIN 12859 entsprechen.

Gipsbauplatten und faserverstärkte Gipsplatten

Gipsbauplatten und faserverstärkte Gipsplatten müssen den Normen DIN EN 520, DIN 18180 und DIN EN 15283-2 entsprechen. Das max. Flächengewicht ist zu beachten.

Zementgebundene Trockenbauplatten

Zementgebundene Trockenbauplatten dürfen keine Holzbestandteile enthalten. Das max. Flächengewicht ist zu beachten.

Beidseitig beschichtete Hartschaumplatten

Diese müssen vom Hersteller für den jeweiligen Verwendungszweck freigegeben sein. Das max. Flächengewicht ist zu beachten.

Betonflächen

Betonflächen müssen den Normen DIN EN 206 und DIN 1045-2 entsprechen.

Die Belegereife beträgt:

- ≥ 6 Monate bei Verwendung eines zementären Dünnbettmörtels,
- ≥ 1 Monat bei Verwendung eines Dispersionsklebstoffs,
- ≥ 3 Monate bei Verwendung eines Reaktionsharzklebstoffs.

Zementestrich im Verbund

Dieser muss der DIN 18560 entsprechen. Die Belegereife ist nach ausreichender Festigkeit, frühestens nach 28 Tagen, gegeben.

Zementestrich außen, auf Dämmung/Trennlage

Dieser muss der DIN 18560 entsprechen. Die Belegereife ist nach ausreichender Festigkeit, frühestens nach 28 Tagen, gegeben. Weitere Details finden sich in Kapitel 2.7.

Zementestrich innen, auf Dämmung/Trennlage

Dieser muss der DIN 18560 entsprechen. Die Belegereife ist frühestens nach 28 Tagen bei einer max. Restfeuchte von 2,0 bis 2,5 CM-% gegeben. Weitere Details finden sich in Kapitel 2.7.

Gussasphaltestrich, innen, auf Dämmung/Trennlage

Dieser muss der DIN 18560 entsprechen. Die Belegereife ist direkt nach Abkühlung auf Raumtemperatur gegeben. Weitere Details finden sich in Kapitel 2.8.

Calciumsulfatestrich, innen, auf Dämmung/Trennlage

Dieser muss der DIN 18560 entsprechen. Die Belegereife ist bei einer unbeheizten Konstruktion bei ≤ 0,5 CM-%, bei einer beheizten Konstruktion bei ≤ 0,3 CM-% gegeben. Er muss bei Verwendung eines zementhaltigen Dünnbettmörtels grundiert werden. Weitere Details finden sich in Kapitel 2.6.

Kunstharzestrich

Kunstharzestrich muss der DIN 18560 entsprechen. Die Belegereife ist nach vollständiger Reaktion von Grund- und Härterkomponente gegeben. Bei Anwendung zementärer Dünnbettmörtel ist eine spezielle Grundierung erforderlich.

Magnesiaestrich

Magnesiaestrich muss der DIN 18560 entsprechen. Die Belegereife ist bei einer Restfeuchte von 3 bis 12 M.-%, je nach Formulierung und dem Anteil der organischen Bestandteile, gegeben. Vor der Verlegung sind die Erfahrungswerte des Herstellers zu erfragen.

Trockenhohlboden

Trockenhohlböden müssen der DIN EN 13213 entsprechen. Die Durchbiegung ist auf l/650 zu begrenzen. Trockenhohlböden sollten grundiert werden. Weitere Details finden sich in Kapitel 2.10.

Altbeläge aus keramischen Fliesen, Betonwerkstein und Naturwerkstein

Diese müssen ausreichend tragfähig sein und einen ausreichenden Verbund zum Untergrund aufweisen. Sie bedürfen einer optimalen Untergrundvorbereitung z. B. durch Grundieren oder Strahlen.

Abdichtungen im Verbund mit Fliesen und Platten

Für den zur Anwendung kommenden Dünnbettmörtel ist ein Systemnachweis erforderlich. Das max. zulässige Flächengewicht ist zu beachten.

Metall

Es sind ausschließlich Reaktionsharzklebstoffe zu verwenden. Der Untergrund muss ausreichend stabil sein. Die Durchbiegung und die Längenänderung sind auf ein unschädliches Maß zu begrenzen. Das Metall muss frei von Trennmittelresten sein.

Kunststoff

Es sind ausschließlich Reaktionsharzklebstoffe zu verwenden. Der Untergrund muss ausreichend stabil sein. Die Durchbiegung und die Längenänderung sind auf ein unschädliches Maß zu begrenzen. Der Kunststoff muss frei von Trennmittelresten sein.

2.5.6.3 Untergrundprüfungen

- Höhenlage (waagrecht oder im geplanten Gefälle), z. B. mittels Wasserwaage
- Winkel und Ebenheitstoleranzen nach DIN 18202
- Begutachtung der Flächen in Bezug auf Risse;
  Beurteilung: Sind durchgehende Risse ≥ 0,2 mm vorhanden, sind diese kraftschlüssig zu schließen.
- Begutachtung der Oberfläche durch Sichtprüfung;
  Durchführung: Hierbei werden die Untergründe zunächst optisch auf deren Eignung zur Aufnahme eines keramischen Belags überprüft.
- Überprüfung der Anordnung und Ausbildung der Bewegungsfugen gemäß Fugenplan
- Überprüfung mittels Gitterritzprüfung; diese wird unter Verwendung eines Gitterritzprüfgerätes durchgeführt, das aus Schablone und Gravierstift besteht. Es ist auf 3 Härtestufen einstellbar:
  - Stufe 1: Last von 9 N: Prüfung von Estrichen für den normalen Wohnbereich,
  - Stufe 2: Last von 18 N: Prüfung von Estrichen in öffentlichen Gebäuden, Büros usw.,
  - Stufe 3: Last von 27 N: Prüfung von Estrichen in mechanisch hoch belasteten Bereichen.

  Handhabung: Mit dem Gravierstift werden mithilfe der Schablone 3 Ritzlinien gezogen. Dann wird die Schablone um 40 bis 60° gedreht und das Ritzen wiederholt, sodass sich ein Rautenmuster ergibt.

  Beurteilung: Anhand der Größe und Form der Aufbrüche links und rechts entlang der Ritzlinien und der Kreuzungsstellen kann erkannt werden, ob die Oberfläche des Untergrundes homogen ist oder ob diese instabile Zonen aufweist.

- Überprüfung mittels Hammerschlagprüfung
  Mit dieser Prüfmethode werden Untergründe auf Hohlstellen überprüft, die die Dauerhaftigkeit des Keramikbelags beeinträchtigen können.
  Die Prüfung erfolgt in der Regel an Betonflächen, Verbundestrichen, Wandputzen und Altbelägen.

  Eine Besonderheit bildet die Anwendung dieser Prüfmethode zur Ermittlung von haftungsmindernden „Harzhartschalen“ bei Calciumsulfatfließestrichen.

  Handhabung: Mit einem mittelgroßen Hammer werden Betonflächen, Verbundestriche oder Putze durch leichtes Abklopfen überprüft. Hierbei erfolgt der Hammerschlag ohne großen Kraftaufwand.

  Bei der Überprüfung von Calciumsulfatfließestrichen wird der Hammer mit einem Aufprallwinkel von 45 bis 60° auf den Estrich geschlagen.
  Beurteilung: Homogene Flächen weisen einen hellen Klang auf. Hohlliegende Bereiche weisen einen dunklen Ton auf. Harzbestandteile lösen sich bei Aufschlag der Hammerkante vom Calciumsulfatfließestrich. Brechen geldstückgroße Stücke aus und weist die Schicht keinen ausreichenden Härtegrad auf, ist diese nicht zur Belegung geeignet.

- Überprüfung der Oberflächenbeschaffenheit durch Wischprüfung
  Die Wischprüfung erfolgt mit einem trockenen Tuch bzw. Schwamm oder auch nur mit der Handfläche.

  Beurteilung: Verbleiben Rückstände in Form von Staub oder Staubpartikeln, ist davon auszugehen, dass die Oberfläche minderfest ist bzw. Verunreinigungen vorhanden sind.

- Überprüfung der Oberflächenbeschaffenheit durch Benetzungsprüfung
  Diese ist sowohl bei zementären als auch bei calciumsulfatgebundenen Untergründen anzuwenden. Hierbei wird Wasser aus einer Sprühflasche auf den Untergrund aufgesprüht.

  Beurteilung: Wird das aufgesprühte Wasser innerhalb kurzer Zeit vom Untergrund absorbiert, kann man davon ausgehen, dass es sich um einen geeigneten Untergrund handelt. Perlt das Wasser ab, ist dies ein möglicher Hinweis auf trennende Substanzen, wie z. B. Schalölreste, Fette oder Sinterschichten.

- Überprüfung des Feuchtigkeitsgehaltes
  Sie kann sowohl mittels der Calciumkarbidmethode als auch mit der Darrmethode durchgeführt werden. Die elektronische Widerstandsmessung kann lediglich zur Orientierungsprüfung zur Anwendung gelangen.
  - Die Calciumcarbidmethode (CM-Messung) ist die übliche Prüfung auf der Baustelle. Sie ist neben der Darrprüfung die anerkannte Prüfmethode zur Feuchtigkeitsbestimmung. Sie kommt sowohl bei zement- als auch bei calciumsulfatgebundenen Untergründen zur Anwendung. Ihre Grenzen hat diese Prüfmethode an Betonbauteilen. Hier kommt in der Regel die Darrmethode zum Einsatz. Das Messergebnis ist zu protokollieren.
    Beurteilung: Es sind folgende Werte der Restfeuchte zulässig:
    - bei zementgebundenen Untergründen: ≤ 2–2,5 CM-%,
    - bei zementgebundenen Untergründen beheizt: ≤ 2 CM-%,
    - bei calciumsulfatgebundenen Untergründen unbeheizt: ≤ 0,5 CM-%,
    - bei calciumsulfatgebundenen Untergründen beheizt: ≤ 0,3 CM-%.

  Hinweis: Bei der Anwendung großformatiger Fliesen (max. Formate 60 cm × 120 cm Kantenlänge, 150 cm Kantenlänge bei Riegelformaten, Grundfläche max. 0,25 m^2) können auch geringere Feuchtigkeitswerte erforderlich werden.

  Die DIN 18560 und die DIN 18157 weisen differierende Grenzwerte auf. Für das Fliesengewerk gelten die Vorgaben der DIN 18157. Bei Anwendung der Grenzwerte nach DIN 18560 sollte der Ersteller des Estrichs bzw. der Fachplaner die Verantwortung für die Schadensfreiheit der Bodenkonstruktion tragen.
  - Mithilfe der Darr-Methode wird der Feuchtigkeitsgehalt an auf der Baustelle entnommenen Proben ermittelt. Die Proben werden bis zur Gewichtskonstanz im Wärmeschrank getrocknet. Die Angabe des Feuchtigkeitsgehaltes erfolgt in Masse-% (nicht in CM-%).
    Die Trocknung von zementhaltigen Proben erfolgt bei einer Temperatur von 105 °C. Die Prüftemperatur von calciumsulfatgebundenen Proben beträgt 40 °C.

Hinweis: Die Ergebnisse der Darr-Methode entsprechen bei Calciumsulfatestrichen in etwa jenen der CM-Messung. Bei Zementestrichen und Beton wird mit dieser Prüfmethode für die Belegereife ein etwa 1,5 CM-% höherer Wert im Vergleich zur CM-Messung ermittelt.

2.5.6.4 Belagsmaterialien

Normgerechte Belagsmaterialien

- keramische Fliesen und Platten nach DIN EN 14411
  - Dicke ≥ 7,5 mm
  - Formatbegrenzung 0,72 m^2 nach ZDB-Merkblatt „Großformate" (November 2022) bei einer max. Seitenlänge von 120 cm
  - max. Fläche auf Balkonen und Terrassen 0,2 m^2 bei einer max. Seitenlänge von 60 cm
  - max. Fläche der Fliese der Fassade abhängig von der gewählten Fugenbreite im Belag; der Anteil der Fugen muss nach DIN 18515-1 mindestens 5 % der Gesamtfläche betragen
  - max. Seitenlänge darf 0,60 m nicht überschreiten
  - max. Dicke bei glatter Oberfläche 0,030 m, bei strukturierter Oberfläche 0,040 m (bei Bauteilen mit strukturierter Oberfläche Gesamtdicke von 0,040 m zulässig)
- Mosaike, Dekor und Formteile
- Natur- und Betonwerkstein
- Bodenklinkerplatten

2.5.6.5 Mörtelauswahl

Der zur Anwendung kommende Dünnbettmörtel muss der DIN EN 12004 entsprechen.

Die Auswahl des Mörtels ist abhängig von:

- der Art und Beschaffenheit des Untergrundes,
- dem Belagsmaterial,
- der objektspezifischen Belastung,
- der zur Anwendung kommenden Auftragstechnik,
- den Anforderungen an eine max. Staubbelastung.

2.5.6.6 Ausführung

Floating-Verfahren (einseitiges Auftragen)

Mit diesem Verfahren beschreibt man das Auftragen des Mörtels auf den Verlegeuntergrund. Zunächst wird eine Kontaktschicht aufgespachtelt, bevor „frisch in frisch" der Mörtel mit der Kammspachtel aufgekämmt wird. Danach werden die Fliesen oder Platten mit leichtem Druck angesetzt bzw. verlegt, bevor die Hautbildung auf der Oberfläche des Mörtels eintritt.

Buttering-Verfahren (einseitiges Auftragen)

Mit diesem Verfahren beschreibt man das Auftragen des Mörtels auf die Rückseite des Belagsmaterials. Zunächst wird eine Kontaktschicht aufgespachtelt, bevor „frisch in frisch" der Mörtel mit der Kammspachtel aufgekämmt wird. Danach werden die Fliesen oder Platten angesetzt bzw. verlegt, bevor die Hautbildung auf der Oberfläche des Mörtels eintritt.

Buttering-Floating-Verfahren (beidseitiges Auftragen)

Bei diesem Verfahren wird der Mörtel sowohl auf die Ansetz- bzw. die Verlegefläche als auch auf die Rückseite der Fliesen oder Platten aufgetragen. Danach werden die Fliesen und Platten eingeschoben und mit leichtem Druck in das Mörtelbett verlegt, bevor die Hautbildung auf der Oberfläche des Mörtels eingesetzt hat.

Das Auftragen auf die Rückseite des Belagsmaterials kann sowohl als Kratzspachtelung als auch mit einer Zahnkelle erfolgen. Das Auftragen auf den Untergrund erfolgt mit dem Floating-Verfahren. Im Anschluss an das Auftragen werden die Fliesen oder Platten verlegt, bevor die Hautbildung auf der Oberfläche des Mörtels eintritt.

Die Gesamtdicke der beiden Mörtelschichten darf die vom Hersteller angegebene max. Schichtdicke nicht überschreiten.

Dieses Verfahren kommt überwiegend im Außenbereich, in Schwimmbecken und bei Flächen, die einer starken mechanischen Belastung ausgesetzt sind, zur Anwendung.

Kontaktspachtelung

Hierunter versteht man das Aufbringen des Dünnbettmörtels oder Klebstoffs mit der glatten, nicht gezahnten Seite der Kammspachtel mit hohem Druck auf den Untergrund. Die Kontaktspachtelung ist grundsätzlich vor dem Auftragen des Dünnbettmörtels oder des Klebstoffs mit der gezahnten Seite vorzunehmen.

Aufbringen des Belagsmaterials

Die Applikation des Belagsstoffes erfolgt mit einer schiebenden Bewegung und leichtem Druck vor dem Einsetzen der Hautbildung auf der Oberfläche des Mörtels.

2.5.6.7 Verarbeitungstemperaturen

- zementhaltiger Dünnbettmörtel: min. ≥ 5 °C max. ≤ 30 °C
- Dispersionsklebstoff: min. ≥ 10 °C max. ≤ 30 °C
- Reaktionsharzklebstoff: min. ≥ 10 °C max. ≤ 30 °C

2.5.7 Fragen und Antworten

Nr.	Fragen
1.	Welche grundsätzliche Regel gilt für alle Arbeiten mit Fliesen und Platten?
2.	Nennen Sie die in der VOB/C ATV DIN 18352 vorgeschriebenen Mörtelbettdicken bei Anwendung des Dickbettverfahrens.
3.	Welche Norm regelt die Ausführung von Fliesenarbeiten bei der Verwendung eines Dünnbettmörtels?
4.	Wo kommen Dispersionswerkstoffe in der Regel zur Anwendung?
5.	Wo kommen Reaktionsharzklebstoffe in der Regel zur Anwendung?
6.	Wann und wo ist der Einsatz eines schnell erhärtenden und schnell trocknenden zementären Dünnbettmörtels erforderlich?
7.	Welche Kleberbettdicke ist bei einer 8-mm-Zahnung zu erwarten?
8.	Berechnen Sie überschlägig die benötigte Trockenpulvermenge eines zementären Dünnbettklebers pro m^2 Fläche bei Verwendung einer Kammspachtel mit einer 8-mm-Zahnung. Die Frischmörteldichte wurde im Technischen Merkblatt des Herstellers mit 1.500 g/l, der Anmachwassergehalt mit 320 ml/1.000 g Trockenmörtel angegeben.
9.	Wovon ist die Zahntiefe der Zahnspachtel abhängig?
10.	Welche Baustellenbedingungen müssen für das Dünnbettverfahren eingehalten werden?
11.	Was verstehen Sie unter dem Floating-Verfahren?
12.	Was verstehen Sie unter dem Buttering-Verfahren?
13.	Was verstehen Sie unter dem Buttering-Floating-Verfahren?
14.	Wann ist das kombinierte Verfahren anzuwenden?
15.	In welcher Norm sind die Anforderungen an Fugenmörtel definiert?
16.	Welche Arten von Fugenmörteln können zum Einsatz kommen?
17.	Wann muss ein Fugenmörtel nach DIN EN 13888 zur Anwendung kommen?
18.	Welche Qualitätsklassen unterscheidet die DIN EN 13888?
19.	Welche Regel gilt für Fugen und die Maßtoleranzen der Belagsstoffe?
20.	Wovon hängt die vorgeschriebene Fugenbreite ab?

Nr.	Fragen
21.	In welchen Regelwerken gibt es Hinweise zur Dimensionierung von Belagfugen in keramischen Belägen?
22.	In welchen Regelwerken gibt es Hinweise zur Dimensionierung von Belagfugen in Natursteinbelägen?
23.	Welche Basisfugenbreiten nennt die VOB/C DIN ATV 18352?
24.	Nennen Sie die im ZDB-Merkblatt „Großformate" (Stand: November 2022) vorgeschriebene Mindestfugenbreite.
25.	Nennen Sie die im ZDB-Merkblatt „Megaformate" (Stand: November 2022) vorgeschriebene Mindestfugenbreite.
26.	Erläutern Sie den Begriff sichtbare Fugenbreite.
27.	Was versteht man unter Ansetz- und Verlegeflächen?
28.	Welche Anforderungen werden an Ansetz- und Verlegeflächen gestellt?
29.	Welche Fliesen und Platten eignen sich für das Ansetzen und Verlegen im Dünnbettverfahren?
30.	Welche Aufgabe hat eine Grundierung?
31.	Nennen Sie unterschiedliche Grundierungsvarianten.

Nr.	Antworten
1.	Fliesen und Platten sind senkrecht, fluchtrecht und waagrecht oder in dem erforderlichen Gefälles unter Berücksichtigung des angegebenen Höhenbezugspunktes anzusetzen bzw. zu verlegen.
2.	• Wandbekleidung 15 mm • Bodenbeläge im Verbund 20 mm • Bodenbeläge auf Trennschicht innen 30 mm • Bodenbeläge auf Trennschicht außen 50 mm • Bodenbeläge auf Dämmung innen 45 mm
3.	DIN 18157-1 bis -3
4.	im Trockenbereich, Wand, innen
5.	auf dichten Untergründen wie Metall und Kunststoff und auf Holzuntergründen; bei hoher chemischer Belastung
6.	bei der Verlegung großformatiger Fliesen; bei der Verlegung verformungs- und verfärbungssensibler Natursteine
7.	3,2 mm (8 mm · 0,5 · 0,7 [Sinus von 45°])

Nr.	Antworten
8.	Zunächst ist die Ergiebigkeit der Mischung (Menge/m²) mit folgender Formel zu ermitteln: $\frac{(Trockenmörtel\ (g) + Wasser\ (ml\ oder\ g)}{Frischmörteldichte\ \left(\frac{g}{l}\right)} = \frac{1.000 + 320}{1.500}$ = 0,88 l Frischmörtel pro kg Pulver Aus 1 kg Trockenpulver erhält man mit 320 ml Wasser, also 0,88 l Frischmörtel. Diese Frischmörtelmenge kann eine Fläche von 1 m² mit 0,88 mm bedecken. Zur Ermittlung der benötigten Trockenmörtelmenge für eine Frischmörtelmenge von genau 1 l, mit der man eine Fläche von 1 m² mit einem 1 mm bedecken kann, ist also aus der obigen Rechnung 1 kg Dünnbettmörtel durch 0,88 zu dividieren. Dies ergibt **1,14 kg**. Dies bedeutet, dass man aus 1,14 kg Trockenpulver und der vorgegebenen Wassermenge von 320 ml 1 l Frischmörtel erhält, mit dem eine Fläche von 1 m² 1 mm bedeckt werden kann. Würde man den Dünnbettmörtel mit einer senkrecht gehaltenen Zahnung auf den Untergrund auftragen und die Stege gleichmäßig über die Fläche verteilen, würde man eine Kleberschicht mit einer Dicke von 4 mm erzielen (Zahnung in mm · 0,5). In der Praxis wird jedoch die Kammspachtel beim Aufkämmen im Winkel von 45° geneigt. Diese Verarbeitungstechnik reduziert deshalb die Schichtdicke um den Faktor 0,707. Dieser Wert entspricht dem Sinus von 45°. Berechnung der Schichtdicke und des Verbrauchs pro m² bei Verwendung einer Kammspachtel mit 8-mm-Zahnung und praxisüblicher Verarbeitung: • Berechnung der Schichtdicke: 8 mm · 0,5 · 0,707 = 2,83 mm • Berechnung der benötigten Trockenmörtelmenge pro m²: 2,83 mm · 1,14 kg = 3,22 kg/m² Es werden also **3,22 kg** Trockenpulver/m² benötigt.
9.	von der Kantenlänge der Fliese und deren rückseitiger Profilierung
10.	Die Temperatur der Baustoffe und Bauteile darf nicht unter +5 °C und nicht über 30 °C liegen; sie dürfen nicht durchnässt sein. Es darf keine direkte Sonneneinstrahlung oder Zugluft herrschen.
11.	Bei diesem Verfahren wird der Mörtel oder Klebstoff auf die Ansetz- oder Verlegefläche aufgetragen, wozu üblicherweise eine Glättkelle verwendet wird. Anschließend wird der Mörtel oder Klebstoff mit einer Kammspachtel abgekämmt. Danach werden die Fliesen angesetzt oder verlegt, bevor die Hautbildung auf der Oberfläche des Mörtels eintritt.
12.	Bei diesem Verfahren wird der Mörtel auf das Verlegematerial in der erforderlichen Dicke aufgebracht. Danach werden die Fliesen angesetzt oder verlegt, bevor die Hautbildung auf der Oberfläche des Mörtels eintritt.
13.	Dieses Verfahren wird auch als kombiniertes Verfahren bezeichnet. Bei diesem Verfahren wird der Mörtel sowohl auf die Ansetz- oder Verlegefläche als auch auf die Rückseite der Fliesen aufgetragen. Bei Fliesen mit geringer Wasseraufnahme und glatter Haftungsflächen kann eine Kratzspachtelung (Kontaktschicht) erforderlich sein. Beim Auftragen der Kratzspachtelung auf der Fliesenrückseite ist hierbei keine Zahnung erforderlich, wenn der Mörtelauftrag mit entsprechender Zahnung auf dem Untergrund erfolgt. Das Auftragen auf den Untergrund wird mit der Zahnleiste ausgeführt. Hingegen kann das Auftragen auf das zu verlegende Material entweder als Kratzspachtelung oder mit der Zahnkelle erfolgen. Die Gesamtdicke der beiden Mörtel- oder Klebstoffschichten darf die max. Schichtdicke nicht überschreiten.

Nr.	Antworten
14.	Im Außenbereich, in Schwimmbecken und den direkt damit zusammenhängenden stark nassbelasteten Flächen sowie bei starken mechanischen Einwirkungen ausgesetzten Belägen und anderen Bereichen, die eine weitgehend vollflächige Bettung erfordern, ist das beidseitige Auftragen anzuwenden. Durch den Einsatz ausreichend fließfähiger zementhaltiger Mörtel und geeigneter Verlegetechnik, eines geeigneten Untergrunds sowie geeigneter Fliesen und Platten kann das beidseitige Auftragen durch das Floating-Verfahren ersetzt werden. Diese Ausnahme gilt nicht für den Schwimmbadbau.
15.	DIN EN 13888
16.	Baustellenmischungen nach VOB/C ATV DIN 18352, Werktrockenmörtel nach DIN EN 13888
17.	wenn dies vertraglich vereinbart ist
18.	• CG 1 (Standardzementfugmörtel) • CG 2 (zementärer Fugmörtel mit verbesserten Eigenschaften, geringe Wasseraufnahme, erhöhte Abriebbeständigkeit) • RG (Reaktionsharzfugenmörtel)
19.	Die Fugen sind gleichmäßig breit anzulegen. Maßtoleranzen der Belagsstoffe sind in den Fugen auszugleichen.
20.	Sie ist abhängig von der Fliesenart, dem Herstellungsverfahren und der Seitenlänge.
21.	VOB/C ATV DIN 18352 „Allgemeine Technische Vertragsbedingungen für Bauleistungen (ATV) – Fliesen- und Plattenarbeiten" (2019), ZDB-Merkblatt „Zementäre Fugen – zementäre Fugen in Bekleidungen aus Fliesen und Platten" (Stand: November 2022)
22.	VOB/C ATV DIN 18332 „Allgemeine Vertragsbedingungen für Bauleistungen (ATV) – Natursteinarbeiten" (2023)
23.	2–8 mm
24.	3 mm
25.	2 mm
26.	Hierunter versteht man die an der Oberfläche des Belags sichtbare Fugenbreite. Diese kann, insbesondere bei gefasten Belagsmaterialien, von der technisch notwendigen Fugenbreite abweichen.
27.	ebene, tragfähige Oberflächen zur Aufnahme von Fliesen und Platten
28.	ebenflächig, tragfähig, fest, rissfrei, gleichmäßige, geschlossene Oberfläche, frei von haftungsmindernden Bestandteilen
29.	alle genormten Fliesen und Platten aus Keramik, Naturstein und Betonwerkstein in gleichmäßiger Dicke
30.	Optimierung der Oberflächengüte und Reduzierung des Saugverhaltens
31.	einkomponentige, wässrige Acrylharzgrundierung, zweikomponentige Epoxidharzgrundierungen

Abb. 2.45: Einbau eines Calciumsulfatfließestrichs

2.6 Beläge auf Calciumsulfatestrichen

2.6.1 Stichworte zum Thema

- Anwendungsbereiche von calciumsulfatgebundenen Estrichen
- Einsatz von Calciumsulfatestrichen bei Feuchtebelastung
- Calciumsulfatestriche als Untergrund bei einwirkender Feuchtigkeit
- Belegereife
- Prüfung und Vorbereitung der Estrichoberfläche

2.6.2 Regelwerke

DIN 18560-2	Estriche im Bauwesen, Estriche und Heizestriche auf Dämmschichten (2022)
DIN 18157-1	Ausführung von Bekleidungen und Belägen im Dünnbettverfahren – Teil 1: Zementhaltige Mörtel (2017)
DIN 18157-3	Ausführung von Bekleidungen und Belägen im Dünnbettverfahren – Teil 3: Reaktionsharzklebstoffe (2017)
ZDB-Merkblatt	Beläge auf Zement- und Calciumsulfatestrichen (August 2022)
DIN 18534	Abdichtung von Innenräumen (2017)

Wesentliche Inhalte des ZDB-Merkblatts „Beläge auf Zement- und Calciumsulfatestrichen" (2022)

- Definition
- Vorgaben durch den Planer
- Bauarten von Fußbodenheizungen
- Anwendungsbereich
- Austrocknungszeit
- Dämmung und Abdeckung
- Belegereife
- Verlegung von Fliesen und Platten
- Fugen

2.6.3 Fälle aus der Praxis

Fall 1

In einem Kellerraum sollen auf einem Calciumsulfatfließestrich großformatige Feinsteinzeugfliesen (Format 600 mm × 1200 mm) mit einem zementären Dünnbettmörtel der Qualitätsklasse C2 E S1 nach DIN EN 12004 verlegt werden.

Worauf ist zu achten?

Lösung

Die Feuchtigkeitssensibilität des Estrichs ist bei der Ausführung der Unterkonstruktion (Betonplatte) zu berücksichtigen. Rückseitig einwirkende Feuchtigkeit ist durch den Einbau einer wirksamen Dampfsperre zu vermeiden. Diese Aufgabe fällt in den Aufgabenbereich des Planers.

Bei fehlender Dampfsperre sind Bedenken anzumelden.

Der Estrich darf zum Zeitpunkt der Belegung eine Restfeuchte von max. 0,5 CM-% aufweisen. Die Ermittlung der Restfeuchte erfolgt mittels CM-Messmethode. Die Überprüfung der Oberflächengüte kann erst nach Erreichen der Belegereife erfolgen.

Die Anordnung der Randstreifen, die Fugenanordnung, Fugendimensionierung und Rissfreiheit sind visuell zu kontrollieren.

Neben der visuellen Prüfung sind die Ebenheitsprüfung nach DIN 18202 sowie die in der DIN 18157 vorgegebenen Prüfungen (Wischprüfung, Gitterritzprüfung, Benetzungsprüfung) durchzuführen.

Bei Mängelfreiheit der Estrichkonstruktion kann das Verlegen der großformatigen Fliesen erfolgen.

Aufgrund der vorgegebenen Qualität des Dünnbettmörtels und des Formats der Fliese ist die Oberfläche des Estrichs durch den Auftrag einer feuchtigkeitssperrenden Reaktionsharzgrundierung zu schützen.

Die Grundierung muss für den Estrich geeignet und auf den Dünnbettmörtel abgestimmt sein.

Die produktspezifischen Wartezeiten sind einzuhalten.

Fall 2

In einer Reihendusche in einer Sporthalle ist ein herkömmlicher Calciumsulfatestrich (ohne Fließmittel) eingebaut. Dieser soll nach der Applikation einer Abdichtung mit einem Feinsteinzeugbelag gestaltet werden.

Worauf ist zu achten, wie gehen Sie vor?

Lösung

Eine Duschanlage in einer Sportstätte entspricht der Wassereinwirkungsklasse W3-I nach DIN 18534-1. Diese Norm schließt einen Calciumsulfatestrich als Abdichtungsuntergrund für diese Feuchtigkeitsbelastung aus.

Die vorgesehene Ausführungsvariante entspricht somit nicht den anerkannten Regeln der Technik. Es liegt ein Planungsfehler vor.

Gegenüber dem Auftraggeber sind Bedenken anzumelden und von einer Ausführung sollte aufgrund des bestehenden Gewährleistungsrisikos Abstand genommen werden.

2.6.4 Bausteine

Anwendungsgebiete

- in Innenbereichen ohne Feuchtigkeitsbelastung
- in durch Feuchtigkeit belasteten Räumen mit max. Wassereinwirkungsklasse W1-I nach DIN 18534
- bei keramischen Flächen mit reduziertem Fugenanteil, da der Estrich gegenüber Zementestrichen weniger Fugen benötigt

Technische Angaben zu Calciumsulfatestrichen

- Für die Fugenanordnung und deren Dimensionierung ist vom Planer ein Fugenplan zu erstellen.
- Zwischen beheizten und unbeheizten Flächen sind Fugen anzuordnen.
- In den Türdurchgängen sind Bewegungsfugen anzuordnen.
- Die Estrichmindestdicke beträgt bei konventionellen Estrichen 45 mm, bei Fließestrichen 40 mm.
- Ist eine Dämmschicht unter dem Estrich angeordnet, so darf diese sich max. 5 mm zusammendrücken lassen.
- Die Dämmschicht ist mit einer wasserabweisenden Abdeckung abzudecken.
- Randstreifen sind fehlstellenfrei anzuordnen, damit Schallbrücken sicher vermieden werden können.
- Werden Scheinfugen als Sollbruchstellen angelegt, wird empfohlen, diese vor der Verlegung des Belags kraftschlüssig zu schließen. Sollte diese Maßnahme nicht erfolgen, ist die Fuge deckungsgleich im Belag zu übernehmen.

Belegereife

Die max. Restfeuchte beträgt nach DIN 18157 bei

- unbeheizten Konstruktionen ≤ 0,5 CM-%,
- beheizten Konstruktionen ≤ 0,3 CM-%.

Die DIN 18560 beziffert die max. Restfeuchte von beheizten Konstruktionen mit ≤ 0,5 CM-%. Für den Fliesenfachbetrieb gelten jedoch die Vorgaben der DIN 18157.

Die Ermittlung des Feuchtigkeitsgehaltes kann mittels CM-Messung oder der Darrmethode erfolgen. Eine orientierende Prüfung kann mit einem elektronischen Messgerät oder dem Aufkleben einer mindestens 50 cm × 50 cm großen diffusionsdichten Folie erfolgen.

Verlegung von Fliesen und Platten

- Anschleifen des Estrichs (Reinigungsschliff)
- Durchführung der Untergrundprüfungen nach DIN 18157

- Applikation der Grundierung
- Verlegen im Dünnbettverfahren:
  - Auswahl des Dünnbettmörtels in Abhängigkeit von der zum Einsatz kommenden Grundierung
  - bei Verwendung einer wässrigen Dispersionsgrundierung schnell erhärtenden und schnell trocknenden Dünnbettmörtel verwenden
  - bei Einsatz einer feuchtigkeitssperrenden Reaktionsharzgrundierung normal erhärtender Dünnbettmörtel oder Verlegung im Mörtelbett

Verlegen im Dünnbettverfahren

- Die Auswahl des Dünnbettmörtels ist ab einem Plattenformat > 0,25 m² bzw. einer Kantenlänge > 60 cm in Abhängigkeit von der zum Einsatz kommenden Grundierung zu treffen.
- Bei Verwendung einer wässrigen Dispersionsgrundierung ist ein schnell erhärtender und schnell trocknender Dünnbettmörtel zu verwenden.
- Bei dem Einsatz einer feuchtigkeitssperrenden Reaktionsharzgrundierung kann ein normal erhärtender Dünnbettmörtel oder die Verlegung im Mörtelbett zur Anwendung kommen.

Verlegen im Dickbettverfahren

Auch wenn für diese Verlegevariante außer den Hinweisen in der VOB/C ATV DIN 18352 kein spezielles Regelwerk existiert, kann diese im Wesentlichen mündlich oder praktisch weitergegebene Ansetz- und Verlegeart als anerkannte Regel der Technik bezeichnet werden. Denn es handelt sich um eine traditionelle Arbeitsweise, die heute noch zur Anwendung gelangt und von jedem Prüfling der Gesellen- oder Meisterprüfung verlangt wird.

Bewegungsfugen

- als Gebäudetrennfugen an gleicher Stelle und in gleicher Breite
- als Feldbegrenzungsfugen in Türdurchgängen zwischen fremden Wohn- und Arbeitsbereichen

bei unbeheizten Konstruktionen
- Feldbegrenzungsfugen so anordnen, dass gedrungene Felder entstehen (l max. $2 \cdot b$)
- bei einspringenden Wandscheiben, Pfeile, Ecken usw.
- ab einer Seitenlänge > 20 m (Empfehlung der Autoren)

bei beheizten Konstruktionen
- als Feldbegrenzungsfugen bei Seitenlängen ≥ 10 m
- als Feldbegrenzungsfugen an größeren Veränderungen der Estrichfläche und in Türdurchgängen
- als Feldbegrenzungsfugen bei Flächen mit unterschiedlich regelbaren Heizkreisen

Größere Estrichflächen sind möglich, bedürfen jedoch einer besonderen Planung. Die Breite der Bewegungsfugen hängt von den einzelnen Feldlängen, der zu erwartenden Temperaturdifferenz, den Ausdehnungskoeffizienten von Untergrund und Belag sowie der zulässigen Gesamtverformung des Dichtstoffs ab.

2.6.5 Fragen und Antworten

Nr.	Fragen
1.	Aus welchen Calciumsulfatvarianten können Calciumsulfatestriche hergestellt werden?
2.	Welche Konsistenz haben Calciumsulfatestriche und Calciumsulfatfließestriche?
3.	Wo können Calciumsulfatestriche eingesetzt werden?
4.	Nennen Sie einen wesentlichen Vorteil von Calciumsulfatestrichen gegenüber Zementestrichen.
5.	Was ist ein Nachteil von Calciumsulfatestrichen gegenüber Zementestrichen?
6.	Was ist ein Fugenplan? Wer erstellt ihn? Wer erhält ihn?
7.	Welche Flächen sollen grundsätzlich durch Fugen getrennt werden?
8.	Welcher Feuchtebeanspruchung dürfen Calciumsulfatestriche ausgesetzt werden?
9.	Welche Maßnahmen sind bei einer zu erwartenden Feuchtebelastung zu treffen?
10.	Welche Mindestdicken muss ein konventioneller Calciumsulfatestrich bzw. ein Calciumsulfatfließestrich auf Dämmung im Wohnbereich aufweisen?
11.	Welche Folge hat eine größere Belastung des Estrichs?
12.	Welche Festigkeitsunterschiede sind zwischen Fließestrich und konventionellem Estrich vorhanden?
13.	Wie wirkt sich die Estrichdicke auf die Austrocknungszeit aus?
14.	Wie kann das Trocknen beschleunigt werden?
15.	Nennen Sie die max. Zusammendrückbarkeit von Estrichen unter Belastung.
16.	Zu welchem Zeitpunkt dürfen Randstreifen abgeschnitten werden?
17.	Welche Aufgabe hat die Trennfolie, wie ist sie auszubilden?
18.	Welche zusätzliche Maßnahme wird bei der Applikation der Abdeckung von Fließestrichen empfohlen?
19.	Welche Angaben gelten für die Belegereife?
20.	Nach welcher Zeit ist die Belegereife gegeben?
21.	Beschreiben Sie den Feuchtetest mit einer PE-Folie.
22.	Wer macht Feuchtemessungen? Mit welchem Gerät sind sie auszuführen? Wie ist die Vergütung geregelt?
23.	Beschreiben Sie stichwortartig die Vorbereitung des Untergrundes.
24.	Sind Anschleifen und Grundieren grundsätzlich erforderlich?
25.	Wie wird die Oberflächenbeschaffenheit von Calciumsulfatestrichen geprüft?
26.	Welche Regeln gelten für die Grundierung?
27.	Nennen Sie Aufgabe, Anordnung und Ausbildung von Bewegungsfugen.

Nr.	Fragen
28.	Wie werden Scheinfugen hergestellt und wie werden sie später behandelt?
29.	Wo müssen Feldbegrenzungsfugen angeordnet werden?
30.	Wie groß ist die Temperaturdehnzahl eines Calciumsulfatestrichs?
31.	Nennen Sie ergänzend die Temperaturdehnzahlen von Zementestrichen (CS), Gussasphaltestrichen (AS) und Fliesen.
32.	Berechnen Sie die Randfugenbreite bei einer Seitenlänge von 9,50 m, Temperaturdifferenz $\Delta T = 50$ K, Randstreifenbreite in zusammengedrücktem Zustand von 4 mm.

Nr.	Antworten
1.	Naturanhydrit, synthetischer Anhydrit, thermischer Anhydrit, Alpha- Halbhydrat und Mischungen aus den genannten Varianten
2.	Konventionelle Calciumsulfatestriche haben eine erdfeuchte bis plastische Konsistenz, Calciumsulfatfließestriche eine fließfähige.
3.	In trockenen Innenbereichen oder in Räumen, die durch Feuchtigkeit der Wassereinwirkungsklasse W1-I belastet sind, sofern der Estrich durch eine geeignete Abdichtung geschützt ist.
4.	Es können deutlich größere Estrichfelder angelegt werden, was eine Reduzierung von Dehnungsfugen erlaubt.
5.	die geringere Feuchtigkeitsbeständigkeit
6.	Der Fugenplan zeigt die Anordnung der Estrichfugen und wird an die ausführenden Gewerke weitergegeben.
7.	Flächen in unbeheizten und beheizten Estrichen, die die vorgegebenen Grenzwerte überschreiten, und Flächen mit Versprüngen oder Ähnlichem
8.	Calciumsulfatestriche dürfen ohne Abdichtung keiner Feuchtebelastung ausgesetzt werden.
9.	Durch Feuchte belastete Bereiche sind durch eine Abdichtung zu schützen. Diese ist vom Planer in Abhängigkeit von der Wassereinwirkungsklasse festzulegen.
10.	Die Mindestdicke beträgt bei konventionellen Calciumsulfatestrichen 45 mm, bei Calciumsulfatfließestrichen 40 mm.
11.	Eine höhere Lasteinwirkung verlangt eine Erhöhung der Estrichdicke nach DIN 18560.
12.	Fließestriche weisen aufgrund eines kompakteren Gefüges eine höhere Druck- und Biegefestigkeit auf.
13.	Größere Dicken erfordern eine längere Trocknungszeit.
14.	Die Trocknung des Estrichs kann durch den Einsatz von Luftentfeuchtern bzw. Heizung und Stoßlüftung beschleunigt werden.
15.	5 mm
16.	nach Fertigstellung der Fliesenarbeiten nach der Verfugung

Nr.	Antworten
17.	Die Abdeckung schützt die Dämmung vor Feuchtigkeit aus dem Mörtel und wirkt als Gleitschicht für den Estrich.
18.	Die Abdeckung sollte verklebt bzw. verschweißt werden.
19.	Die Belegereife ist in der DIN 18157 mit 0,5 CM-% bei unbeheizten und mit 0,3 CM-% bei beheizten Estrichen definiert. In der DIN 18560-2 ist die Belegereife bei beheizten Estrichen bereits bei 0,5 CM-% gegeben. Sollte dieser Wert zugrunde gelegt werden, sollte die Gewährleistung vom Estrichunternehmen bzw. vom Fachplaner übernommen werden.
20.	Die Belegereife ist erreicht, sobald der Estrich die geforderten Werte erreicht hat.
21.	Eine PE-Folie 50 cm × 50 cm wird lose aufgelegt und an den Rändern abgeklebt. Sollte sich unter der Folie Feuchtigkeit zeigen, ist der Zeitpunkt für eine CM-Messung noch nicht gegeben.
22.	Feuchtemessungen werden in der Regel vom Estrich- oder Fliesenleger mittels CM-Messung ausgeführt. In Ausnahmefällen kommt die Darrmethode zur Anwendung. Beide Verfahren sind als Besondere Leistung zu vergüten.
23.	Anschleifen mit Körnung 16, absaugen, prüfen, grundieren
24.	Ja, sofern keine anderen Vorgaben vom Estrichunternehmen bzw. dem Lieferanten der bauchemischen Produkte vorliegen.
25.	durch Inaugenscheinnahme, Kratz-, Benetzungs-, Wisch- und Klopfprüfung
26.	Grundierungen sind auf den zur Anwendung kommenden Dünnbettmörtel abzustimmen.
27.	Sie sollen Bewegungen des Estrichs ermöglichen, ohne dass dieser eine Schädigung erfährt. Ihre Anordnung erfolgt als Randfuge oder Feldbegrenzungsfuge. Sie sind von der Dämmschichtabdeckung bis zur Oberfläche rechtwinklig und geradlinig auszuführen.
28.	Der frische Estrich wird ca. ein Drittel bis zur Hälfte seiner Höhe eingeschnitten. Diese Fugen dienen zur kontrollierten, gleichmäßigen, geradlinigen Rissbildung bei einwirkenden Schwindspannungen. Sie bleiben zunächst offen, werden aber nach Erreichen der Belegereife kraftschlüssig mit Kunstharz (ggf. mit Dübeln) geschlossen. So behandelte Fugen werden bei der Herstellung der Fliesenbeläge nicht berücksichtigt. Sie können aber auch offen bleiben, dann sind sie allerdings im Belag als Bewegungsfuge auszubilden.
29.	Feldbegrenzungsfugen müssen angeordnet werden: • bei beheizten Konstruktionen über Gebäudetrennfugen, als Feldbegrenzungsfuge bei Feldgrößen 100 m², Seitenlänge ≥ 10 m, bei Erweiterungen oder Verengungen des Grundrisses, bei Türdurchgängen oder mehreren hintereinanderliegenden Räumen, bei unterschiedlichen Heizkreisen; • bei unbeheizten Konstruktionen über Gebäudetrennfugen, als Feldbegrenzungsfuge bei Feldgrößen mit Seitenlängen ≥ 20 m, bei Erweiterungen oder Verengungen des Grundrisses, bei Türdurchgängen oder mehreren hintereinanderliegenden Räumen.
30.	0,015 mm/(m · K)
31.	CT = 0,015 mm/(m · K), AS = 0,03 mm/(m · K), Fliese = 0,008 mm/(m · K),
32.	Randfugenbreite $b = 0{,}015 \cdot 50 \cdot 9{,}5 + 4 = 11$ mm (Wärmedehnzahl · Temperaturdifferenz · Seitenlänge + 4 mm)

Abb. 2.46: Einbau eines Zementestrichs

2.7 Beläge auf zementgebundenen Fußbodenkonstruktionen auf Dämmschichten

2.7.1 Stichworte zum Thema

- Anwendungsbereiche von zementgebundenen Estrichen/Lastverteilungs-schichten
- Schwindverhalten von zementgebundenen Estrichen
- weitere Verformungen von zementgebundenen Estrichen
- Mindestalter und Belegereife
- Prüfung der Belegereife
- Zusammendrückbarkeit der Dämmstoffe
- Anordnung von Bewegungsfugen

2.7.2 Regelwerke

DIN 18560-2	Estriche im Bauwesen, Estriche und Heizestriche auf Dämmschichten (schwimmende Estriche) (2022)
DIN 18157-1	Ausführung von Bekleidungen und Belägen im Dünnbettverfahren – Teil 1: Zementhaltige Mörtel (2017)
DIN 18157-3	Ausführung von Bekleidungen und Belägen im Dünnbettverfahren – Teil 3: Reaktionsharzklebstoffe (2017)
ZDB-Merkblatt	Beläge auf Zement- und Calciumsulfatestrichen – Keramische Fliesen und Platten, Naturwerkstein und Betonwerkstein auf zement- und calciumsulfatgebundenen Estrichen im Wohnungsbau oder bei ähnlicher Nutzung (November 2022)
DIN 18534-1 bis -6	Abdichtung von Innenräumen (2017)

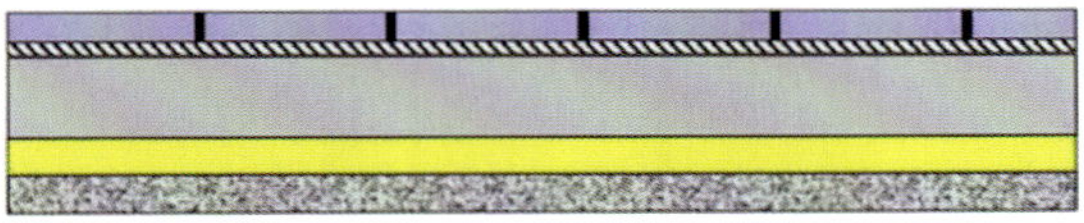

Abb. 2.47: Konstruktion eines Zementestrichs auf Dämmung (schwimmende Verlegung) (Quelle: Prof. Dr. Alfred Stein, Deutsche Naturstein Akademie, Kaisersesch)

Wesentliche Inhalte des ZDB-Merkblatts und der DIN 18560

- Definition
- Vorgaben durch den Planer
- Bauarten von Fußbodenheizungen
- Anwendungsbereich
- Austrocknungszeit
- Dämmung und Abdeckung
- Belegereife
- Verlegung von Fliesen und Platten
- Fugen

2.7.3 Fall aus der Praxis

In einem 12 m langen und 2 m breiten Flur einer Universität wurde ein Zementestrich auf Dämmschicht eingebaut (siehe Abb. 2.47). Als Oberbelag sollen Feinsteinzeugfliesen im Format von 600 mm × 600 mm × 12 mm verlegt werden.

- Welche Anforderungen muss der Estrich erfüllen?
- Welche Untergrundprüfungen muss der Fliesenleger vor der Verlegung durchführen?

Lösung

Nach DIN 18157-1 ist die Belegereife in Abhängigkeit von den objektspezifischen Gegebenheiten und dem zur Anwendung kommenden Fliesenformat bei einem Feuchtigkeitsgehalt zwischen ≤ 2,0 und 2,5 CM-% gegeben. Das ZDB-Merkblatt empfiehlt grundsätzlich einen Grenzwert von ≤ 2,0 CM-%, bei Fliesen > 600 cm × 600 cm werden 1,8 CM-% empfohlen. Letztgenannter Wert sollte aufgrund des zur Anwendung kommenden Fliesenformates eingehalten werden. Die Ermittlung der Restfeuchte erfolgt in der Regel mittels der CM-Messmethode.

Der Estrich ist entsprechend den objektspezifisch einwirkenden Lasten zu bemessen. Hierbei sind die Lastannahmen nach DIN EN 1991-1-1 (vgl. Tabelle 1.13) zu berücksichtigen. Flure in Schulen sind in dieser Norm der Kategorie C 3 zugeordnet. Dies bedeutet, dass eine Flächenlast von 5 KN/m^2 und eine Einzellast von 4 KN zu berücksichtigen sind (bei Wohn- und Aufenthaltsräumen ist lediglich eine Lastannahme von 1,5 KN/m^2 erforderlich).

Feldbegrenzungsfugen sollen nach ZDB-Merkblatt so angeordnet werden, dass gedrungene Felder entstehen. Die Länge des Estrichfeldes sollte max.

das Zweifache der Feldbreite betragen. Im Objekt sind deshalb die Estrichfelder mit 4 m × 2 m zu dimensionieren.

Neben der Feuchtigkeits- und der visuellen Prüfung sind die Ebenheitsprüfung nach DIN 18202 sowie die in der DIN 18157 vorgegebenen weiteren Prüfungen (Wischprüfung, Gitterritzprüfung, Benetzungsprüfung) durchzuführen.

Bei Mängelfreiheit der Estrichkonstruktion kann das Verlegen der keramischen Fliesen erfolgen.

Der Auftrag einer Grundierung ist nicht zwingend erforderlich, allerdings wird ihre Anwendung zur Erzielung einer gleichmäßigen Saugfähigkeit und einer Optimierung der klebeoffenen Zeit des Dünnbettmörtels empfohlen.

Die Grundierung muss für den Estrich geeignet und auf den Dünnbettmörtel abgestimmt sein, die produktspezifischen Wartezeiten sind einzuhalten.

Aufgrund der zur erwartenden erhöhten mechanischen Belastung ist eine weitgehend vollflächige Bettung der Feinsteinzeugfliesen im Mörtelbett erforderlich. Diese wird entweder durch den fachgerechten Einsatz des Buttering-Floating-Verfahrens oder die Verwendung eines Fließbettmörtels erreicht.

2.7.4 Bausteine

Konstruktionsart

Bei diesen Konstruktionen handelt es sich um Fußbodenaufbauten auf Dämmschichten. Diese können aus Gründen des Schall- oder Wärmeschutzes zum Einsatz gelangen. Der Zementestrich dient hierbei als Lastverteilungsplatte. Die DIN 18560-2 regelt die Konstruktion von schwimmenden Estrichen. Bei der Dimensionierung sind in der Regel die Vorgaben der DIN 18560-2 (4 Tabellen) zu berücksichtigen.

Bedingungen für den Einbau des Estrichs

- Fenster und Türen müssen geschlossen sein.
- Wände sollten bereits verputzt sein.
- Installationen und Türzargen mit Bodeneinstand müssen montiert sein.
- An den Boden angrenzende Bauteile müssen vorhanden sein.
- Die Temperatur des Arbeitsbereichs darf nicht unter + 5 °C liegen.
- Zugluft ist zu vermeiden.

Untergrund

Der tragende Untergrund muss eben, trocken und fest sein. Weiterhin ist zu beachten:

- Es dürfen keine groben Verunreinigungen vorhanden sein.
- Rohrleitungen müssen befestigt sein.
- Ab Oberkante Rohrleitungen ist eine ebene Fläche zur Aufnahme der Dämmschichten sicherzustellen.
- Ein eventuell erforderliches Gefälle ist unter den Dämmschichten anzuordnen.

Dämmstoffe

Die Dämmstoffe kommen unter Estrichen zum Tritschall- und/oder Wärmeschutz zur Anwendung. Die Anforderungen an den Schallschutz sind in der DIN 4109-1 und die Anforderungen an den Wärmeschutz in der DIN 4108-2 definiert.

Zugelassene Dämmstoffe nach DIN 18560-2 sind Produkte, die den Anforderungen der DIN EN 13162 und DIN EN 13171 entsprechen.

Für Dämmstoffe, die nicht diesen Normen entsprechen, muss die Gebrauchstauglichkeit gemäß den bauaufsichtlichen Vorschriften nachgewiesen werden.

Die wesentlichen Dämmstoffe sind:

- expandiertes (EPS) und extrudiertes Polystyrol (EXPS),
- Mineralfaser (Mineralwolle, MW),
- Polyurethan-Hartschaum (PUR-Hartschaum),
- Holzfaser (WF),
- Phenolhartschaum (PF),
- Schaumglas (CG),
- Holzwolle (WW),
- expandierter Kork (ICB).

Die Anforderungen an den Wärme- und Schallschutz werden regelmäßig aktualisiert und optimiert. Daher ist es empfehlenswert, die aktuelle Rechtsprechung und Gesetzesänderungen zu beachten und diesbezüglich Kontakte zu den Herstellern zu pflegen.

Die Dämmstoffe dürfen sich max. 5 mm zusammendrücken lassen.

Von besonderer Bedeutung sind die Dimensionierung und der fachgerechte Einbau des Randdämmstreifens. Dessen Dicke ist abhängig von

- seiner Zusammendrückbarkeit,
- dem Ausdehnungskoeffizienten des Estrichs,
- der max. Temperaturdifferenz,
- der größten Estrichfeldlänge.

Die Mindestdicke des Dämmstreifens darf 5 mm nicht unterschreiten.

Der Randstreifen ist auf die Rohdecke aufzusetzen und bis über den fertigen Bodenbelag hochzuführen. Das oberflächenbündige Abschneiden sollte erst nach Fertigstellung des Belags erfolgen.

Abdeckung

Zum Schutz der Dämmschichten vor Feuchtigkeit aus dem Estrich oder dem Mörtelbett sind diese abzudecken. Bei ihrem Einbau ist Folgendes zu beachten:

- Die Folie muss den Anforderungen der DIN 18560-2 entsprechen und mindestens 0,15 mm dick sein.
- Die Überlappung muss mindestens 80 mm betragen.
- Die Lieferung hat ungefaltet zu erfolgen.

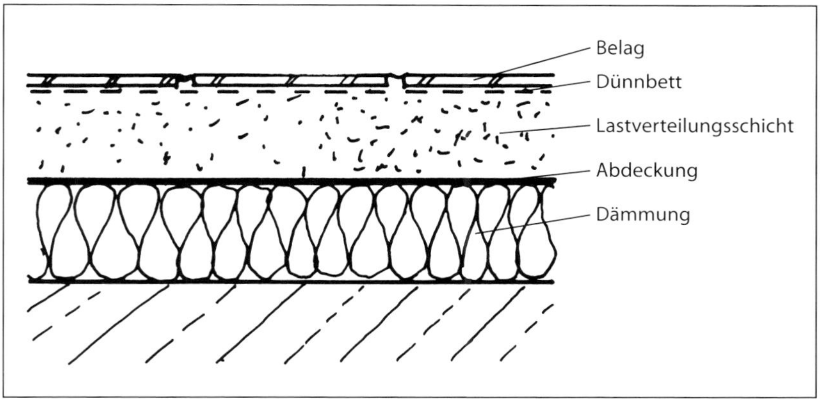

Abb. 2.48: Verlegung im Dünnbettverfahren auf erhärteter Lastverteilungsschicht

- Bei Zementfließestrichen sind die Folienlagen untereinander zu verkleben.
- Sofern der Randdämmstreifen nicht mit einer Trennfolie ausgestattet ist, ist die Trennfolie bis Oberkante Randdämmstreifen hochzuführen.
- Die Ecken sind als „Kofferecken" auszuführen.

Estrich oder Lastverteilungsschicht

Für die Herstellung des Estrichs gelten folgende Anforderungen:

- schwimmender Zementestrich;
- die Feldgröße ist abhängig von der zu erwartenden Temperaturdifferenz und der einwirkenden Belastung, als Richtwerte gelten ca. 40 m^2 (8 m × 5 m) bei beheizten und 64 m^2 bei unbeheizten Konstruktionen;
- ein gedrungenes Seitenverhältnis ist anzustreben;
- die einzelnen Felder sind ohne Unterbrechung herzustellen;
- die Mindestdicke beträgt 45 mm.

Mörtelbett als Estrichersatz

Der Verzicht auf einen lastverteilenden Estrich auf einer Dämmung und dessen Ersatz durch die direkte Verlegung im Mörtelbett beinhaltet ein relativ hohes Schadensrisiko. Der Grund dafür liegt in der geringeren Festigkeit des Mörtelbettes, die auf dessen geringeren Verdichtungsgrad zurückzuführen ist.

Deshalb ist diese Konstruktionsart nur für kleine und gering belastete Flächen anzuwenden.

Bei dieser Methode wird zunächst das Mörtelbett (leicht erhöht) vollflächig auf die Folie der schwimmenden Konstruktion aufgebracht, dann wird auf dieses eine Haftschlämme aufgetragen und die Fliesen bzw. Platten „frisch in frisch" aufgebracht.

Die qualitativ hochwertigere Verlegemethode ist die Anwendung des Dünnbettverfahrens auf erhärtetem und ausreichend trockenem Estrich (siehe Abb. 2.48).

Bewegungsfugen

- als Gebäudetrennfugen an gleicher Stelle und in gleicher Breite
- als Feldbegrenzungsfugen in Türdurchgängen zwischen fremden Wohn- und Arbeitsbereichen

bei unbeheizten Konstruktionen

- als Feldbegrenzungsfugen bei Seitenlängen in Abhängigkeit von den objektspezifischen Gegebenheiten (Empfehlung: bei Seitenlängen ≥ 10 m)

bei beheizten Konstruktionen

- als Feldbegrenzungsfugen bei Seitenlängen ≥ 8 m
- als Feldbegrenzungsfugen an größeren Veränderungen der Estrichfläche und in Türdurchgängen
- als Feldbegrenzungsfugen bei Flächen mit unterschiedlich regelbaren Heizkreisen

Größere Estrichflächen sind möglich, bedürfen jedoch einer besonderen Planung. Die Breite der Bewegungsfugen hängt von den einzelnen Feldlängen, der zu erwartenden Temperaturdifferenz, den Ausdehnungskoeffizienten von Untergrund und Belag sowie der zulässigen Gesamtverformung des Dichtstoffs ab.

2.7.5 Fragen und Antworten

Nr.	Fragen
1.	Was ist eine Lastverteilungsschicht?
2.	Welche Arten von Lastverteilungsschichten gibt es?
3.	Wer ist für die Planung der Fußbodenkonstruktion verantwortlich?
4.	Welche Einbaubedingungen müssen gegeben sein, bevor mit dem Einbau einer gedämmten Fußbodenkonstruktion begonnen werden kann?
5.	Welche Parameter gelten gemäß den Regelwerken hinsichtlich Temperatur und Zugluft im Arbeitsbereich?
6.	Welche Eigenschaften muss der tragende Untergrund aufweisen?
7.	Welche Anforderungen bestehen an die Ebenheit der Oberfläche?
8.	Welche Anforderungen bestehen an die auf dem Untergrund verlegten Rohrleitungen?
9.	Welche Wärmedämmstoffe kommen infrage?
10.	Welche Trittschalldämmstoffe kommen infrage?
11.	Welche Aufgabe hat die Abdeckung einer Dämmung?
12.	Aus welchem Material besteht die Abdeckung?

Nr.	Fragen
13.	Wie ist die Abdeckung am Rand und an den Stößen auszubilden?
14.	Welche Einbauarten gibt es für Lastverteilungsschichten?
15.	Nennen Sie die anzustrebende max. Seitenlänge bei Heizestrichen.
16.	Wie dick muss eine Lastverteilungsschicht mindestens sein?
17.	Ist eine Bewehrung der Lastverteilungsschicht erforderlich?
18.	Welche Materialien eignen sich zur Bewehrung einer Lastverteilungsschicht?
19.	Welche Verlegesysteme eignen sich zur Verlegung von Keramik- und Natursteinbelägen?
20.	Welche Bedingungen muss ein Zementestrich erfüllen, damit mit der Verlegung des Belags begonnen werden kann?
21.	Was versteht man unter dem Begriff Belegereife? Wie wird sie ermittelt?
22.	Welche Mörtel oder Klebstoffe eignen sich zur Anwendung des Dünnbettverfahrens?
23.	Wie ist zu verfahren, wenn eine Abdichtung nach DIN 18534-2 unterhalb des Estrichs angeordnet wurde?
24.	Wo sind die Bewegungsfugen anzuordnen?
25.	Welche Arten von Bewegungsfugen gibt es?
26.	Nennen Sie die erforderliche Tiefe, Breite und sonstige wesentliche Anforderungen an Feldbegrenzungsfugen.
27.	Wie ist die Wasserdichtigkeit von Bewegungsfugen, die mit einem Dichtstoff verfüllt sind, zu beurteilen?
28.	Welche Probleme können mit Bewegungsfugen, insbesondere bei Randfugen, auftreten?
29.	Was versteht man unter einer Scheinfuge?
30.	Wie groß ist das Schwindmaß eines Zementestrichs?

Nr.	Antworten
1.	Eine Lastverteilungsschicht (Estrich) bewirkt die gleichmäßige Abtragung einwirkender Lasten in die Fläche und verhindert eine unzulässige Stauchung des Dämmmaterials.
2.	Zementestrich (CT), Calciumsulfatestrich (CA), Gussasphaltestrich (AS), Magnesiaestrich (MA). Die Estriche können sowohl im Verbund als auch auf Trennlage oder auf Dämmung eingebaut werden.
3.	Verantwortlich ist der jeweilige Planer. In der Regel ist dies der Fachingenieur oder Architekt, sofern diese im Objekt involviert sind. Ist dies nicht der Fall, ist derjenige Fachhandwerker verantwortlich, der den Estrich einbaut.
4.	Fenster, Türzargen und Installation müssen montiert sein. Angrenzende Bauteile müssen vorhanden sein.
5.	Die Mindesttemperaturen sind abhängig von dem zum Einsatz kommenden Mörtelsystem. Die Temperaturen des Untergrundes und des Belagsmaterials betragen bei zementären Systemen 5 °C, bei Dispersions- und Reaktionsharzklebstoffen 10 °C. Zugluft ist zu vermeiden.
6.	Er muss ausreichend tragfähig, fest und trocken sein und darf keine groben Verschmutzungen aufweisen.
7.	Der Untergrund muss in Bezug auf die Ebenheit die erhöhten Anforderungen der DIN 18202 erfüllen.
8.	Rohrleitungen sind am Untergrund zu befestigen.
9.	Die wesentlichen Dämmstoffe sind: • expandiertes (EPS) und extrudiertes Polystyrol (EXPS), • Mineralfaser (Mineralwolle, MW), • Polyurethan-Hartschaum (PUR-Hartschaum), • Holzfaser (WF), • Phenolhartschaum (PF), • Schaumglas (CG), • Holzwolle (WW), • Expandierter Kork (ICB). Die Dämmstoffe müssen die Anforderungen der DIN 4108 erfüllen.
10.	Schaumkunststoffe und Faserdämmstoffe
11.	Sie soll die Dämmung vor Feuchtigkeit schützen.
12.	PE-Folie (d > 0,15 mm), Bitumenbahn mit Schrenzpapiereinlage
13.	Sie ist am Rand hochzuführen und 8 cm zu überlappen.
14.	als Estrich oder vorgezogenes Mörtelbett
15.	Sie sollte 8 m nur überschreiten, wenn dies berechnet wurde.
16.	Sie muss mindestens 45 mm dick sein.
17.	Sie wird in Fachkreisen kontrovers diskutiert. In der Fläche führt sie in der Regel zu einer Schwächung der Festigkeit des Estrichs, da der Verdichtungsgrad des Estrichmörtels deutlich geringer ist als bei einem unbewehrten Estrich. In Eckbereichen ist allerdings eine partielle Integration der Bewehrung (ca. 50–70 cm) in die angrenzende Fläche sinnvoll, da sie eine Fortsetzung des Risses in Estrichfläche verhindert und die Rissbreite minimiert wird.

Nr.	Antworten
18.	Baustahlmatten und Fasern, die dem frischen Estrichmörtel zugegeben werden
19.	Verlegung im Dickbett- und im Dünnbettverfahren
20.	Das Mindestalter muss 28 Tage betragen. Die Belegereife nach DIN 18157 muss erreicht sein.
21.	Sie ist gegeben, wenn der Estrich so weit getrocknet ist, dass nach der Applikation des Belages keine Schädigungen an diesem durch Schwindspannungen eintreten können. Die DIN 18157 empfiehlt einen max. Feuchtigkeitsgehalt von 2 bis 2,5 CM-% (3,5 bis 4 M.-%), das ZDB-Merkblatt „Beläge auf Zement- und Calciumsulfatestrichen" (Stand: November 2022) 2 CM-% (3,5 M.-%); bei der Verwendung großformatiger Platten (> 600 cm × 600 cm) auf beheizten Fußbodenkonstruktionen werden im ZDB-Merkblatt „Beläge auf Zement- und Calciumsulfatestrichen" (Stand: November 2022) 1,8 CM-% (3,3 M.-%) empfohlen. In der Regel sollte der niedrige Wert berücksichtigt werden. Der höhere Wert hat nach DIN 18157 nur bei besonderen Voraussetzungen Gültigkeit.
22.	zementäre Dünnbettmörtel und Reaktionsharzklebstoffe
23.	Bei dieser Abdichtungsvariante kommt eine Folienabdichtung zur Anwendung. Auf dieser ist eine zweilagige Trennfolie anzuordnen, auf die dann der Estrich aufgebracht wird. Diese Abdichtungsvariante birgt die Gefahr einer Durchfeuchtung des Estrichs und der Dämmung, was sowohl in Bezug auf die Raumhygiene als auch den Schall- und Wärmeschutz negative Folgen haben kann. Zur Vermeidung dieser negativen Parameter empfiehlt sich die Applikation einer Abdichtung im Verbund auf die Oberfläche des Estrichs.
24.	Sie sind über Gebäudetrennfugen, als Feldbegrenzungsfugen und als Randfugen anzuordnen.
25.	Gebäudetrennfugen, Feldbegrenzungsfugen, Randfugen und Anschlussfugen
26.	Feldbegrenzungsfugen sind geradlinig und rechtwinklig zu führen. Die Tiefe reicht von der Dämmschichtabdeckung bis zur Belagsoberfläche. Die Fugenbreite ist zu berechnen. Sie ist abhängig von der Feldlänge, der zu erwartenden Temperaturdifferenz, den Ausdehnungskoeffizienten von Estrich und Belag sowie der zulässigen Gesamtverformung des Dichtstoffs.
27.	Bewegungsfugen unabhängig davon, mit welchem Dichtstoff sie verfüllt sind, stellen keine Abdichtungsmaßnahme dar.
28.	Oftmals kommt es aufgrund von Langzeitverformungen des Estrichs auch bei fachgerechter Ausführung der Fuge zu Rissbildungen im Dichtstoff oder zu dessen Abriss von der Fugenflanke. Grundsätzlich gilt: Je länger der Estrich erhärten und trocknen kann, desto geringer ist die Gefahr dieser Schäden. Sollte die Verfugung bereits kurze Zeit nach Fertigstellung des Belags vorgenommen werden, empfiehlt es sich, den Auftraggeber auf diesen Sachverhalt hinzuweisen, um eventuellen Mängelrügen vorbeugen zu können.
29.	Sollbruchstellen im Estrich. Sie führen bei einwirkenden Schwindspannungen zu geplanten, in der Regel geradlinig verlaufenden Rissen, die üblicherweise nach dem Erhärten des Estrichs kraftschlüssig geschlossen werden. Sollte diese Maßnahme nicht erfolgen, ist oberhalb der Scheinfuge im Belag deckungsgleich eine Feldbegrenzungsfuge anzuordnen.
30.	Das Schwindmaß eines Zementestrichs beträgt ca. 0,5 mm/m.

Abb. 2.49: Gussasphaltestrich-Einbau (Quelle: Walter Mauer, Essen)

2.8 Beläge auf Gussasphaltestrichen

2.8.1 Stichworte zum Thema

- Anwendungsbereiche
- Härteklassen
- Temperaturdehnverhalten
- Belastbarkeit
- Belegereife
- Zusammendrückbarkeit der Dämmstoffe
- Anordnung von Bewegungsfugen

2.8.2 Regelwerke

DIN 18560-2	Estriche im Bauwesen, Estriche und Heizestriche auf Dämmschichten (2022)
DIN 18534-1	Abdichtung von Innenräumen (2017)
DIN 18534-4	Abdichtungen im Innenbereich mit Gussasphalt (2017)
DIN 18157-1	Ausführung von Bekleidungen und Belägen im Dünnbettverfahren – Teil 1: Zementhaltige Mörtel (2017)
DIN 18157-3	Ausführung von Bekleidungen und Belägen im Dünnbettverfahren – Teil 3: Reaktionsharzklebstoffe (2017)
ZDB-Merkblatt	Beläge auf Gussasphaltestrich – Fliesen und Platten aus Keramik, Naturwerkstein und Betonwerkstein auf Gussasphaltestrich (AS) (November 2022)
BEB-Merkblatt	Hinweise für die Verlegung von Belägen auf Gussasphaltestrichen in normal beheizten Gebäuden (Innenräume) (Dezember 2015)

Wesentliche Inhalte der Regelwerke

- Definition
- Anwendungsbereich
- Vorgaben durch die Planung
- Maßnahmen gegen Feuchte; hier sind die Vorgaben der DIN 18534 zu beachten
- Estrichnenndicken; hier sind die Vorgaben der DIN 18157 zu beachten
- Dämmschichten/Randstreifen
- Abkühlzeit/Belegereife
- Verlegung von Fliesen und Platten
- Fugen

2.8.3 Fall aus der Praxis

Im Foyer eines Gymnasiums soll auf einem 25 mm dicken Gussasphaltestrich der Güteklasse IC 10, der auf einer Dämmung aufgebracht wurde, ein Natursteinbelag der Gesteinssorte „Jura-Marmor", Format 300 mm × 600 mm × 10 mm, im Halbverband verlegt werden.

- Bewerten Sie die Konstruktion hinsichtlich der erforderlichen Voraussetzungen gemäß den anerkannten Regeln der Technik.
- Wie verhalten Sie sich gegenüber dem Auftraggeber?

Lösung

Die DIN 18157 beschränkt den Einsatz eines Gussasphaltestrichs auf Bereiche, die mit einer max. Flächenlast von 2 kN/m² und einer max. Einzellast von 1 kN belastet werden. Diese Lastannahmen sind für ein Foyer in einem Gymnasium nicht ausreichend.

Die DIN EN 1991-1-1 (vgl. Tabelle 1.13) ordnet die Räumlichkeit in die Nutzungskategorie C3 ein. Diese definiert eine Einzellast von max. 4 kN und eine Flächenlast von max. 5 kN/m² für diesen Anwendungsbereich.

Da die DIN EN 1991-1-1 bauaufsichtlich eingeführt ist, sind deren Inhalte bei Planung und Ausführung zu berücksichtigen.

Darüber hinaus ist die Estrichdicke mit 25 mm zu gering dimensioniert. Nach DIN 18157 muss diese mindestens 40 mm, nach ZDB-Merkblatt 35 mm betragen. Die Angaben der DIN 18157 unterscheiden sich von dem in der DIN 18560-2 definierten Wert (25 mm). Sie berücksichtigen das Ergebnis eines Forschungsprojektes, das vom Bundesverband Estrich und Belag (BEB) durchgeführt und veröffentlicht wurde.

Auch weist der Naturstein mit 10 mm eine zu geringe Dicke auf. Der Deutsche Natursteinverband empfiehlt in diesen Anwendungsbereichen eine Mindestdicke von 20 mm.

Gegenüber Planer und Auftraggeber sind diesbezüglich Bedenken anzumelden. Sollte der Auftraggeber auf dieser Ausführungsvariante bestehen bzw. die Estrichdicke auf lediglich 35 mm nach ZDB-Merkblatt erhöhen, empfehlen die Autoren, schriftlich Bedenken gegenüber der geplanten Ausführung anzumelden und auf möglicherweise auftretende Schäden explizit hinzuweisen.

2.8.4 Bausteine

Definition/Konstruktionsarten

Gussasphaltestriche sind ein Gemisch aus Gesteinskörnungen, Bitumen und Additiven. Die Qualität muss den Anforderungen der DIN EN 13813 entsprechen. Bei den Konstruktionen handelt es sich um Fußbodenaufbauten auf Trennlage oder Dämmschichten. Die Dämmschichten können aus Gründen des Schall- oder Wärmeschutzes zum Einsatz gelangen. Deren Zusammendrückbarkeit darf 2 mm nicht überschreiten. Der Gussasphaltestrich dient hierbei als Lastverteilungsplatte. Die DIN 18560-2 regelt die Konstruktion von schwimmenden Estrichen und Estrichen auf Trennlage. Sie weicht allerdings bezüglich der Mindestdicke und der maximalen Belastbarkeit von den Vorgaben der DIN 18157 und des ZDB-Merkblatts ab (siehe Kapitel 2.8.3).

Gussasphalthärteklassen

Man unterscheidet in Abhängigkeit vom Mischgut folgende Härteklassen:

- IC 10,
- ICH 10 (als Heizestrich),
- IC 15 (nicht zur Aufnahme eines starren Belags geeignet),
- IC 40 (für den Außenbereich, nicht zur Aufnahme eines starren Belags geeignet),
- IC 100 (nicht zur Aufnahme eines starren Belags geeignet).

Die Härteklassen definieren die Qualität des Estrichs. Diese wird mit der Stempeleindringtiefe ermittelt. Sie wird an einer Gussasphaltprobe (Würfel) vorgenommen. Die Angabe erfolgt in 1/10 mm. Dies bedeutet, dass die Eindringtiefe eines IC 10 max. 1 mm betragen darf. Je höher die Eindringtiefe, desto weicher ist der Estrich und desto sensibler ist dieser Verlegeuntergrund in Verbindung mit Keramik- und Natursteinbelägen zu bewerten, insbesondere wenn dieser mit zementären Mörteln verlegt wird. Lediglich Estriche mit den Härteklassen IC 10, ICH 10 dürfen mit starren Belägen belegt werden.

Anwendungsmöglichkeiten in Verbindung mit Keramik- und Natursteinbelägen

- in Innenbereichen ohne Feuchtigkeitsbelastung
- in durch Feuchtigkeit belasteten Räumen mit max. Wassereinwirkungsklasse WI-I nach DIN 18534
- nach DIN 18157
  - bei unbeheizten Estrichen mit einer Dicke von **40 mm**, auf die max. **< 1 kN Einzellast** und **< 2 kN Flächenlast** einwirken
- nach ZDB-Merkblatt
  - bei unbeheizten Estrichen mit einer Dicke von **30 mm**, auf die max. **2 kN Einzellast** und max. **3 kN Flächenlast** einwirken
  - bei unbeheizten Estrichen mit einer Dicke < **35 mm**, auf die max. **< 4 kN Einzellast** und max. **< 5 kN Flächenlast** einwirken
  - bei beheizten Estrichen mit einer Dicke von **40 mm** bis zu einer **Einzellast von 4 kN** und einer **Flächenlast von 5 kN**

Bei Lasteinwirkungen, die über die in DIN 18157 genannten Werte (1 kN Einzellast und 2 kN Flächenlast) hinausgehen, empfehlen die Autoren, Auftraggeber und Planer auf diesen Sachverhalt hinzuweisen und gegebenenfalls schriftlich Bedenken anzumelden.

Technische Anforderungen an Gussasphaltestriche in Verbindung mit Keramik- und Natursteinbelägen

Aufgrund seines thermoplastischen Verhaltens und des von Keramik- und Natursteinbelägen stark abweichenden Temperaturdehnverhaltens sollten Gussasphaltestriche nicht Lasten ausgesetzt werden, die größer sind als 1 kN Einzellast und 2 kN/m^2 Flächenlast. Sollten größere Lasten einwirken, sind ausreichend groß dimensionierte Lastabtragungsunterlagen zu positionieren.

Für die Fugenanordnung und deren Dimensionierung ist vom Planer ein Fugenplan zu erstellen.

Die Estrichmindestdicke nach DIN 18157 beträgt 40 mm. Diese Mindestdicke unterscheidet sich von den Angaben der DIN 18560-2 und des ZDB-Merkblatts (2007), in denen differierende Mindestdicken definiert sind.

Die Autoren empfehlen, die in DIN 18157 definierte Mindestdicke zu berücksichtigen, da dieser Wert auf dem Ergebnis eines Forschungsprojektes basiert, das vom Bundesverband Estrich und Belag (BEB) durchgeführt und veröffentlicht wurde, und somit das höhere Sicherheitspotenzial aufweist.

Je größer die Mindestdicke, desto geringer sind die aus Lasteinwirkungen resultierenden Verformungen. Je geringer die Verformungen, desto geringer ist die Gefahr der Schädigung des Belags bei Lasteinwirkung.

Belegereife

Die Belegereife ist nach Abkühlung des Estrichs auf Raumtemperatur gegeben.

Bedingungen für den Einbau des Estrichs

- Bauteile, die bei Einbau mit der heißen Mörtelmatrix in Verbindung kommen, müssen eine ausreichende Temperaturbeständigkeit aufweisen.
- Installationen und Türzargen mit Bodeneinstand müssen montiert sein.
- An den Boden angrenzende Bauteile müssen vorhanden sein.

Anforderungen an den Untergrund

Der tragende Untergrund muss eben, trocken und fest sein. Weiterhin ist zu beachten:

- Es dürfen keine groben Verunreinigungen vorhanden sein.
- Rohrleitungen müssen befestigt sein.
- Ab Oberkante Rohrleitungen ist eine ebene Fläche zur Aufnahme der Dämmschichten sicherzustellen.
- Ein eventuell erforderliches Gefälle ist unter den Dämmschichten anzuordnen.
- Bei Verlegung großformatiger Platten sind die erhöhten Anforderungen an die Ebenheit nach DIN 18202 anzuwenden.

Dämmstoffe

Die Dämmstoffe kommen unter Estrichen zum Trittschall- und/oder Wärmeschutz zur Anwendung. Die Anforderungen an den Schallschutz sind in der DIN 4109-1 und die Anforderungen an den Wärmeschutz in der DIN 4108 definiert.

Zugelassene Dämmstoffe nach DIN 18560-2 sind Produkte, die den Anforderungen der DIN EN 13162 und der DIN EN 13171 entsprechen.

Für Dämmstoffe, die nicht diesen Normen entsprechen, muss die Gebrauchstauglichkeit gemäß den bauaufsichtlichen Vorschriften nachgewiesen werden.

Die Zusammendrückbarkeit der Trittschalldämmschicht darf 2 mm nicht überschreiten.

Mehrlagige Dämmschichten dürfen sich nicht mehr als 3 mm zusammendrücken lassen.

Hinweis

> Da sich mit der Erhöhung der zulässigen Zusammendrückbarkeit der Dämmschicht die Belastung der Lastverteilungsschicht erhöht, sollte bei der Verlegung eines starren Belags die Verwendung eines Dämmstoffs mit einer max. Zusammendrückbarkeit von 2 mm empfohlen werden.

Die Dämmstoffe müssen einer kurzfristigen Temperatur von 250 °C standhalten.

Eine temperaturbeständige Abdeckung ist auf der Dämmschicht grundsätzlich vorzusehen.

Randstreifen müssen mindestens 10 mm dick und beständig gegen die Einbautemperatur von ca. 250 °C sein. Sie sind fehlstellenfrei anzuordnen, damit Schallbrücken sicher vermieden werden.

Einbau des Estrichs

Der Gussasphalt wird in einem beheizten Rührwerkkessel zur Baustelle angeliefert. Die Mörteltemperatur beträgt ca. 250 °C. Aus dem Kessel wird dieser manuell zum Einsatzort transportiert, dort ausgegossen, verteilt und abgezogen. In die Oberfläche des noch heißen Estrichs wird zur Erzielung einer „griffigen“ Oberfläche feiner Quarzsand eingerieben. Fehlstellen (Glatzenbildung) sind dabei zu vermeiden.

Untergrundvorbehandlung des Gussasphaltestrichs

- Haftungsmindernde Bestandteile wie überschüssiger, nicht eingebundener Einstreusand, Öle Fette usw. sind zu entfernen.
- Nicht ordnungsgemäß abgesandete Flächen sind mit einer lösemittelfreien Reaktionsharzgrundierung zu versehen und abzusanden.
- Vorhandene Risse und nicht ordnungsgemäß ausgeführte Arbeitsfugen sind mittels eines lösemittelfreien Reaktionsharzes zu schließen.
- Vorhandene Unebenheiten ≥ 5 mm sind mit einer schwindarmen Spachtelmasse (Gipsspachtelmasse o. Ä.) auszugleichen.

Verlegung eines Keramik- oder Natursteinbelags

Die Verlegung erfolgt im Dünnbettverfahren nach DIN 18157 mit einem Dünnbettmörtel nach DIN EN 12004. Es ist eine weitgehend hohlraumfreie Bettung anzustreben.

Bei der Verlegung großformatiger Fliesen empfiehlt sich der Einsatz eines schnell erhärtenden, schnell trocknenden Dünnbettmörtels.

Bei beheizten Flächen sowie in Bereichen mit starker Sonneneinstrahlung sollte bei Formaten $\geq 0{,}10\ m^2$ die Verlegung geradlinig im Fugenschnitt erfolgen.

Bewegungsfugen

- Gebäudetrennfugen sind an gleicher Stelle und in gleicher Breite auszuführen.
- Bewegungsfungen sind als Feldbegrenzungsfugen in Türdurchgängen zwischen fremden Wohn- und Arbeitsbereichen auszuführen.
- Beheizte und unbeheizte Flächen sind durch eine Fuge zu trennen.
- Unterschiedlich regelbare Heizkreise und Bereiche, die unterschiedlich starker Sonneneinstrahlung ausgesetzt sind, sind durch eine Fuge zu trennen.
- Randfugen müssen mindestens 10 mm breit sein.
- Die Breite der Feldbegrenzungsfugen ist abhängig von der Estrichfeldlänge, den zu erwartenden Temperaturänderungen und der praktischen Dehnfähigkeit des Dichtstoffs; sie ist rechnerisch zu ermitteln.

2.8.5 Fragen und Antworten

Nr.	Fragen
1.	Nennen Sie die wesentlichen Rohstoffe zu Formulierung eines Gussasphaltestrichs.
2.	Wie hoch ist die max. Einbautemperatur eines Gussasphaltestrichs?
3.	Nennen Sie die erforderlichen Estrichhärteklassen, die für die Belegung mit Keramik oder Naturstein geeignet sind.
4.	Erläutern Sie den Begriff Härteklasse IC 10.
5.	Welche Mindestdicke muss ein Gussasphaltestrich aufweisen, damit er mit einem Naturstein- oder Keramikbelag belegt werden kann?
6.	Welche Temperatur weist ein Gussasphaltestrich zu Beginn des Einbaus auf?
7.	Wie muss die Oberfläche des Gussasphalts beschaffen sein, damit ein Keramikbelag mit einem zementären Dünnbettmörtel belegt werden kann?
8.	Was ist zu tun, wenn Teilbereiche keine Absandung aufweisen?
9.	Wie müssen nicht ausreichend homogene Arbeitsfugen behandelt werden?
10.	Wie hoch ist der Temperaturausdehnungskoeffizient von Gussasphalt?
11.	Mit welchen Maximallasten darf ein Gussasphalt nach DIN 18157 belastet werden, damit er mit einem Keramik- oder Natursteinbelag belegt werden kann?
12.	Welche Maßnahme ist erforderlich, wenn unplanmäßig höhere Lasten einwirken?

Nr.	Fragen
13.	Wann ist die Belegereife eines Gussasphalts gegeben?
14.	Nennen Sie die max. Zusammendrückbarkeit einer Trittschalldämmschicht.
15.	Nennen Sie die max. Zusammendrückbarkeit von mehrlagigen Dämmschichten (Trittschall- und Wärmedämmung).
16.	Welche kurzzeitige Temperaturbeständigkeit muss ein Dämmstoff aufweisen?
17.	Welche Mindestdicke muss ein Randstreifen aufweisen?
18.	Kann ein Gussasphaltestrich als Abdichtung unter einem Keramik- oder Natursteinbelag zur Anwendung kommen?
19.	Welche Untergrundvorbereitungsmaßnahmen sind vor der Verlegung durchzuführen?
20.	Wie ist zu verfahren, wenn die Oberfläche des Estrichs Ebenheitsabweichungen von ≥ 5 mm aufweist?
21.	Nennen Sie eine Spachtelmasse mit geringem Schwindverhalten.
22.	Welches Verlegeverfahren sollte zur Anwendung kommen?
23.	Welche max. Schichtdicke darf der Dünnbettmörtel nicht überschreiten?
24.	Welches hydraulisch erhärtende Mörtelsystem ist bei der Verwendung einer 600 mm × 600 mm großen Fliese zu bevorzugen?
25.	Welche Verlegevariante sollte bei der Anwendung von Fliesen mit einem Format von 600 mm × 600 mm zur Anwendung kommen?
26.	Was ist bei der Verlegung auf beheizten Flächen sowie in Bereichen mit starker Sonneneinstrahlung zu beachten?
27.	In welchen Bereichen sind Fugen anzuordnen?
28.	Wie breit müssen Randfugen dimensioniert sein?
29.	Von welchen Bedingungen ist die Dimensionierung einer Feldbegrenzungsfuge abhängig?
30.	Wie ist eine Feldbegrenzungsfuge zu dimensionieren?

Nr.	Antworten
1.	Gesteinskörnungen (Kalksteinmehle, Sand, Splitt, Kies) und Bitumen
2.	ca. 250 °C
3.	IC 10, ICH 10
4.	Die Härteklassen definieren die Qualität des Estrichs. Diese wird mittels der Stempeleindringtiefe ermittelt. Sie wird an einer Gussasphaltprobe (Würfel) vorgenommen. Die Angabe erfolgt in 1/10 mm. Dies bedeutet, dass die Eindringtiefe eines IC 10 max. 1 mm betragen darf.
5.	40 mm
6.	ca. 250 °C
7.	Sie muss vollständig mit Quarzsand abgestreut sein. Dieser muss fest in die Estrichmatrix eingebunden sein.

Nr.	Antworten
8.	Nicht ausreichend abgesandete Flächen sind mit einer Reaktionsharzgrundierung zu grundieren und abzusanden.
9.	Nicht ausreichend homogene Arbeitsfugen sind zu öffnen und mit Epoxidharz kraftschlüssig zu schließen.
10.	0,030 bis 0,035 mm/(m · K)
11.	Die DIN 18157 beschränkt den Einsatz eines Gussasphaltestrichs auf Bereiche, die mit einer max. Flächenlast von 2 kN/m^2 und einer max. Einzellast von 1 kN belastet werden.
12.	Es müssen ausreichend groß dimensionierte Lastabtragungsunterlagen angeordnet werden.
13.	Sobald der Gussasphaltestrich auf Raumtemperatur abgekühlt ist.
14.	2 mm
15.	3 mm
16.	Sie müssen eine Temperaturbeständigkeit von ca. 250 °C aufweisen.
17.	10 mm
18.	Ein Gussasphaltestrich kann zur Abdichtung in Innenräumen eingesetzt werden, sofern die Wassereinwirkungsklassen W0-I und WI-I vorliegen.
19.	Haftungsmindernde Bestandteile wie überschüssiger, nicht eingebundener Einstreusand, Öle, Fette usw. sind zu entfernen. Nicht ordnungsgemäß abgesandete Flächen sind mit einer lösemittelfreien Reaktionsharzgrundierung zu versehen und abzusanden. Vorhandene Risse und nicht ordnungsgemäß ausgeführte Arbeitsfugen sind mit einem lösemittelfreien Reaktionsharz zu schließen.
20.	Unebenheiten ≥ 5mm dürfen keinesfalls mit dem Verlegemörtel ausgeglichen werden. Sie sind zunächst mit einer schwindreduzierten Spachtelmasse auf Calciumsulfatbasis (z. B. Gipsspachtelmasse) auszugleichen.
21.	eine Spachtelmasse auf Calciumsulfatbasis
22.	das Dünnbettverfahren
23.	5 mm
24.	Es sollte ein Dünnbettmörtel der Qualitätsklasse C2FS1 nach DIN EN 12004 mit schnell trocknenden Eigenschaften ausgewählt werden.
25.	Bei Formaten ≥ 0,10 m^2 sollte die Verlegung geradlinig im Fugenschnitt erfolgen.
26.	Sie sollten auf Kreuzfuge verlegt werden.
27.	Über Gebäudetrennfugen an gleicher Stelle und in gleicher Breite in Türdurchgängen zwischen fremden Wohn- und Arbeitsbereichen, bei dem Wechsel zwischen beheizten und unbeheizten Flächen, bei Flächen mit unterschiedlich regelbaren Heizkreisen und in Bereichen, die unterschiedlicher starker Sonneneinstrahlung ausgesetzt sind.
28.	mindestens 10 mm
29.	Die Breite der Feldbegrenzungsfugen ist abhängig von der Estrichfeldlänge, den zu erwartenden Temperaturänderungen und der praktischen Dehnfähigkeit des Dichtstoffs.
30.	Sie ist rechnerisch zu ermitteln.

Abb. 2.50: Einbau einer beheizten Fußbodenkonstruktion der Bauart A (Quelle: Mapei GmbH, Großostheim)

2.9 Beläge auf beheizten Fußbodenkonstruktionen nach DIN 18560-2

2.9.1 Stichworte zum Thema

- Anwendungsgebiete für Estriche mit integrierten Heizsystemen nach DIN 18560-2
- beteiligte Gewerke, Koordination der Planung und Ausführung
- fachgerechter Estricheinbau, fachgerechte Installation, fachgerechtes Auf- und Abheizen
- Heizprotokoll
- Belegereife
- Anordnung von Bewegungsfugen

2.9.2 Regelwerke

DIN 18560-2	Estriche im Bauwesen, Estriche und Heizestriche auf Dämmschichten (2022)
DIN EN 1264-4	Raumflächenintegrierte Heiz- und Kühlsysteme mit Wasserdurchströmung (2021)
BVF-Informationsblatt	Schnittstellenkoordination bei Flächenheizungs- und Flächenkühlsystemen im Neubau (2020)
ZDB-Merkblatt	Beläge auf Zement- und Calciumsulfatestrichen (November 2022)
ZDB-Merkblatt	Beläge auf Gussasphaltestrich – Fliesen und Platten aus Keramik, Naturwerkstein und Betonwerkstein auf Gussasphaltestrich (AS) (November 2022)
ZDB-Merkblatt	Großformate (November 2022)
ZDB-Merkblatt	Bewegungsfugen in Bekleidungen und Belägen aus Fliesen und Platten (November 2022)

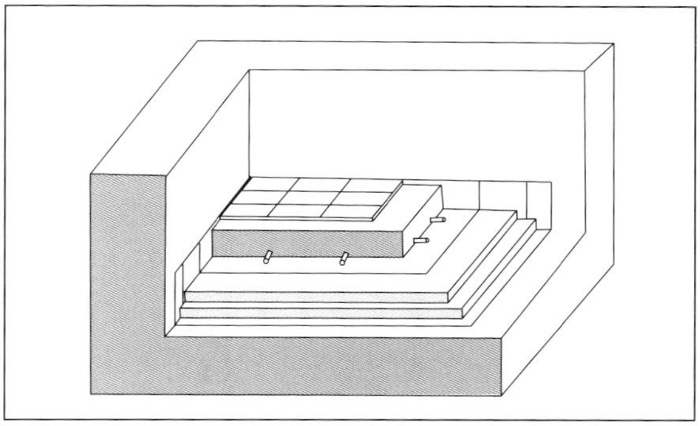

Abb. 2.51: Standardaufbau einer beheizten Fußbodenkonstruktion gegen Erdreich mit Wärme und Trittschalldämmung

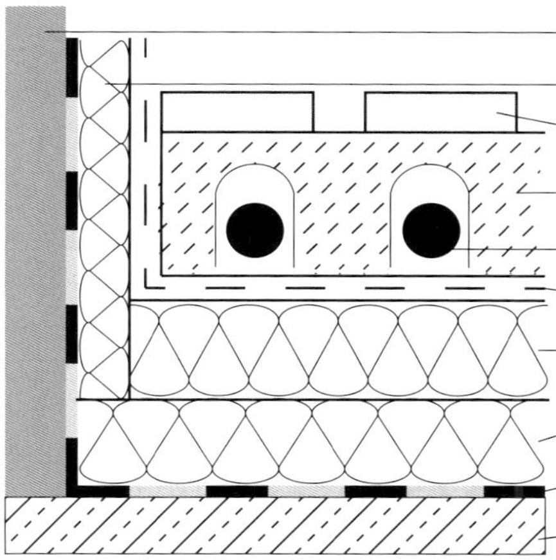

Abb. 2.52: Querschnitt eines Standardaufbaus einer beheizten Fußbodenkonstruktion gegen Erdreich mit Wärme und Trittschalldämmung

DIN 18157-1	Ausführung von Bekleidungen und Belägen im Dünnbettverfahren – Teil 1: Zementhaltige Mörtel (2017)
DIN 18157-3	Ausführung von Bekleidungen und Belägen im Dünnbettverfahren – Teil 3: Reaktionsharzklebstoffe (2017)

Wesentliche Inhalte der Regelwerke

- Bauarten von Fußbodenheizungen
- Boden- und Deckenkonstruktion
- Dämmschichten/Abdeckung/Randstreifen
- Lastverteilungsschicht/Estrich
- Beläge
- Fugen
- Abkühlzeit/Belegereife
- Verlegung von Fliesen und Platten
- Fugen
- Inbetriebnahme nach Fertigstellung

2.9.3 Fall aus der Praxis

In einem Wohnzimmer eines Wohnhauses ist ein Calciumsulfatfließestrich mit integrierter Warmwasserfußbodenheizung gemäß Bauart A nach DIN 18560-2 eingebaut.

Sie haben den Auftrag, großformatige Fliesen im Format 1.000 mm × 1.000 mm × 12 mm zu verlegen.

Wie gehen Sie vor

- bei der Untergrundprüfung,
- wenn keine Messstellen vorhanden sind,
- wenn die Estrichfläche Rissbildungen aufweist,
- wenn die Estrichoberfläche minderfest ist,
- wenn die Estrichoberfläche stark verunreinigt ist?

Lösung

Die Funktionsprüfung der Fußbodenheizung muss nach DIN EN 1264-4 als Nachweis der Erstellung eines mangelfreien Gewerks durchgeführt und protokolliert sein.

Eine Kopie des Protokolls ist anzufordern.

Die Funktionsprüfung ist noch keine Bestätigung dafür, dass die erforderliche Belegereife von 0,3 CM-% gegeben ist. Sie ist mittels der CM-Messmethode an ausgewiesenen Messstellen zu ermitteln (mindestens 3 Messungen auf 200 m^2 oder eine Messstelle pro Raum). Das Prüfgut ist über den gesamten Querschnitt des Estrichs zu entnehmen.

Vor der abschließenden CM-Messung empfiehlt es sich, zunächst die sog. Folienprüfung durchzuführen. Ist nach 24 Stunden unterhalb der Folie keine Feuchtigkeit zu erkennen, kann die CM-Messung erfolgen. Die Folienprüfung ist eine orientierende Prüfung und ersetzt nicht die CM-Messung.

Der Estrich darf zum Zeitpunkt der Belegung einen Feuchtigkeitsgehalt von max. 0,3 CM-% aufweisen.

Die Überprüfung der Estrichoberfläche kann aufgrund des speziellen Materialverhaltens erst nach Erreichen der Belegereife ausgeführt werden. Bei der visuellen Prüfung sind der Randstreifen, die Fugenanordnung und die Rissfreiheit zu kontrollieren.

Neben der visuellen Prüfung sind die Ebenheitsprüfung nach DIN 18202, die Klopfprüfung, die Gitterritzprüfung und die Benetzungsprüfung durchzuführen. Ziel dieser Maßnahmen ist die Sicherstellung einer verankerungsfähigen, tragfähigen und saugfähigen Oberfläche.

Sofern keine Mängel festgestellt werden und der Estrich ausreichend trocken ist, ist die Oberfläche zu grundieren, wenn keine anderslautenden Vorschriften des Mörtelherstellers vorliegen.

Die Grundierung muss für den Estrich geeignet und auf den Dünnbettmörtel abgestimmt sein.

Die produktspezifischen Wartezeiten sind einzuhalten.

Aufgrund des großen Formats sollte ein schnell erhärtender, schnell trocknender Dünnbettmörtel zur Anwendung kommen, sofern mit einer Grundierung auf Acrylatbasis grundiert wird.

Der Dünnbettmörtel sollte im Buttering-Floating-Verfahren aufgetragen werden und die Qualitätsklasse C2FS1 nach DIN EN 12004 aufweisen.

Feuchtigkeitsmessstellen

Die CM-Messung darf nur an markierten Messstellen durchgeführt werden. Bei Prüfungen an nicht markierten Stellen besteht die Gefahr einer Beschädigung des Heizsystems.

Sind keine Messstellen vorhanden, ist der Fliesenleger verpflichtet, Bedenken gemäß § 4 Nr. 4 VOB/B anzumelden.

Nach DIN EN 1264-4 und der Fachinformation „Schnittstellenkoordination bei Flächenheizungs- und Flächenkühlsystemen im Neubau“ (Informationsdienst Flächenheizung und Flächenkühlung, Bundesverband Flächenheizungen und Flächenkühlungen e. V., 2011) darf die Bestimmung der Restfeuchte nur an ausgewiesenen Messstellen erfolgen. Diese sind vom Fachplaner vorzugeben.

Bei fehlenden Messstellen können Messstellen mittels thermogravimetrischer Untersuchung festgelegt werden. Verantwortlich für diese Maßnahme ist ebenfalls der Fachplaner.

Risse im Estrich

Sollte der Estrich Risse aufweisen, ist der Fliesenleger verpflichtet, Bedenken nach § 4 Nr. 4 VOB/B anzumelden.

Nach Ermittlung der Ursache der Rissbildung sind die Mängel (fehlende oder zu geringe Dimensionierung der Rand- und Feldbegrenzungsfugen, Mörtelbrücken usw.) zu eliminieren, die die Risse herbeiführten. Im Anschluss daran ist der Riss nach sorgfältiger Vorbereitung (ggf. Aufweitung, Nachschneiden, Reinigung) kraftschlüssig mit Reaktionsharz zu schließen und ggf. zu vernadeln.

Der Erfolg der Sanierungsmaßnahme ist durch erneutes Auf- und Abheizen zu überprüfen und zu protokollieren.

Minderfeste Oberflächenschichten

Bei der Überprüfung der Oberflächenfestigkeit mittels der Gitterritzmethode konnte großflächig eine minderfeste Oberfläche festgestellt werden. Auch in diesem Fall ist der Fliesenleger verpflichtet, Bedenken nach § 4 Abs. 3 VOB/B geltend zu machen.

Der Estrichleger muss die minderfeste Schicht der Oberfläche durch eine geeignete Untergrundvorbereitungsmaßnahme entfernen.

Nach der Mängelbeseitigung ist eine erneute Kontrolle durch den Fliesenleger vorzunehmen.

Verunreinigung des Estrichs

Bei der visuellen Prüfung konnten starke Verunreinigungen (Farb- und Putzreste) festgestellt werden.

Der Fliesenleger hat diesbezüglich schriftlich Bedenken nach § 4 Abs. 3 VOB/B anzumelden.

Wird die Reinigung des Untergrundes von den Verschmutzungen durch den Fliesenleger vorgenommen, so kann er diese Maßnahme als Besondere Leistung nach VOB/C ATV DIN 18352 geltend machen. Diese ist entsprechend zu vergüten.

2.9.4 Bausteine

Ideale Kombination

Bodenbeläge aus Keramik und Naturstein fühlen sich oft kalt an. Dies begründet sich in der schnellen Ableitung der Körperwärme an das Belagsmaterial. Andererseits ist dessen Wärmeleitfähigkeit sehr hoch. Diese Eigenschaft bildet die ideale Voraussetzung für den Einsatz zur Gestaltung von Bodenflächen über einem beheizten Estrich.

Sie sind also ein geeignetes Material zur Gestaltung von Bodenflächen im Wohnungs- und Bürobau.

Vorteile einer Fußbodenheizung unter Keramik- und Natursteinbelägen

- große Heizfläche; der Bodenbelag wirkt als Heizkörper
- gute Wärmespeicherung und Wärmeabstrahlung
- niedrige Betriebstemperaturen, dadurch Heizkostenersparnis
- Eignung für alternative Heizarten
- behagliche, milde Strahlungswärme von unten sorgt für warme Füße und eine ideale Körperwärme
- umweltfreundlich und energiesparend
- unsichtbar, benötigt keine sichtbaren, optisch störenden Heizelemente an der Wand

Erhöhte Anforderungen an die Koordination von Planung und Ausführung

Um eine schadensfreie Ausführung und Inbetriebnahme der Fußbodenheizung zu gewährleisten, ist die Koordination zwischen Planer, Heizungsbauer, Estrichleger und Fliesen- bzw. Natursteinfachbetrieb von besonderer Bedeutung. Hierbei sollte das Informationsblatt „Schnittstellenkoordination bei Flächenheizungs- und Flächenkühlsystemen im Neubau“ (Informationsdienst Flächenheizung und Flächenkühlung, Bundesverband Flächenheizungen und Flächenkühlungen e. V., 2011) beachtet werden.

Bauarten

Grundsätzlich werden unterschieden:

- Warmwasserfußbodenheizung: In einer Heizanlage gewärmtes Wasser wird durch ein Rohrleitungssystem geführt, das im Boden installiert ist.

Heizestriche		Verlegeart
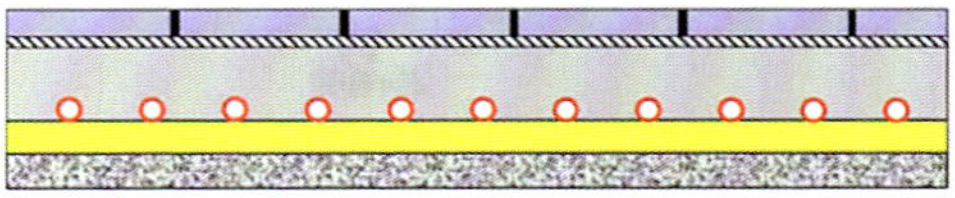	Estrich Heizrohr Dämmung tragender Untergrund	A
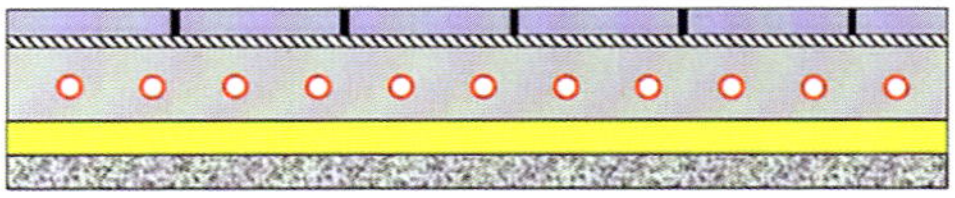	Estrich Heizrohr Dämmung tragender Untergrund	A3
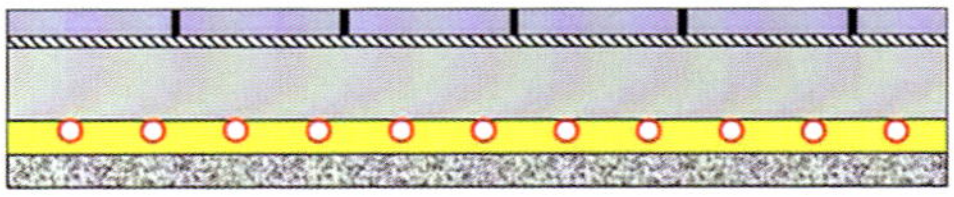	Estrich Heizrohre Dämmung tragender Untergrund	B
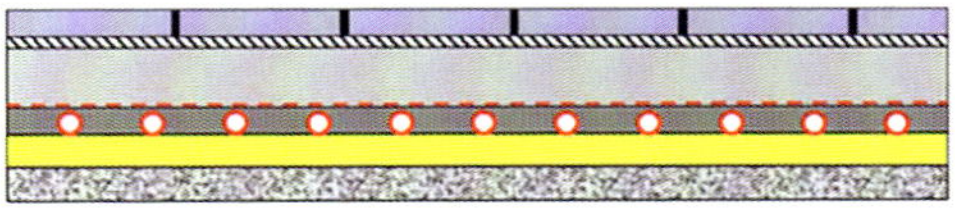	Estrich Trennschicht Ausgleichestrich Heizrohre Dämmung tragender Untergrund	C

Abb. 2.53: Übersicht der Bauarten von Heizestrichkonstruktionen nach DIN 18560-2 (Quelle: Prof. Dr. Alfred Stein, Deutsche Naturstein Akademie, Kaisersesch)

- Elektrofußbodenheizung: Heizmatten erzeugen durch Anschluss an elektrischen Strom und entsprechende Regelung die erforderliche Wärme am Ort des Bedarfs.

Je näher das Heizsystem unter der Belagsoberfläche liegt, umso direkter und schneller wirkt die Heizung. Je tiefer das Heizsystem unter der Oberfläche liegt, umso indirekter und träger wirkt die Heizung. Der erhärtete Estrich dient als Speichermasse. Man unterscheidet deshalb auch zwischen Direktheizung und Speicherheizung.

Bei der Warmwasserfußbodenheizung werden je nach Lage der Heizrohre folgende Typen unterschieden:

- Bauart A: Systeme mit Rohren innerhalb des Estrichs (siehe Abb. 2.50): Bei dieser Verlegeart ist lediglich die Dicke des Estrichs über den Heizrohren statisch wirksam. Diese Verlegeart vermindert also die Tragfähigkeit von Estrichen. Die in Abb. 2.53 aufgeführte Verlegeart A3 der vorherigen Version der DIN 18560-2 kommt noch relativ häufig zur Ausführung. Sie entspricht nicht der aktuellen Norm und bedarf einer Vereinbarung als Sonderlösung.
- Bauart B: Systeme mit Rohren unterhalb des Estrichs
- Bauart C: Systeme mit Rohren im Ausgleichsestrich: Der Estrich als Lastverteilungsschicht wird auf eine zweilagige Trennschicht aufgebracht.

Temperaturen

Bei Warmwasserfußbodenheizungen erlauben die Regelwerke folgende Betriebsdauertemperaturen:

- für Gussasphaltestriche: 45 °C,
- für Calciumsulfat- und Zementestriche: 55 °C.

Bei Elektrofußbodenheizungen erlauben die Regelwerke folgende Betriebsdauertemperaturen:

- für Gussasphaltestriche und Calciumsulfatestriche: 55 °C,
- für Zementestriche: 65 °C.

Tabelle 2.11 ist die thermische Ausdehnung unterschiedlicher Belagsmaterialien zu entnehmen.

Tabelle 2.11: Thermische Ausdehnung von Estrichen und Belagsmaterialien

Estrich/Belagsmaterial	thermische Ausdehnung bei 100 K in mm/m
Zementestrich	1,0
Calciumsulfatestrich	1,3
Gussasphaltestrich	3,5
Feinsteinzeug	0,7
Naturwerkstein (Granit)	0,8

Bodenbeläge, Stoffe und Verlegung, Fugen

Die Anforderungen für den jeweiligen Anwendungsbereich sind in den ZDB-Merkblättern zum jeweiligen Untergrund definiert.

Aufheizen des Estrichs und Inbetriebnahme

Funktionsheizen

Es dient als Nachweis eines mängelfreien Gewerks für den Heizungsbauer und keinesfalls als Aufheizvorgang zum Erreichen der Belegereife.

Das Funktionsheizen kann durchgeführt werden bei

- Zementestrichen nach 21 Tagen,
- Calciumsulfatestrichen nach 7 Tagen,
- Gussasphaltestrichen direkt nach Abkühlung.

Belegereifheizen

Es dient zur Beschleunigung des Trocknungsvorgangs. Die Durchführung erfolgt nach Protokoll 7 des Informationsblatts „Schnittstellenkoordination bei Flächenheizungs- und Flächenkühlsystemen im Neubau“ (Informationsdienst Flächenheizung und Flächenkühlung, Bundesverband Flächenheizungen und Flächenkühlungen e. V., 2011). Es ist direkt im Anschluss an das Funktionsheizen durchzuführen. Das Alter zu Beginn des Belegereifheizens beträgt bei einem

- Zementestrich 28 Tage,
- Calciumsulfatestrich 14 Tage.

Die max. Restfeuchten gemäß ZDB-Merkblättern und DIN 18157 beträgt bei

- Zementestrichen 2,0 CM-%, bei großformatigen Fliesen werden 1,8 CM % empfohlen,
- Calciumsulfatestrichen 0,3 CM-%.

Über das Belegreifheizen ist ein Protokoll nach Protollblatt P 7 des Informationsblatts „Schnittstellenkoordination bei Flächenheizungs- und Flächenkühlsystemen im Neubau“ (Informationsdienst Flächenheizung und Flächenkühlung, Bundesverband Flächenheizungen und Flächenkühlungen e. V., 2011) anzufertigen.

Dicke des Estrichs

Die Estrichnenndicken sind in Abhängigkeit von der einwirkenden Last, der Estrichgüte und Estrichart sowie der Zusammendrückbarkeit der Dämmschicht nach DIN 18560, Tabelle 4, zu definieren. Die Rohrüberdeckung muss bei herkömmlichen Zement- und Calciumsulfatestrichen mindestens 45 mm, bei Calciumsulfatfließestrichen mindestens 40 mm betragen.

2.9.5 Fragen und Antworten

Nr.	Fragen
1.	Nennen Sie die Regelwerke, in denen Planungs- und Ausführungskriterien definiert sind.
2.	Welche Bauarten von Fußbodenheizungen kennen Sie?
3.	Welche Fußbodenheizsysteme unterscheidet man?
4.	Nennen Sie die Vorteile von beheizten Fußbodenkonstruktionen gegenüber herkömmlichen Heizsystemen.
5.	Nennen Sie die max. Betriebstemperaturen bei einer Warmwasserheizung für Zement- und Calciumsulfatestriche.
6.	Nennen Sie die max. Betriebstemperaturen bei einer Elektrofußbodenheizung für Zement- und Calciumsulfatestriche.
7.	An welchen Stellen sind Feuchtigkeitsmessungen vorzunehmen? Mit welcher Methode sind sie zu ermitteln?

Nr.	Fragen
8.	Wie ist zu verfahren, wenn keine Messstellen vorhanden sind?
9.	Nach welcher Zeitspanne kann nach dem Einbau des Estrichs das Funktionsheizen bei Zementestrichen und Calciumsulfatestrichen erfolgen?
10.	Wann kann das Belegereifheizen erfolgen?
11.	Erläutern Sie den Begriff Funktionsheizen.
12.	Erläutern Sie den Begriff Belegereifheizen.
13.	Nennen Sie die max. Restfeuchtegehalte bei einem Zementestrich und einem Calciumsulfatestrich.
14.	Nennen Sie die Mindestüberdeckung des Estrichs über dem Heizrohr bei Bauart A.
15.	Welcher Feuchtigkeitsgehalt sollte bei der Verlegung großformatiger Fliesen bei einem Zementestrich angestrebt werden? Erläutern Sie die Maßnahme.
16.	Wie und durch wen hat die Festlegung der Fugen in der Estrichkonstruktion zu erfolgen?
17.	Nennen Sie die max. Feldgröße und Seitenlänge von Calciumsulfatheizestrichen.
18.	Nennen Sie die max. Feldgröße von Zementheizestrichen.
19.	Wie viel Bewegung muss eine Bewegungsfuge im Estrich mindestens zulassen?
20.	Wie breit ist eine Randfuge auszubilden?
21.	Welche Schäden und Probleme können bei Bewegungsfugen entstehen?
22.	Nennen Sie die Wärmeausdehnungskoeffizienten von Zementestrichen, Calciumsulfatestrichen und keramischen Fliesen.
23.	Welche Mindestdicke muss ein Randstreifen aufweisen?
24.	Berechnen Sie die Längenänderung eines Zementheizestrichs mit einer Seitenlänge von 5 m und einer Temperaturdifferenz von 40 K.
25.	Beschreiben Sie die Nenndicken von Trittschalldämmstoffen, die Zusammendrückbarkeit und die Anordnung mehrlagiger Dämmstoffe.
26.	Bei welchen Dämmstoffen ist die Zusammendrückbarkeit von Bedeutung, bei welchen nicht? Nennen Sie Gründe für Ihre Einschätzung.
27.	Wie kann Wärme transportiert werden?
28.	Nennen Sie wesentliche Verkaufsargumente für den Einsatz von keramischen Fliesen oder Naturstein im Zusammenhang mit einer Fußbodenheizung.
29.	Nennen Sie Vor- und Nachteile einer Fußbodenheizung.
30.	Beschreiben Sie den Begriff Konvektorenheizung und deren Funktionsprinzip.

Nr.	Antworten
1.	• DIN 18560-2 • ZDB-Merkblatt „Beläge auf Zement- und Calciumsulfatestrichen" • ZDB-Merkblatt „Beläge auf Gussasphalt" • ZDB-Merkblatt „Hinweise zur Planung und Ausführung von Fußbodenkonstruktionen bei Rohren, Leitungen und Einbauteilen auf Rohdecken" • BVF-Informationsblatt „Schnittstellenkoordination bei Flächenheizungs- und Flächenkühlsystemen in Neubauten"
2.	• Bauart A: Systeme mit Rohren innerhalb des Estrichs • Bauart B: Systeme mit Rohren unterhalb des Estrichs • Bauart C: Systeme mit Rohren im Ausgleichsestrich. Der Estrich als Lastverteilungsschicht wird auf eine zweilagige Trennschicht aufgebracht.
3.	• Warmwasserfußbodenheizungen: In einer Heizanlage gewärmtes Wasser wird durch ein Rohrleitungssystem geführt, das im Boden installiert ist. • Elektrofußbodenheizungen: Heizmatten erzeugen durch Anschluss an elektrischen Strom und entsprechende Regelung die erforderliche Wärme am Ort des Bedarfs.
4.	• große Heizfläche; der Bodenbelag wirkt als Heizkörper • gute Wärmespeicherung und Wärmeabstrahlung • niedrige Betriebstemperaturen, dadurch Heizkostenersparnis • Eignung für alternative Heizarten
5.	45 °C
6.	65 °C
7.	Feuchtigkeitsprüfungen sind nur an vom Heizungsbauer markierten Messstellen mittels CM-Messmethode zu ermitteln.
8.	Fehlende Messstellen sind mittels thermogravimetrischer Untersuchung festzulegen. Verantwortlich für diese Maßnahme ist ebenfalls der Fachplaner.
9.	bei Calciumsulfatestrichen nach 7, bei Zementestrichen nach 21 Tagen
10.	Das Belegereifheizen ist direkt nach Beendigung des Funktionsheizens vorzunehmen. Ist dies der Fall, beträgt das Alter eines Zementestrichs dann 28 Tage, das eines Calciumsulfatestrichs 14 Tage.
11.	Es dient als Nachweis der Erstellung eines mangelfreien Gewerks für den Heizungsbauer.
12.	Es dient zur Beschleunigung des Trocknungsvorgangs im Estrich. Es soll dem Fliesenleger einen belegereifen Estrich liefern.
13.	Der max. Restfeuchtegehalt beträgt nach DIN 18157 und ZDB-Merkblatt „Beläge auf Zement- und Calciumsulfatestrichen" (2022): • bei einem beheizten Zementestrich 2,0 CM-% (DIN 18157) und 2,0 CM-% (ZDB-Merkblatt); bei Verwendung großformatiger Fliesen werden 1,8 CM-% empfohlen; • bei einem beheizten Calciumsulfatestrich 0,3 CM-% (DIN 18157 und ZDB-Merkblatt).
14.	45 mm bei herkömmlichen Zement- und Calciumsulfatestrichen, bei Calcimsulfatfließestrichen 40 mm

Nr.	Antworten
15.	Es sollte ein max. Restfeuchtegehalt von 1,8 CM-% angestrebt werden. Grund für diese Maßnahme ist der geringere Fugenanteil, der eine geringere Verdunstungsfläche zur Folge hat.
16.	Er ist vom Bauwerksplaner in Abstimmung mit Heizungsbauer, Estrichleger und Fliesenleger zu erstellen. In ihm müssen Art und Anordnung der Fugen sowie deren Breite unter Beachtung der anerkannten Regelwerke definiert sein.
17.	Die max. Feldgröße bei Calciumsulfatheizestrichen beträgt 100 m^2, die max. Seitenlänge 10 m.
18.	64 m^2 bei einer max. Seitenlänge von 8 m
19.	mindestens 5 mm
20.	mindestens 10 mm
21.	Wenn die Belastung aus Dehnung die Eigenelastizität des Dichtstoffs übersteigt, kommt es zu dessen Ablösung von den Fugenrändern oder zum Reißen des Dichtstoffs in sich.
22.	• bei Zementestrich: 0,012 mm/(m · K) • bei Calciumsulfatestrichen: 0,015 mm/(m · K) • bei Keramik: 0,008 mm
23.	mindestens 10 mm
24.	Die Längenänderung beträgt 2,4 mm. Die Berechnung ist wie folgt: $\Delta l = l \cdot \Delta T \cdot \alpha = \Delta l = 5\ \text{m} \cdot 40\ \text{K} \cdot 0{,}012\ \text{mm/(m} \cdot \text{K)} = \mathbf{2{,}4\ mm}$
25.	Die Angabe dL/dB bedeutet die Lieferdicke/Dicke unter Belastung; die Zusammendrückbarkeit darf max. 5 mm betragen, bei mehrlagigen Dämmstoffen sind die Dämmplatten fugenversetzt anzuordnen.
26.	Sie spielt bei weicheren Trittschalldämmstoffen eine Rolle, dagegen ist sie bei den härteren Wärmedämmstoffen von untergeordneter Bedeutung. Trittschalldämmstoffe benötigen eine dynamische Steifigkeit oder ein Federungsvermögen und dürfen deshalb nicht hart sein.
27.	Die klassischen Wärmetransporte erfolgen über Wärmestrahlung, Wärmeleitung und Mitführung.
28.	Sie sind ein idealer Belag für beheizte Estriche. Sie haben ein gutes Wärmeleitungs- und Wärmespeichervermögen, sind hygienisch, leicht zu reinigen und erzeugen keine Allergien.
29.	• Vorteile: niedrige Vorlauftemperaturen, große Heizflächen, geeignet für alternative Energieerzeugung, gleichmäßiger Temperaturverlauf, keine Luftbewegung • Nachteile: Der warme Bodenbelag oder „Strömungen" im Fußbereich sind nicht immer verträglich, die Temperaturbewegungen und die mögliche Regelung sind relativ träge.
30.	Bei der Konvektorenheizung (Anordnung unter dem Fenster) gibt es einen Wärmestrom an der Außenwand nach oben, an der Decke entlang, an der Innenwand nach unten und am Boden entlang zum Heizkörper (also oben warm und unten kalt).

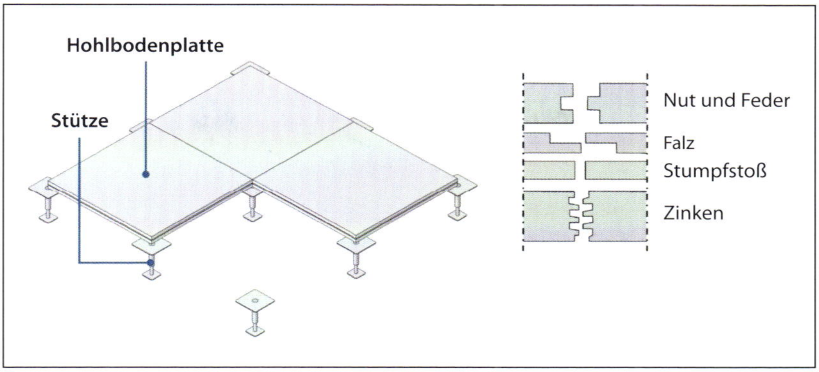

Abb. 2.54: Detailskizze einlagiger Trockenhohlboden (Quelle: Prof. Dr. Alfred Stein, Deutsche Naturstein Akademie, Kaisersesch)

Abb. 2.55: Doppellagiger beheizter Trockenhohlboden

2.10 Beläge auf Trockenhohlböden

2.10.1 Stichworte zum Thema

- Anwendungsgebiete für Trockenhohlböden
- Belastungen/Bemessung
- Klimabedingungen während der Ausführung und des Betriebs
- statische Betrachtungen
- Anforderungen an den Belag
- Verlegung/Verfugung
- Anordnung von Bewegungsfugen

2.10.2 Regelwerke

DIN EN 13213	Hohlböden (2021)
Anwendungsrichtlinie	zur DIN EN 13213 Hohlböden (Januar 2021)
DENAK-Merkblatt Nr. 8	Bemessung von Bodenkonstruktionen (Februar 2021)
DIN 18157-1	Ausführung von Bekleidungen und Belägen im Dünnbettverfahren – zementhaltige Mörtel (2017)
DIN 18157-3	Ausführung von Bekleidungen und Belägen im Dünnbettverfahren – Reaktionsharzklebstoffe (2017)
ZDB-Merkblatt	Bewegungsfugen in Bekleidungen aus Fliesen und Platten (November 2022)

Wesentliche Inhalte der Regelwerke

- Definition der Bauweisen
- Komponenten
- Anwendungsbereiche
- Bemessung
- Beläge
- Verlegung von keramischen Fliesen und Naturstein
- Fugen

2.10.3 Fall aus der Praxis

Im Erdgeschoss eines Bankinstituts soll der auf einem Trockenhohlboden verlegte Kunststoffbelag durch einen Natursteinbelag, in Verbindung mit einer strukturierten Entkopplungsmatte auf Kunststoffbasis ersetzt werden.

Sie werden zu einem Beratungsgespräch vor Ort mit dem Architekten gebeten.

Worauf achten Sie bei diesem Ortstermin? Welche Informationen übermitteln Sie dem Architekten in Bezug auf

- die Anforderung an die Konstruktion,
- die Anforderung an das Belagsmaterial,
- die erforderlichen Lastannahmen,
- den möglichen Einsatz der vorgesehenen strukturierten Entkopplungsmatte zur Verbesserung der Tragfähigkeit des Systembodens?

Lösung

Zunächst ist darauf hinzuweisen, dass die vorhandene Bodenkonstruktion einer kritischen Bewertung bedarf, da ein stark verformungsfähiger Kunststoffbelag durch einen starren Natursteinbelag ersetzt werden soll. Hierbei ist Folgendes zu berücksichtigen:

Die Anwendungsrichtlinie zur DIN EN 13213 „Hohlböden" (Bundesverband Systemböden e. V., 2021) erlaubt eine Durchbiegung bei Nennlast von l/300. Dies bedeutet, dass sich die Konstruktion bei einem Stützmaß von 600 mm

2 mm durchbiegen kann. Dieses Maß ist für weiche, stark verformbare Beläge ausreichend, damit der Belag keinen Schaden erfährt. Bei einem starren Natursteinbelag führt dies jedoch zu dessen Schädigung in Form von Rissen und Hohllagigkeiten. Deshalb erlauben die Normen DIN 18157-1 und DIN 18157-3 lediglich eine max. Durchbiegung von l/650, also nur 0,92 mm, bei einem Stützmaßabstand von 600 mm.

Da die Bodenfläche mit einem Kunststoffbelag gestaltet ist, besteht die Gefahr, dass die bestehende Konstruktion nicht die Anforderungen der DIN 18157 erfüllt.

Es ist Aufgabe des Planers, sicherzustellen, dass die max. Durchbiegung von l/650 gewährleistet ist. Ist dies nicht der Fall, kann durch Reduzierung der max. einwirkenden Last der geforderte Wert erreicht werden. Lässt die Nutzung diese Maßnahme nicht zu, ist in Bereichen mit erhöhter Belastung (z. B. im Bereich von Geldautomaten) die Konstruktion zurückzubauen und die Anzahl der Stützen zu erhöhen.

Die Auswahl des Natursteins ist abhängig von der Qualität des Systembodens und dessen Belastung. Die Bestimmung der Plattendicke hat in Abhängigkeit von der zu erwartenden Belastung, der Qualität des Gesteins und dem Plattenformat zu erfolgen.

Die Mindestdicke des Natursteins beträgt 15 mm.

Der Einsatz eines Entkopplungssystems auf Basis einer strukturierten Kunststoffmatte zur Verminderung der Durchbiegung des Trockenhohlbodens ist zu überdenken, da dessen Anwendung nur in geringem Maß zur Reduzierung der Schubspannungen beiträgt und bei einwirkenden Lasten zu einer erhöhten Beanspruchung des Natursteinbelags führt.

2.10.4 Bausteine

Konstruktionsart

Ein Trockenhohlboden ist eine Variante des sog. Systembodens (siehe Abb. 2.54 und 2.55). Dieser bildet eine flächige Tragschicht über einem Hohlraum aus, in dem Versorgungs- und Kommunikationsleitungen verlegt werden können. Aufgrund der Möglichkeit, Bauzeiten verkürzen zu können, kommt immer häufiger diese Bodenkonstruktionsvariante zur Anwendung. Weitere Varianten des Systembodens sind der Doppelboden und der Nasshohlboden.

Detailinformationen zum System

Ein Trockenhohlboden besteht aus den Systemkomponenten

- Tragschicht aus Gipsfaser- oder Zementfaserplatten, die im Stoßkantenbereich mit einer Nut-Feder-Fräsung versehen sind,
- Systemklebstoff zur kraftschlüssigen Verbindung im Stoßkantenbereich,
- Metallstützen für unterschiedliche Konstruktionshöhen und Belastungsklassen,
- Ergänzungskomponenten, wie z. B. Stützenkopfauflagen/Auflageelemente, Klebstoffe für Systemstützen, Rasterstäbe, Bauelemente für Revisionsöffnungen.

Bauarten des Trockenhohlbodens

Grundsätzlich werden ein- und zweilagige Hohlböden unterschieden:

Beim einlagigen Hohlboden werden die Hohlbodenplatten, die umlaufend eine Nut-Feder-Fräsung aufweisen, auf die angeordneten Stützen aufgelegt und verklebt. Es kommen sowohl quadratische Platten als auch Rechteckplatten zur Anwendung. Der Plattenstoß ist immer auf der Stahlstütze anzuordnen.

Beim zweilagigen Hohlboden wird auf die erste Lage der Trägerplatten vollflächig eine zweite mit einem Systemklebstoff aufgeklebt. Die Plattenstoßverzahnungen sind bei beiden Plattenlagen ebenfalls zu verkleben. Die zweite Lage ist immer im Fugenversatz zu den Fugen der ersten Lage anzuordnen. Bei einer beheizten Konstruktion werden die Heizrohre/Heizleitungen in die zweite Lage integriert (siehe Abb. 2.55).

Klimaparameter während Ausführung und Betrieb

Die zur Anwendung kommenden Systemkomponenten sind gemäß der Anwendungsrichtlinie zur EN 13213 für Temperaturen zwischen 15 °C und 25 °C sowie für eine relative Luftfeuchtigkeit von 40 bis 65 % ausgelegt.

Dies bedeutet, dass sowohl bei Einbau des Bodens als auch im regulären Betrieb diese Klimabedingungen eingehalten werden müssen.

Schwind- und Quellverhalten

Insbesondere die Gipsfaserplatten unterliegen in Abhängigkeit von den raumklimatischen Bedingungen sowie den zum Einsatz kommenden Grundierungen und Klebemörteln Quell- und Schwindvorgängen. Die daraus resultierenden Längenänderungen müssen vom Planer bei der Vorgabe des Fugenrasters und der Dimensionierung der Fuge sowie der Bestimmung des Dichtstoffs bzw. der Auswahl des Fugenprofils berücksichtigt werden.

Bedeutung der Stoßverklebung für die Dauerhaftigkeit des Belags

Die Qualität der Verbindung der Plattenstöße ist für die Tragfähigkeit der Konstruktion und deren Dauerhaftigkeit eine entscheidende Größe. Unsachgemäß ausgeführte Plattenstoßverbindungen führen zu erhöhten Durchbiegungen, die Kräfte in den Keramik- oder Natursteinbelag einleiten. Überschreiten die Kräfte die Festigkeit des Belages, kommt es zu Rissbildungen in diesem.

Die max. Durchbiegung der Bodenkonstruktion ist deshalb auf l/650 festgelegt. Dies bedeutet ein Verformungsmaß von 0,92 mm bei 60 cm Stützenabstand.

Der Planer muss bereits bei der Bestimmung des Bodensystems dieses auf die Nutzlasten, den Nutzbelag und die für diesen erforderliche Begrenzung der Systemverformung abstimmen.

Verlegung von Fliesen und Platten

Untergrundvorbereitung/Untergrundprüfung

- Reinigen des Untergrundes von haftungsmindernden Bestandteilen
- visuelle Überprüfung der Plattenstoßverbindungen
- visuelle Überprüfung der Konstruktionsfugen
- visuelle Überprüfung der Randfugen
- Aufbringen der Grundierung:
  - Bei Verwendung einer wässrigen Dispersionsgrundierung ist ein schnell erhärtender und schnell trocknender Dünnbettmörtel zu verwenden.
  - Bei dem Einsatz einer feuchtigkeitssperrenden Reaktionsharzgrundierung kann auch ein normal erhärtender Dünnbettmörtel zur Anwendung kommen.
- Verlegung der keramischen Fliesen bzw. des Natursteins mit einem Dünnbettmörtel der Qualitätsklasse C2 S1 bzw. C2F S1 nach DIN EN 12004 unter Anwendung des Buttering-Floating-Verfahrens. Bei Grundierung mit einer wässrigen Dispersionsgrundierung ist die Qualitätsklasse C2FS1 mit schnell trocknenden Eigenschaften sinnvoll. Eine Verlegung auf Kreuzfuge und eine geringe Seitenlänge des Belagsmaterials sind empfehlenswert. Diese Maßnahmen reduzieren die Zwängungen, die aus Schwinden und Quellen resultieren.
- Belagsverfugung:
  - Neben den Bewegungsfugen trägt auch das Belagsfugennetz zum Spannungsabbau bei. Die Fugenbreite sollte bis zu einer Kantenlänge von 50 cm des Belagsmaterials mindestens 3 mm, über 50 cm Kantenlänge mindestens 5 mm betragen.
  - Als Fugenmörtel können sowohl Baustellenmischungen nach VOB/C ATV DIN 18352 bzw. VOB/C ATV DIN 18332 als auch Fugenmörtel nach DIN EN 13888 zur Anwendung kommen. Ist die Qualitätsklasse nach DIN EN 13888 ausgeschrieben, ist die Verwendung von Baustellenmischungen nicht zulässig.

Bewegungsfugen

- Sie sind über Gebäudetrennfugen an gleicher Stelle und in gleicher Breite auszubilden.
- Bewegungsfugen als Feldbegrenzungsfugen sind über die gesamte Bodenkonstruktion auszubilden.
- In Abhängigkeit von der Belastung können sowohl Dichtstoffe als auch Fugenprofile zur Anwendung gelangen.
- Die Feldgrößen sind vom Planer zu bestimmen. Sie sind abhängig von
  - dem Quell- und Schwindverhalten der Trägerplatte,
  - dem Wärmeausdehnungskoeffizienten der zur Anwendung kommenden Baustoffe,
  - der mechanischen Beanspruchung der Bodenkonstruktion,
  - der gewählten max. Fugenbreite,
  - der praktischen Dehnfähigkeit des Fugendichtstoffs.

2.10.5 Fragen und Antworten

Nr.	Fragen
1.	Definieren Sie den Begriff Trockenhohlboden.
2.	Nennen Sie 2 weitere Varianten von Systemböden.
3.	Was ist ein Doppelboden?
4.	Erläutern Sie den Begriff Nasshohlboden.
5.	Nennen Sie die Systemkomponenten des Trockenhohlbodens.
6.	Welche klimatischen Bedingungen gelten für den Einbau und den Betrieb von Trockenhohlböden?
7.	Welche Bedeutung hat die Qualität der Verbindung der Plattenstöße für die Dauerhaftigkeit der Fußbodenkonstruktion?
8.	Beschreiben Sie die Maßnahmen, die Zwängsspannungen reduzieren können.
9.	Durch welche Parameter werden Trockenhohlböden belastet?
10.	Nennen Sie die max. Durchbiegung eines Systemhohlbodens bei einem Stützenabstand von 60 cm, wenn der Boden mit einem Keramikbelag gestaltet werden soll.
11.	Wie hoch ist die zulässige Durchbiegung nach DIN EN 13213?
12.	In welchen Regelwerken findet man den zulässigen Wert für die max. Durchbiegung der Trockenhohlbodenkonstruktion, wenn diese mit Keramik oder Naturstein gestaltet wird?
13.	Warum ist eine Reduzierung der max. Durchbiegung erforderlich?
14.	Beschreiben Sie die wesentlichen Untergrundprüfungen.
15.	Nennen Sie die Kriterien zur Auswahl der Grundierung.
16.	Welche Verlegevariante ist zu bevorzugen?
17.	Warum ist diese zu bevorzugen?
18.	Nennen Sie die empfohlenen Breiten der Belagsfugen in Abhängigkeit von dem Format des Belagsmaterials.
19.	Welchen Materialien können zur Belagsverfugung zur Anwendung kommen?
20.	Wer ist für die Anordnung und Dimensionierung der Belagsfugen und Feldbegrenzungsfugen verantwortlich?

Nr.	Antworten
1.	Ein Trockenhohlboden bildet eine flächige Tragschicht über einem Hohlraum aus, in dem Versorgungs- und Kommunikationsleitungen verlegt werden können. Die Tragschicht wird durch das kraftschlüssige Zusammenfügen der Hohlbodenelemente erstellt. Sie ist auf systemkonformen Stützen aufgelagert.
2.	Doppelboden und Nasshohlboden
3.	Ein Doppelboden unterscheidet sich vom Trockenhohlboden dadurch, dass die Platten einzeln, also ohne Verbund untereinander, auf den Stützen aufliegen und jederzeit aufgenommen werden können. In der Regel wird der Belag bereits werkseitig auf die Trägerplatte aufgebracht. Die Fugen zwischen den Platten bleiben offen.

Nr.	Antworten
4.	Bei dem Nasshohlboden wird auf den Systemstützen eine Schalungsplatte montiert, auf die dann als eigentliche Tragschicht ein Estrich (in der Regel ein Calciumsulfatestrich) auf Trennlage aufgebracht wird. Die Dicke der Tragschicht ist vom Planer unter Berücksichtigung der einwirkenden Lasten zu bemessen.
5.	• Tragplatte (Hohlbodenplatte) • Systemklebstoff • Metallstützen für unterschiedliche Konstruktionshöhen und Belastungsklassen • Ergänzungskomponenten wie Revisionsöffnungen usw.
6.	• Temperatur: 15–25 °C • Luftfeuchtigkeit: 40–65 %
7.	Unsachgemäß ausgeführte Plattenstoßverbindungen führen zu erhöhten Durchbiegungen, die Kräfte in den Keramik- oder Natursteinbelag einleiten. Überschreiten die Kräfte die Festigkeit des Belages, kommt es zu Rissbildungen in diesem.
8.	Verlegung auf Kreuzfuge und eine Begrenzung der Plattenlänge
9.	mechanische und klimatische Belastungen
10.	Das max. Durchbiegungsmaß der Konstruktion (ohne Belag) beträgt 0,92 mm (l/650).
11.	2 mm
12.	• DIN 18157-1 und -3 • BIV-Merkblatt 1.08 • DENAK-Merkblatt Nr. 8
13.	Eine zu starke Verformung der Konstruktion führt zu erhöhten Zugspannungen an der Plattenoberseite. Bei Überschreiten der Biegesteifigkeit des Belagsmaterials kommt es zu Rissbildungen und Hohllagigkeiten.
14.	• visuelle Überprüfung der Plattenstöße • visuelle Überprüfung der Randfugen • visuelle Überprüfung der Konstruktionsfuge
15.	Die Qualität der Grundierung ist abhängig von dem zur Anwendung kommenden Dünnbettmörtel. Bei Anwendung eines normal erhärtenden Dünnbettmörtels ist eine feuchtigkeitssperrende Reaktionsharzgrundierung erforderlich; kommt ein schnell erhärtendes und schnell trocknendes Mörtelsystem zur Anwendung, kann der Auftrag mit einer wässrigen Acrylatgrundierung erfolgen.
16.	Die Verlegung auf Kreuzfuge ist zu bevorzugen. Die Seitenlänge des Natursteins oder der Keramik sollte max. 600 mm betragen.
17.	Diese Maßnahmen reduzieren Zwängungen und daraus resultierende Kräfte, die Schäden hervorrufen können.
18.	Die Fugenbreite sollte bei einer Seitenlänge ≤ 500 mm 3 mm, bei einer Seitenlänge ≥ 500 mm 5 mm nicht unterschreiten.
19.	Es können sowohl Baustellenmischungen als auch Werktrockenmörtel nach DIN EN 13888 zur Anwendung kommen. Ist allerdings ein Werktrockenmörtel nach DIN EN 13888 ausgeschrieben, ist dieser verbindlich einzusetzen.
20.	Die Anordnung und Dimensionierung ist vom Fachplaner zu bestimmen. Hierbei sind zu berücksichtigen • das Quell- und Schwindverhalten der Trägerplatte, • die Wärmeausdehnungskoeffizienten der zur Anwendung kommenden Baustoffe, • die Größe der mechanischen Beanspruchung der Bodenkonstruktion, • die gewählte max. Fugenbreite, • die praktische Dehnfähigkeit des Fugendichtstoffs bzw. des Fugenprofils.

Abb. 2.56: Einbau einer Verbundentkoppelung mit einem Entkoppelungsvlies bei Diagonalverlegung des Keramikbelags

2.11 Entkoppelungssysteme

2.11.1 Stichworte zum Thema

- Wirkungsweise von Entkoppelungssystemen
- Einsatzbereiche für Entkoppelungssysteme
- Anforderungen an Entkoppelungssysteme
- Klassifizierung von Entkoppelungssystemen
- Arten von Entkoppelungssystemen
- Prüfkriterien für Entkoppelungssysteme

2.11.2 Regelwerke

DENAK-Merkblatt Nr. 7	Ermittlung der technischen Eigenschaften von Entkoppelungssystemen (Oktober 2019)
ZDB-Merkblatt	Verlegung von Fliesen und Platten auf Entkoppelungssysteme im Innenbereich (August 2019)
VOB/C ATV DIN 18352	Allgemeine Technische Vertragsbedingungen für Bauleistungen (ATV) – Fliesen- und Plattenarbeiten (2019)
DIN 18157	Ausführung von Bekleidungen und Belägen im Dünnbettverfahren (2017)
DIN EN 12004-1	Mörtel und Klebstoffe für keramische Fliesen und Platten (2017)
DIN 18202	Toleranzen im Hochbau (2019)
DIN 18560-1	Estriche im Bauwesen – Teil 1: Allgemeine Anforderungen, Prüfung und Ausführung (2021)
DIN 18560-2	Estriche im Bauwesen – Teil 2: Estriche und Heizestriche auf Dämmschichten (schwimmende Estriche) (2022)

DIN 18534-5	Abdichtung von Innenräumen – Teil 5: Abdichtung mit bahnenförmigen Abdichtungsstoffen im Verbund mit Fliesen und Platten (AIV-B) (2017)
ETAG 022-1	Leitlinie für die Europäische Technische Zulassung für Abdichtungen für Wände und Böden in Nassräumen (2007–2011) für flüssig aufzubringende Abdichtungen mit und ohne Nutzschicht und Anstrichsysteme (2007)

Wesentliche Inhalte der Regelwerke

- Definition
- Anwendungsbereiche
- Arten und Eigenschaften von Entkoppelungssystemen
- erforderliche Kennwerte für Entkoppelungssysteme
- Prüfverfahren
- Verlegeuntergründe
- Dünnbettmörtel
- Verlegung

2.11.3 Fall aus der Praxis

Die Bodenflächen im Erdgeschoss eines Museumsneubaus sollen mit einem Natursteinbelag im Format 600 mm × 600 mm × 15 mm gestaltet werden.

Die Flächen werden durch stationäre und instationäre Lasten (Einsatz von Flurförderfahrzeugen und Hubwagen) belastet.

Wegen eines sehr begrenzten Ausführungszeitraums ist es nicht möglich, den Zementestrich auf Dämmung auf den erforderlichen max. Feuchtigkeitsgehalt (2 CM-%) trocknen zu lassen. Der zu erwartende Feuchtigkeitsgehalt zum Zeitpunkt der Verlegung wird voraussichtlich 4 CM-% betragen. Aufgrund dieses Sachverhaltes und des geplanten fixen Eröffnungstermins planen Bauherr und Architekt den Einsatz eines strukturierten bahnenförmigen Entkoppelungssystems im Verbund.

Sie werden gemeinsam mit dem Anwendungstechniker des Herstellers eines Entkoppelungssystems zu einem Objekttermin geladen. Im Anschluss daran sollen Sie ein verbindliches Angebot zur Ausführung der Belagsarbeiten, inklusive des Einbaus des Entkoppelungssystems, unterbreiten.

Wie bewerten Sie den Sachverhalt?

Welche Angaben zur Ausführung werden Sie unterbreiten?

Lösung

Bewertung des Sachverhaltes

Bodenflächen in Museen sind nach DIN EN 1991-1 (beispielhafte Zuordnung von Nutzungsarten und Punktlasten gemäß Laststufe vgl. Tabelle 1.13) der Nutzungskategorie C3 (nach DIN EN 1991-1, Tabelle 6.1) zuzuordnen.

Die Norm empfiehlt für diese Nutzungskategorie die Lastannahme für Einzellasten von 4 KN und 4 KN/m² für Flächenlasten.

Die Konstruktion ist gemäß der aus der Nutzung resultierenden Belastung in die Kategorie „mechanisch hoch belastete Bodenbeläge" einzuordnen.

Das ZDB-Merkblatt „Verlegung von Fliesen und Platten auf Entkoppelungssystemen im Innenbereich" (August 2019) bestimmt unter Punkt 3 e, dass der Konstruktionsaufbau von dem Systemhersteller oder einem Fachplaner vorzugeben ist.

Zur Bemessung der Konstruktion benötigen diese Personen verbindliche technische Angaben zum Entkoppelungssystem sowie Kennzahlen zu dem Verschiebeweg, der Schubsteifigkeit und der vertikalen Bettung.

Nur mit Kenntnis dieser Werte ist es dem Fachplaner möglich, eine exakte Bemessung des Konstruktionsaufbaus vornehmen zu können.

Die Prüfungen zur Ermittlung dieser Werte erfolgt nach dem DENAK-Merkblatt Nr. 7 „Ermittlung der technischen Eigenschaften von Entkopplungen" (2019).

Ausführungshinweise im Rahmen des Objekttermins

- Hinweis auf Einschaltung eines Sachverständigen zur Bestimmung des Konstruktionsaufbaus und dessen Bemessung unter Berücksichtigung der Eigenschaften des Entkopplungssystems und der zu erwartenden einwirkenden Lasten
- Überprüfen des Estrichs auf Ebenheit, Fehlstellen (Risse, Kantenabbrüche usw.), Verunreinigung und Mörtelbrücken
- Reinigen des Untergrundes von haftungsmindernden Bestandteilen
- Grundieren der Estrichflächen mit einer Acrylatgrundierung (Eventualposition)
- Verkleben des vom Hersteller und Planer vorgegebenen Entkopplungssystems unter Verwendung des Systemdünnbettmörtels
- Einbau von Kantenschutzprofilen im Bereich von Feldbegrenzungsfugen und Gebäudetrennfugen
- Verlegen der Naturwerksteinplatten (Format und Dicke sind vom Fachplaner oder Hersteller des Entkoppelungssystems vorzugeben) unter Verwendung des Systemdünnbettmörtels im Buttering-Floating-Verfahren
- Verfugen der Belagsfugen mit einem auf den Naturstein abgestimmten hydraulisch erhärtenden Fugenmörtel nach DIN EN 13888
- Verfüllen der Bewegungsfugen mit einem auf den Naturstein abgestimmten Systemwerkstoff

2.11.4 Bausteine

Definition

Entkoppelungssysteme sind Schichten zwischen einem tragfähigen Untergrund und einem Bodenbelag und kommen zum Einsatz zur Reduzierung von Zwängsspannungen, die aus dem Schwinden und der Temperaturdehnung bzw. Kontraktion entstehen. Sie bestehen aus Polyethylen, Polypropylen, Polypropylen-Vlies-Kombinationen, Glasfasergewebe, Gummigranulatmatten oder speziellen hochkunststoffvergüteten Zementmörteln. Die Verlegung erfolgt lose oder im Verbund auf der Lastverteilungsschicht.

Abb. 2.57: Strukturiertes Entkoppelungssystem zur losen Verlegung (Quelle: Prof. Dr. Alfred Stein, Deutsche Naturstein Akademie, Kaisersesch)

Abb. 2.58: Glattes, bahnenförmiges Entkoppelungssystem mit beidseitiger Vliesoberfläche zur Verbundverlegung (Quelle: Prof. Dr. Alfred Stein, Deutsche Naturstein Akademie, Kaisersesch)

Abb. 2.59: Glattes, bahnenförmiges Textilvlies zur Entkoppelung zur Verbundverlegung (Quelle: Prof. Dr. Alfred Stein, Deutsche Naturstein Akademie, Kaisersesch)

Entkoppelungssysteme

Man unterscheidet:

- strukturierte bahnenförmige Systeme (siehe Abb. 2.57): profilierte Kunststoffbahnen, die im Verbund oder lose zum Untergrund verlegt werden
- glatte bahnenförmige Systeme und bahnenförmige Vliese (siehe Abb. 2.58 und 2.59): Kunststoffbahnen mit einseitiger oder beidseitiger Vliesoberfläche, die als Kontaktschicht zum Verlegemörtel dient, oder im Verlegemörtel eingebettete Textilvliese
- plattenförmige Systeme: werkseitig formatierte Verlegelemente
- hochkunststoffvergütete hydraulisch erhärtende Mörtelsysteme: spezielle hochkunststoffvergütete Dünnbettmörtel oder Abdichtungssysteme, die vom Hersteller für diesen Anwendungsbereich ausgelobt sind. Diese Entkopplungsart ist nicht Bestandteil des ZDB-Merkblatts und ist deshalb mit dem Auftraggeber als Sonderkonstruktion zu vereinbaren.

Hauptanforderungen

- Vermeidung bzw. Minimierung von Zwängsspannungen resultierend aus dem Schwinden der Unterkonstruktion
- Vermeidung von Zwängsspannungen resultierend aus dem unterschiedlichen Temperaturdehnverhalten von Untergrund und Belag
- keine Schädigung des Belages bei stationärem oder instationärem Lasteintrag

Verlegeuntergründe/Anwendungsbereiche

Der Einsatz von Entkopplungssystemen erfordert grundsätzlich einen tragfähigen Untergrund (vgl. Tabelle 2.12). Die aus der geplanten Nutzung einwirkenden Kräfte müssen sicher und schadensfrei von diesem aufgenommen werden können.

Tabelle 2.12: Verlegeuntergründe und Anwendungsbereiche von Entkoppelungssystemen

Verlegeuntergrund	Anwendungsbereiche für Entkoppelungssysteme
Beton	mit erhöhter Restfeuchte, mit vorhandenen Gefügestörungen (Rissbildungen), ggf. Verdübelung zur Vermeidung von Höhenversätzen erforderlich
Zementestrich	mit erhöhter Restfeuchte, vorhandenen Gefügestörungen (Rissbildungen), ggf. Verdübelung zur Vermeidung von Höhenversätzen erforderlich
Calciumsulfatestrich/ Calciumsulfatfließestrich	mit erhöhter Restfeuchte, vorhandenen Gefügestörungen (Rissbildungen), ggf. Verdübelung zur Vermeidung von Höhenversätzen erforderlich
Holzuntergründe (ohne Feuchtigkeitsbelastung)	Holzdielen und Holzplatten stellen keinen normgerechten Untergrund für das Dünnbettverfahren dar. Ein Entkopplungssystem kann dazu beitragen, dass auf diesen problematischen Untergründen Fliesen oder Naturstein verlegt werden können, sofern die Unterkonstruktion ausreichend bemessen und tragfähig ist. Die Ausführung ist immer mit dem Hersteller abzustimmen.
Altbeläge/Mischuntergründe	mit geringfügigen Hohllagen, Rissbildungen

Mögliche Zusatzanforderungen an Entkoppelungssysteme

Je nach Eigenschaftsprofil des Entkoppelungssystems kann dieses auch für zusätzliche Anwendungsbereiche eingesetzt werden. Spezielle Produkte können neben den entkoppelnden Eigenschaften zusätzlich noch abdichtende und/oder schallreduzierende Eigenschaften aufweisen. Bei der Anwendung diesbezüglicher Materialien sind die in Tabelle 2.13 aufgeführten Anwendungshinweise zu beachten.

Tabelle 2.13: Zusatzanforderungen und Ausführungshinweise für Entkoppelungssysteme

Zusatzanforderungen	Ausführungshinweise
Entkoppelung und Abdichtung	Bei der Anwendung als Abdichtungsschicht muss das Entkoppelungssystem den Anforderungen der DIN 18534-5 entsprechen. Die auf die Konstruktion einwirkenden Lasten dürfen die Dichtigkeit der Abdichtung nicht beeinträchtigen.
Entkoppelung und Schalldämmung	Mit der Anwendung als Schalldämmschicht kann eine Verbesserung des Trittschalls erreicht werden. Der auf dem Normprüfstand ermittelte Schalldämmwert ist vom Hersteller anzugeben. Bei der Anwendung im Objekt ist zu bedenken, dass der ermittelte Normwert nicht auf das Objekt übertragen werden kann. Das tatsächliche Trittschallverbesserungsmaß kann nur durch Vergleichsmessungen am Objekt an Probeflächen ermittelt werden. Achtung: Je weicher das System, desto besser ist die trittschalldämmende Wirkung und desto größer die Gefahr der Belagsschädigung durch einwirkende Lasten.

Kategorien, Anwendungsgebiete, Anwendungsbeispiele

Tabelle 2.14 gibt eine Übersicht über die Kategorien, Anwendungsgebiete und Anwendungsbeispiele von Entkoppelungssystemen.

Tabelle 2.14: Kategorien und Anwendungsbereiche von Entkoppelungssystemen in Anlehnung an Anlage 1 des ZDB-Merkblatts „Verlegung von Fliesen und Platten auf Entkoppelungssysteme im Innenbereich" (Stand: August 2019)

Kategorie	Anwendungsgebiet	Anwendungsbeispiele
EK – W	wohn- und wohnähnliche Nutzung; Belastung: reine Begehung und Rollstuhlnutzung	Wohnräume, Küchen, häusliche Bäder, Hotelflure, Stationsbad, Flure, Umkleideräume **ohne Feuchtigkeitsbelastung**
EK – W – AIV	wohn- und wohnähnliche Nutzung; Belastung: reine Begehung und Rollstuhlnutzung **mit erforderlicher Abdichtung**	Wohnräume, Küchen, häusliche Bäder, Hotelflure, Stationsbad, Flure, Umkleideräume **mit Feuchtigkeitsbelastung**
EK – W – S	wohn- und wohnähnliche Nutzung; Belastung: reine Begehung und Rollstuhlnutzung **mit trittschallreduziertem Belag**	Wohnräume, Küchen, Hotelflure, Hausflure, Umkleideräume ohne Feuchtigkeitsbelastung **mit Anforderungen an die Verbesserung des Trittschalls**
EK – W – AIV – S	wohn- und wohnähnliche Nutzung; Belastung: reine Begehung und Rollstuhlnutzung **mit erforderlicher Abdichtung und trittschallreduziertem Belag**	häusliche Bäder, Hotelbäder, Stationsbäder, Umkleideräume **mit Feuchtigkeitsbelastung** und mit **Anforderungen an die Verbesserung des Trittschalls**
EK – G	gewerbliche Flächen belastet durch luftbereifte Befahrung	Büroräume, Aufenthaltsräume, Speisesäle, Behandlungsräume, Cafés, Restaurants, Versammlungsräume, Foyers in öffentlichen Gebäuden und Hotels
EK – G – AIV	gewerbliche Flächen belastet durch luftbereifte Befahrung **mit erforderlicher Abdichtung**	Flächen in Gewerbebetrieben **mit Feuchtigkeitsbelastung**

Tabelle 2.14: (Fortsetzung)

Kategorie	Anwendungsgebiet	Anwendungsbeispiele
EK – G – S	gewerbliche Flächen belastet durch luftbereifte Befahrung mit **trittschallreduziertem Belag**	Flächen in Gewerbebetrieben **mit Anforderungen an die Verbesserung des Trittschallschutzes**
EK – G – AIV – S	gewerbliche Flächen belastet durch luftbereifte Befahrung **mit erforderlicher Abdichtung und trittschallreduziertem Belag**	Flächen in Gewerbebetrieben **mit Feuchtigkeitsbelastung** und **mit Anforderungen an die Verbesserung des Trittschallschutzes**
EK – M	mechanisch höher belastete Flächen durch stationäre und instationäre Lasten im Innen- und Außenbereich	Autohäuser, Werkstätten, Lagerhallen, Veranstaltungsräume ohne Feuchtigkeitsbelastung
EK – M – AIV	mechanisch höher belastete Flächen durch stationäre und instationäre Lasten im Innen- und Außenbereich **mit erforderlicher Abdichtung**	Flächen in Gewerbebetrieben **mit Feuchtigkeitsbelastung,** z. B. Laborräume, Waschsalons
EK – H	Holzuntergründe in Wohnbereichen **ohne Feuchtigkeitsbelastung**	Wohnzimmer, Küchen, Flure, Schlafräume
EK – H – S	Holzuntergründe **mit trittschallreduziertem Belag**	Wohnzimmer, Küchen, Flure, Schlafräume **mit Anforderungen an die Verbesserung des Trittschallschutzes**

Dünnbettmörtel

Der Dünnbettmörtel muss die Anforderungen der DIN EN 12004-1 erfüllen und auf das Entkoppelungssystem unter Berücksichtigung der einwirkenden Lasten abgestimmt sein.

Sofern vorhanden, sind die Vorgaben des Herstellers des Entkoppelungssystems zu berücksichtigen.

Bewegungsfugen

Gebäudetrennfugen sind deckungsgleich aus dem Untergrund zu übernehmen und in gleicher Breite auszuführen.

Feldbegrenzungsfugen aus dem Untergrund sind deckungsgleich zu übernehmen.

An aufgehenden Bauteilen sind Randfugen unter Verwendung von Randstreifen anzuordnen.

Belagsmaterialien

Das Belagsmaterial ist unter Berücksichtigung der einwirkenden Lasten und der Eigenschaften (insbesondere Drucksteifigkeit) des Entkoppelungssystems abzustimmen.

Für Beläge im Wohnungsbau (max. Einzellast 2 KN) sind in der Regel folgende Dicken in Abhängigkeit von dem Belagsmaterial ausreichend:

- trockengepresste keramische Fliesen und Platten nach DIN EN 14411, Gruppe B Ia, B Ib, B IIa (Steinzeugfliesen), $d \geq 7{,}5$ mm,

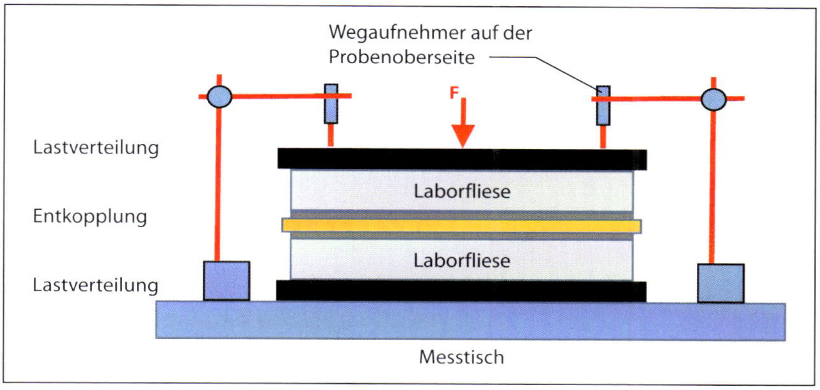

Abb. 2.60: Versuchsanordnung zur Ermittlung der Drucksteifigkeit (Quelle: Prof. Dr. Alfred Stein, Deutsche Naturstein Akademie, Kaisersesch)

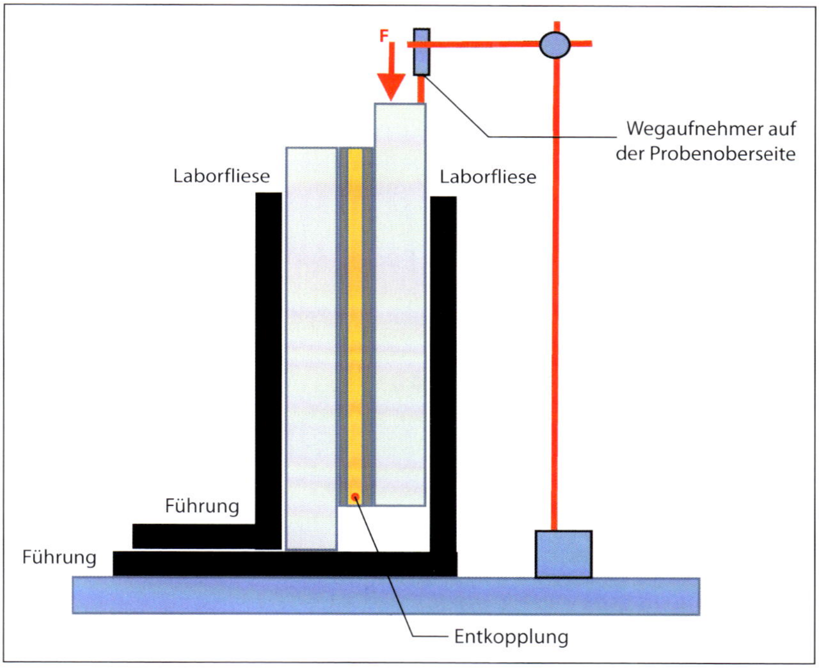

Abb. 2.61: Versuchsanordnung zur Ermittlung der Schubsteifigkeit (Quelle: Prof. Dr. Alfred Stein, Deutsche Naturstein Akademie, Kaisersesch)

- stranggepresste keramische Platten nach DIN EN 14411, Gruppe A I und A IIa (Spaltplatten) $d \geq 7{,}5$ mm,
- Naturwerksteinplatten $d \geq 15$ mm,
- Betonwerksteinplatten $d \geq 20$ mm.

Bei dynamischer Beanspruchung und Einzellasten ≥ 2 KN ist die Dicke des Belagsmaterials unter Berücksichtigung der Eigenschaften des Entkopplungssystems, insbesondere seiner Drucksteifigkeit (siehe Abb. 2.60), Schubfestigkeit (siehe Abb. 2.61) und Scherfestigkeit, zu ermitteln.

Verlegung

Die Verlegung erfolgt mit Dünnbettmörteln nach DIN EN 12004-1. Als Standardmörtel kommen hydraulisch erhärtende Dünnbettmörtel (C), in Ausnahmefällen Reaktionsharzmörtel (R) zur Anwendung.

Grundsätzlich sind die Ausführungsvorschriften des Herstellers des jeweiligen Entkoppelungssystems zu beachten.

Verfugung

Die Verfugung erfolgt in der Regel mit hydraulisch erhärtenden Fugenmörteln der Qualitätsklasse CG 2 nach DIN EN 13888 und in Ausnahmefällen mit Reaktionsharzfugenmörtel (RG) gleicher Norm.

Grundsätzlich sind jedoch die Ausführungsvorschriften des Herstellers des jeweiligen Entkoppelungssystems zu beachten.

In Abhängigkeit von der Drucksteifigkeit und der Schubsteifigkeit des Entkoppelungssystems kann es insbesondere bei „weicheren" Systemen zu Rissbildungen (Haarrissen) im Fugenmörtel oder zu Flankenabrissen kommen.

Häufig weisen Hersteller von Entkoppelungssystemen in dem Produktdatenblatt bereits darauf hin. Ist dies der Fall, sollte vor Ausführungsbeginn der Auftraggeber schriftlich über diesen Sachverhalt informiert werden, damit eventuelle diesbezügliche Gewährleistungsansprüche ausgeschlossen werden können.

Auch das ZDB-Merkblatt weist unter Punkt 3 auf diesen Sachverhalt hin.

Auswahl des Entkoppelungssystems in Abhängigkeit von der einwirkenden Belastung

Liegt eine Belastung durch instationären (dynamischen) Lasteintrag vor oder ist die einwirkende stationäre Last (Einzellast) größer als 2 KN, ist die Konstruktion zur Sicherstellung der Schadensfreiheit und Dauerhaftigkeit vom Fachplaner zu bemessen.

Hierfür benötigt dieser entsprechende technische Werte vom Hersteller des Entkoppelungssystems.

Die erforderlichen Werte differieren zwischen einer im Verbund verlegten und einer lose verlegten Entkoppelungsmatte.

Für die Verlegung der Entkoppelungsmatte im Verbund sollten grundsätzlich der Verschiebeweg sowie die horizontale und die vertikale Bettung benannt sein.

Darüber hinaus sollten, sofern erforderlich, verbindliche Werte für Wärme-, Schall- und Feuchteschutz angegeben werden.

Für eine Entkoppelung ohne Verbund sollten der Reibungskoeffizient, der Verschiebeweg sowie die horizontale und die vertikale Bettung als Eigenschaften in jedem Fall und, sofern erforderlich, die oben aufgeführten Zusatzeigenschaften benannt werden.

Abb. 2.63 zeigt ein Beispiel für das Datenblatt zu einer Entkoppelung im Verbund, Abb. 2.64 zu einer Entkoppelung ohne Verbund.

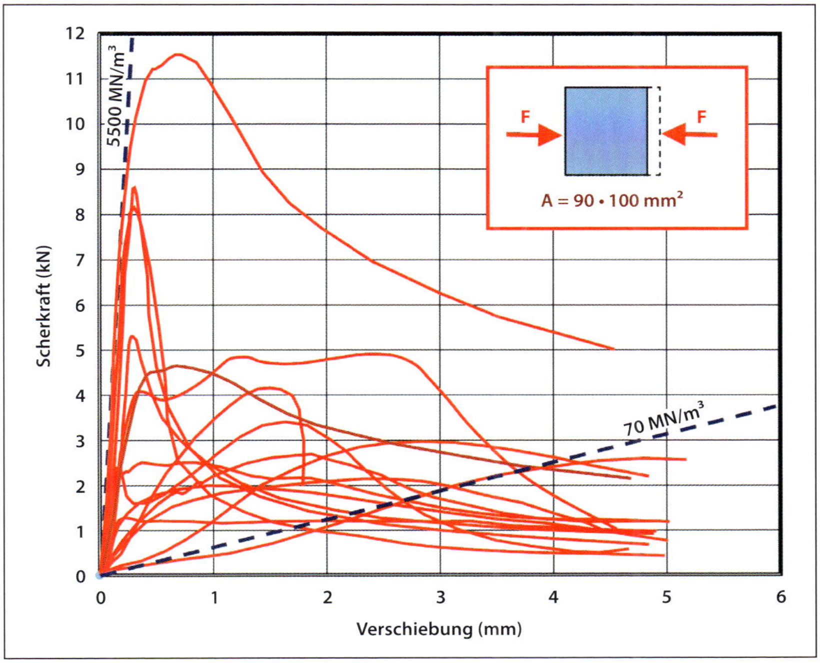

Abb. 2.62: Verformung von Entkoppelungsmatten (Quelle: Prof. Dr. Alfred Stein, Deutsche Naturstein Akademie, Kaisersesch)

Produktbezeichnung **Entkopplungssystem** **Mörtelart**	
Hersteller **Firma** **Straße** **Ort**	
Verschiebeweg	in mm
Schubsteifigkeit	in MN/m³
vertikale Bettung	in MN/m³
Wärmedurchlasswiderstand	in (m² • K)/W
Trittschallverbesserung	in dB
äquivalente Luftschichtdicke	in m

Abb. 2.63: Vorschlag für das Datenblatt zu einer Entkoppelung im Verbund (Quelle: Prof. Dr. Alfred Stein, Deutsche Naturstein Akademie, Kaisersesch)

Produktbezeichnung **Entkopplungssystem** **Mörtelart**	
Hersteller **Firma** **Straße** **Ort**	
Reibungskoeffizient (Material Untergrund)	–
vertikale Bettung	in MN/m³
Wärmedurchlasswiderstand	in (m² • K)/W
Trittschallverbesserung	in dB
Äquivalente Luftschichtdicke	in m

Abb. 2.64: Vorschlag für ein Datenblatt zu einer Entkoppelung ohne Verbund (Quelle: Prof. Dr. Alfred Stein, Deutsche Naturstein Akademie, Kaisersesch)

Erläuterung der Begriffe

Die **Schubfestigkeit** ist eine entscheidende Größe zur Reduzierung von Zwängskräften innerhalb der Bodenkonstruktion.

Die **Scherfestigkeit** einer Entkoppelungsmatte stellt die Grenze dar, bei der sich der Verbund löst und eine Schädigung eintritt.

Der **Verschiebeweg** ist das Maß der horizontalen Verschiebung unter Einwirkung einer horizontalen Kraft bis zum Erreichen der Scherfestigkeit. Er ist ein wesentliches Kriterium zu Bewertung der Qualität einer Entkopplungsmatte.

Die **vertikale Bettungsziffer** definiert die Federwirkung eines Entkoppelungssystems. Sie wird anhand der Drucksteifigkeit im Laborversuch ermittelt. Die Prüfung erfolgt nach DENAK-Merkblatt Nr. 7.

Der **Wärmedurchlasswidertand** *R* ist der Widerstand, den das Entkoppelungssystem dem Wärmestrom bei einer Temperaturdifferenz von 1 K bezogen auf eine Fläche von 1 m^2 entgegensetzt.

Das **Trittschallverbesserungsmaß** ist der Wert, der durch die Schallabsorptionsfähigkeit des Entkoppelungssystems bei einwirkender Körperschallanregung erreicht wird.

Die **äquivalente Luftschichtdicke** ist das Maß für den Diffusionswiderstand, den das Entkoppelungssystem dem durchdringenden Wasserdampf entgegensetzt.

Der **Reibungskoeffizient** ist eine Größe der Dimension Zahl für das Verhältnis der Reibungskraft zur Anpresskraft zwischen dem Entkoppelungssystem und dem Untergrund.

2.11.5 Fragen und Antworten

Nr.	Fragen
1.	Erläutern Sie den Begriff Entkoppelungssystem.
2.	Nennen Sie Materialien, die zur Herstellung von Entkoppelungssystemen zur Anwendung gelangen.
3.	Welche Verlegevarianten kommen zur Anwendung?
4.	Welche Arten von Entkoppelungssystemen kommen zur Anwendung?
5.	Nennen Sie die Hauptanforderungen an Entkoppelungssysteme.
6.	Nennen Sie zusätzliche Anforderungen an Entkoppelungssysteme.
7.	Nennen Sie Untergründe, auf denen Entkoppelungssysteme zum Einsatz kommen können.
8.	Nennen Sie Einsatzbereiche für Entkoppelungssysteme.
9.	Erläutern Sie den Begriff „strukturierte bahnenförmige Systeme".

Nr.	Fragen
10.	Erläutern Sie den Begriff „glatte bahnenförmige Systeme".
11.	Erläutern Sie den Begriff „plattenförmige Systeme".
12.	Worauf ist bei der Auswahl des Dünnbettmörtels zu achten?
13.	Erläutern Sie den Begriff Schubsteifigkeit.
14.	Erläutern Sie den Begriff Scherfestigkeit.
15.	Erläutern Sie den Begriff Verschiebeweg.
16.	Was verstehen Sie unter dem Begriff „vertikale Bettung"?
17.	Erläutern Sie den Begriff Wärmedurchlasswiderstand.
18.	Erläutern Sie den Begriff Trittschallverbesserung.
19.	Was verstehen Sie unter dem Begriff äquivalente Luftschichtdicke?
20.	Erläutern Sie den Begriff Reibungskoeffizient.
21.	Was verstehen Sie unter der Kennzeichnung EK – W im Zusammenhang mit einem Entkoppelungssystem?
22.	Was verstehen Sie unter der Kennzeichnung EK – G im Zusammenhang mit einem Entkoppelungssystem?
23.	Was verstehen Sie unter der Kennzeichnung EK – M im Zusammenhang mit einem Entkoppelungssystem?
24.	Was verstehen Sie unter dem Begriff EK – H im Zusammenhang mit einem Entkoppelungssystem?
25.	Was verstehen Sie unter dem Begriff EK – G – AIV – S im Zusammenhang mit einem Entkoppelungssystem?

Nr.	Antworten
1.	Es ist eine einlagige oder mehrlagige Schicht zwischen einem tragfähigen Untergrund und einem Bodenbelag. Es kommt zur Reduzierung von Zwängsspannungen, die aus dem Schwinden und der Temperaturdehnung bzw. Kontraktion entstehen, zum Einsatz.
2.	Polyethylen, Polypropylen, Polypropylen-Vlies-Kombinationen, Glasfasergewebe, Gummigranulatmatten oder spezielle hochkunststoffvergütete Zementmörtel
3.	lose oder im Verbund auf der Lastverteilungsschicht
4.	strukturierte bahnenförmige Systeme, glatte bahnenförmige Systeme und bahnenförmige Vliese, plattenförmige Systeme und hochkunststoffvergütete hydraulisch erhärtende Dünnbettmörtel oder hydraulisch erhärtende, hochkunststoffvergütete Mörtelsysteme
5.	• Vermeidung bzw. Minimierung von Zwängsspannungen resultierend aus dem Schwinden der Unterkonstruktion • Vermeidung von Zwängsspannungen resultierend aus dem unterschiedlichen Temperaturdehnverhalten von Untergrund und Belag • keine Schädigung des Belages bei stationärem oder instationärem Lasteintrag

Nr.	Antworten
6.	Verbesserung des Trittschalls und Einsatz als Abdichtung
7.	Beton, Zementestriche, Calciumsulfat-/Calciumsulfatfließestriche, Mischbeläge, Altbeläge aus Keramik, Naturstein oder Betonwerkstein
8.	Betone und Estriche mit überhöhter Restfeuchtigkeit, Betone und Estriche mit Gefügestörungen, Schaffung eines einheitlichen Verlegeuntergrundes bei Holz- und Mischuntergründen
9.	profilierte Kunststoffbahnen, die im Verbund mit dem Untergrund oder lose verlegt werden
10.	Kunststoffbahnen mit beidseitiger Vliesoberfläche als Kontaktschicht zum Verlegemörtel oder spezielle Kunststoffvliese
11.	Verlegeelemente, die zur direkten Belagsaufnahme verwendet werden
12.	Er muss der DIN EN 12004-1 entsprechen und auf das Entkoppelungssystem abgestimmt sein.
13.	entscheidende Größe zur Reduzierung von Zwängskräften innerhalb der Bodenkonstruktion
14.	Grenze, bei der sich der Verbund löst und eine Schädigung eintritt
15.	Maß der horizontalen Verschiebung unter Einwirkung einer horizontalen Kraft bis zum Erreichen der Scherfestigkeit. Er ist ein wesentliches Kriterium zur Bewertung der Qualität einer Entkopplungsmatte.
16.	Sie definiert die Federwirkung eines Entkoppelungssystems. Sie wird anhand der Drucksteifigkeit im Laborversuch ermittelt. Die Prüfung erfolgt gemäß DENAK-Merkblatt Nr. 7.
17.	Der Widerstand, den das Entkoppelungssystem dem Wärmestrom bei einer Temperaturdifferenz von 1 K bezogen auf eine Fläche von 1 m^2 entgegensetzt.
18.	Der Wert, der durch die Schallabsorptionsfähigkeit des Entkoppelungssystems bei einwirkender Körperschallanregung erreicht wird.
19.	Das Maß für den Diffusionswiderstand, den das Entkoppelungssystem dem durchdringenden Wasserdampf entgegensetzt.
20.	Eine Größe der Dimension Zahl für das Verhältnis der Reibungskraft zur Anpresskraft zwischen dem Entkoppelungssystem und dem Untergrund. Er ergibt sich aus der Größe der einwirkenden Last und der Größe der Scherbeanspruchung.
21.	Mit der Kategorie EK – W werden Beläge in Wohn- oder wohnraumähnlichen Räumen bezeichnet, die nur durch Begehen belastet werden.
22.	Mit der Kategorie EK – G werden Beläge in gewerblichen Räumen bezeichnet, die einer leichten instationären Belastung durch luftbereifte Transportgeräte ausgesetzt sind.
23.	Mit der Kategorie EK – M werden mechanisch hoch belastete Beläge durch luftbereifte Befahrung bezeichnet.
24.	Mit der Kategorie EK – H werden Beläge auf Holzuntergründen bezeichnet, die keiner Feuchtigkeitsbelastung ausgesetzt sind.
25.	Der Begriff EK – G – AIV – S bezeichnet ein Entkoppelungssystem der Kategorie EK – G mit trittschalldämmenden und abdichtenden Eigenschaften.

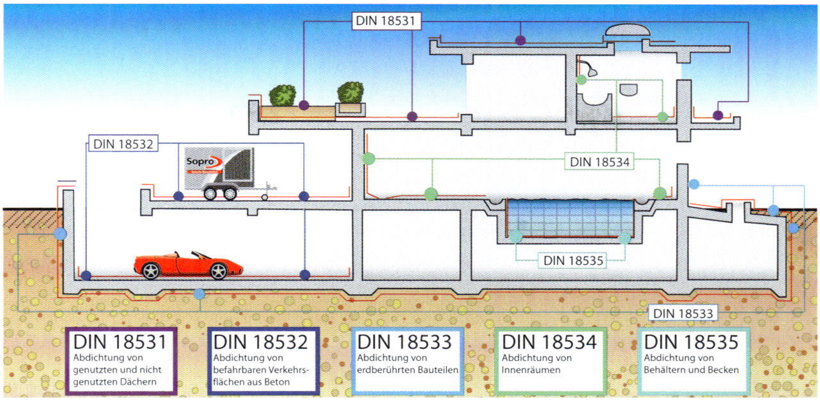

Abb. 2.65: Abdichtungsnormen (Quelle: Sopro Bauchemie GmbH, Wiesbaden)

2.12 Abdichtung unter Fliesen- und Natursteinbelägen im Innenbereich

2.12.1 Stichworte zum Thema

- Hinweise zu den Regelwerken
- zulässige Untergründe in Abhängigkeit von der Feuchtigkeitsbelastung
- Abdichtungsstoffe
- Abdichtung mit flüssig zu verarbeitenden Abdichtungsstoffen
- Abdichtung mit bahnenförmigen Abdichtungsstoffen
- Abdichtung mit plattenförmigen Abdichtungsstoffen
- Detaillösungen
- Möglichkeiten der Abdichtung durch den Fliesenleger

2.12.2 Regelwerke

DIN 18534-1	Abdichtung von Innenräumen – Teil 1: Anforderungen, Planungs- und Ausführungsgrundsätze (2017)
DIN 18534-3	Abdichtung von Innenräumen – Teil 3: Abdichtung mit flüssig zu verarbeitenden Abdichtungsstoffen im Verbund mit Fliesen und Platten (AIV-F) (2017)
DIN 18534-5	Abdichtung von Innenräumen – Teil 5: Abdichtung mit bahnenförmigen Abdichtungsstoffen im Verbund mit Fliesen und Platten (AIV-B) (2017)
DIN 18534-6	Abdichtung von Innenräumen – Teil 6: Abdichtung mit plattenförmigen Abdichtungsstoffen im Verbund mit Fliesen und Platten (AIV-P) (2017)
ZDB-Merkblatt	Abdichtungen im Verbund (AIV). Hinweise für die Ausführung von Abdichtungen im Verbund mit Bekleidungen aus Fliesen und Platten für den Innenbereich (November 2022)

Seit **Juli 2017** hat die aktuelle **Normenreihe** für **Bauwerksabdichtungen** Gültigkeit.

Sie ist in **5 Anwendungsbereiche** gegliedert (siehe Abb. 2.65):

- Abdichtung von Dächern sowie Balkonen, Loggien und Laubengängen (DIN 18531),

- Abdichtung von befahrbaren Verkehrsflächen aus Beton (DIN 18532),
- Abdichtung von erdberührten Bauteilen (DIN 18533),
- Abdichtung von Innenräumen (DIN 18534),
- Abdichtung von Behältern und Becken (DIN 18535).

Nachfolgend werden die wesentlichen Inhalte der Norm DIN 18534-1, -3, -5 und -6 („Abdichtungen im Verbund mit Bekleidungen aus Fliesen und Platten für den Innenbereich") behandelt. Informationen zur Abdichtung von Schwimmbecken (DIN 18535) mit flüssig zu verarbeitenden Abdichtungsstoffen im Verbund mit dem Belag (DIN 18534-5) und der Abdichtung von Balkonen und Terrassen mit flüssig zu verarbeitenden Abdichtungsstoffen im Verbund mit dem Belag (DIN 18531-5) werden in den Kapiteln 2.16 bzw. 2.13 behandelt.

Wesentliche Inhalte der DIN 18534 und des ZDB-Merkblatts

- Anwendungsbereiche
- Wassereinwirkungsklassen
- Rissklassen
- Abdichtungsstoffe
- Ausführungsvarianten mit genormten Abdichtungsstoffen
- Untergründe
- Ausführung der Abdichtung
- Ansetzen und Verlegen

2.12.3 Fall aus der Praxis

In einem Neubau sollen in einem Badezimmer die Wand- und Bodenflächen mit einem Keramikbelag gestaltet werden. Die Wände bestehen aus zementgebundenen mineralischen Bauplatten, die Bodenflächen aus einem Zementestrich. Geplant ist der Einbau einer bodengleichen Dusche und einer Badewanne. Beide Sanitäreinrichtungen werden mit einem wirksamen Spritzwasserschutz ausgestattet. Die Tür des Raumes befindet sich außerhalb des Spritzwasserbereichs. Der Zeitraum für die Ausführung ist sehr kurz.

- Bestimmen Sie anhand der Untergründe die Wassereinwirkungsklassen.
- Wählen Sie bezogen auf die Untergründe, die Wassereinwirkungsklassen und den bestehenden Zeitdruck das geeignete Abdichtungssystem aus.
- Beschreiben Sie die Ausführung der Abdichtung.

Lösung

Die Wandflächen sind der Wassereinwirkungsklasse W1-I, die Bodenflächen der Wassereinwirkungsklasse W2-I zuzuordnen.

Die Wandflächen könnten in Verbindung mit dem Belag sowohl mit einer Polymerdispersion oder einer Zement-Mörtel-Kombination als auch mit einer Bahnenabdichtung abgedichtet werden.

Zur Abdichtung der Bodenflächen ist der Einsatz einer Polymerdispersion nicht zulässig.

Aufgrund des bestehenden Zeitdrucks ist eine Abdichtung mittels AIV-B nach DIN 18534-5 sinnvoll.

Abb. 2.66: Exklusive Dusche mit Natursteinauskleidung

Die Ausführung gestaltet sich wie folgt:

- Die vorgefertigten Abdichtungsbahnen werden vollflächig auf den vorab applizierten systemkonformen Dünnbettmörtel aufgebracht. Die Abdichtungsbahnen werden 5 cm überlappt und mit einem Systemklebstoff dicht miteinander verklebt.
- Innen- und Außenecken sowie der Anschluss an Ablaufsysteme und Rohrdurchdringungen werden mit systemkonformen Dichtecken und Dichtmanschetten abgedichtet.
- An den durch Spritzwasser belasteten Wandflächen wird die Abdichtungsschicht 20 cm über die höchste Wasserentnahmestelle bzw. bis zum höchsten Spritzwasserbereich aufgetragen.
- Wandflächen außerhalb des Spritzwasserbereichs werden nicht abgedichtet. Hier wird die Bodenabdichtung 5 cm über Oberkante fertiger Fußboden (OK FF) hochgeführt.
- Die Abdichtung der Badewanne erfolgt mittels systemkonformer Wannenranddichtbänder.
- Der Anschluss der Bahnenabdichtung an den Klebeflansch des Bodenablaufs erfolgt mittels Systemdichtdichtmanschette und Systemklebstoff.
- Die Bekleidungen werden mit einem systemkonformen geprüften und zugelassenen Dünnbettmörtel nach DIN 18157-1 angesetzt und verlegt.

2.12.4 Bausteine

2.12.4.1 Allgemeine Hinweise

Eine Abdichtung ist erforderlich, da durch Einwirkung von Feuchtigkeit auf Bauteile und Baustoffe bauphysikalische, bauchemische und baubiologische Gefahrenpotenziale resultieren, die sich negativ auf die Dauerhaftigkeit des Bauwerks und den menschlichen Organismus auswirken können.

Negative Folgen einer Durchfeuchtung sind:

- eine Reduzierung der wärmedämmenden Eigenschaften von Baustoffen,
- die Reduzierung der Lebensdauer eines Bauwerks,
- ein ungesundes Wohnklima durch Pilz- und Sporenbefall.

Abdichtungsvarianten für Abdichtungen im Verbund mit Fliesen und Platten (AIV)

Abdichtungen im Innenbereich können unter bestimmten Voraussetzungen mittels Abdichtungen im Verbund (AIV) mit Bekleidungen aus keramischen Fliesen und Platten vorgenommen werden. Neben ihrer Funktion als Gestaltungs- und Nutzbelag dienen sie auch als Schutzbelag für die Abdichtung. Dieser ist also bauphysikalisch betrachtet mit der Abdichtung verbunden. Aus diesem Sachverhalt ergeben sich spezielle Anforderungen an das Abdichtungssystem.

Es können 3 unterschiedliche Abdichtungsstoffe (flüssig zu verarbeitende Abdichtungen, Bahnenabdichtungen und Plattenabdichtungen) zur Anwendung kommen. Diese sind in DIN 18534-3, -5 und -6 beschrieben.

Notwendigkeit von Abdichtungen unterhalb keramischer Bekleidungen

Auch wenn keramische Fliesen feuchtigkeitsbeständig und in hohem Maße wasserabweisend sind, ist es der flächendeckende Belag nicht, da sowohl die Belagsfugen als auch die Randanschluss- und Belagsdehnungsfugen keinen ausreichenden Widerstand gegen Wasser bieten.

Eine Abdichtung ist grundsätzlich auf Bodenflächen und auf Wandflächen mit Feuchtigkeitsbelastung der Wassereinwirkungsklassen W2-I und W3-I erforderlich.

Bei feuchtigkeitsunempfindlichen Wandflächen, die einer geringen (WO-I) und mäßigen Feuchtigkeitsbelastung (W1-I) ausgesetzt sind, kann ggf. auf eine Abdichtung verzichtet werden. Voraussetzung dafür ist, dass Brauch- und Nutzwasser nicht in unter dem Belag angeordnete Dämmschichten gelangen können sowie Durchdringungen und Randanschlussfugen dauerhaft gegen das Eindringen von Wasser geschützt sind.

Bei Abdichtungen nach DIN 18534-2, die unterhalb des Schutzestrichs angeordnet sind, kann eine zusätzliche Abdichtung im Verbund erforderlich sein, falls dies die Anforderungen an die Raumhygiene erfordern.

Vorteile der Abdichtung im Verbund gegenüber bahnenförmigen Abdichtungsstoffen nach DIN 18534-2 und Abdichtungen mit Gussasphalt nach DIN 18534-4

Gegenüber der konventionellen Abdichtungsvariante nach DIN 18534-2 mit Abdichtungsbahnen kann auf die Anordnung einer zusätzlichen Schutzschicht (Schutzestrich) verzichtet werden, da der Schutz der Abdichtung vom Nutzbelag übernommen wird.

Die direkt unter dem Belag angeordnete Abdichtung schützt den Estrich und die Dämmung vor eindringendem Wasser und verhindert dadurch die Entstehung und die Ausbreitung von mikrobakteriellem Wachstum, das sich negativ auf den menschlichen Organismus und die Raumhygiene auswirken kann.

Abdichtungen aus einem Gussasphaltestrich nach DIN 18534-4 (ohne darunter angeordnete Abdichtungsbahn) können ausschließlich in der Wassereinwirkungsklasse W0-I und W1-I zur Anwendung kommen.

Nachteile der Abdichtung im Verbund gegenüber bahnenförmigen Abdichtungsstoffen nach DIN 18534-2

Abdichtungen im Verbund können nur bis zu einer max. Rissaufweitung bzw. Rissbreitenänderung (nach Aufbringen der Abdichtung) bis 0,2 mm (Rissklasse R1-I) zur Anwendung kommen.

Abdichtungen im Verbund mit Bahnen (nach DIN 18534-5) und Platten (nach DIN 18534-6) können nicht gegen sehr hohe Wasserbeanspruchung nach der Wassereinwirkungsklasse W3-I eingesetzt werden. Für flüssig zu verarbeitende Abdichtungsstoffe trifft Letzteres nicht zu.

Anforderungen an den Handwerker

Die Handwerker, die Verbundabdichtungen ausführen, sollten in hohem Maße sorgfältig arbeiten sowie Sachkunde und Erfahrung besitzen.

2.12.4.2 Wassereinwirkungsklassen

In Abhängigkeit von der Art des Wassers und der Intensität der Wasserbeaufschlagung wird die Wassereinwirkung in die 4 Klassen W0-I, W1-I, W2-I, W3-I (vgl. Tabelle 2.15) eingeteilt. Die objektspezifische Wassereinwirkungsklasse ist vom Planer einzuschätzen und zu definieren.

Bei vorliegender chemischer Beanspruchung (z. B. Großküchen) muss die Abdichtung gegenüber dem einwirkenden Medium beständig sein.

In den Wassereinwirkungsklassen W0-I und W1-I sind feuchtigkeitsempfindliche Untergründe (z. B. gipshaltige Baustoffe) zulässig.

In den Klassen W2-I und W3-I sind ausschließlich feuchtigkeitsunempfindliche Untergründe zu planen und einzubauen.

Tabelle 2.15: Wassereinwirkungsklassen nach DIN 18534 und Anwendungsbeispiele

Wassereinwirkungs-klasse	**Belastung**	**Beispiele**
W0-I **gering**	• nicht häufig einwirkendes Spritzwasser	• Wandflächen über Waschbecken • Bodenflächen ohne Bodenablauf in Räumen wie Küchen, Gäste-WCs usw.
W1-I **mäßig**	• Wand- und Bodenflächen in Bädern ohne hohe Wassereinwirkung	• Wandflächen im Spritzwasserbereich in häuslichen Bädern • Bodenflächen in Bädern ohne/mit Ablauf ohne hohe Wassereinwirkung aus dem Dusch- oder Wannenbereich
W2-I **hoch**	• Wand- und Bodenflächen, die intensiv durch Spritzwasser belastet werden • Bodenflächen, auf denen die Gefahr von anstauendem Wasser besteht	• Bodenflächen mit Entwässerungseinbauten • Bodenflächen mit integrierten bodengleichen Duschen • Wand- und Bodenflächen in Sport- und Gewerbestätten
W3-I **sehr hoch**	• Flächen mit intensiver und lang andauernder Spritzwasserbelastung • Flächen die häufiger, intensiver Spritzwasserbelastung ausgesetzt sind • Bodenflächen mit zeitweise anstauendem Wasser	• Bodenflächen in Beckenumgängen • Bodenflächen in Reihenduschanlagen • Bodenflächen in Großküchen, Brauereien usw.

Folgendes ist besonders zu beachten:

- Grundsätzlich sollten bei bodengleichen Duschflächen keine Baustoffe aus Gips zur Anwendung kommen. In diesem Anwendungsbereich sollten die Wassereinwirkungsklassen W2-I und W3-I zugrunde gelegt werden.
- Wand- und Bodenflächen in Duschen von Sport- und Gewerbestätten sind mindestens der Wassereinwirkungsklasse W2-I zuzuordnen.
- Bodenflächen, die planmäßig einer Wasserbelastung (auch Spritzwasser) ausgesetzt sind, sind der Wassereinwirkungsklasse W2-I zuzuordnen.

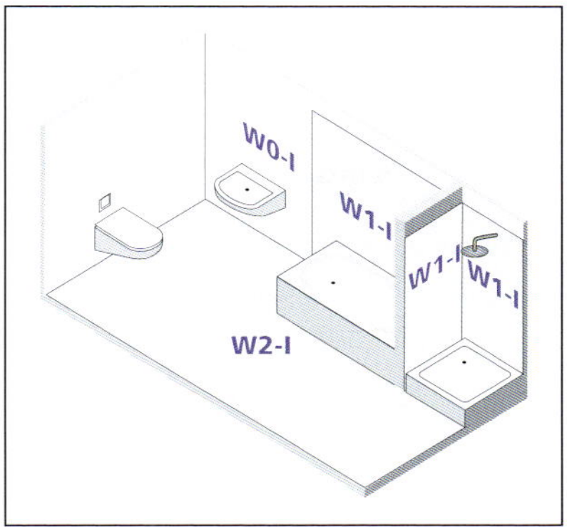

Abb. 2.67: Häusliches Bad mit Badewanne und Duschtasse (Quelle: Sopro Bauchemie GmbH, Wiesbaden)

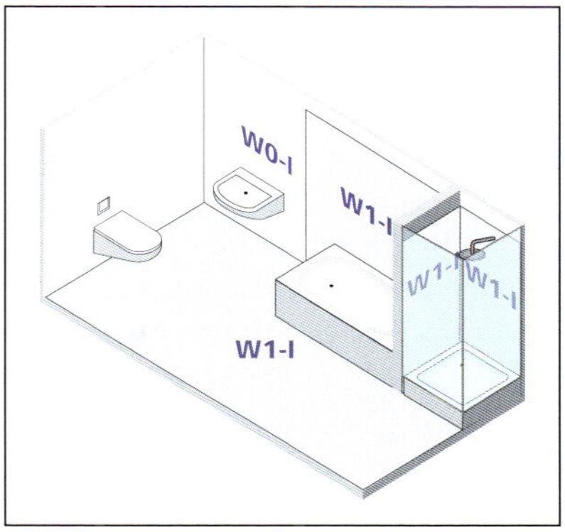

Abb. 2.68: Häusliches Bad mit Badewanne und Duschtasse mit Duschabtrennung (Quelle: Sopro Bauchemie GmbH, Wiesbaden)

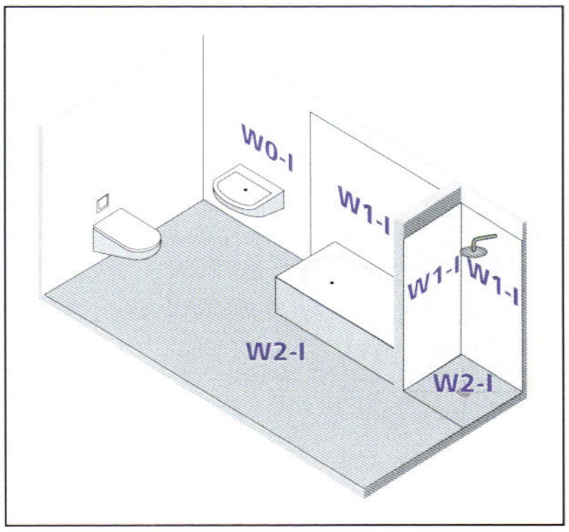

Abb. 2.69: Häusliches Bad mit Badewanne und bodengleicher Dusche (Quelle: Sopro Bauchemie GmbH, Wiesbaden)

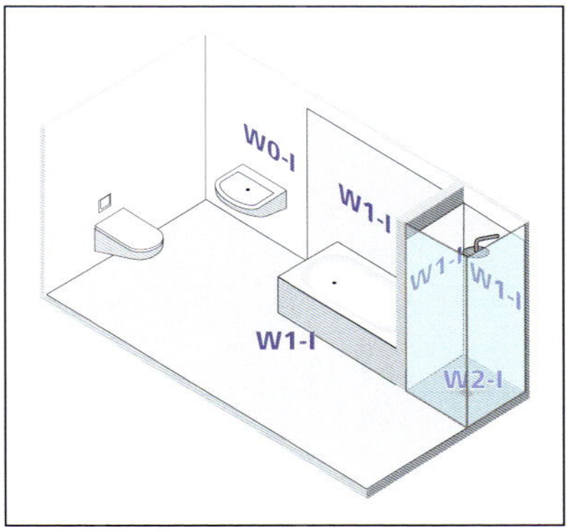

Abb. 2.70: Häusliches Bad mit Badewanne und bodengleicher Dusche mit Duschabtrennung (Quelle: Sopro Bauchemie GmbH, Wiesbaden)

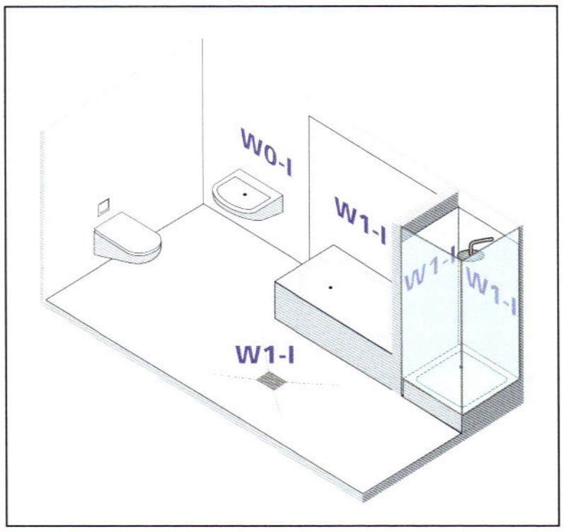

Abb. 2.71: Häusliches Bad mit Badewanne und Duschtasse mit Duschabtrennung, Bodenablauf im Raum (Quelle: Sopro Bauchemie GmbH, Wiesbaden).

2.12.4.3 Rissklassen

Rissbildungen im Bauteil sind in der Regel bis zu einer gewissen Größenordnung nicht vermeidbar. In Abhängigkeit von dem Verformungsverhalten und den rissüberbrückenden Eigenschaften der Abdichtungssysteme wurden in der Norm 3 Rissklassen definiert (vgl. Tabelle 2.16). Die zu erwartende Rissbreitenänderung im Untergrund und die rissüberbrückende Eigenschaft eines Abdichtungssystems sind also wesentlich für die Bestimmung des Abdichtungssystems.

Grundsätzlich ist die größte zu erwartende Rissaufweitung bei der Auswahl der Abdichtung zu berücksichtigen.

Tabelle 2.16: Rissklassen nach DIN 18534 und Beispiele zur Einordnung

Riss-klasse	max. Rissbreitenänderung/ Rissneubildung (nach Aufbringen der Abdichtung)	Beispiele für Abdichtungsuntergründe (ggf. inkl. Arbeitsfugen ohne statischen Nachweis der Rissbreiten)
R1-I	bis ca. 0,2 mm	Mauerwerk, Beton, Estrich, Putz, kraftschlüssig geschlossene Fugen von Gips- und Gipsfaserplatten
R2-I	bis ca. 0,5 mm	kraftschlüssig geschlossene Fugen von Gips- und Gipsfaserplatten, Fugen von großformatigem Mauerwerk (ohne Putz), erddruckbelastetes Mauerwerk (ohne Putz)
R3-I	bis ca. 1,0 mm, zusätzlich Rissversatz bis 0,5 mm	Baustoffübergänge, Aufstandsfugen von Mauerwerk

2.12.4.4 Abdichtungsstoffe

Die DIN 18534 definiert 3 Abdichtungsstoffe, die in Innenbereichen zur Abdichtung im Verbund mit Bekleidungen aus Fliesen und Platten von durch Feuchtigkeit beanspruchten Flächen zum Einsatz kommen können. Aufgrund ihrer materialspezifischen Eigenschaften differieren sowohl die zulässigen Untergründe als auch die max. zulässige Wassereinwirkungsklasse (vgl. Tabellen 2.17 und 2.18).

Flüssig zu verarbeitende Abdichtungsstoffe (AIV-F)

Kunststoff-Zement-Mörtel-Kombinationen (CM)

Dies sind Gemische aus hydraulisch erhärtenden Bindemitteln, mineralischen Zuschlägen und organischen Zusätzen, Polymerdispersionen in pulverförmiger oder flüssiger Form, deren Erhärtung durch Hydratation und Trocknung erfolgt (z. B. flexible Dichtungsschlämmen).

- Anwendungsbereich Wand und Boden für alle Wassereinwirkungsklassen (W0-I bis W3-I)
- Mindesttrockenschichtstärke nach 2 Aufträgen 2 mm
- zulässige Rissüberbrückungsklasse R1-I
- Auftrag durch Streichen, Spachteln oder Rollen

Reaktionsharze (RM)

Hierunter versteht man Gemische aus synthetischen Harzen mit oder ohne mineralische Füllstoffe. Die Erhärtung erfolgt durch chemische Reaktion.

- Anwendungsbereich Wand und Boden für alle Wassereinwirkungsklassen (W0-I bis W3-I)
- Mindesttrockenschichtstärke nach 2 Aufträgen 1 mm
- zulässige Rissüberbrückungsklasse R1-I
- Auftrag durch Streichen, Spachteln oder Rollen
- widerstandsfähig gegenüber chemischen Medien in Abhängigkeit von deren Zusammensetzung und Konzentration

Polymerdispersionen (DM)

Hierbei handelt es sich um Gemische aus Polymerdispersionen und organischen Zusätzen mit oder ohne mineralische Füllstoffe, deren Erhärtung ausschließlich durch Trocknung erfolgt.

- Anwendungsbereich Wand und Boden für die Wassereinwirkungsklassen W0-I (an Wand und Boden), W1-I (an Wänden)
- Mindesttrockenschichtstärke nach 2 Aufträgen 0,5 mm
- zulässige Rissüberbrückungsklasse R1-I
- Auftrag durch Streichen, Spachteln oder Rollen

Bahnenförmige Abdichtungen (AIV-B)

Diese sind Bahnen auf thermoplastischer oder elastomerer Basis, deren unterschiedliche Komponenten aufeinander abgestimmt sind.

Man unterscheidet:

- vlieskaschierte, profilierte Bahnen, einseitig auf der Unterseite oder beidseitig vlies- oder gewebekaschiert,
- beidseitig vlieskaschierte, nicht profilierte Bahnen, eventuell mit Verstärkungen oder Einlagen:
  - Anwendungsbereich Wand und Boden für die Wassereinwirkungsklassen (W0-I, W1-I und W2-I),
  - zulässige Rissüberbrückungsklasse R1-I,
  - Aufbringen unter Verwendung eines systemkonformen Dünnbettmörtels oder Klebstoffs

Plattenförmige Abdichtungen (AIV-P)

Die Platten bestehen aus mehreren Komponenten. Die Abdichtung wird werkseitig auf die Platten vollflächig und kraftschlüssig aufgebracht. Bei der Verarbeitung sind die Herstellerangaben zu beachten.

Eine Platte gemäß AIV-P besteht aus nachfolgend aufgeführten Stoffen:

- werkseitig mit bahnenförmigem Abdichtungsstoff, Dicke ≥ 0,15 mm, versehene Hartschaumträgerplatte aus EPS oder XPS, Gesamtdicke ≥ 5 mm;
- werkseitig mit flüssig zu verarbeitendem Abdichtungsstoff, rissüberbrückender mineralischer Dichtungsschlämme MDS (Dicke ≥ 1,3 mm) oder Reaktionsharz (≥ 1,0 mm) versehene Hartschaumträgerplatten aus EPS, Gesamtdicke ≥ 10 mm;

- wasserundurchlässige XPS-Hartschaumplatten nach DIN EN 13164 mit einer Rohdichte von ≥ 30 kg/m³ nach DIN EN 1602 sowie mit einer werkseitigen Beschichtung ohne abdichtende Funktion:
  - Anwendungsbereich Wand und Boden für die Wassereinwirkungsklassen W0-I und W1-I bei einer Plattenddicke von 10 mm und W2-I bei einer Plattendicke von 25 mm,
  - zulässige Rissüberbrückungsklasse R1-I,
  - Aufbringen unter Verwendung eines systemkonformen Dünnbettmörtels oder Klebstoffs.

2.12.4.5 Untergründe

Untergründe für Bauwerksabdichtungen an Wand und Boden werden aus unterschiedlichen Baustoffen erstellt. Die jeweiligen Eigenschaften des Untergrundes sind unter Berücksichtigung der einwirkenden Wasserbelastung und des zur Anwendung kommenden Abdichtungssystems maßgebend für die Dauerhaftigkeit des Bauteils. Die Tabellen 2.17 und 2.18 zeigen empfohlene Untergründe für Wand- und Bodenbeläge.

Tabelle 2.17: Empfohlene Untergründe für Wandbeläge und sich daraus ableitende mögliche Abdichtung. Dunkel hinterlegt sind die jeweils zulässigen flüssigen Abdichtungsstoffe.

Wassereinwirkungsklasse	**W0-I**	**W1-I**	**W2-I**	**W3-I**
Wassereinwirkung	**gering**	**mäßig**	**hoch**	**sehr hoch**
Beton nach DIN 1045/DIN EN 206	AIV-F: CM, DM, RM AIV-B AIV-P	AIV-F: CM, DM, RM AIV-B AIV-P	AIV-F: CM, RM AIV-B AIV-P	AIV-F: CM, RM
Kalkzementputz der MG P II CS III nach DIN 18550 und DIN EN 998-1, Druckfestigkeit 3,5–7,0 N/mm	AIV-F: CM, DM, RM AIV-B AIV-P	AIV-F: CM, DM, RM AIV-B AIV-P	AIV-F: CM, RM AIV-B AIV-P	AIV- F: CM, RM
Kalkzementleichtputz der MG P II CS II nach DIN 18550 und DIN EN 998, Druckfestigkeit > 2,5 N/mm	AIV-F: CM, DM, RM AIV-B AIV-P	AIV-F: CM, DM, RM AIV-B AIV-P	nicht zulässig	nicht zulässig
Zementputz der MG P III CS IV nach DIN 18550 und DIN EN 998-1, Druckfestigkeit > 6,0 N/mm²	AIV-F: CM, DM, RM AIV-B AIV-P	AIV-F: CM, DM, RM AIV-B AIV-P	AIV-F: CM, RM AIV-B AIV-P	AIV-F: CM, RM
Zementputz der MG P III CS IV nach DIN 18550 und DIN EN 998-1 ohne Zusatz von Kalkhydrat/Kalkzuschlag, Druckfestigkeit > 6,0 N/mm²	AIV-F: CM, DM, RM AIV-B AIV-P	AIV- F: CM, DM, RM AIV-B AIV-P	AIV- F: CM, RM AIV-B AIV-P	AIV- F: CM, RM

Tabelle 2.17: Empfohlene Untergründe für Wandbeläge und sich daraus ableitende mögliche Abdichtung. Dunkel hinterlegt sind die jeweils zulässigen flüssigen Abdichtungsstoffe. (Fortsetzung)

Wassereinwirkungsklasse	**W0-I**	**W1-I**	**W2-I**	**W3-I**
Wassereinwirkung	**gering**	**mäßig**	**hoch**	**sehr hoch**
Gipsputz der MG P IV nach DIN 18550-1 und -2	AIV- F: CM, DM, RM AIV-B AIV-P	AIV- F: CM, DM, RM AIV-B AIV-P	nicht zulässig	nicht zulässig
Kalksandstein-Planblocksteine mit oder ohne dünne Spachtelung	AIV-F: CM, DM, RM AIV-B AIV-P	AIV-F: CM, DM, RM AIV-B AIV-P	AIV-F: CM, RM AIV-B AIV-P	AIV-F: CM, RM
Porenbetonbauplatten nach DIN 4166, verarbeitet nach DIN 4103	AIV-F: CM, DM, RM AIV-B AIV-P	AIV-F: CM, DM, RM AIV-B AIV-P	AIV-F: CM, RM AIV-B AIV-P	nicht zulässig
Hohlwandplatten aus Leichtbeton nach DIN 4166, verarbeitet nach DIN 4103	AIV-F: CM, DM, RM AIV-B AIV-P	AIV-F: CM, DM, RM AIV-B AIV-P	AIV-F: CM, RM AIV-B AIV-P	AIV-F: CM, RM
Gipsfaserplatten nach DIN EN 15283-2	AIV-F: CM, DM, RM AIV-B AIV-P	AIV-F: CM, DM, RM AIV-B AIV-P	nicht zulässig	nicht zulässig
Gipsplatten nach DIN 18180 bzw. DIN EN 520	AIV-F: CM, DM, RM AIV-B AIV-P	AIV-F: CM, DM, RM AIV-B AIV-P	nicht zulässig	nicht zulässig
Gips-Wandbauplatten nach DIN EN 12859	AIV-F: CM, DM, RM AIV-B AIV-P	AIV-F: CM, DM, RM AIV-B AIV-P	nicht zulässig	nicht zulässig
zementgebundene mineralische Bauplatten	AIV-F: CM, DM, RM AIV-B AIV-P	AIV-F: CM, DM, RM AIV-B AIV-P	AIV- F: CM, RM AIV-B AIV-P	AIV-F: CM, RM
beidseitig beschichtete Hartschaumplatten	AIV-F: CM, DM, RM AIV-B AIV-P	AIV-F: CM, DM, RM AIV-B AIV-P	AIV-F: CM, RM AIV-B AIV-P	AIV-F: CM, RM

DM Polymerdispersion
CM Kunststoff-Zementmörtel-Kombination
RM Reaktionsharz
AIV-F flüssig zu verarbeitender Abdichtungsstoff
AIV-B bahnenförmiger Abdichtungsstoff
AIV-P plattenförmiger Abdichtungsstoff

Tabelle 2.18: Empfohlene Untergründe für Bodenbeläge und sich daraus ableitende mögliche Abdichtung. Dunkel hinterlegt sind die jeweils zulässigen flüssigen Abdichtungsstoffe.

Wassereinwirkungsklasse	**W0-I**	**W1-I**	**W2-I**	**W3-I**
Wassereinwirkung	**gering**	**mäßig**	**hoch**	**sehr hoch**
Beton nach DIN 1045/DIN EN 206	AIV-F: CM, DM, RM AIV-B AIV-P	AIV-F: CM, RM AIV-B AIV-P	AIV- F: CM, RM AIV-B AIV-P	AIV- F: CM, RM
Zementestrich nach DIN 18560	AIV-F: CM, DM, RM AIV-B AIV-P	AIV-F: CM, RM AIV-B AIV-P	AIV- F: CM, RM AIV-B AIV-P	AIV- F: CM, RM
Gussasphaltestrich nach DIN 18560[1)]	AIV-F: CM, DM, RM AIV-B AIV-P	AIV-F: CM, RM AIV-B AIV-P	AIV- F: CM, RM AIV-B AIV-P	AIV- F: CM, RM
Calciumsulfatestrich nach DIN 18560	AIV-F: CM, DM, RM AIV-B AIV-P	AIV-F: CM, RM AIV-B AIV-P	nicht zulässig	nicht zulässig
beidseitig beschichtete Hartschaumplatten	AIV-F: CM, DM, RM AIV-B AIV-P	AIV-F: CM, RM AIV-B AIV-P	AIV- F: CM, RM AIV-B AIV-P	AIV- F: CM, RM
Trockenhohlböden nach DIN EN 13213 mit reduzierter Durchbiegung (l/650)	AIV-F: CM, DM, RM AIV-B AIV-P	AIV-F: CM, RM AIV-B AIV-P	nicht zulässig	nicht zulässig
Gipsfaserplatten nach DIN EN 15283-2	AIV-F: CM, DM, RM AIV-B AIV-P	AIV-F: CM, RM AIV-B AIV-P	nicht zulässig	nicht zulässig
Gipsplatten nach DIN 18180 bzw. DIN EN 520	AIV-F: CM, DM, RM AIV-B AIV-P	AIV-F: CM, RM AIV-B AIV-P	nicht zulässig	nicht zulässig

DM Polymerdispersion,
CM Kunststoff-Zementmörtel-Kombination,
RM Reaktionsharz,
AIV-F flüssig zu verarbeitender Abdichtungsstoff,
AIV-B bahnenförmiger Abdichtungsstoff,
AIV-P plattenförmiger Abdichtungsstoff

1) Kann als Abdichtung für die Wassereinwirkungsklassen W0-I und W1-I zur Anwendung kommen. Bei Ausführung sind die Vorgaben der DIN 18534-4 zu beachten.

Anforderungen an die Untergründe

Nachfolgend aufgeführte Anforderungen werden an die Untergründe gestellt:

- Sie müssen ausreichend standsicher, tragfähig und trocken sein.
- Beton- und Mauerwerksflächen sollten ca. 6 Monate alt sein.
- Zementestriche müssen mindestens 28 Tage alt sein.
- Bei Estrichen auf Dämmung ist nach DIN 18157 der jeweilige zulässige max. Feuchtigkeitsgehalt zu beachten.
- Sie müssen homogen, gleichartig in der Oberfläche und in den bauphysikalischen Eigenschaften sein, des Weiteren eben, senkrecht, waagrecht, fluchtrecht oder im vorgegebenen Gefälle.
- Stoffe für Ausgleichsschichten müssen auf den Untergrund und die Abdichtung abgestimmt sein.
- Sie müssen frei von durchgehenden Rissen sein.
- Die max. Rissaufweitung nach Auftragen der Abdichtung darf 0,2 mm betragen.
- Sie müssen frei von Stoffen sein, die die Haftung der Abdichtung beeinträchtigen.
- Sie müssen sauber sein.
- Feuchtigkeitsempfindliche Untergründe wie Calciumsulfatestriche, Trockenhohlböden auf Calciumsulfatbasis, Gipsplatten bzw. Gipsfaserplatten, in die ein Bodenablauf integriert ist, und Untergründe aus Holz- oder Holzwerkstoffen sind für Abdichtungen nach DIN 18534-3, -5 und -6 nicht zulässig.

2.12.4.6 Ausführung der Abdichtungen

Flüssig zu verarbeitende Abdichtungsstoffe (AIV-F)

- Bei der Ausführung sind die Vorgaben der DIN 18534-3 zu berücksichtigen.
- Die Abdichtungsschicht ist mindestens in 2 Arbeitsgängen aufzubringen.
- Zur Abdichtung von Innen- und Außenecken und für den Anschluss an Ablaufsysteme und Rohrdurchdringungen sind systemkonforme Dichtecken und Dichtmanschetten zu verwenden. Sind diese bereits werkseitig am Einbauteil angebracht, ist deren Systemkompatibilität nachzuweisen.
- Die Angaben des Herstellers zur erforderlichen Nassschichtdicke sind zu beachten. Der Trocknungsschwund ist zu beachten. Dieser kann bis zu 25 % betragen.
- Bei vorliegender Wasserbelastung der Wassereinwirkungsklasse W3-I ist die Nassschichtdickenkontrolle zu dokumentieren.
- In Räumen, in denen aufgrund der vorliegenden Feuchtigkeitsbelastung und der vorhandenen Untergründe eine Abdichtung der Wand nicht erforderlich ist, ist die Bodenabdichtung 5 cm über OK FF an senkrechten Flächen hochzuführen.
- An aufgehenden Bauteilen ist die Abdichtungsschicht mindestens 20 cm über die höchste Wasserentnahmestelle bzw. über die Höhe des Spritzwasserbereichs hochzuführen.

- Bei Ausführung der Abdichtung sind grundsätzlich die Angaben des Herstellers zur Mindesttrockenschichtdicke zu beachten. Unabhängig davon sind folgende Mindesttrockenschichtdicken verbindlich:
  - für Kunststoff-Mörtel-Kombinationen (CM) 2,0 mm,
  - für Reaktionsharzabdichtungen (RM) 1,0 mm,
  - für Polymerdispersionen 0,5 mm.
- Das Ansetzen und das Verlegen der Bekleidungen sind mit einem systemkonformen geprüften und zugelassenen Dünnbettmörtel nach DIN EN 12004 vorzunehmen. Bei der Ausführung sind die Vorgaben der DIN 18157 zu berücksichtigen.

Bahnenförmige Abdichtungen (AIV-B)

- Bei der Ausführung sind die Vorgaben der DIN 18534-5 zu berücksichtigen.
- Die vorgefertigten Abdichtungsbahnen sind vollflächig auf den vorab aufgetragenen systemkonformen Dünnbettmörtel oder Klebstoff nach Vorgaben des Herstellers aufzubringen.
- Die Abdichtungsbahnen sind mindestens 5 cm zu überlappen. Werden sie „stumpf gestoßen", ist der Stoß mit systemkonformen Dichtbändern zu überkleben.
- Zur Abdichtung von Innen- und Außenecken und für den Anschluss an Ablaufsysteme und Rohrdurchdringungen sind systemkonforme Dichtecken und Dichtmanschetten zu verwenden. Sind diese bereits werkseitig am Einbauteil angebracht, ist deren Systemkompatibilität nachzuweisen.
- Bei Abdichtungen von Bodenflächen (keine Wandabdichtung erforderlich) ist die Abdichtung 5 cm über OK FF an senkrechten Flächen hochzuführen.
- An aufgehenden Bauteilen ist die Abdichtungsschicht mindestens 20 cm über die höchste Wasserentnahmestelle bzw. über die Höhe des Spritzwasserbereichs hochzuführen.
- Das Ansetzen und das Verlegen der Bekleidungen sind mit einem systemkonformen geprüften und zugelassenen Dünnbettmörtel nach DIN EN 12004 vorzunehmen. Bei der Ausführung sind die Vorgaben der DIN 18157 zu berücksichtigen.

Plattenförmige Abdichtungen (AIV-P)

- Bei der Ausführung sind die Vorgaben der DIN 18534-6 zu berücksichtigen.
- Die vorgefertigten Abdichtungsplatten sind vollflächig in den vorab aufgetragenen systemkonformen Dünnbettmörtel oder Klebstoff nach Vorgaben des Herstellers aufzubringen. Die Platten können zusätzlich im Untergrund mechanisch verankert werden. Die Durchdringungspunkte sind mit einem systemkonformen Abdichtungsstoff zusätzlich abzudichten.
- Die Platten sind im Stoßbereich bei Wassereinwirkung der Wassereinwirkungsklasse W2-I mit systemkonformen Dichtbändern abzudichten. Das Dichtband ist stoßüberlappend jeweils 5 cm aufzukleben. Bei den Wassereinwirkungsklassen W0-I und W1-I ist dies nicht erforderlich, sofern der Plattenstoß dicht verklebt ist.

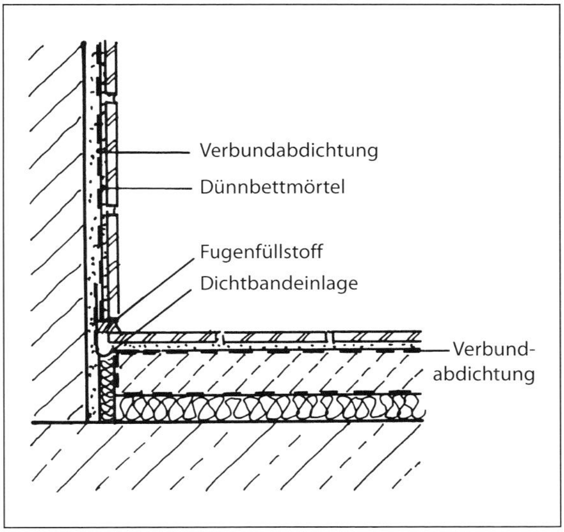

Abb. 2.72: Wandanschluss in einem Nassraum

- Zur Abdichtung von Innen- und Außenecken und für den Anschluss an Ablaufsysteme und Rohrdurchdringungen sind systemkonforme Dichtecken und Dichtmanschetten zu verwenden. Sind diese bereits werkseitig am Einbauteil angebracht, ist deren Systemkompatibilität nachzuweisen.
- Bei Abdichtungen von Bodenflächen (keine Wandabdichtung erforderlich) ist die Abdichtung 5 cm über OK FF an senkrechten Flächen hochzuführen.
- An aufgehenden Bauteilen ist die Abdichtungsschicht mindestens 20 cm über die höchste Wasserentnahmestelle bzw. über die Höhe des Spritzwasserbereichs hochzuführen.
- Das Ansetzen und das Verlegen der Bekleidungen sind mit einem systemkonformen geprüften und zugelassenen Dünnbettmörtel nach DIN EN 12004 vorzunehmen. Bei der Ausführung sind die Vorgaben der DIN 18157 zu berücksichtigen.

2.12.4.7 Detaillösungen

Abdichtung von Feldbegrenzungs- und Randanschlussfugen (Fugentyp F1) nach DIN 18534-1

Die Abdichtung der Fugen muss mit systemkonformen Dichtbändern erfolgen. Art und Eigenschaften der Dichtbänder/Innenecken und Außenecken sind auf die zu erwartende Bauteilbewegung abzustimmen (siehe Abb. 2.72).

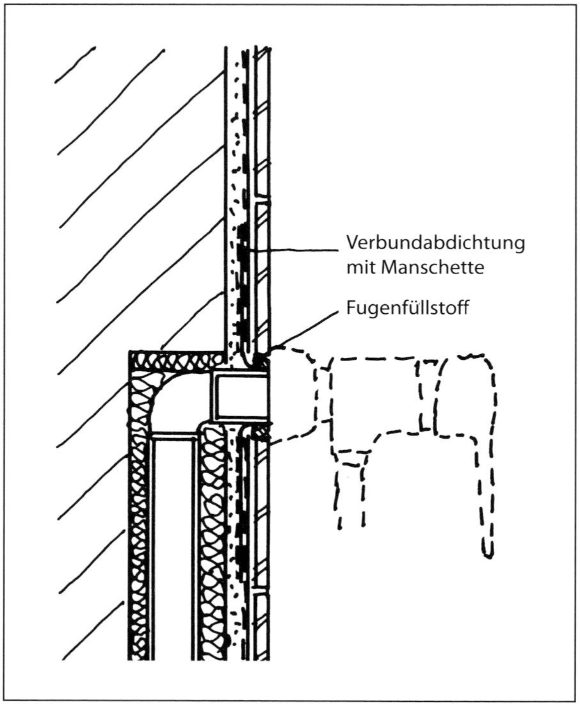

Abb. 2.73: Abdichtung einer Rohrdurchführung

Abdichtung von Durchdringungen nach DIN 18534-1

Bei der Abdichtung von Durchdringungen (z. B. Installationsdurchführungen) (siehe Abb. 2.73) kommen Dichtflansche und Dichtmanschetten zur Anwendung. Sofern erforderlich sind bei Wandinstallationen Rohrverlängerungen einzubauen.

Die Mindestbreite bei Einbettung der Dichtmanschette in die Abdichtungsschicht beträgt 50 mm.

Die Dichtigkeit und Funktion der Abdichtung dürfen durch haustechnische Installationen nicht beeinträchtigt werden. Diese sind unterhalb oder hinter der Abdichtungsschicht (ausgenommen W0-I) anzuordnen.

Die Ausbildung der Anschlüsse von Installationsboxen erfolgt mit Klemm- und Klebeflansch unter Verwendung von systemkonformen Dichtbändern oder Dichtmanschetten.

Bei den Wassereinwirkungsklassen W0-I und W1-I ist eine Perforation der Wandabdichtungsschicht zum Befestigen von Installationen zulässig, sofern diese gegen das Einwirken von Spritz- und Brauchwasser geschützt werden.

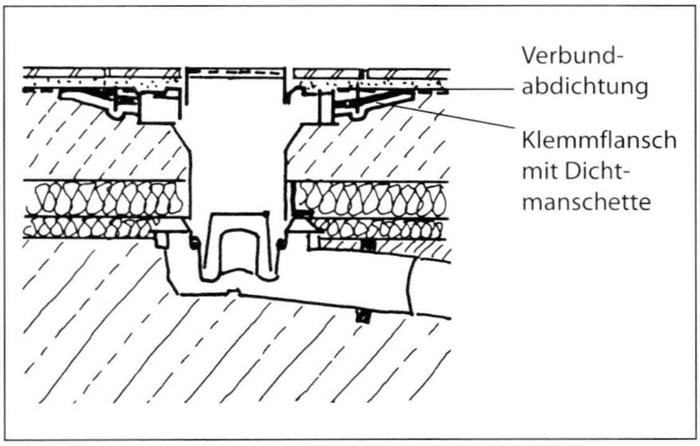

Abb. 2.74: Abdichtung eines Bodenablaufs

Abdichtung von Bodenabläufen nach DIN EN 1253

Diese erfolgt durch die Verwendung von systemkonformen Dichtmanschetten, die in die Flächenabdichtung integriert und an den Bodenablauf angeschlossen werden (siehe Abb. 2.74).

Dieser kann mit einem Klebeflansch oder einem Los-Festflansch ausgerüstet sein.

Bei Verwendung eines Los-Festflansches muss der Klemmflansch eine Mindestbreite von 40 mm und der Losflansch eine Mindestbreite von 50 mm aufweisen. Die Dichtmanschette wird mit dem Aufsatzstück des Ablaufs nach der Erhärtung der Flächenabdichtung fest verklemmt. Die Überlappung in der Manschette in die Flächenabdichtung muss mindestens 50 mm betragen.

Bei Verwendung eines Klebeflansches muss dieser eine umlaufend nutzbare Mindestflanschbreite von 30 mm aufweisen. Der Flansch muss eine gut klebefähige Oberfläche aufweisen, damit eine ausreichende Haftung der Dichtmanschette darauf sichergestellt ist. Die Überlappung der Manschette in die Flächenabdichtung muss mindestens 50 mm betragen.

Abdichtung von Badewannen und Duschtassen

Flächen unter und hinter Badewannen sind vor Wassereinwirkung zu schützen. Für diese Maßnahme sehen die Regelwerke 2 Abdichtungsvarianten vor:

Anschluss des Wannenrandes an die Abdichtungsschicht, z. B. mit Wannenranddichtbändern oder Zargen

Bei dieser Abdichtungsvariante kommen entweder Wannen mit Randaufkantungen und sich daran anschließende Dichtbänder oder Wannenranddichtbänder zur Anwendung. Im Gegensatz zu Dichtbändern und Dichtmanschetten unterliegen die Wannenranddichtbänder keinen bauaufsichtlichen Anforderungen. Deshalb ist auch kein allgemeiner bauaufsichtlicher Verwendbarkeitsnachweis (abP) erforderlich.

Nach DIN 18534-1 müssen sie jedoch die allgemeinen Anforderungen an Dichtigkeit, Beständigkeit und Dauerhaftigkeit erfüllen.

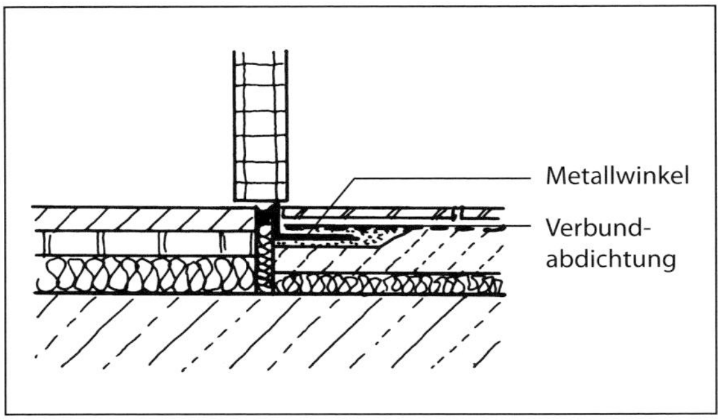

Abb. 2.75: Übergang im Türbereich bei Wasserbeanspruchungsklasse W1-I

Für den Erfolg der Abdichtung und deren Dauerhaftigkeit ist die Lagestabilität der Wanne eine grundlegende Voraussetzung.

Fortführen der Abdichtungsschicht ohne oder mit Fliesenbelag unterhalb und hinter der Wanne

Der Planer hat durch konstruktive Maßnahmen sicherzustellen, dass anfallendes Wasser sicher abgeleitet und die Abdichtung fachgerecht ausgeführt werden kann. Die DIN 18534-1 setzt bei dieser Konstruktionsvariante voraus, dass unter den Wannen ausschließlich jene Installationen angeordnet werden, die für den Einbau und die Nutzung der Wanne erforderlich sind.

Bodenabläufe, Rohre und Leitungen sind entsprechend zu planen.

Das Schließen von Fugen mit Fugenprofilen oder Dichtstoffen stellt keine Abdichtungsmaßnahme dar.

Abdichtung von Abschlüssen und Übergängen an Türen

- Türen sollten möglichst außerhalb des Spritzwasserbereichs angeordnet werden. Kann dies nicht realisiert werden, ist die Abdichtungsschicht hinter der Türzarge hochzuführen (siehe Abb. 2.75). Der Einbau der Tür sollte deshalb nach Einbau der Abdichtungsschicht erfolgen.
- Die Abdichtungsschicht ist so zu gestalten, dass auf der Abdichtungsebene kapillar geführtes Wasser nicht in angrenzende Räume gelangen kann.
- Das Oberflächengefälle muss vom Türbereich weglaufend zum Ablauf angeordnet sein.
- Türen, Schwellenabschlüsse mit Niveauunterschied ≥ 1 cm sind in Form von Schrägflächen, Schwellen oder Winkeln zu planen.
- Befinden sich Schwellen oder Winkel in mit Wasser beanspruchten Bereichen, sollte eine Entwässerungsrinne angeordnet werden. Bei einer Wasserbelastung gemäß W3-I ist deren Anordnung verpflichtend.

2.12.5 Fragen und Antworten

Nr.	Fragen
1.	Nennen Sie die Norm, die die Abdichtung von feuchtebelasteten Innenräumen beschreibt.
2.	Wie viele Teile weist die Norm auf? Benennen Sie die einzelnen Normteile.
3.	Nennen Sie die Wassereinwirkungsklassen dieser Norm.
4.	Nennen Sie Anwendungsbeispiele für W0-I.
5.	Nennen Sie Anwendungsbeispiele für W1-I.
6.	Nennen Sie Anwendungsbeispiele für W2-I.
7.	Nennen Sie Anwendungsbeispiele für W3-I.
8.	Welche Anwendungsbereiche regelt diese Norm?
9.	Nennen Sie die wesentlichen Anforderungen, die eine Abdichtung nach Norm aufweisen muss.
10.	Wo ist die Abdichtung aufzubringen?
11.	Welche grundsätzlichen Einwirkungen und Belastungen sind bei Planung und Ausführung zu beachten?
12.	Wann sind Abdichtungen immer erforderlich?
13.	Wann kann auf eine Abdichtung verzichtet werden?
14.	Nennen Sie die Fugentypen und deren Zuordnung.
15.	Nennen Sie die Rissklassen sowie deren max. Rissweitenöffnung und benennen Sie Beispiele für die jeweilige Rissklasse.
16.	Nennen Sie Einwirkungen, die neben der Wassereinwirkungsklasse möglicherweise noch zu berücksichtigen sind.
17.	Nennen Sie unzulässige Untergründe für die Wassereinwirkungsklassen W2-I und W3-I.
18.	Nennen Sie 3 Abdichtungsbauarten und beschreiben Sie deren Anordnung in der Konstruktion.
19.	Welcher Nachteil ist bei einer Abdichtung unter der Lastverteilungsschicht möglicherweise zu berücksichtigen?
20.	Nennen Sie 5 wesentliche Parameter, die bei der Anordnung von Bodenabläufen zu berücksichtigen sind.
21.	Was ist bei dem nachträglichen Einbau von Installationen (z. B. Duschstangen) zu beachten?
22.	Nennen Sie die beiden Abdichtungsvarianten unter und hinter eine Bade- bzw. einer Duschwanne.
23.	Wie hoch ist die Abdichtung an aufgehenden Bauteilen hochzuführen?
24.	Was ist im Bereich von Türen und Zugängen zu beachten?

Nr.	Fragen
25.	Nennen Sie die 3 Abdichtungsgruppen, mit denen Abdichtungen im Verbund mit flüssig zu verarbeitenden Abdichtungsstoffen ausgeführt werden können.
26.	Nennen Sie die Anwendungsbereiche von Polymerdispersionen.
27.	Nennen Sie die wesentlichen Anwendungsbereiche von Reaktionsharzabdichtungen.
28.	Nennen Sie die erforderlichen Trockenschichtdicken der Abdichtungsstoffe.
29.	Wie viele Arbeitsgänge sind bei flüssig zu verarbeitenden Abdichtungen im Verbund auszuführen?
30.	Welche Systemwerkstoffe sind für ein Abdichtungssystem erforderlich?
31.	Nennen Sie die Mindesteinbindebreite des Dichtbandes in die Abdichtungsschicht.
32.	Wie weit sind die Dichtbänder im Stoßbereich zu überlappen?
33.	Bis zu welcher Rissklasse dürfen Abdichtungen im Verbund zur Anwendung kommen?
34.	Welche Regeln gelten für das Ansetzen und Verlegen von Fliesen und Platten auf Verbundabdichtungen?
35.	Nennen Sie die Klebeflanschbreiten in Abhängigkeit von der Wassereinwirkungsklasse.
36.	Wie weit müssen die Dichtbänder in die Flächenabdichtung einbinden?
37.	Welche Abdichtungsvariante behandelt DIN 18534-4?
38.	Bis zu welcher Wassereinwirkungsklasse kann diese Abdichtungsvariante zum Einsatz kommen?
39.	Worauf ist zu achten, wenn Sie einen Gussasphalt bei den Wassereinwirkungsklassen W2-I und W3- I vorfinden?
40.	Welche Abdichtungsvariante behandelt DIN 18534-5?
41.	Nennen Sie die Systemkomponenten einer bahnenförmigen Abdichtung.
42.	Nennen Sie die zulässigen Wassereinwirkungs- und Rissklassen für bahnenförmige Abdichtungen.
43.	Welche Abdichtungsvariante behandelt DIN 18534-6?
44.	Nennen Sie die Systemkomponenten einer plattenförmigen Abdichtung.
45.	Nennen Sie die zulässigen Wassereinwirkungs- und Rissklassen für plattenförmige Abdichtungen.
46.	In welcher Norm wird die Abdichtung von Balkonen, Loggien und Laubengängen behandelt?
47.	Welches Mindestgefälle muss die Konstruktion aufweisen?

Nr.	Antworten
1.	DIN 18534-1 bis -6
2.	• Teil 1: Anforderungen, Planungs- und Ausführungsgrundsätze • Teil 2: Abdichtung mit bahnenförmigen Abdichtungsstoffen • Teil 3: Abdichtung mit flüssig zu verarbeitenden Abdichtungsstoffen im Verbund mit Fliesen und Platten (AIV-F) • Teil 4: Abdichtung mit Gussasphalt oder Asphaltmastix • Teil 5: Abdichtung mit bahnenförmigen Abdichtungsstoffen im Verbund mit Fliesen und Platten (AIV-B) • Teil 6: Abdichtung mit plattenförmigen Abdichtungsstoffen im Verbund mit Fliesen und Platten (AIV-P)
3.	• WO-I = nicht häufiges Einwirken von Spritzwasser • W1-I = nicht häufiges Einwirken von Brauchwasser • W2-I = häufiges Einwirken von Brauchwasser, zeitweise auch anstauend • W3-I = sehr häufiges bzw. langes Einwirken von Brauchwasser
4.	private Küchen, Gäste-WCs
5.	Bodenflächen mit Ablauf im häuslichen Bereich
6.	Bodenflächen mit Abläufen oder Rinnen in Gewerbebetrieben und Wellnesscenter
7.	Schwimmbeckenumgänge und gewerbliche Küchen
8.	Die Norm regelt die Abdichtung von Wand- und Bodenflächen von Innenräumen, die durch Wasser bis zu einer max. Anstauhöhe von 10 cm beansprucht werden.
9.	Dichtheit, Beständigkeit und Verträglichkeit gegenüber dem einwirkenden Wasser, Rissüberbrückungsverhalten, Gefälle, Dauerhaftigkeit und Lastabtragung
10.	Die Abdichtung ist grundsätzlich auf der Wassereinwirkseite aufzubringen.
11.	Wassereinwirkungsklassen, Fugenbewegungen, mögliche Rissbildungen
12.	• bei den Wassereinwirkungsklassen W2-I und W3-I • bei der Wassereinwirkungsklasse W1-I auf Bodenflächen • bei der Wassereinwirkungsklasse W1-I an Wandflächen, wenn feuchteempfindliche Untergründe vorliegen, oder bei feuchteunempfindlichen Bauteilschichten (Beton, Zementestrich), wenn Brauchwasser in feuchteempfindliche Bauteilschichten gelangen kann
13.	• an Wandflächen, bei mäßiger Wassereinwirkung (W1-I) wenn feuchteunempfindliche Untergründe und wasserabweisende Oberflächen vorliegen • bei geringer Wassereinwirkung (W0 I), wenn wasserabweisende Oberflächen vorliegen, die einen ausreichenden Schutz gewährleisten
14.	• Fugentyp F1, Fugen im Untergrund; Feldbegrenzungsfugen, Randfugen, Anschlussfugen • Fugentyp F2, an Einbauteilen und Durchdringungen; zwischen Untergrund und Einbauteil oder Durchdringung • Fugentyp F3, Fugen im Tragwerk, Bauwerksfugen
15.	• Rissklasse R1-I, bis ca. 0,2 mm; Beispiele: Stahlbeton, Estrich, Mauerwerk, Putze, kraftschlüssig geschlossene Fugen von Gipsplatten • Rissklasse R2-I, bis ca. 0,5 mm; Beispiele: kraftschlüssig geschlossene Fugen von plattenförmigen Bekleidungen, Fugen von großformatigem Mauerwerk und erddruckbelastetem Mauerwerk • Rissklasse R3-I, bis 1 mm und Rissuferversatz bis 0,5 mm; Beispiele: Aufstandsfugen von Mauerwerk, Materialübergänge
16.	• chemische Einwirkungen • mechanische Einwirkungen • thermische Einwirkungen

Nr.	Antworten
17.	Gipskalkputze, Gipswandbauplatten, Calciumsulfatestrich
18.	• Abdichtung unterhalb der Lastverteilungsschicht bzw. Schutz- oder Nutzschicht • Abdichtung auf der Lastverteilungsschicht bzw. Schutz- oder Nutzschicht • Abdichtung auf und unterhalb der Lastverteilungsschicht bzw. Schutz- oder Nutzschicht
19.	Er besteht darin, dass sich in den Poren des Estrichs, der Dämmung und auf der Abdichtungslage Feuchtigkeit anreichern kann, die Entstehung von mikrobakteriellem Wachstum begünstigt wird und dies zu Problemen der Raumhygiene führen kann. Darüber hinaus kann dies negative Auswirkungen auf den menschlichen Organismus haben.
20.	• Der Einbau ist grundsätzlich an der tiefsten Stelle vorzunehmen. • Abläufe, die die Abdichtung durchdringen, müssen sowohl die Belagsebene als auch die Abdichtungsebene dauerhaft entwässern. • Abläufe müssen für Wartungszwecke immer zugänglich sein. • Das Anstauen von Wasser vor Bodenabläufen ist zu vermeiden.
21.	Es ist zu beachten, dass dies bei den Wassereinwirkungsklassen WO-I und W1-I zulässig ist; bei den Wassereinwirkungsklassen W2-I und W 3-I hingegen sind diese als Durchdringungen zu planen und auszuführen.
22.	• Fortführung der Abdichtungsschicht unter und hinter der Wanne • Einbau eines Wannenranddichtbandes in die Abdichtungsschicht
23.	Die Bodenabdichtung an aufgehenden Bauteilen ist in Wandbereichen ohne Spritzwassereinwirkung mindestens 5 cm über OK Fußboden hochzuführen. Die Wandabdichtung ist bis mindestens 20 cm über Wasserentnahmestelle bzw. über die Höhe des zu erwartenden Spritzwasserbereichs aufzubringen.
24.	• Die Abdichtung ist vor dem Zargeneinbau auszuführen. • Sind die Zargen bereits eingebaut, sind diese mit der Abdichtung zu hinterfahren. • Die Abdichtung ist auch in den Laibungen hochzuführen. • Sofern möglich, sollten Türzargen mit Abdichtungsanschluss eingebaut werden.
25.	Polymerdispersionen (DM), Kunststoff-Zementmörtel-Kombinationen (CM) und Reaktionsharze (RM)
26.	Sie können bei den Wassereinwirkungsklassen W0-I und W1-I an Wand und Boden, bei der Wassereinwirkungsklasse W2-I nur an der Wand eingesetzt werden.
27.	Wand- und Bodenflächen der Wassereinwirkungsklasse W3-I mit chemischer Belastung (z. B. Flächen in Großküche)
28.	• Polymerdispersionen (D) 0,5 mm • Kunststoff-Zementmörtel-Kombinationen (CM) 2,0 mm • Reaktionsharze (RM) 1,0 mm
29.	Es sind grundsätzlich 2 Arbeitsgänge erforderlich. Hierbei muss der erste Auftrag vor Beginn des zweiten Auftrags so weit getrocknet sein, dass dieser durch den zweiten Auftrag nicht beschädigt werden kann.
30.	Ein Abdichtungssystem besteht in der Regel aus • Abdichtungswerkstoff, • Dichtband, • Dichtecken, • Dichtmanschette Boden, • Dichtmanschette Wand.

Nr.	Antworten
31.	50 mm
32.	50 mm
33.	ausschließlich in der Rissklasse R1-I
34.	Sie sind in einem gesonderten Arbeitsgang auszuführen. Die Abdichtung muss weitgehend erhärtet sein, sodass diese durch das Auftragen mittels Kammspachtel nicht beschädigt wird.
35.	• bei Herstellung im Objekt grundsätzlich 50 mm • bei werkseitiger Fertigung: – W0-I bis W2-I = 30 mm – W3-I = 50 mm – W3-I mit chemischer Beanspruchung = 100 mm
36.	mindestens 50 mm
37.	Abdichtungen mit Gussasphalt und/oder Asphaltmastix
38.	bis zur Wassereinwirkungsklasse W1-I
39.	Unterhalb des Asphaltestrichs muss eine Bahnenabdichtung nach DIN 18534-2 angeordnet werden.
40.	Abdichtungen mit bahnenförmigen Abdichtungsstoffen im Verbund mit Fliesen und Platten
41.	• Grundierung • Klebemörtel/Klebstoff • Abdichtungsbahn • Verstärkungseinlage • Dichtband • Dichtkleber • Dünnbettmörtel
42.	W0-I bis W2-I und R1-I
43.	Abdichtungen mit plattenförmigen Abdichtungsstoffen im Verbund mit Fliesen und Platten.
44.	• Grundierung • Klebemörtel/Klebstoff • Platte • Dichtband • Dichtmanschetten • Dichtkleber • Dünnbettmörtel
45.	W0-I bis W2-I und R1-I
46.	DIN 18531-5
47.	Das Mindestgefälle beträgt 1,5 %. Das Gefälle der Belagsfläche ist immer von der Tür weglaufend anzuordnen. Bei geschlossenen Brüstungen sind Notabläufe anzuordnen.

Abb. 2.76: Terrasse mit Teilüberdachung

2.13 Bodenbeläge außerhalb von Gebäuden

2.13.1 Stichworte zum Thema

- Konstruktionsarten
- Belastungen von Außenbelägen
- Feuchtigkeit und deren Auswirkung auf die Konstruktion
- Schadensmechanismen und auftretende Schäden
- Planung und Ausführung von Abdichtungen

2.13.2 Regelwerke

VOB/C ATV DIN 18299	Allgemeine Technische Vertragsbedingungen für Bauleistungen (ATV) – Allgemeine Regelungen für Bauarbeiten jeder Art (2023)
VOB/C ATV DIN 18352	Allgemeine Technische Vertragsbedingungen für Bauleistungen (ATV) – Fliesen- und Plattenarbeiten (2019)
VOB/C ATV DIN 18332	Allgemeine Technische Vertragsbedingungen für Bauleistungen (ATV) – Natursteinarbeiten (2023)
DIN 18157-1 bis -3	Ausführung keramischer Bekleidungen im Dünnbettverfahren (2017)
DIN 18531-5	Abdichtung von Dächern sowie von Balkonen, Loggien und Laubengängen – Teil 5: Balkone, Loggien und Laubengänge (2017)
ZDB-Merkblatt	Außenbeläge – Belagskonstruktionen mit Fliesen und Platten außerhalb von Gebäuden

Wesentliche Inhalte des ZDB-Merkblatts

- Konstruktionsarten
- Planungs- und Ausführungshinweise
- Systemskizzen
- Ergänzende Regelwerke, Auszüge

2.13.3 Fälle aus der Praxis

1. Terrassenbelag über einem bewohnten Raum

Über einem bewohnten Raum soll eine Terrasse in den Abmessungen von 3,5 m × 6 m gebaut werden. Vorhanden ist nur die Rohbetondecke ohne Gefälle und Dämmung. Auf der Terrasse soll ein Keramikbelag im Format 300 mm × 600 mm × 12 mm, Farbe Anthrazit, verlegt werden.

- Welche Abdichtung ist erforderlich?
- Beschreiben Sie einen fachgerechten Systemaufbau.
- Begründen Sie den von Ihnen getätigten Vorschlag.

Lösung

Die Konstruktion ist nach den Vorgaben der DIN 18531-1 bis -4 auszuführen. Sie ist der Bauart A des aktuellen ZDB-Merkblattes „Außenbeläge – Belagskonstruktionen mit Fliesen und Platten außerhalb von Gebäuden“ zuzuordnen.

Ein fachgerechter Systemaufbau ist wie folgt vorzunehmen:

- Gefällestrich als Verbundestrich (Gefälle ≥ 2 %),
- Dampfsperre,
- Wärmedämmung, eventuell Trittschalldämmung,
- Bahnenabdichtung nach DIN 18531-2,
- Dränschicht mit wasserdurchlässiger Abdeckung, alternativ Trennlage aus 2 Lagen PE-Folie; die Dränschicht ermöglicht eine drucklose Ableitung des anfallenden Wassers auf der Abdichtung,
- Lastverteilungsschicht aus Zementestrich mindestens 50 mm dick,
- Verbundabdichtung (AIV-F) zur Vermeidung von Ausblühungen und Frostschäden im Zementestrich (nicht erforderlich, aber sinnvoll),
- Verlegung der Keramik im Buttering-Floating-Verfahren unter Verwendung eines Dünnbettmörtels nach DIN EN 12004 der Qualitätsklasse C2 (empfohlene Qualitätsklasse C2FE S2),
- Randfugen und Belagsdehnungsfugen sind in Abhängigkeit von der zu erwartenden Temperaturdehnung auszubilden (Empfehlung: Fuge in Feldmitte anordnen).

2. Sanierung eines Balkonbelags

Ein bestehender Balkonbelag soll saniert werden. Entsprechend den noch vorhandenen Ausführungsplänen ist die Stahlbetonkonstruktion mit einer Bahnenabdichtung nach DIN 18531-2 abgedichtet. An der Balkonunterseite und an den Stirnseiten sind Betonabplatzungen und Kalkausblühungen vorhanden. Der Belag liegt vollflächig hohlraumfrei und zeigt keine weiteren Mängel.

Abb. 2.77: Beanspruchung von Außenbelägen

- Ist eine weitere Abdichtung erforderlich?
- Unterbreiten Sie einen Sanierungsvorschlag.
- Erläutern Sie den Systemaufbau.

Lösung

Eine weitere Abdichtung auf dem vorhandenen Keramikbelag wird empfohlen, da die vorhandenen Schäden möglicherweise auf eine defekte Bahnenabdichtung hinweisen.

Der Sanierungsvorschlag sieht folgende Schritte vor:

- vorhandenen Belag durch geeignetes Verfahren von allen haftungsmindernden Bestandteilen reinigen,
- vorhandene Konstruktion ausreichend lange trocknen lassen (möglicherweise hinterlüftete Schutzabdichtung erforderlich),
- Grundierung des gereinigten und trockenen Altbelags mit Systemgrundierung für nicht saugende Untergründe,
- Aufbringen einer hydraulisch erhärtenden, flüssig zu verarbeitenden Abdichtung (AIV-F) in 2 Arbeitsgängen,
- nahezu hohlraumfreie Verlegung des Keramikbelags mit einem Dünnbettmörtel der Qualitätsklasse C2F S1 bzw. C2FS2 nach DIN EN 12004 unter Anwendung des Buttering-Floating-Verfahrens,
- Ausbildung der Bewegungsfugen deckungsgleich mit jenen in der Unterkonstruktion,
- Belagsverfugung mit einem Fugenmörtel der Qualitätsklasse CG 2 FW nach DIN EN 13888.

2.13.4 Bausteine

2.13.4.1 Beanspruchung der Außenbeläge

Im Einzelnen unterscheidet man Belastungen durch (siehe Abb. 2.77):

- Feuchtigkeit,
- Temperatur,
- Frost,
- Lasteintrag,
- Tausalz.

Mögliche Schäden

Schäden durch Wasserbeanspruchung

- Hohllagigkeit des Belages
- Feuchteflecken in Naturwerksteinbelägen
- Ausblühungen
- Frostschäden

Der Verlegemörtel und ggf. das Belagsmaterial (je nach Dichte, Mineralzusammensetzung und Porenraum/in der Regel Natursteine) nehmen bei Regen oder hoher Luftfeuchte in ihrem Porenraum Feuchtigkeit auf und geben diese bei trockener Witterung wieder ab. Hieraus resultieren ein Quellen und Schwinden der Belagskonstruktion. Die dabei einwirkenden Spannungen führen zu Inhomogenitäten, die sich als Gefügelockerungen und Mikrorisse darstellen. Über diese wird Wasser flächig unter das Belagsmaterial transportiert. Dieser Vorgang bewirkt zunächst, insbesondere bei porenfreien oder porenarmen Materialien wie Feinsteinzeug, Schiefer oder Quarzit, eine Reduzierung der Verbundhaftung und in der Folge häufig ein vollständiges Haftversagen.

Die besonderen klimatischen Bedingungen und die daraus resultierenden Belastungen der Konstruktion erfordern speziell bei dichten Belagsmaterialien einen äußerst haftstarken und hoch spannungsabbauenden Verlegemörtel. Hierzu ist die Zugabe von Kunststoffzusätzen, als Dispersion oder als redispergierbares Pulver, notwendig. Zusätzlich sind im besonderen Maße die Wasserbeständigkeit und die Frost-Tau-Wechsel-Beständigkeit des Klebemörtels gefordert. Diese Parameter kann ein Mörtel allerdings nur dann aufweisen, wenn die Kunststoffe einmal vollständig verfilmt sind. Hierfür sind eine nahezu vollständige Aushärtung und Austrocknung des Mörtels erforderlich. Da die Hydratationsgeschwindigkeit und die damit verbundene Festigkeitsentwicklung sehr stark von Luftfeuchtigkeit und Temperatur abhängig sind, muss dieses spezielle Eigenschaftsprofil zementärer Dünnbettmörtel bei Ausführung und Nachbehandlung unbedingt berücksichtigt werden. Wird das Mörtelsystem ohne ausreichende Erhärtung und Trocknung mit Wasser und Frost belastet, haben diese Vorgänge mittel- und langfristig eine Zerstörung des Mörtelgefüges sowie eine Verseifung des Kunststoffs und die damit verbundenen Schäden zur Folge.

Schäden durch Temperaturwechsel

- Gefügelockerungen
- Gefügezerstörungen
- Hohllagigkeiten des Belags

Erwärmung und Abkühlung führen ebenso wie das durch Feuchtigkeit bedingte Quellen zu Volumenveränderungen und damit langfristig zu Gefügelockerungen und Gefügezerstörungen.

Schäden durch mechanische Belastung

- Absenkungen
- Belagseinbrüche
- Höhenversätze
- Kantenabplatzungen

Die Größe der möglichen Lasteinwirkung ist von der jeweiligen Konstruktion abhängig. Ob die Konstruktion die Lasten aufnehmen kann, hängt von der Dicke des Belagsmaterials und der Qualität der Unterkonstruktion ab.

Schäden durch Tausalzeinsatz und dessen Auswirkungen

- Gefügelockerungen
- Gefügezerstörungen

Tausalze können durch chemische Reaktionen bereits vorhandene Frostschäden vergrößern, da vor allem Chloridionen mit den Zementphasen reagieren. Die Reaktionsprodukte haben ein größeres Volumen als die Ausgangsstoffe und können Gefügestörungen verursachen. Bei dichten keramischen Belägen tritt diese Schadensform in deutlich geringerem Maße auf als z. B. bei offenporigen Natursteinbelägen.

2.13.4.2 Konstruktionsarten und Ausführungshinweise

Das ZDB-Merkblatt „Außenbeläge – Belagskonstruktionen mit Fliesen und Platten außerhalb von Gebäuden" unterscheidet 3 Bauarten (vgl. Tabelle 2.19) und darauf zulässige Belagsaufbauten (vgl. Tabelle 2.20).

Tabelle 2.19: Bauarten nach ZDB-Merkblatt „Außenbeläge – Belagskonstruktionen mit Fliesen und Platten außerhalb von Gebäuden"

Bauart	Konstruktion	Beispiele
A	Unterkonstruktion mit Abdichtung nach DIN 18531-1 bis -4	Dachterrassen über genutzten Räumen
B	tragende Unterkonstruktion ohne Abdichtung	Betonplatte ohne Abdichtung z. B. bei erdberührten Terrassen
C	Belagskonstruktion auf mineralischer Tragschicht	erdberührte Konstruktion ohne Betontragplatte

Tabelle 2.20: Belagsaufbauten in Abhängigkeit von der Bauart

Belags-aufbau	Art der Konstruktion	kombinierbar mit Bauart nach Tabelle 2.19
I	Fliesen- und Plattenbeläge auf Lastverteilungsschicht mit AIV-F nach DIN 18531-5	A B C
II	Fliesen- und Plattenbeläge auf gebundenem Dränmörtel	A B C
III	lose verlegte Fliesen- und Plattenbeläge auf Stelzlager, Kies- oder Splittbett	B C

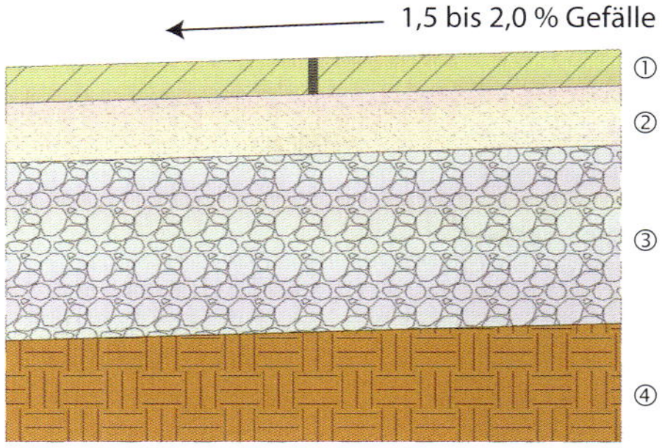

Abb. 2.78: Verlegung im Splittbett, Belagsaufbau III nach ZDB-Merkblatt „Außenbeläge – Belagskonstruktionen mit Fliesen und Platten außerhalb von Gebäuden" (Quelle: MAPEI GmbH, Großostheim)

Verlegung im Splittbett (Belagsaufbau III nach ZDB-Merkblatt „Außenbeläge – Belagskonstruktionen mit Fliesen und Platten außerhalb von Gebäuden")

Bei dieser Variante erfolgt die Verlegung eines ausreichend dicken Belagsmaterials in einer Bettung aus gewaschenem Kies bzw. Splitt, der aufgrund seiner Zusammensetzung eine ausreichende Wasserdurchlässigkeit gewährleistet (siehe Abb. 2.78). Die Auswahl der Zusammensetzung (Korngröße/Sieblinie) ist abhängig von der angestrebten Dicke, der Bettung und der Art des Zuschlags. Bei dieser Ausführungsform werden die Fugen nicht oder lediglich mit ungebundenen Materialien gefüllt.

- Mögliche Untergründe sind:
  - Erdplanum des natürlichen Bodens,
  - ausreichend verdichtete Anfüllung,
  - Beton- oder Estrichflächen.
- Tragschicht:
  - Diese besteht aus einer 10 bis 30 cm dicken verdichteten kapillarbrechenden Schicht aus Kies oder Schotter mit wasserdurchlässiger Abdeckung.
  - Der Zuschlag muss sauber und die Körnung auf die Dicke des Splittbettes abgestimmt sein.
- Es kommen überwiegend die Kornfraktionen 2 bis 4 mm und 2 bis 8 mm bei Sand und Kies bzw. 3 bis 5 mm bei einem Brechsandsplittgemisch zur Anwendung.
- In das Splittbett integrierte oder an diese angrenzende Schächte und Rinnen müssen „rieseldicht" ausgeführt werden, leicht erreichbar und zu reinigen sein.
- Der Zuschlag muss sauber sein und darf keine Verunreinigungen enthalten, die Ausblühungen oder Verfärbungen hervorrufen können.
- Bei dichten Untergründen ist eine Dränagematte zur Horizontaldränage mit Gefälle ≥ 1,5 % anzuordnen.
- Bei durchlässigen Untergründen, wie z. B. Kiesbett oder Dränbeton, ist kein Gefälle erforderlich.
- Bei Terrassen über Räumen und bei auskragenden Balkonplatten ist eine Abdichtung nach DIN 18531-1 bis -4 erforderlich. Über beheizten Räumen sind die Vorgaben der Flachdachrichtlinie zu beachten.

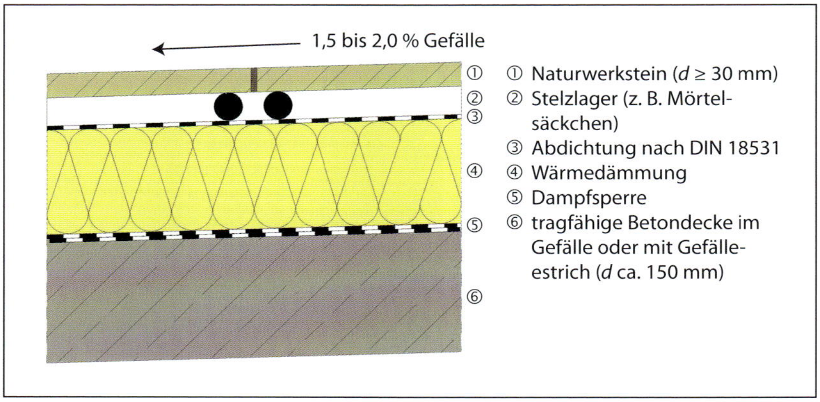

Abb. 2.79: Verlegung auf Stelzlager, Belagsaufbau III nach ZDB-Merkblatt „Außenbeläge – Konstruktionen mit Fliesen und Platten außerhalb von Gebäuden" (Quelle: MAPEI GmbH, Großostheim)

- Das Belagsmaterial, in der Regel Naturstein, Betonwerkstein oder Keramik, ist auf die Konstruktionsvariante und die Belastung abzustimmen. Empfohlen wird ein Mindestformat bzw. eine Mindestdicke von:
  - Format Naturstein: Fläche $\geq 0{,}16$ m², Kantenlänge $\geq 0{,}30$ m, Dicke ≥ 3 cm (von den Autoren empfohlenes Format 40 cm × 40 cm) (Qualität nach DIN EN 12058),
  - Format Betonwerkstein: Fläche $\geq 0{,}16$ m², Kantenlänge $\geq 0{,}30$ m, Dicke ≥ 3 cm (von den Autoren empfohlenes Format 40 cm × 40 cm) (Qualität nach DIN 18500),
  - Format Keramik: Fläche $\geq 0{,}16$ m², Kantenlänge $\geq 0{,}30$ m, Dicke $\geq 1{,}8$ cm (von den Autoren empfohlenes Format 40 cm × 40 cm) (Qualität nach DIN EN 14411).
- Das Verfüllen der Fugen erfolgt in der Regel mit Natursand, Brechsand oder Feinsplitt oder die Fuge bleibt offen. Allerdings ist eine Ausführung mit einer geschlossenen Fuge unter Verwendung eines geeigneten Dichtstoffs möglich.

Verlegung auf Stelzlager (Belagsaufbau III nach ZDB-Merkblatt „Außenbeläge – Belagskonstruktionen mit Fliesen und Platten außerhalb von Gebäuden")

Hierbei werden die Belagsmaterialien auf Mörtelkissen (Mörtel in Kunststoffbeuteln), Kunststoff- oder nicht rostende Metallständer kippsicher und zwängungsfrei aufgelegt. Dieser muss nahezu eine Form- und Druckstabilität aufweisen (siehe Abb. 2.79). Die Fugen bleiben bei dieser Konstruktionsvariante offen.

- Geeignete Untergründe sind u. a. Beton- oder Estrichflächen.
- Bei Terrassen über Räumen und bei auskragenden Balkonplatten ist eine Abdichtung nach DIN 18531-1 bis -4 erforderlich. Über beheizten Räumen sind die Vorgaben der Flachdachrichtlinie zu beachten. Die Abdichtung darf durch das Auflager nicht beschädigt werden und ist deshalb entsprechend zu schützen. Gegebenenfalls sind konstruktive Maßnahmen zu treffen.

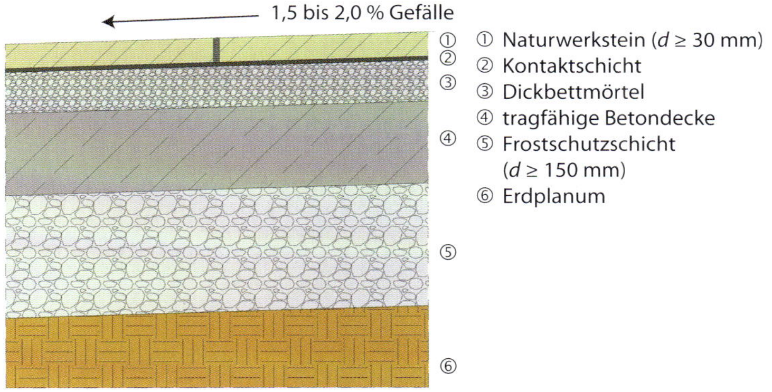

Abb. 2.80: Dickbettverlegung (Quelle: MAPEI GmbH, Großostheim)

- Die von den Autoren empfohlene Auflagerhöhe sollte mindestens 30 mm betragen.
- Die thermische Dehnung darf durch das Auflager nicht behindert werden.
- Das Belagsmaterial, in der Regel Naturstein, Betonwerkstein oder Keramik, ist auf die Konstruktionsvariante und die Belastung abzustimmen. Es ist kippsicher zu positionieren.
  Empfohlen wird ein Mindestformat bzw. eine Mindestdicke von:
  - Naturstein: Fläche $\geq 0{,}16$ m^2, Kantenlänge $\geq 0{,}30$ m, Dicke ≥ 3 cm (von den Autoren empfohlenes Format 40 cm × 40 cm) (Qualität nach DIN EN 12058),
  - Betonwerkstein: Fläche $\geq 0{,}16$ m^2, Kantenlänge $\geq 0{,}30$ m, Dicke ≥ 3 cm (von den Autoren empfohlenes Format 40 cm × 40 cm) (Qualität nach DIN 18500),
  - Keramik: Fläche $\geq 0{,}16$ m^2, Kantenlänge $\geq 0{,}30$ m, Dicke $\geq 1{,}8$ cm (von den Autoren empfohlenes Format 40 cm × 40 cm) (Qualität nach DIN EN 14411) (frostbeständig nach DIN EN ISO 10545-12).
- Die Fugen bleiben in der Regel offen, können allerdings auch mit einem geeigneten Dichtstoff geschlossen werden.

Verlegung mit hydraulisch erhärtendem Mörtel mit dichtem Gefüge (Dickbettverlegung)

Diese Verlegevariante eignet sich nur bedingt zur Anwendung im Außenbereich. Die klassische Dickbettverlegung von Keramik entspricht nicht mehr den anerkannten Regeln der Technik. Bei der Verlegung von Naturwerkstein sind Feuchteflecken unvermeidbar. Die Verlegung erfolgt in einem ca. 10 bis 30 mm dicken Mörtelbett auf einer tragfähigen und sorgfältig vorbereiteten Beton- bzw. Estrichfläche (siehe Abb. 2.80). Diese muss so beschaffen sein, dass sie einen ausreichenden Verbund des Mörtels sicherstellt. Zur Sicherstellung eines ausreichenden Verbundes zum Belagsmaterial kommt eine auf dieses abgestimmte Haftschlämme bzw. Dünnbettmörtel zur Anwendung.

Die Fugen können mit Mörtel aus Baustellenmischungen oder mit Fugenmörtel nach DIN EN 13888 verfüllt werden.

Bei der Ausführung ist zu beachten:

- Der Untergrund aus Beton- oder Estrichflächen von erdberührten Bodenplatten ist ohne Abdichtung auszuführen.
- Das Belagsmaterial, Naturstein bzw. Betonwerkstein, ist auf die Konstruktionsvariante und die Belastung abzustimmen. Empfohlen wird ein Mindestformat bzw. eine Mindestdicke von:
  - Naturstein: Format ≥ 30 cm × 30 cm × 3 cm (Qualität nach DIN EN 12058),
  - Betonwerkstein: > 30 cm × 30 cm × 3 cm (Qualität nach DIN 18500).
- Grundsätzlich gilt: Je dichter der Untergrund bzw. das Belagsmaterial ist, desto größer ist die Notwendigkeit einer Haftschlämme. Diese ist in Bezug auf Porenraum, Porengröße, Wasseraufnahme und Verfärbungsgefahr auf das Belagsmaterial abzustimmen.
- In Abhängigkeit von der Oberflächenrauigkeit und dem Verdrängungsraum des Belagsmaterials ist das Gefälle auszubilden.
- Das Gefälle ist grundsätzlich in der Unterkonstruktion anzuordnen und sollte mindestens 1,5 bis 2 % betragen.
- Eine direkte Verlegung auf kapillarbrechenden Dränschichten ist nicht zulässig.
- Auf der Dränschicht ist eine Lastverteilungsschicht in einer Mindestdicke von 50 mm erforderlich.
- Mörtel nach VOB/C ATV DIN 18332 und VOB/C ATV DIN 18352 sind als Lastverteilungsschicht nicht geeignet.
- Zur Reduzierung der Ausblühungsneigung sollte der Mörtel mit Portlandpuzzolanzement (Puzzolananteil ≥ 40 %) oder geeigneten Spezialbindemitteln formuliert werden.
- Die Beläge sollten ein Gefälle ≥ 1,5 bis 2 % aufweisen.
- Die Fugen können mit Mörtel aus Baustellenmischungen oder mit Fugenmörtel nach DIN EN 13888 verfüllt werden.
- Bei der Ausführung von Belagsdehnungs- und Randanschlussfugen ist Folgendes zu beachten:
  - Anordnung je nach Größe und Grundriss,
  - Abstand abhängig von Sonnenbestrahlung und Belagfarbe (2 bis 5 m),
  - gedrungene Felder (Seitenverhältnis bis max. 1 : 2) ausbilden,
  - Fugenbreite je nach Feldgröße 6 bis 12 mm,
  - bis auf den tragenden Untergrund durchführen.

Verlegung auf gebundenem und ungebundenem Dränmörtel, Belagsaufbau II nach ZDB-Merkblatt „Außenbeläge – Belagskonstruktionen mit Fliesen und Platten außerhalb von Gebäuden"

Die Verlegung des Belagsmaterials kann sowohl auf dem erhärteten (gebundenen) als auch auf dem frisch eingebrachten Dränmörtel auf Konstruktionen der Bauarten A, B und C erfolgen. Durch die in der erhärteten Mörtelmatrix vorhandenen Hohlräume, die durch die Verwendung eines feinteilfreien Zuschlaggemischs (z. B. Kies 2 bis 4 mm, Splitt 3 bis 5 mm)

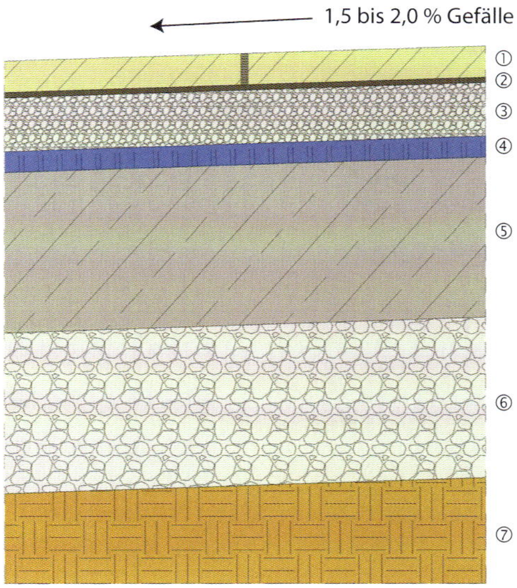

① Naturwerkstein ($d \geq 30$ mm)
② Kontaktschicht
③ haufwerksporiger Mörtel $d \geq 50$ mm)
④ evtl. Dränmatte
⑤ tragfähige Betondecke im Gefälle oder mit Gefälleestrich (d ca. 150 mm)
⑥ Frostschutzschicht ($d \geq 150$ mm)
⑦ Erdplanum

Abb. 2.81: Verlegung auf gebundenem Dränmörtel, Belagsaufbau II nach ZDB-Merkblatt „Außenbeläge – Belagskonstruktionen mit Fliesen und Platten außerhalb von Gebäuden" (Quelle: MAPEI GmbH, Großostheim)

entstehen, erfolgt eine direkte Ableitung des anfallenden Oberflächenwassers (siehe Abb. 2.81).

Diese Maßnahme gewährleistet eine direkte Ableitung des eindringenden Oberflächenwassers und reduziert somit den Feuchtigkeitsgehalt im Verlegemörtel und die Feuchtigkeitseinwirkung auf die Belagsrückseite. Frostschäden, wie sie bei der Verlegung in der Dickbettmethode häufig auftreten, sind weitestgehend ausgeschlossen. Zur Reduzierung der Ausblühungsneigung sollte der Mörtel mit Portlandpuzzolanzement (Puzzolananteil $\geq$ 40 %) oder geeigneten Spezialbindemitteln formuliert werden. Bei dieser Konstruktionsvariante kann die Ausführung sowohl mit offener als auch mit verfüllter Fuge erfolgen. Werden die Fugen gefüllt, so werden Mörtel aus Baustellenmischungen oder Fugenmörtel nach DIN EN 13888 verwendet.

- Die Dicke der Mörtelschicht ist abhängig von deren Festigkeit, der Bruchkraft und dem Format/der Dicke des Belagsmaterials.
- Die Dicke der Mörtelschicht darf 50 mm nicht unterschreiten.
- Aufgrund der geringeren Festigkeit können höhere Dicken erforderlich sein, um eine ausreichende Tragfähigkeit der Konstruktion sicherzustellen.
- Zur Sicherstellung des Haftverbundes ist eine Kontaktschicht zwischen Belagsmaterial und dem dränagefähigen Verlegemörtel zu applizieren. Diese kann aus einer mit Kunststoff vergüteten Haftschlämme oder aus einem auf das System abgestimmten und geeigneten Dünnbettmörtel bestehen.
- Bei dichten Untergründen sind diese mit einem Gefälle von ca. 1,5 bis 2 % zu den Entwässerungspunkten der Konstruktion auszubilden. Darauf ist zur Optimierung der horizontalen Wasserableitung eine Kunststoffdränmatte anzuordnen.

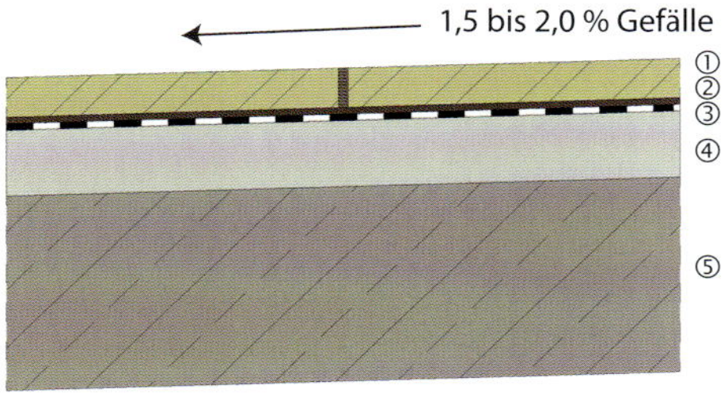

Abb. 2.82: Verlegung im Dünnbettverfahren auf Lastverteilungsschicht mit AIV-F (Quelle: MAPEI GmbH, Großostheim)

- Bei durchlässigen Untergründen wie z. B. Kiesbett oder Dränbeton ist keine Gefälleausbildung erforderlich.
- Bei Anwendung des Mörtelbettes als Lastverteilungsschicht ist die Tragfähigkeit mittels Eignungsnachweis nach DIN 18560 zu erbringen. Das Belagsmaterial, Naturstein, Betonwerkstein bzw. Keramik, ist auf die Konstruktionsvariante und die Belastung abzustimmen. Empfohlen wird von den Autoren ein Mindestformat bzw. eine Dicke von:
  - Format Naturstein: ≤ 60 cm × 60 cm × 3 cm (Qualität nach DIN EN 12057, DIN EN 12058),
  - Format Betonwerkstein: ≤ 60 cm × 60 cm × 3 cm (Qualität nach DIN 18500),
  - Format Keramik < 30 cm × 30 cm × 1,2 cm (Qualität stranggepresste bzw. trockengepresste keramische Fliesen und Platten nach DIN EN 14411 oder Bodenklinkerplatten nach DIN 18158).
- Zur Verlegung des Belagsmaterials wird ein Dünnbettmörtel der Qualitätsklasse C2S1 bzw. C2S2 nach DIN EN 12004 empfohlen. Zur Sicherstellung der Wasserableitfähigkeit ist der Dünnbettmörtel lediglich im Buttering-Verfahren auf die Rückseite des Belagsmaterials unter Verwendung eines Kammspachtels mit einer Zahnungsgröße > 10 mm aufzutragen.
- Ein Verfüllen der Belagsfugen mit einem wasserabweisenden hydraulisch erhärtenden Fugenmörtel wird empfohlen.
- Grundsätzlich gilt: Je weniger Wasser in die Konstruktion eindringt, desto geringer ist die Gefahr von Frostschäden und Ausblühungen.
- Fugen können mit Baustellenmischungen oder mit Fugenmörtel nach DIN EN 13888 verfüllt werden.
- Zur Vermeidung von Ausblühungen, die auch bei der Verwendung von Spezial-Portlandpuzzolanzementen auftreten können, ist die Konstruktion nach Fertigstellung über einen längeren Zeitraum (ca. 7 Tage) vor starker Wasserbelastung zu schützen.
- Bei der Ausführung von Belagsdehnungs- und Randanschlussfugen ist Folgendes zu beachten:
  - Anordnung je nach Größe und Grundriss,
  - Abstand abhängig von Sonnenbestrahlung und Belagsfarbe (2 bis 5 m),
  - gedrungene Felder (Seitenverhältnis bis max. 1 : 2) ausbilden,
  - Fugenbreite je nach Feldgröße 6 bis 12 mm,
  - bis auf die Abdichtungs- bzw. Dränageebene durchführen.

Fliesen- und Plattenbeläge auf Lastverteilungsschicht mit AIV-F nach DIN 18531-5, Belagsaufbau I nach ZDB-Merkblatt „Außenbeläge – Belagskonstruktionen mit Fliesen und Platten außerhalb von Gebäuden", Bauart A und B

Bei diesem Verfahren wird das Belagsmaterial direkt auf einem Gefällebeton bzw. einem Gefällestrich oder aber auf einer darauf aufgetragenen Verbundabdichtung mit einem Dünnbettmörtel, der die Anforderungen der DIN EN 12004 erfüllt, verlegt (siehe Abb. 2.82). Für die Verfugung wird ein Mörtel aus Baustellenmischungen oder ein Fugenmörtel nach DIN EN 13888 verwendet. Bei Verwendung einer Abdichtung im Verbund muss der Dünnbettmörtel im System mit dieser geprüft sein.

Bei der Ausführung ist zu beachten:

- Mögliche Untergründe sind
  - Beton- oder Estrichflächen ohne Abdichtung im Verbund mit Fliesen und Platten oder
  - Beton- oder Estrichflächen mit Abdichtung im Verbund mit Fliesen und Platten (AIV).
- Das Belagsmaterial, Naturstein, Betonwerkstein bzw. Keramik, ist auf die Konstruktionsvariante und die Belastung abzustimmen. Empfohlen wird ein Mindestformat bzw. eine Dicke von:
  - Naturstein: Format: ≤ 30 cm × 30 cm; Dicke ≥ 30 mm (Qualität nach DIN EN 12058),
  - Betonwerkstein: Format ≤ 30 cm × 30 cm, Dicke ≥ 30 mm (Qualität nach DIN 18500),
  - Keramik: Die Plattendicken müssen bei einer Fläche > 0,25 m^2 bzw. und/oder einer Kantenlänge > 60 cm 12 mm betragen. (Qualität trocken- oder stranggepresst nach DIN EN 14411).
- Bei Abdichtungen im Verbund (AIV) sind nur Dünnbettmörtel zu verwenden, die in der Kennzeichnung nach DIN EN 14891 benannt sind und mindestens den Anforderungen der Qualitätsklasse C2 S1 nach DIN EN 12004 entsprechen.
- Der Dünnbettmörtel muss in Kombination mit der zur Anwendung kommenden Abdichtung geprüft und zugelassen sein.
- Bei der Applikation des Dünnbettmörtels ist eine weitgehend vollflächige Bettung des Belagsmaterials in der Mörtelschicht sicherzustellen. Diese Bettung gewährleistet die Anwendung des kombinierten Verfahrens nach DIN 18157.
- Das Belagsmaterial, Naturstein, Betonwerkstein bzw. Keramik, ist auf die Konstruktionsvariante und die Belastung abzustimmen. Schnell erhärtende und hochflexible Dünnbettmörtel der Qualitätsklasse C2 F S2 nach DIN EN 12004 bieten das größte Sicherheitspotenzial, da diese bereits wenige Stunden nach ihrer Applikation eine ausreichende Festigkeit und Witterungsbeständigkeit aufweisen.
- Die Beläge sind mit einem Gefälle von ≥ 1,5 bis 2,0 % auszubilden.
- Die Fugen können mit Mörtel aus Baustellenmischungen oder mit Fugenmörtel nach DIN EN 13888 verfüllt werden.
- Ein Fugenmörtel der Qualitätsklasse CG 2 FW und zusätzlicher verstärkter hydrophober Ausstattung bietet das größte Sicherheitspotenzial.
- Fugenmörtel der Qualitätsklasse CG2 W bzw. CG2 FW nach DIN EN 13888 reduzieren die Gefahr von Flankenabrissen sowie Rissbildungen

und minimieren die Penetration von Oberflächenwasser in die Unterkonstruktion.
Bei der Ausführung von Belagsdehnungs- und Randanschlussfugen ist Folgendes zu beachten:
- Anordnung je nach Größe und Grundriss,
- Abstand abhängig von Sonnenbestrahlung und Belagfarbe (2 bis 5 m),
- gedrungene Felder (Seitenverhältnis bis max. 1 : 2) ausbilden,
- Fugenbreite je nach Feldgröße 6 bis 12 mm; diese sind bis auf die Abdichtungs- bzw. auf den tragenden Untergrund auszuführen.

2.13.4.3 Abdichtungen: die wichtigsten Ausführungs- und Planungshinweise nach DIN 18531-5

Allgemeine Hinweise

Bei Planung und Ausführung der Abdichtung sind die Vorgaben der DIN 18531-5 (2017) zu berücksichtigen.

Bei der bereits im Gelbdruck vorliegenden Version von März 2024 wurden gravierende Änderungen im Kapitel „Tür- und Fensteranschlüsse" vorgenommen.

Bei Türen mit Anschlusshöhen zwischen 5 und 15 cm sind zur Sicherstellung der Dichtigkeit konstruktive Maßnahmen (z. B. große Dachüberstände, Anordnung einer Entwässerungsrinne) zu treffen.

Bei Anschlusshöhen < 5 cm ist grundsätzlich eine Entwässerungsrinne anzuordnen, die in der Schneelastzone 3 sogar beheizbar ausgerüstet sein muss.

Gefälle

Es muss mindestens 1,5 % durch Ausbildung des Gefälles in der Tragkonstruktion bzw. durch Einbau eines Gefälleverbundestrichs betragen.

Bei Abdichtungen im Verbund (AIV) muss die Abdichtungsebene immer ein Gefälle von 1,5 % aufweisen. Die Abdichtung von Durchdringungen ist erforderlich.

Entwässerung

Die Abdichtungsebene und die Belagsoberfläche müssen eine zuverlässige Entwässerung sicherstellen. Bei Planung und Ausführung sind die Vorgaben der DIN EN 12056-3 und DIN 1986-100 zu berücksichtigen.

Die Abläufe sind bei Innenentwässerung an der tiefsten Stelle anzuordnen.

Bei barrierefreien Konstruktionen sind geeignete Maßnahmen zur Vermeidung von Stauwasser im Anschlussbereich z. B. durch den Einbau von Entwässerungsrinnen vorzunehmen.

Die Flanschbreiten von Abläufen müssen bei der Verwendung von bahnenförmigen Abdichtungsstoffen mindestens 30 mm, bei der Verwendung von Flüssigkunststoffen mindestens 10 mm betragen.

Ausbildung der Abdichtung an aufgehende Bauteile

Die Abdichtung ist 15 cm über die Oberkante der Nutzfläche hochzuführen. Bei einem Wechsel des Abdichtungsstoffs, z. B. von Bahnenabdichtung auf einen Flüssigkunststoff, muss die Überlappungsbreite mindestens 10 cm betragen.

Abdichtung von Durchdringungen

Der Abstand von Durchdringungen untereinander und zu anderen Bauteilen muss bei flüssig zu verarbeitenden Stoffen mindestens 10 cm, bei bahnenförmigen Abdichtungsstoffen mindestens 30 cm betragen.

Der Anschluss der Abdichtungsschicht an das Einbauteil erfolgt mittels Klebe- oder Klemmflansch.

Anschluss der Flächenabdichtung an Bewegungsfugen

Bei Ausbildung der Abdichtung ist die Bewegungsfuge dem Fugentyp II nach DIN 18531-1 zuzuordnen. Die Fugen sollten geradlinig verlaufen. Die zu erwartenden Bewegungen der Fuge sind bei der Planung der Abdichtung zu berücksichtigen.

Ausbildung der Abdichtung im Bereich von Türanschlüssen

Die Abdichtung ist im Türbereich 15 cm über Oberkante des Belags hochzuführen. Bei Einbau einer dauerhaft funktionsfähigen Entwässerung über die gesamte Türbreite kann die Anschlusshöhe auf 5 cm reduziert werden.

Geringere Anschlusshöhen bzw. niveaugleiche Übergänge, wie sie bei dem barrierefreien Bauen zur Anwendung kommen, sind Sonderkonstruktionen und entsprechend mit dem Auftraggeber zu vereinbaren.

Das Gefälle der Belagsoberfläche muss immer von der Tür weglaufend angeordnet sein.

Bei geschlossenen Brüstungen sind Notabläufe anzuordnen.

Zulässige Abdichtungsstoffe

- alle Abdichtungsstoffe nach DIN 18531-2
- Kaltselbstklebebahnen mit Trägerfolie nach DIN SPEC 20000-201:2018-08
- Flüssigkunststoffe (FLK) mit einer Europäischen Technischen Zulassung und CE-Kennzeichnung
- flüssig zu verarbeitende Abdichtungsstoffe im Verbund mit Fliesen und Platten (AIV-F) bestehend aus:
  - rissüberbrückender mineralischer Dichtungsschlämme (Typ CM) mit verbessertem Rissüberbrückungsvermögen der Klasse 01 (verbessertes Rissüberbrückungsvermögen bei niedrigen Temperaturen bis –5 °C) oder der Klasse 02 (verbessertes Rissüberbrückungsvermögen bei niedrigen Temperaturen bis –20 °C)
  - rissüberbrückender Reaktionsharzabdichtung (Typ RM) auf Polyurethanharz- oder Epoxidharzbasis mit verbessertem Rissüberbrückungsvermögen der der Klasse 01 oder 02

- Vliese, Dichtbänder und Dichtmanschetten zur Abdichtung von Anschlüssen und Durchdringungen, deren Eignung durch einen Prüfbericht über Alkalibeständigkeit und Wasserdichtheit im Einbauzustand zu belegen ist; Prüfung nach PG AIV-F:2010-06,3.5
- kunststoffmodifizierte Bitumendickbeschichtungen nach DIN 18533-3

Zulässige Nutzschichten

- frostbeständige Platten aus Betonwerkstein, Naturstein, Keramik oder Keramikelementen auf Mörtel in Verbindung mit einer Dränschicht
- keramische Fliesen oder Platten im Dünnbettverfahren verlegt, auf Estrich als Lastverteilungsschicht
- keramische Fliesen oder Platten im Verbund mit der Abdichtung (AIV)
- geeignete Fliesen- und Platten als Nutzschicht:
  - stranggepresste oder trockengepresste keramische Fliesen und Platten nach DIN EN 14411, Gruppe AI_a, AI_b, , BI_a, BI_b
  - Bodenklinkerplatten nach DIN 18158,
  - Naturwerkstein nach DIN EN 12057 (Fliesen) oder DIN EN 12058 (Platten)
  - Betonwerkstein nach DIN 18500

2.13.5 Fragen und Antworten

Nr.	Fragen
1.	Nennen Sie die 3 Bauarten für Beläge aus keramischen Fliesen, Naturwerkstein und Betonwerkstein nach ZDB-Merkblatt und nennen Sie je ein Beispiel je Bauart.
2.	Nennen Sie die 3 Belagsaufbauten nach ZDB-Merkblatt.
3.	Wo werden Abdichtungen nach DIN 18531-5 eingesetzt?
4.	Beschreiben Sie den Terrassenaufbau über beheizten Räumen.
5.	Wo muss der Gefälleestrich angeordnet sein?
6.	Welche Mindestdicke sollte der Gefälleverbundestrich aufweisen?
7.	Welches Gefälle sollte eingehalten werden?
8.	Wozu dient die Dampfsperre?
9.	Welche Materialien eignen sich als Dampfsperre?
10.	Wo werden die Dämmschichten angeordnet?
11.	Wodurch wird die Dicke der Dämmschicht bestimmt?
12.	Welche Dämmstoffarten können bezüglich ihres Verwendungszweckes eingesetzt werden?
13.	Welche Trittschalldämmstoffe sind zu bevorzugen?
14.	Wie ist die Anordnung bei einer kombinierten Anwendung von Trittschall- und Wärmedämmstoffen?
15.	Welche Abdichtungssysteme gibt es für Balkone und Terrassen?
16.	Wo wird eine Bahnenabdichtung nach DIN 18531-2 angeordnet?

Nr.	Fragen
17.	Welchem Regelwerk muss die Abdichtung genügen? Nennen Sie wesentliche Eigenschaften der Abdichtung.
18.	Welche Arbeitsregeln gelten für die Anordnung der Dichtungsbahnen und der Stoßüberlappungen?
19.	Wie sind die Abdichtungen an anschließende Bauteile auszuführen?
20.	Wie ist die Abdichtung bei Türdurchgängen auszuführen?
21.	Welche Aufgaben hat die Trennschicht?
22.	Wo wird die Trennschicht angeordnet?
23.	Woraus kann eine Trennschicht hergestellt werden?
24.	Welche Aufgabe hat die Dränschicht?
25.	Beschreiben Sie einzelne Systeme einer Dränschicht.
26.	Mit welcher Maßnahme verhindert man eine Reduzierung der Dränfähigkeit der Kiesschicht?
27.	Ist eine Dränschicht grundsätzlich erforderlich?
28.	Was ist eine Lastverteilungsschicht und welchen Anforderungen muss diese entsprechen?
29.	Welche Mindestdicke muss die Lastverteilungsschicht aufweisen?
30.	Beschreiben Sie die Anordnung, die Art und die Aufgabe einer Estrichbewehrung.
31.	Wie ist der Randabschluss der Lastverteilungsschicht auszuführen?
32.	Ist eine Bewehrung in der Lastverteilungsschicht grundsätzlich erforderlich?
33.	Welche Zusatzmittel können für die Herstellung der Lastverteilungsschicht verwendet werden?
34.	Was ist bei der Auswahl der Zusatzmittel zu beachten?
35.	Kann die Lastverteilungsschicht lediglich durch ein Mörtelbett (frischer Bettungsmörtel) verlegt werden? Wenn ja, was ist bei der Ausführung zu beachten?
36.	Welche Voraussetzungen muss die Lastverteilungsschicht für die Belegung mit Fliesen oder Naturstein erfüllen?
37.	Welche Mörtel und Klebstoffe eignen sich für die Verlegung im Dünnbettverfahren?
38.	Nennen Sie geeignete Belagsmaterialien.
39.	Welche Empfehlungen gibt es bezüglich des Belagsmaterials, seiner Farben und Oberflächen sowie der Fugenanordnung?
40.	Welche Fugenmörtel sind geeignet?
41.	Wo sind die Bewegungsfugen anzuordnen?
42.	Machen Sie Angaben zu Breite und Tiefe der Bewegungsfugen.
43.	Was verstehen Sie unter dem Begriff Kragplatte?
44.	Wie beurteilen Sie die Notwendigkeit einer Abdichtung bei Balkonen?
45.	Beschreiben Sie den Aufbau eines Balkonbelags ohne Dämmschichten.
46.	Beschreiben Sie die Verlegung der Fliesen und Platten im Dünnbettverfahren.
47.	Beschreiben Sie Anordnung, Abstand, Breite und Tiefe der Bewegungsfugen.

Nr.	Fragen
48.	Wie kann bei der Verlegung auf Splitt-/Kiesschicht oder Stelzlager ein unterlüfteter Balkon- oder Terrassenbelag hergestellt werden?
49.	Erläutern Sie Anordnung und Ausführung von Dampfsperre und Abdichtung beim unterlüfteten Belag.
50.	Woraus kann das Auflager eines unterlüfteten Belags bestehen?
51.	Nennen Sie Art und Dicke geeigneter Fliesen und Platten für eine Verlegung auf Splitt-/Kiesschicht oder Stelzlager.
52.	Nennen Sie Vor- und Nachteile von unterlüfteten Terrassen.
53.	Wie wird ein unterlüfteter Terrassenbelag entwässert?
54.	Erklären Sie Aufgaben, Ausführung und Breite der Fugen.
55.	Welche Anwendungsgebiete gibt es für die Verlegung großformatiger Natur- oder Betonwerksteinplatten im Mörtel- oder Splittbett?
56.	Welche Konstruktionsarten gibt es bei Bodenbelägen auf mineralischen Tragschichten?
57.	Beschreiben Sie den Aufbau eines Terrassenbelags in Mörtel auf einer Stahlbetonplatte über mineralischer Tragschicht (Kiesschicht).
58.	Beschreiben Sie den Aufbau eines Terrassenbelags in Mörtel auf mineralischer Tragschicht.
59.	Welche Möglichkeiten gibt es, um Kalkausblühungen zu minimieren?
60.	Ist die Verlegung eines Terrassenbelags über mineralischen Tragschichten im Dünnbettverfahren möglich?
61.	Welche konstruktiven und materialtechnischen Eigenschaften sind hierfür erforderlich?

Nr.	Antworten
1.	Bauart A, Beispiel Terrassen über genutzten Räumen Bauart B, Beispiel: Betonplatte ohne Abdichtung Bauart C: Beispiel: erdberührte Konstruktion ohne Betontragplatte
2.	Belagsaufbau I, II und III
3.	bei Terrassenbelägen über genutzten Räumen
4.	Rohdecke mit Gefälle, Dampfsperre, Dämmschicht, Abdichtung, Trennschicht, Dränschicht, Lastverteilungsschicht, Belag
5.	Er muss direkt auf der Rohdecke unterhalb der Dampfsperre angeordnet sein. Die gesamte Belagskonstruktion muss im Gefälle liegen.
6.	Sie beträgt 10 mm. Das Größtkorn des Zuschlags ist auf die Mindestdicke abzustimmen.
7.	Das Mindestgefälle beträgt 1,5 % und ist abhängig von der Oberflächengröße und Oberflächenrauigkeit des Belagsmaterials. Je größer und rauer die Oberfläche, desto größer ist das Gefälle zu wählen.
8.	Sie soll die Dämmung vor von unten aufsteigender Feuchtigkeit schützen.

Nr.	Antworten
9.	Bitumenschweißbahnen, Bitumenschweißbahnen mit kombinierten Trägereinlagen (Glasvlies, Metallband), Polymerbitumenbahnen
10.	Sie werden über der Dampfsperre und unter der Abdichtung angeordnet.
11.	Sie wird durch die Anforderungen der Energieeinsparverordnung (EnEV) bestimmt.
12.	Wärmedämmstoffe und Trittschalldämmstoffe
13.	Trittschalldämmstoffe mit geringer Zusammendrückbarkeit (≤ 2mm)
14.	Der Wärmedämmstoff sollte wegen der geringeren Zusammendrückbarkeit als obere Lage verlegt werden.
15.	Bahnenabdichtungen nach DIN 18531-2, Kaltselbstklebebahnen mit Trägerfolie nach DIN SPEC 2000-201:2018-08, Flüssigkunststoffe (FLK) mit einer Europäischen Technischen Zulassung und CE-Kennzeichnung und flüssig zu verarbeitende Abdichtungsstoffe (AIV-F- CM und RM), Abdichtung mit kunststoffmodifizierten Bitumendickbeschichtungen
16.	über der Dämmschicht unterhalb der Lastverteilungsschicht
17.	Sie muss den Anforderungen der DIN 18531-5, Abschnitt 9, entsprechen. Sie muss eine nachträgliche Rissweitenöffnung von 0,3 mm schadensfrei aufnehmen können und eine Temperaturbeständigkeit von –20 bis + 80 °C aufweisen.
18.	Abdichtungsbahnen sind in Gefällerichtung anzuordnen; Stoßüberlappungen quer zur Gefällerichtung sind zu vermeiden.
19.	Abdichtungen sind am anschließenden, höher gelegenen Bauteil 15 cm über OK Belag hochzuführen und zu sichern.
20.	Die Abdichtung ist auch hier 15 cm über OK Belag hochzuführen. Bei Einbau einer dauerhaft funktionsfähigen Entwässerung über die gesamte Türbreite ist eine Verringerung auf 5 cm möglich.
21.	Sie soll die konstruktive Abtrennung zwischen den unteren Schichten und der Lastverteilungsschicht herbeiführen.
22.	über der Abdichtung unterhalb der Lastverteilungsschicht
23.	aus 2 Lagen Polyethylenfolie
24.	Sie soll das in die Lastverteilungsschicht eindringende Wasser abführen.
25.	Sie können aus Dränmatten oder Dränplatten, einem Dränmörtel oder einer Kiesschicht ohne Feinanteile bestehen.
26.	Das Eindringen des Mörtels in die Dränschicht (Kiesschicht) und eine dadurch reduzierte Dränfähigkeit werden durch eine wasserdurchlässige Abdeckung verhindert.
27.	Nicht grundsätzlich. Lastverteilungsschichten, mit einer Abdichtung im Verbund versehen, benötigen keine Dränschicht.
28.	ein Estrich auf Trennlage nach DIN 18560
29.	50 mm
30.	Die Bewehrung wird im oberen Drittel der Lastverteilungsschicht angeordnet. Sie reduziert die Gefahr der Entstehung von Rissen, die Aufweitung vorhandener Risse und Höhenversätze im Bereich der Risskanten. Es sollten verzinkte Betonstahlmatten/-gitter mit einem Stabdurchmesser von 2 bis 3 mm verwendet werden.

Nr.	Antworten
31.	Er ist gegen eindringende Feuchtigkeit zu schützen, z. B. durch eine Abdichtung oder Profile.
32.	Eine Bewehrung ist nicht grundsätzlich erforderlich, ist aber empfehlenswert, sofern sie fachgerecht in den Estrich eingebaut wird.
33.	Verzögerer, Beschleuniger und Verflüssiger
34.	Sie dürfen keine Ausblühungen oder Ausscheidungen begünstigen und keine Alkali-, Erdalkalisalze oder Alkalisilikatverbindungen enthalten.
35.	Die Lastverteilungsschicht kann auch durch einen sog. Bettungsmörtel hergestellt werden. Bei dieser Ausführungsvariante sind die Fliesen zunächst rückseitig mit einer Kontaktschicht zu versehen, bevor sie auf den frischen Bettungsmörtel aufgebracht werden. Bei dieser Ausführungsvariante ist zu berücksichtigen, dass die Tragfähigkeit gegenüber einer erhärtenden Lastverteilungsschicht geringer ist.
36.	Sie muss ausreichend erhärtet und trocken sein. Sie muss ein ausreichendes Gefälle zu den Entwässerungspunkten aufweisen.
37.	Geeignet sind hydraulisch erhärtende Dünnbettmörtel nach DIN EN 12004. Sie sollten mindestens die Qualitätsklasse C2S1 aufweisen. Das größte Sicherheitspotenzial bieten Dünnbettmörtel der Qualitätsklasse C2FS2, da sie eine schnelle Erhärtung und schnelle Trocknung aufweisen und über ein erhöhtes Haftspektrum verfügen.
38.	stranggepresste oder trockengepresste Fliesen und Platten nach DIN EN 14411 (frostbeständig nach DIN EN ISO 10545-12), Bodenklinkerplatten nach DIN 18158, Betonwerkstein nach DIN 18500, Naturwerkstein nach DIN EN 1341 bzw. DIN EN 12058 (frostbeständig nach DIN EN 12372 oder DIN 52008, Anhang D)
39.	Das Format, die Bruchfestigkeit und die Dicke sind auf die Konstruktion und deren Belastung abzustimmen. Helle Farben sind zu bevorzugen. Die Verlegung im Fugenschnitt ist zu bevorzugen.
40.	hydraulisch erhärtende Fugenmörtel nach DIN EN 13888 oder Baustellenmischungen mit genormten Zementen
41.	Sie sind als Feldbegrenzungs- sowie Rand- und Anschlussfugen anzuordnen. Der Abstand untereinander richtet sich nach der zu erwartenden Längenänderung aus Temperaturdehnung. Die Feldlänge sollte 8 m nicht überschreiten. Die Felder sollten ein gedrungenes Seitenverhältnis (bis ca. 1 : 2) aufweisen.
42.	Die Fugenbreite sollte je nach Feldgröße 6 bis 12 mm betragen. Die Fugentiefe ist bis auf die Trennschicht bzw. Dränschicht auszubilden.
43.	eine aus dem Gebäude herausragende Verlängerung einer Geschossdecke als Balkonplatte
44.	Bewitterte Balkonflächen werden in der Regel zum Schutz von Frostschäden und Ausblühungen mit einer Abdichtung (AIV-F), die auf der Lastverteilungsschicht angeordnet ist, abgedichtet.
45.	tragender Untergrund, Abdichtung im Verbund, Belag aus Fliesen oder Platten
46.	Geeignet sind hydraulisch erhärtende Dünnbettmörtel und Reaktionsharzmörtel nach DIN EN 12004. Hydraulisch erhärtende Dünnbettmörtel sollten mindestens die Qualitätsklasse C2S1 aufweisen. Das größte Sicherheitspotenzial bieten Dünnbettmörtel der Qualitätsklasse C2FS2, da sie eine schnelle Erhärtung und schnelle Trocknung aufweisen und über ein erhöhtes Haftspektrum verfügen. Bei der Ausführung ist eine nahezu vollflächige Bettung anzustreben. Diese kann durch die Anwendung des Buttering-Floating-Verfahrens oder die Verwendung eines Fließbettmörtels erreicht werden.

Nr.	Antworten
47.	Bewegungsfugen sind als Feldbegrenzungs- sowie Rand- und Anschlussfugen anzuordnen. Der Abstand untereinander richtet sich nach der zu erwartenden Längenänderung aus Temperaturdehnung. Die Feldlänge sollte 8 m nicht überschreiten. Die Felder sollten ein gedrungenes Seitenverhältnis (bis ca. 1 : 2) aufweisen. Die Fugenbreite ist in Abhängigkeit von der Feldgröße zu bestimmen und sollte 6 mm nicht unter- und 12 mm nicht überschreiten. Die Tiefe reicht bis zur Trennlage bzw. bis zur Dränschicht.
48.	Auf den tragenden Untergrund wird zunächst eine Dampfsperre eingebaut. Es folgt das Aufbringen der Dämmung, auf der dann mittels einer Abdichtungsbahn nach DIN 18531-2 die Abdichtung erfolgt. Auf einer Trennlage wird anschließend das Auflager oder der Belag aufgebracht.
49.	Die Dampfsperre wird direkt auf dem tragenden Untergrund angeordnet. Die Abdichtung wird über der Dämmung angeordnet.
50.	Es kann aus einer Kiesschicht (Körnung 2 bis 8 mm) ohne Feinanteile oder punktförmigen Stelzlagern aus Kunststoff-/Gummischeiben bzw. Mörtelbatzen, die von Kunststofffolien umhüllt sind, bestehen. Sie sind im Bereich des Fugenkreuzes anzuordnen.
51.	Geeignete Belagsmaterialien sind: • großformatige Betonwerksteinplatten nach DIN 18500, • großformatige keramische Fliesen nach DIN EN 144111 Gruppe I (frostbeständig nach DIN EN ISO 10545-12), • großformatige Naturwerksteine nach DIN EN 12058 (frostbeständig nach DIN EN 12372), • großformatige Keramik- bzw. Keramikelemente (frostbeständig nach DIN EN ISO 10545-12). Die Plattendicke ist abhängig von der einwirkenden Last, der Biege- und Druckfestigkeit der Platte, der Verlegetechnik und dem vorhandenen Untergrund. Keramische Materialien sollten eine Mindestdicke von 18 mm und ein ausreichendes Eigengewicht aufweisen.
52.	Die Belagsoberfläche ist waagrecht, die Entwässerung erfolgt über die offenen Fugen in der unteren Ebene.
53.	Die Entwässerung erfolgt über einen Bodenablauf innerhalb der Fläche oder über eine Rinne am Rand der Oberfläche.
54.	Die Fugen dienen zur Entwässerung und zum Ausgleich der Größendifferenzen der Platten. Sie bleiben offen oder werden mit ungebundenen Stoffen geschlossen. Die Breite kann bis zu 10 mm betragen.
55.	Terrassenbeläge, Gehwege, leicht belastete Fahrwege und Hauszugänge
56.	Verlegung im Mörtel- oder Splittbett auf mineralischer Tragschicht und auf Betontragplatte
57.	tragender Untergrund/Erdplanum, Entwässerung, mineralische Tragschicht, wasserdurchlässige Abdeckung, Betontragplatte, Belag im Mörtelbett
58.	tragender Untergrund/Erdplanum, Entwässerung, mineralische Tragschicht, wasserdurchlässige Abdeckung, Betontragplatte, Mörtelbett ca. 5 cm dick
59.	Es sollten zur Herstellung der Mörtelsysteme Bindemittel auf Portlandpuzzolanbasis oder Trisulfatsysteme zur Anwendung kommen.
60.	Die Verlegung im Dünnbettverfahren entspricht den anerkannten Regeln der Technik.
61.	Bei der Ausführung sind die Vorgaben der DIN 18157 und der Hersteller zu beachten.

Abb. 2.83: Fassade mit Glasmosaik gestaltet

2.14 Außenwandbekleidungen

2.14.1 Stichworte zum Thema

- Beanspruchung einer Außenwandbekleidung
- Ausführung direkt auf dem Ansetzuntergrund
- Ausführung als Wärmedämm-Verbundsystem (WDVS) mit Keramik
- geeignete Untergründe
- unzulässige Untergründe nach Norm
- Anforderungen an Ausgleichsputze
- Auswahl der geeigneten Baustoffe und der Belagsmaterialien
- Anordnung und Ausführung von Bewegungsfugen

2.14.2 Regelwerke

DIN 18515-1	Außenwandbekleidungen – Grundsätze für Planung und Ausführung – Teil 1: Angemörtelte Fliesen oder Platten (2023)
DIN 18540	Abdichten von Außenwandfugen im Hochbau mit Fugendichtstoffen (2014)
DIN 18157-1	Ausführung von Bekleidungen und Belägen im Dünnbettverfahren – Teil 1: Zementhaltige Mörtel (2017)
DIN 18500-1	Betonwerkstein – Teil 1: Begriffe, Anforderungen, Prüfung (2021)

DIN EN 12004-1	Mörtel und Klebstoffe für keramische Fliesen und Platten – Teil 1: Anforderungen, Bewertung und Überprüfung der Leistungsbeständigkeit, Einstufung und Kennzeichnung (2017)
DIN EN 12004-2	Mörtel und Klebstoffe für keramische Fliesen und Platten – Teil 2: Prüfverfahren (2015)
DIN EN 12057	Natursteinprodukte – Fliesen – Anforderungen (2015)
DIN EN 14411	Keramische Fliesen und Platten – Definitionen, Klassifizierung, Eigenschaften, Bewertung, Kennzeichnung (2016)
ZDB-Merkblatt	Fassadenbekleidungen im Dünnbettverfahren – Keramische Fliesen und Platten, Naturwerksteinplatten (2022)

Wesentliche Inhalte der Regelwerke

- Anforderungen an Außenwände und Ansetzflächen
- Belagsmaterialien
- Dünnbettmörtel
- weitere Baustoffe
- Ansetzen der Fliesen und Platten
- Belagsfugen mit Mörtel verfüllt
- Bewegungsfugen

2.14.3 Fall aus der Praxis

Es ist beabsichtigt, an der Fassade einer Seilbahnstation in den bayerischen Alpen einen Natursteinbelag der Gesteinssorte Granit in freien Längen in einer Dicke von 25 mm zu gestalten.

Sie werden zu einem Ortstermin gemeinsam mit dem Architekten, dem Bauherrenvertreter und dem Anwendungstechniker eines namhaften Herstellers eingeladen mit dem Ziel, aufgrund der vor Ort gewonnenen Erkenntnisse ein verbindliches Angebot zu unterbreiten.

Anlässlich der Baustellenbesprechung stellt sich die Situation wie folgt dar:

- Das Gebäude ist aus Ortbeton erstellt.
- Zum Zeitpunkt des Ortstermins beträgt das Betonalter ca. 2 Monate.
- Die Höhe der zu bekleidenden Fassade beträgt 4 m.
- Die Außenwandflächen sind bereits mit einem WDVS versehen. Eine allgemeine bauaufsichtliche Zulassung bzw. eine Zustimmung im Einzelfall für das WDVS und den Naturstein ist nicht vorhanden.
- Die Fugen zwischen den Natursteinen sollen nicht mit Mörtel geschlossen werden.
- Architekt und technischer Berater bezeichnen die vorbereiteten Wandflächen als geeignet zur Aufnahme des Natursteinbelags in den genannten Formaten.
- Der technische Berater des Bauchemieherstellers empfiehlt einen Dünnbettmörtel seines Unternehmens in der Qualitätsklasse C2 S1 und weist darauf hin, dass es sich bei der besprochenen Ausführungsvariante um

eine Sonderkonstruktion handelt, für die der Planer die Verantwortung zu tragen hat, und dass die offenen Fugen die Gefahr von Ausblühungen und Frostschäden erhöhen.
- Der Architekt nimmt die Beratung zur Kenntnis und bittet Sie, auf Basis der besprochenen Daten ein verbindliches Angebot abzugeben.
- Der Auftrag soll kurzfristig erteilt werden.

Lösung

Zur Ausführung der geplanten Konstruktion ist der Nachweis einer bauaufsichtlichen Zulassung oder eine Zustimmung im Einzelfall erforderlich. Den Ausführungen von Planer und technischem Berater kann entnommen werden, dass keine der beiden Voraussetzungen vorliegt.

Eine Ausführung ohne Zulassung bzw. Zustimmung ist ein Verstoß gegen gültiges Baurecht des Landes Bayern und hat mit hoher Wahrscheinlichkeit rechtliche Folgen.

Somit ist von der vorgesehenen Ausführung abzusehen. Sie schlagen den Parteien vor, dass diese zunächst hinsichtlich der von ihnen vorgesehenen Werkstoffe eine Zustimmung im Einzelfall einholen. Nach deren Vorlage können Sie die Belagsarbeiten unter Berücksichtigung der in der Zustimmung genannten Parameter ausführen.

Darüber hinaus weisen Sie darauf hin, dass offene Belagsfugen problematisch sind, da sie den empfohlenen hydraulisch erhärtenden Dünnbettmörtel in seinen Eigenschaften derart stark negativ beeinflussen können, dass die Dauerhaftigkeit und Nachhaltigkeit der Fassade möglicherweise nicht gewährleistet werden können.

Nur wenn die Prüfungen zur Zustimmung im Einzelfall diesen Aspekt berücksichtigen, kann diese Ausführungsvariante zur Ausführung gelangen.

Vom Hersteller des Dünnbettmörtels sollte explizit für diesen Konstruktionsaufbau eine Gewährleistung für die Dauer der geplanten Nutzung ausgesprochen werden.

2.14.4 Bauarten

Keramische Fliesen und Platten, Naturwerksteine und Betonwerksteine können an normgerechten Untergründen im traditionellen Mörtelbett oder im Dünnbettverfahren nach DIN 18515-1 sowie als vorgehängte Fassade mit hinterlüftetem Außenwandbekleidungssystem nach DIN 18516-1, -3 und -5 gestaltet werden.

Eine direkte Montage im Verbund mit WDVS (früher DIN 18515-2, diese wurde zurückgezogen) ist nur möglich, sofern für das System eine bauaufsichtliche Zustimmung (abZ) oder eine Zustimmung im Einzelfall (ZiE) vorliegt.

Da weder eine nationale noch eine internationale Norm diese Bauweise regelt, entspricht diese unter rechtlichen Gesichtspunkten nicht den anerkannten Regeln der Technik. Deshalb ist der Nachweis durch eine abZ oder eine ZiE zwingend erforderlich.

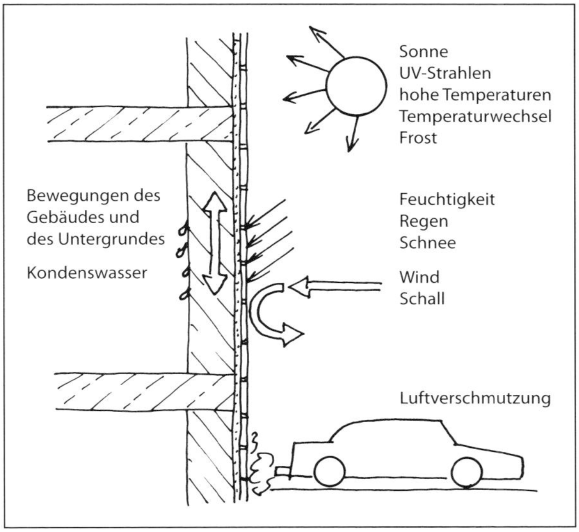

Abb. 2.84: Einwirkungen auf eine Außenwandfassade

Beanspruchungen

Außenfassaden gehören zu den stark belasteten Bauteilen eines Bauwerks (siehe Abb. 2.84). Folgende Anforderungen muss eine Fassade erfüllen:

- **Temperaturbeständigkeit:** Temperatureinwirkung bewirkt
  - Temperaturschwankungen Winter und Sommer von bis zu 100 K,
  - thermisch bedingte Längenänderungen,
  - Temperaturschocks durch Sonneneinstrahlung, Regen und Frost,
  - einen Bimetalleffekt durch unterschiedliche Ausdehnung der Baustoffe.
- **Schutzwirkung gegen Regen und Feuchte:** Feuchtigkeit
  - minimiert die Festigkeit hydraulisch erhärtender Dünnbettmörtel,
  - verringert die Haftfestigkeit von mineralischen Mörtelsystemen,
  - erhöht die Gefahr der Verseifung hydraulisch erhärtender und kunststoffvergüteter Mörtelsysteme,
  - erhöht die Gefahr von Rissbildungen und Hohllagigkeiten, erhöht die Gefahr von Frostabplatzungen.
- **Schutzwirkung gegenüber chemischer Beanspruchung durch verunreinigte Außenluft**
- **Beständigkeit gegenüber Windeinwirkung in Form von Druck- und Sogkräften**

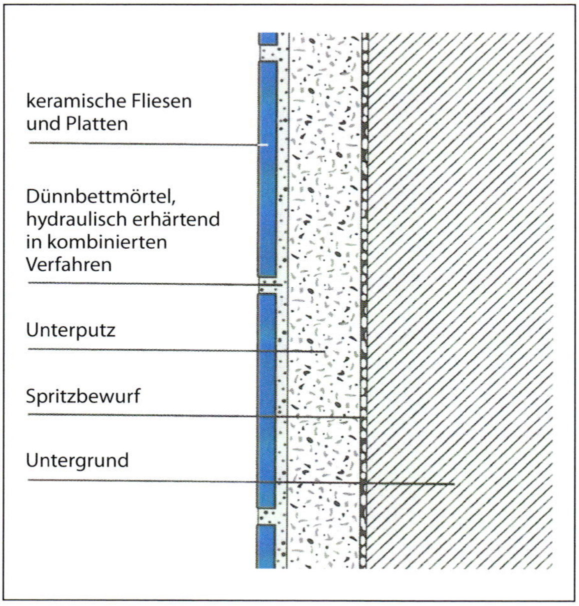

Abb. 2.85: Konventionelle Keramikfassade auf Unterputz

2.14.5 Bausteine

2.14.5.1 Ausführungsvarianten nach DIN 18515-1 für konventionelle Keramik-, Betonwerkstein- oder Natursteinfassade auf tragfähigem Untergrund

Zulässige Untergründe

- Stahlbeton nach DIN EN 206 und DIN 1045-2, Mindestalter 6 Monate
- Mauerwerk nach DIN 1996-1-1, Mindestalter 6 Monate; es muss ausreichend ebenflächig und vollfugig vermauert sein
- Mauerwerk mit Putz:
  - Der Putz muss DIN 18550 entsprechen und die Klasse CS II nach DIN EN 998-1 erfüllen, eine Trockenrohdichte von 1000 bis 1800 kg/m³ aufweisen und eine kapillare Wasseraufnahme von WC2 nicht überschreiten.
  - dient nur als Untergrund bei Anwendung des Dünnbettverfahrens
  - Spritzbewurf erforderlich
- zementgebundene Trockenbauplatten:
  - müssen feuchtigkeitsbeständig, frostbeständig und für den Außenbereich geeignet sein
  - zulässiges Flächengewicht beachten
  - sind mit tragfähigen Ankern aus nicht rostendem Stahl (Werkstoffnummer 1.401 bzw. 1.4572) nach DIN EN 10088-3 bzw. DIN EN 10028-7 am tragfähigen Untergrund zu verankern
  - nach DIN 18516-3 statischer Nachweis der Anker erforderlich
- Abdichtungen im Verbund mit Fliesen und Platten (AIV-F):
  - Eignungsnachweis des Herstellers erforderlich
  - zulässiges Flächengewicht ist zu beachten

Anforderungen an den Untergrund

- Es dürfen keine durchgehenden Risse vorhanden sein.
- Es dürfen keine offenen Fugen existieren.
- Es darf keine bzw. lediglich eine begrenzte Verformung (z. B. Betonalter > 6 Monate) vorhanden sein.
- Der Untergrund muss ebenflächig sein.
- Es muss eine ausreichende auf den Untergrund abgestimmte Oberflächenfestigkeit vorhanden sein.
- Es dürfen keine unverschlossenen Schalungsankerbohrungen existieren.
- Es dürfen keine offenen Bohrungen der Gerüstverankerungen vorhanden sein.
- Der Untergrund muss frei von haftungsmindernden Bestandteilen sein.
- Bei Anwendung eines Spritzbewurfs ist dieser flächendeckend aufzubringen.
- Zementgebundene Trockenbauplatten müssen mit tragfähigen Ankern aus nicht rostendem Stahl (Werkstoffnummer 1.401 bzw. 1.4572) nach DIN EN 10088-3 bzw. DIN EN 10028-7 am tragfähigen Untergrund befestigt sein.
- Bei Untergründen mit einer Abdichtung im Verbund (AIV-F) muss diese für diese Anwendung explizit vom Hersteller unter Berücksichtigung des Belagsmaterials, des Dünnbett- und Fugenmörtels sowie der erforderlichen bauphysikalischen Anforderungen an die Gebäudehülle freigegeben sein.

Zulässige Belagsmaterialien

- keramische Fliesen und Platten nach DIN EN 14411 mit folgenden Eigenschaften:
  - frostbeständig
  - Wasseraufnahme stranggepresster Fliesen mit niedriger Wasseraufnahme $E \leq 3$ %
  - Wasseraufnahme stranggepresster Fliesen mit niedriger Wasseraufnahme $E \leq 3$ %
  - Wasseraufnahme stranggepresster Fliesen mit niedriger Wasseraufnahme $E \leq 3$ %
  - strang- und trockengepresste Vollformate mit niedriger Wasseraufnahme $E \leq 3$ %
  - stranggepresste keramische Platten mit Wasseraufnahme E zwischen 3 und 6 % und einer haftvermittelnden Schicht, die ein Mindestporenvolumen von 20 mm^3 aufweist und deren Porenradienmaximum $\geq 0{,}2$ µm beträgt; die Bestimmung der Porenvolumenverteilung erfolgt nach DIN 66133
  - Anforderungen an Porenvolumen und Porenradien entfallen bei gesägten oder strukturierten Plattenrückseiten
  - Schalungsankerbohrungen sind zu schließen
- Glasfliesen und Glasmosaik, deren Eignung vom Hersteller nachzuweisen ist
- Naturwerksteinplatten nach DIN EN 12057 und DIN EN 1469 mit Nachweis der Frostbeständigkeit
- Betonwerksteinplatten nach DIN 18500-1

Anforderungen an die Belagsmaterialien

- Zulässig für **angemörtelte strang- und trockengepresste Fliesen oder Platten** sind Fliesen mit
  - einer max. Seitenlänge ≤ 0,60 m,
  - einer Dicke ≤ 0,020 m

  (bei Bauteilen mit strukturierter Oberfläche ist eine Gesamtdicke von 0,030 m zulässig).
- Zulässig für **angemörtelte Ziegel- und Klinkerriemchen** sind Fliesen mit
  - einer max. Seitenlänge ≤ 0,60 m,
  - einer Dicke ≤ 0,030 m (bei strukturierter Oberfläche 0,040 m)

  (bei Bauteilen mit strukturierter Oberfläche ist eine Gesamtdicke von 0,040 m zulässig).
- Zulässig für **angemörtelte Naturwerksteinprodukte** sind Fliesen mit
  - nachgewiesener Frostbeständigkeit,
  - einer max. Seitenlänge ≤ 0,49 m,
  - einer Dicke ≤ 0,015 m (bei bossierter bzw. geriffelter Oberfläche 0,020 m).
- Zulässig für **angemörtelte Betonwerksteinprodukte** sind Fliesen mit
  - einer max. Fläche ≤ 0,12 m^2,
  - einer max. Seitenlänge ≤ 0,49 m,
  - einer Dicke ≤ 0,020 m (bei bossierter bzw. geriffelter Oberfläche 0,020 m).

Besonderer Hinweis:

Bei allen aufgeführten Belagsmaterialien ist bei Auswahl der Formatgröße sicherzustellen, dass ein **Mindestfugenanteil** von ≥ **5 %** in der Fläche vorhanden ist (vgl. Tabellen 2.22 bis 2.25).

Bei Fugenanteilen **unter 5 %** ist ein **bauphysikalischer Nachweis** erforderlich.

Auswahl des Dünnbettmörtels und Ansetzen der Fliesen und Platten

Das Ansetzen des Belags erfolgt im Buttering-Floating-Verfahren unter Verwendung eines Dünnbettmörtels auf Zement- (C) oder Reaktionsharzbasis (R) nach DIN EN 12004.

Kommen Reaktionsharzklebstoffe zur Anwendung, müssen diese auf Epoxid- bzw. Polyurethanharzbasis sein.

Die Auswahl zementärer Dünnbettmörtel ist abhängig von der Art des Belagsmaterials und seiner max. Seitenlänge.

Tabelle 2.21 gibt eine Übersicht über die Qualitätsklassen des Dünnbettmörtels.

Alternativ zu den in Tabelle 2.21 aufgeführten zementären Dünnbettmörteln kann ein Reaktionsharzmörtel der Güteklasse R1 bzw. R2 nach DIN EN 12004 zur Anwendung kommen, sofern die bauphysikalischen Anforderungen dies zulassen.

Tabelle 2.21: Bestimmung der Qualitätsklassen des Dünnbettmörtels in Abhängigkeit von der Art und des Formats des Belagsmaterials

Belagsmaterial	**max. Seitenlänge in m**	**Qualitätsklassen des Dünnbettmörtels nach DIN EN 12004**
keramische Fliesen und Platten	0,3	C2S1
Ziegel- und Klinkerriemchen	0,3	C2S1
Betonwerksteinplatten	0,3	C2S1
Naturwerksteinplatten	0,3	C2S2 (zweikomponentig)
Naturwerksteinplatten	0,6	C2S2 (zweikomponentig)
keramische Fliesen und Platten	0,6	C2S2 (zweikomponentig)
Ziegel- und Klinkerriemchen	0,6	C2S2 (zweikomponentig)
Betonwerksteinplatten	0,49	C2S2 (zweikomponentig)

Die Ansetzarbeiten sind im kombinierten Verfahren nach DIN 18157-1 bzw. -3 auszuführen. Hierbei sind Hohlräume auf ein Minimum zu beschränken.

Die Mindestschichtdicke des Mörtels beträgt 3 mm, die Maximalschichtdicke 10 mm.

Die Belagsfugen sind bis Unterkante Fliese sauber auszukratzen, damit eine gleichmäßige Fugentiefe gewährleistet ist.

Bei der Verwendung von Reaktionsharzklebstoffen ist darauf zu achten, dass kein Klebstoff in der Fugenkammer verbleibt, damit die Wasserdampfdiffusionsfähigkeit der Belagskonstruktion gewährleistet ist.

Bei der Ausführung der Ansetzarbeiten soll die Temperatur **+5 °C** bei Zement- und **+10 °C** bei Reaktionsharzmörteln nicht unterschreiten sowie die vom Hersteller des Dünnbettmörtels angegebene Höchsttemperatur nicht überschreiten. Die Anforderungen gelten sowohl für die Luft als auch für das Belagsmaterial. Während der Ausführung ist der aufgetragene Dünnbettmörtel in kurzen Abständen regelmäßig auf Hautbildung mittels „Fingerkuppentest“ zu überprüfen.

Je höher die Temperatur und je stärker die Luftbewegung, desto geringer ist die klebeoffene Zeit des Dünnbettmörtels. Dies ist zurückzuführen auf eine Hautbildung an der Oberfläche des Dünnbettmörtels, die eine erhebliche Reduzierung der Adhäsionshaftung des Belagsmaterials zum Dünnbettmörtel zur Folge hat.

Hat eine Hautbildung bereits eingesetzt, ist der Dünnbettmörtel zu entfernen und neu aufzutragen.

Belagsverfugung

Die Fugen im Belag sind in Abhängigkeit von dem zur Anwendung kommenden Belagsmaterial und dessen Format in ausreichender Breite anzulegen. Bei der Dimensionierung ist darauf zu achten, dass eine ausreichende Dampfdiffusionsfähigkeit sichergestellt ist.

Hierbei muss der Fugenanteil in der Fläche mindestens 5 % betragen. Aus dieser Forderung ergeben sich die in den Tabellen 2.22 bis 2.25 dargestellten max. Formate.

Tabelle 2.22: Fugenanteil in Abhängigkeit von der Fugenbreite 3 mm und dem Format des Belagsmaterials nach DIN 18515-1, Anhang B

Bauteilformat												
Länge in cm		**10**	**15**	**20**	**25**	**30**	**35**	**40**	**45**	**50**	**55**	**60**
Breite in cm	**10**	5,7	–	–	–	–	–	–	–	–	–	–
	15	–	–	–	–	–	–	–	–	–	–	–
	20	–	–	–	–	–	–	–	–	–	–	–
	25	–	–	–	–	–	–	–	–	–	–	–
	30	–	–	–	–	–	–	–	–	–	–	–
	35	–	–	–	–	–	–	–	–	–	–	–
	40	–	–	–	–	–	–	–	–	–	–	–

Tabelle 2.23: Fugenanteil in Abhängigkeit von der Fugenbreite 5 mm und dem Format des Belagsmaterials nach DIN 18515-1, Anhang B

Bauteilformat												
Länge in cm		**10**	**15**	**20**	**25**	**30**	**35**	**40**	**45**	**50**	**55**	**60**
Breite in cm	**10**	9,3	7,8	7,1	6,6	6,3	6,1	5,9	5,8	5,7	5,6	5,5
	15	7,8	6,3	5,6	5,1	–	–	–	–	–	–	–
	20	7,1	5,6	–	–	–	–	–	–	–	–	–
	25	6,6	5,1	–	–	–	–	–	–	–	–	–
	30	6,3	–	–	–	–	–	–	–	–	–	–
	35	6,1	–	–	–	–	–	–	–	–	–	–
	40	5,9	–	–	–	–	–	–	–	–	–	–

Tabelle 2.24: Fugenanteil in Abhängigkeit von der Fugenbreite 8 mm und dem Format des Belagsmaterials nach DIN 18515-1, Anhang B

Bauteilformat												
Länge in cm		**10**	**15**	**20**	**25**	**30**	**35**	**40**	**45**	**50**	**55**	**60**
Breite in cm	**10**	14,3	12,1	11,0	10,3	9,8	9,5	9,2	9,0	8,9	8,7	8,6
	15	12,1	9,9	8,7	8,0	7,5	7,2	6,9	6,7	6,6	6,4	6,3
	20	11,0	8,7	7,5	6,8	6,3	6,0	5,7	5,5	5,4	5,2	5,1
	25	10,3	8,0	6,8	6,1	5,6	5,3	5,0	–	–	–	–
	30	9,8	7,5	6,3	5,6	5,1	–	–	–	–	–	–
	35	9,5	7,2	6,0	5,3	–	–	–	–	–	–	–
	40	9,2	6,9	5,7	5,0	–	–	–	–	–	–	–

Tabelle 2.25: Fugenanteil in Abhängigkeit von der Fugenbreite 10 mm und dem Format des Belagsmaterials nach DIN 18515-1, Anhang B

Bauteilformat												
Länge in cm		**10**	**15**	**20**	**25**	**30**	**35**	**40**	**45**	**50**	**55**	**60**
Breite in cm	**10**	17,4	14,8	13,4	12,6	12,0	11,6	11,3	11,1	10,9	10.7	10,6
	15	14,8	12,1	10,7	9,9	9,3	8.9	8,5	8,3	8,1	7,9	7,8
	20	13,4	10,7	9,3	8,4	7,8	7,4	7,1	6,8	6,6	6,5	6,3
	25	12,6	9,9	8,4	7,5	6,9	6,5	6,2	5,9	5,7	5,6	5,4
	30	12,0	9,3	7,8	6,9	6,3	5,9	5,6	5,3	5,1	5,0	–
	35	11,6	8,9	7,4	6,5	5,9	5,5	5,1	–	–	–	–
	40	11,3	8,5	7,1	6,2	5,6	5,1	–	–	–	–	–

Die Applikation des Fugenmörtels ist nach Herstellerangabe vorzunehmen. In der Regel kommen das Schlämm-, das Fugeisen- oder das Spritzverfahren zur Ausführung.

Es können sowohl Baustellenmischungen als auch Werktrockenmörtel zur Anwendung kommen. Fugenmörtel der Qualitätsstufe CG 2 FW nach DIN EN 13888 gewährleisten einen gleichmäßigen Qualitätsstandard in Bezug auf Festigkeit, Schwinden, Festigkeitsbildung und reduzierter Wasseraufnahme.

Bei der Bestimmung der Fugenbreite ist sicherzustellen, dass der **Mindestfugenanteil** in der Belagsfläche 5 % beträgt.

Bewegungsfugen

Die fachgerechte Anordnung von Belagsdehnungsfugen ist für die Dauerhaftigkeit eines Außenwandbelags von großer Bedeutung. Sie reduzieren bzw. verhindern Spannungen, die auf Bauteilbewegungen, resultierend aus Temperaturänderungen sowie Kriechen und Schwinden des Baukörpers, zurückzuführen sind.

- Gebäudetrennfugen sind deckungsgleich in den Belag zu übernehmen.
- Feldbegrenzungsfugen sind horizontal und vertikal im Abstand von 3 bis 6 m (in Abhängigkeit von der thermischen Belastung) anzuordnen. Die Breite ist in Abhängigkeit von den objektspezifischen Parametern vom Planer zu bestimmen:
  - Horizontalfugen werden in der Regel in Geschosshöhe (UK Decke) angeordnet.
  - Grundsätzlich sind sie an Außen- und Innenecken anzuordnen.
  - Sie sollten geradlinig verlaufen.
  - Sie sind in voller Tiefe bis auf den Untergrund zu dimensionieren.
  - Sie sind als Anschlussfugen zu Bauteilen mit differierenden Temperaturausdehnungskoeffizienten anzuordnen. Die Breite der Anschlussfugen darf 10 mm nicht unterschreiten.

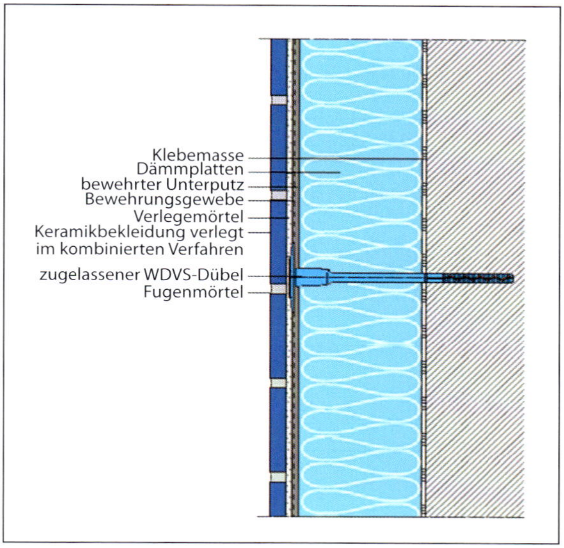

Abb. 2.86: WDVS mit Keramik

2.14.5.2 Wärmedämm-Verbundsystem mit Keramik-, Naturstein- und Betonwerksteinbelägen als Sonderkonstruktion

Hinweis

Diese Ausführungsvariante stellt keine geregelte Bauart dar. Sie entspricht nicht den anerkannten Regeln der Technik. Sie kann als Sonderkonstruktion mit dem Auftraggeber vereinbart werden, sofern das zur Anwendung kommende System über eine abZ oder eine ZiE verfügt.

Bestandteile eines WDVS

- Dämmstoff, der mit dem Untergrund verklebt, verdübelt oder mit Schienen mechanisch befestigt ist
- Unterputz verstärkt mit Glasseidengewebe
- ein auf den Untergrund (Putz und Gewebe) und Belagsmaterial abgestimmter Dünnbettmörtel
- Belagsmaterial
- ein auf den Dünnbettmörtel und Belagsmaterial abgestimmter Fugenmörtel

Vorteile eines WDVS

- Wärmeschutz
- Feuchteschutz
- Schallschutz (in Abhängigkeit von der Ausführung)
- Schutz der Wandbaustoffe vor thermischer Wechselbeanspruchung

Hinweis

Unbedingt zu berücksichtigen ist, dass die Verwendung von Produktalternativen zu den in der Zulassung aufgeführten und geprüften Produkten unzulässig ist.

2.14.6 Fragen und Antworten

Nr.	Fragen
1.	Nennen Sie die wesentlichen Regelwerke für das Anbringen von Keramik, Naturstein und Betonwerkstein im Dünnbettverfahren an Außenfassaden.
2.	Nennen Sie die Anforderungen an die Belagsmaterialien in Bezug auf Format und Dicke.
3.	Was bewirkt eine Außenwandbekleidung bzw. was sind ihre wesentlichen Eigenschaften?
4.	Definieren Sie den Begriff Ansetzuntergrund.
5.	Woraus besteht eine angemörtelte keramische Fassade? Nennen Sie die zur Anwendung kommenden Baustoffe.
6.	Wozu dient ein Spritzbewurf?
7.	Wann kommt ein Unterputz zur Anwendung?
8.	Welche Anforderungen bestehen an den Untergrund vor Auftragen des Putzes?
9.	Welche Maßnahme muss bei der Ausführung eines Unterputzes auf Mischmauerwerk getroffen werden?
10.	Nennen Sie die Mindest- und Maximalschichtstärke eines Putzes.
11.	Welcher Qualität muss der Unterputz entsprechen?
12.	Welche Mindestqualität muss ein Dünnbettmörtel aufweisen und welcher Norm muss er entsprechen?
13.	Nennen Sie die erforderlichen Qualitätsklassen des Dünnbettmörtels nach DIN EN 12004 für unterschiedliche Belagsmaterialien und abhängig von der max. Seitenlänge.
14.	Welches Verfahren ist für den Auftrag des Dünnbettmörtels nach DIN 18157 zu verwenden?
15.	Nennen Sie die Mindestschichtdicke des Dünnbettmörtels.
16.	Welche Luft- und Bauteiltemperatur muss zum Ausführungszeitraum gegeben sein?
17.	Was bewirken eine hohe Temperatur und eine starke Luftbewegung bezüglich der Eigenschaften des Dünnbettmörtels?
18.	Was verstehen Sie unter dem Begriff Hautbildung?
19.	Wie verfahren Sie, wenn sich vor dem Ansetzen der Fliese eine Haut auf der Oberfläche des Dünnbettmörtels gebildet hat?
20.	Was ist bei der Bestimmung der Fugenbreite unbedingt zu berücksichtigen?
21.	Nennen Sie das Regelwerk, das bei der Ausführung von Bewegungsfugen zu beachten ist.
22.	Wie ist die Fugenkammer auszubilden?
23.	Wo sind Fugen anzuordnen?
24.	Welche Fugendichtstoffe können zur Anwendung kommen?
25.	Wie ist der Fugenverlauf zu gestalten?
26.	Wie ist die Gestaltung einer Fassade mit einem WDVS zu bewerten?
27.	Welche Voraussetzung ist für die Ausführung eines WDVS unerlässlich?

Nr.	Fragen
28.	Was enthält eine bauaufsichtliche Zulassung?
29.	Wer erteilt die bauaufsichtliche Zulassung?
30.	Was ist bei der Ausführung der Ansetzarbeiten auf einem WDVS zu beachten?

Nr. Antworten

1.
   - DIN 18515-1
   - DIN 18516-1 und -3

2. Zulässig sind
   - **angemörtelte strang- und trockengepresste Fliesen oder Platten** mit
     – einer max. Seitenlänge ≤ 0,60 m,
     – einer Dicke ≤ 0,020 m
     (bei Bauteilen mit strukturierter Oberfläche ist eine Gesamtdicke von 0,030 m zulässig);
   - **angemörtelte Ziegel- und Klinkerriemchen** mit
     – einer max. Seitenlänge ≤ 0,60 m,
     – einer Dicke ≤ 0,030 m (bei strukturierter Oberfläche 0,040 m);
   - **angemörtelte Naturwerksteinprodukte** mit nachgewiesener Frostbeständigkeit und
     – einer max. Seitenlänge ≤ 0,49 m,
     – einer Dicke ≤ 0,015 m (bei bossierter bzw. geriffelter Oberfläche 0,020 m);
   - **angemörtelte Betonwerksteinprodukte** mit
     – einer max. Fläche ≤ 0,12 m^2,
     – einer max. Seitenlänge ≤ 0,49 m,
     – einer Dicke ≤ 0,020 m (bei bossierter bzw. geriffelter Oberfläche 0,020 m).

3. Sie dient zum Schutz vor klimatischen (Regen, Schnee, Frost, Sonne) sowie mechanischen Belastungen und ermöglicht die Gestaltung der Fassade.

4. die Fläche, auf der die Fliesen oder Platten im Dünnbettverfahren angesetzt werden

5. Eine angemörtelte keramische Fassade besteht aus
   - Fliesen,
   - Ansetzmörtel,
   - Fugenmörtel,
   - Fugendichtstoff.

6. Er dient zur Verbesserung der Haftung eines eventuell erforderlichen Ausgleichsputzes.

7. Er kommt zum Ausgleich von Bautoleranzen zur Anwendung.

8.
   - keine durchgehenden Risse
   - keine offenen Fugen
   - keine unverschlossenen Ankerschalungsbohrungen
   - keine offenen Bohrungen der Gerüstverankerungen
   - frei von allen haftungsmindernden Bestandteilen
   - Mindestoberflächenhaftzugfestigkeit > 0,5 N/mm^2

9. Der Putz ist zu bewehren und im Untergrund zu verankern.

10. Die Mindestschichtstärke beträgt 10 mm, die Schichtstärke sollte 25 mm betragen.

11. Er muss der Qualität P III nach DIN 18550-1 entsprechen.

12. Er muss mindestens der Qualitätsklasse C2S1 nach DIN EN 12004-1 entsprechen.

<table>
<tr><th>Nr.</th><th colspan="3">Antworten</th></tr>
<tr><td rowspan="10">13.</td><td colspan="3">Die erforderlichen Qualitätsklassen des Dünnbettmörtels bei verschiedenen Belagsmaterialien lauten abhängig von der max. Seitenlänge:</td></tr>
<tr><td>Belagsmaterial</td><td>max. Seitenlänge in m</td><td>Qualitätsklasse des Dünnbettmörtels nach DIN EN 12004</td></tr>
<tr><td>keramische Fliesen und Platten</td><td>0,3</td><td>C2S1</td></tr>
<tr><td>Ziegel- und Klinkerriemchen</td><td>0,3</td><td>C2S1</td></tr>
<tr><td>Betonwerksteinplatten</td><td>0,3</td><td>C2S1</td></tr>
<tr><td>Naturwerksteinplatten</td><td>0,3</td><td>C2S2 (zweikomponentig)</td></tr>
<tr><td>Naturwerksteinplatten</td><td>0,6</td><td>C2S2 (zweikomponentig)</td></tr>
<tr><td>keramische Fliesen und Platten</td><td>0,6</td><td>C2S2 (zweikomponentig)</td></tr>
<tr><td>Ziegel- und Klinkerriemchen</td><td>0,6</td><td>C2S2 (zweikomponentig)</td></tr>
<tr><td>Betonwerksteinplatten</td><td>0,49</td><td>C2S2 (zweikomponentig)</td></tr>
<tr><td>14.</td><td colspan="3">Buttering-Floating-Verfahren</td></tr>
<tr><td>15.</td><td colspan="3">3 mm</td></tr>
<tr><td>16.</td><td colspan="3">mindestens + 5 °C</td></tr>
<tr><td>17.</td><td colspan="3">Sie beschleunigen die Hautbildung und verringern die klebeoffene Zeit des Dünnbettmörtels.</td></tr>
<tr><td>18.</td><td colspan="3">die oberflächennahe Vernetzung des Kunststoffs und die damit verbundene Reduzierung des Haftspektrums des Dünnbettmörtels</td></tr>
<tr><td>19.</td><td colspan="3">Der Dünnbettmörtel ist zu entfernen und durch eine neue Mörtelschicht zu ersetzen.</td></tr>
<tr><td>20.</td><td colspan="3">Die Bestimmung der Fugenbreite der Belagsfugen erfolgt in Abhängigkeit von dem Format und der Art des Belagsmaterials. Der Fugenanteil im Belag muss mindestens 5 % betragen.</td></tr>
<tr><td>21.</td><td colspan="3">DIN 18540</td></tr>
<tr><td>22.</td><td colspan="3">In voller Tiefe, bis auf den Putz. Die Fugenbreite ist vom Planer in Abhängigkeit von der Objektsituation zu bestimmen. Gebäudetrennfugen und Fugen aus dem Untergrund sind in voller Breite deckungsgleich zu übernehmen. Fugen an Außen- und Innenecken müssen mindestens 10 mm breit sein.</td></tr>
<tr><td>23.</td><td colspan="3">Fugen sind in Geschosshöhe (in der Regel UK Decke), über Gebäudetrennfugen, an Außen- und Innenecken sowie bei Baustoffwechsel im Untergrund anzuordnen.</td></tr>
<tr><td>24.</td><td colspan="3">Silikondichtstoffe, Polyurethandichtstoffe und Polysulfiddichtstoffe</td></tr>
<tr><td>25.</td><td colspan="3">sollte geradlinig ausgeführt werden</td></tr>
<tr><td>26.</td><td colspan="3">Das Ansetzen eines Belags aus Keramik, Naturstein oder Betonwerkstein auf einem WDVS ist nicht in der DIN 18515-1 geregelt. Die Ausführung ist als Sonderkonstruktion zu bewerten.</td></tr>
<tr><td>27.</td><td colspan="3">Für die Ausführung von Belagsarbeiten (Keramik, Naturstein, Betonwerkstein) muss eine abZ oder eine ZiE vorliegen.</td></tr>
<tr><td>28.</td><td colspan="3">Die Qualität/Namen von: Dämmstoffklebstoff, bewehrtem Unterputz, Dübel, Dünnbettmörtel, Belagsmaterial und ggf. Fugenmörtel</td></tr>
<tr><td>29.</td><td colspan="3">das Deutsche Institut für Bautechnik (DIBt)</td></tr>
<tr><td>30.</td><td colspan="3">Sie dürfen ausschließlich mit den in der Zulassung genannten Produkten und unter Beachtung der vom Hersteller genannten Verarbeitungsvorgaben erfolgen.</td></tr>
</table>

Abb. 2.87: Bewegungsfugen innerhalb einer Fassadenbekleidung

2.15 Bewegungsfugen

2.15.1 Stichworte zum Thema

- Verformung von Bauteilen
- Schadensmechanismen
- Arten von Bewegungsfugen
- Anordnung und Ausbildung von Bewegungsfugen
- Ermittlung der Fugenbreite
- fachgerechte Ausführung von Bewegungsfugen
- Wärmeausdehnungskoeffizienten von Baustoffen

2.15.2 Regelwerke

DIN 18540	Abdichten von Außenwandfugen im Hochbau mit Fugendichtstoffen (2014)
VOB/C ATV DIN 18352	VOB Vergabe- und Vertragsordnung für Bauleistungen – Teil C: Allgemeine Technische Vertragsbedingungen für Bauleistungen – Fliesenarbeiten (2019)
ZDB-Merkblatt	Bewegungsfugen in Bekleidungen und Belägen aus Fliesen und Platten (November 2022)
IVD-Merkblatt Nr. 1	Abdichtung von Bodenfugen mit elastischen Dichtstoffen (November 2014)
IVD-Merkblatt Nr. 3-1	Konstruktive Ausführung und Abdichtung von Fugen in Sanitär- und Feuchträumen – Teil 1: Abdichtung mit spritzbaren Dichtstoffen (November 2014)
BEB-Merkblatt	Hinweise für Fugen in Estrichen (2015)

Wesentliche Inhalte der Regelwerke

- Definition des Begriffs Bewegungsfuge
- Dichtstoffe
- Formänderung von Bauteilen
- Arten von Bewegungsfugen
- Wärmeausdehnungskoeffizienten von Baustoffen
- Fugendimensionierung und Ausbildung
- Beispiel zur Ermittlung der erforderlichen Fugenbreite
- Wartungsfuge

2.15.3 Fall aus der Praxis

Bei der Sanierung einer Terrasse mit anthrazitfarbenen Fliesen (auf der Südseite des Gebäudes) mit den Abmaßen von 12 m × 6 m ist im Leistungsverzeichnis von den erforderlichen Bewegungsfugen nichts erwähnt.

- Wie verhält sich der Fliesenleger, der mit der Ausführung beauftragt wurde?
- Welche technischen und vertragsrechtlichen Details bespricht der Fliesenleger mit dem Bauherrn bzw. mit dem Planer/Architekten?

Lösung

Der Fliesenleger sollte nach § 4 Nr. 3 VOB/B Bedenken anmelden.

Die Bewegungsfugen in außen liegenden Bodenbelägen sind für die schadensfreie Funktion der zu sanierenden Flächen und deren Dauerhaftigkeit von großer Bedeutung. Deshalb müssen Anordnung und Ausführung mit dem Planer besprochen werden.

Die erforderliche Ausführung ist einem Nachtrag anzubieten.

Technische und vertragsrechtliche Details

Bei der Ausführung und der Gestaltung der Fugen sind die Vorgaben des ZDB-Merkblatts zu berücksichtigen. Diese sind:

- die zu erwartende Temperaturdifferenz,
- der Ausdehnungskoeffizient des Bauteils,
- die Berücksichtigung der Feldgröße und der zulässigen Gesamtverformung des Dichtstoffs,
- die Ausbildung der Fugentiefe bis auf den Untergrund,
- die Lage des Balkons,
- die Farbe der Fliese.

Vertragsrechtlich muss abgeklärt werden, dass der Auftragnehmer verpflichtet ist, nach den Regeln der Technik zu arbeiten, und dass der Einbau der Bewegungsfugen keine Ermessensfrage ist.

Der Planer hat zu entscheiden, ob er die Bewegungsfugen nachträglich in das Leistungsverzeichnis aufnimmt oder ob sie als Nachtrag ausgeschrieben und vom Unternehmer angeboten werden.

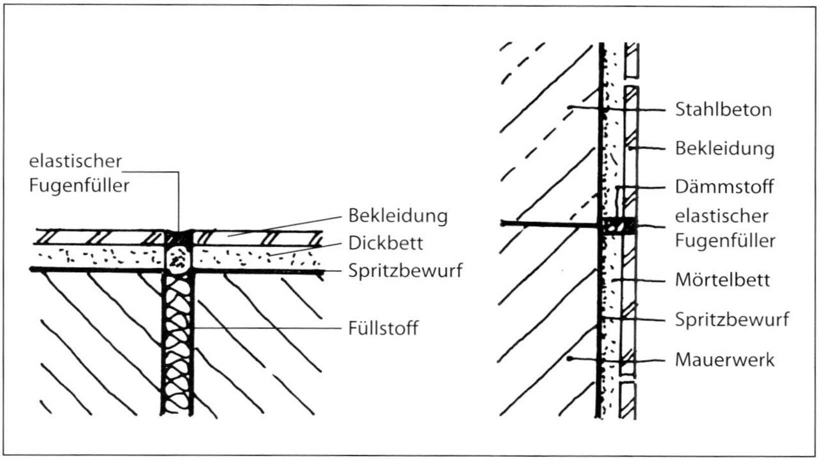

Abb. 2.88: Gebäudetrennfuge und Feldbegrenzungsfuge in einer Fassadenbekleidung

Die entsprechende Vereinbarung mit dem Planer ergibt die Möglichkeit, die Leistungen nach Einheitspreisen oder im Stundenlohn abzurechnen.

Beides ist vor Beginn der Arbeiten festzulegen.

2.15.4 Bausteine

Definition Bewegungsfuge

Der Begriff Bewegungsfuge ist in der DIN 52460 definiert. Mit ihm bezeichnet man den geplanten oder toleranzbedingten Raum zwischen 2 oder mehreren Bauteilen zur Vermeidung von schadensauslösenden Spannungen. Sie ist vor Beginn der Baumaßnahme zu planen und detailliert als Position auszuschreiben. Die Ausführung erfolgt in der Regel mit Fugendichtstoffen oder Fugenprofilen.

Fugenarten

In der Bautechnik unterscheidet man folgende Fugenarten:

Gebäudetrennfugen (siehe Abb. 2.88)

- Diese durchdringen nicht tragende und tragende Bauteile eines Gebäudes.
- Sie müssen in den Belag deckungsgleich übernommen werden.

Feldbegrenzungsfugen (siehe Abb. 2.88)

- Diese begrenzen den Belag oder die Bekleidung.
- Sie sind von der Oberfläche Belags bis auf den tragenden Untergrund bzw. Abdeckung, Dämmung oder Abdichtung auszubilden.

Randfugen

- Diese sind Anschlussfugen zu Wänden oder den Belag durchdringenden Bauteilen.

- Sie sind wie Feldbegrenzungsfugen auszuführen.
- Sie sind von der Oberfläche Belags bis auf den tragenden Untergrund bzw. Abdeckung, Dämmung oder Abdichtung auszubilden.

Anschlussfugen

- Sie können zwischen Belag und Anschlussbauteilen erforderlich werden.
- Sie werden in der Regel bis Unterkante Belag geführt.

Scheinfugen

- Sie werden in Estrichen angeordnet und dienen als Sollbruchstellen.
- Sie trennen den Estrichquerschnitt im ersten Drittel seiner Höhe.
- Sie werden in der Regel durch Einschneiden des frischen Estrichs hergestellt.

Fugen in Türdurchgängen

- Sie sind zwischen fremden Wohn- und Arbeitsbereichen und zu gemeinsamen Treppenhäusern aus Schallschutzgründen immer als Bewegungsfugen auszubilden.

Dichtstoffe

Zur Formulierung von Dichtstoffen kommen unterschiedliche Kunststoffe zur Anwendung. Man unterscheidet:

Silikondichtstoffe

- Die Aushärtung erfolgt durch die Reaktion des Silikons mit der Feuchtigkeit aus der Luft.
- Man unterscheidet die Vernetzungssysteme sauer vernetzend, alkalisch vernetzend und neutral (Alkoxy und Oxim) vernetzend.
- Für das Verfüllen von Fugen mit Kontakt zu Natursteinen kommen in der Regel neutral vernetzende Dichtstoffe zur Anwendung.
- Die praktische Dehnfähigkeit beträgt in Abhängigkeit von der Formulierung zwischen 15 und 25 %.

Polyurethandichtstoffe

- Man unterscheidet ein- und zweikomponentige Systeme. Einkomponentige Systeme erhärten durch die Reaktion des Kunststoffs mit Luftfeuchtigkeit, zweikomponentige Systeme durch die Reaktion zwischen Basis- und Härterkomponente.
- Sie kommen häufig für das Verfüllen von Fugen in Natursteinbelägen zur Anwendung.
- Die praktische Dehnfähigkeit beträgt je nach Formulierung ca. 15 bis 25 %.

Acryldichtstoffe

- einkomponentiger Dichtstoff
- erhärtet durch Trocknung

- zum Schließen von Fugen ohne nennenswerte Bewegung und für Anschlussfugen im Innenbereich
- überstreichbar
- Trocknungsschwund von ca. 10 bis 25 %
- begrenzte Bewegungsaufnahme, praktische Dehnfähigkeit ca. 10 %

Polysulfiddichtstoffe

- in der Regel zweikomponentige Dichtstoffe
- erhärten durch die Reaktion zwischen Basis- und Härterkomponente
- je nach Formulierung für hohe chemische oder mechanische Beanspruchungen geeignet
- praktische Dehnfähigkeit je nach Formulierung ca. 15 bis 25 %
- stehen als standfeste oder selbstverlaufende Variante zur Verfügung
- hohe Witterungs- und Altersbeständigkeit

Silanmodifizierte Dichtstoffe

- Diese Dichtstoffvariante verbindet häufig die positiven Eigenschaften von Polyurethan- und Silikondichtstoffen.
- In der Regel sind sie einkomponentig.
- Sie erhärten durch Reaktion des Kunststoffs mit Luftfeuchtigkeit. Synonyme sind u. a. MS- Silikon, MS-Polymer, Hybrid-Polymer.
- Sie sind UV-stabil.
- Sie haben ein geringes Schwindverhalten.
- Sie sind witterungs- und alterungsbeständig.
- Sie verfügen über ein sehr gutes Haftspektrum.
- Sie sind auch bei tieferen Temperaturen gut verarbeitbar.
- Die praktische Dehnfähigkeit beträgt je nach Formulierung ca. 15 bis 25 %.

Notwendigkeit von Bewegungsfugen

Bauteile unterliegen Bewegungen und Verformungen. Die daraus resultierenden, für das Bauwerk möglicherweise schädlichen Spannungen gilt es, durch die Anordnung von Bewegungsfugen zu eliminieren bzw. auf ein Minimum zu reduzieren.

Ursachen für die Entstehung schadensrelevanter Spannungen sind

- die Erhärtung und Austrocknung der Bauteile,
- die statische Belastung, Setzungen, Erschütterungen,
- eine unterschiedliche Feuchte,
- unterschiedliche Temperaturen.

Aus den oben aufgeführten Parametern resultieren folgende Verformungsvarianten:

Schwinden

Mit diesem Begriff bezeichnet man die Volumenverkleinerung als Folge der Erhärtung und Austrocknung bei Beton, Mörtel, Estrich und Mauerwerk. Der Vorgang kann bis zu 2 Jahre in Anspruch nehmen.

Kriechen

Der Begriff beschreibt die Verkürzung senkrechter Bauteile (Wände, Stützen, Pfeiler, Säulen) bei einwirkender Last.

Biegen

Beanspruchungen durch Biegen finden bei horizontal angeordneten Bauteilen (Decken, Trägern) statt. Bei einwirkender Last entstehen an der Oberfläche des Bauteils Druck- und an dessen Unterseite Zugspannungen.

Quellen und Schwinden

Diese Begriffe bezeichnen die Volumenänderung durch Abgabe oder Aufnahme von Feuchtigkeit. Besonders prägnant sind diese Vorgänge bei Holzbaustoffen.

Temperaturdehnung und Kontraktion

Einwirkende Temperaturen bewirken in Abhängigkeit von der Temperatursensibilität des jeweiligen Baustoffs Längenänderungen in unterschiedlicher Größe. Der Wärmeausdehnungskoeffizient (αT) beschreibt die Veränderung der Abmessungen eines Baustoffs bei einwirkender Temperatur (vgl. Tabelle 2.26). Die Temperaturdehnzahl eines Baustoffs ist für die Dimensionierung der Fugenbreite eine wesentliche Kennzahl.

Tabelle 2.26: Beispiele für Wärmeausdehnungskoeffizienten (αT) von Baustoffen

Baustoff	**Wärmeausdehnungskoeffizient (αT) in mm/(m · K)**
Aluminium	0,024
Baustahl	0,012
Beton	0,010–0,015
Calciumsulfatestrich	0,010–0,015
Gussasphaltestrich	0,030–0,035
keramische Fliesen	0,006–0,080
Kunststoffe	0,008–0,230
Mauerwerk	0,008–0,010
Naturstein	0,012–0,800
Zementestrich	0,010–0,012

Ermittlung der Fugenbreite

Die Dimensionierung einer Bewegungsfuge ist von der Längenänderung (Δl) des Bauteils unter Temperatureinwirkung abhängig.

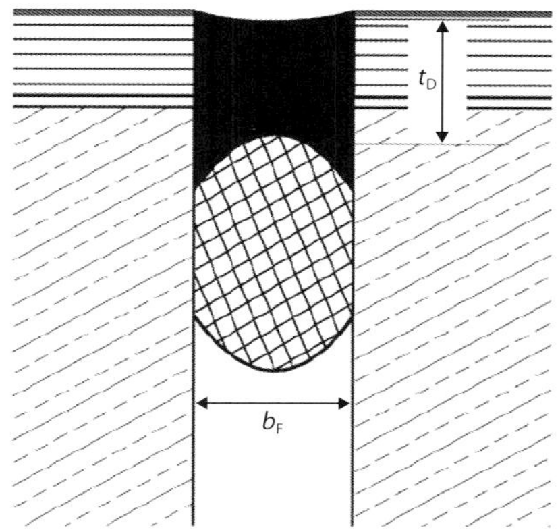

Abb. 2.89: Beispiel für die Ausführung einer begehbaren Rechteckfuge (Quelle: IVD-Merkblatt Nr. 1, 2014, Abb. 2; IVD Industrieverband Dichtstoffe e.V., Düsseldorf, www.abdichten.de)

Zur Ermittlung der erforderlichen Fugenbreite sind folgende Kennwerte erforderlich:

- die Seitenlänge des Bauteils (l);
- die zu erwartenden Temperaturdifferenz (ΔT);
- der Wärmeausdehnungskoeffizient (αT), bei „Sandwichbaustoffen" ist grundsätzlich der Kennwert des Baustoffs mit der größten Temperaturdehnzahl zugrunde zu legen;
- die zulässige Gesamtverformung des Dichtstoffs (ZGV).

Die Fugenbreite berechnet sich also nach der Formel:

$$\Delta l = l \cdot \Delta T \cdot \alpha T \cdot \text{ZGV}$$

Beispiel

Beispielrechnung für ein Zementestrichfeld bei zu erwartender Temperaturdifferenz von 40 K und dem Einsatz eines Dichtstoffs mit 25 % zulässiger Gesamtverformung:

$$\Delta l = 5\ \text{m} \cdot 40\ \text{Kelvin} \cdot 0{,}012\ \text{mm/(m} \cdot \text{K)} \cdot 100/25 = 9{,}6\ \text{mm}$$

Da sich der Estrich in beide Richtungen ausdehnt, würde die jeweilige erforderliche Fugenbreite angrenzend an das Estrichfeld 4,8 mm betragen.

Ausführung der Verfugung

Folgende Arbeitsgänge sind erforderlich:

- Vorbereiten der Fugenkammer (Entfernen von Schmutz, Reinigen der Fugenflanken),
- Abkleben der Fugenränder mit geeignetem Abdeckband (falls erforderlich),
- Hinterfüllen mit Rundschnur,
- Vorbehandeln der Haftflächen mit Primer,
- Einbringen des Fugendichtstoffs im Spritz- oder Gießverfahren,
- Glätten des Dichtstoffs an der Oberfläche.

Begriff Wartungsfuge

Mit diesem Begriff sind jene Fugen definiert, die einer starken mechanischen und/oder physikalischen Belastung ausgesetzt sind und deren Dichtstoffe in regelmäßigen Zeitabständen überprüft und ggf. erneuert werden müssen.

2.15.5 Fragen und Antworten

Nr.	Fragen
1.	Welche Arten von Bewegungsfugen gibt es?
2.	Wie sind Bewegungsfugen im Belag zu behandeln?
3.	Welche Materialien kommen als Dichtstoffe infrage?
4.	Wie reagieren Sie, wenn über erforderliche Bewegungsfugen im LV nichts ausgesagt ist?
5.	Welche Aufgaben haben Bewegungsfugen?
6.	Welche Ursachen für Bewegungen und Verformungen kennen Sie?
7.	Erklären Sie den Begriff Schwinden.
8.	Erklären Sie den Begriff Kriechen.
9.	Nennen Sie die Circa-Schwindmaße eines Zementestrichs und eines Betons nach ca. 6 Monaten.
10.	Wie lange dauert der Schwindvorgang in Betonbauteilen?
11.	Welche Baustoffe wechseln ihr Volumen stark bei wechselnder Feuchtigkeit?
12.	Erklären Sie die Längenänderung von Bauteilen infolge von Temperaturänderung.
13.	Wie groß sind die Temperaturdehnzahlen von Fliesen, Mauerziegeln, Beton und Stahl?
14.	Nach welcher Formel berechnet man die thermische Ausdehnung?
15.	Wie können Bewegungsfugen gegen einen Höhenversatz gesichert werden?
16.	Erläutern Sie Anordnung, Fugenbreite und Fugentiefe von Feldbegrenzungsfugen und Randfugen für einen unbeheizten Bodenbelag auf einem Zementestrich auf Dämmschicht innen.
17.	Welche Probleme treten bei Verwendung elastischer Dichtstoffe bei mechanisch hoch belasteten Belägen auf?
18.	Welche Aussage gilt für die Bewertung der Wasserdichtigkeit von Bewegungsfugen?
19.	Was ist ein Primer, welche Aufgabe hat er?
20.	Was ist eine Hinterfüllung, woraus besteht sie, welche Aufgabe hat sie?

Nr.	Fragen
21.	Wie bezeichnet man die Spannungen zwischen Untergrund und Belag?
22.	Wo ist die Scherspannung am größten?
23.	Welche Eigenschaften der elastischen Fuge können von der Gewährleistung ausgeschlossen werden?
24.	Was bezeichnet der Begriff Dilatation?
25.	Nennen Sie wesentliche Gründe für das Auftreten von Formänderungen an Bauteilen.
26.	Was ist eine Wartungsfuge?
27.	Was versteht man unter dem Begriff Dreiflankenhaftung?
28.	Wie wirkt sich eine Dreiflankenhaftung auf die spannungsabbauenden Eigenschaften eines Dichtstoffs aus?
29.	Wie kann eine Dreiflankenhaftung vermieden werden?
30.	Nennen Sie wesentliche Anforderungen an Dichtstoffe.
31.	Was ist bei der Ausbildung von Fugen angrenzend zu Natursteinen zu beachten?
32.	Welche Glättmittel dürfen zur Anwendung kommen?
33.	Welche Anforderungen bestehen an das Hinterfüllmaterial?

Nr.	Antworten
1.	Gebäudetrennfugen, Feldbegrenzungsfugen, Anschlussfugen, Randfugen
2.	Sie sind mit Dichtstoffen oder Profilen zu schließen.
3.	Dichtstoffe auf Silikonbasis, Polyurethanbasis, Acylbasis, Polysulfidbasis und Silanbasis
4.	Es sind Bedenken aufgrund der vorgesehenen Art der Ausführung anzumelden. Es ist ein technischer Lösungsvorschlag zu unterbreiten und ein Nachtragsangebot zu erstellen.
5.	Zulassen von Bewegungen und Verformungen, Abbau von Spannungen und Verhinderung von Bauschäden
6.	Austrocknen (Schwinden), Belastung (Kriechen), Feuchteänderung (Schwinden und Quellen), Temperaturänderung (Ausdehnen, Zusammenziehen, Vergrößern oder Verkleinern)
7.	Volumenverkleinerung von Baustoffen auf Basis hydraulischer Bindemittel durch Austrocknung des Überschusswassers
8.	Volumenverkleinerung von Bauteilen durch Druckbelastung

Nr.	Antworten
9.	Das Schwindmaß eines Zementestrichs beträgt ca. 0,5 bis 1 mm/m, das von Beton ca. 0,1 bis 0,6 mm/m.
10.	Der Schwindvorgang ist bis zu ca. 2 Jahren messbar. Ab 6 Monaten erfolgt keine wesentliche Zunahme.
11.	Stoffe mit hohem Porenanteil, Holzwerkstoffe
12.	Erwärmung führt zu einer Längenzunahme, Abkühlung zu einer Längenreduzierung.
13.	Die Temperaturdehnzahlen sind: Fliesen 0,008 mm/°K, Mauerziegel 0,006 mm/°K, Beton 0,008 mm/°K, Stahl 0,012mm/°K.
14.	$\Delta l = l \cdot \Delta T \cdot \alpha T \cdot ZGV$ mit Δl = Längenänderung l = Bauteillänge ΔT = Temperaturdifferenz αT = Wärmeausdehnungskoeffizient ZGV = zulässige Gesamtverformung des Dichtstoffs
15.	mit Estrichdehndübeln
16.	Die Seitenlänge sollte 8 m nicht überschreiten. Fugen sind anzuordnen an Wandanschlüssen, Pfeilern, Stützen, festen und den Boden durchdringenden Einbauteilen, in Türdurchgängen, bei starken Versprüngen im Grundriss und bei Wechsel der Estrichdicke. Es sind möglichst kleine, gedrungene Felder anzustreben, Die Feldgröße sollte 64 m^2 nicht überschreiten. Die Fugenbreite ist rechnerisch zu ermitteln. Die Fuge ist bis auf die Abdeckung oder Dämmschicht zu führen.
17.	Die Fliesenkanten werden durch Pressung belastet. Kantenabbrüche können auftreten. Maßnahme: Einbau von Kantenschutzprofilen.
18.	Elastische Bewegungsfugen gelten nicht als wasserdicht.
19.	Voranstrich zur Verbesserung der Haftung an den Fugenflanken
20.	Eine Hinterfüllung ist in der Regel ein Rundprofil aus PE-Schaum und dient zur Tiefenbegrenzung. Sie ermöglicht darüber hinaus eine zwängungsfreie Bewegung des Dichtstoffs am Fugengrund.
21.	als Scherspannung
22.	am Rand eines Estrichfeldes
23.	Ein Gewährleistungsausschluss ist gegeben, wenn bei fachgerecht ausgebildeter Fuge die zulässige Gesamtverformung des Dichtstoffs (ZGV) durch die einwirkenden Spannungen überschritten wird oder die Fuge hohen chemischen und mechanischen Belastungen ausgesetzt wird. Der Fliesenleger sollte den Kunden entsprechend mit Hinweisen auf den Begriff Wartungsfuge informieren.
24.	Ausdehnung eines Bauteils bei Erwärmung

Nr.	Antworten
25.	• Austrocknen des Bauteils • Einwirkende Belastungen • Feuchtigkeitsänderungen • Temperaturänderung
26.	Fugen, die einer starken mechanischen und/oder physikalischen Belastung ausgesetzt sind und deren Dichtstoffe in regelmäßigen Zeitabständen überprüft und ggf. erneuert werden müssen
27.	Sie ist gegeben, wenn der Dichtstoff an den Fugenflanken und auf dem Boden der Fugenkammer haftet.
28.	Sie vermindert die spannungsabbauenden Eigenschaften des Dichtstoffs erheblich.
29.	durch den Einbau einer porengeschlossenen Rundschnur
30.	• geringe Volumenänderung ($\leq$ 10 %) • gutes Standvermögen (kein Absacken nach Applikation) • gutes Haftvermögen • gutes Dehnverhalten • fungizide Ausstattung • Bewegungsvermögen (ZGV $\geq$ 20 %)
31.	Sie dürfen keine Randverfärbungen hervorrufen.
32.	Es dürfen nur vom Dichtstoffhersteller empfohlene Glättmittel verwendet werden.
33.	Es soll • eine Dreiflankenhaftung verhindern, • die Formänderung des Dichtstoffs nicht behindern, • die Haftung des Dichtstoffs an den Fugenflanken nicht behindern.

Abb. 2.90: Kinderbecken mit Rutsche

2.16 Schwimmbecken

Die Gestaltung von Schwimmbecken mit keramischen Fliesen und Platten sowie Glasmosaik und Naturstein verlangt von dem ausführenden Fliesenfachbetrieb hohes handwerkliches Können und umfassende Kenntnisse von gewerkrelevanten und gewerkübergreifenden Normen und Regelwerken, die u. a. in Kapitel 2.16.2 aufgeführt sind. Das neue Merkblatt „Schwimmbadbau Hinweise für Planung und Ausführung keramischer Beläge im Schwimmbadbau" (Stand: November 2022) des Fachverbandes Fliesen und Naturstein berücksichtigt die wesentlichen für den Fliesenfachbetrieb relevanten Parameter der DIN 18535 und DIN EN 14891.

2.16.1 Stichworte zum Thema

- relevante Regelwerke
- Standortklassen
- Beckenkonstruktionen
- Beckenkopfsysteme
- Abdichtungssysteme
- Wassereinwirkungsklassen
- Rissklassen
- Detaillösungen
- Möglichkeiten der Abdichtung durch den Fliesenleger

2.16.2 Regelwerke

DIN 1045-2	Tragwerke aus Beton, Stahlbeton und Spannbeton – Teil 2: Beton, Festlegung, Eigenschaften Herstellung und Konformität – Anwendungsregeln zur DIN EN 206-1 (2023)
DIN 1045-3	Tragwerke aus Beton, Stahlbeton und Spannbeton – Teil 3: Bauausführung – Anwendungsregeln zur DIN EN 13670 (2023)
DIN 18195	Abdichtung von Bauwerken – Begriffe (2017)
DIN 18535-1	Abdichtung von Behältern und Becken – Teil 1: Anforderungen, Ausführungs- und Planungsgrundsätze (2017)

DIN 18535-3	Abdichtung von Behältern und Becken – Teil 3: Abdichtung mit flüssig zu verarbeitenden Abdichtungsstoffen (2017)
ZDB-Merkblatt	Schwimmbadbau: Hinweise für Planung und Ausführung keramischer Beläge im Schwimmbadbau (November 2022)
DIN EN 14891	Flüssig zu verarbeitende wasserundurchlässige Produkte im Verbund mit keramischen Fliesen und Plattenbelägen – Anforderungen, Prüfverfahren, Bewertung und Überprüfung der Leistungsbeständigkeit, Klassifizierung und Kennzeichnung (2017)
DIN EN 14411	Keramische Fliesen und Platten – Definitionen, Klassifizierung, Eigenschaften, Bewertung und Überprüfung der Leistungsbeständigkeit und Kennzeichnung (2016)
DIN 18157-1	Ausführung von Bekleidungen und Belägen im Dünnbettverfahren – Teil 1: Zementhaltige Mörtel (2017)
DIN 18157-3	Ausführung von Bekleidungen und Belägen im Dünnbettverfahren – Teil 3: Reaktionsharzklebstoffe (2017)
DIN 18202	Toleranzen im Hochbau – Bauwerke (2019)
DGUV Information 207-006	Bodenbeläge für nassbelastete Barfußbereiche (2020)
DAfstB-Richtlinie	Wasserundurchlässige Bauwerke aus Beton (2017)
DGfdB-Richtlinie R 25.01	Stahlbetonbecken mit keramischen Auskleidungen – Planungs- und Ausführungstechnische Hinweise (2023)
DGfdB-Richtlinie R 25.04	Schwimm- und Badebecken aus Stahlbeton (2017)
DGfdB-Richtlinie R 25.07	Gefälleausbildung in Bodenbelägen von Schwimmbecken (2015)
Liste RK A 43	Liste geprüfter Reinigungsmittel für keramische Beläge in Schwimmbädern (Liste RK) (2020 mit 43. Ergänzung)

Wesentliche Inhalte der DIN 18535 und des ZDB-Merkblatts

- Beckenkonstruktionen aus Stahlbeton, wasserundurchlässig
- Beckenkonstruktionen mit Abdichtung im Verbund (AIV)
- Wassereinwirkungsklassen
- Rissklassen
- Standortbezeichnungen
- Abdichtungsstoffe
- Ausführungsvarianten mit genormten Abdichtungsstoffen
- Ausführung der Abdichtung
- Beckenkopfsysteme
- Durchdringungen
- kapillarbrechender Verguss
- Bewegungsfugen
- Ansetzen und Verlegen
- Befüllung und Entleerung von Becken
- Reinigung und Hygiene

2.16.3 Fall aus der Praxis

Im Zuge der Renovierung eines Wohngebäudes soll auch das Schwimmbecken im Souterrain saniert werden. Das Becken aus Stahlbeton war mit keramischen Spaltplatten ausgekleidet, die bereits bauseits entfernt wurden, und soll nun mit Feinsteinzeugfliesen im Format 600 mm × 300 mm × 10 mm neu gestaltet werden.

Als Überflutungssystem ist eine Wiesbadener Rinne mit hoch liegendem Wasserspiegel vorhanden.

Sie wurden von Bauherren und Architekten zu einem Objekttermin eingeladen, um nach diesem ein Angebot für die erforderlichen Arbeiten abgeben zu können.

- Nennen Sie die wesentlichen Parameter, die Sie bei dem Ortstermin zu eruieren haben.
- Beschreiben Sie die in der Regel vorzunehmenden Ausführungsmaßnahmen bei der Neugestaltung eines Schwimmbeckens, die Sie zu berücksichtigen haben.

Lösung

Folgende Parameter sind bei dem Ortstermin zu eruieren:

- Ist die Dichtigkeit des Beckens gegeben? Wurde nach dem Entfernen des Belags eine Dichtigkeitsprüfung durchgeführt?
- Ist das Betonbecken wasserundurchlässig konstruiert und ausgeführt oder handelt es sich um ein Stahlbetonbecken, das mit einer Abdichtung versehen ist?
- Wenn Zweiteres zutrifft, um welche Art der Abdichtung handelt es sich?
- Besteht die Betonkonstruktion aus einem wasserundurchlässigen Beton oder ist eine Flächenabdichtung auf dem Betonkörper vorhanden?
- Sind Durchdringungen (Rohrdurchführungen, Bodeneinläufe, Unterwasserscheinwerfer) dicht und fachgerecht eingebaut? Können diese wasserdicht an eine Flächenabdichtung angeschlossen werden, falls diese erforderlich ist?
- Ist die Maßgenauigkeit des Beckenkörpers gegeben?
- Ist ein Ausgleichsputz vorhanden? Wenn ja, ist seine Qualität für die erforderlichen Ausführungsmaßnahmen geeignet oder ist er zu entfernen und zu ersetzen?
- Ist ein Verbundgefälleestrich vorhanden? Wenn ja, ist seine Qualität für die erforderlichen Ausführungsmaßnahmen geeignet oder ist er zu entfernen und zu ersetzen?
- Ist das Abdichten des Beckenkörpers mit einer Abdichtung mit flüssig zu verarbeitenden Stoffen im Verbund mit Fliesen und Platten erforderlich bzw. sinnvoll?
- Wie und mit welchem System wird das Beckenwasser aufbereitet?

Bei der Neugestaltung des Schwimmbeckens sind bei einer Regelausführung nachfolgende Maßnahmen erforderlich:

- Überprüfung des Beckenkörpers auf dessen grundsätzliche Eignung,
- Überprüfung der Maßhaltigkeit,

- Ermittlung der Oberflächenhaftzugfestigkeit der Betonflächen, (≥ 1,5 N/mm²),
- falls Ausgleichsputz vorhanden, ist dieser auf seine Eignung zu prüfen (Haftung, Hohllagen, Risse),
- Dichtigkeitsprüfung des Beckens (14 Tage mit gechlortem Wasser) vor Beginn der Arbeiten oder nach Applikation der Verbundabdichtung, sofern diese erforderlich ist,
- Überprüfung der Dichtheit des Beckenkopfes,
- Reinigung und Desinfektion des Beckens vor Beginn der Fliesenarbeiten,
- optionale Untergrundvorbereitung durch geeignetes Reinigungsverfahren (ggf. Putz und Gefälleestrich entfernen und erneuern),
- Aufbringen einer Abdichtung im Verbund mit einer hydraulisch oder reaktiv erhärtenden, flüssig zu verarbeitende Abdichtung im Verbund mit Fliesen und Platten (CM/RM) und Ergänzungswerkstoffen (Dichtbänder, Dichtmanschetten etc.), optional, sofern keine WU-Beton-Konstruktion vorliegt oder diese Undichtigkeiten aufweist,
- Einbau eines kapillarbrechenden Fugenvergusses zwischen Hinterkante Überlaufrinne und Beckenumgangsseite, sofern erforderlich,
- Ansetzen und Verlegen der Bekleidungen mit einem systemkonformen geprüften und zugelassenen Dünnbettmörtel nach DIN 18157-1 im Buttering-Floating-Verfahren bei Formaten ≥ 100 mm × 100 mm,
- Verfugung der Belagsfugen mit hydraulisch erhärtendem Fugenmörtel,
- Verfüllen der Belagsdehnungs- und Randanschlussfugen.

2.16.4 Bausteine

Beckenkonstruktionen

Man unterscheidet bei der Herstellung von Schwimmbecken folgende Beckenkonstruktionen:

- Regelausführung aus wasserundurchlässigem Beton nach DIN 1045-1 und -2 sowie DIN EN 1992-1-1 in Verbindung mit der WU-Richtlinie (2017) des Deutschen Ausschusses für Stahlbeton (DAfStb) unter Berücksichtigung der DGfdB-Richtlinie (2013) der Deutschen Gesellschaft für das Badewesen; die Einhaltung folgender Kriterien ist bei der Erstellung erforderlich:
  - Rissbreitenbeschränkung ≤ 0,15 mm,
  - keine Rissflankenverschiebung,
  - Einbauteile und Ver- oder Entsorgungsleitungen sind einzubetonieren und mit Mitteldichtungsring einzudichten.
- Becken aus Stahlbeton nach DIN 1045-1 und -2 sowie DIN EN 1992-1-1 mit Verbundabdichtung hergestellt, die in der Regel vorzufinden ist bei:
  - undichten Beckenkörpern
  - Beckenumbauten
  - Beckenerweiterungen
- Edelstahlbecken
- Kunststoffbecken

Beckenkopfsysteme

Es werden folgende Konstruktionen unterschieden (vgl. Tabelle 2.27):

- Beckenkopf mit hoch liegendem Wasserspiegel,
- Beckenkopf mit tief liegendem Wasserspiegel.

Beckenköpfe mit hoch liegendem Wasserspiegel werden heute bevorzugt, da sie über folgende Vorteile verfügen:

- freier Ausblick der Badbenutzer,
- leichte Beobachtungsmöglichkeit des Aufsichtspersonals,
- geringeres Bauvolumen,
- bessere Belüftung der Wasseroberfläche.

Tabelle 2.27: Übersicht Beckenkopfsysteme

Wasserspiegel	**Skizze**	**System**	**Anwendung**
hochliegend	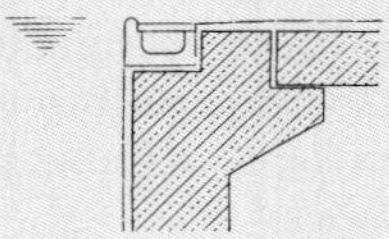	„Wiesbaden"	Hallen-, Freizeit-, Hotelbäder
	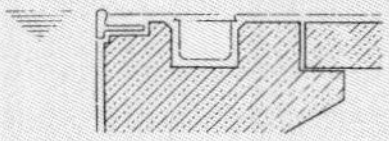	„Zürich"	
	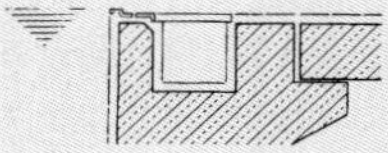	„Zürich"	
	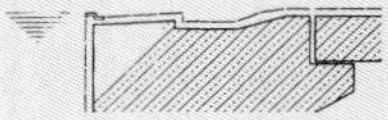	finnisches System „Tapiola"	Freizeit-, Sport-, Lehrschwimmbäder
	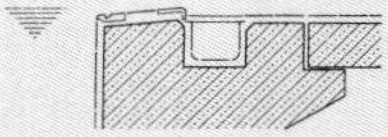	finnisches System „Pyrmont"	
		„St. Moritz"	Freizeit-, Hotel-, Privatbäder
tiefliegend	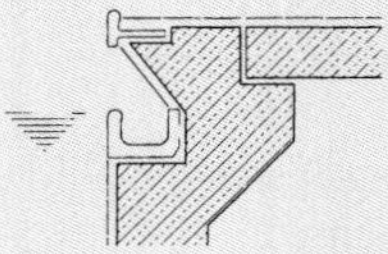	„Wiesbaden"	öffentliche Bäder, Hotelbäder
	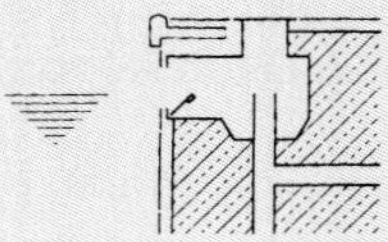	„Skimmer"	Privatbäder
Therapie	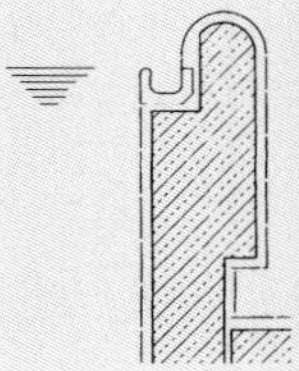	„Therapie"	Therapiebäder

Wassereinwirkungsklassen

Die DIN 18535 unterschiedet 3 Wassereinwirkungsklassen. Diese sind bei der Auswahl des Abdichtungssystems zu berücksichtigen:

- W1-B: Füllhöhe ≤ 5 m,
- W2-B: Füllhöhe ≤ 10 m,
- W3-B: Füllhöhe ≥ 10 m.

Abdichtungen mit flüssig zu verarbeitenden Abdichtungsstoffen im Verbund mit Fliesen und Platten dürfen nur bei den Wassereinwirkungsklassen W1-B und W2-B zum Einsatz kommen.

Rissklassen

Rissbildungen im Beckenkörper sind bis zu einer gewissen Größenordnung nicht vermeidbar. Bei Stahlbetonbecken aus WU-Beton ist deshalb die max. Rissbreite auf 0,15 mm, bei Becken aus Stahlbeton mit einer Abdichtung im Verbund (AIV) auf 0,20 mm beschränkt.

Die DIN 18535 unterscheidet 4 Rissklassen:

- Rissklasse R0-B keine Rissbildung,
- Rissklasse R1-B neu entstehende Risse oder Rissbreitenänderung bis 0,2 mm,
- Rissklasse R2-B neu entstehende Risse oder Rissbreitenänderung bis 0,5 mm,
- Rissklasse R3-B neu entstehende Risse oder Rissbreitenänderung bis 1,0 mm mit Rissversatz von 0,5 mm.

Abdichtungen mit flüssig zu verarbeitenden Abdichtungsstoffen im Verbund mit Fliesen und Platten dürfen nur bei den Rissklassen R0-B und R1-B zum Einsatz kommen.

Standortbezeichnungen

Die DIN EN 14891, DIN 18535-3 und das ZDB-Merkblatt „Schwimmbadbau: Hinweise für Planung und Ausführung keramischer Beläge im Schwimmbadbau“ (2019) unterscheiden 2 Standortvarianten:

- S1-B Behälter im Außenbereich, der nicht mit einem Bauwerk verbunden ist,
- S2-B Behälter im Innenbereich oder im Außenbereich, wenn er an das Bauwerk angrenzt oder mit diesem verbunden ist.

Abdichtungsstoffe

Im Zusammenwirken mit keramischen Fliesen werden vom Fliesenfachbetrieb in der Regel die Abdichtungen mit flüssig zu verarbeitenden Stoffen im Verbund mit Fliesen und Platten (AIV-F) nach DIN 18535-3, Punkt 7.4, ausgeführt. Das ZDB-Merkblatt „Schwimmbadbau: Hinweise für Planung und Ausführung keramischer Beläge im Schwimmbadbau“ (2019) beschreibt deshalb ausschließlich diese Ausführungsvariante.

Die Abdichtungen nach DIN 18535-2 (Abdichtung mit bahnenförmigen Abdichtungsstoffen), DIN 18535-3, Punkt 7.2 (Abdichtung mit mineralischen Dichtungsschlämmen) und DIN 18535-3, Punkt 7.3 (Abdichtung mit Flüssigkunststoffen [FLK]) berücksichtigt dieses Kapitel nicht.

Der Abdichtungsstoff muss die Anforderungen der Beanspruchungsklasse B der Bauregelliste, die Prüfgrundsätze für Abdichtungen mit flüssig zu verarbeitenden Abdichtungsstoffen im Verbund mit Fliesen und Platten und der DIN EN 14891 erfüllen.

Es können Abdichtungssysteme auf Zementbasis mit Kunststoffvergütung (CM) und auf Reaktionsharzbasis (RM) angewendet werden.

Eine Besonderheit der DIN EN 14891 ist die Anforderung der rissüberbrückenden Eigenschaften des Abdichtungssystems bei tiefen Temperaturen bei der Abdichtung von Becken im Außenbereich. Das Regelwerk unterscheidet zwischen:

- CM 01 flüssig zu verarbeitenden wasserundurchlässigen Zementprodukten mit verbessertem Rissüberbrückungsvermögen bis –5 °C,
- CM 02 flüssig zu verarbeitenden wasserundurchlässigen Zementprodukten mit verbessertem Rissüberbrückungsvermögen bis –20 °C,
- RM 01 flüssig zu verarbeitenden wasserundurchlässigen Reaktionsharzprodukten mit verbessertem Rissüberbrückungsvermögen bis –5 °C,
- RM 02 flüssig zu verarbeitenden wasserundurchlässigen Reaktionsharzprodukten mit verbessertem Rissüberbrückungsvermögen bis –20 °C.

Abdichtungen mit flüssig zu verarbeitenden Abdichtungsstoffen im Verbund mit Fliesen und Platten dürfen nur bei den Rissklassen R0-B und R1-B zum Einsatz kommen.

Bei der Auswahl von Abdichtungen sind bei dem Standort S1-B die Vorgaben der DIN EN 14891 zu berücksichtigen. Für den Standort S2-B gelten die deutschen Zulassungskriterien (allgemeines bauaufsichtliches Prüfzeugnis [abP]).

Wird das Abdichtungssystem einer chemischen Belastung durch das Beckenwasser (Thermalwasser bzw. Sole- oder Meerwasser) ausgesetzt, so ist dessen Beständigkeit gegenüber dem einwirkenden Medium nachzuweisen.

Abdichtung des Betonbeckens mit AIV CM und RM

Bei dem Auftrag der Abdichtung sind nachfolgende Arbeitsschritte erforderlich:

- Es ist eine Fein- oder Kratzspachtelung mit dem Abdichtungsstoff oder einem geeigneten Dünnbettmörtel aufzutragen.
- Die Abdichtung ist in mindestens 2 Arbeitsgängen zu applizieren. Die erste Abdichtungsschicht muss so weit erhärtet sein, dass sie durch den Auftrag der zweiten Schicht nicht beschädigt werden kann.

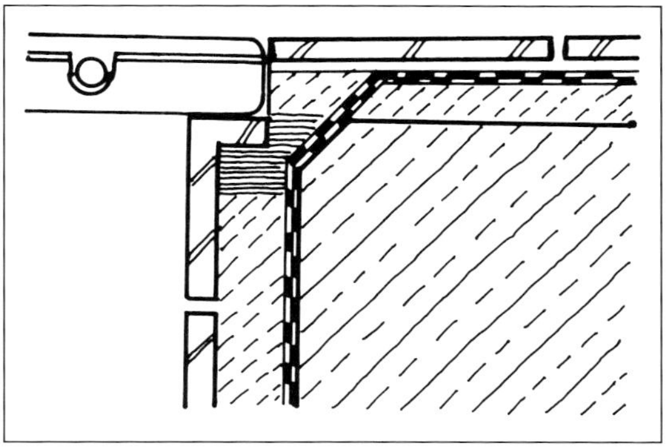

Abb. 2.91: Kapillarbrechende Fugenfüllung hinter Rostauflage als Winkelstück

- Abdichtungen auf Zement-Kunststoff-Basis (CM) müssen eine Mindesttrockenschichtdicke von 2 mm aufweisen.
- Abdichtungen auf Reaktionsharzbasis (RM) müssen dagegen lediglich eine Mindesttrockenschichtdicke von 1 mm aufweisen.
- In den Bereichen von Bewegungsfugen und im Wand-Boden-Anschlussbereich ist die Abdichtung durch systemkonforme Dichtbänder zu verstärken.
- Der Anschluss der Flächenabdichtung an Durchdringungen und Einbauteile erfolgt mittels Anbindung an deren Flansch oder Manschette. Es können sowohl Klebe- als auch Los-Festflanschsysteme zur Anwendung kommen.

Kapillarbrechende Fuge

Bei hoch liegendem Wasserspiegel ist an der Hinterkante der Überlaufrinne eine kapillarbrechende Fugenfüllung anzuordnen (siehe Abb. 2.91). Die Fugenbreite sollte 15 mm nicht unterschreiten und die Fugentiefe mindestens 50 mm betragen.

Der Verguss erfolgt überwiegend mit gießfähigen Reaktionsharzstoffen. Er ist bündig mit Oberkante Überlaufrinne und der Oberkante des Verlegeuntergrundes auszubilden.

Mit dieser Maßnahme wird bei fachgerechter Ausführung das Eindringen von Beckenwasser in den Belag des Beckenumgangs infolge hydrostatischen Wasserdrucks verhindert.

Anforderungen an Belagsmaterialien

Keramische Bekleidungen

- stranggepresste keramische Platten mit niedriger Wasseraufnahme E ≤ 3 % nach DIN EN 14411 (I-24), Gruppe Al a (Anhang M) und Gruppe Al b (Anhang A)
- trockengepresste keramische Fliesen und Platten mit niedriger Wasseraufnahme E ≤ 3 % nach DIN EN 14411, Gruppe Bl a (Anhang G) und Gruppe Bl b (Anhang H) (Steinzeugfliesen)

- strang- oder trockengepresste Vollformteile mit niedriger Wasseraufnahme $E \leq 3$ %
- Das Format sollte 0,18 m^2 bei einer max. Kantenlänge von 60 cm nicht überschreiten.
- Die Plattendicke soll 6 mm nicht unterschreiten.

Glasfliesen und Glasmosaike

- Die Eignung ist vom Hersteller nachzuweisen.
- Rückseitig mit Papier oder Textilnetz verklebte Mosaikmatten sind für die Auskleidung von Schwimmbecken und für zeitweise überflutete Bereiche in der Regel nicht geeignet. Kommen diese aufgrund von Empfehlungen des Herstellers als Sonderkonstruktionen zum Einsatz, ist von diesem ein verbindlicher Eignungsnachweis zu erbringen. Hierbei sind die Dauernassbeständigkeit und die mikrobiologische Eignung von besonderer Bedeutung.
- Bei der Anwendung von vorderseitig verklebten Mosaiken ist der Belag nach dem Ablösen des Trägerpapiers oder der Trägerfolie zur Vermeidung eines späteren mikrobakteriellen Befalls rückstandsfrei von Kleberresten zu reinigen und im Anschluss daran zu desinfizieren.

Natursteine

- Die Natursteine müssen grundsätzlich den Anforderungen der DIN EN 12057 (Fliesen) bzw. DIN EN 12058 (Platten) entsprechen.
- Die Beständigkeit gegenüber dem Beckenwasser, der Art der Wasseraufbereitung und den zum Einsatz kommenden Reinigungsmitteln und Reinigungsverfahren ist vom Lieferanten verbindlich nachzuweisen.

Überlaufrinnen, Formstücke

- Versetzen mit zementären Werktrockenmörtel oder Reaktionsharzmörtel mit einer max. Mörtelbettdicke von 30 mm. Integrierte Abläufe sind vom Versetzmörtel freizuhalten.
- Die max. Abweichung von der Horizontalen darf max. ±2 mm betragen.
- Keramische Formteile sind beim Versetzen nach ihrer Überlaufrinne auszurichten.

Verlegen und Verfugen

- Der Belag kann frühestens 6 Monate nach der Erstellung des Betonkörpers aufgebracht werden.
- Das Ansetzen und Verlegen erfolgen in der Regel im Dünnbettverfahren. Der zur Anwendung kommende Dünnbettmörtel muss die Anforderungen der DIN EN 12004 erfüllen und gegenüber den beckenspezifischen Belastungen beständig sein.
- Die Verlegung von Formaten ≥ 100 mm $\times$ 100 mm muss im Buttering-Floating-Verfahren erfolgen. Eine möglichst hohlraumfreie Bettung des Belagsmaterials im Mörtel ist anzustreben.
- Die Verfugung erfolgt mit einem Fugenmörtel nach DIN EN 13888 im Schlämm- oder Spritzverfahren.

- Bei Beckenwasser, das eine chemische Belastung (Thermalwasser, Meerwasser usw.) auf den Belag ausübt, wird die Anwendung von Dünnbettmörteln und Fugenmörteln auf Reaktionsharzbasis empfohlen.

Bewegungsfugen

Bewegungsfugen der Unterkonstruktion sind an gleicher Stelle und in gleicher Breite zu übernehmen. Sie sind in den Beckeninnen- und -außenecken sowie am Übergang Wand/Boden anzuordnen. Die Fugentiefe ist von Oberkante Belag bis Oberkante Verlegeuntergrund auszubilden.

Zusätzlich können je nach Beckentyp und Beckenkonstruktion Feldbegrenzungsfugen im Belag erforderlich werden. Diese werden üblicherweise nur im Belag zum Spannungsabbau angeordnet.

Es dürfen nur Fugendichtstoffe zur Anwendung kommen, die vom Hersteller für diesen speziellen Anwendungsbereich explizit empfohlen werden.

Die Fugendichtstoffe unterliegen chemischen und physikalischen Einflüssen. Sie sind regelmäßig auf Funktionsfähigkeit zu überprüfen und ggf. zu erneuern.

Es wird empfohlen, das Dichtband zum Schutz vor Beschädigung bei Austausch des Fugendichtstoffs mit einem Schnittschutz auszustatten.

Hinweise zur Befüllung und Entleerung von Becken

Der Befüllung und Entleerung des Beckens kommt für die Dauerhaftigkeit des Belages eine große Bedeutung zu. Das ZDB-Merkblatt definiert u. a. nachfolgend aufgeführte Maßnahmen:

- Die Befüllung des Beckens darf frühestens 28 Tage nach vollständiger Fertigstellung der Fliesenarbeiten erfolgen.
- Das Becken ist langsam zu befüllen. Zunächst sollte der Boden des Beckens 3 cm mit Wasser für ca. 3 Stunden befüllt werden. Danach erfolgt die kontinuierliche Befüllung des Beckens mit ca. 5 cm pro Stunde.
- Die Entleerung des Beckens ist mit ca. 10 cm pro Stunde vorzunehmen. Ein Austrocknen des Beckenkörpers bei Reparatur- oder Revisionsarbeiten ist zu vermeiden, damit für den Belag schädliche Spannungen vermieden bzw. minimiert werden.
- Schockartige und zu schnelle thermische Belastungen sind zu vermeiden.
- Die Badewasserzusammensetzung muss der DIN 19643-1 entsprechen.

Reinigung

Bei der Desinfektion der Beckenflächen und der Aufbereitung des Beckenwassers sind die Vorgaben der KOK-Richtlinie, Punkt 75.80 (Koordinierungskreis Bäder der Verbände Deutsche Gesellschaft für das Badewesen e. V., Deutscher Schwimm-Verband e. V., Deutscher Olympischer Sportbund e. V., 2022) und der DIN 19643 zu beachten. Dies gilt sowohl für öffentlich genutzte Schwimmbäder als auch für privat genutzte Becken.

2.16.5 Fragen und Antworten

Nr.	Fragen
1.	Nennen Sie die Norm, die die Abdichtung von Schwimmbecken beschreibt.
2.	Nennen Sie die Norm, die die Abdichtung der an das Schwimmbecken angrenzenden Wand- und Bodenflächen behandelt.
3.	Welche Stahlbetonkonstruktionsvarianten können zur Abdichtung von Schwimmbecken zur Anwendung kommen?
4.	Nennen Sie weitere mögliche Beckenkonstruktionsvarianten. Was ist bei einer möglichen Auskleidung mit Fliesen und Platten oder Naturstein dabei zu beachten?
5.	Zwischen welchen Beckenkopfsystemen wird unterschieden?
6.	Welches Mindestalter müssen Betonbecken aufweisen, bevor der Belag aufgebracht werden darf?
7.	Nennen Sie die Mindestoberflächenhaftzugfestigkeit von Betonflächen.
8.	Welche Anforderungen bestehen an Ausgleichsputze?
9.	Welche Anforderungen bestehen an Ausgleichsestriche?
10.	Zu welchem Zeitpunkt und wie lange ist die Dichtigkeitsprüfung des Beckens durchzuführen?
11.	Wie hoch ist das Beckenwasser bei der Dichtigkeitsprüfung einzufüllen?
12.	Definieren Sie den Begriff „wasserundurchlässig" in Bezug auf die Dichtigkeit des Betonbeckens.
13.	Nennen Sie die Abdichtungsvarianten, die nach DIN 18535 zur Abdichtung eines Betonbeckens zur Anwendung kommen können.
14.	Welche Voraussetzung muss eine Abdichtung im Verbund (AIV-F) erfüllen, die mit keramischen Fliesen oder Naturstein belegt werden soll?
15.	Welche Abdichtungssysteme können zur Abdichtung im Verbund mit keramischen Fliesen und Platten zur Anwendung kommen?
16.	Nennen Sie die zulässigen Rissklassen für Abdichtungen im Verbund (AIV-F).
17.	Nennen Sie die zulässigen Wassereinwirkungsklassen für Abdichtungen im Verbund (AIV-F).
18.	Nennen Sie die Mindesttrockenschichtdicke von AIV-F in Abhängigkeit von ihrer Rohstoffbasis.
19.	Wie viele Arbeitsgänge sind für den Auftrag von Abdichtungen im Verbund mindestens erforderlich?

Nr.	Fragen
20.	Mit welcher Maßnahme ist die Flächenabdichtung über Bewegungsfugen zu sichern?
21.	Nennen Sie die Mindestflanschbreite von Klebe- und Los-Festflanschen von Einbauteilen (Bodenabläufe usw.).
22.	Welches Maximalformat und welche max. Kantenlänge des Belagsmaterials sollten nicht überschritten werden?
23.	Welche Anforderungen bestehen an zum Einsatz kommende kleinteilige, untereinander verklebte Belagsmaterialien (Mosaike)?
24.	Welche Maßnahmen sind bei papier- oder folienverklebten Belagsmaterialien zu treffen und warum sind diese erforderlich?
25.	Welche Anforderungen werden an einen hydraulisch erhärtenden Dünnbettmörtel (C) gestellt?
26.	Welche Dünnbettmörtel sind bei Beckenwässern aus Sole-, Thermal- oder Meerwasser zu empfehlen?
27.	Was verstehen Sie unter dem Begriff kapillarbrechende Fuge?
28.	In welchen Bereichen ist die Anordnung von Bewegungsfugen und Feldbegrenzungsfugen sinnvoll?
29.	Zu welchem Zeitpunkt darf mit der Befüllung des Beckens frühestens begonnen werden?
30.	Welche Maßnahmen können zur Vermeidung von Frostschäden getroffen werden?

Nr.	Antworten
1.	DIN 18535
2.	DIN 18534
3.	aus wasserundurchlässigem Beton unter Beachtung der WU-Richtlinie des Deutschen Ausschusses für Stahlbeton (DAfStb) und aus Stahlbeton nach DIN 1045 mit einer nachträglich aufgebrachten Abdichtung
4.	• Becken aus Edelstahl • Becken aus glasfaserverstärktem Kunststoff (GfK) • Becken aus Mauerwerk • Becken aus Hartschaumelementen Die Ausführung der Belagsarbeiten ist mit dem Bauherren als Sonderkonstruktion zu vereinbaren. Die jeweiligen Ausführungsvorschriften des Beckenherstellers sind zu beachten.
5.	Beckenkopfsysteme mit • hoch liegendem Wasserspiegel • tief liegendem Wasserspiegel

<table>
<tr><th>Nr.</th><th>Antworten</th></tr>
<tr><td>6.</td><td>Der Belag kann frühestens 6 Monate nach Fertigstellung des Betonbeckens aufgebracht werden.</td></tr>
<tr><td>7.</td><td>1,5 N/mm²</td></tr>
<tr><td>8.</td><td>Ausgleichsputze müssen den Normen DIN 18550 und DIN EN 998-1 (Mörtelgruppe P III, Festigkeitsklasse CS IV, Druckfestigkeit ≥ 6 N/mm²) entsprechen.

Die Putzdicke für einlagige Putze beträgt 25 mm. Größere Schichtdicken sind zweilagig auszuführen. Die Ausführung muss vor Applikation der Verbundabdichtung und der Dichtigkeitsprüfung vorgenommen werden. Für die Ebenheit und zulässige Winkelabweichungen gelten die Grenzwerte der DIN 18202.</td></tr>
<tr><td>9.</td><td>Ausgleichsestriche sind als Verbundestriche einzubauen und müssen mindestens der Qualität CT-25 nach DIN EN 13813 bzw. DIN 18560 entsprechen. Der Estrich darf keine Zusatzmittel enthalten.</td></tr>
<tr><td>10.</td><td>Die Dichtigkeitsprüfung ist vor den Belagsarbeiten vorzunehmen und sie muss mindestens 14 Tage andauern.</td></tr>
<tr><td>11.</td><td>Die Stauhöhe des Beckenwassers muss dem max. Wasserspiegel entsprechen. Die Dichtigkeitsprüfung schließt die Dichtigkeit des Beckenkopfes mit ein.</td></tr>
<tr><td>12.</td><td>Aus dem Betonbecken darf das Beckenwasser bei planmäßiger Nutzung nicht an der Außenseite des Beckens austreten.</td></tr>
<tr><td>13.</td><td>Betonbecken können mit
• bahnenförmigen Abdichtungsstoffen,
• Flüssigkunststoffen,
• flüssig zu verarbeitenden Abdichtungsstoffen im Verbund mit Fliesen und Platten
abgedichtet werden.</td></tr>
<tr><td>14.</td><td>Sie muss die Anforderungen der Beanspruchungsklasse B nach der Bauregelliste, die Prüfgrundsätze für AIV-F und der DIN EN 14891 erfüllen.</td></tr>
<tr><td>15.</td><td>Kunststoff-Mörtel-Kombinationen und Reaktionsharze</td></tr>
<tr><td>16.</td><td>R0-B und R1-B</td></tr>
<tr><td>17.</td><td>W1-B und W2-B</td></tr>
<tr><td>18.</td><td>Die Mindesttrockenschichtdicke
• von Kunststoffmörtelkombinationen (CM) beträgt 2 mm,
• von Reaktionsharzmörteln (RM) beträgt 1 mm.</td></tr>
<tr><td>19.</td><td>grundsätzlich 2</td></tr>
<tr><td>20.</td><td>Die Flächenabdichtung ist über Bewegungsfugen durch Einlagen aus Dichtbändern oder Gewebe zu verstärken. Es dürfen nur systemkonforme Produkte zur Anwendung kommen.</td></tr>
<tr><td>21.</td><td>50 mm</td></tr>
</table>

Nr.	**Antworten**
22.	max. Format 0,18 m^2, max. Kantenlänge 60 cm
23.	Es sollten nur vorderseitig geklebte Belagsmatten zum Einsatz kommen. Bei dem Einsatz von rückseitig verklebten Belagsmaterialien (als Sonderkonstruktion) ist ein verbindlicher Eignungsnachweis vom Hersteller zu erbringen.
24.	Zur Vermeidung eines mikrobakteriellen Befalls ist der Belag nach der Entfernung des Papiers oder der Folie rückstandsfrei von Kleberesten zu reinigen und im Anschluss daran zu desinfizieren. Die Desinfektionsmaßnahme ist eine Besondere Leistung nach VOB/C ATV DIN 18352.
25.	Er muss mindestens der Qualitätsklasse C2 nach DIN EN 12004 entsprechen. Kommen hoch kunststoffvergütete Dünnbettmörtel der Qualitätsklassen S1 und S2 zur Anwendung, müssen diese vom Hersteller explizit für diesen Anwendungsbereich ausgewiesen sein. Bei dem Ansetzen und Verlegen auf Abdichtungen im Verbund (AIV-F) sind die Vorgaben des Prüfzeugnisses verbindlich. Bei der Ausführung sind die Vorgaben der DIN 18157-1 zu beachten.
26.	Bei Beckenwässern aus Sole-, Thermal- oder Meerwasser empfiehlt sich der Einsatz von Reaktionsharzmörteln nach DIN EN 12004. Bei der Ausführung sind die Vorgaben der DIN 18157-3 zu beachten.
27.	Eine kapillarbrechende Fuge wird bei Becken mit hoch liegendem Wasserspiegel zur Vermeidung des Eindringens von Beckenwasser in den Beckenumgang zwischen Hinterkante Überlaufrinne und Betonkörper angeordnet. Die Fuge sollte 15 mm breit und 50 mm tief ausgebildet werden. Der wasserdichte Verguss erfolgt mit einem gießfähigen Reaktionsharz oder einem Reaktionsharzmörtel.
28.	Bewegungsfugen sind zwischen den Wand- und Bodenbekleidungen und zum Anschluss an Einbauteile erforderlich. Feldbegrenzungsfugen können zusätzlich im Belag erforderlich werden. Diese werden nur im Belag (nicht in der Unterkonstruktion) ausgebildet und dienen zum Abbau von Spannungen in diesem.
29.	frühestens 28 Tage nach vollständiger Fertigstellung des Beckens
30.	Eisdruckbildung durch gefrierendes Beckenwassers kann durch • die Anordnung von Eisdruckpolster, • Wasserumschichtung (Erdwärme), • Wasserumwälzung verhindert werden.

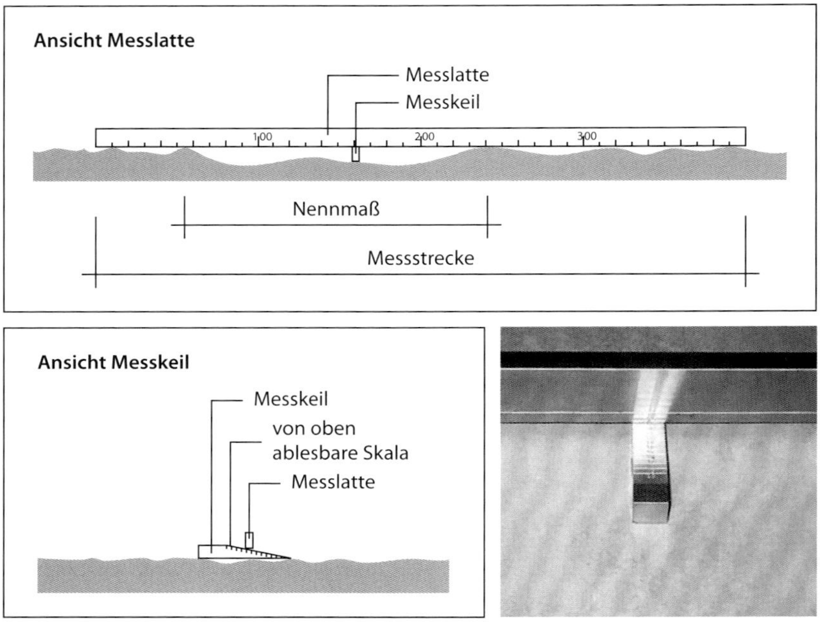

Abb. 2.92: Kontrolle der Ebenheit mit Richtlatte und Messkeil (Quelle: MAPEI GmbH, Großostheim)

2.17 Toleranzen im Hochbau

2.17.1 Stichworte zum Thema

- Ebenheit von Flächen aus Fliesen und Platten
- lotrechte und winkelrechte Wände
- Maßgenauigkeit von Längen, Breiten und Höhen
- Grenzwerte für Fluchtabweichungen bei Stützen

2.17.2 Regelwerke

DIN 18202	Toleranzen im Hochbau – Bauwerke (2019)
ZDB-Merkblatt	Toleranzen im Hochbau nach DIN 18202 (November 2022)

Wesentliche Inhalte des ZDB-Merkblatts

- Maßtoleranzen
- Berücksichtigung von Toleranzen bei der Planung
- Prüfung und Beurteilung von Abweichungen

2.17.3 Fälle aus der Praxis

1. Bodenbelag in einem Autohaus

In einem Autohaus sollen Sie laut Ausschreibung keramische Feinsteinzeugfliesen im Format 600 mm × 600 mm × 12 mm im Dünnbettverfahren verlegen. Als Untergrund finden Sie einen Zementestrich vor.

Bei der Objektbegehung kommen Ihnen Bedenken bezüglich der Ebenflächigkeit des Estrichs. Das Auflegen einer Richtlatte bestätigt Ihre Bedenken.

- Wie beurteilen Sie die Sachlage?
- Wie ist Ihre weitere Vorgehensweise für eine fachgerechte und kostenoptimale Lösung?

Lösung

Beurteilung der Sachlage

Die Sachlage kann erst nach einer sorgfältigen Überprüfung der Ebenheit nach den Richtlinien der DIN 18202 und dem ZDB-Merkblatt beurteilt werden.

Die Messergebnisse werden dann mit den Vorgaben der Ausschreibung für den Estrichleger und den Fliesenleger verglichen.

Sofern in der Ausschreibung keine Vorgaben enthalten sind, gilt Zeile 3 der Tabelle 3 der DIN 18202.

Höhere Anforderungen nach Zeile 4 der Tabelle 3 oder darüber müssen generell in der Ausschreibung vorgegeben werden.

Werden die Vorgaben der Ausschreibung eingehalten, ist zumindest die Arbeit des Estrichlegers qualitätsgerecht.

Ansonsten sind Bedenken nach § 4 Nr. 3 VOB/B gegen die Leistungen des Estrichlegers anzumelden.

Gerät der Fliesenleger dadurch in Verzug, d. h., kann er die vereinbarten Ausführungsfristen nicht einhalten, ist weiterhin eine Behinderungsanzeige nach § 6 Nr. 1 VOB/B erforderlich.

Für eine Verlegung keramischer Fliesen im Format 600 mm × 600 mm sind die zulässigen Ebenheitstoleranzen nach DIN 18202, Tabelle 3, Zeile 3, nicht ausreichend.

Die Ebenheit muss den Anforderungen der Zeile 4 genügen. Trotz dieser Anforderung sind zusätzlich erhöhte Auftragsstärken des Dünnbettmörtels (Mittelbettmörtels) erforderlich. Dies ist kalkulatorisch zu berücksichtigen.

Entspricht die Ebenheit des Estrichs nicht den Anforderungen der Zeile 3, ist vor der Verlegung ein Flächenausgleich mit einer selbstverlaufenden zementären Ausgleichsmasse vorzunehmen.

Von einer Ausführung im Dickbettverfahren zum Ausgleich der Ebenheitstoleranzen sollte Abstand genommen werden, da mit dieser Ausführungsvariante nur eine geringe, in der Regel nicht ausreichende Haftfestigkeit zum dichten Scherben aufgebaut wird.

Weitere Vorgehensweise

- Flächenausgleich
  - Anschleifen des Estrichs
  - Grundieren der Fläche
  - Einbau einer selbstnivellierenden Ausgleichsmasse
- Mittelbettverfahren
  - Mehrverbrauch Dünnbettmörtel
  - Mehraufwand Arbeitsleistung

Praxiserfahrungen zeigen, dass bei großformatigen Fliesen und Platten mit einer Seitenlänge von 60 cm erhöhte Anforderungen an die Ebenheit des Verlegeuntergrundes erforderlich sind.

Darüber hinaus sind erhöhte Mörtelbettdicken (Mittelbett) erforderlich und einzuplanen.

2. Fliesenbelag im Wohnbereich eines Einfamilienhauses

In einem Einfamilienhaus wurden Fliesen im Wohnbereich verlegt. Der Bauherr bemängelt, dass beim Aufstellen der Möbel eine vertikale Ausrichtung nur mit hohem Aufwand möglich sei. Die Fläche ist seines Erachtens uneben.

Außerdem hat der Belag Absätze (Überzähne) zwischen den Fliesen, die für ihn nicht akzeptabel sind. Beim Ortstermin erklärt der Fliesenleger nach dem Messen mit der Richtlatte, dass der Bodenbelag nach DIN 18202 innerhalb der Ebenheitstoleranzen liege und somit die Reklamation unberechtigt sei.

Wie beurteilen Sie die Sachlage?

Lösung

Beurteilung der Sachlage

Die angewandte Messmethode und deren Auswertung sind für die Beurteilung der vom Bauherrn angeführten Beanstandungen allein nicht ausreichend. Eine Beurteilung, ob die Reklamation berechtigt ist, ist so nicht möglich.

Die bemängelte generelle Unebenheit kann sehr wahrscheinlich auf eine zu starke Neigung der Bodenfläche zurückzuführen sein.

Ob diese Neigung im Bereich der Toleranz liegt, kann nur über die Bestimmung der Winkeltoleranzen des Raumes im Aufriss festgestellt werden. Hierfür ist die Messung des Stichmaßes zur Waagrechten (Meterriss) heranzuziehen. Die Tabelle 3 der DIN 18202 ist dabei zu beachten.

Achtung: Eine Fläche kann außerhalb der Winkeltoleranzen liegen, aber gleichzeitig ebenflächig sein, und umgekehrt.

Die bemängelten Absätze (Überzähne) sind nicht in der DIN 18202 erfasst. Zur Bewertung dieser Sachlage ist das ZDB-Merkblatt „Höhendifferenzen“ (August 2019) hinzuzuziehen.

Eine Ebenheitsmessung mit der Richtlatte ist deshalb nicht maßgebend.

Es wird davon ausgegangen, dass Höhendifferenzen zwischen benachbarten Fliesen aufgrund der Stofftoleranzen und der Verlegetoleranz nicht ausgeschlossen werden können.

Die zulässige Toleranz setzt sich aus der mit 1 mm angenommenen handwerklichen Verlegetoleranz und der vorhandenen Stofftoleranz zusammen.

Abweichungen des Belagsmaterials von der Stoffnorm können hier ebenfalls festgestellt werden.

Für die Beurteilung der Beanstandung des Kunden sollen deshalb

- die Ebenflächigkeit des Bodens sowie
- der max. zulässige Höhenversatz ermittelt und
- mit den Istmaßen des beanstandeten Bodenbelags verglichen werden.

2.17.4 Bausteine

Toleranzen

Toleranzen sind Abweichungen vom Nennmaß. Sie sind – da es sich in der Regel um handwerkliche Einzelausführungen handelt – nicht vermeidbar. Sie dürfen jedoch ein gewisses vorgegebenes Maß nicht überschreiten.

Maßabweichungen können in verschiedenen Formen auftreten. Die DIN 18202 und das ZDB-Merkblatt definieren folgende Begriffe:

- Grenzabweichungen für Maße,
- Grenzwerte für Winkelabweichungen,
- Grenzwerte für Ebenheitsabweichungen,
- Grenzwerte für Fluchtabweichungen bei Stützen.

Dabei sind die Herstellungstoleranzen der Baustoffe und die Formänderungen durch Temperatur, Feuchtigkeit, Kriechen oder Schwinden nicht berücksichtigt.

In DIN 18202, Abschnitt 3.1 bis 3.10, werden folgende Begriffe definiert:

- Grenzabweichung für Maße: „*Differenz zwischen Höchstmaß und Nennmaß oder zwischen Mindestmaß und Nennmaß*“,
- Nennmaß (Sollmaß): „*Maß, das zur Kennzeichnung von Größe, Gestalt und Lage eines Bauteils oder Bauwerks angegeben und in Zeichnungen eingetragen wird*“,
- Istmaß: „*durch Messung festgestelltes Maß*“,
- Maßabweichung: „*Differenz zwischen Istmaß und Nennmaß*“ (siehe Abb. 2.93),
- Höchstmaß: „*größtes zulässiges Maß*“,
- Mindestmaß: „*kleinstes zulässiges Maß*“,
- Grenzabweichung: „*Differenz zwischen Höchstmaß und Nennmaß oder zwischen Mindestmaß und Nennmaß*“,
- Maßtoleranz: „*Differenz zwischen dem Höchstmaß und dem Mindestmaß*“,
- Stichmaß: „*Abstand eines Punktes von einer Bezugslinie als Hilfsmittel zur Ermittlung der Winkel- oder Ebenheitsabweichung*“ (siehe Abb. 2.94),

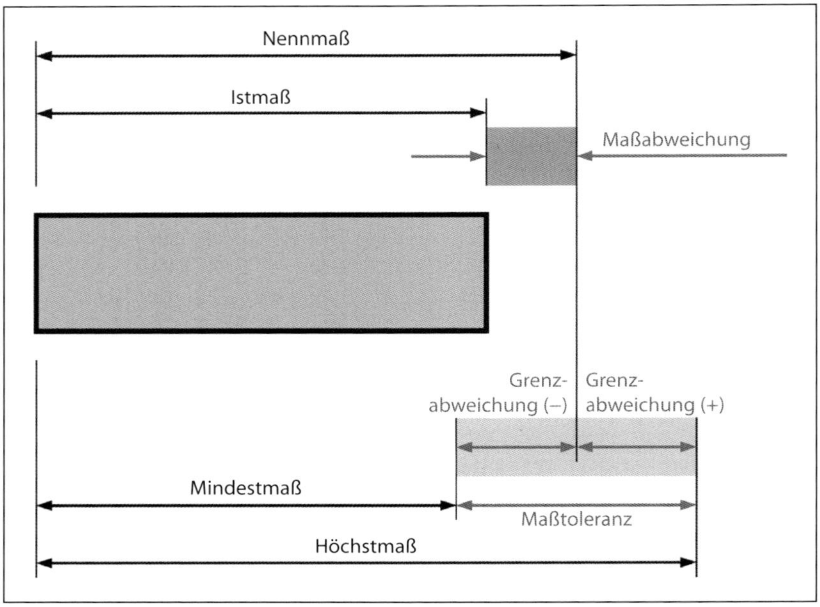

Abb. 2.93: Anwendung der Begriffe nach DIN 18202:2019-07, Bild 1 (Quelle: Ertl, 2021, S. 36)

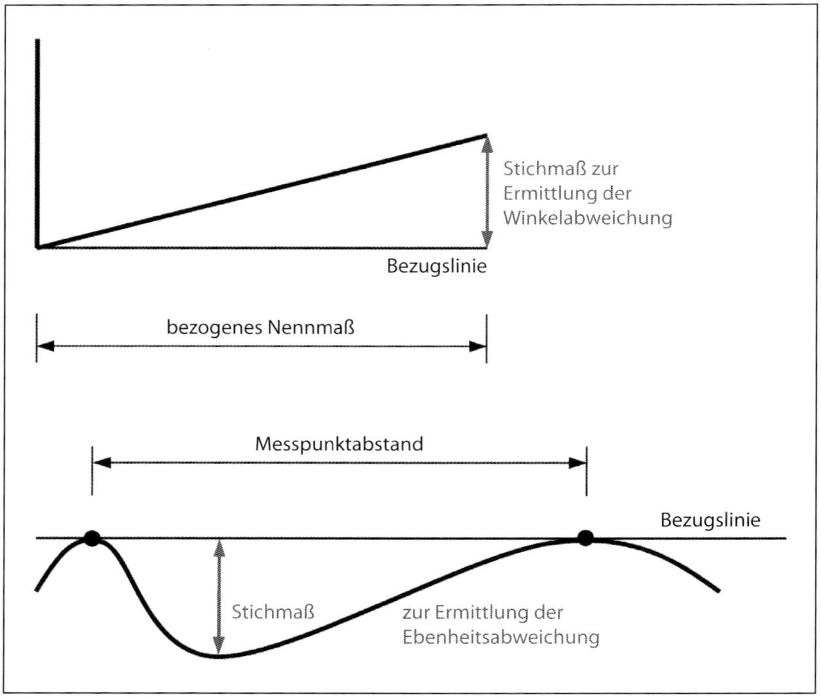

Abb. 2.94: Stichmaße nach DIN 18202:2019-07, Bild 2 (Quelle: Ertl, 2021, S. 39)

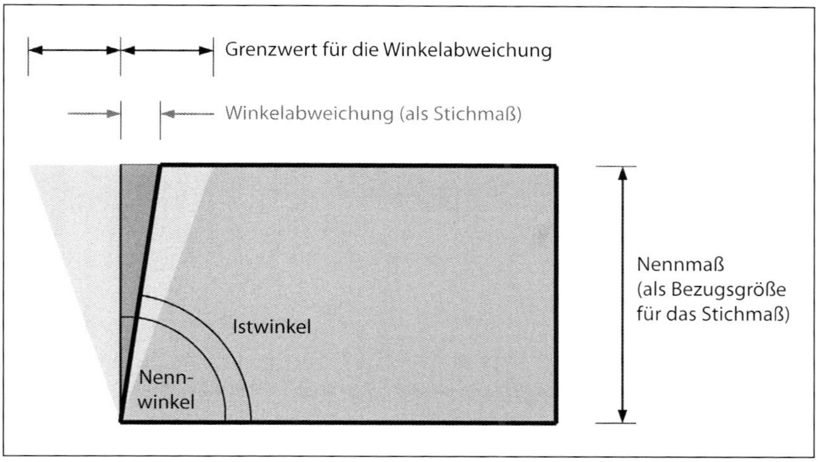

Abb. 2.95: Toleranzbereich für die Winkelabweichung (beidseitig symmetrisch angeordnet) (Quelle: Ertl, 2021, S. 40)

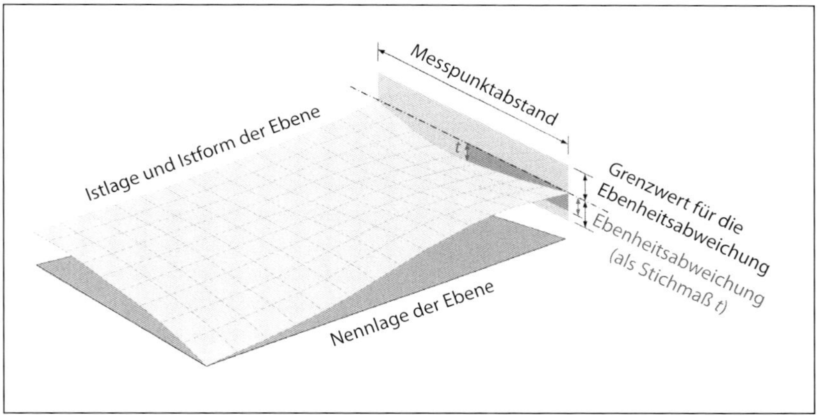

Abb. 2.96: Toleranzbereich für die Ebenheitsabweichung am Beispiel einer Fläche (Quelle: Ertl, 2021, S. 42)

- Grenzwert für die Winkelabweichung: „*Differenz zwischen Ist- und Nennwinkel, angegeben als Stichmaß, bezogen auf ein Nennmaß*“ (siehe Abb. 2.95),
- Grenzwert für die Ebenheitsabweichung: „*Istabweichung einer Fläche von der Ebene, angegeben als Stichmaß, bezogen auf einen Messpunktabstand*“ (siehe Abb. 2.96),
- Grenzwert für die Fluchtabweichung: „*Stichmaß als Grenzabweichung von Flucht.*“

Grenzabweichungen gelten für Längen-, Breiten- und Höhenmaße von z. B. Decken, Wänden, Böden und ähnlichen Bauteilen (vgl. Tabelle 2.28).

Tabelle 2.28: Grenzabweichungen für Estriche und Bodenbeläge nach DIN 18202, Tabelle 1

Bezug	**Grenzabweichungen in mm bei Nennmaßen in m**					
	bis 1 m	**über 1 bis 3 m**	**über 3 bis 6 m**	**über 6 bis 15 m**	**über 15 bis 30 m**	**über 30 m**[1)]
Maße im Grundriss	± 10	± 12	± 16	± 20	± 24	30
Maße im Aufriss	± 10	± 16	± 16	± 20	± 24	30
lichte Maße im Grundriss	± 12	± 16	± 20	± 24	± 30	–
lichte Maße im Aufriss	± 16	± 20	± 20	±30	–	–
Öffnungen[2)]	± 10	± 12	± 16	–	–	–
Öffnungen mit oberflächenfertigen Laibungen	± 8	± 10	± 12	–	–	–

1) Diese Grenzabweichungen können bei Nennmaßen bis etwa 60 m angewandt werden. Bei größeren Abmessungen sind gesonderte Überlegungen erforderlich.
2) Bei Innentüren gilt die DIN 18100.

Winkelabweichungen gelten für waagrechte, senkrechte und geneigte Flächen wie z. B. Wände, Böden und Decken (vgl. Tabelle 2.29).

Tabelle 2.29: Grenzwerte für Winkelabweichungen bei Estrichen und Bodenbelägen nach DIN 18202, Tabelle 2

Bezug	**Stichmaße als Grenzwerte in mm bei Nennmaßen in m**						
	bis 0,5 m	**über 0,5 bis 1 m**	**über 1 bis 3 m**	**über 3 bis 6 m**	**über 6 bis 15 m**	**über 15 bis 30 m**	**über 30 m**[1)]
vertikale, horizontale und geneigte Flächen	3	6	8	12	16	20	30

1) Diese Grenzabweichungen können bei Nennmaßen bis etwa 60 m angewandt werden. Bei größeren Abmessungen sind gesonderte Überlegungen erforderlich.

Ebenheitsabweichungen gelten für waagrechte, senkrechte und geneigte Flächen wie z. B. Wände, Böden und Decken (vgl. Tabelle 2.30).

Tabelle 2.30: Grenzwerte für Ebenheitsabweichungen bei Estrichen und Bodenbelägen nach DIN 18202, Tabelle 3

Bezug	**Stichmaße als Grenzwerte in mm bei Messpunktabständen in m bis**				
	0,1 m	**1 m**[1)]	**4 m**[1)]	**10 m**[1)]	**15 m**[1), 2)]
nicht flächenfertige Oberseiten von Decken und Böden	10	15	20	25	30
nicht flächenfertige Oberseiten von Decken oder Bodenplatten zur Aufnahme von Bodenaufbauten, z. B. Estriche im Verbund oder auf Trennlage, schwimmende Estriche, Industrieböden, Fliesen und Plattenbeläge im Mörtelbett	5	8	12	15	20
flächenfertige Oberseiten von Decken und Bodenplatten für untergeordnete Zwecke, z. B. in Lagerräumen, Kellern, monolithische Betonböden	5	8	12	15	20
flächenfertige Böden, z. B. Estriche als Nutzestriche, Estriche zur Aufnahme von Bodenbelägen, Fliesenbeläge, gespachtelte und geklebte Beläge	2	4	10	12	15
flächenfertige Böden mit erhöhten Anforderungen, z. B. selbstverlaufende Massen	1	3	9	12	15
nicht flächenfertige Wände und Unterseiten von Betondecken	5	10	15	25	30
flächenfertige Wände und Unterseiten von Decken	3	5	10	20	25
flächenfertige Wände und Unterseiten von Decken mit erhöhten Anforderungen	2	3	8	15	20

1) Zwischenwerte können interpoliert und auf ganze mm aufgerundet werden.
2) Die Grenzwerte für Ebenheitsabweichungen der Spalte 7 gelten auch für Messpunkte über 15 m.

Grenzwerte für **Fluchtabweichungen bei Stützen** gelten für Stützen, die nicht in Wände eingebunden sind, z. B. bei Skelettbauten und Hallen (vgl. Tabelle 2.31).

Tabelle 2.31: Grenzwerte für Fluchtabweichungen bei Stützen nach DIN 18202, Tabelle 4

Bezug	Stichmaße als Grenzwerte in mm bei Nennmaßen in m als Messpunktabstand				
	bis 3 m	über 3 bis 6 m	über 6 bis 15 m	über 15 bis 30 m	über 30 m
zulässige Abweichungen von der Flucht	8	12	16	20	30

Die in den Tabellen enthaltenen Werte gelten für keramische Fliesen, Platten und Mosaik sowie für Fliesen, Platten und Mosaik aus Glas.

Sie gelten nicht für Fliesen, Platten und Mosaik aus Naturwerkstein und Platten aus Betonwerkstein.

Maßtoleranzen für die Ausführung

Abweichungen von den vorgegebenen Maßen sind in den durch die DIN 18202 definierten Grenzen zulässig.

Prüfung der Toleranzen

Bei der Prüfung unterscheidet man zwischen Flächen, Linien und Punkten bezüglich der zu stellenden Anforderungen. Diese sind getrennt voneinander (Maße, Winkel, Ebenheiten und Fluchten) zu prüfen und auszuwerten.

Detaillierte Ausführungen zur Prüfung und Beurteilung sind den Teilen 4 bis 6 des ZDB-Merkblatts zu entnehmen.

Man unterscheidet hinsichtlich der Abweichungen 4 Arten:

Maßabweichungen innerhalb zulässiger Grenzabweichungen: Diese werden im vorgegebenen Abstand von 10 cm über dem Boden oder von den Ecken gemessen.

Winkelabweichungen innerhalb zulässiger Grenzwerte für Winkelabweichungen: Diese sind zwischen 2 angrenzenden Wänden über die gesamte Bauteillänge zu messen; das Stichmaß ist an dem kürzeren Bauteil zu messen.

Ebenheitsabweichungen innerhalb zulässiger Grenzwerte für Ebenheitsabweichungen: Diese werden als Stichmaß zwischen einer Bezugslinie und einem Tiefpunkt oder Hochpunkt gemessen. Die Bezugslinie kann durch eine Richtlatte hergestellt, das Stichmaß kann mit einem Messkeil ermittelt werden.

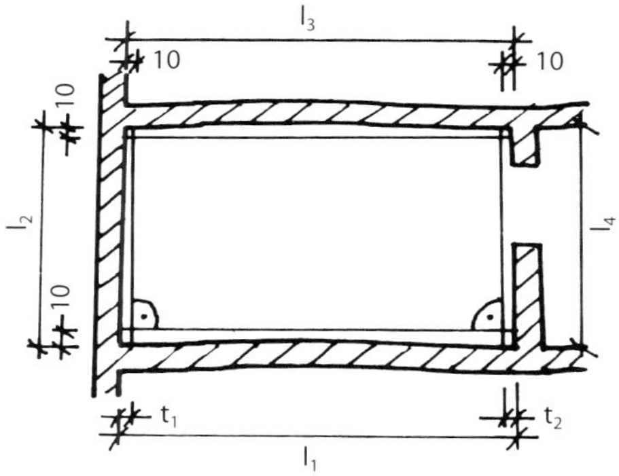

t_1, t_2; Stichmaße als Grenzwerte für Winkeltoleranzen nach Tabelle 2.29

$t_1 \leq t_2$; t_2 = maßgeblicher Grenzwert für die Winkeltoleranz bezogen auf l_2 oder l_4

$t_1 + t_2$; in der Addition maßgebender Grenzwert für die Beurteilung des zulässigen Grenzabmaßes für das Nennmaß l_1 als Bezugslänge

Abb. 2.97: Prüfung der Winkeltoleranzen im Grundriss

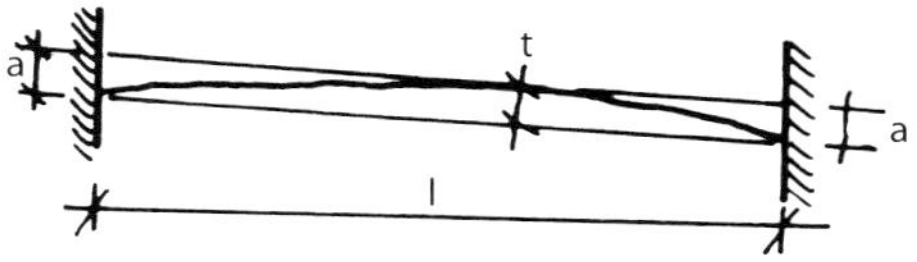

a = Stichmaß
t = Abweichung von der Ebenheit
l = Abstand der Messpunkte

Abb. 2.98: Abweichung von der Ebenheit (Stichmaß) und Abstand der Messpunkte

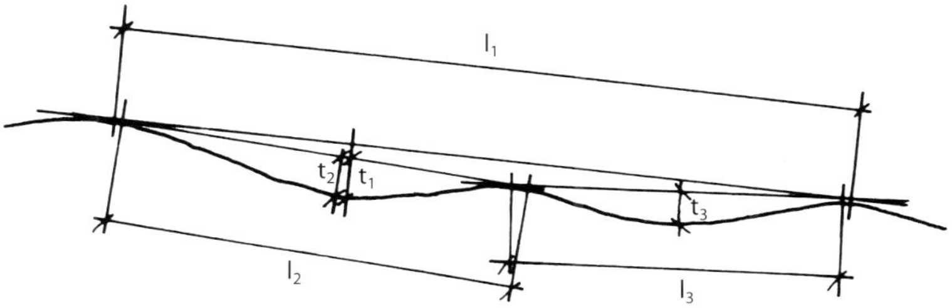

l_1, l_2 oder l_3 = Abstand des Messpunkte
t_1, t_2 oder t_3 = Abweichung von der Ebenheit
Zuordnung der Abweichung zu dem Abstand der Messpunkte t_1 zu l_1 / t_2 zu l_2

Abb. 2.99: Abweichung von der Ebenheit (Stichmaß) und Abstand der Messpunkte

Fluchtabweichungen bei Stützen innerhalb zulässiger Grenzwerte: Zur Prüfung der Lage von Stützen in der Flucht wird eine Verbindungslinie zwischen den Endstützen angelegt; sie ist am Stützenfuß oder am Stützenkopf etwa 10 cm über dem Boden bzw. unter der Decke anzulegen.

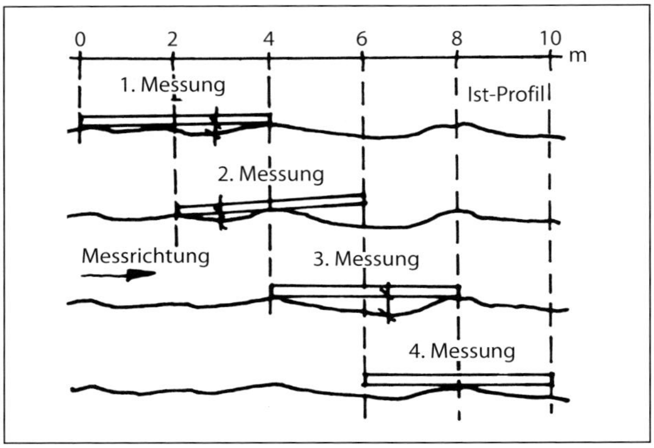

Abb. 2.100: Beispiel der Messstellen bei Verwendung der 4-m-Richtlatte

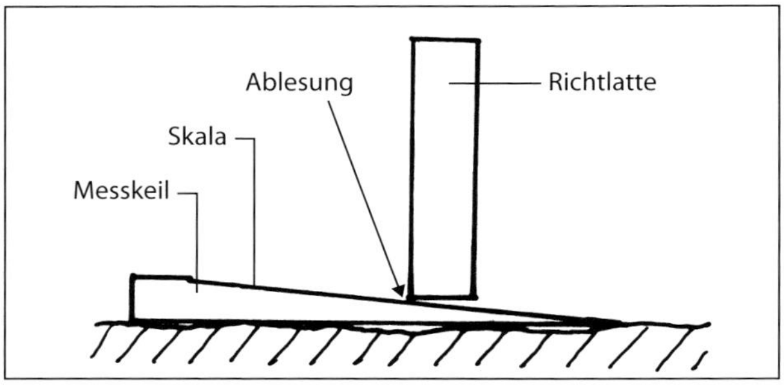

Abb. 2.101: Richtlatte und Messkeil in Messstellung

2.17.5 Fragen und Antworten

Nr.	Fragen
1.	Was versteht man unter Toleranzen im Bauwesen?
2.	Welche Regelwerke gibt es für die Toleranzen im Hochbau?
3.	Welche Toleranzen sind geregelt?
4.	Wie sind Formänderungen durch einwirkende Temperatur, Feuchtigkeit, elastische Verformungen, Kriechen, Schwinden oder konstruktiv bedingte Überhöhungen in den Toleranztabellen berücksichtigt?
5.	In welchen Fällen ist die Einhaltung der Toleranzen zu prüfen?
6.	Was ist das Nennmaß oder Sollmaß?
7.	Was ist das Istmaß?
8.	Was bezeichnet man mit dem Begriff Maßabweichung?
9.	Was ist das Höchstmaß?
10.	Was ist das Mindestmaß?
11.	Definieren Sie den Begriff Grenzabweichung.
12.	Was ist die Maßtoleranz?
13.	Erläutern Sie den Begriff Winkelabweichung.

Nr.	Fragen
14.	Was verstehen Sie unter dem Begriff Ebenheitsabweichung?
15.	Was ist das Stichmaß?
16.	Wie wird die Ebenheitstoleranz angegeben?
17.	Wofür gelten Ebenheitsabweichungen?
18.	In welchen Fällen sollten erhöhte Anforderungen gestellt werden?
19.	Wie werden materialbedingte Unebenheiten von Fliesen und Platten berücksichtigt?
20.	Die Grenzabweichungen eines Raumes sollen geprüft werden. Wo wird dabei das lichte Maß im Grundriss gemessen?
21.	Wo werden die Maße der Geschosshöhen überprüft?
22.	Wie werden die Winkelabweichungen von Wänden im Grundriss überprüft?
23.	Wie wird das Lot von Wänden oder Stützen im Aufriss überprüft?
24.	Wie wird die Ebenheit einer Fläche überprüft? Welche Geräte sind erforderlich?
25.	Welches Verfahren wird zur Überprüfung der Ebenheit einer Gesamtfläche vorgeschlagen?
26.	Welcher Abstand der Messlinien des Rasters ist empfehlenswert?
27.	Wie wird die Lage der Stützen in der Flucht überprüft?
28.	Ein Raum hat im Grundriss die lichten Nennmaße von 4,75 m und 3,00 m. Welche Grenzabweichungen sind zulässig?
29.	Um wie viel darf eine Geschosshöhe von 2,75 m vom Nennmaß abweichen?
30.	Der Raum mit den Grundrissmaßen 4,75 m × 3,00 mm wird auf den rechten Winkel kontrolliert. Wie groß dürfen die Stichmaße sein?
31.	Eine Betondecke zur Aufnahme von Fliesen hat im Abstand von 4,20 m eine Unebenheit (Tiefpunkt) von 14 mm. Liegt dieser Wert innerhalb der zulässigen Ebenheitstoleranzen?
32.	Ein Fliesenbelag wird mit einer 2 m langen Richtlatte und einem Messkeil überprüft. Gemessen wurde ein Stichmaß von 5 mm. Entspricht dieser Wert den zulässigen Ebenheitstoleranzen mit erhöhten Anforderungen?

Nr.	Antworten
1.	Maßabweichungen aus herstellungsbedingten Gründen, die bei einer normalen und sorgfältigen Arbeit eingehalten werden können
2.	die DIN 18202 und das ZDB-Merkblatt „Toleranzen im Hochbau nach DIN 18202“
3.	Grenzabmaße, Winkeltoleranzen, Ebenheitstoleranzen, Fluchtabweichungen
4.	Die genannten Formänderungen sind in den Tabellen nicht berücksichtigt.
5.	Sie ist nur zu prüfen, wenn die Funktion der betreffenden Bauteile beeinträchtigt ist oder wenn konkrete Beanstandungen vorliegen.
6.	das Maß, das das Bauwerk haben soll
7.	das am Bau tatsächlich vorhandene Maß
8.	die Differenz zwischen Nenn- und Istmaß
9.	das größte zulässige Maß

Nr.	Antworten
10.	das kleinste zulässige Maß
11.	die Differenz zwischen Nenn- und Höchst- bzw. Mindestmaß
12.	die Differenz zwischen Mindest- und Höchstmaß
13.	Die Differenz zwischen Nennwinkel und Istwinkel; sie wird als Stichmaß angegeben.
14.	die Abweichung einer Fläche von geraden Messlinien
15.	der Abstand eines Punktes von einer Bezugslinie als Hilfsmittel zur Ermittlung der Winkel- oder Ebenheitsabweichung
16.	als Stichmaß
17.	für Flächen von Decken (Ober- und Unterseite), Unterböden, Estriche, Bodenbeläge, Wände, Wandbekleidungen und Unterdecken
18.	Erhöhte Anforderungen gelten für nicht flächenfertige Oberseiten von Decken, Unterbeton und Unterböden, die zur Aufnahme von Estrichen, Industrieböden, Fliesen- und Plattenbeläge vorgesehen sind. Dies gilt auch für nicht flächenfertige Wände und Unterseiten von Rohdecken, die mit Fliesen- und Plattenbelägen bekleidet werden sollen.
19.	Materialbedingte Unebenheiten von Fliesen und Platten sind in den Tabellen nicht erfasst. Sie müssen zusätzlich berücksichtigt werden.
20.	Es wird 10 cm über dem Boden an den Rändern gemessen.
21.	Geschosshöhen werden in einem Abstand von 10 cm von den senkrechten Bauteilecken gemessen.
22.	In 10 cm Abstand von der längeren Wand wird eine Gerade abgesetzt. Davon ist der Nennwinkel – z. B. 90° – abzutragen. Das Stichmaß ist an der kürzeren Wand zu messen.
23.	Die Überprüfung erfolgt über das Stichmaß der Winkeltoleranz. Die Stichmaße sind im Abstand von 10 cm von den Rändern zu messen.
24.	Sie kann mittels Richtlatte (für die Bezugslinie) und Messkeil (für das Stichmaß) oder mit dem Nivellierinstrument überprüft werden.
25.	Die Fläche wird in ein Raster mit Messlinien in gleichem Abstand eingeteilt.
26.	Es wird empfohlen, einen Abstand von 2 m zu wählen.
27.	Es ist eine Verbindungslinie am Stützenfuß bzw. am Stützenkopf anzulegen (ca. 10 cm über dem Boden oder 10 cm unter der Decke). Die Stichmaße sind zwischen der Verbindungslinie und der Vorderseite der Stütze in der Stützenachse zu messen. Bei Stützen, die über die Verbindungslinie hervorstehen, sind die Stichmaße mittels einer um 10 cm abgesetzten Verbindungslinie zu messen. Das Stichmaß ist einem Messpunktabstand von 2 Achsabständen zugeordnet.
28.	Nach Tabelle 2.28, Zeile 1, Spalte 3, sind Grenzabweichungen in der Breite von 12 mm und in der Länge von 16 mm zulässig.
29.	Nach Tabelle 2.28, Zeile 2, Spalte 2, darf die Geschosshöhe um 16 mm abweichen.
30.	Nach Tabelle 2.29, Zeile 1, Spalten 4 und 5, ergeben sich die Stichmaße 8 bzw. 12 mm.
31.	Nach Tabelle 2.30, Zeile 2, Spalte 5, liegt die zulässige Ebenheitstoleranz bei 12 mm. Der gemessene Wert von 14 mm liegt außerhalb der zulässigen Ebenheitstoleranz.
32.	Nach Tabelle 2.30, Zeile 4, Spalte 4, ist ein max. Stichmaß von 5 mm zulässig. Die Ausführung entspricht somit den Anforderungen.

Abb. 2.102: Vermeiden von Höhenversätzen durch die Verwendung eines Nivelliersystems

2.18 Höhendifferenzen in Bekleidungen und Belägen

2.18.1 Stichworte zum Thema

- Höhenversatz und Überzähne
- handwerkliche Verlegetoleranz
- herstellungsbedingte Materialtoleranz
- max. zulässige Höhendifferenzen für keramische Beläge
- max. zulässige Höhendifferenzen für Naturwerksteinbeläge
- max. zulässige Höhendifferenzen für Betonwerksteinbeläge
- max. zulässige Höhendifferenzen für Beläge auf Splitt, Kies oder Stelzlager
- Berechnungsbeispiele

2.18.2 Regelwerke

ZDB-Merkblatt	Höhendifferenzen in keramischen, Betonwerkstein- und Naturwerksteinbekleidungen (August 2019)
DIN 18158	Bodenklinkerplatten (2017)
DIN 18202	Toleranzen im Hochbau – Bauwerke (2013)
VOB/C ATV DIN 18333	VOB Vergabe- und Vertragsordnung für Bauleistungen – Teil C: Allgemeine Technische Vertragsbedingungen für Bauleistungen (ATV) – Betonwerksteinarbeiten (2019)
VOB/C ATV DIN 18352	VOB Vergabe- und Vertragsordnung für Bauleistungen – Teil C: Allgemeine Technische Vertragsbedingungen für Bauleistungen (ATV) – Fliesen- und Plattenarbeiten (2019)
VOB/C ATV DIN 18332	VOB Vergabe- und Vertragsordnung für Bauleistungen – Teil C: Allgemeine Technische Vertragsbedingungen für Bauleistungen (ATV) – Naturwerksteinarbeiten (2023)
DIN EN 12057	Natursteinprodukte – Fliesen – Anforderungen (2015)
DIN EN 12058	Natursteinprodukte – Bodenplatten und Stufenbeläge – Anforderungen (2015)
DIN EN 14411	Keramische Fliesen und Platten – Definitionen, Klassifizierung, Eigenschaften, Bewertung und Überprüfung der Leistungsbeständigkeit und Kennzeichnung (2016)

VOB/C ATV DIN 18318	VOB Vergabe- und Vertragsordnung für Bauleistungen – Teil C: Allgemeine Technische Vertragsbedingungen für Bauleistungen (ATV) – Pflasterdecken und Plattenbeläge, Einfassungen (2019)

Wesentliche Inhalte des ZDB-Merkblatts

- zulässige Verlegetoleranzen in Abhängigkeit von dem Belagsmaterial und seinem Format
- Belagsmaterialien
- Berechnungsbeispiele
- Nivelliersysteme

2.18.3 Bausteine

Wesentliches zu Höhenversatz oder Überzähnen

Die Inhalte des ZDB-Merkblatts gelten nur für Beläge mit einer Fugenbreite von 2 bis 8 mm.

Bei handwerklich hergestellten Bekleidungen oder Belägen sind Höhendifferenzen zwischen den einzelnen Fliesen oder Platten – Höhenversatz oder Überzähne genannt – nicht zu vermeiden. Sie unterliegen nicht den Anforderungen der DIN 18202.

Durch fachgerechtes Arbeiten können die Höhendifferenzen allerdings auf ein Minimum reduziert werden.

Bei einer Verlegung der Belagsmaterialien im Verbund setzt sich die Höhendifferenz aneinandergrenzender Fliesen oder Platten aus der handwerklichen Verlegetoleranz (hT) und der Stofftoleranz des Belagsmaterials zusammen.

Der Fliesenleger hat vor Beginn der Verlegearbeiten das Belagsmaterial dahin gehend zu überprüfen, ob mit den vorhandenen Toleranzen der zur Verfügung stehenden Fliesen oder Platten die Anforderungen an die Ebenheit des Belags realisiert werden können.

Bei der Verlegung großformatiger Fliesen ist ein erhöhter Materialverbrauch des Verlegemörtels zu kalkulieren. Eventuell ist eine Ausgleichsspachtelung erforderlich.

Geringe Fugenbreiten und die Verlegung im Verband sind hinsichtlich der Ausbildung von Höhenversätzen kritischer zu bewerten als größere Fugenbreiten und die Verlegung auf Kreuzfuge.

Die im Merkblatt definierten zulässigen Verlegetoleranzen gelten nicht für Beläge aus Handformplatten oder Cotto usw.

Das Regelwerk unterscheidet zulässige Toleranzen für

- keramische Fliesen mit Presskante bzw. mit rektifizierten oder kalibrierten Kanten,
- Naturwerksteinbeläge,
- Betonwerksteinbeläge,
- lose Beläge auf Kies, Splitt oder Stelzlager.

Die Ermittlung der Höhenversätze zwischen benachbarten Fliesen, Naturstein und Betonwerkstein kann mittels Wasserwaage und Präzisionskeil bzw. Messmarken oder durch digitale oder mechanische Höhenmessgeräte vorgenommen werden.

Die max. zulässige Höhendifferenz beträgt bei der Verlegung keramischer Fliesen und Platten mit Presskante 2,0 mm, mit rektifizierten Kanten 1,5 mm.

Zulässige Höhendifferenzen bei Bekleidungen und Belägen aus keramischen Fliesen und Platten

Ermittlung der Stofftoleranz im Labor

Die materialbedingte Herstellungstoleranz der Fliesen ist in der Stoffnorm DIN EN 14411 festgeschrieben.

Die Stoffnorm enthält Festlegungen zur Länge, Breite, Nenndicke, Ebenheit, Mittelpunktwölbung, Kantenwölbung und Windschiefe.

Die zulässige Stofftoleranz der keramischen Fliesen ist durch Kontrollmessungen an Rückstellproben im Labor zu ermitteln. Hierbei sind die Vorgaben der DIN EN 14411 zu berücksichtigen.

Handwerkliche Verlegetoleranz (hT)

Sowohl für Fliesen mit Presskanten als auch mit rektifizierter Kante ist bei Fugenbreiten von 2 bis 8 mm eine hT von 1 mm zulässig.

Bei der Ermittlung der zulässigen Toleranzen unterscheidet man zwischen der Regelprüfung (Laborprüfung) und der Baustellenprüfung. Beide Verfahren können zur Anwendung gelangen.

Berechnungsbeispiel mit Laborwert (Regelprüfung)

Die zulässige Höhendifferenz (ΔH) berechnet sich wie folgt:

$$\Delta H = \text{hT} + \text{vorhandene Stofftoleranz (Laborwert)}$$

mit
ΔH zulässige Höhendifferenz
hT handwerkliche Verlegetoleranz

Beispiel bei vorhandener Stofftoleranz von 0,6 mm:

$\Delta H = 1{,}0\ \text{mm} + 0{,}6\ \text{mm} = 1{,}6\ \text{mm}$

Die Bemessungsgrundlage für die zulässige Höhendifferenz beträgt also 1,6 mm.

Berechnungsbeispiel für eine Baustellenprüfung

Sind keine Rückstellproben vorhanden bzw. soll auf eine Laborprüfung verzichtet werden, ist auch eine Ermittlung am Objekt für Fliesen bis zu einer addierten Seitenlänge (a + b) von 100 cm möglich.

Man unterscheidet bei der Berechnungsformel zwischen Fliesen mit Presskanten und mit rektifizierten Kanten.

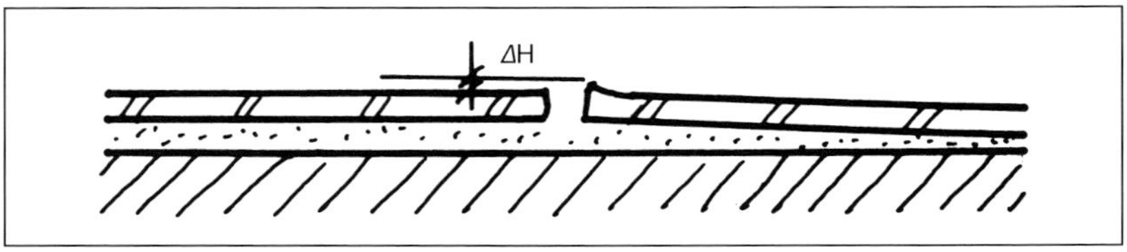

Abb. 2.103: Höhendifferenz

Die zulässige Höhendifferenz (ΔH) (siehe Abb. 2.103) für Fliesen mit Presskanten wird wie folgt berechnet:

$$\Delta H = (l + b) : 1.000 + \text{hT}$$

mit
ΔH zulässige Höhendifferenz
l Länge der Fliese
b Breite der Fliese
hT handwerkliche Verlegetoleranz

Beispielrechnung für eine Fliese im Format 30 cm × 60 cm;

ΔH = (300 mm + 600 mm) : 1.000 + 1 mm = 1,9 mm

Die zulässige Höhendifferenz (ΔH) für Fliesen mit rektifizerten Kanten wird wie folgt berechnet:

$$\Delta H = (l + b) : 1.000 : 2 + \text{hT}$$

mit
ΔH zulässige Höhendifferenz
l Länge der Fliese
b Breite der Fliese
hT handwerkliche Verlegetoleranz

Die Summe der Seitenlängen ist also zu halbieren.

Beispielrechnung für eine Fliese im Format 30 cm × 60 cm:

ΔH = (300 mm + 600 mm) : 1.000 : 2 + 1 mm = 1,45 mm

Zulässige Höhendifferenzen bei Bekleidungen und Belägen aus Naturstein

Als max. zulässige Höhendifferenz sind 1,5 mm anzusetzen. Die Stoffnormen DIN EN 12057 und DIN EN 12058 begrenzen die zulässigen Abweichungen bei dem Belagsmaterial. Allerdings weist das Regelwerk darauf hin, dass Kontrollmessungen nur bedingt aussagefähig sind, da sich die Naturwerksteine nach Herstellung durch Feuchtigkeitsänderungen bei Lagerung und Transport verändern können.

Macht die Baustellensituation geringere Abweichungen als oben aufgeführt erforderlich, um die Höhe von Überzähnen zu begrenzen, so ist dies zu berücksichtigen.

Sind höhere Anforderungen erforderlich oder können die in der Norm definierten Stofftoleranzen nicht eingehalten werden, ist der Belag, z. B. durch Abschleifen, anzugleichen. Diese Maßnahme ist allerdings eine Besondere Leistung und es besteht Anspruch auf Vergütung.

Zulässige Höhendifferenzen bei Bekleidungen und Belägen aus Betonwerkstein

Die VOB/C ATV DIN 18333 definiert in Abschnitt 3.1.3 bei Normalanforderungen die max. Höhendifferenz zwischen benachbarten Platten auf 1,5 mm.

In den Hinweisen für die Ausführung in Großräumen ist die max. Höhendifferenz jedoch auf 1,0 mm begrenzt.

Zulässige Höhendifferenzen bei Belägen auf Splitt, Kies oder Stelzlager

Bei Bewertung der zulässigen Höhendifferenzen ist üblicherweise die VOB/C ATV DIN 18318 zugrunde zu legen. Bei mittels Rüttler verdichteten Bettungsmaterialien gelten folgende Grenzwerte:

- Belagsstoffe mit ebener Oberfläche 2 mm,
- Belagsstoffe mit rauer Oberfläche 5 mm.

Bei lose auf Splitt, Kies oder Stelzlagern verlegten Belagsmaterialien verlangen die Regelwerke folgende max. Höhendifferenzen:

- Ebenen und ungefaste Belagsmaterialien 2 mm,
- Ebenen und gefaste Belagsmaterialien 3 mm,
- grob raue Belagsmaterialien 5 mm.

Verlegehilfen/Nivelliersysteme

Auf dem Markt sind sog. Nivelliersysteme erhältlich. Mit diesen kann eine Verbesserung der Ebenheit erzielt werden. Es werden unterschiedliche Systeme angeboten.

2.18.4 Fragen und Antworten

Nr.	Fragen
1.	Wie ist grundsätzlich in Bezug auf materialbedingte Maßtoleranzen von keramischen Fliesen bei deren Verlegung zu verfahren?
2.	Können geringfügige einzelne Überschreitungen hinnehmbar sein?
3.	Stellen lediglich im Streiflicht erkennbare Unebenheiten einen Mangel dar?
4.	Welche Belagsmaterialien und Verfahren behandelt das ZDB-Merkblatt hinsichtlich der Bewertung von Höhendifferenzen?
5.	Welche Fugenbreiten sind zur Bewertung von Höhendifferenzen gemäß dem Merkblatt zulässig?
6.	Welche max. Länge des Belagsmaterials ist zur Bewertung von Höhendifferenzen gemäß dem Merkblatt zulässig?
7.	Auf welche Belagsmaterialien beziehen sich die Aussagen des ZDB-Merkblatts nicht?
8.	Welche Arten keramischer Belagsmaterialien werden bei der Berechnung der max. zulässigen Höhendifferenz (ΔH) bei der Verlegung im Mörtelbett oder Dünnbettverfahren unterschieden?
9.	Welcher Maximalwert gilt für die handwerkliche Verlegetoleranz (hT) bei der Verlegung keramischer Fliesen im Mörtelbett oder Dünnbettverfahren?
10.	Mit welcher Formel berechnet man die max. zulässige Höhendifferenz (ΔH) unter Verwendung der im Labor ermittelten Stofftoleranz?

Nr.	Fragen
11.	Mit welcher Formel berechnet man die max. zulässige Höhendifferenz (ΔH) mittels Baustellenprüfung bei der Verwendung von keramischen Fliesen mit Presskanten?
12.	Mit welcher Formel berechnet man die max. zulässige Höhendifferenz (ΔH) mittels Baustellenprüfung bei der Verwendung von keramischen Fliesen mit rektifizierten Kanten?
13.	Wie hoch ist die max. zulässige Höhendifferenz (ΔH) bei der Verlegung kalibrierter, plan bearbeiteter Naturwerksteine?
14.	Welche Parameter können die Maßgenauigkeit von Naturwerksteinplatten nach deren Herstellung verändern?
15.	Welche Maßnahme ist zu treffen, wenn an einen Naturwerksteinbelag höhere Anforderungen gestellt werden?
16.	Wie hoch ist die max. zulässige Höhendifferenz (ΔH) von Betonwerksteinen?
17.	Auf welche max. zulässige Höhendifferenz (ΔH) ist ein Betonwerksteinbelag in Großräumen zu begrenzen?
18.	Welche Maßnahme ist zu treffen, wenn an einen Betonwerksteinbelag höhere Anforderungen gestellt werden?
19.	Wie hoch ist die max. zulässige Höhendifferenz (ΔH) bei der Verlegung von Belagsmaterialien unter Anwendung des Rüttelverfahrens in Splitt oder Kies? Welche Belagsoberflächen werden dabei unterschieden?
20.	Wie hoch ist die max. zulässige Höhendifferenz (ΔH) bei der losen Verlegung von Belagsmaterialien in Splitt, Kies oder auf Stelzlager? Welche Belagsoberflächen werden dabei unterschieden?
21.	Was verstehen Sie unter den Begriffen Verlegehilfen und Nivelliersystemen?
22.	Nennen Sie Messgeräte und Messverfahren zur Ermittlung von Höhendifferenzen zwischen benachbarten Fliesen.
23.	Berechnen Sie die max. zulässige Höhendifferenz (ΔH) bei der Verlegung keramischer Fliesen und Platten bei einer vorliegenden im Labor ermittelten materialbedingten Stofftoleranz von 0,5 mm.
24.	Berechnen Sie die max. zulässige Höhendifferenz (ΔH) mittels Baustellenprüfung bei der Verlegung keramischer Fliesen und Platten mit Presskanten im Format 400 mm × 400 mm.
25.	Berechnen Sie die max. zulässige Höhendifferenz (ΔH) mittels Baustellenprüfung bei der Verlegung keramischer Fliesen und Platten mit rektifizierten Kanten im Format 500 mm × 500 mm.

Nr.	Antworten
1.	Sie sind bei der Verlegung in den Fugen, soweit möglich, an- oder auszugleichen.
2.	Ja, sofern der Gesamteindruck der Fläche und die Gebrauchstauglichkeit nicht beeinträchtigt werden. Die Bewertung ist durch einen Experten des jeweiligen Gewerks vorzunehmen.
3.	nein
4.	Das Merkblatt behandelt sowohl fest verlegte als auch lose verlegte Belagsmaterialien. Diese sind: • Bekleidungen und Beläge aus keramischen Fliesen und Platten, • Bekleidungen und Beläge aus Naturstein, • Bekleidungen und Beläge aus Betonwerkstein.

Nr.	Antworten
5.	2 bis 8 mm
6.	Das Merkblatt gibt keine Längenbegrenzung vor.
7.	Sie gelten nicht für Handformplatten und Natursteinplatten mit gespaltener oder geschieferter Oberfläche.
8.	Bei der Bewertung der max. zulässigen Höhendifferenz im festen Verbund verlegter keramischer Fliesen unterscheidet man zwischen Fliesen mit Presskante und Fliesen mit rektifizierter Kante.
9.	Sie beträgt sowohl bei Fliesen mit Presskante als auch mit rektifizierter Kante 1 mm.
10.	zulässige Höhendifferenz (ΔH) = handwerkliche Verlegetoleranz (hT) + vorhandene Stofftoleranz (Laborwert)
11.	zulässige Höhendifferenz (ΔH) = [Länge (l) + Breite (b) der Fliese] : 1.000 + handwerkliche Verlegetoleranz (hT)
12.	zulässige Höhendifferenz (ΔH) = [Länge (l) + Breite (b) der Fliese] : 1.000 : 2 + handwerkliche Verlegetoleranz (hT)
13.	1,5 mm
14.	Sie können sich durch Feuchtigkeitsänderungen bei Lagerung und Transport verändern.
15.	Er ist zu schleifen. Diese Maßnahme ist gesondert zu vergüten.
16.	1,5 mm
17.	auf 1 mm
18.	Er ist zu schleifen. Diese Maßnahme ist gesondert zu vergüten.
19.	bei: • Belagsstoffen mit ebener Oberfläche 2 mm • Belagsstoffen mit rauer Oberfläche 5 mm
20.	bei: • Ebenen und ungefasten Belagsmaterialien 2 mm • Ebenen und gefasten Belagsmaterialien 3 mm • grob rauen Belagsmaterialien 5 mm
21.	Produkte, mit denen eine Verbesserung der Ebenheit direkt bei der Verlegung der Fliesen und Platten erreicht werden kann
22.	• Wasserwaage • Präzisionsmesskeil • Messmarken • digitale Höhenmessgeräte • mechanische Höhenmessgeräte
23.	ΔH (zulässige Höhendifferenz) = 1,0 mm (handwerkliche Verlegetoleranz) + 0,5 mm (vorhandene Stofftoleranz) = 1,5 mm
24.	ΔH (zulässige Höhendifferenz) = [400 mm (Länge) + 400 mm (Breite)] : 1.000 + 1,0 mm (handwerkliche Verlegetoleranz hT) = 1,8 mm
25.	ΔH (zulässige Höhendifferenz) = [500 mm (Länge) + 500 mm (Breite)] : 1.000 : 2 + 1,0 mm (handwerkliche Verlegetoleranz hT) = 1,5 mm

Abb. 2.104: Fußboden in einer Bäckerei (Quelle: MAPEI GmbH, Großostheim)

2.19 Fußböden in Arbeitsräumen mit Rutschgefahr

2.19.1 Stichworte zum Thema

- Häufigkeit und Intensität von Sturzunfällen im gewerblichen und industriellen Bereich
- Klassifizierung der Belagsmaterialien
- fachgerechte Ausführung rutschhemmender Bodenbeläge.
- Bestimmung der Rutschhemmung und des Verdrängungsraumes

2.19.2 Regelwerke

DGUV Regel 108-003	Fußböden in Arbeitsräumen und Arbeitsbereichen mit Rutschgefahr (Oktober 2003) Die DGUV Regel ist bei der Auswahl für diesen Anwendungsbereich geeigneter Bodenbeläge, deren Gestaltung sowie die Durchführung von organisatorischen Maßnahmen zu berücksichtigen.
DGUV Information 208-041	Bewertung der Rutschgefahr unter Betriebsbedingungen (2019) Diese Information gibt Hinweise zur Sicherstellung der Arbeitsplatzsicherheit in Bezug auf die Rutschgefahr. Sie darf weder zur Planung von Bodenbelägen noch zur Eingruppierung in die Bewertungsklasse genutzt werden.
ASR A1.5/1,2	Fußböden (Ausgabe März 2022) Sie definiert die Anforderungen an rutschhemmende Fußböden und gibt Hinweise zur jeweiligen Gefährdungsbeurteilung durch den Arbeitgeber.

DIN 51130	Prüfung von Fußböden – Bestimmung des Verdrängungsraumes (2023)
DIN 51131	Prüfung von Bodenbelägen – Bestimmung der rutschhemmenden Eigenschaft – Verfahren zur Messung des Gleitreibungskoeffizienten (2014)

Wesentliche Inhalte der Normen, Regelwerke und Verordnungen

- Anwendungsbereiche
- Prüfverfahren für Planung und Betrieb
- rutschhemmende Fußböden und Bewertung der Rutschgefahr
- bauliche Anforderungen an Fußböden mit Rutschgefahr
- Arbeitsräume mit Rutschgefahr
- Bewertungsgruppen

2.19.3 Fall aus der Praxis

Renovierung einer Metzgerei

Bei der Renovierung einer Metzgerei (Verkaufs- und Vorbereitungsräume) soll der Bodenbelag erneuert werden. Sie werden zur Beratung für ein geeignetes Belagsmaterial herangezogen.

- Stellen Sie technische Hinweise zur Auswahl des Belagsmaterials und zur Ausführung des Bodenbelags auf.
- Auf welche Unterlagen und Regelwerke beziehen Sie sich?

Lösung

An das Belagsmaterial werden aufgrund der Nutzung und des daraus resultierenden Gefahrenpotenzials hohe Anforderungen gestellt.

Die Beläge werden sowohl durch mechanische als auch durch chemische Einwirkungen sowie durch eine lang anhaltende Feuchtigkeitseinwirkung belastet.

Insbesondere an die Rutschfestigkeit werden in beiden Bereichen besondere Anforderungen gestellt.

Die DGUV Regel 108-003 schreibt für diese Bereiche vor:

- Fleischver- und -bearbeitung: R 12 bis R 13, V6, V8 oder V 10,
- Verkaufsräume: R 10 bis R 12, V 8 (Vorbereitungsraum).

Die exakten Werte sind der Tabelle im Anhang 1 der DGUV Regel unter Punkt 5 zu entnehmen.

Die Belastung durch Fettsäuren und weitere Chemikalien erfordert Überlegungen zu einer Herstellung von chemikalienbeständigen Belägen.

Die erforderliche intensive und häufige Reinigung mit stark wirkenden, aggressiven Mitteln erfordert ebenfalls eine hohe Beständigkeit gegenüber mechanisch und chemisch einwirkender Belastung.

Darüber hinaus sind die Gestaltung, die Format- und die Farbauswahl von großer Bedeutung. Der Belag sollte den Verkauf des zur Auswahl stehenden Warensortiments fördern und unterstützen, einen frischen und hygienischen Eindruck ausstrahlen und Kunden sowie Beschäftigte positiv beeinflussen.

2.19.4 Bausteine

Anwendungsbereiche

Sturzunfälle in Betrieben, hervorgerufen durch Stolpern oder Ausrutschen, gehören seit vielen Jahren zu den häufigsten Arbeitsunfällen. Anzahl und Intensität sind abhängig von der Oberfläche des Belagsmaterials, von dessen Verschmutzungsgrad und den im Produktionsprozess oder im Rahmen der Förderung und Lagerung zum Einsatz kommenden gleitfördernden Stoffe und Materialien.

Deshalb sind die oben aufgeführten Regelwerke zur Vermeidung oder Reduzierung der Unfallgefahr bei der Auswahl geeigneter Bodenbeläge, deren Gestaltung und bei der Anordnung betrieblicher Maßnahmen zu berücksichtigen.

Rutschhemmende Fußböden und Bewertung der Rutschgefahr nach DIN 51130

Die Prüfung der Rutschhemmung eines Bodenbelags erfolgt nach DIN 51130.

Der mit der Prüfung ermittelte Neigungswinkel ist maßgebend für die Einordnung des Bodenbelags in die jeweilige Bewertungsgruppe (vgl. Tabelle 2.32).

Tabelle 2.32: Zuordnung der Neigungswinkel zu den Bewertungsgruppen der Rutschhemmung nach ASR A1.5/1,2, Anhang 1

Neigungswinkel	Bewertungsgruppe
von 6° bis 10°	R 9
mehr als 10° bis 19°	R 10
mehr als 19° bis 27°	R 11
mehr als 27° bis 35°	R 12
mehr als 35°	R 13

Man unterscheidet 5 Bewertungsgruppen von R 9 (geringste Anforderung) bis R 13 (höchste Anforderung).

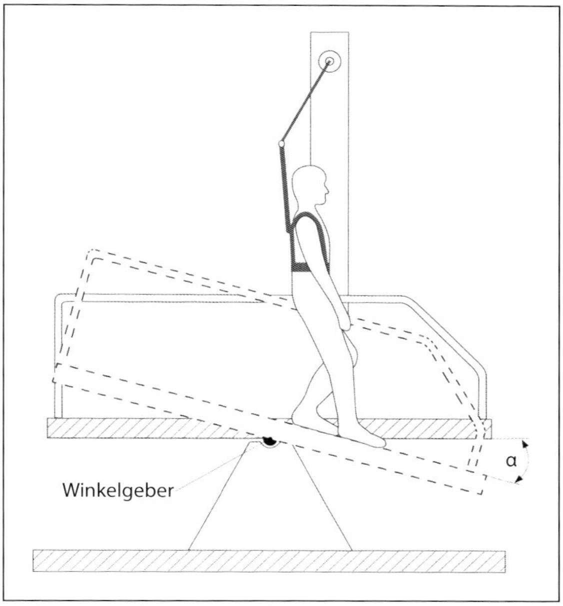

Abb. 2.105: Prüfeinrichtung (schiefe Ebene) mit Sicherheitseinrichtung (Quelle: ASR A1.5/1,2, 2022, Abb. 1)

Die rutschhemmende Eigenschaft wird an einer in der DIN 51130 definierten Prüfeinrichtung durch eine Prüfperson auf einer verstellbaren schiefen Ebene unter Verwendung eines definierten Schuhwerks (Sohle) und eines Gleitmittels ermittelt (siehe Abb. 2.105).

Verdrängungsraum

Zur Minimierung der Rutschgefahr ist in Bereichen, in denen in erhöhtem Umfang gleitfördernde Stoffe (Wasser, Öle, Pasten usw.) anfallen, ein Verdrängungsraum anzuordnen.

Als Verdrängungsraum einer keramischen Fliese bezeichnet man das Volumen unter der Gehebene, das aus der Profilierung der Fliese resultiert (vgl. Tabelle 2.33). Die Prüfung des Verdrängungsraums erfolgt ebenfalls nach DIN 51130. Der Bodenbelag darf mit dem Kennzeichen „V“ (Verdrängungsraum) gekennzeichnet werden, wenn das Volumen des Verdrängungsraums 4 cm^3/dm^2 nicht überschreitet.

Tabelle 2.33: Definition des Verdrängungsraums in Abhängigkeit vom Mindestvolumen nach ASR A1.5/1,2, Anhang 1

Verdrängungsraum	Mindestvolumen des Verdrängungsraums (cm^3/dm^2)
V 4	4
V 6	6
V 8	8
V 10	10

Der Tabelle im Anhang 1 der DGUV Regel 108-003 sind die erforderlichen R- und V-Werte in Abhängigkeit von dem jeweiligen Arbeitsraum bzw. Arbeitsbereich zu entnehmen (vgl. Tabelle 2.34).

Tabelle 2.34: R- und V-Werte nach Arbeitsraum bzw. Arbeitsbereich nach ASR A1.5/1,2, Anhang 2, und DGUV Regel 108-003, Anhang 1

Nummer	Arbeitsräume, -bereiche und betriebliche Verkehrswege	Bewertungsgruppe der Rutschgefahr (R-Gruppe)	Verdrängungsraum mit Kennzahl für das Mindestvolumen
0	**allgemeine Arbeitsräume und -bereiche**[1]		
0.1	Eingangsbereiche, innen[2]	R 9	
0.2	Eingangsbereiche, außen	R 11 oder R 10	V 4
0.3	Treppen, innen[3]	R 9	
0.4	Außentreppen	R 11 oder R 10	V 4
0.5	Sanitärräume (z. B. Toiletten, Umkleide- und Waschräume)	R 10	
	Pausenräume (z. B. Aufenthaltsraum, Betriebskantinen)	R 9	
	Sanitätsräume	R 9	
1	**Herstellung von Margarine, Speisefett, Speiseöl**		
1.1	Fettschmelzen	R 13	V 6
1.2	Speiseölraffinerie	R 13	V 4
1.3	Herstellung und Verpackung von Margarine	R 12	
1.4	Herstellung und Verpackung von Speisefett, Abfüllen von Speiseöl	R 12	
2	**Milchbe- und -verarbeitung, Käseherstellung**		
2.1	Frischmilchverarbeitung einschließlich Butterei	R 12	
2.2	Käsefertigung, -lagerung und Verpackung	R 11	
2.3	Speiseeisfabrikation	R 12	
3	**Schokoladen- und Süßwarenherstellung**		
3.1	Zuckerkocherei	R 12	
3.2	Kakaoherstellung	R 12	
3.3	Rohmassenherstellung	R 11	
3.4	Eintafelei, Hohlkörper- und Pralinenfabrikation	R 11	

Tabelle 2.34: R- und V-Werte nach Arbeitsraum bzw. Arbeitsbereich nach ASR A1.5/1,2, Anhang 2, und DGUV Regel 108-003, Anhang 1 (Fortsetzung)

Nummer	Arbeitsräume, -bereiche und betriebliche Verkehrswege	Bewertungsgruppe der Rutschgefahr (R-Gruppe)	Verdrängungsraum mit Kennzahl für das Mindestvolumen
4	**Herstellung von Backwaren (Bäckereien, Konditoreien, Dauerbackwaren-Herstellung)**		
4.1	Teigbereitung	R 11	
4.2	Räume, in denen vorwiegend Fette oder flüssige Massen verarbeitet werden	R 12	
4.3	Spülräume	R 12	V 4
5	**Schlachtung, Fleischbearbeitung, Fleischverarbeitung**		
5.1	Schlachthaus	R 13	V 10
5.2	Kuttlerraum, Darmschleimerei	R 13	V 10
5.3	Fleischzerlegung	R 13	V 8
5.4	Wurstküche	R 13	V 8
5.5	Kochwurstabteilung	R 13	V 8
5.6	Rohwurstabteilung	R 13	V 6
5.7	Wursttrockenraum	R 12	
5.8	Darmlager	R 12	
5.9	Pökelei, Räucherei	R 12	
5.10	Geflügelverarbeitung	R 12	V 6
5.11	Aufschnitt- und Verpackungsabteilung	R 12	
5.12	Handwerksbetrieb mit Verkauf	R 12	V 8[4)]
6	**Be- und Verarbeitung von Fisch, Feinkostherstellung**		
6.1	Be- und Verarbeitung von Fisch	R 13	V 10
6.2	Feinkostherstellung	R 13	V 6
6.3	Mayonnaiseherstellung	R 13	V 4
7	**Gemüsebe- und -verarbeitung**		
7.1	Sauerkrautherstellung	R 13	V 6
7.2	Gemüsekonservenherstellung	R 13	V 6
7.3	Sterilisierräume	R 11	
7.4	Räume, in denen Gemüse für die Verarbeitung vorbereitet wird	R 12	V 4

Tabelle 2.34: R- und V-Werte nach Arbeitsraum bzw. Arbeitsbereich nach ASR A1.5/1,2, Anhang 2, und DGUV Regel 108-003, Anhang 1 (Fortsetzung)

Nummer	**Arbeitsräume, -bereiche und betriebliche Verkehrswege**	**Bewertungsgruppe der Rutschgefahr (R-Gruppe)**	**Verdrängungsraum mit Kennzahl für das Mindestvolumen**
8	**Nassbereiche bei der Nahrungsmittel- und Getränkeherstellung** (soweit nicht besonders erwähnt)		
8.1	Lagerkeller, Gärkeller	R 10	
8.2	Getränkeabfüllung, Fruchtsaftherstellung	R 11	
9	**Küchen, Speiseräume**		
9.1	gastronomische Küchen (Gaststättenküchen, Hotelküchen)		
9.1.1	bis 100 Gedecke je Tag	R 11	V 4
9.1.2	über 100 Gedecke je Tag	R 12	V 4
9.2	Küchen für Gemeinschaftsverpflegung in Heimen, Schulen, Kindertagesstätten, Sanatorien	R 11	
9.3	Küchen für Gemeinschaftsverpflegung in Krankenhäusern, Kliniken	R 12	
9.4	Großküchen für Gemeinschaftsverpflegung in Mensen, Kantinen, Fernküchen	R 12	V 4
9.5	Aufbereitungsküchen (Fast-Food-Küchen, Imbissbetriebe)	R 12	V 4
9.6	Auftau- und Anwärmküchen	R 10	
9.7	Kaffee- und Teeküchen, Küchen in Hotels garnis, Stationsküchen	R 10	
9.8	Spülräume		
9.8.1	Spülräume zu 9.1, 9.4, 9.5	R 12	V 4
9.8.2	Spülräume zu 9.2	R 11	
9.8.3	Spülräume zu 9.3	R 12	
9.9	Speiseräume, Gasträume, Kantinen, einschließlich Bedienungs- und Serviergängen	R 9	
10	**Kühlräume, Tiefkühlräume, Kühlhäuser, Tiefkühlhäuser**		
10.1	für unverpackte Ware	R 12	
10.2	für verpackte Ware	R 11	
11	**Verkaufsstellen, Verkaufsräume**		
11.1	Warenannahme Fleisch		
11.1.1	für unverpackte Ware	R 11	
11.1.2	für verpackte Ware	R 10	

Tabelle 2.34: R- und V-Werte nach Arbeitsraum bzw. Arbeitsbereich nach ASR A1.5/1,2, Anhang 2, und DGUV Regel 108-003, Anhang 1 (Fortsetzung)

Nummer	Arbeitsräume, -bereiche und betriebliche Verkehrswege	Bewertungsgruppe der Rutschgefahr (R-Gruppe)	Verdrängungsraum mit Kennzahl für das Mindestvolumen
11.2	Warenannahme Fisch	R 11	
11.3	Bedienungsgang für Fleisch und Wurst		
11.3.1	für unverpackte Ware	R 11	
11.3.2	für verpackte Ware	R 10	
11.4	Bedienungsgang für Brot und Backwaren, unverpackte Ware	R 10	
11.5	Bedienungsgang für Molkerei- und Feinkosterzeugnisse, unverpackte Ware	R 10	
11.6	Bedienungsgang für Fisch		
11.6.1	für unverpackte Ware	R 12	
11.6.2	für verpackte Ware	R 11	
11.7	Bedienungsgänge, ausgenommen Nr. 11.3 bis 11.6	R 9	
11.8	Fleischvorbereitungsraum		
11.8.1	zur Fleischbearbeitung, ausgenommen Nr. 5	R 12	V 8
11.8.2	zur Fleischverarbeitung, ausgenommen Nr. 5	R 11	
11.9	Blumenbinderäume und -bereiche	R 11	
11.10	Verkaufsbereiche mit ortsfesten Backöfen		
11.10.1	zum Herstellen von Backwaren	R 11	
11.10.2	zum Aufbacken vorgefertigter Backwaren	R 10	
11.11	Verkaufsbereiche mit ortsfesten Fritteusen oder ortsfesten Grillanlagen	R 12	V 4
11.12	Verkaufsräume, Kundenräume	R 9	
11.13	Vorbereitungsbereiche für Lebensmittel zum SB-Verkauf		R 10
11.14	Kassenbereiche, Packbereiche	R 9	
11.15	Verkaufsbereiche im Freien	R 11 oder R 10	V 4
12	**Räume des Gesundheitsdienstes/der Wohlfahrtspflege**		
12.1	Desinfektionsräume (nass)	R 11	
12.2	Vorreinigungsbereiche der Sterilisation	R 10	

Tabelle 2.34: R- und V-Werte nach Arbeitsraum bzw. Arbeitsbereich nach ASR A1.5/1,2, Anhang 2, und DGUV Regel 108-003, Anhang 1 (Fortsetzung)

Nummer	Arbeitsräume, -bereiche und betriebliche Verkehrswege	Bewertungsgruppe der Rutschgefahr (R-Gruppe)	Verdrängungsraum mit Kennzahl für das Mindestvolumen
12.3	Fäkalienräume, Ausgussräume, unreine Pflegearbeitsräume	R 10	
12.4	Sektionsräume	R 10	
12.5	Räume für medizinische Bäder, Hydrotherapie, Fango-Aufbereitung	R 11	
12.6	Waschräume von OPs, Gipsräume	R 10	
12.7	sanitäre Räume, Stationsbäder	R 10	
12.8	Räume für medizinische Diagnostik und Therapie, Massageräume	R 9	
12.9	OP-Räume	R 9	
12.10	Stationen mit Krankenzimmern und Fluren	R 9	
12.11	Praxen der Medizin, Tageskliniken	R 9	
12.12	Apotheken	R 9	
12.13	Laborräume	R 9	
12.14	Friseursalons	R 9	
13	**Wäscherei**		
13.1	Räume mit Durchlaufwaschmaschinen (Waschröhren) oder mit Waschschleuder- maschinen	R 9	
13.2	Räume mit Waschmaschinen, bei denen die Wäsche tropfnass entnommen wird	R 11	
13.3	Räume zum Bügeln und Mangeln	R 9	
14	**Kraftfutterherstellung**		
14.1	Trockenfutterherstellung	R 11	
14.2	Kraftfutterherstellung unter Verwendung von Fett und Wasser	R 11	V 4
15	**Lederherstellung, Textilien**		
15.1	Wasserwerkstatt in Gerbereien	R 13	
15.2	Räume mit Entfleischmaschinen	R 13	V 10
15.3	Räume mit Leimlederanfall	R 13	V 10
15.4	Fetträume für Dichtungsherstellung	R 12	
15.5	Färbereien für Textilien	R 11	

Tabelle 2.34: R- und V-Werte nach Arbeitsraum bzw. Arbeitsbereich nach ASR A1.5/1,2, Anhang 2, und DGUV Regel 108-003, Anhang 1 (Fortsetzung)

Nummer	Arbeitsräume, -bereiche und betriebliche Verkehrswege	Bewertungsgruppe der Rutschgefahr (R-Gruppe)	Verdrängungsraum mit Kennzahl für das Mindestvolumen
16	**Lackierereien**		
16.1	Nassschleifbereiche	R 12	V 10
17	**keramische Industrie**		
17.1	Nassmühlen (Aufbereitung keramischer Rohstoffe)	R 11	
17.2	Mischer, Umgang mit Stoffen wie Teer, Pech, Graphit, Kunstharzen	R 11	V 6
17.3	Pressen (Formgebung) Umgang mit Stoffen wie Teer, Pech, Graphit, Kunstharzen	R 11	V 6
17.4	Gießbereiche	R 12	
17.5	Glasierbereiche	R 12	
18	**Be- und Verarbeitung von Glas und Stein**		
18.1	Steinsägerei, Steinschleiferei	R 11	
18.2	Glasformung von Hohlglas, Behälterglas, Bauglas	R 11	
18.3	Schleifereibereiche für Hohlglas, Flachglas	R 11	
18.4	Isolierglasfertigung, Umgang mit Trockenmittel	R 11	V 6
18.5	Verpackung, Versand von Flachglas, Umgang mit Antihaftmittel	R 11	V 6
18.6	Ätz- und Säurepolieranlagen für Glas	R 11	
19	**Betonwerke**		
19.1	Betonwaschplätze	R 11	
20	**Lagerbereiche**		
20.1	Lagerräume für Öle und Fette	R 12	V 6
20.2	Lagerräume für verpackte Lebensmittel	R 10	
20.3	Lagerbereiche im Freien	R 11 oder R 10	V 4
21	**Chemische und thermische Behandlung von Eisen und Metall**		
21.1	Beizereien	R 12	
21.2	Härtereien	R 12	
21.3	Laborräume	R 11	

Tabelle 2.34: R- und V-Werte nach Arbeitsraum bzw. Arbeitsbereich nach ASR A1.5/1,2, Anhang 2, und DGUV Regel 108-003, Anhang 1 (Fortsetzung)

Nummer	Arbeitsräume, -bereiche und betriebliche Verkehrswege	Bewertungsgruppe der Rutschgefahr (R-Gruppe)	Verdrängungsraum mit Kennzahl für das Mindestvolumen
22	**Metallbe- und -verarbeitung, Metallwerkstätten**		
22.1	Galvanisierräume	R 12	
22.2	Graugussbearbeitung	R 11	V 4
22.3	mechanische Bearbeitungsbereiche (z. B. Dreherei, Fräserei), Stanzerei, Presserei, Zieherei (Rohre, Drähte) und Bereiche mit erhöhter Öl-Schmiermittelbelastung	R 11	V 4
22.4	Teilereinigungsbereiche, Abdämpfbereiche	R 12	
23	**Werkstätten für Fahrzeuginstandhaltung**		
23.1	Instandsetzungs- und Wartungsräume	R 11	
23.2	Arbeits- und Prüfgrube	R 12	V 4
23.3	Waschhalle, Waschplätze	R 11	V 4
24	**Werkstätten für das Instandhalten von Luftfahrzeugen**		
24.1	Flugzeughallen	R 11	
24.2	Werfthallen	R 12	
24.3	Waschplätze	R 11	V 4
25	**Abwasserbehandlungsanlagen**		
25.1	Pumpenräume	R 12	
25.2	Räume für Schlammentwässerungsanlagen	R 12	
25.3	Räume für Rechenanlagen	R 12	
25.4	Standplätze von Arbeitsplätzen, Arbeitsbühnen und Wartungspodeste	R 12	
26	**Feuerwehrhäuser**		
26.1	Fahrzeugstellplätze	R 12	
26.2	Räume für Schlauchpflegeeinrichtungen	R 12	
27	**Geldinstitute**		
27.1	Schalterräume	R 9	
28	**Parkbereiche**		
28.1	Garagen, Hoch- und Tiefgaragen ohne Witterungseinfluss[5)]	R 10	

Tabelle 2.34: R- und V-Werte nach Arbeitsraum bzw. Arbeitsbereich nach ASR A1.5/1,2, Anhang 2, und DGUV Regel 108-003, Anhang 1 (Fortsetzung)

Nummer	Arbeitsräume, -bereiche und betriebliche Verkehrswege	Bewertungsgruppe der Rutschgefahr (R-Gruppe)	Verdrängungsraum mit Kennzahl für das Mindestvolumen
28.2	Garagen, Hoch- und Tiefgaragen mit Witterungseinfluss	R11 oder R 10	V 4
28.3	Parkflächen im Freien	R 11 oder R 10	V 4
29	**Schulen und Kindergärten**		
29.1	Eingangsbereiche, Flure, Pausenhallen	R 9	
29.2	Klassenräume, Gruppenräume	R 9	
29.3	Treppen	R 9	
29.4	Toiletten, Waschräume	R 10	
29.5	Lehrküchen in Schulen (siehe auch Nummer 9)	R 10	
29.6	Küchen in Kindergärten (siehe auch Nummer 9)	R 10	
29.7	Maschinenräume für Holzbearbeitung	R 10	
29.8	Fachräume für Werken	R 10	
29.9	Pausenhöfe	R 11 oder R 10	V 4
30	**betriebliche Verkehrswege in Außenbereichen**		
30.1	Gehwege	R 11 oder R 10	V 4
30.2	Laderampen		
30.2.1	überdacht	R 11 oder R 10	V 4
30.2.2	nicht überdacht	R 12	V 4
30.3	Schrägrampen (z. B. für Rollstühle, Ladebrücken)	R 12	
30.4.1	Betankungsbereiche	R 12	
30.4.2	Betankungsbereiche überdacht	R 11	

1) für Fußböden in barfuß begangenen Nassbereichen siehe GUV-Information „Bodenbeläge für nassbelastete Barfußbereiche" (GUV-I 8527, bisher GUV 26.17)
2) Eingangsbereiche gemäß Nummer 0.1 sind die Bereiche, die durch Eingänge direkt aus dem Freien betreten werden und in die Feuchtigkeit von außen hereingetragen werden kann (siehe auch vierter Absatz des Abschnittes 4, Verwendung von Schmutz- und Feuchtigkeitsaufnehmer). Für anschließende Bereiche oder andere großflächige Räume ist Abschnitt 3.4 dieser GUV-Regel zu berücksichtigen.
3) Treppen gemäß Nummer 0.3 sind diejenigen, auf die Feuchtigkeit von außen hineingetragen wer- den kann. Für anschließende Bereiche ist Abschnitt 3.4 dieser GUV-Regel zu beachten.
4) Wurde überall ein einheitlicher Bodenbelag verlegt, kann der Verdrängungsraum aufgrund einer Gefährdungsanalyse (unter Berücksichtigung des Reinigungsverfahrens, der Arbeitsabläufe und des Anfalls an gleitfördernden Stoffen auf den Fußboden) bis auf V 4 gesenkt werden.
5) die Fußgängerbereiche, die nicht von Rutschgefahr durch Witterungseinflüsse, wie Schlagregen oder eingeschleppte Nässe, betroffen sind

Bewertung der Rutschgefahr unter Betriebsbedingungen nach DIN 51131

Die Messung ist mit einem Prüfgerät nach DIN 51131 (z. B. GMG 100, GMG 200) durchzuführen. Bei der Messung sind Betriebszustände und die vorliegenden Gleitmittel zu berücksichtigen.

Im Zuge des Messvorgangs wird nach vorab ermittelter Neigung des Fußbodens mit konstanter Geschwindigkeit über die Prüffläche gezogen und anhand der ermittelten Reibungskraft über eine Messstrecke von 0,5 m berechnet.

Unter Berücksichtigung des zur Anwendung kommenden Gleitermaterials und Gleitmittels wird der Gleitreibungskoeffizient berechnet.

Der so ermittelte Gleitreibungskoeffizient dient allerdings nicht zur Einordnung in eine Bewertungsgruppe nach DIN 51130.

Auswahl und Anordnung von Bodenbelägen

- Der Bodenbelag ist auf Eignung unter Berücksichtigung der objektspezifischen Nutzung (mechanische und chemische Belastung) zu prüfen.
- Die im Betrieb anfallenden Gleitmittel sind zu berücksichtigen.
- Das zum Einsatz kommende Reinigungsverfahren ist zu berücksichtigen.
- Bei angrenzenden Arbeitsräumen mit Fliesen und unterschiedlicher Rutschhemmung, sind die Beläge jeweils 2 benachbarten Bewertungsgruppen zuzuordnen (R 10 oder R 11 oder R 11 und R 12).
- Arbeitsbereiche mit unterschiedlicher Rutschgefahr, die von Beschäftigten im Wechsel genutzt werden, sind einheitlich mit dem gleichen Bodenbelag der höheren Bewertungsgruppe zu gestalten.

Nachträgliche Optimierung der Rutschhemmung

- Eine nachträgliche Verbesserung der Rutschhemmung kann durch den Einsatz geeigneter mechanischer oder chemischer Verfahren erreicht werden.

Weitergehende wichtige bauliche Anforderungen

- Es dürfen keine Stolperstellen (> 4 mm) vorhanden sein.
- Anfallende Flüssigkeit muss rückstaufrei abfließen können. Anordnung von leichtem Gefälle zu den Abläufen.
- Eine der Wasserbelastung angepasste Anzahl und Positionierung von Wassereinläufen ist anzuordnen. Ein Rückstau und eine damit verbundene Wasseransammlung auf den Bodenflächen müssen ausgeschlossen werden.
- Rutschfeste Sauberlaufzonen (> 1,5 m in Laufrichtung) vom Außen- in den Innenbereich sind zur Vermeidung von Schmutz- und Feuchtigkeitseintrag auf die Innenflächen auszubilden.
- Roste und Abdeckungen müssen beständig gegenüber den zum Einsatz kommenden Reinigungsmitteln sein.
- Bis zu einem max. Wandabstand von 15 cm und unter Maschinen können zur Erleichterung der Reinigung nicht profilierte Fliesen zur Anwendung kommen.

2.19.5 Fragen und Antworten

Nr.	Fragen
1.	Nennen Sie das relevante Regelwerk zur Thematik Rutschgefahr.
2.	Wer gibt dieses Merkblatt heraus? Wo ist es zu beziehen?
3.	Welche allgemeinen Vorschriften gibt es für Fußböden im Arbeitsbereich?
4.	Welche Faktoren beeinflussen die Rutschgefahr?
5.	Was sind gleitfördernde Stoffe?
6.	Was ist ein Verdrängungsraum bei der keramischen Fliese?
7.	Mit welchen Begriffen wird der Verdrängungsraum gekennzeichnet?
8.	Welche Bedeutung hat die Zahl in dieser Kennzeichnung?
9.	Welcher Profilabstand ist bei der Prüfung des Verdrängungsraums für die praktische Anwendung sinnvoll?
10.	Welche Verdrängungsräume gibt es?
11.	Wie wird die Rutschhemmung geprüft?
12.	Nennen Sie die wichtigsten Faktoren für den Prüfvorgang.
13.	Welche Bewertungsgruppen der Rutschhemmung gibt es?
14.	Wovon hängen die Bewertungsgruppen bei der Prüfung ab?
15.	Nennen Sie die Zuordnung der Bewertungsgruppen zu den Neigungswinkeln.
16.	Wer entwickelt rutschhemmende Bodenbeläge?
17.	Wer prüft rutschhemmende Bodenbeläge?
18.	Welche weiteren Maßnahmen sind geeignet, die Rutschhemmung zu verbessern?
19.	Nennen Sie Gewerbe- und Industriebereiche, die besondere Rutschgefahr vermuten lassen.
20.	Welche Bewertungen sind für die nachfolgenden Beispiele zu treffen? • Wurstküche • Sauerkrautherstellung • Großküche in einem Krankenhaus • Friseursalon • Nassschleifbereich einer Lackiererei • Arbeits- und Prüfgrube einer Autowerkstatt • Schalterräume einer Sparkasse • Flure und Klassenzimmer einer Schule
21.	Welche Verdrängungsräume können mit einer Rutschhemmung von R 13 kombiniert werden?
22.	Was ist ein Prüfschuh? Welche Aufgabe hat er?
23.	Wie groß ist die Probefläche des Prüfbelags?
24.	Wie viele Einzelprüfungen werden für die Prüfung eines Belags durchgeführt?

Nr.	Antworten
1.	DGUV Regel 108-003 „Fußböden in Arbeitsräumen und Arbeitsbereichen mit Rutschgefahr" (2003)
2.	Deutsche Gesetzliche Unfallversicherung e.V. (DGUV), Glinkastraße 40, 10117 Berlin
3.	Sie müssen rutschhemmend und leicht zu reinigen sein.
4.	Flüssigkeiten, Häufigkeit und Grad der Verunreinigung, Art und Eigenschaften der Stoffe
5.	Reinigungsmittel, Fette, Öle, Flüssigkeiten, Lebensmittelabfälle
6.	das Volumen unter der Gehebene
7.	V 4 bis V 10
8.	Sie beschreibt das Volumen in cm^3/dm^2.
9.	max. 40 mm
10.	V 4, V 6, V 8 und V 10
11.	durch einen Versuch auf einer verstellbaren schiefen Ebene
12.	zu prüfender Belag, Gleitmittel, Prüfschuh, Prüfperson und Neigungswinkel
13.	R 9 bis R 13
14.	Die Einteilung in die jeweilige Bewertungsgruppe erfolgt von jenem Neigungswinkel, bei dem die Grenze des sicheren Gehens erreicht ist.
15.	R 9: 6–10°, R 10: > 10–19°, R 11: > 19–27°, R 12: > 27–35°, R 13: > 35°
16.	Die keramische Industrie, die auch über die Prüfeinrichtungen verfügt.
17.	Eigenüberwachung der keramischen Industrie und ggf. zertifizierte Prüfinstitute
18.	Sie kann neben der Eigenschaft des Bodenbelags durch Reinigung, Schmutz- und Feuchtigkeitsaufnahme sowie die Vermeidung von Stolperstellen, z. B. an Rinnen und Abläufen, erreicht werden.
19.	Molkereien, Großküchen, Schlachthöfe und Metzgereien
20.	• Wurstküche — R 13 V 8 • Sauerkrautherstellung — R 13 V 6 • Großküche in einem Krankenhaus — R 12 • Friseursalon — R 9 • Nassschleifbereich einer Lackiererei — R 12 V 10 • Arbeits- und Prüfgrube einer Autowerkstatt — R 12 V 4 • Schalterräume einer Sparkasse — R 9 • Flure und Klassenzimmer einer Schule — R 13 von V 4 bis V 10
21.	R 13 kann mit V 4 bis V 10 kombiniert werden.
22.	ein Schuh mit genormter Sohle, der bei der Prüfung zum Einsatz kommt
23.	0,60 m × 2,00
24.	3

Abb. 2.106: Nassbelasteter Barfußbereich, Beckenumgang (Quelle: Agrob Buchtal GmbH, Alfter-Witterschlick)

2.20 Fußböden in nassbelasteten Barfußbereichen

2.20.1 Stichworte zum Thema

- hoher Anteil an Ausrutschunfällen im nassbelasteten Barfußbereich
- Bewertungsgruppen
- Einteilung der auszuführenden Bereiche und Bauteile in Bewertungsgruppen
- Anforderungen an Bodenbeläge
- Maßnahmen zur Verbesserung der Rutschhemmung

2.20.2 Regelwerke

DGUV Information 207-006	Bodenbeläge für nassbelastete Barfußbereiche (Mai 2020) Die DGUV Information 207-006 beinhaltet für den Fliesenleger wichtige Hinweise für die Ausführung sowie das Einrichten und Betreiben von Bodenbelägen in nassbelasteten Bereichen. Sie berücksichtigt die Ausführung der Arbeitsstättenregel ASR A1.5/1,2 zur Thematik.
ASR A1.5/1,2	Fußböden (März 2022)
DGUV Information 208-041	Bewertung der Rutschgefahr unter Betriebsbedingungen (September 2019)
DGfdB-Richtlinie R 25.07	Gefälleausbildung in Bodenbelägen von Schwimmbädern (August 2015)

DGfdB-Liste RK Nr. A 43	Liste geprüfter Reinigungsmittel für keramische Beläge in Schwimmbädern (2020 mit 43. Ergänzung)
ZDB-Merkblatt	Höhendifferenzen in keramischen, Betonwerkstein- und Naturwerksteinbekleidungen und Belägen (August 2019)

Wesentliche Inhalte der Regelwerke

- Anwendungsbereiche
- Begriffsbestimmungen
- Rutschhemmung
- Planung und Verlegung
- Reinigung und Pflege
- Bauendreinigung
- geprüfte Bodenbeläge
- Prüfung der Bodenbeläge
- Kontrolle der Rutschhemmung unter Betriebsbedingungen
- Maßnahmen zur Verbesserung der Rutschhemmung von verlegten Bodenbelägen
- Höhendifferenzen

2.20.3 Bausteine

Sturzunfälle durch Ausrutschen in nassbelasteten Barfußbereichen wie z. B. in Schwimmbädern, öffentlichen Saunaanlagen und Duschräumen haben einen hohen Anteil am Unfallgeschehen. Nicht selten haben diese schwerwiegende gesundheitliche Folgen für den Geschädigten.

Zur Vermeidung bzw. zur Minimierung der Unfallgefahr sind deshalb in allen nassbelasteten Barfußbereichen die Vorgaben in Merkblättern und Informationsblättern der Deutschen Gesetzlichen Unfallversicherung (DGUV) verbindlich zu berücksichtigen.

Im Barfußbereich müssen spezielle rutschhemmende keramische Fliesen zur Anwendung kommen.

Je nach Bereich im Objekt und definiertem Neigungswinkel werden diese einer Bewertungsgruppe (A, B, C) zugeordnet (vgl. Tabelle 2.35). Die Anforderungen sind in der Gruppe A am geringsten und in der Gruppe C am höchsten.

Die Prüfung der Fliesen auf rutschhemmende Eigenschaften erfolgt im Rahmen einer Baumusterprüfung.

Tabelle 2.35: Anwendungsbereiche und Zuordnung der Bewertungsgruppe nach DGUV Information 207-006 (2020), Tabelle 1

Bewertungsgruppe	Mindestneigungswinkel	Bereiche
A	12°	• Barfußgänge und Sanitärbereich (weitgehend trocken) • Einzel- und Sammelumkleideräume • Beckenböden in Nichtschwimmerbecken, wenn im gesamten Bereich die Wassertiefe mehr als 80 cm beträgt • Sauna- und Ruhebereiche (weitgehend trocken)
B	18°	• Barfußgänge und Sanitärbereiche, soweit sie nicht A zugeordnet sind • Duschräume und Duschbereiche • Dampfbäder • Bereiche von Desinfektionssprühanlagen • Beckenumgänge • Beckenböden in Nichtschwimmerbecken, wenn in Teilbereichen die Wassertiefe weniger als 80 cm beträgt • Beckenböden in Nichtschwimmerbereichen von Wellenbecken • Hubböden • Planschbecken • Leitern und Treppen außerhalb des Beckenbereichs, soweit sie nicht C zugeordnet sind • begehbare Oberflächen von Sprungplattformen und Sprungbrettanlagen, soweit sie nicht C zugeordnet sind • Sauna- und Ruhebereiche, soweit sie nicht A zugeordnet sind.
C	24°	• ins Wasser führende Leitern und Treppen • Aufgänge zu Sprunganlagen und Wasserrutschen • Oberflächen von Sprungplattformen und Sprungbrettern in der Länge, die für den Springer reserviert ist (die rutschfeste Oberfläche der Sprungplattformen und Sprungbretter muss um die Vorderkante herumgeführt werden, wo die Hände und Zehen der Benutzer greifen) • Startblöcke • Durchschreitebecken • Kneippbecken, Tretbecken • geneigte Beckenrandausbildung • Rampen im Beckenumgangsbereich mit Neigung > 6 %

Anforderungen an das Belagsmaterial

Zur Anwendung kommende Bodenbeläge müssen der „Liste NB" entsprechen, die vom Kuratorium „Rutschhemmende Bodenbeläge" (Säurefliesner-Vereinigung e. V., 2015) herausgegeben wird.

Für die Aufnahme in die Liste sind die Prüfung durch ein zertifiziertes Prüfinstitut und die Genehmigung des Kuratoriums erforderlich.

Der Antrag ist zu stellen bei dem

Kuratorium „Rutschhemmende Bodenbeläge – Liste NB“
Säurefliesner-Vereinigung e. V.
Im langen Felde 4
30938 Großburgwedel

Weitergehende wichtige bauliche Anforderungen

- Es dürfen keine Stolperstellen (> 4 mm) vorhanden sein.
- Höhenunterschiede in der Fuge müssen auf ein Minimum beschränkt sein. Das ZDB-Merkblatt „Höhendifferenzen in keramischen, Betonwerkstein- und Naturwerksteinbekleidungen und Belägen“ (2019) ist zu berücksichtigen.
- Anfallende Flüssigkeit muss rückstaufrei abfließen können. Anordnung von leichtem Gefälle zu den Abläufen.
- Der Wasserbelastung angepasste Anzahl und Positionierung von Wassereinläufen anordnen. Ein Rückstau und eine damit verbundene Wasseransammlung auf den Bodenflächen müssen ausgeschlossen werden.
- Roste und Abdeckungen müssen bündig mit dem Oberboden abschließen und beständig gegenüber den zum Einsatz kommenden Reinigungsmitteln sein.
- Bis zu einem max. Wandabstand von 15 cm und unter fest montierten Einrichtungen können zur Erleichterung der Reinigung nicht profilierte Fliesen zur Anwendung kommen.
- Stufen, die an das Wasser führen, sind an der Kante deutlich farblich zu kennzeichnen. Grundsätzlich ist die Stufenvorderkante zu runden.

Kontrolle der Rutschhemmung während des Betriebs

Für eine Kontrolle der rutschhemmenden Eigenschaft sind Vergleichswerte zu ermitteln, die charakteristisch für die rutschhemmende Wirkung des Bodenbelags sind.

Beispiele für die Notwendigkeit einer Kontrolle sind:

- Nutzungsänderung der Betriebsstätte,
- Ermittlung der Ursache von Betriebsunfällen,
- subjektives Empfinden von Rutschgefahr durch den Nutzer.

Die Kontrolle sollte gemäß der Beschreibung im Kapitel 5 der DGUV Information 208-041 „Bewertung der Rutschgefahr unter Betriebsbedingungen“ (2019) durchgeführt werden.

Nachträgliche Optimierung der Rutschhemmung

Eine nachträgliche Verbesserung der Rutschhemmung kann durch den Einsatz geeigneter mechanischer oder chemischer Verfahren erreicht werden.

2.20.4 Fragen und Antworten

Nr.	Fragen
1.	Nennen Sie das relevante Regelwerk zur Thematik „Fußböden in nassbelasteten Barfußbereichen".
2.	Welche grundsätzlichen Anforderungen bestehen an Fußböden hinsichtlich des Unfallschutzes?
3.	Was ist ein nassbelasteter Barfußbereich?
4.	Wie sind in diesem Zusammenhang Treppenstufen bzw. Stufen von Leitern geregelt?
5.	Nennen Sie Beispiele für nassbelastete Barfußbereiche.
6.	Welche Bewertungsgruppen gibt es für die Rutschhemmung in nassbelasteten Barfußbereichen?
7.	Ordnen Sie den Bewertungsgruppen die jeweiligen Neigungswinkel zu.
8.	Nennen Sie jeweils 2 Beispiele einer Bewertungsgruppe.
9.	Was versteht man unter dem Begriff „Trittfreundlichkeit eines Belages"? Wie ist er zu bewerten?
10.	Welche weiteren Maßnahmen können zur Rutschhemmung eines Barfußbereichs beitragen?
11.	Was ist bei der Ausbildung von Überlaufrinnen im Anschlussbereich Beckenkopf/ Beckenumgang unter Berücksichtigung des Unfallschutzes zu beachten?
12.	Wie können Bodenbeläge mit stark rutschhemmender Struktur gereinigt werden?
13.	Welche Informationen gibt es für die Auswahl und Eignung von Reinigungsmitteln?
14.	Was verstehen Sie unter dem Begriff „Liste NB", welche Angaben enthält sie? Wer stellt diese auf?
15.	Welche Bereiche bergen in Barfußbereichen die größte Rutschgefahr?
16.	Nennen Sie die Bewertungsgruppe und den Mindestneigungswinkel der Prüfung für Barfußbereiche mit der größten Rutschgefahr.
17.	Wer führt die Prüfungen von Belägen für den nassbelasteten Barfußbereich durch?
18.	Wie werden Bodenbeläge für den nassbelasteten Barfußbereich überprüft?
19.	Wie viele Einzelprüfungen und wie viele Prüfpersonen tragen zur Festlegung des Prüfergebnisses bei?
20.	Wer haftet für Unfälle innerhalb von Bereichen, die mit für die Bewertungsgruppe ungeeigneten Bodenfliesen belegt wurden?

Nr.	Antworten
1.	DGUV Information 207-006 „Bodenbeläge für nassbelastete Barfußbereiche" (2020)
2.	Fußböden müssen in Abhängigkeit von der Nutzungsart, dem zur Anwendung kommenden Reinigungsverfahren, den im Betrieb vorliegenden Verhältnissen und eventuell einwirkenden Witterungsverhältnissen sicher benutzt werden können.
3.	Er ist in der Regel nass (partieller oder flächendeckender Feuchtigkeitsfilm bzw. stehendes oder fließendes Wasser) und wird barfuß begangen.
4.	Sie werden wie Bodenbeläge geregelt.
5.	Schwimmbeckenumgänge, Bodenflächen in Bädern von Krankenhäusern, Bodenflächen von Duschanlagen in Sport- und Arbeitsstätten, Umkleideräume
6.	A, B und C
7.	Der Neigungswinkel zur Bewertungsgruppe A beträgt 12°. Der Neigungswinkel zur Bewertungsgruppe B beträgt 18°. Der Neigungswinkel zur Bewertungsgruppe C beträgt 24°.
8.	A = Barfußgang, Umkleideräume B = Duschen, Beckenumgang C = ins Wasser führende Treppen, geneigte Beckenrandausbildung
9.	Ein Belag, der angenehm und ohne Verletzungsgefahr begangen werden kann. Die Trittfreundlichkeit ist im Einzelfall zu bewerten.
10.	Ableitung des Wassers (Gefälle, Abläufe), Reinigung, Vermeidung von Absätzen, optische Hervorhebungen
11.	Abdeckungen von Überlaufrinnen sind höhengleich mit dem Bodenbelag auszubilden.
12.	Die maschinelle Reinigung gewährleistet das beste Ergebnis. Bei stark verunreinigten Belägen kommen zusätzlich spezielle Reinigungsmittel zur Anwendung.
13.	Detaillierte Informationen zu geeigneten Reinigungsmitteln sind der „Liste RK Nr. A 43 Liste geprüfter Reinigungsmittel für keramische Beläge in Schwimmbädern" (Deutsche Gesellschaft für das Badewesen, 2020, zu beziehen bei der Säurefliesner-Vereinigung e.V., Großburgwedel) zu entnehmen.
14.	Sie ist eine Zusammenstellung geeigneter Bodenbeläge und sie wird aufgestellt vom Kuratorium „Rutschhemmende Bodenbeläge – Liste NB" bei der Säurefliesner-Vereinigung e.V., Großburgwedel.
15	in das Wasser führende Treppen, Durchschreitebecken und geneigte Beckenrandausbildungen
16.	Bauteile der Bewertungsgruppe C weisen die größte Rutschgefahr auf. Der Prüfwinkel ist 24°.
17.	Die Prüfungen werden im Prüfinstitut der Säurefließner-Vereinigung e.V., Großburgwedel durchgeführt.
18.	Die Prüfungen werden an einem Prüfgerät mit einer verstellbaren schiefen Ebene durchgeführt.
19.	Zur Festlegung eines Ergebnisses werden 4 Einzelprüfungen mit 2 Personen benötigt.
20.	Die Planer und der ausführende Betrieb können haftbar gemacht werden.

Abb. 2.107: Treppen als repräsentative Gestaltungsmöglichkeit (Quelle: MAPEI GmbH, Großostheim)

2.21 Treppen

2.21.1 Stichworte zum Thema

- Treppenvarianten
- Begriffe
- Hauptmaße und Toleranzen
- Sicherheit an Treppen
- Sicherheitsvorschriften für Treppen
- Maßgenauigkeitsvorschriften für Treppen
- Maßgenauigkeit der Rohbautreppe
- geeignetes Belagsmaterial für Treppen
- fachgerechte Einteilung und Ausführung von Treppenbelägen

2.21.2 Regelwerke

DIN 18065	Gebäudetreppen – Begriffe, Messregeln, Hauptmaße (2020)
DGUV Information 208-005	Treppen (2018)
BGHW-Merkblatt M 44	Sicherheit auf Treppen (2017)

Wesentliche Inhalte der DIN 18065

- Anwendungsbereich
- Begriffe
- Messregeln
- Darstellung, Drehrichtung
- Hauptmaße
- Anforderung an Gehbereich, Lauflinie
- Anhang A: Bilddarstellungen
- Anhang B: Treppenarten und Austrittsstufen

Wesentliche Inhalte der DGUV Information 208-005 (2018)

- Begriffsbestimmungen
- Gefährdungen und Unfallgeschehen
- Gefährdungsbeurteilung
- Schutzmaßnahmen – Grundlagen
- Treppen – Sonderbauformen
- Folgerungen für die Treppenbenutzung und -unterhaltung

Wesentliche Inhalte des BGHW-Merkblatts M 44 (2017)

- bauliche Gestaltung von Treppen
- Treppensonderformen
- sicherheitsgerechtes Verhalten auf Treppen
- Rechtsquellen und Schriften
- Prävention

2.21.3 Bausteine

Definition von Treppen

Treppen sind Verbindungswege verschieden hoher Gebäudeebenen.

Man unterscheidet:

- **Geschosstreppen:** Treppen, die 2 Geschosse miteinander verbinden
- **Notwendige Treppen:** Treppen, die aufgrund behördlicher Vorschriften als Bestandteil vorhanden sein müssen
- **Nicht notwendige Treppen:** zusätzliche Treppen, die auch primär genutzt werden können

Anforderungen an Konstruktion und Ausführung von Treppen

Konstruktion und Ausführung werden bestimmt durch die

- allgemeinen anerkannten Regeln der Technik,
- Anforderungen der gesetzlichen Bestimmungen (Landesbauordnung), der DIN 18065 und der sicherheitsrelevanten Vorschriften der DGUV,
- Anforderungen am Bau.

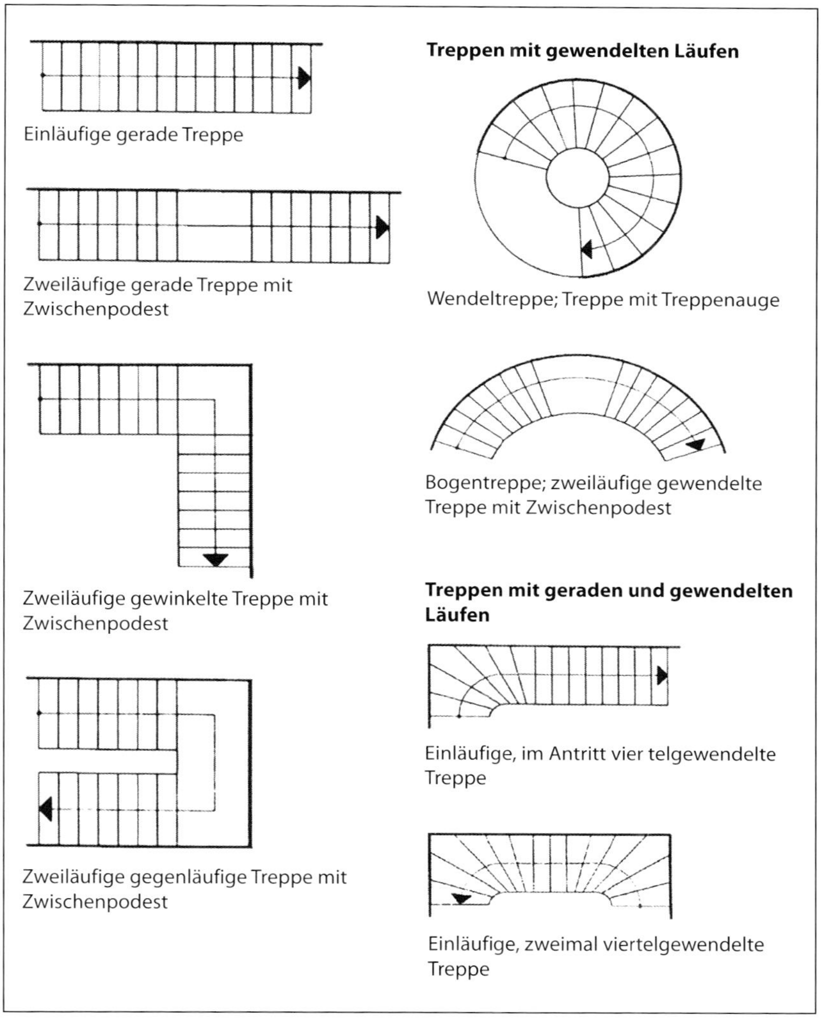

Abb. 2.108: Auswahl von Treppenarten nach DGUV Information 208-005 (2018), Bild 2

Begriffe und Bezeichnungen im Treppenbau

Treppenarten und Treppenformen (siehe Abb. 2.108 und 2.109):

- Treppen mit geraden Läufen
- Wendeltreppen
- Spindeltreppen
- Steiltreppen (Hilfstreppen)
- Treppen mit geringem Steigungsverhältnis (Stufenrampen)

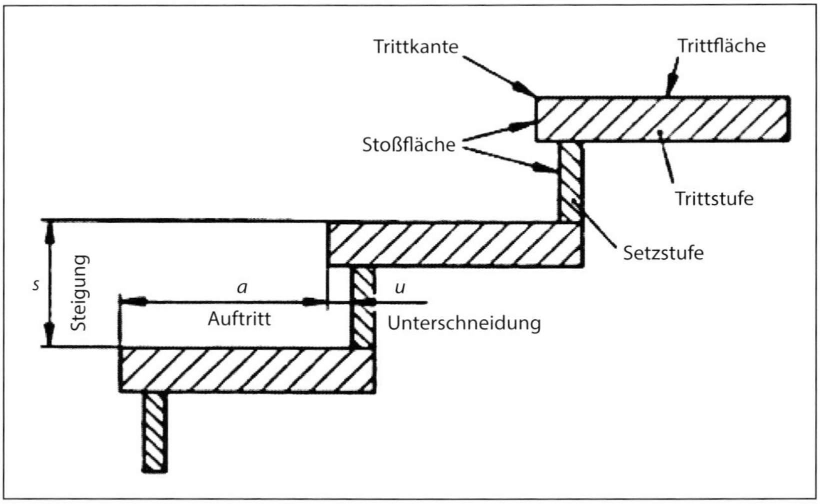

Abb. 2.109: Bezeichnung von Treppenteilen nach DGUV Information 208-005 (2018), Bild 3

Tabelle 2.36 und Abb. 2.110 geben eine Übersicht über die relevanten Begriffe im Zusammenhang mit Treppen.

Tabelle 2.36: Wesentliche Begriffe im Zusammenhang mit Treppen

Begriff	**Beschreibung**
Treppenstufe	ist ein Teil einer Treppe, der mit einem Schritt begangen werden kann; sie besteht aus der Steigung und dem Auftritt
Treppenantritt	ist die erste Stufe des Treppenlaufs
Trittfläche	ist die zu betretende waagrechte oder leicht geneigte Stufenoberfläche
Setzstufe	ist der senkrechte Teil der Stufe
Treppenlauf	mindestens 3 Treppenstufen (3 Steigungen) zwischen 2 Ebenen
Lauflinie	üblicher Gehweg eines Treppenbenutzers (gedachte Linie)
Treppenpodest	Fläche (Absatz) am Anfang oder Ende eines Treppenlaufs; in der Regel ist das Podest Teil einer Geschossdecke
Zwischenpodest	Absatzfläche zwischen 2 Treppenläufen innerhalb eines Geschosses
Steigung	senkrechtes Maß der Trittfläche einer Stufe zur Trittfläche der nachfolgenden Stufe
Auftritt	waagrechtes Maß, gemessen in Laufrichtung von Stufenvorderkante bis Vorderkante der nachfolgenden Stufe
Steigungsverhältnis	Verhältnis von Steigung zu Auftritt

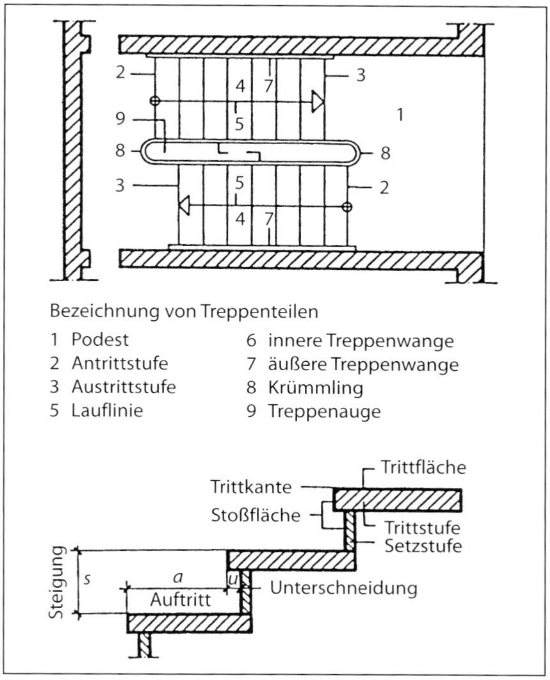

Abb. 2.110: Bezeichnungen von Treppen und Stufenteilen

Kennzeichnung/Abkürzungen:

s = Steigungshöhe
a = Auftrittsbreite
l = Lauflänge
n = Anzahl der Steigungen
b = Stufenbreite
d = Stufendicke
h = Geschosshöhe
hK = Kopfhöhe oder lichte Durchgangshöhe
s : *a* = Steigungsverhältnis
α = Steigungswinkel der Treppe
u = Unterschneidung

Beispiel Steigungsverhältnis und Steigungswinkel:

Ein gängiges Steigungsverhältnis ist z. B.:

$s : a = 17 : 29$

Dieses Verhältnis stellt zugleich den Tangens im Steigungsdreieck einer Treppe dar. Aus diesem lässt sich der Steigungswinkel errechnen:

$\tan \alpha = s : a$

Für das Steigungsverhältnis ergibt sich:

$\tan \alpha = 17 : 29 = 0{,}586$

$\tan \alpha = 30{,}4°$

Anforderungen an Treppen

Die grundsätzliche Anforderung an Treppen lautet: Eine Treppe muss sicher und bequem zu begehen sein. Hierzu sollen folgende Regeln beitragen:

Schrittmaßregel: $2s + a = 59 - 65$ cm

Eine Treppe ist nach 2 weiteren Regeln, die jedoch nicht in der Norm aufgeführt sind, zu überprüfen:

Sicherheitsregel: $a + s = 46$ cm

Bequemlichkeitsregel: $a - s = 12$ cm

Setzt man die gewählten Maße $s = 17$ cm und $a = 29$ cm in diese Formeln ein, so ergibt sich:

$2s + a = 34 + 29 = 63$ cm

$a + s = 29 + 17 = 46$ cm

$a - s = 29 - 17 = 12$ cm

Das Zahlenverhältnis 17 : 29 entspricht also in allen Fällen den Maßanforderungen.

Tabelle 2.37 zeigt die erforderlichen Abmessungen für Auftritt und Steigung in Abhängigkeit von der Treppenart.

Tabelle 2.37: Maße für Auftritte und Steigungen von Treppenarten nach DGUV Information 208-005 (2018), Tabelle 1

Treppenart	**Auftritt *a* in cm**	**Steigung *s* in cm**
Freitreppen	32–30	14–16
Treppen in Versammlungsstätten/ Verwaltungsgebäuden	31–29	15–17
Treppen in gewerblichen Bauten	30–26	16–19
Boden- und Kellertreppen	28–26	17–19

Belagsmaterial und Verlegetechnik für Treppen

Neben der Anforderung an die Sicherheit steht der Anspruch der gefälligen Gestaltung. Beide Forderungen können durch keramisches Material und Naturstein besonders gut erfüllt werden.

Bei der Auswahl des Materials sind Trittsicherheit und Abriebfestigkeit besonders zu beachten. Geeignet sind fein- und grobkeramisches Material für Bodenbeläge, glasiert und unglasiert.

Ein weiteres Auswahlkriterium sind die angebotenen Formstücke. Die Stufenvorderkanten können durch Formstücke mit Rillen, Stegen, Fasern, Rundungen oder durch Schenkelplatten gestaltet werden.

Genauigkeit wird insbesondere vom fertigen Belag verlangt. Deshalb wird z. B. eine Treppenberechnung immer an der fertigen Treppe durchgeführt. Eine Fertigtreppe muss an jeder Stelle – auch an Antritt und Austritt – gleiche Steigungs- und Auftrittsmaße aufweisen.

Um dies zu erreichen, stellt sich der Fliesenleger 2 Konstruktionslinien her:

- waagrechter Riss Oberkante fertiger Fußboden (OK FFB) beim Austritt – Waagriss,
- senkrechter Riss Vorderkante Setzstufe (VK) beim Antritt – Lotriss.

Auf diesen Rissen wird die Treppe in Auftritt und Steigung (Fertigmaß) eingeteilt und an die betreffenden Stufen übertragen.

Folgende Maßtoleranzen sind erlaubt: Steigung und Auftritt ± 0,5 cm von einer zur nächsten Stufe.

Eine maßgenaue Rohbautreppe erlaubt das Verlegen im Dünnbettverfahren. Bei Maßtoleranzen, die die max. Dünnbettmörtelstärke überschreiten, werden die Treppenbeläge häufig im vorgezogenen Mörtelbett (Dickbett) unter Verwendung einer geeigneten, auf das Belagsmaterial abgestimmten Haftbrücke ausgeführt.

Zunächst werden die Beläge der Setzstufen angesetzt, anschließend werden die Trittstufen belegt.

Gefälle

Treppen im Innenbereich benötigen kein Gefälle.

Außentreppen benötigen zur Ableitung des Oberflächenwassers ein Gefälle von 1,5 bis 2 % in der Laufrichtung.

2.21.4 Fragen und Antworten

Nr.	Fragen
1.	Was ist eine Treppe?
2.	Welche Regelwerke gibt es für Treppen?
3.	Welche Gebäudetypen unterscheidet die DIN 18065 in Bezug auf die Grenzmaße für die nutzbare Treppenlaufbreite, die Treppensteigung, den Treppenauftritt und das Steigungsverhältnis?
4.	Was ist eine Unterschneidung? Wie groß soll sie sein?
5.	Was ist die Kopfhöhe, welche Vorschriften gibt es?
6.	Nennen Sie die Grenzmaße der nutzbaren Treppenlaufbreite.
7.	Wie berechnen Sie den Steigungswinkel einer Treppe?
8.	Eine Treppe hat das Steigungsverhältnis 16,6 : 29. Wie groß ist der Steigungswinkel?
9.	Was verstehen Sie unter der Schrittmaßregel?

Nr.	Fragen
10.	Was verstehen Sie unter der Sicherheitsformel?
11.	Was verstehen Sie unter der Bequemlichkeitsformel?
12.	Prüfen Sie nach, ob das Steigungsverhältnis 18 : 27 allen Treppenregeln entspricht.
13.	Zwischen welchen Werten bewegen sich die Steigungshöhen?
14.	Erklären Sie die Begriffe Gehlinie und Laufbereich.
15.	Welche Bedingungen müssen im Gehbereich gegeben sein?
16.	Um wie viel kann die Gehlinie einer Treppe verschoben werden?
17.	Nennen Sie die verschiedenen Grundrissformen von Treppen.
18.	Erklären Sie die Begriffe Linkstreppe und Rechtstreppe.
19.	Erklären Sie die Begriffe Wange, Innenwange, Außenwange, Freiwange.
20.	Was sind Treppenholme und Treppenspindeln?
21.	Wie groß muss das Treppenpodest mindestens sein?
22.	Wie groß darf der Abstand zwischen Trittstufe und Wand höchstens sein?
23.	Nennen Sie das ideale Steigungsverhältnis.
24.	Wie groß ist der Mindestauftritt bei gewendelten Stufen?
25.	Welche Regeln gibt es für Geländer und Umwehrungen?
26.	Welche Auswirkungen haben unterschiedliche Belagsaufbauhöhen der Bodenbeläge und der Treppe?
27.	Die Steigung einer Treppe beträgt 17 cm, der Bodenbelag 12 cm, der Treppenbelag 4 cm. Wie ist das Rohbaumaß der Antrittsstufe s1?
28.	Eine einläufige gerade Treppe hat eine Geschosshöhe von 2,625 (Fertigmaß). Berechnen Sie Steigung (s), Anzahl der Steigungen (n), Auftritt (a), Lauflänge (l), Neigungswinkel (α).
29.	Welche Vorschriften gibt es für Geländer und Handläufe?
30.	Welche Regeln beachten Sie bei der Herstellung eines Treppenbelags aus keramischen Fliesen?
31.	Wie soll die Stufenvorderkante beschaffen sein?
32.	Sie haben den Auftrag, eine ausgetretene Sandsteintreppe zu sanieren und mit keramischen Fliesen zu belegen. Erklären Sie die Arbeitsschritte.
33.	Welche Regeln gibt es für die Einteilung und Ausführung von Wandbelägen in Treppenhäusern bei der Gestaltung mit keramischen Fliesen?
34.	Welche Forderungen gelten für die Benutzung und den Unterhalt von Treppen, damit Unfälle reduziert bzw. vermieden werden können?
35.	Was verstehen Sie unter der nutzbaren Treppenlaufbreite?

Nr.	**Antworten**
1.	ein Bauteil zur Überwindung unterschiedlicher Höhen
2.	die DIN 18065, die Landesbauordnung (LBO) und die DGUV Information 208-005
3.	Gebäude im Allgemeinen, Wohngebäude bis zu 2 Wohnungen und Treppen innerhalb einer Wohnung
4.	Die Unterschneidung (u) ist das waagrechte Maß, um das die Vorderkante einer Stufe über die gesamte Breite der Trittfläche der darunterliegenden Stufe vorspringt. Die Unterschneidung abhängig von der Treppenart. Sie beträgt bei: • offenen Treppen ≥ 3 cm, • baurechtlich notwendigen, geschlossenen Treppen in Wohngebäuden (max. 2) ≥ 26 cm (Auftritt + Unterschneidung), • baurechtlich nicht notwendigen Treppen ≥ 24 cm (Auftritt + Unterschneidung). Bei Trittflächen ± 240 mm ist die die Stufe so weit zu unterschneiden, dass 24 cm erreicht werden.
5.	Die lichte Treppendurchgangshöhe ab VK Stufe. Sie soll mindestens 200 cm betragen. Bei Treppen in Wohngebäuden mit bis zu 2 Wohnungen und innerhalb von Wohnungen kann sie um max. 25 cm eingeschränkt sein, vorausgesetzt, im mittleren Bereich der Treppe stehen mindestens 50 cm zur Verfügung, in dem die Mindesthöhe von 200 cm gewährleistet ist.
6.	Die nutzbare Treppenlaufbreite beträgt bei • Gebäuden im Allgemeinen mit baurechtlich notwendiger Treppe 100 cm, • Gebäuden im Allgemeinen mit nicht notwendiger Treppe 50 cm, • Wohngebäuden mit bis zu 2 Wohnungen mit baurechtlich notwendiger Treppe 80 cm, • nicht notwendigen Treppen bei Wohngebäuden mit 2 Wohnungen innerhalb einer Wohnung 50 cm.
7.	über den Tangens aus Steigung und Auftritt
8.	$\tan \alpha = 16{,}6 : 29 = 0{,}5689$; $\alpha = 29{,}64°$
9.	Die Schrittmaßregel geht von einer menschlichen Schrittlänge von 59 bis 65 cm aus. Sie ist das Verhältnis zwischen der Auftrittstiefe der Trittstufe (a) und der Antrittshöhe der Setzstufe (s).
10.	Die Sicherheitsformel $a + s = 46 \pm 1$ stellt das unfallfreie Herabsteigen einer Treppe sicher.
11.	Sie kommt bei Treppen mit einer Neigung von ca. 30° zur Anwendung und lautet $a - s = 12$ cm. Dabei soll die Tiefe des Auftritts 12 cm größer sein als die Höhe der Steigung.
12.	Das Ergebnis lautet: • Schrittmaßregel: $2 \cdot 18 + 27 = 63$ (entspricht), • Sicherheitsregel: $18 + 27 = 45$ (entspricht), • Bequemlichkeitsregel: $27 - 18 = 9$ (entspricht nicht).
13.	Die Steigungshöhen betragen bei • Gebäuden im Allgemeinen mit baurechtlich notwendiger Treppe 14 bis 19 cm, • Gebäuden im Allgemeinen mit nicht notwendiger Treppe 14 bis 21 cm, • Wohngebäuden mit bis zu 2 Wohnungen mit baurechtlich notwendiger Treppe 14 bis 20 cm, • nicht notwendigen Treppen bei Wohngebäuden mit 2 Wohnungen innerhalb einer Wohnung 14 bis 21 cm.
14.	Die Gehlinie, auch Lauflinie genannt, ist eine Konstruktionslinie, die in der Regel in der Mitte angenommen wird, von Vorderkante Steigung bis Vorderkante Auftritt.

Nr.	Antworten
15.	Das Steigungsverhältnis muss gleich bleiben.
16.	Innerhalb des Gehbereichs kann die Gehlinie um 2/10 verschoben werden.
17.	• einläufige gerade Treppe • zweiläufige ungerade Treppe • zweiläufige Winkeltreppe mit Zwischenpodest • zweiläufige U-Treppe mit Halbpodest • viertelgewendelte Treppe • zweimal viertelgewendelte Treppe • halbgewendelte Treppe • Wendeltreppe
18.	Linkstreppe: Beim Hinaufgehen wendelt sich die Treppe nach links. Rechtstreppe: Beim Hinaufgehen wendelt sich die Treppe nach rechts.
19.	Treppenwangen sind seitliche Begrenzungen innen und außen, die Freiwange ist eine frei stehende Innenwange.
20.	Holm und Spindel sind Begriffe aus dem Holztreppenbau. Holm ist der Geländerholm, Spindel ist das Zentrum einer Spindelfläche.
21.	Sowohl Treppenpodesttiefe als auch Treppenpodestbreite müssen mindestens der zulässigen Treppenlaufbreite entsprechen. Sind die Treppenpodeste Teil einer Geschossdecke, so gilt diese Forderung ebenfalls.
22.	Der Seitenabstand darf max. 6 cm betragen.
23.	17 : 29
24.	10 cm; bei Gebäuden mit nicht mehr als 2 Wohnungen: 10 cm im Abstand von 15 cm, gemessen von der inneren Begrenzung ausgehend
25.	Sie müssen mindestens 90 cm, bei mehr als 12 m Höhe mindestens 110 cm hoch sein.
26.	Sie führen zu unterschiedlichen Höhen im Rohbau und im Antritt (s1).
27.	Berechnung: s1 = 17 + 12 – 4 = 25 cm
28.	Berechnung: n = 15, s = 17,5 cm, a = 28 cm, l = 3,92 m, α = 32°
29.	Sie müssen mindestens 4 cm Abstand von der Wand haben.
30.	• Vorderkante Stufe = Fliesenrichtung • Bei geraden Treppen laufen die Fugen durch. • Bei gewendelten Treppen sind die Stufen versetzt.
31.	Sie muss trittsicher und abgerundet sein.
32.	• Überprüfen der Treppenmaße • Aufbringen einer Reaktionsharzgrundierung zur Verfestigung der Sandsteinoberfläche und als Haftbrücke • Flächen und Höhenausgleich mit einem zementären, schwindreduzierten Reparaturmörtel • Verlegen der keramischen Fliesen mit einem schnell erhärtenden Dünnbettmörtel nach DIN EN 12004
33.	Über der Treppe und als oberer Abschluss läuft ein paralleles Fliesenband; die Schrägen werden auf Gehrung geschnitten; der obere Knickpunkt des unteren Fliesenbandes bildet den oberen Knickpunkt des oberen Fliesenbandes.
34.	Bei dem Begehen von Treppen ist immer Vorsicht geboten. Treppen sollten gut zu reinigen sein, müssen schnee- und eisfrei gehalten und sollten gut beleuchtet werden. Auf Treppen sollten keine Gegenstände abgestellt werden.
35.	Der Abstand zwischen Wand und Handlauf oder zwischen den Handläufen.

Abb. 2.111: Mechanisch hoch belasteter Keramikbelag auf einem Bahnsteig

2.22 Mechanisch hoch belastete Bodenbeläge

2.22.1 Stichworte zum Thema

- Anwendungsbeispiele für mechanisch hoch belastete Bodenbeläge:
  - in gewerblichen und industriellen Bereichen
  - in Lagerhallen
  - in Fertigungshallen
  - in Reparatur- und Wartungshallen
- Ausschreibung für mechanisch hoch belastete Bodenbeläge mit Angaben über
  - Art, Häufigkeit und Höhe der Belastung
  - vorgesehenen Bodenaufbau
  - vorgesehenes Belagsmaterial
- Ausführung mechanisch hoch belasteter Bodenbeläge:
  - Verlegeverfahren
  - Haftverbund
  - Bewegungsfugen
  - Kantenpressung, Sicherung der Fliesenkanten

2.22.2 Regelwerke

VOB/C ATV DIN 18299	Allgemeine Technische Vertragsbedingungen für Bauleistungen (ATV) – Allgemeine Regelungen für Bauarbeiten jeder Art (2023)
VOB/C ATV DIN 18352	Allgemeine Technische Vertragsbedingungen für Bauleistungen (ATV) – Fliesen- und Plattenarbeiten (2019)
DIN EN 14411	Keramische Fliesen und Platten – Begriffe, Klassifizierung, Eigenschaften, Bewertung und Überprüfung der Leistungsbeständigkeit und Kennzeichnung; Deutsche Fassung EN 14411:2016 (2016)

DIN 18157-1 und -3	Ausführung keramischer Bekleidungen im Dünnbettverfahren mit hydraulisch erhärtenden Dünnbettmörteln – Teil 1: Zementhaltige Mörtel und Ausführung keramischer Bekleidungen im Dünnbettverfahren mit hydraulisch erhärtenden Dünnbettmörteln
	Ausführung keramischer Bekleidungen im Dünnbettverfahren mit hydraulisch erhärtenden Dünnbettmörteln – Teil 3: Reaktionsharzklebstoffe (2017)
DIN EN 12004-1	Mörtel und Klebstoffe für keramische Fliesen und Platten – Teil 1: Anforderungen, Bewertung und Überprüfung der Leistungsbeständigkeit, Einstufung und Kennzeichnung (2017)
DIN EN ISO 10545-4	Keramische Fliesen und Platten – Teil 4: Bestimmung der Biegefestigkeit und der Bruchlast (2019)
DIN 18560-1 und -2	Estriche im Bauwesen – Teil 1: Allgemeine Anforderungen, Prüfung und Ausführung (2021)
	Estriche im Bauwesen – Teil 2: Estriche und Heizestriche auf Dämmschichten (schwimmende Estriche) (2023)
ZDB-Merkblatt	Hoch belastete Beläge – Mechanisch hoch belastete keramische Bodenbeläge (2005)

Wesentliche Inhalte des ZDB-Merkblatts

- mechanisch hohe Belastung
- stationäre (ortsfeste) Belastungen
- instationäre (bewegliche) Belastungen
- Planung der Konstruktionsaufbauten:
  - Verbundbeläge
  - Beläge auf Trennschicht
  - Beläge auf Dämmschicht (schwimmende Beläge)
  - Beläge auf Trockenhohlbodenkonstruktionen
- Untergrund
- Bemessung der Lastverteilungsplatte bei schwimmenden Belägen
- Ausführung der Lastverteilungsplatte bei schwimmenden Belägen
- keramische Beläge
- Fliesen und Platten
- Verlegung der Fliesen und Platten
- Bewegungsfugen
- Inbetriebnahme

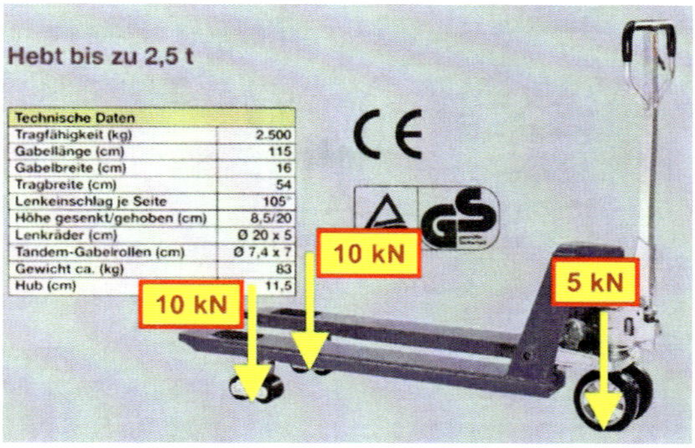

Abb. 2.112: Mechanisch hohe Belastung durch Warentransport (Quelle: DENAK, Kaisersesch)

2.22.3 Bausteine

2.22.3.1 Gebäude mit hohen Belastungen

Fußbodenkonstruktionen zählen zu den am meisten beanspruchten Gebäudeteilen. Die gesamte Nutzung des Gebäudes erfolgt nahezu ausschließlich auf diesen. Sie werden durch Fußgängerverkehr und Warentransport in unterschiedlicher Art und Intensität belastet. Kommen Flurförderfahrzeuge oder ähnliche Geräte zur Anwendung, werden die Flächen als mechanisch hoch belastet bezeichnet. Beispiele sind Bodenflächen in Industrie- und Gewerbebetrieben, in Verwaltungsbauten, Einkaufszentren oder Messehallen.

Arten von Belastungen

Generell unterscheidet man zwischen stationären und instationären Belastungen. Stationäre Belastungen treten auf durch schwere Maschinen und Geräte sowie Regale, Möbel und gestapelte Waren.

Instationäre, bewegliche Belastungen entstehen z. B. durch das Befahren mit unterschiedlichen Flurfördergeräten, Transportgeräten, Hubwagen oder Staplern (siehe Abb. 2.112).

Der Lasteintrag in die Bodenkonstruktion durch instationäre Belastungen nimmt zu mit

- der Härte des Rollenmaterials,
- mit Verringerung des Rollendurchmessers und der Rollenbreite,
- der Zunahme der Belastung pro Rolle, wie z. B. auch durch das Beschleunigen, Bremsen oder Kurvenfahren.

Deshalb ist es verständlich, dass Stahlrollen mit kleinem Durchmesser und geringerer Rollenbreite die größte Belastung ausüben. Auf diese Rollenart sollte möglichst verzichtet werden.

Die schonendste Bereifung sind luftgefüllte Räder mit großem Durchmesser und großer Rollenbreite.

Nur die genaue Kenntnis der aus der Nutzung resultierenden Lasten ermöglicht eine exakte Bemessung und somit Bestimmung des Konstruktionsaufbaus.

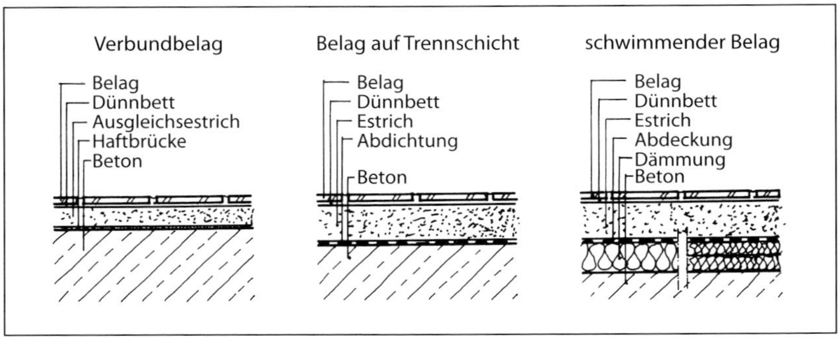

Abb. 2.113: Bodenbelagskonstruktionen

2.22.3.2 Anforderungen an Belagskonstruktionen

Für Bodenbeläge mit hoher mechanischer Belastung kommen folgende Konstruktionsarten zur Anwendung:

- Belag auf einer Betondecke/Betonplatte,
- Belag auf einem Verbundestrich (siehe Abb. 2.113),
- Belag auf einem Estrich auf Trennlage (siehe Abb. 2.113),
- Belag auf einem Estrich auf Dämmung (siehe Abb. 2.113),
- Belag auf einem Trockenhohlboden.

Die Verlegung des Belags direkt auf der **Betondecke/Betonplatte** gewährleistet bei einwirkenden Lasten deren direkte Ableitung in die statisch bemessene Unterkonstruktion.

Zum Zeitpunkt der Applikation des Belags muss der Beton ausreichend erhärtet und weitestgehend trocken sein, damit das noch zu erwartende Schwindmaß auf eine unschädliche Größe reduziert ist. Das Mindestalter des Betons zum Zeitpunkt der Belegung sollte 6 Monate nicht unterschreiten.

Der Beton muss in seiner Qualität den Anforderungen der DIN 1045-2 entsprechen. Er muss eine verankerungsfähige, von haftungsmindernden Bestandteilen freie Oberfläche aufweisen.

Die Oberflächenhaftzugfestigkeit sollte mindestens 1,0 N/mm^2 betragen. Die Ebenheit muss den Vorgaben der DIN 18202 entsprechen.

Auch der **Verbundestrich** gewährleistet die direkte Ableitung der einwirkenden Lasten in den statischen Untergrund. Zum Zeitpunkt der Applikation des Estrichs unter Verwendung einer wirksamen Haftbrücke muss der Beton ausreichend fest und trocken sein. Der Estrich sollte zum Zeitpunkt der Verlegearbeiten mindestens 28 Tage alt sein und eine Mindestoberflächenhaftzugfestigkeit von 1,0 N/mm^2 aufweisen.

Bei den Konstruktionsarten **Estriche auf Trennlage** und **Estriche auf Dämmung** übernimmt der Estrich die tragende Funktion der Oberbodenkonstruktion.

Entscheidend für deren Tragfähigkeit sind die Dicke und die Biegezugfestigkeit des Estrichs. Dessen Dimensionierung erfolgt in Abhängigkeit von dem

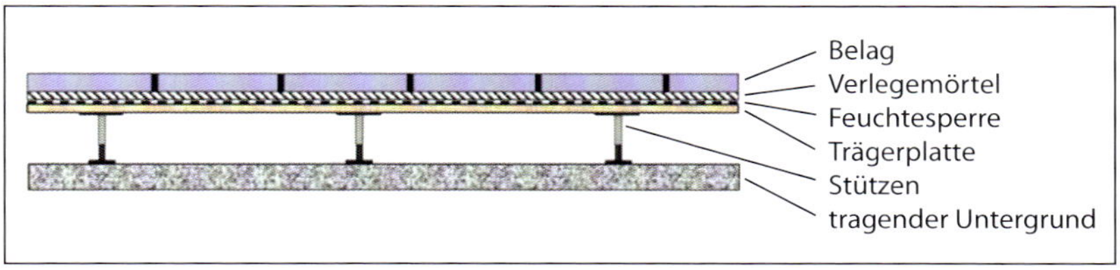

Abb. 2.114: Detailskizze eines Trockenhohlbodens (Quelle: DENAK, Kaisersesch)

zum Einsatz kommenden Bindemittel, der Festigkeit des Estrichs sowie der geplanten Nutzlast.

Als Estriche kommen überwiegend Zement- und Calciumsulfatestriche zur Ausführung. Diese werden durch senkrecht und waagrecht einwirkende Kräfte, hervorgerufen durch temperaturbedingte Längenänderungen bzw. durch Warentransport und/oder Bremskräfte, belastet. Bei ungleichmäßiger Belastung der Estrichplatte oder bei auftretenden Punktlasten entstehen Biegemomente, die in Abhängigkeit von dem Lasteintragungspunkt bzw. der Lasteintragungsfläche Zugspannungen an der Ober- bzw. Unterseite der Estrichplatte hervorrufen können.

Die Mindestestrichdicke ist abhängig von Konstruktionsart und Estrichart und beträgt bei

- Zementestrichen ≥ 45 mm,
- Calciumsulfatfließestrichen ≥ 40 mm,
- Calciumsulfatestrichen ≥ 45 mm,
- Gussasphaltestrichen ≥ 45 mm.

Die Belegereife beträgt bei

- Zementestrichen ≤ 2 CM-%,
- Calciumsulfatestrichen beheizt: ≤ 0,3 CM-%,
- Calciumsulfatestrichen unbeheizt: ≤ 0,5 CM-%,
- Gussasphaltestrichen: nach Abkühlung.

Es sind Dämmstoffe mit geringer Zusammendrückbarkeit und einer Rohdichte von mindestens 30 kg/m^2 zu verwenden. Dämmstoffe ohne Zusammendrückbarkeit (z. B. Schaumglas) sind zu bevorzugen. Ist eine Trittschalldämmung erforderlich, so ist diese mit einer möglichst geringen Dicke unterhalb der härteren Wärmedämmschicht anzuordnen. Die Zusammendrückbarkeit beider Dämmschichten darf in der Summe 5 mm nicht überschreiten.

Aufgrund der Möglichkeit zur Realisierung kurzer Bauzeiten kommen immer häufiger Trockenhohlböden zur Anwendung (siehe Abb. 2.114). Bei diesem System werden die Hohlbodenplatten, hergestellt aus Calciumsulfat oder Zement, mit einer Nut-Feder-Fräsung versehen und auf Systemstützen aufgebracht sowie untereinander verklebt. Die Montage muss so erfolgen, dass der Plattenstoß direkt auf der Stahlstütze ausgeführt wird.

Der Abstand der Stahlstützen ist abhängig vom jeweiligen Hersteller und differiert zwischen 500 mm × 500 mm und 600 mm × 600 mm. Im Randbereich wird der Stützenabstand halbiert.

Die Tragschicht ist also als Platte auf vielen Einzelstützen aufgelagert. Bei einwirkenden Lasten entstehen über den Feldstützen negative Stützmomente, die Zugspannungen an der Plattenoberseite und im verlegten Material erzeugen.

Die Höhe der entstehenden Zugspannungen ist abhängig von der Steifigkeit der Tragschicht und den daraus resultierenden Verformungen unter Lasteinwirkung.

Die Konstruktion ist so zu bemessen, dass die Durchbiegung auf l/650 (0,92 mm/600 mm) begrenzt ist. Dieses Durchbiegungsmaß ist unschädlich für die Dauerhaftigkeit des Belags.

Bemessung von Estrichen

Wesentliche Kriterien zur Bemessung der erforderlichen Estrichdicke sind das Elastizitätsmodul und die Biegezugfestigkeit der vollständig erhärteten Estrichmatrix.

Eine vereinfachte Bestimmung der Estrichdicke, bezogen auf die stationär einwirkenden Lasten, kann ohne aufwendige Berechnungen bis zu einer max. Flächenlast von 5 KN/m^2 und einer max. Einzellast von 4 KN nach DIN 18560-2, Tabellen 1 bis 4, erfolgen.

Die im Regelwerk angegebenen Estrichdicken berücksichtigen die max. Nutz- und Einzellasten, die Art des Estrichs und die Zusammendrückbarkeit der Dämmung.

Bei Lasten, die über die Lastannahmen der DIN EN 1991-1-1 (vgl. Tabelle 1.13) hinausgehen, und bei einwirkenden dynamischen Lasten ist eine objektspezifische Bemessung vorzunehmen. Diese kann mit dem sog. Bettungszahlverfahren berechnet werden.

Dieses Verfahren und die Ergebnisse der Untersuchungen von Manns/Zeus bilden auch die Basis des ZDB-Merkblatts „Hoch belastete Beläge – Mechanisch hoch belastbare keramische Bodenbeläge“ (2005).

Dieses Merkblatt enthält Diagramme, die nach der Berechnungsformel von Westergard erstellt wurden und die Anwendung deutlich erleichtern. Die Auswahl der Diagramme erfolgt über die Aufstandsfläche der Einzellast.

Im Einzelnen werden folgende Diagramme unterschieden:

- Lastaufstandsfläche 25 cm^2,
- Lastaufstandsfläche 100 cm^2,
- Lastaufstandsfläche 400 cm^2,
- Lastaufstandsfläche 900 cm^2,
- Lastaufstandsfläche 1.600 cm^2,
- Lastaufstandsfläche 2.500 cm^2.

Unter Berücksichtigung von Punktbelastung, Bettungsziffer und der mittleren Biegesteifigkeit des Estrichs aus der Bestätigungsprüfung wird die erforderliche Estrichdicke für die jeweilige Lastaufstandsfläche ermittelt.

Die Tragfähigkeit der Estrichplatte ist sowohl von der Lastaufstandsfläche als auch der Dicke des Belags abhängig.

Die Bemessung wird anhand des ungünstigsten Lasteintragungspunktes, nämlich am Plattenrand, ermittelt.

2.22.3.3 Belagsmaterial

Fliesen und Platten

Geeignet sind

- trockengepresste keramische Fliesen und Platten nach DIN EN 14411, Gruppe B Ia, B Ib, B IIa (Steinzeugfliesen),
- stranggepresste keramische Platten nach DIN EN 14411, Gruppe A I und A IIa (Spaltplatten).

Fliesen der Gruppe III sollten allerdings hingegen der DIN 14411, Gruppe A I oder B I, entsprechen. Darüber hinaus sollte die Kantenlänge 8 bis 30 cm betragen und die Bruchkraft der Beanspruchungsgruppe entsprechen.

Die Bruchkraft (F) ist abhängig von der Biegefestigkeit in N/mm^2 und vom Quadrat der Dicke (h) in mm.

Sie kann entsprechenden Tabellen entnommen oder mit nachfolgender Formel berechnet werden:

$$F(N) = \frac{2 \cdot ß \cdot d^2 \cdot b}{3 \cdot L}$$

mit
F(N) = Bruchkraft
ß = Biegefestigkeit der Fliese in N/mm^2
d = Dicke der Fliese in mm
b = Fliesenbreite in mm
L = Auflagerabstand des Prüfgerätes

Beispiele

- Eine Steinzeugfliese von 12 mm Dicke hat eine Bruchkraft von 2.777 N/mm^2.
- Eine Steinzeugfliese von 15 mm Dicke hat eine Bruchkraft von 4.339 N/mm^2.
- Ein Hubwagen von 1,5 t Gewicht erfordert eine Bruchkraft von 3.000 N/mm^2

Verlegung und Verfugung der Fliesen und Platten

Die Verlegung erfolgt in der Regel im Dünnbettverfahren mit zementären Dünnbettmörteln (C) der Qualitätslasse C2 oder mit einem Reaktionsharzmörtel (R) nach DIN EN 12004-1 auf einem erhärteten und ausreichend trockenen Zementestrich (CT) bzw. Calciumsulfat-/Calciumsulfatfließestrich (CA/CAF). Dieser muss mindestens der Festigkeitsklasse CT-C 25-F4 bzw. CA/CAF-C 25-F 4 nach DIN 18560 entsprechen.

Das Elastizitätsmodul des Dünnbettmörtels sollte 3.000 N/mm^2 nicht unterschreiten.

Die Festigkeitsklasse und die Dicke des Estrichs sind grundsätzlich gemäß der vorgenommenen Bemessung auszuführen.

Werden Standarddünnbettmörtel verwendet, sind diese im Buttering-Floating-Verfahren aufzutragen, damit eine möglichst vollflächige Bettung erreicht wird.

Eine Alternative stellen sog. Fließbettmörtel dar. Mit diesen ist eine möglichst vollflächige Bettung auch dann zu erreichen, wenn lediglich das Floatingverfahren zur Anwendung kommt.

Bei Verlegung im Dickbettverfahren wird das Mörtelbett mittels Flächenrüttler maschinell verdichtet. Auch hierbei ist auf eine möglichst vollflächige Bettung zu achten.

Zur Sicherstellung eines ausreichenden Haftspektrums ist eine leistungsfähige Haftschlämme auf die Oberfläche des frischen Mörtels aufzubringen, auf die direkt das Belagsmaterial aufgebracht wird.

Die Verfugung der Belagsfugen erfolgt, je nach einwirkender Belastung, mit hydraulisch erhärtenden Mörtelsystemen oder mit Reaktionsharzfugenmörteln.

Die Fugen sind möglichst schmal zu wählen, um die Gefahr von Kantenabplatzungen zu minimieren.

Höhendifferenzen (Überzähne) sind auf 1,5 mm zu begrenzen.

Bewegungsfugen

Für die Anordnung von Bewegungsfugen gelten die Hinweise des ZDB-Merkblatts „Bewegungsfugen in Bekleidungen und Belägen aus Fliesen und Platten“ (2022).

Feldbegrenzungsfugen sind durch Kantenschutzprofile zu sichern.

Entlang der Feldbegrenzungsfugen mit Kantenschutzprofilen ist eine Reihe ungeschnittener Fliesen anzuordnen.

2.22.3.4 Inbetriebnahme

Belagsflächen dürfen erst benutzt werden, wenn die verwendeten Mörtel eine ausreichende Festigkeit aufweisen.

Bei der Verwendung von Dünnbettmörteln sind die jeweiligen Angaben der Hersteller zu beachten.

Normal erhärtende Dünnbettmörtel benötigen bis zur vollen Belastbarkeit in der Regel 28 Tage. Schnell erhärtende Dünnbettmörtel der Qualitätsklasse C2 F können deutlich früher belastet werden.

Im Mörtelbett verlegte Beläge können nach 7 Tagen begangen und nach 28 Tagen voll belastet werden.

2.22.4 Fragen und Antworten

Nr.	Fragen
1.	Welche Kriterien müssen vor der Planung und Ausführung eines mechanisch hoch belasteten Bodenbelags abgestimmt werden?
2.	Welche Parameter bestimmen die Beanspruchung eines Belags bei Belastung durch instationäre, rollende Lasten?
3.	Welche Fliesen und Platten sind für mechanisch hoch belastete Beläge geeignet?
4.	Wie sollte die Kantenlänge der Fliesen und Platten für hoch belastete Bodenbeläge sein?
5.	Welche Abmessung ist entscheidend für die mechanische Belastbarkeit einer Fliese?
6.	Wovon ist die Bruchkraft (F) einer Fliese abhängig?
7.	Nennen Sie die Bruchkraft einer 12 mm und einer 15 mm dicken Steinzeugfliese.
8.	Welche Bruchkraft genügt, um den Anforderungen von Hubwagen von 1,5 t Gesamtgewicht standzuhalten?
9.	Welche Fahrzeuge mit welchen Radtypen üben die stärksten Belastungen aus?
10.	Welche Bereifung wirkt auf den Bodenbelag am schonendsten?
11.	Welche Konstruktionsart bietet das größte Sicherheitspotenzial für mechanisch hoch belastete Beläge?
12.	Welche Rollenart übersteigt in der Regel die bei keramischen Fliesen vorhandene Bruchkraft? Welche Folgerungen ziehen Sie daraus?
13.	Wodurch wird die maßgebende Beanspruchung unter rollender Belastung hervorgerufen?
14.	Welche Funktion übernimmt der keramische Belag für die unteren Schichten des Bodenaufbaus?
15.	Welche Anforderungen werden an Beton als tragender Untergrund gestellt?
16.	Wo muss das Gefälle angeordnet sein?
17.	Welche negativen Einflüsse haben auf dem Untergrund verlegte Rohrleitungen?
18.	Wie sind Verformungen einer Betondecke durch Kriechen und Schwinden zu bewerten?
19.	Wie kann der Haftverbund bei Anwendung des Dickbettverfahrens gesichert werden?
20.	Was ist bei der Verlegung im Dickbettverfahren zu beachten?
21.	Wie können Sie die Haftung der Fliesen bei der Dickbettverlegung verbessern?
22.	Welche Regel gilt für die Fugenbreite von mechanisch hoch belasteten Bodenbelägen?
23.	Wann kann ein im Dickbettverfahren verlegter Belag voll belastet werden?

Nr.	Fragen
24.	Welche Anforderungen stellen Sie an einen Dünnbettmörtel?
25.	Erklären Sie das Rüttelverfahren. Welche Eigenschaften werden dadurch erreicht?
26.	Wo sind Bewegungsfugen anzuordnen?
27.	Welche Regeln sind bei Bewegungsfugen zu beachten?
28.	Nennen Sie den Schichtenaufbau bei Belägen auf Trennlage.
29.	Wie ist bei Estrichen auf Dämmung vorzugehen?
30.	Auf welchen Wert ist die max. Durchbiegung eines Trockenhohlbodens zu begrenzen?

Nr.	Antworten
1.	der Grad der mechanischen Belastung, die Art und Qualität des keramischen Belags, der Bodenaufbau und die Verlegeart
2.	die Härte des Rollenmaterials, der Rollendurchmesser, die Rollenbreite und die Last pro Rolle
3.	trockengepresste keramische Fliesen und Platten nach DIN EN 14411, Gruppe B Ia, B Ib, B IIa (Steinzeugfliesen), und stranggepresste keramische Platten nach DIN EN 14411, Gruppe A I und A IIa (Spaltplatten)
4.	Die Fliesen oder Platten sollen den Gruppen A I oder B I entsprechen und eine Kantenlänge von 8 bis 30 cm aufweisen (bei der Anwendung im Rüttelverfahren beträgt die Seitenlänge ≤ 25 cm).
5.	die Dicke
6.	von der Biegesteifigkeit und vom Quadrat der Dicke
7.	bei 12 mm Dicke 2.777 N/mm^2 und bei 15 mm Dicke 4.339 N/mm^2
8.	3.000 N/mm^2
9.	Gabelhubwagen mit Stahlrädern
10.	die Luftbereifung
11.	Die direkte Verlegung auf Betonplatten/Decken oder auf Verbundestrichen. Die einwirkende Last wird direkt in den Untergrund abgeleitet.
12.	Die Belastung von Stahlrädern. Sie sollten deshalb bei keramischen Bodenbelägen nicht zum Einsatz kommen.
13.	durch Scherspannung bzw. Biegespannung
14.	die Lastverteilung
15.	Der bewehrte Beton muss die Mindestfestigkeitsklasse C 20/25 besitzen, in seiner Ebenheit der DIN 18202, Tabelle 3, Zeile 2, entsprechen, eine griffige Struktur aufweisen und frei von haftungsmindernden Bestandteilen sein.

Nr.	Antworten
16.	Es muss im tragenden Untergrund vorgegeben sein.
17.	Sie schwächen den Querschnitt des Estrichs bzw. des Mörtelbettes. Sie sollten deshalb nicht auf dem Untergrund verlegt werden.
18.	Die Kriech- und Schwindverformungen sollten weitestgehend abgeschlossen bzw. auf ein für die Belagskonstruktion unschädliches Maß reduziert sein. Dies ist in der Regel bei einem Betonalter von 6 Monaten gegeben.
19.	Er kann durch Vergrößerung der Oberfläche und das Entfernen haftungsmindernder Bestandteile durch geeignete Untergrundvorbereitung (Fräsen, Kugelstrahlen) sowie durch den Auftrag einer leistungsfähigen Haftbrücke erreicht werden.
20.	Das Mörtelbett ist maschinell zu verdichten. Zur Verbesserung der Haftung ist eine Kontaktschicht auf die Oberfläche des Mörtelbettes aufzubringen. Nach Applikation der Fliesen und Platten sind diese mit einem Flächenrüttler in kreuzenden Richtungen zu überfahren. Die durch das zur Anwendung kommende Verfahren zu erreichende Festigkeit ist zu vereinbaren, falls diese von den Anforderungen der DIN 18560 abweicht.
21.	durch die Verwendung einer leistungsfähigen Haftbrücke
22.	Sie ist möglichst schmal auszuführen. Schmale Fugen reduzieren die Kantenbelastung (Pressung) im Vergleich zu breiteren Fugen.
23.	Die volle Belastbarkeit ist in der Regel nach 28 Tagen gegeben. Niedrige Temperaturen während der Hydratationsphase können den Zeitraum verlängern.
24.	Hydraulisch erhärtende Dünnbettmörtel müssen mindestens der Qualitätsklasse C2 nach DIN EN 12004-1 entsprechen und ein Elastizitätsmodul $\geq$ 3.000 N/mm^2 aufweisen. Schnell erhärtende Dünnbettmörtel der Qualitätsklasse C2 F erlauben eine frühere Belastung des verlegten Belags.
25.	Beim Rüttelverfahren wird der frisch auf das mit einer Haftbrücke versehene Mörtelbett aufgebrachte Belag mit einem Flächenrüttler im Kreuzverfahren abgerüttelt. Dabei werden eine gute Verdichtung des Mörtelbettes und ein ausreichendes Haftspektrum erzielt.
26.	Sie sind über Gebäudetrennfugen, an Wandanschlüssen, Pfeilern, Stützen und Einbauteilen anzuordnen.
27.	Fugenflanken sind durch oberflächenbündige, nicht rostende Kantenschutzprofile zu schützen. An die Profile soll eine Reihe ungeschnittener Fliesen angeordnet werden.
28.	Abdichtung nach DIN 18534 (falls erforderlich), Trennlage, Estrich (bemessen auf die geplante Belastung), Fliesen oder Platten im Dünnbettmörtel oder im Dickbettmörtel verlegt
29.	Die Estrichkonstruktion ist vom Fachplaner zu bemessen.
30.	Die max. zulässige Durchbiegung eines Trockenhohlbodens beträgt l/650. Dies sind z. B. bei einem Stützenabstand von 60 cm 0,92 mm.

Abb. 2.115: Keramische Beläge in einer Großküche

2.23 Chemisch beständige Beläge

2.23.1 Stichworte zum Thema

- Anwendungsbereiche für chemisch beständige Beläge
- Art und Intensität der chemischen Belastung
- Materialanforderungen
- Anforderungen an ausführende Betriebe

2.23.2 Regelwerke

AGI-Arbeitsblatt S 10-1	Schutz von Baukonstruktionen mit kombinierten Auskleidungen gegen chemische, thermische und mechanische Einwirkungen (2015)
AGI-Arbeitsblatt S 10-2	Schutz von Baukonstruktionen mit Plattenbelägen gegen chemische Angriffe (Säureschutzbau) – Dichtschichten (2019)
AGI-Arbeitsblatt S 10-3	Schutz von Baukonstruktionen mit Plattenbelägen gegen chemische Angriffe (Säureschutzbau) – Plattenlagen (2019)
AGI-Arbeitsblatt S 10-4	Schutz von Baukonstruktionen mit Plattenbelägen gegen chemische Angriffe (Säureschutzbau) – Ausführungsdetails (2015)
DIN EN ISO 10545-13	Keramische Fliesen und Platten – Teil 13: Bestimmung der chemischen Beständigkeit (2017)

Wesentliche Inhalte der AGI-Arbeitsblätter S 10-1 bis S 10-4

Die Arbeitsblatt-Reihe S 10 beschreibt den Schutz von Baukonstruktionen, die einer chemischen, chemisch-mechanischen bzw. einer chemisch-mechanisch-thermischen Belastung ausgesetzt sind und mit einem kombinierten Schutz, bestehend aus Dichtschicht und Plattenbelag, geschützt sind.

- Anwendungsbereich
- Begriffsbestimmungen
- Anforderungen an die Baukonstruktion
- Ausführung
- Normen, Vorschriften, Richtlinien

2.23.3 Bausteine

Chemische Beanspruchung

Wird der Belag zeitweise oder dauerhaft durch chemische Substanzen (Säuren, Alkalien, Salze, Lösemittel) belastet, liegt eine chemische Belastung vor, die besondere Eigenschaften von der Belagskonstruktion erfordert.

Der Grad der chemischen Beanspruchung ist von dem einwirkenden Medium bzw. der Kombination der Medien abhängig. Höhere Temperaturen verstärken in der Regel deren Aggressivität.

Tabelle 2.38 zeigt Beispiele für auf den Belag einwirkende Medien und ihren chemischen Angriff.

Tabelle 2.38: Beispiele für auf den Belag einwirkende Medien

Medium	chemisch-physikalische Belastung	pH-Wert
Lauge	stark alkalisch	> 10
Lauge	schwach alkalisch	10–7,1
Säure	schwach sauer	6,9–3
Säure	stark sauer	< 3
Salzlösungen, auch Frost-Tausalze		
Lösemittel	keine Angabe[1)]	
Öle, Fette		

1) Keine Angabe möglich, da sich die pH-Wert-Angabe laut DIN 19268 nur auf wässrige Lösungen bezieht.

Standardprüfungsmedien und Prüfdurchführungen des Deutschen Instituts für Bautechnik (DIBt)

- Milchsäure 5 % Prüfdauer über 7 Tage
- Essigsäure 5 % Prüfdauer über 7 Tage
- Salzsäure 3 % Prüfdauer über 7 Tage
- Kalilauge 3 % Prüfdauer über 28 Tage bei + 40 °C (Probenalter 28 Tage)
- kalkwassergesättigte Kalkhydratlösung (pH > 12)
  Prüfdauer über 7 Tage bei +40 °C (Probenalter 28 Tage)

Stoffauswahl

Die zur Anwendung kommenden Stoffe (Dichtschicht, Verlegemörtel, Fugenmörtel, Belagsmaterial) müssen aufeinander abgestimmt sein und müssen den Untergrund gegenüber allen planmäßig vorgesehenen Beanspruchungen dauerhaft schützen.

Bei der Auswahl der keramischen Fliesen und den zur Anwendung kommenden Werkstoffen sind die Klassifizierung der DIN EN ISO 10545-13 und die Vorgaben der AGI-Arbeitsblatt-Reihe S 10 zu beachten.

Die Kennzeichnung der Fliesen und Platten erfolgt mit den Buchstaben A, B oder C bzw. AV, BV oder CV nach DIN EN ISO 10545-13.

In der AGI-Arbeitsblatt-Reihe werden die Anforderungen an die Materialien und an die Ausführung in unterschiedlichen Teilen behandelt:

- Teil 2: Dichtschichten,
- Teil 3: Plattenlagen,
- Teil 4: Ausführungsdetails.

Ausführliche Informationen zu der Ausführung von Fugen sind dem AGI-Arbeitsblatt S 50 zu entnehmen.

Neben der chemischen Belastung sind zu beachten:

- thermische Beanspruchung,
- Beanspruchungen aus Form- und Volumenänderungen.

Mögliche Sonderanforderungen

- erhöhte Rutschhemmung
- gute Reinigungsfähigkeit
- elektrische Ableitfähigkeit

2.23.4 Fragen und Antworten

Nr.	Fragen
1.	Wo kommen chemisch beanspruchte Beläge vor?
2.	Welche Gruppen von Chemikalien können auf Beläge einwirken?
3.	Nennen Sie Beispiele von Laugen und Säuren.
4.	Wovon hängt die Stärke der chemischen Beanspruchung ab?
5.	Welche Faktoren beeinflussen darüber hinaus die chemische Beanspruchung eines Belags?
6.	Was besagt der pH-Wert?
7.	Nennen Sie Beispiele für den pH-Wert und die Auswirkungen auf das jeweilige Medium.
8.	Wie wirken Flüssigkeiten mit einem pH-Wert < 3 und > 11?

Nr.	Fragen
9.	Wie kann der pH-Wert ermittelt werden?
10.	Welcher pH-Bereich ist unbedenklich und bedarf keiner besonderen Maßnahme?
11.	Beschreiben Sie den Aufbau eines chemisch widerstandsfähigen Belags gemäß dem AGI-Arbeitsblatt S 10.
12.	Welche Anforderungen werden an das Belagsmaterial gestellt?
13.	Welcher Qualitätsgruppe sollten die zur Anwendung kommenden Fliesen entsprechen?
14.	Gegen welche Säuren sind keramische Fliesen und Platten nicht beständig?
15.	Welche Fugenmörtel erfüllen die Anforderungen an die chemische Beständigkeit?
16.	Welche Qualität des Verlegemörtels sollte in Abhängigkeit von dem einwirkenden Medium zur Anwendung kommen?
17.	Welche Aufgabe hat die Abdichtung?
18.	Welche Abdichtungen können zum Einsatz kommen?
19.	Was ist bei dem Einbau von Dichtstoffen in Bewegungsfugen zu beachten?
20.	Wer darf chemisch beständige Beläge auf keramischen Fliesen und Platten ausführen?

Nr.	Antworten
1.	In • Industrie- und Handwerksbetrieben • Betrieben der Lebensmittelherstellung • Großküchen • Werkstätten • Fertigungs- und Verarbeitungsanlagen der chemischen Industrie • Behältern und Bottichen
2.	Säuren, Laugen, Salzlösungen, Fette, Öle, Reinigungsmittel
3.	• beispielhafte Säuren: Salzsäure, Schwefelsäure, Milchsäure, Zitronensäure, Essigsäure • beispielhafte Laugen: Natronlauge, Kalilauge
4.	von der Konzentration der Lauge oder Säure
5.	die Art, die Intensität, die Dauer und die Häufigkeit der Beanspruchung
6.	Der pH-Wert bestimmt, ob eine Flüssigkeit sauer, neutral oder alkalisch ist. Er gibt die Konzentration der Wasserstoffionen (H+) an.
7.	• pH > 10 = stark alkalisch • pH 10–7,1 = schwach alkalisch • pH 7 = neutral • pH 6,9–3 = schwach sauer • pH < 3 = stark sauer

Nr.	Antworten
8.	Sie wirken stark ätzend. Die Vorgaben zum Arbeitsschutz (Schutzhandschuhe, Schutzbrille usw.) müssen unbedingt Berücksichtigung finden.
9.	Zur Ermittlung des pH-Wertes gibt es verschiedene Prüfmethoden mit • Universalindikatorlösung, • Phenolphtalein (für Beton und Mörtel), • Thymolphtalein (für Beton und Mörtel), • Methylrot zur Wasserprüfung.
10.	6–8
11.	• Untergrund • Abdichtung • Verlegemörtel • Keramikbelag einschließlich Verfugung
12.	Es muss beständig gegen die chemische Beanspruchung sein.
13.	Die keramischen Fliesen sollten der Gruppe B I nach DIN 14411 entsprechen und eine Wasseraufnahme < 0,1 % aufweisen. Je dichter der Scherben, desto größer ist seine chemische Widerstandsfähigkeit.
14.	Flusssäure
15.	Fugenmörtel auf Reaktionsharzbasis weisen die größte chemische Beständigkeit auf. Man unterscheidet folgende Bindemittel: • Epoxyddharz (EP), • ungesättigte Polyesterharze (UP), • Furanharze (FU), • Phenolharze (PF), • Vinylesterharze (VER), • Polyurethanharze (PUR).
16.	Bei Einwirkung von Flüssigkeiten mit pH-Werten > 5 können zementhaltige Verlegemörtel zur Anwendung kommen. Bei starker chemischer Belastung müssen Reaktionsharzmörtel angewendet werden. Das Reaktionsharzbindemittel ist in Abhängigkeit von dem pH-Wert der Flüssigkeit auszuwählen.
17.	Schützen des Untergrunds vor dem chemischen Angriff und Sicherstellung seiner Dauerhaftigkeit
18.	Geeignete Abdichtungen sind • flüssig zu verarbeitende Abdichtungen im Verbund (AIV) nach DIN 18534-3; sie müssen im Verbund geprüft sein und ein bauaufsichtliches Prüfzeugnis aufweisen; • Dichtbahnen nach DIN 18534-2 (sind mit einem Schutzestrich zu versehen); • Spachtelmassen aus Kunstharz (sind mit einem Schutzestrich zu versehen).
19.	Bewegungsfugen innerhalb chemisch belasteter Beläge sind hohen Beanspruchungen ausgesetzt. Werden sie mit Dichtstoffen verfüllt, so müssen die Fugen regelmäßig gewartet bzw. erneuert werden. Für die Ausführung dieser Art ist der Begriff Wartungsfuge zutreffend.
20.	spezialisierte Betriebe, die durch sachkundige Mitarbeiter und entsprechende Geräte und Ausrüstung geeignet sind

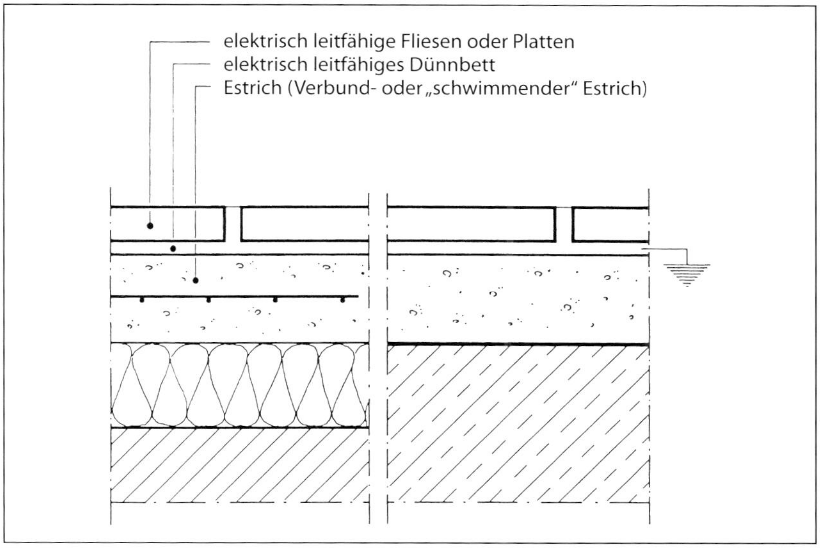

Abb. 2.116: Detailskizze eines elektrisch leitfähigen Belags

2.24 Elektrisch leitfähige Beläge

2.24.1 Stichworte zum Thema

- Definition
- Grundlagen
- Ausführungsvarianten
- Anwendungsbereiche
- Anforderungen an ausführende Betriebe
- Ausschreibungshinweise
- Beispiele für leitfähige Stoffe
- terminliche und technische Kooperation mit dem beteiligten Elektrogewerk bezüglich
  - Art, Anzahl und Einbau der Ableitungsbänder
  - Verbindung und Anschluss der Kupferbänder an die Erdungsleitung
  - Messung der Leitfähigkeit

2.24.2 Regelwerke

AGI-Arbeitsblatt S 30	Elektrisch ableitfähige Bodenbeläge (Säureschutzbau) (2021)
TRGS 727	Vermeidung von Zündgefahren infolge elektrostatischer Aufladungen (Juli 2016)
DIN EN 61340-5-1	Elektrostatik – Teil 5-1: Schutz von elektronischen Bauelementen gegen elektrostatische Phänomene – Allgemeine Anforderungen (2017)
DIN EN 61340-4-1	Elektrostatik – Teil 4-1: Standard-Prüfverfahren für spezielle Anwendungen - Elektrischer Widerstand von Bodenbelägen und verlegten Fußböden (2016)

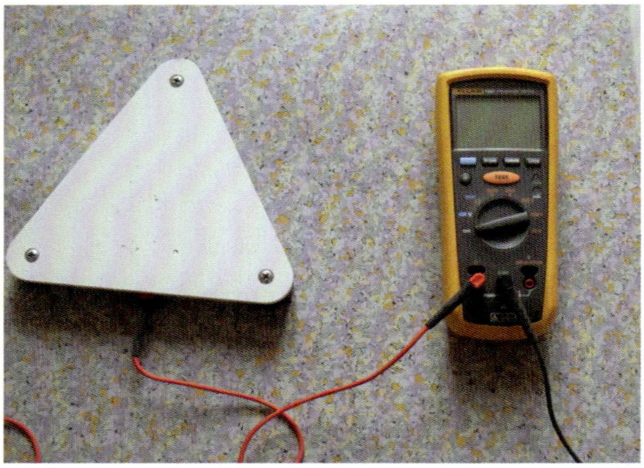

Abb. 2.117: Messgerät zur Ermittlung der elektrischen Leitfähigkeit

DIN EN IEC 61340-4-5	Elektrostatik – Teil 4-5: Standard-Prüfverfahren für spezielle Anwendungen – Verfahren zur Charakterisierung der elektrostatischen Schutzwirkung von Schuhwerk und Boden in Kombination mit einer Person (2019)

Wesentliche Inhalte des AGI-Arbeitsblatts S 30 (2021)

Das Arbeitsblatt gibt Hinweise zur Ausführung elektrisch leitfähiger Plattenbeläge und Beschichtungssysteme im Säureschutzbau und zur Vermeidung von Zündgefahren infolge elektrostatischer Aufladungen.

- Begriffsbestimmungen
- Gefährdungspotenziale, Anforderungen
- Werkstoffe für elektrisch leitfähige Bodenbeläge
- Ausführung
- Prüfung
- Instandhaltung, Wartung
- Ausführungsbeispiele
- Normen, Richtlinien

2.24.3 Bausteine

Grundlagen

Fachgerecht erstellte elektrisch ableitfähige Keramikbeläge können Bodenflächen vor elektrostatischer Aufladung schützen. Sie kommen in verschiedensten Bereichen von Gewerbe und Industrie zum Einsatz.

Beispiele hierfür sind

- Produktions- und Lagerstätten von lösemittelhaltigen Lacken und Farben,
- Lagerräume für brennbare Flüssigkeiten,
- Lagerräume für Gase,
- Lagerräume für Explosivstoffe,
- Produktions- und Betriebsstätten von empfindlichen elektronischen Geräten.

Elektrostatische Aufladungen entstehen z. B. durch die mechanische Trennung von festen Stoffen sowie beim Strömen von Gasen, Flüssigkeiten und Dämpfen.

Können Ansammlungen von elektrischer Ladung z. B. durch einen Funken gleichzeitig abfließen, stellen sie in explosionsgefährdeter Umgebung eine große Gefahr dar. Ist der Energiegehalt des Funkens größer als die Mindestzündenergie des explosionsfähigen Gemischs, entstehen Verpuffungen oder Explosionen.

Es ist deshalb sicherzustellen, dass Fußböden in den oben aufgeführten Bereichen so ausgeführt werden, dass elektrostatische Aufladungen bereits während ihrer Entstehung über den Bodenbelag abgeleitet werden.

Elektrische Ableitfähigkeit

Die elektrische Leitfähigkeit eines Stoffes ist der reziproke Wert seines spezifischen elektrischen Widerstands. Sie wird mit $S/m = \Omega^{-1} \cdot m^{-1}$ (Siemens durch Meter) bezeichnet.

Erdableitwiderstand R_E

Die Messgröße zur Feststellung der Wirksamkeit eines ableitfähigen Bodenbelags ist der sog. Erdableitwiderstand R_E. Mit diesem Wert wird die Ableitfähigkeit eines Bodenbelags für elektrostatische Ladungen gegen Erde beurteilt.

Leitfähige Stoffe

Unter dem spezifischen Widerstand versteht man den elektrischen Widerstand eines Stoffes, der an einem Probekörper von 1 m Länge und 1 m^2 Querschnitt ermittelt und mit Ωm bezeichnet wird.

Leitfähige Stoffe sind feste oder flüssige Stoffe, deren spezifischer Widerstand nicht mehr als 10^4 Ω beträgt.

Nicht leitfähige Stoffe sind Stoffe, deren spezifischer Widerstand mehr als 10^4 Ω beträgt.

Spezifische elektrische Leitfähigkeit

Die spezifische elektrische Leitfähigkeit gibt an, wie stark die Fähigkeit eines Stoffes ist, den elektrischen Strom zu leiten (vgl. Tabelle 2.39).

Tabelle 2.39: Beispiele zur spezifischen elektrischen Leitfähigkeit ausgewählter Stoffe

Stoff	Art des Werkstoffs	Leitfähigkeit ($\Omega^{-1} \cdot cm^{-1}$)
Eisen	Metall	$1{,}0 \cdot 10^5$
Silber	Metall	$6{,}8 \cdot 10^5$
Silicium	Halbleiter	$5{,}0 \cdot 10^{-6}$
Epoxidharze	organisches Polymer	10^{-12}–10^{-17}

Oberflächenwiderstand

Dies ist der elektrische Widerstand (Ωm) zwischen 2 auf die Oberfläche des Stoffes gesetzten Elektroden (vgl. Tabelle 2.40).

Tabelle 2.40: Veranschaulichung des Begriffes Oberflächenwiderstand

Stoffe	**Oberflächenwiderstand in Ωm**
nicht aufladbar/Ladungsableitung möglich	10^4–10^9
Übergangsbereich/Ladungsableitung begrenzt möglich	10^9–10^{11}
Ladungsableitung im Allgemeinen nicht möglich	10^{11}–10^{14}

Ableitwiderstand R_A

Dies ist der elektrische Widerstand (Ωm) eines Bodenbelags, gemessen an einer Probe zwischen einer Elektrode von 50 mm Durchmesser, entsprechend einer Messfläche von 20 cm² auf der Oberseite einer größeren Haftelektrode auf der Unterseite (vgl. Tabelle 2.41).

Tabelle 2.41: Anwendungsbereiche und Grenzwerte des Ableitwiderstands R_A

Anwendung in	**Mindestwert Ω**	**Höchstwert Ω**
Lagern für Lösemittel	10^4	10^8
Operationsräumen	$5 \cdot 10^4$	10^7
Lagern für offene Sprengstoffe	10^4	10^6
Lagern für verpackte Sprengstoffe	10^4	10^8
Produktionsstätten der Elektroindustrie	10^4	10^7

Ausführung

Untergrund

Vor der Verlegung der keramischen Fliesen wird auf den Verlegeuntergrund ein leitfähiger Spezialdünnbettmörtel vollflächig als Kontaktschicht aufgespachtelt. In diese wird dann ein Kupferband mit 1 mm² Querschnitt gitterartig als Potenzialausgleich eingelegt. Die daraus entstehenden Felder dürfen 25 m² nicht überschreiten. Im Bereich der Kreuzungspunkte werden sie durch Löten oder Verkleben elektrisch leitend verbunden.

Dünnbettmörtel/Fugenmörtel

Es kommen werkseitig hergestellte leitfähige Spezialdünnbettmörtel bzw. Spezialfugenmörtel zur Anwendung. Der Grad der elektrischen Leitfähigkeit ist vom Hersteller verbindlich zu benennen.

Zur Erzielung der elektrischen Leitfähigkeit wird dem Dünnbettmörtel bzw. dem Fugenmörtel ein leitfähiger Rohstoff (Grafit oder feinste Metallspäne) zugegeben. Mit Grafit vergütete Fugenmörtel bedürfen bei der Verarbeitung einer besonderen Sorgfalt, damit irreversible Verfärbungen des Belags vermieden werden können.

Keramik

Keramische Fliesen aus der Standardproduktion gelten als elektrischer Nichtleiter. Der Ableitwiderstand einer nicht mit einer leitfähigen Glasur überzogenen Fliese beträgt 10^9 bis 10^{12} Ω. Durch spezielle Rohstoffmischungen können keramische Fliesen allerdings so produziert werden, dass sie über den gesamten Querschnitt elektrisch leitfähig sind. Diese Produktvariante wird nur von wenigen Herstellern produziert.

Je nach Ausführung können also 3 Varianten zur Anwendung kommen. Diese sind

- elektrisch ableitfähige Spaltplatten mit durchgehend leitfähigen Scherben,
- nicht elektrisch leitfähige Scherben mit leitfähiger Glasur,
- nicht elektrisch ableitfähige Fliesen und Platten nach DIN EN 14411; bei dieser Variante erfolgt die elektrische Ableitfähigkeit über einen leitfähigen Fugenmörtel.

Verlegevarianten

Es können 3 unterschiedliche Ausführungsvarianten zur Ausführung kommen:

- **Keramische Bodenbeläge unter Verwendung keramischer ableitfähiger Fliesen**
  Diese Qualität der ableitfähigen Fliesen ist der optimale Werkstoff zur Herstellung ableitfähiger Bodenbeläge. Bei dieser Ausführungsvariante kann auf die Verwendung eines ableitfähigen Fugenmörtels verzichtet werden, da der Scherben über den gesamten Querschnitt ableitfähig ist und somit die Ableitung elektrostatischer Ladungen direkt über diesen und den leitfähigen Dünnbettmörtel zum Kupferbandnetz erfolgt.
- **Keramische Bodenbeläge unter Verwendung von Spaltplatten mit elektrisch leitfähiger Glasur**
  Bei dieser Variante besteht der Scherben aus herkömmlicher Keramik, auf die eine leitfähige Glasur aufgebracht ist. Da nicht sichergestellt werden kann, dass die Glasur flächendeckend auf die Fliesenkanten aufgebracht wurde, wird empfohlen, die Verfugung mit einem elektrisch leitfähigen Fugenmörtel herzustellen. Zur Sicherstellung der flächigen Ableitfähigkeit muss der Fugenmörtel oberflächenbündig mit dem Fliesenbelag abschließen.

Sind die Fliesenkanten durchgehend beschichtet, kann allerdings auf die Verwendung eines elektrisch leitfähigen Fugenmörtels verzichtet werden.

- **Herstellung eines leitfähigen keramischen Belags unter Verwendung nicht leitfähiger keramischer Fliesen und Platten**
  Bei dieser Variante wird die Ableitfähigkeit ausschließlich über einen elektrisch ableitfähigen Fugenmörtel und das elektrisch leitfähige Mörtelbett sichergestellt. Damit eine ausreichende leitfähige Fugenfläche gewährleistet ist, dürfen nur kleinformatige Keramiken der Maße
  240 mm × 115 mm oder 150 mm × 150 mm zum Einsatz kommen. Zur Sicherstellung der Ableitfähigkeit muss der Fugenmörtel oberflächenbündig mit dem Keramikbelag abschließen.
  Eine konkave Ausbildung durch zu starkes „Waschen" führt zu einer unebenen Oberfläche. Diese hat zur Folge, dass in diesen Bereichen kein Kontakt zwischen Schuhsohle und ableitfähiger Fuge besteht und sich Personen elektrisch aufladen können. Um diesen Mangel ausschließen zu können, wird häufig der Fugenmörtel zunächst überhöht eingebracht und nach ausreichender Erhärtung planeben abgeschliffen.

Prüfung der elektrischen Ableitfähigkeit

Die Prüfung soll bei elektrisch leitfähigen Keramikbelägen frühestens nach 8 Tagen durchgeführt werden. Die Anzahl der Messpunkte richtet sich nach der Größe des Bodenbelags. Details zur Prüfdurchführung sind dem AGI-Arbeitsblatt S 30 zu entnehmen. Über die Abnahme ist ein Prüfbericht zu erstellen.

2.24.4 Fragen und Antworten

Nr.	Fragen
1.	Warum werden elektrisch leitfähige Beläge erforderlich?
2.	In welchen Bereichen besteht die Gefahr der Zündung durch die Entladung der elektronischen Aufladung?
3.	In welchen Räumen sind empfindliche elektronische Geräte gefährdet?
4.	Welche Gefahren können darüber hinaus durch elektrische Aufladung entstehen?
5.	Welche Unfallverhütungsvorschriften regeln den Umgang mit den Gefahren der elektrostatischen Aufladung?
6.	Was verstehen Sie unter dem spezifischen elektrischen Widerstand eines Stoffes oder Körpers?
7.	Wie groß ist der Ableitwiderstand gebrauchsüblicher Fliesen und Platten?
8.	Ab welchem Widerstand kann eine elektrostatische Aufladung über den Boden abgeführt werden?
9.	Beschreiben Sie den Aufbau eines elektrisch leitfähigen Bodenbelags, der aus leitfähigen keramischen Fliesen und Platten erstellt wurde.
10.	Nennen Sie die beiden Produktionsvarianten elektrisch leitfähiger Fliesen.

Nr.	Fragen
11.	Was ist bei der Erstellung eines elektrisch leitfähigen Belags zu beachten, der mit Standardfliesen nach DIN EN 14411 gestaltet wird?
12.	Wie erfolgt die Ableitung der elektrostatischen Aufladung bei Fliesen und Platten?
13.	Welche Verlege- und Fugenmörtel sind zur Herstellung elektrisch leitfähiger Beläge prädestiniert?
14.	Wie werden Verlege- und Fugenmörtel elektrisch leitfähig hergestellt?
15.	Wie erfolgt die Erdung der Belagskonstruktion?
16.	Welchen Abstand sollten die in das Mörtelbett integrierten Kupferbänder aufweisen?
17.	Wer verbindet die Kupferbänder untereinander und stellt die Erdungsverbindung her?
18.	Wann kann die Überprüfung der elektrischen Leitfähigkeit nach Fertigstellung des Belags vorgenommen werden?

Nr.	Antworten
1.	Durch Gehen, Reiben, Fahren oder andere Arten der Berührung kann eine elektrostatische Aufladung von Personen oder Gegenständen entstehen. Dabei treten hohe elektrische Spannungen auf. Diese Spannungen können sich durch Funkenbildung entladen, wenn der Energiegehalt des Funkens größer als die Mindestzündenergie des explosionsfähigen Gemischs ist, bzw. zu Defekten an Anlagen führen.
2.	• Produktions- und Lagerstätten von lösemittelhaltigen Lacken und Farben • Lagerräume für brennbare Flüssigkeiten • Lagerräume für Gase • Lagerräume für Explosivstoffe • Produktions- und Betriebsstätten von empfindlichen elektronischen Geräten
3.	Räume mit empfindlichen elektronischen Geräten der Elektrotechnik oder Feinmesstechnik
4.	Feinstaub, Gase, Aerosole oder Flüssigkeiten können in explosionsgefährdeten Bereichen verpuffen. Darüber hinaus können bei in der Mikromechanik oder in der Chirurgie tätigen Personen Fehlreaktionen im Finger-, Hand- und Unterarmbereich auftreten.
5.	DGUV Information 213-060 Vermeidung von Zündgefahren infolge elektrostatischer Aufladungen (2016)
6.	Der spezifische elektrische Widerstand (Ωm) ist der Widerstand eines Stoffes oder Körpers von 1 m Länge und 1 m^2 Querschnitt.
7.	Keramik gilt als elektrischer Nichtleiter, als Isolator. Der Ableitwiderstand R_A einer keramischen Fliese beträgt 10^9 bis 10^{12} Ω.
8.	bei einem Widerstand bis zu $< 10^4$ Ω

Nr.	Antworten
9.	• Aufspachteln einer Kontaktschicht mit elektrisch leitfähigem Dünnbettmörtel • Einlegen eines Kupferbandes mit 1 mm^2 Querschnitt; Erstellen von max. 25-m^2-Feldern; im Bereich der Kreuzungspunkte sind die Bänder durch Löten oder Verkleben elektrisch leitfähig zu verbinden • Verlegung der elektrisch leitfähigen Platten mit einem elektrisch leitfähigen Dünnbettmörtel • Verfugen der Belagsfugen mit einem Fugenmörtel nach DIN EN 13888
10.	• elektrisch ableitfähige Spaltplatten mit durchgehend leitfähigen Scherben • nicht elektrisch leitfähige Scherben mit leitfähiger Glasur
11.	Bei der Verwendung elektrisch nicht leitender Fliesen sind folgende Parameter zu beachten: • Damit eine ausreichend leitfähige Fugenfläche gewährleistet ist, dürfen nur kleinformatige Keramiken der Maße 240 mm × 115 mm oder 150 mm × 150 mm zum Einsatz kommen. • Das Verfüllen der Belagsfugen muss mit einem elektrisch leitfähigen Fugenmörtel erfolgen. • Zur Sicherstellung der Ableitfähigkeit muss der Fugenmörtel oberflächenbündig mit dem Keramikbelag abschließen. Eine konkave Ausbildung der Fugen durch zu starkes „Waschen" ist auszuschließen.
12.	Durch den Scherben über den gesamten Querschnitt oder über eine elektrisch leitfähige Glasur, die auf die Oberfläche des Scherbens und dessen Flanken aufgebracht ist.
13.	Zur Verlegung müssen elektrisch leitfähige Dünnbettmörtel zur Anwendung kommen. Bei nicht elektrisch leitfähigen Fliesen und Platten muss der Fugenmörtel ebenfalls elektrisch leitfähig sein. Bei elektrisch leitfähigen Fliesen und Platten ist der Einsatz eines elektrisch leitenden Fugenmörtels nicht zwingend erforderlich, aber sinnvoll.
14.	durch die Zugabe von Grafit bzw. Feinstmetallspänen
15.	Die Erdung erfolgt über in das Mörtelbett eingelegte Kupferbänder, die an den Potenzialausgleichsleiter (Erdungsanschluss) angeschlossen sind.
16.	Der Abstand der Kupferbänder sollte etwa 5 m betragen.
17.	Die Verbindung der Kupferbänder untereinander und die Herstellung der Erdungsverbindung werden vom Elektriker ausgeführt.
18.	frühestens nach 8 Tagen

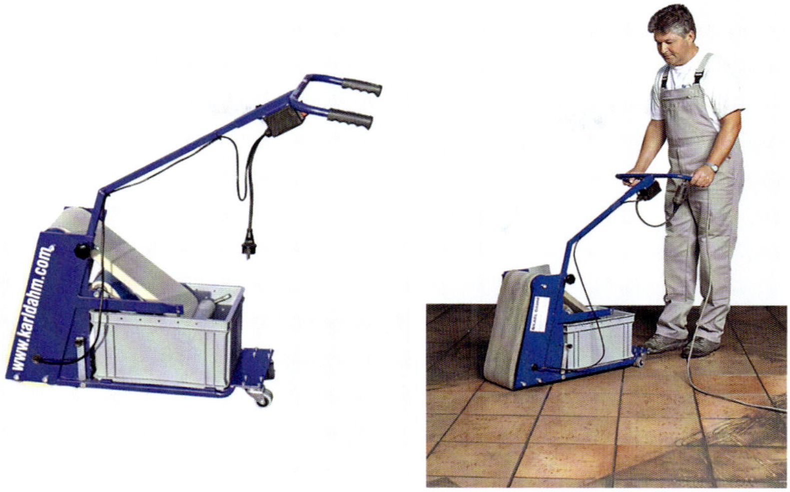

Abb. 2.118: Reinigungsmaschine und Abwaschgerät mit rotierendem Schwammband (Quelle: Karl Dahm & Partner GmbH, Seebruck)

2.25 Reinigung und Pflege keramischer Bekleidungen und Beläge

2.25.1 Stichworte zum Thema

- Verschmutzungen auf neu ausgeführten Belägen vor der Abnahme
- Reinigungsarbeiten und -aufwand vor Abnahme der Bekleidungen und Beläge
- Reinigungsarbeiten als Nebenleistung oder Besondere Leistung?
- Arten der Reinigung
- geeignete Reinigungsmittel
- pH-Wert: Definition
- pH-Werte von Reinigungsmitteln
- Wirkungsweise von Reinigern
- Steinpflege

2.25.2 Regelwerk

ZDB-Merkblatt	Reinigen, Schützen, Pflegen – Fliesen und Platten aus Keramik, Naturwerkstein und Betonwerkstein reinigen, schützen und pflegen (2022)

Wesentliche Inhalte des ZDB-Merkblatts

- Einführung
- Spezifizierung der Beläge
- Verschmutzung
- Reinigung und Reinigungsarbeiten
- Reinigungsmethoden
- chemische Grundlagen der Reinigung

Abb. 2.119: Handbemalte Fliesen, Verlegung ca. 1890, zuletzt durch einen Kunststoffbelag abgedeckt (Quelle: Baku GmbH, Esslingen)

Abb. 2.120: Belag nach Reinigung mit stark alkalischen und lösemittelhaltigen Reinigern (Quelle: Baku GmbH, Esslingen)

- Reinigungsmittel
- Schützen
- Pflegen
- Fugen

2.25.3 Fall aus der Praxis

Ein Unternehmer wird mit folgenden Fällen aus der Praxis konfrontiert:

- Ein neuer keramischer Balkonbelag aus unglasiertem, rustikalem Steinzeug mit rauer Oberfläche weist nach dem Ausfugen eine starke Zementschleierverschmutzung auf.
- Der gleiche Balkonbelag zeigt nach dem ersten Winter Verschmutzungen an der Fliesenoberfläche (Fliese und Fugenmörtel) auf, die die Optik des Belags empfindlich stören.
- Der Granitbelag im Eingangsbereich eines Wohnhauses weist partiell Ölflecken auf.

Bei diesen Fällen handelt es sich um Probleme der Reinigung und Pflege. Sie werden im Rahmen eines Ortstermins zu einer möglichen Beseitigung der Verunreinigungen gefragt. Wie argumentieren Sie? Welche Ausführungsvorschläge unterbreiten Sie?

Lösung

Zementschleierentfernung

Unglasiertes rustikales Steinzeug mit rauer Oberfläche muss nach Einbringen des Fugenmörtels innerhalb kurzer Zeit intensiv gewaschen und nachgewaschen werden. Erfolgt diese Maßnahme nicht oder zu nachlässig, kann der nicht entfernte Zementleim zu Zementstein aushärten und sich mit den Poren der Fliese verzahnen. Seine Entfernung ist dann nur mit aggressiven Reinigungsmitteln (z. B. Zementschleierentferner) und mit großer Mühe möglich. Dabei ist zu berücksichtigen, dass aggressive, stark saure Reinigungsmittel den zementären Fugenmörtel stark angreifen können. Die Verarbeitungshinweise des Herstellers sind bei der Anwendung des Reinigungsmittels strikt zu beachten.

Winterverschmutzungen

Die Verschmutzung innerhalb der Wintermonate ist auf einen geringeren Reinigungszyklus und die Ablagerung von Verschmutzungen aus Umwelteinflüssen (Emissionsrückstände wie Öl, Ruß) oder sedimentierte Bestandteile aus Blattwerk usw. zurückzuführen.

Die Verschmutzungen können durch eine intensive Reinigung unter Verwendung eines alkalischen Reinigungsmittels entfernt werden.

Ölverschmutzungen

Der Granitbelag hat über sein Porensystem das Öl absorbiert. Aus dem zähflüssigen Produkt wird mit der Zeit unter Sauerstoffeinfluss eine nahezu feste Masse, die in Abhängigkeit von der Zeit immer schwerer zu entfernen ist. Verschmutzungen dieser Art können mit im Handel sog. erhältlichen Ölentfernungspasten entfernt werden.

2.25.4 Bausteine

Die **Reinigung** soll Verschmutzungen entfernen, die natürliche Oberfläche herstellen und einen Belag so aufarbeiten, dass dessen Übergabe erfolgen kann.

Die **Pflege** soll allgemeinen Oberflächenschmutz entfernen und die optimale Optik des Belags erhalten und sicherstellen.

Arten der Reinigung

Bauabschlussreinigung

Der Hersteller eines Belages hat diesen unmittelbar nach dem Verfugen zu reinigen. Schmutz, Staub, Farb- und Mörtelreste sowie Zementschleier sind vollständig zu entfernen und abzuwaschen.

Der Belag darf weder durch das Reinigungsverfahren noch durch das eventuell zum Einsatz kommende Reinigungsmittel negativ beeinträchtigt werden.

Grundreinigung

Besonders bei gewerblich genutzten Flächen oder z. B. bei Belägen in Schwimmbädern ist in gewissen Zeitabständen eine besonders gründliche Reinigung vorzunehmen. Hierfür ist der Betreiber zuständig, der diese Arbeit auch oft an spezielle Reinigungsfirmen vergibt.

Unterhaltsreinigung

So bezeichnet man das tägliche Sauberhalten durch Kehren, Nasswischen oder Trockenwischen durch den Nutzer.

Chemische Reinigung

Häufig wird die mechanische Reinigung durch den Einsatz von chemisch wirkenden Reinigungsmitteln unterstützt. Reinigungsmittel wirken entweder sauer oder alkalisch. Zusätze von Scheuerpulver verstärken den Grad der mechanischen Reinigung.

Die zum Einsatz kommenden wässrigen Reinigungsmittel werden anhand ihres pH-Wertes eingestuft (vgl. Tabelle 2.43). Der Wert ist ein Maß für den sauren oder basischen Charakter eines Reinigungsmittels.

Wässrige Lösungen mit einem pH-Wert < 7 bezeichnet man als sauer, mit einem pH-Wert von 7 als neutral und mit einem pH-Wert > 7 als alkalisch (vgl. Tabelle 2.42).

Tabelle 2.42: Definition pH-Wert

pH-Wert sauer	neutral	pH-Wert alkalisch
6,9–3 schwach sauer	7	7,1–10,5 schwach alkalisch
< 3 stark sauer		> 10,5 stark alkalisch

Tabelle 2.43: Handelsübliche pH-Wert-Einteilung von Reinigungsmitteln

handelsübliche Reinigungsmittelgruppen	pH-Werte
stark alkalische Reiniger auf Basis von Natron- oder Kalilaugen	> 10,5
schwach alkalische Reiniger	> 8 bis < 10,5
neutrale Reiniger	6–8
schwach saure Reiniger auf Zitronensäurebasis	> 3 bis 6
stark saure Reiniger auf Salz-, Phosphor- oder Schwefelsäurebasis	< 3,0

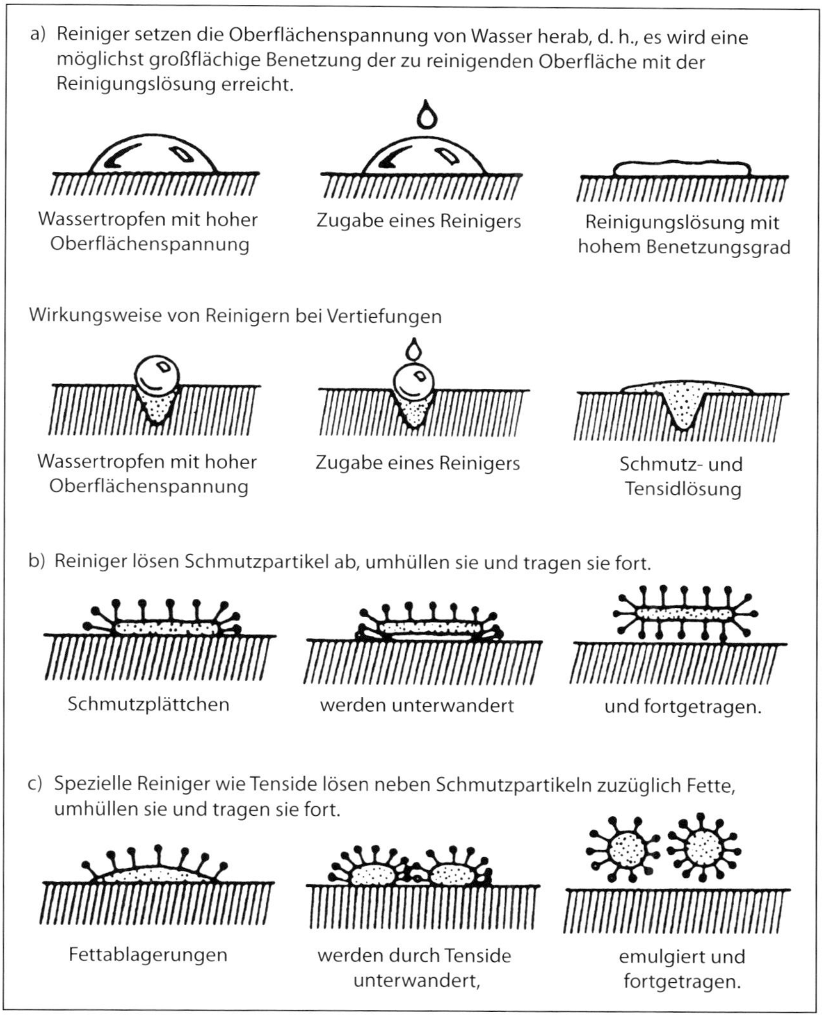

Abb. 2.121: Wirkungsweise von Reinigern

Säurehaltige Reiniger entfernen anorganische Verschmutzungen, wie z. B. Zementschleier, Kalkablagerungen, Ausblühungen, Rost. Sie sind unwirksam bei Ölen, Wachsen und Versiegelungen.

Alkalische Reiniger entfernen organische Verschmutzungen, wie z. B. pflanzliche Öle, Fette, Pflegemittelrückstände, Wachsfilme. Sie sind unwirksam bei Zementschleier, Kalk, Rost usw.

Abb. 2.121 veranschaulicht die Wirkungsweise von Reinigern.

Bewertungskriterien der Belagsmaterialien in Bezug auf deren Verschmutzungsgrad und Reinigungsverhalten

Bei Natursteinen, unglasierten keramischen Fliesen und Platten sowie Cottofliesen usw. können Schmutzpartikel im Zuge der Penetration von Feuchtigkeit über die Poren in das Belagsmaterial eindringen. Je größer das Porensystem und je intensiver dessen kapillares Saugvermögen, desto tiefer können die Schmutzpartikel in das Belagsmaterial eindringen und zu flächigen oder partiellen Verfärbungen führen.

Bei dichten, porenarmen bzw. porenfreien, nicht saugfähigen Belagsmaterialien (gesintertes Feinsteinzeug, glasierte Keramik) bilden sich lediglich Oberflächenverschmutzungen. Ein Eindringen von Schmutzpartikeln in den Belagsquerschnitt und eine daraus resultierende Fleckenbildung finden nicht statt.

Hinweise für den Umgang mit Reinigungsmitteln

- Grundsätzlich sind vor der Verwendung eines Produktes die Gebrauchsanweisung und das Sicherheitsdatenblatt zu lesen. Falls dieses nicht vorhanden ist, kann es beim Hersteller angefordert werden.
- Die Durchführung eines Vorversuchs anhand einer Probefläche ist erforderlich.
- Bei Verwendung von lösemittelhaltigen Reinigern ist für ausreichend Belüftung zu sorgen.
- Intensives Abwaschen und Nachwaschen sind erforderlich.
- Kinder und Haustiere sind vor dem Zugang zu den Reinigungsmitteln und zum frisch gereinigten Belag zu schützen.
- Gefahrensymbole sind zu beachten und Sicherheitshinweise strikt zu befolgen.

2.25.5 Fragen und Antworten

Nr.	Fragen
1.	In welchem Zustand muss der Fliesenleger die fertiggestellten Bekleidungen und Beläge übergeben?
2.	Um welche Art von Leistungen handelt es sich bei Reinigungsarbeiten?
3.	Welche Pflegeempfehlungen geben Sie den Bauherren für die keramischen Bekleidungen und Beläge?
4.	Welche chemischen Eigenschaften können Reinigungsmittel haben?
5.	Welche Wirkung hat Scheuerpulver in Verbindung mit Reinigungsmitteln?
6.	Wie wirken alkalische Reiniger? Wo werden sie eingesetzt?
7.	Wie wirken saure Reiniger? Wo werden sie eingesetzt?
8.	Welche Gefahren für Beläge und Fugen gehen von chemisch wirkenden Reinigungsmitteln aus?
9.	Welche Gefahren für die Gesundheit der Anwender gehen von chemisch wirkenden Reinigungsmitteln aus?

10. Was ist vor dem Öffnen der Verpackung besonders zu beachten?

11. Beschreiben Sie die Wirkungsweise von Reinigern.

12. Was sind Tenside? Wie wirken sie?

13. Was ist bei dem Einsatz von Reinigungsmitteln bei der Reinigung von Natursteinbelägen zu beachten?

14. Welche Maßnahme ist nach dem Einsatz von chemisch wirkenden Reinigungsmitteln durchzuführen?

15. Wie werden Reinigungsarbeiten abgerechnet, die während des Gebrauchs der Beläge entstanden sind?

Nr.	**Antworten**
1.	in gereinigtem und abgewaschenem Zustand
2.	Reinigungsarbeiten gehören zu der Gruppe der Nebenleistungen.
3.	feucht oder nass abwischen, eventuell mit leichten Reinigungsmitteln behandeln; keinesfalls aggressive Reinigungsmittel verwenden
4.	Sie können als Lauge (alkalisch) oder als Säure (sauer) wirken.
5.	Es verstärkt die mechanische Reinigungswirkung.
6.	Sie lösen und entfernen eine Vielzahl von organischen Verschmutzungen, wie z. B. pflanzliche Öle, Fette, Pflegemittel und leichte Wachsfilme.
7.	Sie lösen und entfernen eine Vielzahl von anorganischen Verschmutzungen, wie z. B. Zementschleier, Mörtelreste, Kalkablagerungen, Ausblühungen und Rost. Sie kommen verstärkt bei der Haushaltsreinigung zur Anwendung.
8.	Chemisch wirkende Reinigungsmittel, insbesondere Säuren, können durch falsche Anwendung die Belagsfugen schädigen oder angrenzende Bauteile und Sanitärinstallationen angreifen. Hierüber ist der Bauherr möglichst schriftlich zu informieren.
9.	gesundheitliche Gefahren für Atemwege, Haut, Schleimhäute und Augen
10.	Die aufgedruckten Gefahrensymbole und die Sicherheitshinweise für die Verarbeitung sind zu beachten.
11.	Reiniger lösen Verschmutzungen aus dem Belag, halten die gelösten Partikel durch spezielle Additive in der Flüssigkeit und gewährleisten somit deren restloses Abwaschen.
12.	Tenside bezeichnet man auch als „künstliche Seifen". Sie emulgieren Fette und Öle in Wasser und verbessern die Reinigungsmittelbenetzung.
13.	Das zur Anwendung kommende Reinigungsmittel muss auf die Gesteinssorte abgestimmt sein. Nicht geeignete Reinigungsmittel können den Naturstein angreifen. So zerstören z. B. zitronensäurehaltige Reinigungsmittel die Oberfläche von Marmor und Kalkstein. Salzsäure, Schwefelsäure und Salpetersäure greifen sogar Tiefengesteine wie Granit, Syenit und Gabbro an.
14.	Der Belag ist mit sauberem Wasser abzuspülen.
15.	Sie werden in der Regel vom Nutzer selbst durchgeführt. Sollte der Fliesenleger mit der Reinigung beauftragt werden, ist diese Leistung als Besondere Leistung nach Aufwand abzurechnen.

Abb. 2.122: Persönliche Schutzausrüstung (Quelle: Shawn Hempel – stock.adobe.com)

2.26 Arbeitsschutz/Gesundheitsschutz/Unfallverhütung

2.26.1 Stichworte zum Thema

- Arbeitsschutz, Gesundheitsschutz und Unfallverhütung bei Fliesen- und Plattenarbeiten
- Verantwortlichkeiten und Zuständigkeiten
- Pflichten des Arbeitgebers
- Pflichten des Arbeitnehmers
- Verhalten bei einem Arbeitsunfall
- typische Gefährdungen im Beruf des Fliesenlegers

2.26.2 Regelwerke

DGUV Vorschrift 1	Grundsätze der Prävention (2013)
DGUV Vorschrift 38	Unfallverhütungsvorschrift Bauarbeiten (2019)
DGUV Information 201-011	Verwendung von Arbeits-, Schutz- und Montagegerüsten (2023)
DIN EN 12810-2	Fassadengerüste aus vorgefertigten Bauteilen – Teil 2: Besondere Bemessungsverfahren und Nachweise; Deutsche Fassung (2004)
DGUV Information 208-016	Die Verwendung von Leitern und Tritten (2022)
BGHM Nr. 059	Arbeitsschutz kompakt – Arbeiten mit Bockgerüsten (2016)

2.26.3 Fall aus der Praxis

Sie haben den Auftrag erhalten, eine Außenfassade mit einer Höhe von 12 m mit keramischen Fliesen zu bekleiden. Das Arbeitsgerüst ist bereits bauseits errichtet.

Das Gerüst weist Gerüstfelder der Breitenklasse W09 auf und entspricht der Lastklasse 4. Der Ständerabstand beträgt 2,50 m, die Belagsbreite 90 cm. Ein Baukran ist vorhanden. Die Fliesen werden in Umverpackungen von 10 Paketen (1 m × 0,65 m) angeliefert. Diese haben ein Gewicht von 2,75 kN. Für eine ökonomische Ausführung beabsichtigen Sie, den Transport der Keramikgebinde auf das Gerüst mit dem vorhandenen Kran durchzuführen.

Ermitteln Sie

- die Belagsfläche,
- die zulässige Belastung der Belagsfläche,
- die vorgesehene Belastung unter Berücksichtigung einer ausführenden Person, des Krantransports (Sicherheitsbeiwert 1,2), des Materials und des Werkzeugs.

Kontrollieren Sie das Ergebnis mit den erforderlichen Werten für

- die vorgesehene Belastung,
- die Teilflächenlast für die Keramikpalette,
- die Teilflächenlast für den Mörtelkübel.

Lösung

Ermittlung der Belagsfläche

Belagsfläche = 0,90 m (Gerüstbreite) · 2,50 m (Ständerabstand) = 2,25 m²

Zulässige Belastung der Belagsfläche

2,25 m² · 3,0 kN/m² (nach DIN EN 12811-1 = 6,75 kN/m²

Ermittlung der vorgesehenen Belastung

eine Person	1,00 kN
+ Keramikpakete 1,2 (Sicherheitsbeiwert [SBW] Krantransport) · 2,75 kN	3,30 kN
+ Mörtelkübel 65 l	1,40 kN
+ Werkzeug	0,10 kN
=	5,80 kN

Kontrolle der vorgesehenen Belastung

Die tatsächliche Belastung mit 5,80 kN ist kleiner als die zulässige Last von 6,75 kN.

Kontrolle der Teilflächenlast für die Keramikverpackungen (10 Stück)

Grundfläche	1 m · 0,65 m	= 0,65 m^2
Teilflächenlast	2,75 kN : 0,65 m^2	= 4,23 kN/m^2

Die tatsächliche Last ist mit 4,23 kN/m^2 kleiner als die zulässige Last von 5,0 kN/m^2.

Kontrolle der Teilflächenlast für Mörtelkübel mit 65 l

Grundfläche:	Durchmesser 0,6 m	= 0,28 m^2
Teilflächenlast:	1,40 kN : 0,28 m^2	= 5 kN

Die tatsächliche Last von 5 kN/m^2 entspricht der zulässigen Last von 5,0 kN/m^2.

2.26.4 Bausteine

2.26.4.1 Persönliche Schutzausrüstung

- Kopfschutz: Schutzhelm bei Arbeiten unter schwebenden Lasten, auf Gerüsten
- Gehörschutz: Ohrschützer oder Ohrstöpsel bei Arbeiten an lauten Geräten und Maschinen
- Augenschutz: Schutzbrille bei Schleif- und Stemmarbeiten, bei fliegenden Grobstäuben und Kleinpartikeln
- Atemschutz: Grobstaubmasken oder Atemmasken bei Schleifarbeiten und Arbeiten mit Gefahrstoffen
- Schutzkleidung: bei Arbeiten im rauen Baustellenbetrieb, bei Kälte, Nässe und Zugluft
- Hautschutz: Schutzhandschuhe, Hautschutzcreme beim Arbeiten mit aggressiven Baustoffen wie zementhaltigen, kalkhaltigen, lösemittelhaltigen Stoffen
- Knieschutz: Knieschützer, Knieschutzmatten bei Arbeiten in kniender Haltung
- Fußschutz: Arbeitsschuhe mit Schutzkappen bei Arbeiten, die Füße und Zehen gefährden können

2.26.4.2 Gesundheitliche Gefährdungen des Fliesenlegers

Die häufigsten gesundheitlichen Beschwerden sind

- Probleme mit den Kniegelenken,
- Rückenschmerzen,
- Hauterkrankungen.

Beanspruchung der Kniegelenke

Fliesenleger müssen häufig auf den Knien arbeiten. Daraus resultieren oftmals eine Schädigung des Meniskus, eine Entzündung des Kniegelenks (Gonarthrose), eine Entzündung der Schleimbeutel sowie eine Druckschädigung der Nerven. Zur Verhinderung bzw. Minimierung dieser gesundheit-

Abb. 2.123: Knieschutz (Quelle: Kadmy – stock.adobe.com)

lichen Schäden ist es erforderlich, einen Knieschutz zu verwenden. Es stehen drei Varianten des Knieschutzes zur Verfügung:

- Typ 1 = Knieschutz, der um das Bein befestigt wird (siehe Abb. 2.123),
- Typ 2 = Hosenschutzpolster in Hosen,
- Typ 3 = Knieunterlagen.

Die Auswahl des Knieschutzes ist abhängig von der jeweiligen Tätigkeit und der Beschaffenheit des Untergrundes.

Neben dem Knieschutz sind weitere Schutzmaßnahmen zu empfehlen:

- nicht unnötig im Knien arbeiten,
- bei Arbeiten im unteren Wandbereich Schemel benutzen,
- Fliesen auf einem Arbeitstisch zuschneiden,
- bei hohem Körpergewicht: abnehmen, da das Körpergewicht die Kniegelenke zusätzlich belastet.

Beanspruchung des Rückens, der Wirbelsäule und der Bandscheiben

Arbeiten in gebückter Haltung sowie langes Arbeiten in der Hocke, im Sitzen und Stehen können zu Rückenbeschwerden führen. Arbeiten über Schulterhöhe, Kälte und Zugluft begünstigen solche Beschwerden.

Rückenschmerzen können durch Tragen (besonders durch einseitiges Tragen) schwerer Lasten entstehen, insbesondere werden die Bandscheiben durch diese Tätigkeit belastet.

Bei älteren Menschen reagiert der Rücken besonders empfindlich auf starke Belastungen. Deshalb sollten schon in jungen Jahren Fehlbelastungen und unnötige gesundheitsschädliche Belastungen vermieden werden.

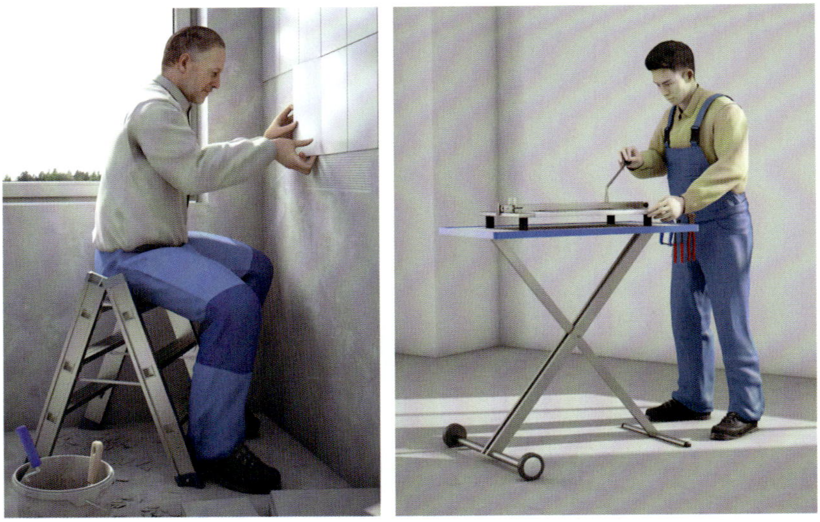

Abb. 2.124: Rückenschutz (Quelle: H.ZWEI.S Werbeagentur GmbH, Hannover)

Schutzmaßnahmen für den Rücken (siehe Abb. 2.124):

- wenn möglich in bequemer Sitzhaltung arbeiten
- sofern stehende Arbeiten erforderlich sind, Schneidearbeiten am Arbeitstisch vornehmen
- unnötiges Bücken vermeiden
- Arbeiten über Schulterhöhe vermeiden, Kleingerüste oder Arbeitsbühnen verwenden
- schwere Lasten mit Hilfsmitteln transportieren, Sackkarre oder Transportwagen verwenden
- richtig heben oder tragen: nur kleine Lasten aus dem Rücken heben, schwere Lasten aus der Hocke heben, nicht einseitig tragen
- vor Zugluft oder Kälte schützen: warme Kleidung tragen, heizen, Zugluft vermeiden

Beanspruchung der Haut

Zu den häufigen berufsbedingten Krankheiten eines Fliesenlegers zählen Hauterkrankungen. Diese können durch häufigen Kontakt mit rauen, scharfkantigen Materialien oder durch Nässe und Kälte entstehen. Zement, Kalk, Epoxidharze, Mineralfaserdämmstoffe und sogar Gummihandschuhe können die Haut schädigen.

Schutzmaßnahmen für die Haut:

- Hautschutzmittel verwenden, die auf die jeweilige Gefährdung abgestimmt sind; vor Arbeitsbeginn auftragen
- Hautreinigungsmittel verwenden, die auf die Art der Verschmutzung und deren Aggressivität abgestimmt sind; Achtung: Zu scharfe Reinigungsmittel schaden oftmals mehr, als sie nützen
- nach dem Arbeitsende Hautpflegemittel auftragen, die die Rückfettung der Haut unterstützen

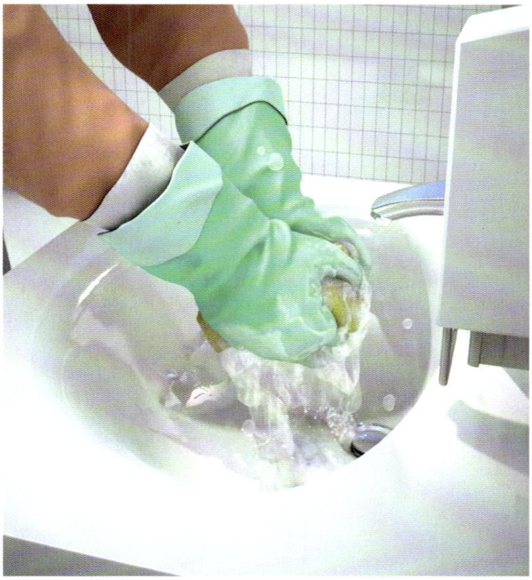

Abb. 2.125: Hautschutz (Quelle: H.ZWEI.S Werbeagentur GmbH, Hannover)

- direkten Kontakt mit Nässe und rauen Materialien vermeiden, je nach Tätigkeit Arbeitshandschuhe aus Stoff, Leder oder flüssigkeitsdichte Handschuhe mit Baumwollinnenfutter tragen (siehe Abb. 2.125)
- bei zementären Produkten, Epoxidharzen und anderen Gefahrstoffen die auf dem Gebinde und dem Sicherheitsdatenblatt abgedruckten Hinweise genau beachten
- bei Arbeiten mit Gefahrstoffen Gefahrensymbole beachten und die vorgegebenen Schutzmaßnahmen ergreifen

2.26.4.3 Umgang mit Geräten und Maschinen

Mischmaschinen (siehe Abb. 2.126)

Freifallmischer

Bei der Bedienung besteht die Gefahr des Einzugs durch rotierende Maschinenteile sowie durch Zement- oder Kalkstaub.

Schutzmaßnahmen und Verhaltensregeln:

- Tragen von eng anliegender Kleidung
- Tragen von Sicherheitsschuhen S
- Hautschutz laut Hautschutzplan auftragen
- vor Arbeitsbeginn Zustand der Maschine und der Schutzeinrichtungen auf Funktionsfähigkeit überprüfen
- Maschine auf sicheren Stand überprüfen
- während des Betriebs nicht in die Maschinentrommel greifen
- Arbeitsplatz auf Sauberkeit überprüfen
- Wasser so einfüllen, dass keine oder nur wenig Spritzer entstehen
- Schutzbrille tragen
- beim Einrichten des Arbeitsplatzes auf Windrichtung achten; Staubeinwirkung auf den Körper durch Zement, Kalk und Quarz vermeiden

Abb. 2.126: Mischmaschine (Quelle: He2 – stock.adobe.com)

Abb. 2.127: Winkelmaschine/Flex (Quelle: FLEX-Elektrowerkzeuge GmbH, Steinheim an der Murr)

- während des Betriebs nicht in die Mischtrommel oder an den Zahnkranz greifen
- beim Befüllen der Mischtrommel nicht die Schaufel in die Trommel stecken
- beim Öffnen von Bindemittelgebinde die Staubbelastung gering halten; soweit möglich, staubarme Produkte verwenden

Handtrennschleifmaschinen/Winkelschleifer/Flex

Bei dem Betrieb dieser Geräte (siehe Abb. 2.127) entsteht eine Vielzahl von Gefährdungen, wie z. B. wegschleudernde Teile, Funkenflug und ein zu hoher Lärmpegel.

Schutzmaßnahmen und Verhaltensregeln:

- vor der Benutzung Gebrauchsanweisung lesen
- nur geeignete und gekennzeichnete Trenn- und Schleifscheiben verwenden

Abb. 2.128: Handkreissäge (Quelle: FLEX-Elektrowerkzeuge GmbH, Steinheim an der Murr)

- zulässige Drehzahl der Scheiben mit der Drehzahl der Maschine vergleichen
- Werkstücke vor deren Bearbeitung sicher positionieren
- vor Beginn der Arbeit Probelauf (ca. 30 Sekunden) durchführen
- während des Bearbeitungsvorgangs sicheren Standplatz einnehmen
- Augenschutz verwenden
- Ohrenschutz tragen
- Mundschutz und Atemschutz anlegen
- eng anliegende Sicherheitskleidung tragen

Handkreissägen

Bei dem Betrieb dieser Geräte (siehe Abb. 2.128) entsteht eine Vielzahl von Gefährdungen wie z. B. Schnittverletzungen durch das laufende Sägeblatt bis hin zum Verlust von Körperteilen (Finger, Hand usw.). Sogar tödliche Verletzungen durch weggeschleuderte Teile sind möglich.

Schutzmaßnahmen und Verhaltensregeln

- Der Spaltkeil ist nach Größe und Dicke des Sägeblattes auszuwählen.
- Der gesamte Zahnkranz des Blattes muss über der Auflage mit einer festen Verkleidung versehen sein.
- Der Abstand des Spaltkeils vom Zahnkranz darf nicht mehr als 5 mm betragen.
- Die Schnitttiefe ist richtig einzustellen; sie darf höchstens 10 mm mehr als die Dicke des Werkstücks betragen.
- Das Gerät darf nicht mit laufendem Sägeblatt abgelegt werden.
- Es sind keine Sägeblätter aus hoch legiertem Schnellarbeitsstahl (HSS) zu verwenden.

Abb. 2.129: Baukreissäge (Quelle: fefufoto – stock.adobe.com)

Abb. 2.130: Flügelglätter (Quelle: DianaH – stock.adobe.com)

Baustellenkreissägen (siehe Abb. 2.129)

Schutzmaßnahmen und Verhaltensregeln

- Abstand des Spaltkeils zum Zahnkranz darf nicht mehr als 10 mm betragen
- Hilfseinrichtung benutzen:
  - Parallelanschlag
  - Winkelanschlag
  - Keilschneideeinrichtung
  - Schiebestock
- Schutzeinrichtung benutzen:
  - Spaltkeil
  - Sägeblatt
  - Stecker
  - Parallelanschlag
  - Winkelanschlag
  - Keilschneideeinrichtung
  - Schiebestock
  - Schutzhaube

Glättmaschinen/Flügelglätter

Bei dem Einsatz von benzinbetriebenen und gasbetriebenen Flügelglättern (siehe Abb. 2.130) werden Abgase freigesetzt (Kohlenmonoxid, Kohlenwasserstoffe, Benzol, Kohlendioxid, Stickoxide), die eine Gefährdung für den menschlichen Organismus darstellen. Bei dem Betrieb sind die Arbeitsplatzgrenzwerte gemäß TRGS 900 zu beachten.

Schutzmaßnahmen und Verhaltensregeln:

- Bei Arbeiten in Innenräumen dürfen nur Flügelglätter mit Katalysator zum Einsatz kommen.
- Der Einsatz gasbetriebener und benzinbetriebener Flügelglätter mit Katalysatoren ist in offenen Hallen mit natürlicher Belüftung mit Höhen über 5 m zulässig.
- Im Freien dürfen benzinbetriebene Glättmaschinen ohne Katalysator nur eingesetzt werden, wenn vor Ort durch anzeigende Messgeräte die Einhaltung des Arbeitsgrenzwertes (AGW) sichergestellt ist.
- Eine Deichsel mit Höhenverstellung ist auf die Größe des Ausführenden einzustellen, eine abklappbare Deichsel ist zu verriegeln.
- Der Schutzkorb bzw. die Abdeckung ist auf ordnungsgemäße Befestigung zu überprüfen.
- Die Maschine ist stets mit beiden Händen zu führen.
- Es ist mit möglichst geringer Drehzahl vorzuglätten.
- Im Gefahrenbereich der Glättmaschine dürfen sich während der Ausführung keine Personen aufhalten.

Leitern

Bei der Nutzung von Leitern als Aufstiegshilfe und für kurzzeitiges Arbeiten kommt es sehr häufig zu Unfällen, die bleibende Beeinträchtigungen der Gesundheit hervorrufen und im Extremfall zum Tod führen können. Schon ein Absturz aus geringen Höhen kann langfristig gravierende Auswirkungen auf die Gesundheit haben.

Leitertypen

- Anlegeleiter (siehe Abb. 2.131)
- Schiebeleiter mit und ohne Seilzug
- Stehleiter
- Rollleiter
- fahrbare Stehleiter
- höhenverstellbare Stehleiter
- mehrteilige Mehrzweckleiter mit und ohne Gelenke
- Hängeleiter
- Treppenleiter

Schutzmaßnahmen und Verhaltensregeln:

- nicht zusätzlich gesicherte Anlegeleitern nur bis zur viertobersten Stufe oder Sprosse besteigen, da sonst die Gefahr des Wegrutschens besteht
- Anlege-, Schiebe- und Mehrzweckleitern in einem Winkel von 65 bis 75° positionieren
- die Leiter nur bis 150 kg belasten
- auf sicheres Stehen und Festhalten achten
- zum Transport von Arbeitsmitteln und Material umhängbare Werkzeugtaschen, -gürtel oder -schürzen verwenden
- keine Gegenstände von mehr als 10 kg transportieren
- keine gefährlichen Stoffe und Geräte transportieren

Abb. 2.131: Leiter (Quelle: KRAUSE-Werk GmbH & Co. KG, Alsfeld)

Abb. 2.132: Fahrgerüst (Quelle: KRAUSE-Werk GmbH & Co. KG, Alsfeld)

- feste Schuhe tragen
- nicht über die Leiter hinauslehnen
- Leiter nur auf ausreichend festem und ebenem Untergrund aufstellen
- Stehleitern nur mit gespannter Spreizsicherung benutzen
- Stehleiter nicht als Anlegeleiter benutzen
- einteilige Mehrzweckleitern erst benutzen, wenn alle Gelenke eingerastet sind (Sperrstellung)

Gerüste nach DIN EN 12811

Damit Arbeitsunfälle (resultierend aus Abstürzen, Abrutschen, Stolpern) mit Verletzungen möglichst ausgeschossen werden können, existieren Vorschriften des Arbeitsschutzgesetzes, Vorschriften und Informationen der Deutschen Gesellschaft für Unfallverhütung (DGUV) sowie entsprechende DIN. Die Gerüsterstellung ist nach den allgemein anerkannten Regeln der Technik sowie nach der Aufbau- und Nutzungsanleitung des Herstellers vorzunehmen.

Gerüsttypen

- Standgerüste an Fassaden
- Raumgerüste
- Fahrgerüste (siehe Abb. 2.132)
- Hängegerüste
- Konsolgerüste
- Fanggerüste
- Bockgerüste (zählen nicht zu Arbeits- und Schutzgerüsten nach DIN EN 12811)

Gerüstklassen

Die Arbeitsgerüste werden nach DIN EN 12811-1, Tabellen 1, 2 und 3, nach Breite der lichten Höhe (vgl. Tabelle 2.44) und der einwirkenden Last (vgl. Tabelle 2.45) eingeteilt.

Tabelle 2.44: Breitenklassen für Gerüstlagen nach DIN EN 12811-1

Breitenklasse	**Breite der lichten Höhe (W) in m**
W06	0,6 bis < 0,9
W09	0,9 bis < 1,2
W12	1,2 bis < 1,5
W15	1,5 bis < 1,8
W18	1,8 bis < 2,1
W21	2,1 bis < 2,4
W24	> 2,4

Tabelle 2.45: Verkehrslasten auf Gerüstlagen nach DIN EN 12811-1

Lastklasse	**gleichmäßig verteilte Last in kN/m²**	**Teilflächenlast in kN/m²**
1 nur für Inspektionstätigkeiten	0,75	–
2 nur für Arbeiten ohne Lagern von Baustoffen und Bauteilen	1,5	–
3 nur für Arbeiten, bei denen die Belastung aus Personen und Material nicht größer ist als 2,0 kN/m²	2,0	–
4 nur für Arbeiten, bei denen die Belastung aus Personen und Material nicht größer ist als die vorgegebene max. Belastung (Breitenklasse > W09)	3,0	5,0
5 nur für Arbeiten, bei denen die Belastung aus Personen und Material nicht größer ist als die vorgegebene max. Belastung (Breitenklasse > W09)	4,5	7,5
6 nur für Arbeiten, bei denen die Belastung aus Personen und Material nicht größer ist als die vorgegebene max. Belastung (Breitenklasse > W09)	6,0	10,0

Die max. zulässige Stützweite ist abhängig von der vorliegenden Lastklasse der Brettbreite und der Brettdicke (vgl. Tabelle 2.46).

Tabelle 2.46: Größte zulässige Stützweite für Gerüstbretter und -bohlen in Arbeitsgerüsten

Lastklasse	Brettbreite in cm	Brettdicke in cm				
		3,0	3,5	4,0	4,5	5,0
1, 2, 3	20	1,25 m	1,50 m	1,75 m	2,25 m	2,50 m
	24 und 28	1,25 m	1,75 m	2,25 m	2,50 m	2,75 m
4	20	1,25 m	1,50 m	1,75 m	2,25 m	2,50 m
	24 und 28	1,25 m	1,75 m	2,00 m	2,25 m	2,50 m
5	20, 24, 28	1,25 m	1,25 m	1,50 m	1,75 m	2,00 m
6	20, 24, 28	1,00 m	1,25 m	1,25 m	1,50 m	1,75 m
Die Bretter und Bohlen müssen mindestens der Sortierklasse S 10 nach DIN 4074-1 entsprechen.						

Schutzmaßnahmen und Verhaltensregeln:

- Die Belagsflächen müssen mit einem Seitenschutz, bestehend aus Geländerholm und Zwischenholm, gesichert sein. Die Höhe des Seitenschutzes muss mindestens 95 cm betragen. Der Abstand zwischen Gerüstlage und Zwischenholm sowie zwischen Zwischenholm und Geländerholm muss 47 cm betragen.
- Ein Seitenschutz ist als Absturzsicherung grundsätzlich über Flüssigkeiten, bei Treppenläufen ab einer Höhe von 1 m, bei den übrigen Arbeitsplätzen ab 2 m anzubringen.
- Der Abstand zwischen Gerüst und Wand ist ≤ 30 cm anzuordnen.
- Es ist nicht direkt übereinander auf dem Gerüst zu arbeiten.
- Die Klappen in den Durchstiegen sind geschlossen zu halten.
- Die Gerüstbeläge sind nicht zu überlasten.
- Auf- und Abstieg sind nur über die Gerüstleitern oder Treppen vorzunehmen.
- Bei Materiallagerung ist ausreichend Platz zum gefahrfreien Durchgang zu lassen.
- Es ist nicht auf die Gerüstbeläge abzuspringen.
- Auf Fanggerüsten ist kein Material zu lagern.
- Es sind keine Veränderungen am Gerüst vorzunehmen. Sofern erforderlich, sind diese nur vom Gerüstbauer ausführen zu lassen.

Abb. 2.133: Bockgerüst (Quelle: ALTRAD Baumann GmbH, Laupheim)

Bockgerüste

Bockgerüste (siehe Abb. 2.133) unterliegen nicht den Anforderungen der DIN EN 12811. Bei der Nutzung dieses Gerüsttyps sind die Hinweise des Informationsblattes Nr. 059 der Berufsgenossenschaft Holz und Metall zu berücksichtigen.

- Es sind nur stählerne Gerüstböcke oder zimmermannsmäßig abgebundene Gerüstböcke aus Holz zu verwenden.
- Die Gerüstböcke sind nur auf sicheren Untergründen aufzustellen.
- Bei Belastung und Aussteifung sind die Angaben des Herstellers beachten.
- Es sind nur einwandfreie Bohlen nach DIN 4074-1 zu verwenden. Die Sortierklasse muss mindestens der Qualitätsklasse S 10 entsprechen.
- Die Belagsstärke und der Bockabstand sind nach DIN EN 12811 auszuwählen.
- Die max. Auskragung des Belages über das letzte Auflager darf 30 cm nicht überschreiten.
- Der Belag ist „wippfrei" auszuführen.
- Die Brett- und Bohlenstöße sind mit ausreichender Überdeckung auszuführen.
- Gerüste mit einer Höhe von über 2 m müssen gemäß den Vorgaben des Herstellers verstrebt sein.
- Bei Höhen über 2 m ist ein Seitenschutz, bestehend aus Geländerholm, Zwischenholm und Geländerbrett, anzubringen. Diese sind gegen unbeabsichtigtes Lösen bzw. Kippen (Bordbrett) zu sichern.
- Der Zugang ist über eine Anlegeleiter oder eine Treppe sicherzustellen.
- Zur Höhenjustierung bei Stahlgerüsten sind nur systemkonforme Absteckdorne zu verwenden.
- Gegebenenfalls vorhandene Zahnstangen und Winden sind auf Funktion der Rücklaufsperre zu überprüfen.
- Bei Planung und Ausführung sind die relevanten Vorgaben der DIN EN 12811 und der DGUV Information 201-011 zu berücksichtigen.
- Die Prüfung des Gerüstes ist durch eine befähigte Person vorzunehmen.

Abb. 2.134: Schwenkarmaufzug (Quelle: Geda GmbH, Asbach-Bäumenheim)

Bauaufzüge/Schwenkarmaufzüge (siehe Abb. 2.134)

Schutzmaßnahmen

- Umlenkrollen gegen Hineingreifen sichern
- Lasten nicht mit Hubseil umschlingen
- geschosshohe Haltesäulen nicht zwischen Kragplatten einspannen
- bei Bauteilen ohne Brüstung ab 2 m Absturzhöhe einen Seitenschutz anordnen
- bei der Verwendung von Fensterwinkeln darauf achten, dass der untere Anschlagschenkel waagrecht und sicher auf der Fensterbank aufliegt und dass für die seitliche Befestigung ein mindestens 24 cm dickes Mauerwerk vorhanden ist
- die Haltesäulen an Gerüsten nur im Bereich der Knotenpunkte befestigen; das Gerüst zusätzlich verstreben und verankern

Elektrische Anlagen

Bei Arbeitsunfällen durch elektrischen Strom kann es je nach einwirkendem Spannungsbereich zu leichten, mittelschweren und schweren bis hin zu tödlichen Verletzungen kommen. Die Regelwerke unterscheiden dabei dessen Wirkung auf den menschlichen Körper in 4 Bereiche (AC-1 bis AC-4).

Damit ein sicheres Arbeiten mit den erforderlichen Geräten sichergestellt werden kann, sind die Vorgaben der entsprechenden Regelwerke und der Gerätehersteller genau zu beachten.

Schutzmaßnahmen/Anforderungen

- Als Speisepunkte bei kleinen Baustellen eignen sich Kleinbaustromverteiler, Schutzverteiler für Baustellen, ortsveränderliche Schutzvorrichtungen und Steckdosen in Hausinstallationen.
- Leitungsroller (Kabelrollen) sollen aus Isolierstoff bestehen, müssen eine CE-Kennzeichnung aufweisen und eine Überhitzungsschutzeinrichtung mit Freiauslösung haben. Die Steckdosen müssen spritzwassergeschützt ausgeführt sein.

- Schalter und Steckvorrichtungen sowie Bauleuchten müssen mindestens spritzwassergeschützt sein.
- Als Steckvorrichtungen sind zu verwenden:
  - Steckdosen zweipolig mit Schutzkontakt,
  - CEE-Steckvorrichtungen für erschwerte Bedingungen.

2.26.5 Fragen und Antworten

Nr.	Fragen
1.	Wofür gelten die für Sie zuständigen Unfallverhütungsvorschriften (UVV)?
2.	Definieren Sie den Begriff Bauarbeiten.
3.	Was gilt für die Leitung und Aufsicht von Bauarbeiten?
4.	Nennen Sie die Gerüstbreitenklassen nach DIN EN 12811.
5.	Welches Maß muss die Mindestdurchgangsbreite (z. B. zwischen auf einem Gerüst gelagertem Material und der Gerüstkante) aufweisen?
6.	Was gilt für geneigte Laufstege?
7.	Ab welcher Höhe ist eine Absturzsicherung erforderlich?
8.	Welche persönlichen Schutzeinrichtungen benötigt ein Fliesenleger?
9.	Was sind die typischen Berufskrankheiten eines Fliesenlegers?
10.	Wie kann sich der Fliesenleger gegen berufsspezifische Krankheiten schützen?
11.	Wie wird Lärm gemessen?
12.	Was ist der Beurteilungslärmpegel?
13.	Ab welchem Lärmpegel drohen Gehörschäden?
14.	Nennen Sie ein Beispiel für einen Lärmpegel von 80 Dezibel.
15.	Welche Arten von Scheiben gibt es für einen Winkelschleifer?
16.	Was gilt es bei der Auswahl von Trenn- und Schleifscheiben eines Winkelschleifers zu berücksichtigen?
17.	Welche Maßnahme sollte vor Beginn der Arbeit mit einem Winkelschleifer unbedingt vorgenommen werden?
18.	Welche Schutzeinrichtungen gehören zu einer Baukreissäge?
19.	Wie groß ist der max. Abstand vom Spaltkeil zum Sägeblatt bei einer Baustellenkreissäge?
20.	Was gilt für die Schnitttiefe von Handkreissägen?
21.	Wie groß ist der max. Abstand vom Spaltkeil zum Sägeblatt bei einer Handkreissäge?

Nr.	Fragen
22.	Wie können Gerüste nach ihrem Verwendungszweck eingeteilt werden?
23.	Nennen Sie die Gerüsttypen.
24.	Zählen Sie die wichtigsten Bestandteile eines Arbeitsgerüstes an der Fassade auf.
25.	Nennen Sie die Lastklassen von Gerüsten nach DIN 12811-1 und deren Zuordnung.
26.	Welches Regelwerk ist bei der Verwendung eines Bockgerüsts zu berücksichtigen?
27.	Wer sind die Träger der Unfallversicherung?
28.	Wer bezahlt die Beiträge zur Unfallversicherung?
29.	Nennen Sie die Aufgaben der Berufsgenossenschaften.
30.	Welche Aufgaben des betrieblichen Arbeitsschutzes hat der Unternehmer, welche der Mitarbeiter?
31.	Welche Erste-Hilfe-Einrichtungen müssen auf Baustellen vorhanden sein?
32.	Wie verhalten Sie sich bei einem Unfall?
33.	Nennen Sie die Arbeitsregeln, die bei der Benutzung von Winkelschleifern/Handtrennmaschinen zu beachten sind.
34.	Wer darf an Baukreissägen, wer darf mit Bolzenschussgeräten arbeiten?
35.	Welche Aufzüge kommen für Fliesenleger infrage? Worauf ist beim Betrieb besonders zu achten?
36.	Welche Mischmaschinen und Mischgeräte verwendet vorzugsweise der Fliesenleger?
37.	Was ist ein FI-Schutzschalter?
38.	Welche Anforderungen werden an Kabeltrommeln gestellt?
39.	Welche Stromarten sind auf Baustellen vorzufinden?
40.	Nennen Sie die wichtigsten Kennwerte und Begriffe des elektrischen Stroms.
41.	Wie lautet das ohmsche Gesetz?
42.	Wie verhalten Sie sich bei Unfällen durch elektrischen Strom?
43.	Wann und wie ist der Seitenschutz bei Bockgerüsten auszuführen?
44.	Welche Regeln sind beim Aufstellen von Leitern zu beachten?
45.	Wann ist ein Gerüst mit einem Seitenschutz zu versehen?
46.	Wie hoch muss der Seitenschutz ausgeführt werden und wie groß darf der max. Abstand zwischen den Holmen sein?

Nr.	Fragen
47.	Welcher max. Abstand zwischen Gerüst und Wand ist zulässig?
48.	Was ist bei Durchstiegsklappen innerhalb von Gerüsten zu beachten?
49.	Nennen Sie Vorschriften und Arbeitsregeln für die Benutzung von Fahrgerüsten.
50.	Erklären Sie die Begriffe Arbeitsstätte, Arbeitsstättenverordnung sowie die wichtigsten Anforderungen an Tagesunterkünfte und sanitäre Einrichtungen.

Nr.	Antworten
1.	Die Unfallverhütungsvorschriften gelten für Bauarbeiten.
2.	Arbeiten zur Herstellung, Instandhaltung, Änderung oder Beseitigung von baulichen Anlagen
3.	Bauarbeiten müssen von fachlich geeigneten Vorgesetzten geleitet werden.
4.	W06, W09, W12, W15, W18, W21, W24
5.	20 cm
6.	Sie benötigen Trittleisten oder Stufen.
7.	Eine Absturzsicherung ist erforderlich: direkt über Wasser oder einer Flüssigkeit, ab 1 m an Treppen, ab 2 m an Arbeitsplätzen und Verkehrswegen, ab 5 m an Dächern und an Fenstern.
8.	Sicherheitsschuhe, Schutzbrille, Gehörschutz, Berufskleidung, Handschuhe, Atemschutz und Knieschutz
9.	Knie- und Schleimbeutelentzündungen, Schädigung der Knie, Hautverletzungen, Bandscheiben- und Rückenerkrankungen
10.	Gefahren erkennen und die Unfallverhütungsvorschriften strikt beachten
11.	als Schallpegel in Dezibel
12.	der durchschnittliche Lärmpegel von 8 Arbeitsstunden
13.	bei einem Lärmpegel von 85 Dezibel
14.	starker Straßenverkehr
15.	Trenn- und Schleifscheiben
16.	Die zulässige Drehzahl der Scheiben muss mit der Drehzahl der Maschine übereinstimmen.
17.	Es ist ein Probelauf (ca. 30 Sekunden) durchzuführen.
18.	Spaltkeil, Schutzhaube, Parallelanschlag, Winkelanschlag, Keilschneideeinrichtung, Schiebestock und Abdeckung

Nr.	Antworten
19.	10 mm
20.	10 mm tiefer als Werkstoffdicke
21.	5 mm
22.	Arbeitsgerüst, Schutzgerüst und Schalungsgerüst
23.	Standgerüste, Raumgerüste, Fahrgerüste, Hängegerüste, Konsolgerüste, Fanggerüste, Bockgerüste
24.	Rahmen, Gerüstboden, Verstrebung, Verankerung, Leiter und Seitenschutz
25.	• Lastklasse 1 nur für Inspektionsarbeiten • Lastklasse 2 nur für Arbeiten ohne Lagern von Baustoffen • Lastklasse 3 nur für Arbeiten bei max. Belastung $\leq$ 2,0 kN/m² • Lastklasse 4 nur für Arbeiten mit max. gleichmäßig verteilter Last von $\leq$ 3,0 kN/m² und einer Teilflächenlast < 5 kN/m²; Breitenklasse W09 • Lastklasse 5 nur für Arbeiten mit max. gleichmäßig verteilter Last von $\leq$ 5,0 kN/m² und einer Teilflächenlast $\leq$ 7,5 kN/m²; Breitenklasse W09 • Lastklasse 6 nur für Arbeiten mit max. gleichmäßig verteilter Last von $\leq$ 6,0 kN/m² und einer Teilflächenlast $\leq$ 10 kN/m²; Breitenklasse W09
26.	die Hinweise des Informationsblattes Nr. 059 der Berufsgenossenschaft Holz und Metall
27.	die Berufsgenossenschaften
28.	der Arbeitgeber
29.	Unfallverhütung, Fortbildung, Unfallbearbeitung, Regulierung, Umschulung
30.	• Aufgaben des Unternehmers: Überwachung und Einhaltung der Unfallverhütungsvorschriften, Information über Unfallverhütungsvorschriften, Schutzausrüstungen und Schutzmittel zur Verfügung stellen • Aufgaben der Mitarbeiter: Beachten der Unfallverhütungsvorschriften. Benutzen der Schutzausrüstung und Schutzmittel
31.	ein vollständig ausgerüsteter Verbandskasten mit Inhalten, die noch nicht das Verfallsdatum überschritten haben
32.	Die Maßnahmen, die bei einem betrieblichen Unfall getroffen werden müssen, sind: Erste Hilfe leisten, Arzt/Rettung rufen, Angehörige benachrichtigen, Unfall aufnehmen.
33.	Werkstück einspannen, Maschine mit beiden Händen halten, Schutzausrüstung tragen, richtiges und zugelassenes Werkzeug verwenden
34.	Berechtigt für die Nutzung von Bolzenschussgeräten sind Mitarbeiter ab 18 Jahren nach entsprechender Einweisung. Baukreissägen dürfen von Lehrlingen ab einem Alter von 16 Jahren unter Aufsicht bedient werden.
35.	Für Fliesenleger werden in der Regel Schrägaufzüge und Schwenkarmaufzüge genutzt. Hierbei haben sie darauf zu achten, dass sie sich nicht unterhalb des Aufzugs bei Warentransport aufhalten.

Nr.	Antworten
36.	Kleinmischer, Freifallmischer, Trommelmischer und Rührgeräte
37.	Ein Fehlerstrom-Schutzschalter
38.	Sie müssen für den rauen Baustellenbetrieb geeignet, nicht leitend und mit einem Überhitzungsschutz ausgerüstet sein.
39.	220 V Wechselstrom und 380 V Drehstrom
40.	Spannung (U), Stromstärke (I), Widerstand R
41.	Widerstand (R) = Spannung (U) geteilt durch Stromstärke ($R = U : I$)
42.	Strom abschalten, den Verletzten unter Verwendung isolierender Teile vom Netz trennen
43.	Bei Bockgerüsten mit Höhen über 2 m ist ein Seitenschutz bestehend aus Geländerholm, Zwischenholm und Geländerbrett anzubringen. Diese sind gegen unbeabsichtigtes Lösen bzw. Kippen (Bordbrett) zu sichern.
44.	Nicht zusätzlich gesicherte Anlegeleitern nur bis zur drittobersten Stufe oder Sprosse besteigen, da sonst die Gefahr des Wegrutschens besteht; Anlege-, Schiebe- und Mehrzweckleitern in einem Winkel von 65° bis 75 positionieren, die Leiter nur bis 150 kg belasten, auf sicheren Stand achten sowie keine Gegenstände von mehr als 10 kg und keine gefährlichen Stoffe transportieren, feste Schuhe tragen, nicht über die Leiter hinauslehnen, Stehleitern nur mit gespannter Spreizsicherung benutzen, Stehleiter nicht als Anlegeleiter benutzen, einteilige Mehrzweckleitern erst benutzen, wenn alle Gelenke eingerastet sind (Sperrstellung)
45.	Ein Seitenschutz als Absturzsicherung ist grundsätzlich über Flüssigkeiten, bei Treppenläufen ab einer Höhe von 1 m, bei den übrigen Arbeitsplätzen ab 2 m anzubringen.
46.	Die Höhe des Seitenschutzes muss mindestens 95 cm betragen. Der Abstand zwischen Gerüstlage und Zwischenholm sowie zwischen Zwischenholm und Geländerholm muss 47 cm betragen.
47.	30 cm
48.	Die Klappen in den Durchstiegen sind geschlossen zu halten.
49.	Die wesentlichen Vorschriften für Fahrgerüste lauten: Es muss ein Innenaufstieg vorhanden sein, Verfahren nur über Längs- oder Eckseite vornehmen, beim Versetzen dürfen sich keine Personen oder lose Gegenstände auf dem Gerüst befinden, während des Arbeitens sind die Rollen festzustellen.
50.	• Arbeitsstätte: Ort der gewerblichen Produktion. In der Arbeitsstättenverordnung sind die Bedingungen für Baustellenunterkünfte geregelt. • Tagesunterkünfte: Tisch und Stühle, Heizung, Windfang, Schrank für Kleidung, Vorrichtung zum Wärmen von Speisen, Höhe 2,30 m, Freifläche 0,75 m^2 je Mitarbeiter • sanitäre Einrichtungen: WC, Waschgelegenheit, Warm- und Kaltwasser

2.27 Gefahrstoffe

2.27.1 Stichworte zum Thema

- Kenntnisse über die Gefahrstoffe und deren Gefahrenpotenzial
- Gefahrstoffklassen und -kategorien sowie Gefahrensymbole
- Gefährdung der verarbeitenden Personen und der Umwelt
- EPD
- Giscode
- UFI-Code
- wirkungsvolle Schutzmaßnahmen
- Transportberechtigung und Entsorgungsverpflichtung
- Umweltschutz
- Nachhaltigkeit

2.27.2 Regelwerke

Gefahrstoffverordnung (GefStoffV)

Technische Regeln für Gefahrstoffe (TRGS)

Gefahrstoff-Informationssystem der Berufsgenossenschaften der Bauwirtschaft (GISBAU)

GHS (Globally Harmonized System of Classification, Labelling and Packaging of Chemicals) bzw. CLP-Verordnung (Classification, Labelling and Packaging – Einstufung, Kennzeichnung und Verpackung)

REACH-Verordnung (Registration, Evaluation, Authorisation and Restriction of Chemicals – Registrierung, Bewertung, Zulassung und Beschränkung von Chemikalien)

Wesentliche Inhalte der Regelwerke

- Begriffe, Einstufung, Kennzeichnung, Verbote und Beschränkungen
- Schutzmaßnahmen, Sonderregelungen
- Grenzwerte am Arbeitsplatz
- biologische Arbeitsplatztoleranzwerte
- Sicherheitsdatenblatt
- Kennzeichnung:
  - H-Sätze (Hazard Statements) sowie zusätzliche EUH-Sätze (besondere Gefährdung) – frühere R-Sätze –, Gefahrenhinweise
  - P-Sätze (Precautionary Statements) – frühere S-Sätze – Sicherheitshinweise
- Produktnamen, Charakterisierung, Grenzwerte, Gefahrstoffmessungen, toxikologisches Wirkungsprofil, Hygienemaßnahmen, Schutzmaßnahmen, Erste Hilfe, Vorsorgeuntersuchungen, Entsorgung, Lagerung, Transport, Schadensfall

2.27.3 Bausteine

2.27.3.1 Definition Gefahrstoffe

Gefahrstoffe sind Stoffe oder Gemische, die für Mensch oder Umwelt gefährlich sein können oder schädigende Wirkung haben. Gefahrstoffe können in Produkten wie Farben und Lacken, Kleb- und Dichtstoffen, Epoxidharzen, Kalk- oder Zementmörteln, Abbeizern sowie Reinigungsmitteln vorkommen. Zudem sind Gefahrstoffe, die bei Tätigkeiten entstehen oder freigesetzt werden, wie beispielsweise Staub, zu beachten.

Die Gefahren für die Gesundheit bestehen z. B. in Reiz- und Ätzwirkungen, Allergien oder Krebserkrankungen. Die Gefahren entstehen durch Einatmen, Verschlucken oder Berühren (Hautkontakt).

Neben den Gefährdungen der Gesundheit sind auch Brand- und Explosionsgefährdungen sowie Umweltgefahren bei dem Umgang mit Gefahrstoffen zu beachten. Die GefStoffV unterscheidet zwischen chemischen oder physikalischen Gefährlichkeitsmerkmalen.

Physikalische Gefährlichkeitsmerkmale

- Explosionsgefahr: Eine Explosionsgefahr kann von festen, flüssigen und gasförmigen Stoffen ausgehen
- Entzündungs- bzw. Brandgefahr: Für Stoffe, die selbst entzündlich sind, sowie solche, die die Brandgefahr lediglich erhöhen oder ein bereits existierendes Feuer verstärken können, gelten die Maßnahmen der GefStoffV.
- Die brandfördernden Gefahrstoffe werden nach dem Grad ihrer Entzündlichkeit weiter unterteilt:
  - hoch entzündlich: Stoffe, die im flüssigen Aggregatzustand einen sehr niedrigen Flammpunkt unter 0° und einen niedrigen Siedepunkt unter 35° haben, oder Gase, die unter normalen Bedingungen einen Explosionsbereich haben;
  - leicht entzündlich: Stoffe deren Flammpunkt unter 21° liegt; hierzu gehören auch Materialien, die sich bei kurzzeitiger Einwirkung einer Zündquelle entzünden und trotz Entfernung der Zündquelle weiter glimmen, sowie Substanzen, die in Verbindung mit Wasser oder feuchter Luft hochentzündliche Gase bilden;
  - entzündlich: Stoffe mit einem Flammpunkt zwischen 21 und 55°
- Stoffe und Gemische, die gegenüber Metallen korrosiv sind

Alle Substanzen, von denen nachweislich eine akute oder chronische Gesundheitsgefahr ausgeht, gelten ebenfalls als Gefahrstoffe. Dies sind Substanzen und Gemische, die eines oder mehrere der folgenden Gefährlichkeitsmerkmale aufweisen.

Chemische Gefährlichkeitsmerkmale

- giftige Stoffe, die bereits nach kurzem Kontakt mit ihnen die Gesundheit einer Person vorübergehend oder dauerhaft beeinträchtigen können
- ätzende und reizende Stoffe, die über den direkten Körperkontakt lebendes Gewebe verätzen und reizen

- karzinogene Stoffe, die Krebs verursachen können oder das Risiko, im Laufe des Lebens an Krebs zu erkranken, erhöhen
- Veränderungen des Erbguts: Stoffe, die das Erbgut eines Organismus verändern und schädigen können
- Fortpflanzungsprobleme: Stoffe, die sich unmittelbar auf die Fortpflanzungsfähigkeit auswirken und die Fruchtbarkeit beeinträchtigen
- ökotoxische Substanzen: Stoffe, die die Umwelt schädigen, indem sie beispielsweise das Wasser verunreinigen oder die Ozonschicht zerstören

2.27.3.2 Gefahrstoffverordnung (GefstoffV)

Die rechtlichen Grundlagen (Regelwerke) für den Umgang mit Gefahrstoffen sind sehr umfangreich und spezifisch. Auf die wichtigsten Regelwerke wurde am Anfang dieses Kapitels hingewiesen. Diese Thematik befindet sich im stetigen Wandel. Aktuelle Informationen, Regelwerke und Vorschriften finden sich bei der Bundesanstalt für Arbeitsschutz und Arbeitsmedizin und der BG Bau.

Ein besonders relevantes Regelwerk ist die GefstoffV. Sie regelt die Einstufung, Kennzeichnung und Handhabung aller Arten von Gefahrstoffen und schreibt Pflichten für alle vor, die mit Gefahrstoffen umgehen oder andere mit dem Umgang beauftragen.

Wer mit Gefahrstoffen arbeitet, muss die damit verbundenen Gefahren kennen und die entsprechenden Sicherheitsmaßnahmen beachten. Inwieweit ein verwendetes bauchemisches Produkt als Gefahrstoff einzuordnen ist und welche genauen Gefahren von diesem ausgehen, kann in der Regel den Verpackungsinformationen bzw. ausführlicher dem jeweiligen Sicherheitsdatenblatt entnommen werden.

Gemäß § 6 GefstoffV hat der Arbeitgeber im Rahmen des Arbeitsschutzes die Pflicht, vor der Aufnahme der Arbeiten festzustellen, ob die Mitarbeiter beim Ausüben ihrer Tätigkeit Kontakt mit Gefahrstoffen haben oder ob bei den Arbeitsprozessen möglicherweise derartige Stoffe entstehen und freigesetzt werden können. Bei der Gefährdungsbeurteilung muss ebenfalls ein genaues Bild von allen Arbeitszeiten und -abläufen, auch solcher, die nicht auf dem Betriebsgelände stattfinden, berücksichtigt werden.

Ergibt diese Prüfung, dass mit Gefahrstoffen gearbeitet wird, so hat der Arbeitgeber die notwendigen Schutzmaßnahmen zu ergreifen. Die Beurteilung erfolgt u. a. im Hinblick auf

- die gefährlichen Eigenschaften der Stoffe oder Zubereitungen,
- Informationen vom Lieferanten zum Gesundheitsschutz und zur Sicherheit,
- Ausmaß, Art und Dauer der Exposition,
- Möglichkeiten einer Substitution,
- Arbeitsbedingungen und -verfahren,
- Arbeitsplatzgrenzwerte,
- Wirksamkeit der ergriffenen oder zu ergreifenden Schutzmaßnahmen,
- Erkenntnisse aus arbeitsmedizinischen Vorsorgeuntersuchungen nach der Verordnung zur arbeitsmedizinischen Vorsorge.

Substitutionspflicht

Unter der Substitutionspflicht nach § 6 Abs. 1 Punkt 4 GefStoffV versteht man die Prüfung, ob Produkte mit geringerem gesundheitlichem Risiko erhältlich sind. Wenn ein Ersatz technisch möglich und zumutbar ist, ist ein Austausch gefährlicher durch weniger gefährliche oder ungefährliche Produkte vorzunehmen. Auch die Änderung von Verfahren oder Bedingungen ist zu überlegen, wenn dadurch auf gefährliche Produkte verzichtet oder das Auftreten von Gefahrstoffen am Arbeitsplatz verringert werden kann. Es ist sinnvoll, bei dieser Prüfung auch das Emissions- und das Staubverhalten zu berücksichtigen. Unter anderem hat der Arbeitgeber nach § 6 Abs. 1 Punkt 6 GefStoffV die Überwachungspflicht, ob die Arbeitsplatzgrenzwerte eingehalten werden, und muss nach § 14 GefStoffV arbeitsplatz- und produktbezogene schriftliche Betriebsanweisungen mit Hinweisen auf Gefahren, Festlegung von Schutzmaßnahmen und Verhaltensregeln, Anweisungen für den Gefahrfall, Erste Hilfe, Entsorgung usw. erstellen. Diese müssen gut verständlich sein und es müssen Unterweisungen vor Beginn der Arbeiten mit Gefahrstoffen und danach mindestens einmal jährlich durchgeführt werden.

2.27.3.3 Gefahrstoffe im Baubereich

Als Gefahrstoffe im Baubereich sind z. B. lösemittelhaltige Produkte, Reaktionsharzprodukte, Zemente und zementhaltige oder kalkhaltige Trockenmörtel anzuführen.

Das GHS „Globally Harmonized System of Classification and Labelling of Chemicals“ ist ein weltweit einheitliches System zur Einstufung und Kennzeichnung von Gefahrstoffen. In der EU wird das GHS durch die CLP-Verordnung umgesetzt. Die Einstufung und Kennzeichnung gemäß CLP-Verordnung erfolgen über Gefahrenklassen, Gefahrenkategorien, Gefahrenpiktogramme, Signalwörter sowie Gefahrenhinweise (H) und Sicherheitshinweise (P).

Gefahrenklassen

Gefahrenklassen und -kategorien werden dabei als Einstufungselement verwendet. Die Gefahrenklassen beschreiben die Art der Gefahr. Hierbei wird unterschieden in physikalische Gefahren sowie Gesundheits- und Umweltgefahren; dabei werden der Expositionsweg oder die Art der Wirkung berücksichtigt. Die Gefahrenkategorie untergliedert die Gefahrenklassen bezüglich der Schwere der Gefahr.

Bei den Gefahrenpiktogrammen wird unterschieden zwischen physikalisch-chemischen Gefahren (siehe Abb. 2.135) sowie Gesundheits- (siehe Abb. 2.136) und Umweltgefahren (siehe Abb. 2.137).

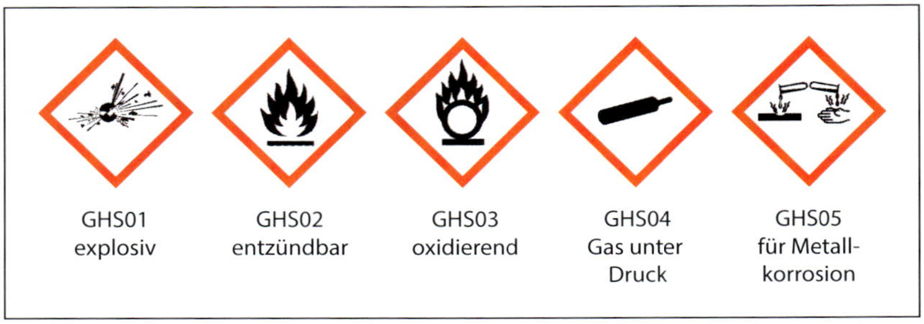

Abb. 2.135: Kennzeichnung physikalisch-chemischer Gefahren

- Die Kennzeichnung GHS06 wird nur bei akuter Vergiftungsgefahr verwendet.
- Die Kennzeichnung GHS07 wird bei reizenden Produkten, hautsensibilisierenden Produkten oder narkotisierenden Produkten verwendet.
- Die Kennzeichnung GHS08 wird u. a. bei Produkten mit der Gefahr der Verursachung von Krebs, genetischen Defekten, Fruchtbarkeitsschädigung, Organschädigung sowie bei atemwegsensibilisierenden Produkten bei Aspirationsgefahr verwendet.

Abb. 2.136: Kennzeichnung Gesundheitsgefahren

Abb. 2.137: Kennzeichnung Umweltgefahren

Kennzeichnungselement Signalwörter

Zusätzlich zu den CLP-Gefahrenpiktogrammen gibt es weitere Kennzeichnungselemente. So geben die Signalwörter Auskunft über den relativen Gefährdungsgrad. „Gefahr" bedeutet eine schwerwiegende Gefährdung, „Achtung" steht für eine Kategorie mit geringeren Gefährdungen. Zusätzlich gibt es noch Gefahrenhinweise (H-Sätze) und Sicherheitshinweise (P-Sätze).

Kennzeichnung der Verpackung

Die Verpackung eines als gefährlich eingestuften Stoffes oder Gemisches enthält die nachfolgenden Angaben:

- Name, Anschrift und Telefonnummer des bzw. der Lieferanten,
- Nennmenge des Stoffes oder Gemisches in der Verpackung, die der breiten Öffentlichkeit zugänglich gemacht wird, sofern diese Menge nicht auf der Verpackung anderweitig angegeben ist,
- Produktidentifikatoren (z. B. Name des Produktes),
- Gefahrenpiktogramme (wo zutreffend);
- Signalwort (wo zutreffend),
- Gefahrenhinweise (H-Sätze), wo zutreffend, im Wortlaut,
- geeignete Sicherheitshinweise (P-Sätze), wo zutreffend, im Wortlaut,
- ein Abschnitt für ergänzende Informationen (z. B. EUH-Sätze, Anteile unbekannter Toxizität), wo zutreffend,
- UFI-Code.

UFI-Code

Bei dem UFI-Code handelt es sich um einen 16-stelligen alphanumerischen Code, der eindeutig mit einer bestimmten Mischung bzw. einem bestimmten Produkt verbunden ist und der die Zusammensetzung der Produkte identifiziert, um im Falle einer Vergiftung die geeignete medizinische Behandlung zu gewährleisten. Der UFI-Code muss gut sichtbar platziert werden.

REACH-Verordnung

Die REACH-Verordnung ist eine EU-Chemikalienverordnung. REACH steht für Registration, Evaluation, Authorisation and Restriction of Chemicals (Registrierung, Bewertung, Zulassung und Beschränkung von Chemikalien). Es handelt sich um eine Verordnung der Europäischen Union. Diese wurde erlassen, um den Schutz der menschlichen Gesundheit und der Umwelt vor den Risiken, die durch Chemikalien entstehen können, zu verbessern. Sie gilt für alle chemischen Stoffe. Die Regelungen zum Sicherheitsdatenblatt sind in dieser Verordnung festgelegt.

2.27.3.4 Definition Nachhaltigkeit

Um Nachhaltigkeit bei der Entwicklung in der Bau- und Immobilienwirtschaft umzusetzen, ist es entscheidend, natürliche Ressourcen zu schonen sowie negative Wirkungen auf die globale und lokale Umwelt und die Gesundheit der Verarbeiter, Nutzer, Bewohner, Anwohner und Besucher zu vermeiden oder zumindest zu verringern. Dazu werden Lebenszyklusanalysen für Bauwerke erstellt. Datengrundlage von Lebenszyklusanalysen sind Umweltproduktdeklarationen (Environmental Product Declarations [EPDs]) der verwendeten Bauprodukte, haustechnischen Systeme und Informationen zu Transport-, Baustellen-, Ver- und Entsorgungsprozessen.

Umweltproduktdeklaration (EPD)

Eine EPD (Umwelt-Produktdeklaration) ist ein vollständiger Bericht, der die Auswirkungen eines Produkts auf die Umwelt über seinen gesamten Lebenszyklus hinweg dokumentiert, also von der Gewinnung der Rohstoffe, aus denen sich die Rezeptur zusammensetzt, über deren Transport zur Produktionsanlage bis hin zum Produktionskreislauf, zur Verpackung, zu den Abfällen, zum Transport des fertigen Produktes zum Händler und zu dessen Entsorgung.

Es gibt verschiedene Arten von EPDs:

- Standard-EPD: Es handelt sich um eine individuelle EPD, die ein spezielles Produkt eines einzelnen Herstellers abdeckt.
- Durchschnitts-EPD: EPD, die für eine bestimmte Produktreihe mit ähnlichen Funktionen vorbereitet und berechnet wurde. Sie kann Produkte verschiedener Hersteller enthalten und wird in der Regel von Fachverbänden veröffentlicht, um bestimmte Produktkategorien abzudecken. Sie enthält die durchschnittlichen Umweltauswirkungen der Produkte und Hersteller, die an der Erhebung und Analyse der entsprechenden Daten beteiligt waren.
- Modell-EPD: EPD, die nach der chemischen Zusammensetzung strukturiert ist und alle Produkte abdeckt, die in einen bestimmten Bereich von Formulierungen und Anwendungen fallen. Da die Umweltbelastung in einem Gebäude durch eines dieser Produkte in der Regel sehr gering ist, würde eine weitere Differenzierung der Produkte den Architekten aufgrund der hohen Komplexität eines Gebäudesystems keine aussagekräftigeren Informationen liefern.

2.27.3.5 Luftqualität

Auch die Luftqualität sollte bei der Auswahl von Produkten berücksichtigt werden. Bauprodukte können flüchtige organische Verbindungen (volatile organic compounds [VOC]) abgeben und beeinflussen so die Luft in engen Räumen. Lösungsmittelfreie Produkte mit geringer Emission flüchtiger organischer Verbindungen stellen eine gute Luftqualität in den Gebäuden sicher und tragen zum Wohlbefinden der Anwender und Nutzer bei.

Die Kennzeichnung von emissionsarmen Produkten erfolgt über die freiwillige Kennzeichnung mit einem EMICODE-EC1- (sehr geringe Emission flüchtiger organischer Verbindungen) oder einem EMICODE-EC1-PLUS-Zeichen (sehr geringe Emission flüchtiger organischer Verbindungen – PLUS) (siehe Abb. 2.138). Beide Zeichen werden von der Gemeinschaft Emissionskontrollierte Verlegewerkstoffe, Klebstoffe und Bauprodukte e. V. (GEV) verliehen, die die Emissionswerte von Produkten überprüft, die für Fußböden, Klebstoffe und verschiedene Materialien im Bauwesen verwendet werden.

Eine weitere freiwillige Produktkennzeichnung ist der Blaue Engel (siehe Abb. 2.139). Das Umweltzeichen (DE-UZ 113) kennzeichnet emissions- und lösemittelarme Bodenbelagsklebstoffe und andere Verlegewerkstoffe.

Abb. 2.138: Siegel EMICODE-EC1 und EC1-PLUS (Quelle: EMICODE®, Düsseldorf)

Abb. 2.139: Blauer Engel (Quelle: RAL gemeinnützige GmbH, Bonn)

2.27.4 Fragen und Antworten

Nr.	Fragen
1.	Was sind Gefahrstoffe?
2.	Worin liegt die Gefahr beim Umgang mit Gefahrstoffen?
3.	In welchen Grundlagen ist der Umgang mit Gefahrstoffen geregelt?
4.	Erklären Sie die Abkürzungen GISBAU und TRGS.
5.	Wovon hängt die Feuergefährlichkeit eines Stoffes ab?
6.	Welche Verordnung regelt die Kennzeichnung von Gefahrstoffen?
7.	Welche Gefahrenpiktogramme kennzeichnen Gesundheitsgefahren?
8.	Welche Gefahrenhinweise stehen für akute Toxizität (giftig)?
9.	Nennen Sie die Klassifizierung/Kennzeichnung krebserzeugender Stoffe.
10.	Wofür steht das Gefahrenpiktogramm GHS08 mit dem Signalwort „Gefahr" in Kombination mit H334?
11.	Welches sind basische (alkalische) Baustoffe?
12.	Welche Gefahren können von basischen Stoffen ausgehen?
13.	Welchen pH-Wert haben Zementmörtel und Kalkmörtel?
14.	Wodurch wird die basische Wirkung in zement- und kalkhaltigen Produkten begründet?
15.	Nennen Sie saure Baustoffe.
16.	Welche Auswirkungen haben basische und saure Baustoffe auf angrenzende Materialien?
17.	Was sind Reaktionsharze? Aus welchen Komponenten bestehen sie?
18.	Welche gesundheitlichen Gefahren gehen von den einzelnen Komponenten der Reaktionsharze aus?

Nr.	Fragen
19.	Welche Vorsichtsmaßnahmen beachten Sie bei der Verarbeitung von Reaktionsharz?
20.	Wie ist die Verwendung von Epoxidharz im lebensmittelberührten Bereich zu beurteilen?
21.	Was sind GFK und CFK und wo werden sie eingesetzt?
22.	Welche Gefahren gehen von Lösungsmitteln aus?
23.	Welche Baustoffe enthalten Lösungsmittel?
24.	Welche Arbeitsregeln gelten beim Umgang mit lösungsmittelhaltigen Stoffen?
25.	Welche Ersatzprodukte werden für lösungsmittelhaltige Stoffe entwickelt? Nennen Sie Beispiele.
26.	Nennen Sie einen Sammelbegriff für Keramik-, Glas- und Steinwollefasern. Wie lautet deren Abkürzung?
27.	Beschreiben Sie die Gefahr von Mineralfaserbaustoffen.
28.	Welche Schutzmaßnahmen haben Sie bei der Verarbeitung von Mineralfaserstoffen zu beachten?
29.	Welche Abfallarten kennen Sie?
30.	Wie müssen Gefahrstoffe entsorgt werden?
31.	Wie kann der Fliesenleger sich umweltschonend und verantwortlich gegenüber den Mitmenschen verhalten?
32.	Was ist ein UFI-Code?
33.	Was ist ein EPD?
34.	Woran erkennt man emissionsarme Produkte?

Nr.	Antworten
1.	Stoffe, von denen eine bestimmte Gefahr für Menschen und Umwelt ausgeht
2.	Die Gefahr hängt von der Wirkungsweise ab: feuergefährlich, giftig, reizend, ätzend.
3.	Gefahrstoffverordnung, TRGS, GISBAU
4.	• GISBAU: Gefahrstoff-Informations-System der Berufsgenossenschaften der Bauwirtschaft • TRGS: Technische Regeln für Gefahrstoffe
5.	nach dem Flammpunkt
6.	die GHS- bzw. CLP-Verordnung
7.	GHS05, GHS06, GHS07 und GHS08
8.	das Gefahrenpiktogramm GHS06 mit dem Signalwort „Gefahr“ und den H-Sätzen H300, H310, H330, H301, H311 oder H331

Nr.	Antworten
9.	das Piktogramm GSH08 mit dem Signalwort „Gefahr" und den H-Sätzen H350 bzw. H350i (kann beim Einatmen Krebs erzeugen)
10.	kann beim Einatmen Allergien, asthmaartige Symptome oder Atembeschwerden verursachen
11.	kalkhaltige Baustoffe, Kalk, Zement, Dünnbettmörtel
12.	Verätzungen und Hautallergien
13.	9–12
14.	durch die Bildung von Calciumhydroxid im Zuge der Abbindereaktion
15.	gipshaltige Baustoffe: Gips, Anhydrit, Gipsbaustoffe
16.	Basische Stoffe ätzen, saure Stoffe greifen an und fördern die Rostbildung.
17.	Kunststoffe aus verschiedenen Komponenten, die beim Mischen eine Reaktion eingehen
18.	Sie bilden eine Gefahr für Haut, Schleimhäute, Atemwege; z. T. sind sie krebserzeugend. Die Hinweise des Sicherheitsdatenblatts sind genau zu beachten.
19.	Es soll folgende persönliche Schutzausrüstung getragen werden: Schutzkleidung, Atemschutz, Schutzbrille, Handschuhe. Für gute Lüftung ist zu sorgen. Genaue Hinweise über die Art und Qualität der Schutzmaßnahmen und -ausrüstung sind dem entsprechenden Sicherheitsdatenblatt zu entnehmen.
20.	Eine Vielzahl von Reaktionsharzen ist in der Regel im Lebensmittelbereich einsetzbar, auf eine entsprechende Kennzeichnung des Produktes ist zu achten.
21.	GFK ist glasfaserverstärkter Kunststoff, CFK ist kohlefaser(carbonfaser-)verstärkter Kunststoff. GFK und CFK werden im Fahrzeugbau, Flugzeugbau, Schiffsbau, Werkzeugbau, Sportgerätebau eingesetzt.
22.	Je nach Zusammensetzung besteht Brand- und Explosionsgefahr, sie können gesundheitsschädlich (H302, H312, H322), reizend für Augen, Haut oder Atemwege (H315, H319, H335) sein oder zu Benommenheit (H336) führen oder es besteht Gesundheitsgefahr: Kann bei Verschlucken und Eindringen in die Atemwege tödlich sein (H304) oder vermutlich krebserzeugend, erbgutverändernd, fortpflanzungsgefährdend (H340, H341, H350, H351, H360, H361) sein.
23.	zum Beispiel Farben, Lacke, Grundierungen, Klebstoffe oder Reinigungsmittel
24.	Atemschutz, gute Lüftung und Hautschutz werden benötigt – Hinweise des jeweiligen Sicherheitsdatenblatts beachten!
25.	Emulsionen und Dispersionen, wasserverdünnte Farben und Spachtelmassen
26.	Künstliche Mineralfasern (KMF); sie nehmen mehr als 60 % des gesamten Dämmstoffmarktes ein.
27.	Es können sich Staub und Bruchteile unterhalb einer bestimmten Größe in Atemwege und Lunge setzen und können dort nicht abgebaut werden; Krebsgefahr.
28.	Atemschutz, Schutzbrille, Schutzkleidung – Hinweise des jeweiligen Sicherheitsdatenblatts beachten!

Nr.	Antworten
29.	Es gibt insgesamt 842 Abfallarten. Abfälle unterschiedlicher Zusammensetzung und Herkunft werden entsprechenden Abfallarten zugeordnet. Im allgemeinen Sprachgebrauch sind dies: Hausmüll, Sperrmüll, Gewerbeabfälle, Bauabfälle oder Sondermüll.
30.	Gefahrstoffe werden getrennt und als Sondermüll entsorgt.
31.	Umweltschonender und verantwortungsvoller Umgang mit Gefahrstoffen, Mülltrennung, regelgerechte Entsorgung gemäß den örtlichen Entsorgungsrichtlinien
32.	Ein 16-stelliger alphanumerischer Code, der eindeutig mit einer bestimmten Mischung bzw. einem bestimmten Produkt verbunden ist und der die Zusammensetzung der Produkte identifiziert, um im Falle einer Vergiftung die geeignete medizinische Behandlung zu gewährleisten.
33.	ein vollständiger Bericht, der die Auswirkungen eines Produkts auf die Umwelt über seinen gesamten Lebenszyklus hinweg dokumentiert
34.	zum Beispiel an den Siegeln Emicodes EC1 oder EC1 PLUS oder auch an der Kennzeichnung mit dem Blauen Engel

3 Farblehre und Gestaltung

3.1 Stichworte zum Thema

- Farbgestaltung von Bekleidungen und Belägen aus Fliesen und Platten
- Beratungsgespräch mit dem Auftraggeber
- Raumkorrekturen – Raumveränderungen durch entsprechende Farbgestaltung
- Farbvorschlag des Architekten
- Farben der Fugen; Abweichung von der üblichen Fugenfarbe auf Wunsch des Kunden – Hinweis in der Leistungsbeschreibung – oder auf Vorschlag des Fliesenlegers – Hinweis auf Mehrkosten
- Farben der Einrichtung, der Accessoires

3.2 Regelwerke

Regelwerke in Form von Normen oder Merkblättern zum Thema gibt es nicht.

Es steht jedoch umfangreiche Literatur für die planenden und gestaltenden Berufe zur Verfügung, z. B.:

- Wick/Wick: Form und Farbe, Dümmler-Verlag, Bonn 1968
- Stark: Bäder neu gestalten, 2. Auflage, Verlagsgesellschaft Rudolf Müller, Köln 2020
- Armbrüster/Schiffels/Schwobe: Bäder fürs Leben – Handbuch zur Badezimmerplanung, Verlagsgesellschaft Rudolf Müller, Köln 2017

Abb. 3.1: Farblehre und Gestaltung bei einem Meisterstück

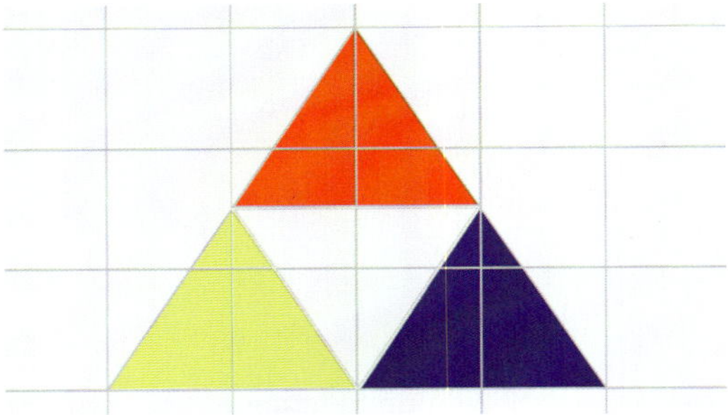

Abb. 3.2: Farbdreieck

Abb. 3.3: Farbsechseck

3.3 Bausteine

Grundbegriffe der Farblehre

Das **Sonnenlicht** ist eine von der Sonne ausgehende elektromagnetische Strahlung. Es wird als weißes Licht bezeichnet. Das Sonnenlicht lässt sich durch ein Glasprisma in das gesamte Farbspektrum zerlegen. Durch die **Zerlegung des Lichtes** entstehen die Farben Rot, Orange, Gelb, Grün, Blau, Violett. Durch Mischung der verschiedenen Lichtfarben entsteht wieder weißes Licht. Die Mischung von einzelnen Lichtfarben nennt man **additive Farbmischung**.

Bei der **Reflexion** wird das gesamte Licht zurückgestrahlt. Der Körper erscheint in der Farbe, in der er angestrahlt wird. Bei der **Absorption** wird das gesamte Licht in Form von Wärme aufgenommen. Ein Körper erscheint gelb, weil der Gelbanteil des Lichtes reflektiert wird; das übrige Spektrum wird absorbiert.

Pigmente sind Farbkörper, die ihre Farbe durch den reflektierten Anteil des Lichtes erhalten. Im Gegensatz zu den **Lichtfarben** spricht man hierbei von **Körperfarben**. Mischt man nun eine Lichtfarbe mit Körperfarben, so spricht man von **subtraktiver Farbmischung**.

Grundfarben oder Primärfarben sind Rot, Gelb, Blau (siehe Abb. 3.2). **Sekundärfarben** entstehen durch die Mischung zweier Grundfarben: Orange aus Gelb und Rot, Violett aus Rot und Blau, Grün aus Gelb und Blau (siehe Abb. 3.3). **Tertiärfarben** entstehen wiederum aus der Mischung von Primär- und Sekundärfarben. Kommen die Farben rein vor, d. h. ohne Anteile von Weiß oder Schwarz, sind sie gesättigt. Außer der **Sättigung** ist die **Helligkeit** ein wesentliches Merkmal der Farbe.

Farben rufen im Betrachter Empfindungen hervor, allerdings können diese recht verschieden sein. Bei der Gestaltung mit Farben ist das Auslösen einer harmonischen Empfindung anzustreben. **Farbharmonie** wird – außer durch subjektive Faktoren – erreicht durch Farben gleicher Helligkeit, gleicher Sättigung und gleicher Mischung. Farben gleicher Helligkeit wirken gedämpft, ruhig, ausgeglichen; Farben gleicher Sättigung wirken frisch, lebendig, spannungsvoll.

Abb. 3.4: Komplementärkontrast

Abb. 3.5: Hell-Dunkel-Kontrast

Farben haben bestimmte Wirkungen auf Menschen und werden mit unterschiedlichen Begriffen und Emotionen assoziiert:

- Rot: warm, aktiv, aggressiv, leidenschaftlich
  Feuer, Liebe, Blut, Freiheit
- Orange: warm, anregend, freundlich
  Feuer, Freude
- Gelb: warm, strahlend, heiter
  Sonne, Freude
- Grün: kühl, beruhigend, angenehm
  Natur, Jugend, Hoffnung
- Blau: kalt, beruhigend, fern
  Weite, Treue, Beständigkeit
- Violett: feierlich, würdig, religiös
  Feier, Trauer, Würde
- Braun: erdhaft, natürlich, warm
  Erde, Erdverbundenheit
- Weiß: kühl, leicht, sauber
  Reinheit, Erhabenheit
- Grau: neutral, ausgleichend, farblos
  Trübsinn, Eleganz, Stil
- Schwarz: traurig, beängstigend, finster
  Trauer, Angst, Vornehmheit

Weitere Beispiele für Farbstimmungen ergeben sich durch folgende Farbkombinationen:

- freudige Stimmung: Gelb, Orangerot, Grün und Braun
- ruhige Stimmung: Blau, Violett, Grün, Braun
- festliche Stimmung: Rot, Violett, Purpur, Braun

Farbkompositionen lassen sich in zahlreiche Farbkontraste einteilen. Ein **Komplementärkontrast** (siehe Abb. 3.4) besteht aus komplementären Farbtönen. Diese liegen im Farbkreis gegenüber und ergeben den größtmöglichen Kontrast. Dieser Gegensatz steigert die Farben zu höchster Leuchtkraft. Die Mischung der Komplementärfarben ergibt Grau. **Hell-Dunkel-Kontraste** (siehe Abb. 3.5) sind beispielsweise dunkle Bordüren auf hellen Fliesen, schwarze Schrift auf weißem Papier, Vordergrund – Hintergrund, Wandgestaltung aus hellen und dunklen Tönen der gleichen Farbe.

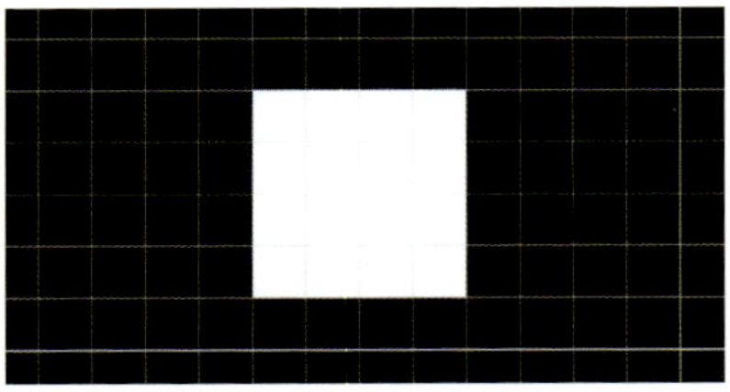

Abb. 3.6: Simultankontrast Weiß- auf Schwarz

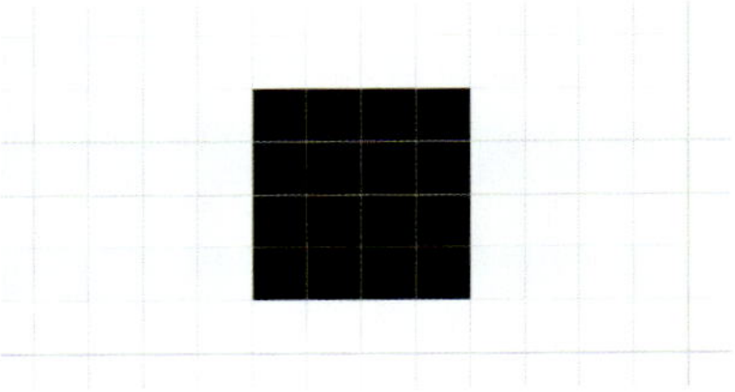

Abb. 3.7: Simultankontrast Schwarz auf Weiß

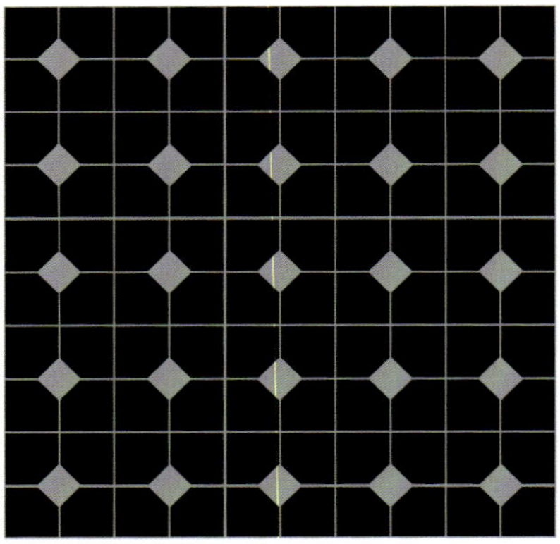

Abb. 3.8: Simultankontrast Grau auf Schwarz

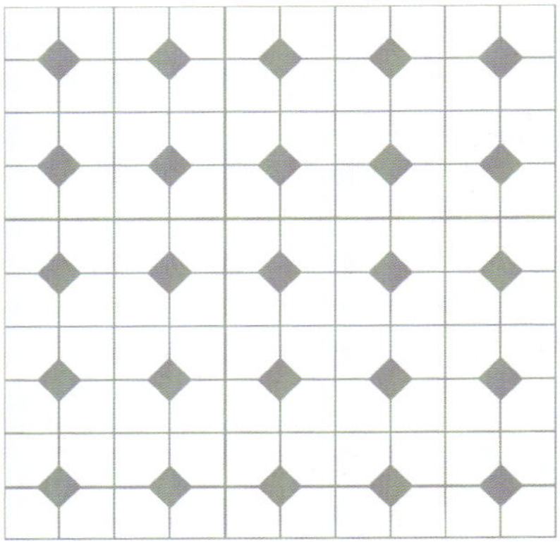

Abb. 3.9: Simultankontrast Grau auf Weiß

Abb. 3.10: Simultankontrast Grün auf Blau

Abb. 3.11: Simultankontrast Grün auf Orange

Der **Simultankontrast** verändert eine Farbe in der Umgebung einer anderen. Ein weißes Quadrat auf schwarzem Grund überstrahlt den schwarzen Grund und wirkt größer (siehe Abb. 3.6). Ein schwarzes Quadrat auf weißem Grund wirkt kleiner (siehe Abb. 3.7). Der Simultankontrast auf einer Wandtafel zeigt: Graue Einleger treten auf schwarzem Grund hervor (siehe Abb. 3.8), wirken zurückhaltend auf weißem Grund (siehe Abb. 3.9).

Der Simultankontrast Grün auf Blau wirkt hell, warm, feurig (siehe Abb. 3.10); dasselbe Grün auf Orange wirkt dunkel, kalt, stumpf (siehe Abb. 3.11).

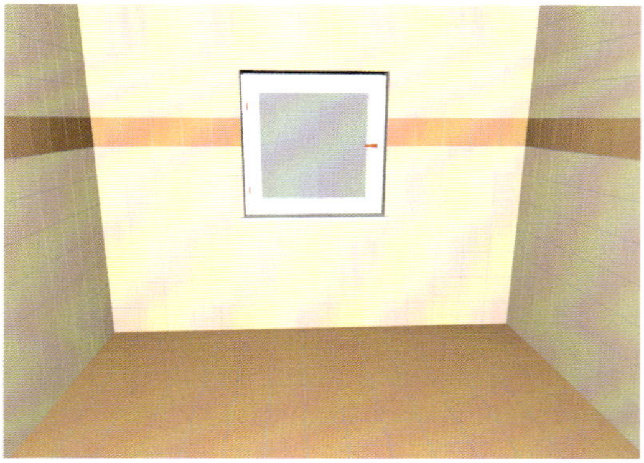

Abb. 3.12: Warme Farben

Abb. 3.13: Kalte Farben

Abb. 3.14: Qualitätskontrast reine gegen gedeckte Farben

Abb. 3.15: Quantitätskontrast kleine gegen große Farbflächen

Kalt-Warm-Kontrast: Als warme Farben gelten Gelb, Orange, Rot, Braun, Rotorange (siehe Abb. 3.12). Als kalte Farben gelten: Grün, Blau, Violett, Blaugrün (siehe Abb. 3.13).

Bei dem **Farbe-an-sich-Kontrast** werden möglichst reine Farben in ihrer stärksten Leuchtkraft nebeneinander verwendet. Beim **Qualitätskontrast** werden reine Farben mit Farben geringer Sättigung gegeneinander gesetzt (siehe Abb. 3.14). Der **Quantitätskontrast** stellt kleine Farbflächen größeren Farbflächen gegenüber (siehe Abb. 3.15).

Der Farbgestaltung soll stets eine Gliederung zu Grunde liegen: Dominante, Subdominante, Akzente. Als **Dominante** wird der vorherrschende Grundton bezeichnet. Dazu werden untergeordnete Farbtöne, die **Subdominanten**, ausgewählt. **Akzente** sind Ornamente, Friese, Bordüren, Zierfliesen oder Einleger.

Weitere Gestaltungsgesichtspunkte sind die Art der Wohnung und des Gebäudes, die architektonische Gliederung, Abmessungen und Proportionen, Baustil und Alter, die Funktion des Raumes und die subjektiven Bedürfnisse der Bewohner. Bei größeren Räumen ist zu berücksichtigen, dass Farben im

Vordergrund heller, im Hintergrund dunkler wirken. Ebenso spielen Größe und Form einer Farbfläche eine Rolle. Kleine Farbflächen können mit reinen Farben, große Flächen mit hellen, ungesättigten Farben gestaltet werden.

Bei Fliesen spielt die Art der Oberfläche eine wichtige Rolle: Glänzende Oberflächen zeigen ein klares, glänzendes Abbild. Die Körperformen werden betont durch Spiegelung, Reflexion, Schattenbilder. Matte Oberflächen wirken weicher und zurückhaltender. Unebenheiten fallen weniger auf.

Heute ist die Gestaltung eines Raumes mithilfe von **CAD-Programmen** wesentlich einfacher (siehe Abb. 3.16 bis 3.23). Die Stärke dieser Programme liegt in der großen Vielfalt und Schnelligkeit, in der alternative Lösungen vorgeschlagen werden können. Das anschauliche Bildmaterial wird als Entscheidungshilfe für den Kunden eingesetzt. In der Regel werden 4 Hauptmenüs angeboten: Raum, Fliesen, Sanitäreinrichtungen, Ansichten. Die Gestaltung kann im Grundriss, in der Ansicht oder im dreidimensionalen Raum erfolgen. Im Grundriss können alle Raumvarianten einschließlich Fenster, Türen, Trennwände, Podeste angelegt werden.

Die Ansicht kann Wandtafeln, ganze Wände oder komplette Wandabwicklungen darstellen. Mit dem variablen Standort einer Kamera können 3-D-Versionen in allen Vergrößerungen oder Verkleinerungen, von Zeichenqualität bis Fotoqualität dargestellt werden. Im Bereich Fliesen können die Produkte aller namhaften Hersteller abgerufen werden. Die Fliesenauswahl kann auch nach Format oder Farbe erfolgen. Unbegrenzte Gestaltungsmöglichkeiten ergibt die Anwendung der Menüs Hauptfliese, Dekorfliese, Einzelfliese, Einleger, Rand, Teppich, Schachbrett, Bordüre, Streifen, Fries, Winkel, Fuge usw.

Schematischer Aufbau einer CAD-Raumgestaltung

Abb. 3.16: Grundriss im Rohbau (Quelle: Palette CAD GmbH, Stuttgart)

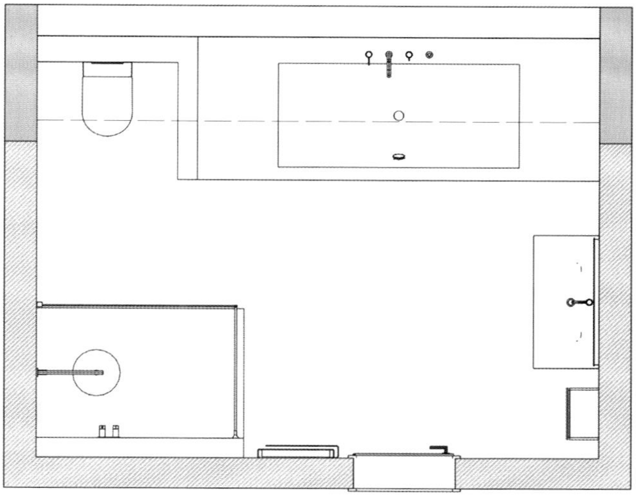

Abb. 3.17: Rohbau mit Fenster, Türen, Badewanne, Duschtasse, WC, Zwischenwand und Waschtisch (Quelle: Palette CAD GmbH, Stuttgart)

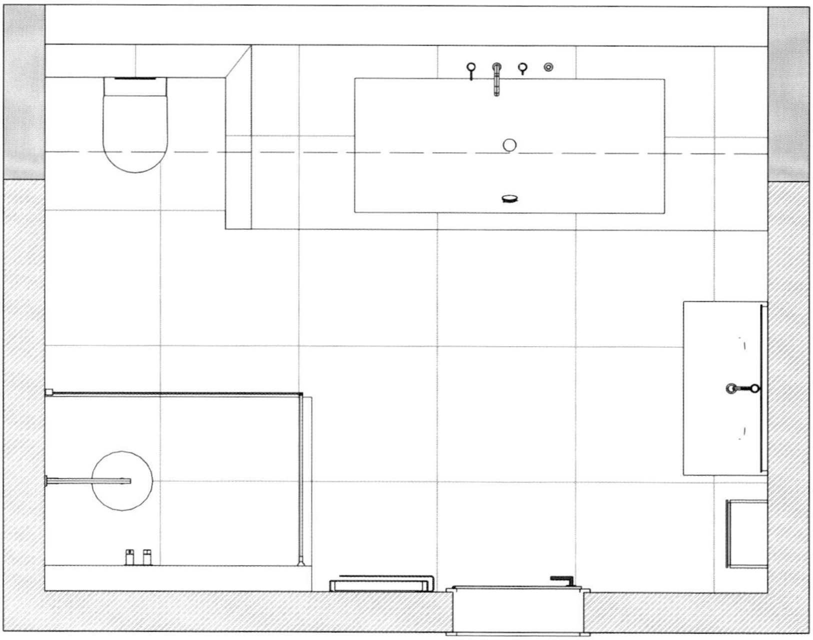

Abb. 3.18: Grundriss mit Bodenbelag (Quelle: Palette CAD GmbH, Stuttgart)

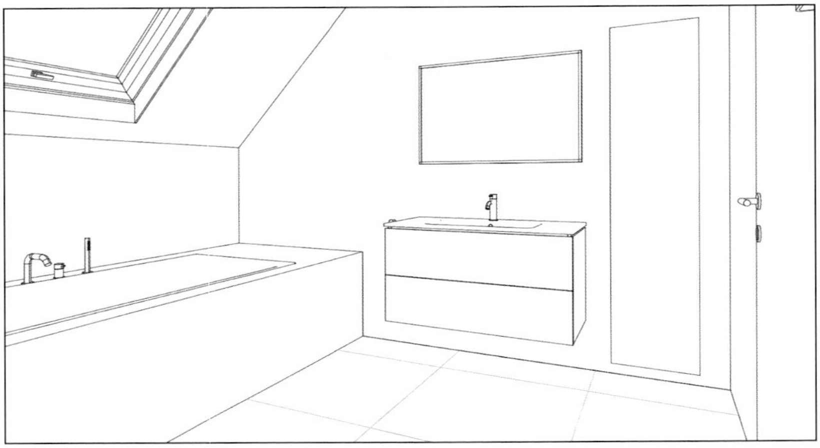

Abb. 3.19: 3-D-Ansicht mit Bodenbelag (Quelle: Palette CAD GmbH, Stuttgart)

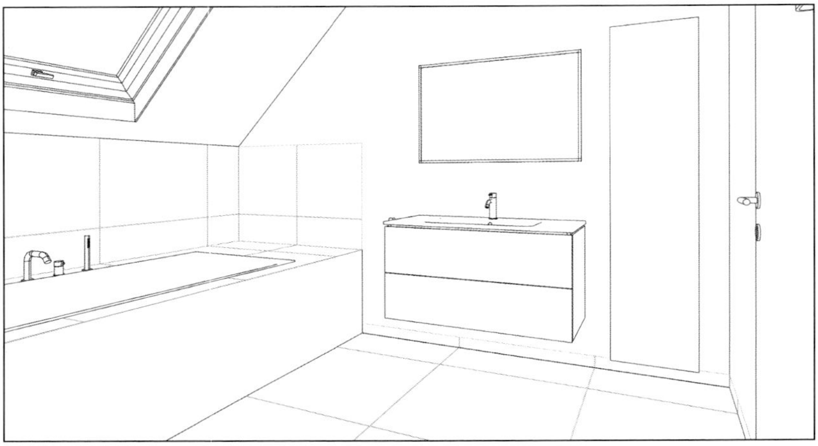

Abb. 3.20: 3-D-Ansicht mit Wandbekleidung (Quelle: Palette CAD GmbH, Stuttgart)

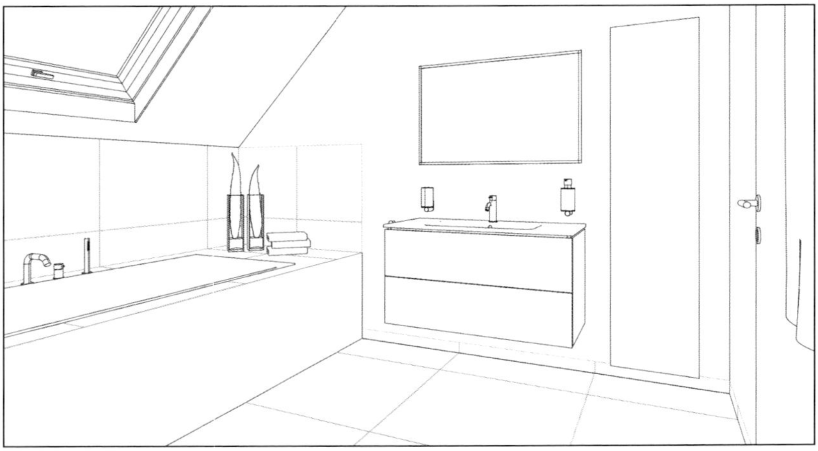

Abb. 3.21: 3-D-Ansicht mit Fertigmontage und Accessoires (Quelle: Palette CAD GmbH, Stuttgart)

Abb. 3.22: 3-D-Ansicht mit verschiedenen Kamerastandorten in Fotoqualität (Quelle: Palette CAD GmbH, Stuttgart)

Abb. 3.23: 3-D-Ansicht mit verschiedenen Kamerastandorten in Fotoqualität (Quelle: Palette CAD GmbH, Stuttgart)

3.4 Fragen und Antworten

Nr.	Fragen
1.	Welche Farben werden als Primärfarben bzw. Sekundärfarben bezeichnet?
2.	Auf welche Art und Weise entstehen Tertiärfarben? Nennen Sie 2 Prinzipien.
3.	Wie werden die bunten und die unbunten Farben in der Fachsprache bezeichnet?
4.	Erklären Sie den Begriff Sättigung.
5.	Wie kann man Farben nach ihrer Helligkeit unterscheiden?
6.	Nennen Sie Beispiele für Empfindungen, die durch Farben ausgelöst werden.
7.	Auf welche Weise lassen sich Farbharmonien herstellen?
8.	Farben haben symbolischen Charakter. Nennen Sie 4 Beispiele!
9.	Erklären Sie den Begriff Komplementärfarbe! Nennen Sie 3 komplementäre Farbpaare!
10.	Nennen Sie die 7 wichtigsten Farbkontraste.
11.	Welche Farben werden als kalt, welche als warm bezeichnet?
12.	In welche 3 Bereiche lassen sich Farbgestaltungen gliedern?
13.	Wie wirken Fugen in der Gegenfarbe zur Fliesenfarbe?
14.	Welche optischen Wirkungen haben die Farben Schwarz und Weiß?
15.	Welche Wirkung hat die Sonneneinstrahlung in einen farblich gestalteten Raum?
16.	Welche Wirkung hat die Sonnenbestrahlung bei einer Fassade?
17.	Erklären Sie die Bedeutung der Farblehre.
18.	Erklären Sie den Farbkreis.
19.	Was versteht man unter farbigen Schlaglichtern? Nennen Sie Beispiele.
20.	Welche Farbe wählen Sie für eine Treppe im Zusammenhang mit einer Fassade, die in hellen Farbtönen gehalten ist?
21.	Warum wirkt die Farbe Orange warm?
22.	Wo werden kalte Farben eingesetzt?
23.	Wie lässt sich ein zu langer Raum optisch verkürzen?
24.	Was versteht man unter Kontrastfarben? Nennen Sie Beispiele!
25.	Wie wirkt die Farbe Blau auf gelbem Grund?
26.	Aus welchen 3 Grundfarben setzen sich alle Farben zusammen?
27.	Welche Empfindungen können Sie den Farben Rot, Orange, Gelb, Grün, Blau, Violett zuordnen?
28.	Erklären Sie den Begriff Proportion! Welche Bedeutung hat er für den Fliesenleger?

Nr.	Fragen
29.	Unterscheiden Sie folgende Gestaltungslösungen: Symmetrie – Reihung – Gruppierung – Rhythmus! Geben Sie Beispiele aus Ihrer Tätigkeit an.
30.	Warum sollten Farbe und statische Funktion stets eine Einheit bilden? Beispiel.
31.	Wie kann die Fuge (Farbe, Breite) zur Gestaltung eines Raumes beitragen?
32.	Wie kann ein Fliesenleger bei der Gestaltung eines Raumes mitwirken?

Nr.	Antworten
1.	Primärfarben sind: Rot, Gelb, Blau; Sekun- därfarben sind: Orange, Grün, Violett.
2.	Tertiärfarben entstehen durch Mischen von Sekundärfarben. Additive Farbmischung der im Spektrum vorkommenden Farben: Weiß; addititve Farbmischung der im Farbkreis vorkommenden Körperfarben: Schwarz.
3.	Bunte Farben sind chromatische Farben; unbunte Farben sind achromatische Farben.
4.	Sättigung ist der Einheitsgrad der Farbe (ohne Weiß-, Schwarz- oder Grauanteile).
5.	Unterscheidung nach der Helligkeit ist durch einen Vergleichswert mit einer Graureihe möglich, Gelb ist z. B. heller als Rot.
6.	Farben wirken kalt – warm, anregend – beruhigend, Freude – Trauer auslösend, Gedanken verknüpfend.
7.	Farbharmonien lassen sich herstellen durch Farben gleicher Helligkeit, gleicher Sättigung oder gleicher Ausmischung.
8.	Beispiele für den Symbolcharakter von Farben: Weiß – rein und unschuldig; Schwarz – Trauer, Festlichkeit; Rot – aggressiv, aktiv; Grün – beruhigend, angenehm
9.	Komplementärfarben liegen im Farbkreis gegenüber: Gelb – Violett, Rot – Grün, Blau – Orange.
10.	Die wichtigsten Farbkontraste sind: Komplementärkontrast, Simultankontrast, Hell-Dunkel-Kontrast, Farbe-an-sich-Kontrast, Kalt-Warm-Kontrast, Qualitätskontrast, Quantitätskontrast.
11.	kalte Farben: Blau- und Grüntöne; warme Farben: Rot- und Gelb-Töne
12.	Farbgestaltungen lassen sich wie folgt gliedern: nach den Proportionen, nach dem Seitenverhältnis, nach dem goldenen Schnitt.
13.	Fugen in der Gegenfarbe zur Fliesenfarbe wirken als starker Kontrast, aufdringlich, betont.
14.	Schwarz verkleinert die Fläche, einen Raum, lässt Flächen hervortreten, macht schlank; Weiß vergrößert eine Fläche, einen Raum, lässt Flächen zurücktreten, macht füllig.
15.	Die Sonneneinstrahlung wirkt belebend, leuchtend, erhellend.
16.	Durch die Sonneneinstrahlung kommen die Farben besser zur Geltung, sie leuchten mehr. Fugen und Fugenraster werden besser sichtbar.

Nr.	Antworten
17.	Licht und Farbe stehen in enger Beziehung; der Mensch nimmt eine farbige Umgebung wahr, die unterschiedliche, aber sehr bestimmte Wirkungen ausübt.
18.	Der Farbkreis, 6- oder 12-teilig, besteht aus den Primär-, Sekundär- und Tertiärfarben; gegenüber liegen immer die Komplementärfarben (Gegenfarben).
19.	Farbige Schlaglichter sind besonders auffallende, hervortretende Farbflächen: Einstreufliesen, Friese, Farbleitsysteme.
20.	Eine Treppe ist ein Verkehrsweg, auf dem es besonders auf Sicherheit ankommt. Ein optischer Kontrast kann durch eine dunklere Farbe erzeugt werden, die mit der hellen verwandt oder sogar komplementär ist.
21.	Orange wirkt warm, weil es die Farbe des Feuers ist.
22.	Kalte Farben wie Grün- oder Blautöne werden eingesetzt, wo es auf frische, kühle, klare und hygienische Wirkung ankommt.
23.	Ein langer Raum lässt sich optisch verkürzen, indem die Rückwand dunkel gestaltet wird.
24.	Kontrastfarben wirken stark unterschiedlich; Rot-Grün = Komplementärkontrast; 7 Farbkontraste siehe Frage 10.
25.	Blau auf gelbem Grund wirkt hervortretend; es handelt sich um einen starken Kontrast.
26.	Grundfarben, aus denen sich alle Farben zusammensetzen: Rot, Gelb, Blau
27.	Empfindungen bei Rot: erregend, stark; Grün: beruhigend, schwach; Orange: erwärmend, weich; Blau: kalt, fest; Gelb: hell, gelöst; Violett: sentimental, gespannt.
28.	Unter Proportion versteht man die Maßverhältnisse einzelner Bauteile, einzelner Abmessungen, einzelner Farbflächen zueinander.
29.	Symmetrie ist eine gleichmäßige Anordnung um einen Punkt oder um eine Achse. Reihung ist eine Aneinanderreihung gleicher Formen oder Farben an einer beliebigen Stelle einer Fläche, eines Raumes. Gruppierung ist die Anordnung von Farb- oder Formelementen in der Längs- und Querrichtung einer Fläche. Rhythmus ist eine Reihenfolge von Farb- oder Formelementen in festgelegten Abständen oder Höhen.
30.	Stützen, Pfeiler, Träger, Säulen haben statische Funktion; sie kann durch farbliche Gestaltung betont werden (kräftige, aktive Farben gegenüber der ausfachenden Wand mit helleren, zurücktretenden Farben).
31.	Die Fuge soll sich vom Belag abheben, jedoch nicht dominieren.
32.	Der Fliesenleger kann bei der Gestaltung eines Raumes mitwirken durch: Beratung, Farbvorschläge, Mustervorlage, Kataloge und Prospekte, Ausstellung, eigene Entwürfe und Darstellungen (Fotos).

4 Technische Mathematik/Aufmaß und Abrechnung

4.1 Stichworte zum Thema

- Aufmaß nach Fertigstellung der Verlegearbeiten
- Zwischenaufmaß bei umfangreichen Leistungen oder längeren Ausführungsfristen
- Aufmaß nach Baustelle oder nach Zeichnung
- Aufmaßregeln
- Umgang mit Aufmaß bei kleineren Flächen und Regeln

4.2 Regelwerke

VOB/B DIN 1961	Allgemeine Vertragsbedingungen für die Ausführung von Bauleistungen (2016)
VOB/C ATV DIN 18299	VOB Vergabe- und Vertragsordnung für Bauleistungen – Teil C: Allgemeine Technische Vertragsbedingungen für Bauleistungen (ATV) – Allgemeine Regelungen für Bauarbeiten jeder Art (2023), Abschnitt 5 Abrechnung
VOB/C ATV DIN 18352	VOB Vergabe- und Vertragsordnung für Bauleistungen – Teil C: Allgemeine Technische Vertragsbedingungen für Bauleistungen (ATV) – Fliesen- und Plattenarbeiten (2019), Abschnitt 0.5 Abrechnungsarbeiten und Abschnitt 5 Abrechnung

Wesentliche Inhalte des Akkordtarifvertrages

- Aufmaß von Wandbekleidungen, Bodenbelägen, Ausgleichsschichten, Trennschichten, Dämmschichten, Unterböden, Oberflächenbehandlungen, Bewehrungen, Trag- und Unterkonstruktionen
- Höhe von Wandbekleidungen mit und ohne Sockel
- Fassaden
- Stufen, Schwellen, Sockel, Kehlen, Gehrungen, Schrägschnitte, Profile, Leisten, Schienen, Beckenköpfe
- Fliesentrennwände
- Abzüge nach Flächen und Längenmaßen

4.3 Bausteine

Das fünfte und letzte Kapitel in der VOB/C ATV DIN 18352 behandelt die Abrechnung. Hierbei ist nicht die finanzielle Rechnungsstellung, sondern vielmehr das technische Aufmessen der ausgeführten Fliesenarbeiten gemeint.

Der Abschnitt 5 gehört somit zu Recht beim Meisterprüfungsteil II zum Fach „Technische Mathematik“ und nicht zum Fach „Kalkulation“.

Um dies zu verdeutlichen, betrachtet man die Reihenfolge einer Vertragsabwicklung:

• Ausschreibung	AG
• Massenüberschlag für die Kalkulation	AN
• Kalkulation	AN
• Angebot	AN
• Vergabe	AG
• Massenabrechnung für die Materialerstellung	AN
• Materialbestellung	AN
• Ausführung	AN
• Abnahme	AG/AN
• Aufmaß für die Abrechnung	AG/AN
• Abrechnung	AN
• Bezahlung	AG

4.3.1 Aufmaß

Das Aufmaß ist zwar die technische Voraussetzung für die Abrechnung, nicht jedoch die Abrechnung selbst.

Wenn man die Maße aus dem Aufmaß und die kalkulierten Beträge aus dem Angebot miteinander multipliziert, entsteht die Schnittstelle zwischen Aufmaß und Abrechnung.

Beispiel aus einem Leistungsverzeichnis (LV):

- Pos. 21 Wandbelag 20 cm × 25 cm im Dünnbettverfahren angesetzt und ausgefugt
- kalkulierter Einheitspreis aus dem Angebot: 43,82 €/m²
- ausgeführte Leistungen nach dem Aufmaß: 34,5 m²
- Abrechnungspreis für die Pos. 21: $34{,}50\ m^2 \cdot 43{,}82$ €/m² = 1511,79 €

Die **Massenberechnung** wird für die Materialbestellung vor der Ausführung der Fliesenarbeiten erstellt.

Die **Aufmaßabrechnung** erfolgt zum Zweck der Abrechnung **nach** der Ausführung zwischen AG und AN und für die Nachkalkulation.

Sie kann nach Plänen (z. B. Werkpläne M 1 : 50) oder auf der Baustelle aufgestellt werden.

Der Abrechnung ist ein **übersichtliches** und **nachprüfbares** Aufmaß beizulegen (Aufmaßformulare).

Hierzu sind die Aufmaßregeln der VOB/C ATV DIN 18352, Abschnitt 5, genau zu beachten.

§ 2 VOB/B DIN 1961 „Vergütung"

„(1) Durch die vereinbarten Preise werden alle Leistungen abgegolten, die nach der Leistungsbeschreibung, den Besonderen Vertragsbedingungen, den Zusätzlichen Vertragsbedingungen, den Zusätzlichen Technischen Vertragsbedingungen, den Allgemeinen Technischen Vertragsbedingungen für Bauleistungen und der gewerblichen Verkehrssitte zur vertraglichen Leistung gehören.

(2) Die Vergütung wird nach den vertraglichen Einheitspreisen und den tatsächlich ausgeführten Leistungen berechnet, wenn keine andere Berechnungsart (z. B. durch Pauschalsumme, nach Stundenlohnsätzen, nach Selbstkosten) vereinbart ist."

§ 14 VOB/B DIN 1961 „Abrechnung"

„(1) Der Auftragnehmer hat seine Leistungen prüfbar abzurechnen. Er hat die Rechnungen übersichtlich aufzustellen und dabei die Reihenfolge der Posten einzuhalten und die in den Vertragsbestandteilen enthaltenen Bezeichnungen zu verwenden. Die zum Nachweis von Art und Umfang der Leistung erforderlichen Mengenberechnungen, Zeichnungen und andere Belege sind beizufügen. Änderungen und Ergänzungen des Vertrags sind in der Rechnung besonders kenntlich zu machen; sie sind auf Verlangen getrennt abzurechnen.

(2) Die für die Abrechnung notwendigen Feststellungen sind dem Fortgang der Leistung entsprechend möglichst gemeinsam vorzunehmen. Die Abrechnungsbestimmungen in den Technischen Vertragsbedingungen und den anderen Vertragsunterlagen sind zu beachten. Für Leistungen, die bei der Weiterführung der Arbeiten nur schwer feststellbar sind, hat der Auftragnehmer rechtzeitig gemeinsam Feststellungen zu beantragen."

VOB/C ATV DIN 18299

„5 Abrechnung

Die Leistung ist aus Zeichnungen zu ermitteln, soweit die ausgeführte Leistung diesen Zeichnungen entspricht. Sind solche Zeichnungen nicht vorhanden, ist die Leistung aufzumessen."

Für den Fliesenleger sind 3 Abrechnungseinheiten von Bedeutung:

- Flächenmaß in m^2,
- Längenmaß in m,
- Anzahl Stück (St).

Danach wird der in vielen Betrieben verwendete „laufende Meter" (lfm.) nach VOB korrekt mit Meter (m) bezeichnet.

Es entstehen immer wieder Fragen, nach welchen Einheiten bestimmte Positionen – z. B. das Einmauern einer Badewanne oder die Verkleidung der Stufe – aufzumessen sind.

Dabei gibt es Positionen, die nach Längenmaß (m) oder Anzahl Stück (St) aufgemessen werden können, z. B. Stufen und Schwellen.

Abrechnungseinheiten nach VOB/C ATV DIN 18352

„0.5 Abrechnungseinheiten.

Im Leistungsverzeichnis sind die Abrechnungseinheiten wie folgt vorzusehen:

0.5.1 Nach Flächenmaß (m^2), getrennt nach Bauart und Maßen für:
- *Vorbehandlung des Untergrundes,*
- *Ausgleichsschichten,*
- *Trennschichten,*

- *Abdichtungen,*
- *Dämmstoffschichten,*
- *Unterböden,*
- *Decken-, Wand- und Bodenbeläge,*
- *Oberflächenbehandlung der Beläge,*
- *Bewehrung, Trag- und Unterkonstruktionen,*
- *Verlegung im Gefälle.*

0.5.2 Längenmaß (m), getrennt nach Bauart und Maßen für
- *Stufen und Schwellen,*
- *Sockel und Kehlen,*
- *Laibungen,*
- *Gehrungen an Fliesen- und Plattenkanten,*
- *Schrägschnitte,*
- *Profile und Leisten aus Formstücken, Bordüren,*
- *Rinnen und Roste,*
- *Schienen,*
- *Ausbilden und Schließen von Bewegungsfugen,*
- *Anschließen der Abdichtung an Rinnen,*
- *Dichtbänder,*
- *Beckenköpfe und Ablaufrinnen,*
- *Abschneiden von Randdämmstreifen.*

0.5.3 Anzahl (St) getrennt nach Bauart und Maßen, für:
- *Stufen und Schwellen,*
- *freie Stufenköpfe, Unteransichten,*
- *Zwickel bei abgestuften Begrenzungen der Beläge, z. B. über Treppen,*
- *Bekleidungen besonderer Bauteile, z. B. Fundamentsockel, Säulen, Pfeiler,*
- *Verkleidung von Wannen und Duschtassen, z. B. mit Porenbeton oder Hartschaumelementen,*
- *Anpassen der Beläge z. B. an Waschtische, Spülbecken, Wannen, Duschtassen, Duschrinnen und Bodenabläufe,*
- *Wannenuntertritte, schräge Wannenschürzen,*
- *Anpassen der Beläge an Aussparungen im Belag wie Öffnungen, Fundamentsockel, Rohrdurchführungen und dergleichen größer 0,1 m² Einzelgröße,*
- *Einbauen von Einbauteilen und Schienen,*
- *Formteile, Zierplatten,*
- *Einsetzen von Schaltern, Steckdosen und Sinkkastenaufsätzen und dergleichen,*
- *Herstellen von Aussparungen in Wand- und Bodenbelägen für Installationen und – Einbauteile,*
- *elastische Fugenfüllung an Installationsdurchgängen, Bodenentwässerungen und dergleichen,*
- *Dichtecken, Dichtmanschetten,*
- *Türzargen,*
- *Gehrungen,*
- *Rohrdurchführungen,*
- *Innen-/Außenecken von Abdichtungen,*
- *Erstellen von Rohrkästen*

0.5.4 kombinierte Abrechnung (m^2d, m^2Wo, m^2Mt, Std (Stück × Tage), StWo, StMt, m^3d, m^3Wo)
– Aufenthalts-, Lagerräume"

4.3.2 Aufmaßregeln

Die Aufmaßregeln selbst sind für den Fliesenleger kurz gefasst und benötigen häufig weitere Erläuterungen.

Als wichtiger Bestandteil seiner Fachkenntnis sollte der Meister diese Regeln beherrschen.

VOB/C ATV DIN 18352, Abschnitt 5 „Abrechnung"

Ergänzend zu VOB/C ATV DIN 18299, Abschnitt 5 gilt:

„5.1 Allgemeines

Der Ermittlung der Leistung – gleichgültig, ob sie nach Zeichnung oder nach Aufmaß erfolgt – sind die Maße

- *der hergestellten und bearbeiteten Fläche,*
- *der bekleideten Fläche,*
- *der belegten Fläche,*
- *der hergestellten Bekleidungen oder*
- *der hergestellten Beläge*

zugrunde zu legen.

Zur Leistungsermittlung sind die vereinfachten Regeln, wie Abzugs- Übermessungsregeln und Einzelregelungen anzuwenden.

5.2 Ermittlung der Maße und Mengen

5.2.1 Für Innenwandbekleidungen, Deckenbekleidungen, Bodenbeläge, Ausgleichsschichten, Trennschichten, Dämmstoffschichten, Unterböden, Oberflächenbehandlungen, Bewehrungen sowie Trag- und Unterkonstruktionen sind:

- *auf Flächen mit begrenzenden Bauteilen die Maße der zu bekleidenden oder zu belegenden Flächen bis zu den begrenzenden, ungeputzten, ungedämmten, unbekleideten Bauteilen,*
- *auf Flächen ohne begrenzende Bauteile die Maße der zu bekleidenden oder zu belegenden Flächen*

zugrunde zu legen."

Die Aufmaßregel unterscheidet also Flächen mit und ohne begrenzende Bauteile.

Flächen **mit** begrenzenden Bauteilen sind z. B. Boden- und Wandflächen, die an Wände angrenzen.

Flächen **ohne** begrenzende Bauteile sind z. B. Wandflächen an Außenecken, wie sie an Kaminen oder Mauervorsprüngen vorkommen, oder Balkonbeläge an der Außenseite.

Als Aufmaßfläche gilt die zu bekleidende bzw. zu belegende Fläche. Es handelt sich also um diejenige Untergrundfläche, die der Fliesenleger vorfindet,

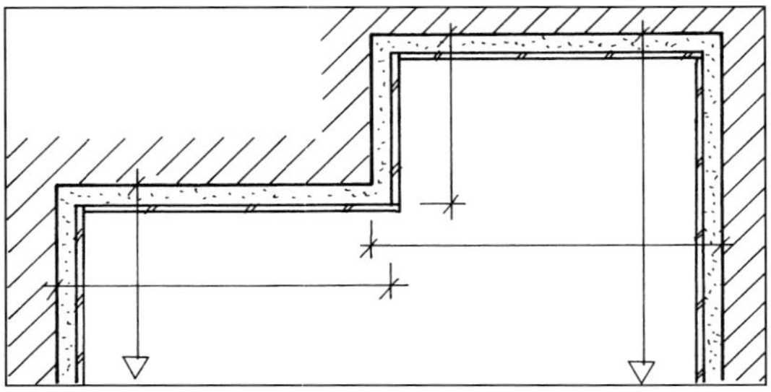

Abb. 4.1: Aufmaß von Wandbelägen im Dick- bzw. Dünnbettverfahren

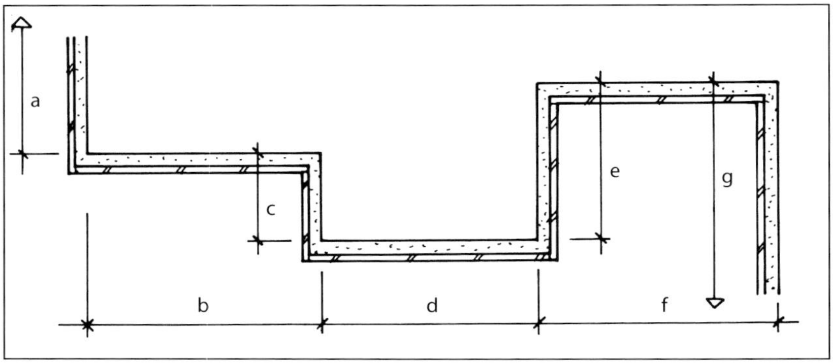

Abb. 4.2: Abwicklung von Wandbekleidungen

um seine Bekleidung (Wand) oder seinen Belag (Boden) herstellen zu können (siehe Abb. 4.1).

„*5.2.2 Für Wandbekleidungen, die an Stehsockel, Kehlsockel, Kehlleisten oder ausgerundeten Ecken als Sockel anschließen oder unmittelbar auf den Bodenbelag aufsetzen, ist das Maß ab Oberseite Sockel oder Oberseite Bodenbelag zugrunde zu legen.*“

Wandbekleidung mit begrenzenden Bauteilen

Jede Wandbekleidung wird durch die anderen begrenzt. Es gilt das Maß der zu bekleidenden Fläche – ohne Putz, ohne Dämmung, ohne Bekleidung. Dies ist gleichbedeutend mit dem Rohbaumaß (Rb).

Bodenbelag mit begrenzenden Bauteilen

„*5.2.3 Für Bodenbeläge, die an Kehlsockel, Kehlleisten oder ausgerundete Ecken als Sockel anschließen oder unmittelbar an den Wandbekleidungen anschließen, ist das Maß bis zum unbekleideten senkrechten Bauteil zugrunde zu legen.*“

Der Bodenbelag wird also durch die Wände begrenzt. Dabei ist es gleichgültig, ob die Wand geputzt, gedämmt oder bekleidet ist. Es gilt wiederum das Maß der zu bekleidenden Fläche, d. h., es wird in jedem Fall das Rohbaumaß (Rb) gemessen (siehe Abb. 4.3).

Zwischen Bodenbelag und Wand kann ein Fries (siehe Abb. 4.4), ein Hohlkehlsockel (siehe Abb. 4.5 und 4.6), oder eine Kehlleiste (siehe Abb. 4.7) angeordnet sein. Auch in diesem Fall wird bis zur angrenzenden Wand gemessen.

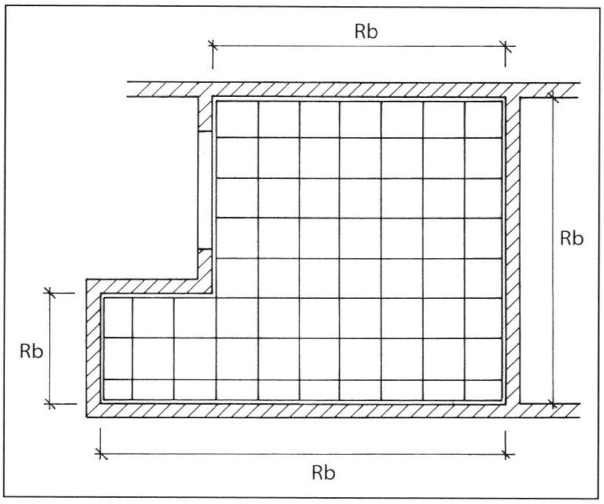

Abb. 4.3: Draufsicht auf einen Bodenbelag

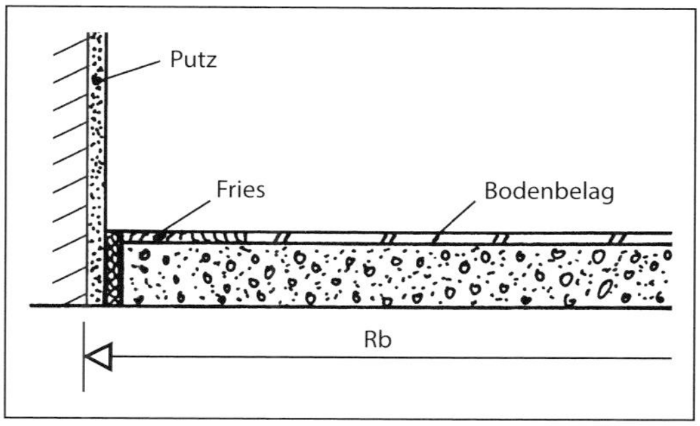

Abb. 4.4: Wand-Boden-Anschluss mit Fries

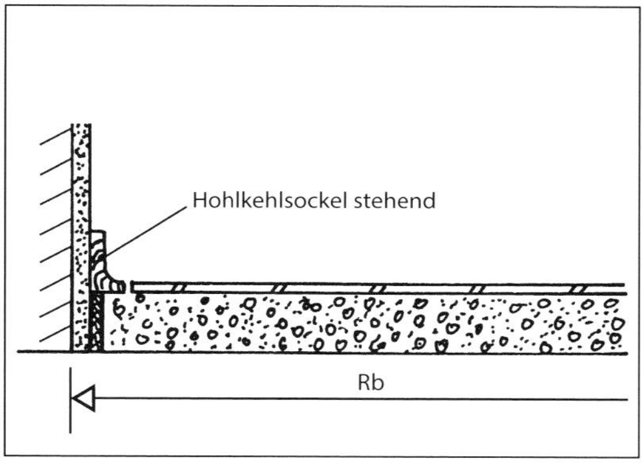

Abb. 4.5: Wand-Boden-Anschluss mit Hohlkehlsockel, stehend

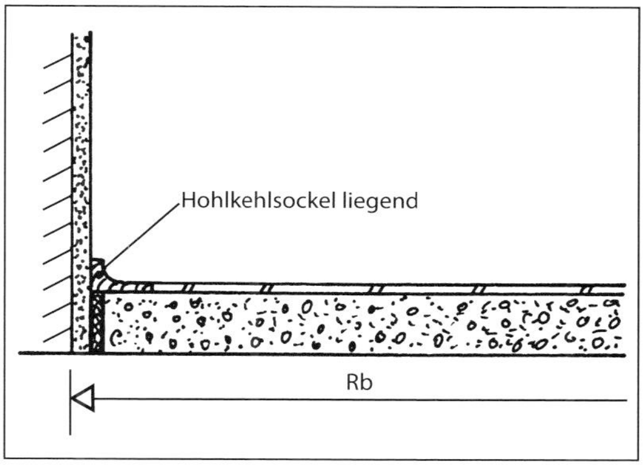

Abb. 4.6: Wand-Boden-Anschluss mit Hohlkehlsockel, liegend

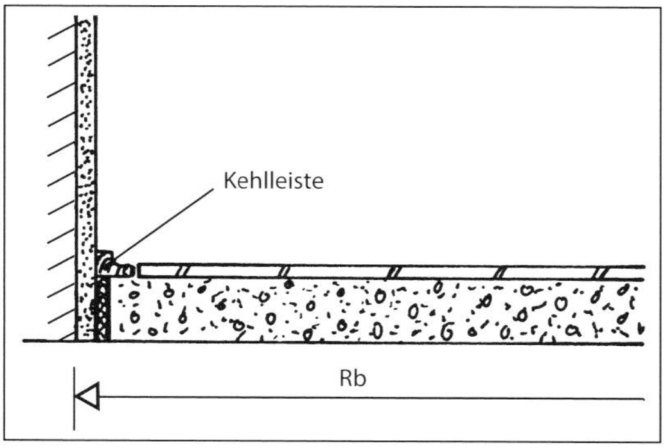

Abb. 4.7: Wand-Boden-Anschluss mit Kehlleiste

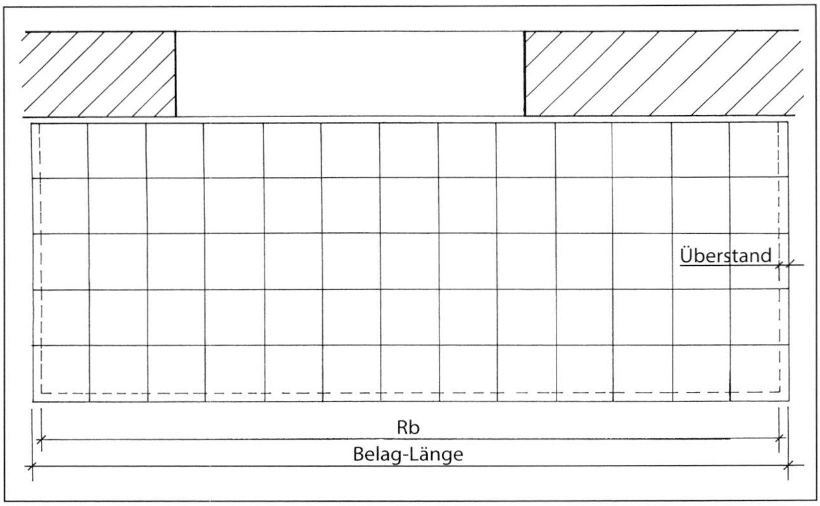

Abb. 4.8: Draufsicht Balkonbelag

Wandbelag ohne begrenzende Bauteile

Jede vorspringende Ecke einer Innenwandbekleidung hat keine begrenzenden Bauteile. Es gilt das Maß der zu bekleidenden Fläche.

Diese Regel unterscheidet nicht zwischen der Ausführung im Dickbett- oder Dünnbettverfahren.

Die zu bekleidende Fläche ist im Fall des Dickbettverfahrens die Rohbauwand, im Fall des Dünnbettverfahrens die Putzoberfläche.

Hier muss der Fliesenleger unterschiedlich je nach Ansetz- und Verlegeverfahren aufmessen.

Bodenbelag ohne begrenzende Bauteile (siehe Abb. 4.8)

Die Randausbildung kann durch eine überstehende Fliese (siehe Abb. 4.9) oder durch eine Winkelplatte (siehe Abb. 4.10) ausgeführt werden.

In jedem Fall gilt das Maß der belegten Fläche (Rohbaumaß, ggf. zusätzlich Überstand).

Die Regel 5.2.2 der ATV DIN 18352 behandelt die senkrechte Messrichtung bei Wandbekleidungen. Danach beginnt das senkrechte Maß entweder ab Oberseite Bodenbelag oder ab Oberseite Sockel.

„5.2.4 Für Fassaden sind die Maße der Bekleidung zugrunde zu legen."

„5.2.5 Bei der Ermittlung des Längenmaßes wird die größte, ggfls. abgewickelte Bauteillänge gemessen, z. B. bei Schwellen, Sockeln, Kehlen Schrägschnitten, Profilen, Leisten."

„5.2.6 Für Flächen, die sich nicht durch Anwendung einfacher geometrischer Formeln ermitteln lassen, und für Flächen, die sich nicht durch die Aufteilung in einfache geometrische Formen, z. B. Rechtecke, Dreiecke, Trapeze, Rauten ermitteln lassen, ist das kleinste umschriebene Rechteck zugrunde zu legen."

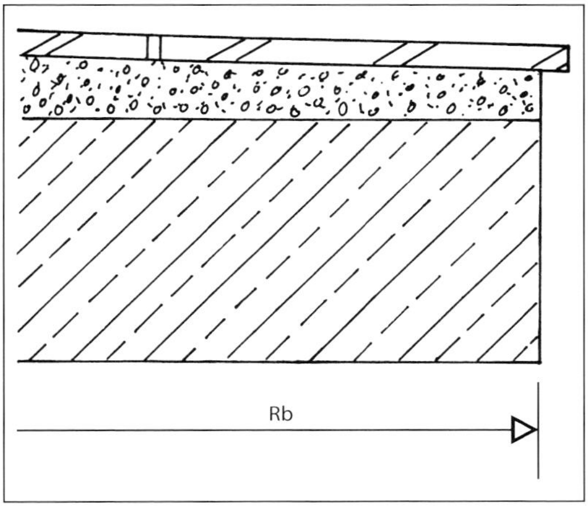

Abb. 4.9: Schnitt durch eine Balkonplatte – Überstand

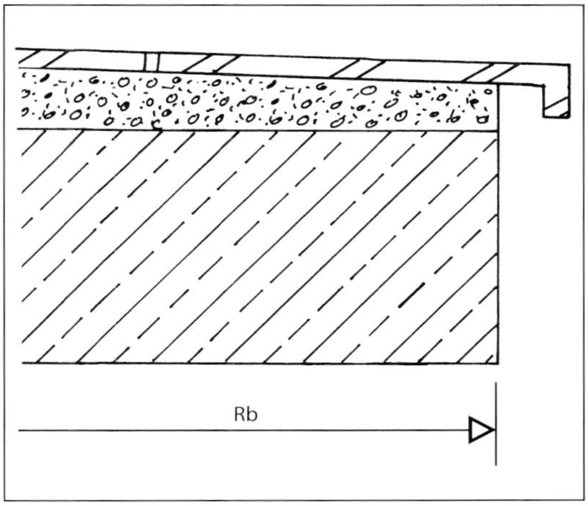

Abb. 4.10: Schnitt durch eine Balkonplatte – Winkelplatte

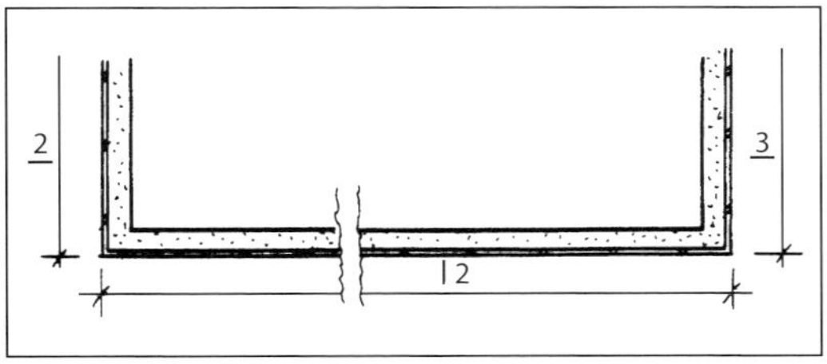

Abb. 4.11: Schnitt durch eine Fassadenbekleidung, siehe ATV DIN 18352, Abschnitt 5.2.4

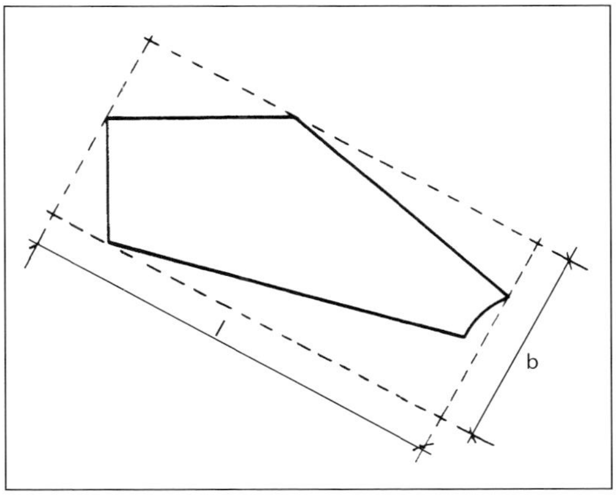

Abb. 4.12: Aufmaß einer Eckstufe, siehe ATV DIN 18352, Abschnitt 5.2.6

„5.2.7 Bindet eine Aussparung anteilig in angrenzende, getrennt zu rechnende Flächen ein, wird zur Übermittlung der Übermessungsgröße die jeweils anteilige Aussparungsfläche gerechnet."

„5.2.8 Bekleidete/beschichtete Rückflächen von Nischen sowie Laibungen werden unabhängig davon, ob sie übermessen werden oder nicht, mit ihren Maßen gesondert gerechnet."

„5.3 Abzugs- und Übermessungsregeln

Übermessen werden:

5.3.1 Bei Abrechnung nach Flächenmaß:

- *Aussparungen ≤ 0,1 m² Einzelgröße, z. B. Öffnungen,*
- *die in der verlegten Bekleidung oder in den verlegten Belag eingesetzten Bordüren, Profilleisten, Zierplatten und Formteile, z. B. Seifenschalen.*

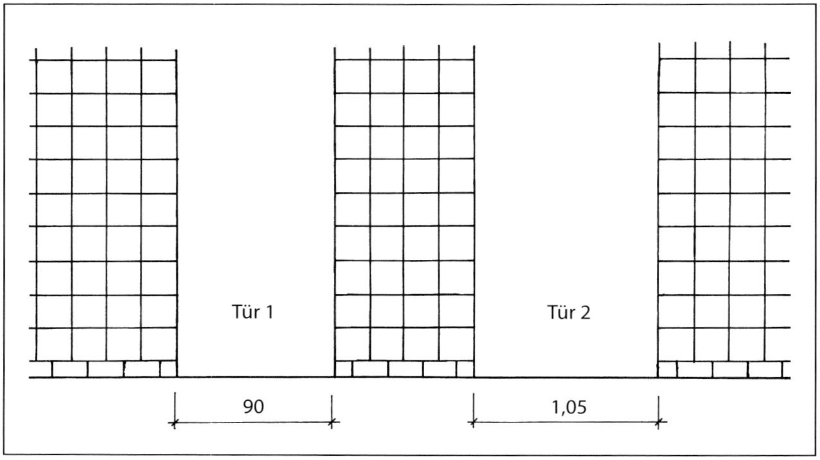

Abb. 4.13: Aufmaß eines Sockels bei Türöffnungen, siehe ATV DIN 18352, Abschnitt 5.3.2

5.3.2 Bei Abrechnung nach Längenmaß:

Unterbrechungen mit einer Einzellänge ≤ 1 m."

„5.4 Einzelregelungen

5.4.1 Bestehen Wandbekleidungen aus Schichten, von denen eine nicht die volle, jedoch mehr als die halbe Schichthöhe hat, so wird diese Schicht mit der vollen Schichthöhe abgerechnet. Dies gilt nicht für Wandbekleidungen, deren Höhe in der Leistungsbeschreibung durch Maßangaben festgelegt ist.

5.4.2 Binden Fliesentrennwände in Beläge ein, so werden die Beläge durchgerechnet. Bei Fliesentrennwänden, die sich kreuzen oder ineinander einbinden, wird im Bereich der Einbindung nur eine Wand berücksichtigt."

4.4 Fragen und Antworten

Nr.	Fragen
1.	Was ist eine Bauleistung?
2.	Wie wird die Vergütung von Bauleistungen berechnet?
3.	Wie entstehen vertragliche Einheitspreise?
4.	Wie wird die tatsächlich ausgeführte Leistung festgestellt?
5.	Welche Eigenschaften muss ein Aufmaß haben?
6.	In welcher Reihenfolge müssen Leistungen aufgemessen und abgerechnet werden?
7.	Wer soll die Feststellung der Leistung (Erstellung des Aufmaßes) vornehmen?
8.	Was ist ein LV?

Nr.	Fragen
9.	Wer stellt das LV auf?
10.	Nennen Sie 5 Beispiele für Angaben zur Baustelle, die aus dem LV ersichtlich sein müssen.
11.	Nennen Sie 5 Beispiele für Angaben zur Ausführung, die aus dem LV ersichtlich sein müssen.
12.	Wie ist zu verfahren, wenn Baustoffe (z. B. Fliesen) nicht zur Leistung gehören sollen?
13.	Wie ist die Leistung zu ermitteln?
14.	Wie sind Leistungen zu ermitteln, die vom LV oder den vorhandenen Plänen abweichen?
15.	Was sind Abrechnungseinheiten?
16.	Zählen Sie Abrechnungseinheiten auf.
17.	Wo sind die Abrechnungseinheiten angegeben?
18.	Wer bestimmt die Verlegeart?
19.	Wie ist zu verlegen, wenn über die Verlegeart keine Angaben gemacht werden?
20.	Der Bauherr nimmt den durchlaufenden Fugenschnitt von Wand und Boden als selbstverständlich an. Ist er im Recht?
21.	Welche Angaben sind zur Einmauerung von Badewannen erforderlich?
22.	Welche Angaben zur Ebenheit sind erforderlich?
23.	Welche Abrechnungseinheiten sind für Fliesenarbeiten üblich?
24.	Nennen Sie 5 Beispiele, die nach Flächenmaß aufgemessen werden.
25.	Nennen Sie 6 Beispiele, die nach Längenmaß aufgemessen werden.
26.	Nennen Sie 5 Beispiele, die nach Stück aufgemessen werden.
27.	Nach welchen Abrechnungseinheiten wird z. B. die Oberflächenbehandlung eines Cottobelages aufgemessen?
28.	Was ist bei einem Treppensockel ein Zwickel und eine Bischofsmütze?
29.	Wie werden Stufen und Schwellen aufgemessen?
30.	Was versteht man unter Anarbeiten?
31.	An welche Bauteile kann das Anarbeiten ausgeschrieben werden? Nennen Sie 3 Beispiele.
32.	In welchem Fall kann das Anarbeiten an Aussparungen ausgeschrieben werden?
33.	In einem Raum werden 4 quadratische Pfeiler verfliest. Nach welcher Einheit wird abgerechnet?
34.	Was ist ein Aufmaß?
35.	Wozu dient das Aufmaß?

Nr.	Fragen
36.	Wann wird das Aufmaß vorgenommen?
37.	Welche rechtlichen Folgen hat das Aufmaß?
38.	Was ist eine Massenabrechnung?
39.	Wer macht Angaben über die Materialmengen, die vor der Ausführung bestellt werden müssen?
40.	Kann das Aufmaß vom Architekten allein (ohne den Unternehmer) oder vom Unternehmer allein (ohne den Architekten) durchgeführt werden?
41.	Nach welchen Regeln hat das Aufmaß zu erfolgen?
42.	Welche Maße sind der Leistungsermittlung von Wandbelägen zugrunde zu legen?
43.	Wie werden Bodenbeläge innen aufgemessen?
44.	Wie unterscheiden sich Aufmaße von Belägen im Dickbett- oder Dünnbettverfahren?
45.	Wie werden Wandbeläge außen (Fassaden) aufgemessen?
46.	Wie wird das senkrechte Aufmaß bei Innenwandbelägen • ohne Sockel, • mit Stehsockel, • mit Hohlkehlsockel, • mit Stehsockel und Hohlkehlsockel gemessen?
47.	Wie wird das Längenmaß von Sockeln ermittelt?
48.	Wie wird der Beckenrandstein eines Schwimmbeckens aufgemessen?
49.	In welchem Fall kann eine Schicht, die nicht die volle Schichthöhe hat, als ganze Schicht gemessen werden?
50.	Wie heißt die Aufmaßregel bei Trennwänden?
51.	Was gilt für die Ermittlung des Längenmaßes?
52.	Welche Bauteile können in Wand- und Bodenflächen übermessen werden?
53.	Wie ist die Regelung der Abzüge beim Flächenmaß?
54.	Wie ist die Regelung der Abzüge beim Längenmaß?
55.	Mit welchen Maßen müssen die Abzüge in Flächenmaßen und im Längenmaß abgezogen werden?
56.	Nennen Sie die Aufmaßregeln für eine Außenecke bei Wandbelägen im Dünnbettverfahren.
57.	Nennen Sie die Aufmaßregel für Sockel im Dünnbettverfahren.
58.	Nennen Sie die Aufmaßregel für Bodenbeläge im Innenbereich, die mit dem Dünnbettverfahren ausgeführt wurden.
59.	Nennen Sie die Aufmaßregel für Bodenbeläge im Außenbereich, die mit dem Dünnbettverfahren ausgeführt wurden.
60.	Wie unterscheiden sich die Regeln bei vorspringenden Ecken von Wandbelägen, die im Dickbett- oder Dünnbettverfahren ausgeführt wurden?

Nr.	Antworten
1.	Arbeiten jeder Art, durch die eine bauliche Anlage hergestellt, instand gehalten, geändert oder beseitigt wird. Sie besteht aus Arbeitsleistung mit oder ohne Liefe-rung/Einbau von Material.
2.	nach den tatsächlich ausgeführten Leistungen und den vertraglichen Einheits-preisen oder nach Pauschalsumme
3.	durch Angebot des Unternehmers und Zuschlag des Auftraggebers
4.	durch das Aufmaß
5.	Ein Aufmaß muss klar, übersichtlich und nachprüfbar sein.
6.	in der Reihenfolge des Leistungsverzeichnisses (LV)
7.	Auftraggeber (AG) und Auftragnehmer (AN) gemeinsam
8.	Leistungsverzeichnis; Auflistung aller ausgeschriebenen Leistungen
9.	Architekt/Planer, selten: der Unternehmer
10.	Nach VOB/C ATV DIN 18299 „Allgemeine Regelungen für Bauarbeiten jeder Art“: • Art und Lage der Baustelle • Verkehrsverhältnisse • Lage, Art, Anschlusswert und Bedingungen für die Anschlüsse von Energie, Wasser, Abwasser (...) • umweltfreundliche Vorschriften • Art und Zeit der vom AG veranlassten Vorarbeiten
11.	Nach VOB/C ATV DIN 18352 „Fliesen- und Plattenarbeiten“: • Bekleidungen und Beläge im Dickbettverfahren • Art und Ausführung von Haftbrücken, Grundierungen, Spritzbewurf, Aufrauen des Untergrundes • besondere Verlegeart, z. B. Diagonalverlegung • durchlaufender Fugenschnitt von Wand und Boden • Lage, Querschnitt und Ausführung von Bewegungsfugen, Art und Farbe der Verfüllung
12.	Ein Ausschluss der Haftung ist gegeben, da der AG die Fliesen bauseits stellt.
13.	durch Aufmaß aus Plänen oder an der Baustelle
14.	durch Aufmaß an der Baustelle
15.	Einheiten für die Messwerte des Aufmaßes
16.	Quadratmeter (m^2), Meter (m), Stück (St), Masse (kg, t)
17.	in der VOB/C ATV DIN 18352, Abschnitt 05
18.	der Auftraggeber unter Einbeziehung des Architekten und des Planers
19.	Wenn keine Angaben gemacht werden, kann in Abhängigkeit von den baulichen Gegebenheiten sowohl das Dünnbettverfahren als auch das Dickbettverfahren zur Anwendung kommen.
20.	Nein, diese Anforderung muss ausführlich in den Angaben zur Ausführung er-wähnt sein.

Nr.	Antworten
21.	Höhe OKF (Oberkante fertiger Boden), Höhe Oberkante (OK) Wannenrand
22.	Grenzwerte zu Winkelabweichungen und Ebenheitsabweichungen nach DIN 18202
23.	• Flächenmaß (m^2) • Längenmaß (m) • Stück (St)
24.	Nach Flächenmaß werden Wand- und Bodenbeläge, die Vorbehandlung des Untergrundes, Dämmschichten und Trennschichten aufgemessen.
25.	Nach Längenmaß werden aufgemessen: Stufen, Sockel, Schrägschnitte, Rinnen, Schienen und Bewegungsfugen.
26.	Nach Stück werden Stufen, Zwickel, das Einmauern von Wannen, Formteile und das Herstellen von Löchern aufgemessen.
27.	nach Flächenmaß (m^2)
28.	ein dreieckiges Formteil des Treppensockels mit abgeschrägter Kante
29.	entweder nach Stück (St) oder nach Längenmaß (m)
30.	Mehraufwand von Zeit und Material beim Anarbeiten von Aussparungen und Einbauteilen usw.
31.	Öffnungen, Fundamentsockel, Rohrdurchführungen
32.	bei Aussparungen von mehr als 0,1 m^2 Einzelgröße
33.	nach Stück (St)
34.	eine schriftliche Auflistung der tatsächlich ausgeführten Leistungen
35.	zur Abrechnung der Leistung, eventuell zur Nachkalkulation
36.	nach der Fertigstellung der Leistung, ggf. auch während der Ausführung
37.	Bestätigung der tatsächlich ausgeführten Leistung
38.	Berechnung des Materials für die Baustoffbestellung
39.	der Auftraggeber oder der Auftragnehmer
40.	Das Aufmaß kann vom Unternehmer oder vom Architekten allein durchgeführt werden, unter der Voraussetzung, dass die andere Seite diese Leistungsaufnahme akzeptiert.
41.	nach den Aufmaßregeln aus VOB/C ATV DIN 18352, Abschnitt 5
42.	die Konstruktionsmaße der Wand (Rohbaumaße)
43.	nach den Rohbaumaßen
44.	Das Aufmaß unterscheidet sich nur bei vorspringenden Ecken (Wandbelag ohne begrenzende Bauteile). Es richtet sich nach den Rohbaumaßen.
45.	mit den Maßen der Bekleidung (Fertigmaße)
46.	jeweils von Oberkante (OK) Wandbelag bis Oberkante Fertigboden (OKFB)

Nr.	Antworten
47.	nach der größten Bauteillänge (Fertigmaß)
48.	nach der größten Bauteillänge (Fertigmaß)
49.	nur bei Höhenangabe nach Bezugspunkten, z. B. Türhöhe
50.	Die Hauptwand wird durchgemessen, die Trennwand bis zum Rohbau der Hauptwand.
51.	Es wird die größte Bauteillänge gemessen.
52.	Profilleisten, Zierplatten, Formteile
53.	Aussparungen über 0,1 m^2 Fläche sind abzuziehen.
54.	Unterbrechungen über 1 m werden abgezogen.
55.	mit den Fertigmaßen
56.	Die Wandlänge wird bis Außenkante Verlegeuntergrund gemessen.
57.	Längenmaß nach der größten Bauteillänge
58.	Flächenmaß bis Rohbau
59.	Flächenmaß der belegten Fläche des Untergrundes
60.	Vorspringende Wandecken werden sowohl im Dünnbettverfahren als auch im Dickbettverfahren nach den tatsächlichen Maßen aufgemessen.

5 Kalkulation

5.1 Stichworte zum Thema

- wirtschaftliche Grundlage der betrieblichen Existenz
- Grundlagen
- realistische Kostenerfassung
- Berechnung der betriebseigenen Kostensätze
- tatsächlich berechnete Angebotspreise
- Erfolgskontrolle

5.2 Regelwerke

Die Kalkulation ist eine betriebswirtschaftliche Notwendigkeit. Hierbei sind die gesetzlichen Grundlagen und die Vorgaben der jeweiligen Regelwerke wie Normen oder Merkblätter zu berücksichtigen.

Die gewählten Arten, der Aufwand und der Umfang der Kostenrechnung sind aus der zahlreichen Literatur und den angebotenen EDV-Programmen der Innungen und Fachverbände zu entnehmen.

Eine wichtige Grundlage zur Ermittlung des Lohnes ist der in den einzelnen Bundesländern abgeschlossene

AKKORDTARIFVERTRAG UND TARIFVERTRAG des Baugewerbes

ÜBER DIE ENTSENDUNG FÜR DAS FLIESENGEWERBE

zwischen dem Landesinnungsverband Fliesen und der Industriegewerkschaft Bauen – Agrar – Umwelt.

Wesentliche Inhalte des Akkordtarifvertrages

Rahmenbedingungen: Umfang der Akkordleistungen, Berechnung des Akkordlohnes Akkordvereinbarung, Stundenlohnarbeiten, Arbeitsausführung, Mängelrüge, Abnahme, regelwidrige Arbeit, Mängelbeseitigung, Fachkommission, Haftung, Lohngarantie, Inkrafttreten und Laufdauer

Anhang 1 – Stundensätze

Wandbeläge: Wandfliesen (Dickbett/Dünnbett), Steingut, Spaltplatten, Riemchen (Dickbett/Dünnbett), Naturwerkstein, Mosaik, Zulagen, besondere Arbeiten, frei stehende Wände, Sockel/Treppensockel

Bodenbeläge: Steinzeug/Klinkeretten, Feinsteinzeug (Dickbett/Dünnbett), Klinker, Betonwerkstein/Naturwerkstein, Mosaik, Zulagen, besondere Arbeiten, Stufen, Fensterbänke, Schwimmbecken, Protokollnotizen

Anhang 2 – Richtlinien der Fachkommission

Tarifvertrag über die Entsendung

5.3 Fragen und Antworten

Nr.	Fragen
1.	Erklären Sie die Begriffe Leistungsbeschreibung und Leistungsverzeichnis (LV).
2.	Wer fertigt ein Leistungsverzeichnis an?
3.	Nennen Sie die Spaltenteilung eines Leistungsverzeichnisses.
4.	Was ist ein Standardleistungsbuch?
5.	Welches Standardleistungsbuch beschreibt die Bauleistungen für Fliesen- und Plattenarbeiten?
6.	Wie entsteht aus dem LV ein Angebot?
7.	Welche Aufgaben hat die Kostenrechnung?
8.	Was ist eine Bilanz?
9.	Was zeigt die Gewinn-und-Verlust-Rechnung?
10.	Wozu dient der Betriebsabrechnungsbogen?
11.	Erklären Sie den Kostenrahmen für das Fliesengewerbe. Nennen Sie die Klassen und jeweils Beispiele zu den entsprechenden Konten.
12.	Mit welchem anderen Wort kann Kalkulation gleichgesetzt werden?
13.	Nennen Sie die Kalkulationsarten nach ihrer zeitlichen Lage.
14.	Was versteht man unter Selbstkostenrechnung?
15.	Nennen Sie weitere Kalkulationsmethoden.
16.	Beschreiben Sie das Thema der Zuschlagkalkulation.
17.	Nennen Sie direkte Kosten.
18.	Erläutern Sie den Begriff indirekte Kosten.
19.	Was versteht man unter kalkulatorischen Kosten?
20.	Welche Faktoren können die Materialkosten gegenüber dem Einkaufspreis verändern?
21.	Sie verkaufen Fliesen ab eigenem Lager. Wie berechnen Sie den entsprechenden Verkaufspreis?
22.	Wie setzen sich die Gerätekosten zusammen?
23.	Was sind Vorhaltekosten?
24.	Nennen Sie Betriebskosten.
25.	Was verstehen Sie unter dem Begriff AfA?
26.	Welche Abschreibungsarten für Maschinen und Geräte gibt es?
27.	Nennen Sie Lohnarten.

Nr.	Fragen
28.	Was ist der BRTV?
29.	Was ist der GTL? Wie setzt er sich zusammen?
30.	Wo werden die Werte für den Akkordlohn festgelegt?
31.	Wofür können Zuschläge gewährt werden?
32.	Was ist ein Mittellohn?
33.	Erklären Sie den Begriff Lohnzusatzkosten und nennen Sie 3 Beispiele.
34.	Erklären Sie den Begriff Lohnnebenkosten und nennen Sie 3 Beispiele.
35.	Auf welchen Grundlagen beruht die Lohnberechnung?
36.	Was ist der Lohnartenschlüssel?
37.	Erklären Sie die Begriffe produktive Löhne und unproduktive Löhne jeweils mit 3 Beispielen.
38.	Wie setzen sich die Abzüge zusammen?
39.	Nennen Sie tariflich bedingte Lohnkosten.
40.	Was sind Gemeinkosten?
41.	Auf welcher Basis werden die Gemeinkosten zugeschlagen?
42.	Was sind lohnabhängige Sozialkosten?
43.	Was ist die ZVK?
44.	Nennen Sie die Verwaltungskosten.
45.	Was ist der Stundenverrechnungssatz VS?
46.	Erklären Sie den Begriff Gewinn. Wozu wird der Gewinnzuschlag verwendet?
47.	Erklären Sie den Begriff Wagnis. Wozu wird der Wagniszuschlag verwendet?
48.	In welchen Prozentsätzen bewegen sich: • die lohnabhängigen Kosten, • die Betriebs- und Verwaltungskosten, • die gesamten Gemeinkosten?
49.	Wie ist die Mehrwertsteuer in der Kalkulation zu berücksichtigen?
50.	Definieren Sie die Preisuntergrenze eines Angebotes.
51.	Was ist die Deckungsbeitragsrechnung?
52.	Was versteht man unter einer objektbezogenen Nachkalkulation?
53.	Berechnen Sie den Angebotspreis (netto): • Material = 1.533, 88 € • Lohn = 715,81 € • Gemeinkosten vom Lohn = 172 % • Wagnis und Gewinn 4 %

Nr.	Fragen
54.	Berechnen Sie den VS mit TL = 11,38 €, BZ = 0,74 €, Gemeinkosten = 172 %.
55.	Inwiefern beeinflusst die Marktlage die Preisgestaltung?
56.	Nennen Sie Möglichkeiten der Erfolgskontrolle Ihres Betriebes.
57.	Was ist ein verknüpftes EDV-Programm?
58.	Nennen Sie Inhalte eines verknüpften Programms.

Nr.	Antworten
1.	**Leistungsbeschreibung:** Die Leistung ist so eindeutig und erschöpfend zu beschreiben, dass alle Bewerber die Beschreibung im gleichen Sinn verstehen müssen. **Leistungsverzeichnis:** Die gesamte Leistung soll in einem in Teilleistungen gegliederten Verzeichnis beschrieben werden: Verzeichnis der Bauleistungen (Langform, Kurzform).
2.	Das Leistungsverzeichnis wird in der Regel vom Architekten als Vertreter des Bauherrn angefertigt.
3.	Position, Menge, Gegenstand, Einzelpreis, Gesamtpreis
4.	ein Verzeichnis von standardisierten Leistungen eines Gewerkes
5.	das Standardleistungsbuch (StlB) 024
6.	Ein Angebot entsteht durch das Einsetzen der kalkulierten Einheitspreise, Berechnung der Gesamtpreise, Addition der Gesamtpreise und durch die Unterschrift.
7.	Sie soll eine Übersicht über alle den Betrieb betreffenden finanziellen Vorgänge herstellen.
8.	eine Darstellung der Vermögens- und Ertragslage einer Unternehmung nach Ablauf eines Geschäftsjahres
9.	eine Gegenüberstellung von Aufwand und Ertrag als Umsatz
10.	Er gibt Auskunft und Übersicht über Kostenarten und deren Verteilung auf die Kostenstellen.
11.	• Klasse 0 Anlage und Kapitalkonten – Beispiele: Gebäude, Geräte, Fahrzeuge • Klasse 1 Finanzkosten – Beispiele: Kassen, Banken, Forderungen, Verbindlichkeiten • Klasse 2 Abgrenzungskonten • Klasse 3 Bestände an Stoffen und Leistungen – Beispiele: Baustoffe, Bauteile, Ersatzteile
12.	Kostenrechnung
13.	Vorkalkulation, Zwischenkalkulation und Nachkalkulation
14.	Selbstkostenrechnung oder Vollkostenrechnung: Der Baustelle werden als Kostenträger die vollen Kosten zugerechnet.
15.	die direkte Vollkostenrechnung und die Deckungsbeitragsrechnung

Nr.	Antworten
16.	Zu den Kosten (Material und Lohn) werden Zuschläge hinzugerechnet: Material + Lohn = Herstellkosten + Gemeinkosten = Selbstkosten + Wagnis + Gewinn = Angebotspreis netto + Mehrwertsteuer = Angebotspreis brutto
17.	Materialkosten und Lohnkosten, auch Basiskosten genannt
18.	Sozialkosten, Betriebs- und Verwaltungskosten, Wagnis und Gewinn
19.	Kosten, die nicht wirklich anfallen, wie: Abschreibung für bezahlte Maschinen, Zinsen und Unternehmerlohn
20.	Händlerrabatt, Frachtkosten, Abladekosten, Kosten frei Bau, Bruch und Verhau
21.	Verkaufspreis ab Lager = Einkaufspreis – Rabatt + Kosten + Wagnis und Gewinn
22.	Gerätekosten = Vorhaltekosten + Betriebskosten
23.	Kosten für das Vorhalten von Fahrzeugen, Maschinen und Geräten
24.	Kosten für Gebäude, Werkzeuge, Maschinen, Fahrzeuge, Lager
25.	Abschreibung für Abnutzung
26.	degressive Abschreibung und lineare Abschreibung
27.	Zeitlohn und Leistungslohn (Akkord)
28.	Abkürzung für den Bundesrahmentarifvertrag
29.	Der Gesamttarifstundenlohn. Er berechnet sich wie folgt: GTL = Tarifstundenlohn (TL) + Bauzuschlag (BZ)
30.	im Akkordtarifvertrag
31.	für Überstunden, Nachtarbeit, Sonn- und Feiertagsarbeit, Erschwernis
32.	ein durchschnittlicher Lohn aller an einer Leistung beteiligten Arbeitnehmer
33.	tariflich bedingte Kosten (z. B. Ausfalltage), gesetzliche Sozialbeiträge (z. B. Rentenversicherung), Sozialkassen (z. B. Zusatzversorgungskasse [ZVK]), Lohnfortzahlung bei Krankheit, Winterbau, Vermögensbildung, 13. Monatslohn
34.	Fahrkosten, Verpflegungszuschuss und Auslösung
35.	auf der Grundlage der Tarifverträge, Baustellenberichte, Stundenberichte, Wochenberichte, Halbmonatsberichte und Lohnrapporte
36.	ein Verzeichnis verschiedener Lohnarten
37.	**Produktive Löhne** gehen direkt in die Bauleistung ein: Akkordlohn, Stundenlohn, Transport am Bau. **Unproduktive Löhne** gehen nicht direkt in die Bauleistung ein: Lagerarbeiten, Urlaub, Ausfalltage.
38.	aus Sozialbeiträgen, Lohnsteuer, Kirchensteuer, Solidarzuschlag
39.	Urlaubsgeld, Feiertagsbezahlung
40.	Sozialkosten, Betriebskosten und Verwaltungskosten

Nr.	Antworten
41.	Sie werden auf der Basis des Gesamttarifstundenlohns (GTL) zugeschlagen.
42.	Krankenversicherung, Rentenversicherung, Arbeitslosenversicherung, Berufsgenossenschaft, ZVK, Winterbauumlage
43.	Die ZVK ist eine Zusatzversorgungskasse, eine Sozialkasse des Baugewerbes. Bezahlt werden Urlaubsgeld, Lohnausgleich, Berufsbildung, Zusatzrente.
44.	Kosten für Gehälter der Verwaltung, Werbung, Zinsen und Unternehmerlohn
45.	Stundenlohn + alle Gemeinkosten
46.	Ist die Vergütung und der Anreiz für den Unternehmer; der Gewinnzuschlag wird in der Regel für die Ausweitung, die Vergrößerung und die Modernisierung des Unternehmens verwendet.
47.	Einzelwagnis, besondere Bauwagnisse, Unternehmerwagnis, Konjunktur-, Witterungs-, Haftungs- und Gewährleistungswagnis. Der Wagniszuschlag mindert das finanzielle Risiko.
48.	• lohnabhängige Kosten ca. 85–99 % • Betriebs- und Verwaltungskosten ca. 80–150 % • gesamte Gemeinkosten ca. 165–250 %
49.	Sie ist kein Kostenfaktor; sie wird deshalb nicht berücksichtigt.
50.	Material-, Lohn- und Lohnzusatzkosten sowie die variablen Kosten müssen gedeckt sein.
51.	Eine Weiterentwicklung der Teilkostenrechnung: Lohn-, Material- und Lohnnebenkosten müssen immer gedeckt sein; die sonstigen Kosten sind variabel.
52.	eine auf ein Bauprojekt bezogene Gewinn-und-Verlust-Rechnung
53.	3.683,92 €
54.	32,96 €
55.	In der freien Marktwirtschaft regulieren Angebot und Nachfrage – also der Markt – die Preise. Der Unternehmer muss im Rahmen seiner Möglichkeiten flexibel reagieren.
56.	Jahresabschluss, Bilanz mit Gewinn-und-Verlust-Rechnung, kurzfristige Erfolgsrechnung, objektbezogene Nachkalkulation
57.	ein Branchenprogramm, das außer der Kalkulation die gesamte Unternehmensverwaltung abdecken kann
58.	unter anderem Kalkulation, Mengenermittlung, Kunden, Lieferanten, Geschäftsbriefe, Rechnungen, Mahnungen, Nachkalkulation, Lohnabrechnung

6 Normen, Rechtsvorschriften und Literatur

Normen

DIN 105-5:2013-06 Mauerziegel – Teil 5: Leichtlanglochziegel und Leichtlanglochziegelplatten

DIN 105-6:2013-06 Mauerziegel – Teil 6: Planziegel

DIN 1045-2:2023-08 Tragwerke aus Beton, Stahlbeton und Spannbeton – Teil 2: Beton – Festlegung, Eigenschaften, Herstellung und Konformität – Anwendungsregeln zu DIN EN 206-1

DIN 1045-3:2023-08 Tragwerke aus Beton, Stahlbeton und Spannbeton – Teil 3: Bauausführung – Anwendungsregeln zu DIN EN 13670

DIN 1101:1961-10 Holzwolle-Leichtbauplatten; Abmessungen, Eigenschaften und Prüfung

DIN 1164-10:2023-02 Zement mit besonderen Eigenschaften – Teil 10: Zement mit niedrigem wirksamen Alkaligehalt – Zusammensetzung und Anforderungen

DIN 1164-11:2024-04 Zement mit besonderen Eigenschaften – Teil 11: Zusammensetzung, Anforderungen und Übereinstimmungsnachweis von Zement mit verkürztem Erstarren

DIN 1986-100:2016-12 Entwässerungsanlagen für Gebäude und Grundstücke – Teil 100: Bestimmungen in Verbindung mit DIN EN 752 und DIN EN 12056

DIN 4074-1:2012-06 Sortierung von Holz nach der Tragfähigkeit – Teil 1: Nadelschnittholz

DIN 4103-1:2015-06 Nichttragende innere Trennwände – Teil 1: Anforderungen und Nachweise

DIN 4109-1:2018-01 Schallschutz im Hochbau – Teil 1: Mindestanforderungen

DIN 4109-5:2020-08 Schallschutz im Hochbau – Teil 5: Erhöhte Anforderungen

DIN 4166:1997-10 Porenbeton-Bauplatten und Porenbeton-Planbauplatten

DIN 18065:2020-08 Gebäudetreppen – Begriffe, Messregeln, Hauptmaße

DIN 18157-1:2017-04 Ausführung von Bekleidungen und Belägen im Dünnbettverfahren – Teil 1: Zementhaltige Mörtel

DIN 18157-2:2017-04 Ausführung von Bekleidungen und Belägen im Dünnbettverfahren – Teil 2: Dispersionsklebstoffe

DIN 18157-3:2017-04 Ausführung von Bekleidungen und Belägen im Dünnbettverfahren – Teil 3: Reaktionsharzklebstoffe

DIN 18158:2017-08 Bodenklinkerplatten

DIN 18180:2014-09 Gipsplatten – Arten und Anforderungen

DIN 18195:2017-07 Abdichtung von Bauwerken – Begriffe

DIN 18202:2019-07 Toleranzen im Hochbau – Bauwerke

DIN 18515-1:2023-06 Außenwandbekleidungen – Grundsätze für Planung und Ausführung – Teil 1: Angemörtelte Fliesen oder Platten

DIN 18516-1:2010-06 Außenwandbekleidungen, hinterlüftet – Teil 1: Anforderungen, Prüfgrundsätze

DIN 18516-3:2021-05 Außenwandbekleidungen, hinterlüftet – Teil 3: Naturwerkstein – Anforderungen, Bemessung

DIN 18516-5:2021-05 Außenwandbekleidungen, hinterlüftet – Teil 5: Betonwerkstein; Anforderungen, Bemessung

DIN 18531-5:2017-07 Abdichtung von Dächern sowie von Balkonen, Loggien und Laubengängen – Teil 5: Balkone, Loggien und Laubengänge

DIN 18534-1:2017-07 Abdichtung von Innenräumen – Teil 1: Anforderungen, Planungs- und Ausführungsgrundsätze

DIN 18534-2:2017-07 Abdichtung von Innenräumen – Teil 2: Abdichtung mit bahnenförmigen Abdichtungsstoffen

DIN 18534-3:2017-07 Abdichtung von Innenräumen – Teil 3: Abdichtung mit flüssig zu verarbeitenden Abdichtungsstoffen im Verbund mit Fliesen und Platten (AIV-F)

DIN 18534-4:2017-07 Abdichtung von Innenräumen – Teil 4: Abdichtung mit Gussasphalt oder Asphaltmastix

DIN 18534-5:2017-08 Abdichtung von Innenräumen – Teil 5: Abdichtung mit bahnenförmigen Abdichtungsstoffen im Verbund mit Fliesen und Platten (AIV-B)

DIN 18534-6:2017-08 Abdichtung von Innenräumen – Teil 6: Abdichtung mit plattenförmigen Abdichtungsstoffen im Verbund mit Fliesen und Platten (AIV-P)

DIN 18535-1:2017-07 Abdichtung von Behältern und Becken – Teil 1: Anforderungen, Planungs- und Ausführungsgrundsätze

DIN 18535-2:2017-07 Abdichtung von Behältern und Becken – Teil 2: Abdichtung mit bahnenförmigen Abdichtungsstoffen

DIN 18535-3:2017-07 Abdichtung von Behältern und Becken – Teil 3: Abdichtung mit flüssig zu verarbeitenden Abdichtungsstoffen

DIN 18540:2014-09 Abdichten von Außenwandfugen im Hochbau mit Fugendichtstoffen

DIN 18550-1:2018-01 Planung, Zubereitung und Ausführung von Außen- und Innenputzen – Teil 1: Ergänzende Festlegungen zu DIN EN 13914-1:2016-09 für Außenputze

DIN 18550-1/A1:2022-11 Planung, Zubereitung und Ausführung von Außen- und Innenputzen – Teil 1: Ergänzende Festlegungen zu DIN EN 13914-1:2016-09 für Außenputze; Änderung A1

DIN 18550-2:2018-01 Planung, Zubereitung und Ausführung von Außen- und Innenputzen – Teil 2: Ergänzende Festlegungen zu DIN EN 13914-2:2016-09 für Innenputze

DIN 18550-2/A1:2022-11 Planung, Zubereitung und Ausführung von Außen- und Innenputzen – Teil 2: Ergänzende Festlegungen zu DIN EN 13914-2:2016-09 für Innenputze; Änderung A1

DIN 18560-1:2021-02 Estriche im Bauwesen – Teil 1: Allgemeine Anforderungen, Prüfung und Ausführung

DIN 18560-1 Berichtigung 1:2021-07 Estriche im Bauwesen – Teil 1: Allgemeine Anforderungen, Prüfung und Ausführung; Berichtigung 1

DIN 18560-2:2022-08 Estriche im Bauwesen – Teil 2: Estriche und Heizestriche auf Dämmschichten (schwimmende Estriche)

DIN 18560-3:2006-03 Estriche im Bauwesen – Teil 3: Verbundestriche

DIN 18560-4:2012-06 Estriche im Bauwesen – Teil 4: Estriche auf Trennschicht

DIN 18560-7:2004-04 Estriche im Bauwesen – Teil 7: Hochbeanspruchbare Estriche (Industrieestriche)

DIN 18580:2019-06 Baustellenmauermörtel

DIN 19643-1:2023-06 Aufbereitung von Schwimm- und Badebeckenwasser – Teil 1: Allgemeine Anforderungen

DIN 20000-402:2017-01 Anwendung von Bauprodukten in Bauwerken – Teil 402: Regeln für die Verwendung von Kalksandsteinen nach DIN EN 771-2:2015-11

DIN 20000-403:2019-11 Anwendung von Bauprodukten in Bauwerken – Teil 403: Regeln für die Verwendung von Mauersteinen aus Beton (mit dichten und porigen Zuschlägen) nach DIN EN 771-3:2015-11

DIN 20000-404:2018-04 Anwendung von Bauprodukten in Bauwerken – Teil 404: Regeln für die Verwendung von Porenbetonsteinen nach DIN EN 771-4:2015-11

DIN 20000-412:2019-06 Anwendung von Bauprodukten in Bauwerken – Teil 412: Regeln für die Verwendung von Mauermörtel nach DIN EN 998-2:2017-02

DIN 51130:2023-03 Prüfung von Fußböden – Bestimmung des Verdrängungsraums

DIN 51131:2014-02 Prüfung von Bodenbelägen – Bestimmung der rutschhemmenden Eigenschaft – Verfahren zur Messung des Gleitreibungskoeffizienten

DIN 52008:2006-03 Prüfverfahren für Naturstein – Beurteilung der Verwitterungsbeständigkeit

DIN 52460:2015-12 Fugen- und Glasabdichtungen – Begriffe

DIN EN 197-1:2011-11 Zement – Teil 1: Zusammensetzung, Anforderungen und Konformitätskriterien von Normalzement; Deutsche Fassung EN 197-1:2011

DIN EN 197-2:2020-10 Zement – Teil 2: Konformitätsbewertung; Deutsche Fassung EN 197-2:2020

DIN EN 206:2021-06 Beton – Festlegung, Eigenschaften, Herstellung und Konformität; Deutsche Fassung EN 206:2013+A2:2021

DIN EN 312:2010-12 Spanplatten – Anforderungen; Deutsche Fassung EN 312:2010

DIN EN 520:2009-12 Gipsplatten – Begriffe, Anforderungen und Prüfverfahren; Deutsche Fassung EN 520:2004+A1:2009

DIN EN 771-1:2015-11 Festlegungen für Mauersteine – Teil 1: Mauerziegel; Deutsche Fassung EN 771-1:2011+A1:2015

DIN EN 771-2:2015-11 Festlegungen für Mauersteine – Teil 2: Kalksandsteine; Deutsche Fassung EN 771-2:2011+A1:2015

DIN EN 771-3:2015-11 Festlegungen für Mauersteine – Teil 3: Mauersteine aus Beton (mit dichten und porigen Zuschlägen); Deutsche Fassung EN 771-3:2011+A1:2015

DIN EN 771-4:2015-11 Festlegungen für Mauersteine – Teil 4: Porenbetonsteine; Deutsche Fassung EN 771-4:2011+A1:2015

DIN EN 824:2013-05 Wärmedämmstoffe für das Bauwesen – Bestimmung der Rechtwinkligkeit; Deutsche Fassung EN 824:2013

DIN EN 998-1:2017-02 Festlegungen für Mörtel im Mauerwerksbau – Teil 1: Putzmörtel; Deutsche Fassung EN 998-1:2016

DIN EN 998-2:2017-02 Festlegungen für Mörtel im Mauerwerksbau – Teil 2: Mauermörtel; Deutsche Fassung EN 998-2:2016

DIN EN 1168:2011-12 Betonfertigteile – Hohlplatten; Deutsche Fassung EN 1168:2005+A3:2011

DIN EN 1264-4:2021-08 Raumflächenintegrierte Heiz- und Kühlsysteme mit Wasserdurchströmung – Teil 4: Installation; Deutsche Fassung EN 1264-4:2021

DIN EN 1341:2013-03 Platten aus Naturstein für Außenbereiche – Anforderungen und Prüfverfahren; Deutsche Fassung EN 1341:2012

DIN EN 1469:2015-05 Natursteinprodukte – Bekleidungsplatten – Anforderungen; Deutsche Fassung EN 1469:2015

DIN EN 1991-1-1:2023-04 – Entwurf Eurocode 1: Einwirkungen auf Tragwerke – Teil 1-1: Allgemeine Einwirkungen auf Tragwerke – Wichte von Baustoffen und Lagergütern, Eigengewicht von Bauwerken und Nutzlasten im Hochbau; Deutsche und Englische Fassung prEN 1991-1-1:2023

DIN EN 1992-1-1:2011-01 Eurocode 2: Bemessung und Konstruktion von Stahlbeton- und Spannbetontragwerken – Teil 1-1: Allgemeine Bemessungsregeln und Regeln für den Hochbau; Deutsche Fassung EN 1992-1-1:2004 + AC:2010

DIN EN 1992-1-1/NA:2013-04 Nationaler Anhang – National festgelegte Parameter Eurocode 2: Bemessung und Konstruktion von Stahlbeton- und Spannbetontragwerken – Teil 1-1: Allgemeine Bemessungsregeln und Regeln für den Hochbau

DIN EN 1992-1-1/NA/A1:2015-12 Nationaler Anhang – National festgelegte Parameter – Eurocode 2: Bemessung und Konstruktion von Stahlbeton- und Spannbetontragwerken – Teil 1-1: Allgemeine Bemessungsregeln und Regeln für den Hochbau; Änderung A1

DIN EN 1996-1-1:2019-09 – Entwurf Eurocode 6: Bemessung und Konstruktion von Mauerwerksbauten – Teil 1-1: Allgemeine Regeln für bewehrtes und unbewehrtes Mauerwerk; Deutsche und Englische Fassung prEN 1996-1-1:2019

DIN EN 10028-7:2016-10 Flacherzeugnisse aus Druckbehälterstählen – Teil 7: Nichtrostende Stähle; Deutsche Fassung EN 10028-7:2016

DIN EN 10088-3:2014-12 Nichtrostende Stähle – Teil 3: Technische Lieferbedingungen für Halbzeug, Stäbe, Walzdraht, gezogenen Draht, Profile und Blankstahlerzeugnisse aus korrosionsbeständigen Stählen für allgemeine Verwendung; Deutsche Fassung EN 10088-3:2014

DIN EN 12004-1:2017-05 Mörtel und Klebstoffe für keramische Fliesen und Platten – Teil 1: Anforderungen, Bewertung und Überprüfung der Leistungsbeständigkeit, Einstufung und Kennzeichnung; Deutsche Fassung EN 12004-1:2017

DIN EN 12004-2:2017-05 Mörtel und Klebstoffe für keramische Fliesen und Platten – Teil 2: Prüfverfahren; Deutsche Fassung EN 12004-2:2017

DIN EN 12056-3:2001-01 Schwerkraftentwässerungsanlagen innerhalb von Gebäuden – Teil 3: Dachentwässerung, Planung und Bemessung; Deutsche Fassung EN 12056-3:2000

DIN EN 12057:2015-05 Natursteinprodukte – Fliesen – Anforderungen; Deutsche Fassung EN 12057:2015

DIN EN 12058:2015-05 Natursteinprodukte – Bodenplatten und Stufenbeläge – Anforderungen; Deutsche Fassung EN 12058:2015

DIN EN 12372:2022-05 Prüfverfahren für Naturstein – Bestimmung der Biegefestigkeit unter Mittellinienlast; Deutsche Fassung EN 12372:2022

DIN EN 12440:2018-01 Naturstein – Kriterien für die Bezeichnung; Deutsche Fassung EN 12440:2017

DIN EN 12467:2018-07 Faserzement-Tafeln – Produktspezifikation und Prüfverfahren; Deutsche Fassung EN 12467:2012+A2:2018

DIN EN 12810-1:2004-03 Fassadengerüste aus vorgefertigten Bauteilen – Teil 1: Produktfestlegungen; Deutsche Fassung EN 12810-1:2003

DIN EN 12810-2:2004-03 Fassadengerüste aus vorgefertigten Bauteilen – Teil 2: Besondere Bemessungsverfahren und Nachweise; Deutsche Fassung EN 12810-2:2003

DIN EN 12811-1:2004-03 Temporäre Konstruktionen für Bauwerke – Teil 1: Arbeitsgerüste – Leistungsanforderungen, Entwurf, Konstruktion und Bemessung; Deutsche Fassung EN 12811-1:2003

DIN EN 12859:2011-05 Gips-Wandbauplatten – Begriffe, Anforderungen und Prüfverfahren; Deutsche Fassung EN 12859:2011

DIN EN 13162:2015-04 Wärmedämmstoffe für Gebäude – Werkmäßig hergestellte Produkte aus Mineralwolle (MW) – Spezifikation; Deutsche Fassung EN 13162:2012+A1:2015

DIN EN 13164:2015-04 Wärmedämmstoffe für Gebäude – Werkmäßig hergestellte Produkte aus extrudiertem Polystyrolschaum (XPS) – Spezifikation; Deutsche Fassung EN 13164:2012+A1:2015

DIN EN 13171:2015-04 Wärmedämmstoffe für Gebäude – Werkmäßig hergestellte Produkte aus Holzfasern (WF) – Spezifikation; Deutsche Fassung EN 13171:2012+A1:2015

DIN EN 13213:2001-12 Hohlböden; Deutsche Fassung EN 13213:2001

DIN EN 13279-1:2008-11 Gipsbinder und Gips-Trockenmörtel – Teil 1: Begriffe und Anforderungen; Deutsche Fassung EN 13279-1:2008

DIN EN 13318:2000-12 Estrichmörtel und Estriche, Begriffe; Dreisprachige Fassung EN 13318:2000

DIN EN 13629:2020-05 Holzfußböden – Massive Laubholzdielen und zusammengesetzte massive Laubholzdielen-Elemente; Deutsche Fassung EN 13629:2020

DIN EN 13813:2003-01 Estrichmörtel, Estrichmassen und Estriche – Estrichmörtel und Estrichmassen – Eigenschaften und Anforderungen; Deutsche Fassung EN 13813:2002

DIN EN 13888-1:2022-11 – Teil 1: Anforderungen, Klassifizierung, Bezeichnung und Kennzeichnung; Deutsche Fassung EN 13888-1:2022

DIN EN 13888-2:2022-11 Fugenmörtel für keramische Fliesen und Platten – Teil 2: Prüfverfahren; Deutsche Fassung EN 13888-2:2022

DIN EN 13914-1:2016-09 Planung, Zubereitung und Ausführung von Außen- und Innenputzen – Teil 1: Außenputze; Deutsche Fassung EN 13914-1:2016

DIN EN 13914-2:2016-09 Planung, Zubereitung und Ausführung von Innen- und Außenputzen; Teil 2: Innenputze; Deutsche Fassung EN 13914-2:2016

DIN EN 14216:2015-09 Zement – Zusammensetzung, Anforderungen und Konformitätskriterien von Sonderzement mit sehr niedriger Hydratationswärme; Deutsche Fassung EN 14216:2015

DIN EN 14411:2016-12 Keramische Fliesen und Platten – Definitionen, Klassifizierung, Eigenschaften, Bewertung und Überprüfung der Leistungsbeständigkeit und Kennzeichnung; Deutsche Fassung EN 14411:2016

DIN EN 14891:2017-05 Flüssig zu verarbeitende wasserundurchlässige Produkte im Verbund mit keramischen Fliesen und Plattenbelägen – Anforderungen, Prüfverfahren, Bewertung und Überprüfung der Leistungsbeständigkeit, Klassifizierung und Kennzeichnung; Deutsche Fassung EN 14891:2017

DIN EN 15283-2:2009-12 Faserverstärkte Gipsplatten – Begriffe, Anforderungen und Prüfverfahren – Teil 2: Gipsfaserplatten; Deutsche Fassung EN 15283-2:2008+A1:2009

DIN EN 15651-1:2017-07 Fugendichtstoffe für nicht tragende Anwendungen in Gebäuden und Fußgängerwegen – Teil 1: Fugendichtstoffe für Fassadenelemente; Deutsche Fassung EN 15651-1:2017

DIN EN 15651-2:2017-07 Fugendichtstoffe für nicht tragende Anwendungen in Gebäuden und Fußgängerwegen – Teil 2: Fugendichtstoffe für Verglasungen; Deutsche Fassung EN 15651-2:2017

DIN EN 15651-3:2017-07 Fugendichtstoffe für nicht tragende Anwendungen in Gebäuden und Fußgängerwegen – Teil 3: Dichtstoffe für Fugen im Sanitärbereich; Deutsche Fassung EN 15651-3:2017

DIN EN 15651-4:2017-11 Fugendichtstoffe für nicht tragende Anwendungen in Gebäuden und Fußgängerwegen Teil 4: Fugendichtstoffe für Fußgängerwege; Deutsche Fassung EN 15651-4:2017 + AC:2017

DIN EN 15651-5:2017-07 Fugendichtstoffe für nicht tragende Anwendungen in Gebäuden und Fußgängerwegen Teil 5: Bewertung und Überprüfung der Leistungsbeständigkeit, Kennzeichnung und Etikettierung; Deutsche Fassung EN 15651-5:2017

DIN EN 15824:2017-09 Festlegungen für Außen- und Innenputze mit organischen Bindemitteln; Deutsche Fassung EN 15824:2017

DIN EN 61340-4-1:2016-04; VDE 0300-4-1:2016-04 VDE 0300-4-1:2016-04 Elektrostatik – Teil 4-1: Standard-Prüfverfahren für spezielle Anwendungen – Elektrischer Widerstand von Bodenbelägen und verlegten Fußböden (IEC 61340-4-1:2003 + A1:2015); Deutsche Fassung EN 61340-4-1:2004 + A1:2015

DIN EN IEC 61340-4-5:2019-04; VDE 0300-4-5:2019-04 VDE 0300-4-5:2019-04 Elektrostatik – Teil 4-5: Standard-Prüfverfahren für spezielle Anwendungen – Verfahren zur Charakterisierung der elektrostatischen Schutzwirkung von Schuhwerk und Boden in Kombination mit einer Person (IEC 61340-4-5:2018); Deutsche Fassung EN IEC 61340-4-5:2018

DIN EN 61340-5-1:2017-07; VDE 0300-5-1:2017-07 VDE 0300-5-1:2017-07 Elektrostatik – Teil 5-1: Schutz von elektronischen Bauelementen gegen elektrostatische Phänomene – Allgemeine Anforderungen (IEC 61340-5-1:2016); Deutsche Fassung EN 61340-5-1:2016

DIN EN ISO 10545-4:2019-06 Keramische Fliesen und Platten – Teil 4: Bestimmung der Biegefestigkeit und der Bruchlast (ISO 10545-4:2019); Deutsche Fassung EN ISO 10545-4:2019

DIN EN ISO 10545-12:1997-12 Keramische Fliesen und Platten – Teil 12: Bestimmung der Frostbeständigkeit (ISO 10545-12:1995); Deutsche Fassung EN ISO 10545-12:1997

DIN EN ISO 10545-13:2017-04 Keramische Fliesen und Platten – Teil 13: Bestimmung der chemischen Beständigkeit (ISO 10545-13:2016); Deutsche Fassung EN ISO 10545-13:2016

DIN EN ISO 11600:2011-11 Hochbau – Fugendichtstoffe – Einteilung und Anforderungen von Dichtungsmassen (ISO 11600:2002 + Amd 1:2011); Deutsche Fassung EN ISO 11600:2003 + A1:2011

DIN SPEC 20000-201:2018-08 Anwendung von Bauprodukten in Bauwerken – Teil 201: Anwendungsnorm für Abdichtungsbahnen nach Europäischen Produktnormen zur Verwendung in Dachabdichtungen

DIN 18500-1:2022-10 Betonwerkstein – Teil 1: Begriffe, Anforderungen, Prüfung

VOB/A DIN 1960:2019-09 Vergabe- und Vertragsordnung für Bauleistungen – Teil A: Allgemeine Bestimmungen für die Vergabe von Bauleistungen

VOB/B DIN 1961:2016-09 VOB Vergabe- und Vertragsordnung für Bauleistungen – Teil B: Allgemeine Vertragsbedingungen für die Ausführung von Bauleistungen

VOB/C ATV DIN 18299:2023-09 VOB Vergabe- und Vertragsordnung für Bauleistungen – Teil C: Allgemeine Technische Vertragsbedingungen für Bauleistungen (ATV) – Allgemeine Regelungen für Bauarbeiten jeder Art

VOB/C ATV DIN 18318:2019-09 VOB Vergabe- und Vertragsordnung für Bauleistungen – Teil C: Allgemeine Technische Vertragsbedingungen für Bauleistungen (ATV) – Pflasterdecken und Plattenbeläge, Einfassungen

VOB/C ATV DIN 18332:2023-09 VOB Vergabe- und Vertragsordnung für Bauleistungen – Teil C: Allgemeine Technische Vertragsbedingungen für Bauleistungen (ATV) – Naturwerksteinarbeiten

VOB/C ATV DIN 18333:2019-09 VOB Vergabe- und Vertragsordnung für Bauleistungen – Teil C: Allgemeine Technische Vertragsbedingungen für Bauleistungen (ATV) – Betonwerksteinarbeiten

VOB/C ATV DIN 18350:2019-09 VOB Vergabe- und Vertragsordnung für Bauleistungen – Teil C: Allgemeine Technische Vertragsbedingungen für Bauleistungen (ATV) – Putz- und Stuckarbeiten

VOB/C ATV DIN 18352:2019-09 VOB Vergabe- und Vertragsordnung für Bauleistungen – Teil C: Allgemeine Technische Vertragsbedingungen für Bauleistungen (ATV) – Fliesen- und Plattenarbeiten

VOB/C ATV DIN 18353:2023-09 VOB Vergabe- und Vertragsordnung für Bauleistungen – Teil C: Allgemeine Technische Vertragsbedingungen für Bauleistungen (ATV) – Estricharbeiten

Rechtsvorschriften

BGB: Bürgerliches Gesetzbuch in der Fassung der Bekanntmachung vom 2. Januar 2002 (BGBl. I S. 42, 2909; 2003 I S. 738), das zuletzt durch Artikel 34 Absatz 3 des Gesetzes vom 22. Dezember 2023 (BGBl. 2023 I Nr. 411) geändert worden ist

GefStoffV: Gefahrstoffverordnung vom 26. November 2010 (BGBl. I S. 1643, 1644), die zuletzt durch Artikel 2 der Verordnung vom 21. Juli 2021 (BGBl. I S. 3115) geändert worden ist

Literatur

AGI-Arbeitsblatt S 10-1 Schutz von Baukonstruktionen mit kombinierten Auskleidungen gegen chemische, thermische und mechanische Einwirkungen (Säureschutzbau) Anforderungen an den Untergrund. Stand: September 2015. Bensheim: Arbeitsgemeinschaft Industriebau e. V. (AGI), 2015

AGI-Arbeitsblatt S 10-2 Schutz von Baukonstruktionen mit Plattenbelägen gegen chemische Angriffe (Säureschutzbau) – Dichtschichten. Stand: Mai 2019. Bensheim: Arbeitsgemeinschaft Industriebau e. V. (AGI), 2019

AGI-Arbeitsblatt S 10-3 Schutz von Baukonstruktionen mit Plattenbelägen gegen chemische Angriffe (Säureschutzbau) – Plattenlagen. Stand: Mai 2019. Bensheim: Arbeitsgemeinschaft Industriebau e. V. (AGI), 2019

AGI-Arbeitsblatt S 10-4 Schutz von Baukonstruktionen mit Plattenbelägen gegen chemische Angriffe (Säureschutzbau) – Ausführungsdetails. Stand: September 2015. Bensheim: Arbeitsgemeinschaft Industriebau e. V. (AGI), 2015

AGI-Arbeitsblatt S 30 Elektrisch ableitfähige Bodenbeläge (Säureschutzbau). Stand: April 2021. Bensheim: Arbeitsgemeinschaft Industriebau e. V. (AGI), 2021

AGI-Arbeitsblatt S 50 Ausbildung von Bewegungsfugen in Oberflächenschutzsystemen entsprechend den AGI-Arbeitsblättern S 10–S 40. Stand: August 2012. Bensheim: Arbeitsgemeinschaft Industriebau e. V. (AGI), 2012

Anwendungsrichtlinie zur DIN EN 13213 Hohlböden. Stand: Januar 2021. Düsseldorf: Bundesverband Systemböden e. V., 2021

Arbeitsschutz Kompakt Nr. 059 Arbeiten mit Bockgerüsten. Stand: November 2016. Düsseldorf: Berufsgenossenschaft Holz und Metall (BGHM), 2016

ASR A1.5/1,2. Fußböden. Ausgabe März 2022. Berlin: Bundesanstalt für Arbeitsschutz und Arbeitsmedizin, Ausschuss für Arbeitsstätten (ASR), 2022, zuletzt geändert: GMBl 2022, S. 199

Bäder, Reinhold P.: Fachwissen Fliesentechnik. 2. Aufl. Köln: Verlagsgesellschaft Rudolf Müller, 2005

Bautechnische Information 2.1, Fußbodenbeläge innen. Ausgabe April 2022. Würzburg: Deutscher Naturwerkstein-Verband, 2022

BEB-Merkblatt Hinweise für die Verlegung von Belägen auf Gussasphaltestrichen in normal beheizten Gebäuden (Innenräume). Stand: Dezember 2015. Troisdorf: Bundesverband Estrich und Belag (BEB), 2015

BEB-Merkblatt Hinweise für Fugen in Estrichen. Stand: 2015. Troisdorf: Bundesverband Estrich und Belag (BEB), 2015

BGHW-Merkblatt M 44 – Sicherheit auf Treppen. Stand: April 2017. Mannheim: Berufsgenossenschaft Handel und Warenlogistik (BGHW), 2017

BIV-Merkblatt 1.08 Naturwerkstein auf Trocken-Hohlböden. Stand: März 2014. Frankfurt am Main: Bundesverband Deutscher Steinmetze, 2014

BVF-Informationsblatt Schnittstellenkoordination bei Flächenheizungs- und Flächenkühlsystemen in Neubauten. Stand: Mai 2020. Hagen: Informationsdienst Flächenheizung und Flächenkühlung, Bundesverband Flächenheizungen und Flächenkühlungen e. V., 2020

DAfstB-Richtlinie Wasserundurchlässige Bauwerke aus Beton. Stand: 2017. Deutscher Ausschuss für Stahlbeton (DAfstB), 2017

DENAK-Merkblatt Nr. 7 Ermittlung der technischen Eigenschaften von Entkoppelungen. Stand: September 2019. Kaisersesch: Deutsche Naturstein-Akademie e. V. (DENAK), 2019

DENAK-Merkblatt Nr. 8 Bemessung von Bodenkonstruktionen. Stand: Februar 2021. Kaisersesch: Deutsche Naturstein-Akademie e. V. (DENAK), 2021

DGfdB-Richtlinie A 66 Überwintern von Becken in Freibädern. Stand: Juli 2022. Essen: Deutsche Gesellschaft für das Badewesen (DGfdB), 2022

DGfdB-Richtlinie R 25.01 Stahlbetonbecken mit keramischen Auskleidungen – Planungs- und ausführungstechnische Hinweise. Stand: Januar 2023. Essen: Deutsche Gesellschaft für das Badewesen (DGfdB), 2023

DGfdB-Richtlinie R 25.04 Schwimm- und Badebecken aus Stahlbeton. Stand: März 2017. Essen: Deutsche Gesellschaft für das Badewesen (DGfdB), 2017

DGfdB-Richtlinie R 25.07 Gefälleausbildung in Bodenbelägen von Schwimmbecken. Stand: August 2015. Essen: Deutsche Gesellschaft für das Badewesen (DGfdB), 2015

DGUV Information 201-011 Verwendung von Arbeits-, Schutz- und Montagegerüsten. Stand: Januar 2023. Berlin: Deutsche Gesetzliche Unfallversicherung e. V. (DGUV), 2023

DGUV Information 207-006 Bodenbeläge für nassbelastete Barfußbereiche. Stand: Mai 2020. Berlin: Deutsche Gesetzliche Unfallversicherung e. V. (DGUV), 2020

DGUV Information 208-005 Treppen (bisher BGI/GUV-I 561). Stand: Juni 2018. Berlin: Deutsche Gesetzliche Unfallversicherung e. V. (DGUV), 2018

DGUV Information 208-011 Podestleitern. Stand: Oktober 2004. Berlin: Deutsche Gesetzliche Unfallversicherung e. V. (DGUV), 2004

DGUV Information 208-016 Die Verwendung von Leitern und Tritten. Stand: August 2022. Berlin: Deutsche Gesetzliche Unfallversicherung e. V. (DGUV), 2022

DGUV Information 208-041 Bewertung der Rutschgefahr unter Betriebsbedingungen. Stand: September 2019. Berlin: Deutsche Gesetzliche Unfallversicherung e. V. (DGUV), 2019

DGUV Information 213-060 Vermeidung von Zündgefahren infolge elektrostatischer Aufladungen. Stand: Januar 2016. Berlin: Deutsche Gesetzliche Unfallversicherung e. V. (DGUV), 2016

DGUV Regel 108-003 Fußböden in Arbeitsräumen und Arbeitsbereichen mit Rutschgefahr. Stand: Oktober 2003. Berlin: Deutsche Gesetzliche Unfallversicherung e. V. (DGUV), 2003

DGUV Vorschrift 1 Grundsätze der Prävention. Fassung 2013. Berlin: Deutsche Gesetzliche Unfallversicherung e. V. (DGUV), 2013

DGUV Vorschrift 38 Unfallverhütungsvorschrift Bauarbeiten. Fassung November 2019. Berlin: Deutsche Gesetzliche Unfallversicherung e. V. (DGUV), 2019

Ertl, Ralf: Toleranzen im Hochbau. Kommentar zur DIN 18202. 4., neu bearbeitete, aktualisierte und erweiterte Auflage. Köln: Verlagsgesellschaft Rudolf Müller, 2021

ETAG 022-1, Leitlinie für die Europäische Technische Zulassung für Abdichtungen für Wände und Böden in Nassräumen (2007–2011) für flüssig aufzubringende Abdichtungen mit und ohne Nutzschicht und Anstrichsysteme. Stand: 2007. Berlin: Deutsches Institut für Bautechnik (DIBT), 2007

Fliesen & Platten (Hrsg.): Fliesen kompakt. 2., überarb. und aktualisierte Auflage. Köln: Verlagsgesellschaft Rudolf Müller, 2018

IVD-Merkblatt Nr. 1 Abdichtung von Bodenfugen mit elastischen Dichtstoffen. Stand: November 2014. Düsseldorf: Industrieverband Dichtstoffe e. V. (IVD), 2014

IVD-Merkblatt Nr. 3-1 Konstruktive Ausführung und Abdichtung von Fugen in Sanitär- und Feuchträumen – Teil 1: Abdichtung mit spritzbaren Dichtstoffen. Stand: November 2014. Düsseldorf: Industrieverband Dichtstoffe e. V. (IVD), 2014

KOK-Richtlinien für den Bäderbau. Stand: 2013. Essen, Kassel, Frankfurt am Main: Koordinierungskreis Bäder der Verbände Deutsche Gesellschaft für das Badewesen e. V., Deutscher Schwimm-Verband e. V., Deutscher Olympischer Sportbund e. V., 2013

Liste NB Rutschhemmende Bodenbeläge in nassbelasteten Barfußbereichen. Stand: Juli 2015 (38. Ausgabe). Großburgwedel: Säurefliesner-Vereinigung e. V. Institut für Wand- und Bodenbeläge, 2015

Liste RK A 43 Liste geprüfter Reinigungsmittel für keramische Beläge in Schwimmbädern (Liste RK). Stand: 2020, mit 43. Ergänzung. Essen: Deutsche Gesellschaft für das Badewesen, 2020

Manns, W.; Zeus, K.: Zum Tragverhalten von Estrichen auf Dämmschichten. Bericht: F 1686 (RB). Stuttgart: Fraunhofer IRB Verlag

Stein, Alfred: Einfluss von Entkoppelungen auf die Tragfähigkeit von Bodenbelägen. Ulm: Ebner Verlag, 2018

Stein, Alfred: Tragfähigkeit von Bodenkonstruktionen. Ulm: Ebner Verlag, 2015

TRGS 727 Technische Regeln für Gefahrstoffe Vermeidung von Zündgefahren infolge elektrostatischer Aufladungen. Stand: Juli 2016. Dortmund: Bundesanstalt für Arbeitsschutz und Arbeitsmedizin, 2016

TRGS 900 Technische Regeln für Gefahrstoffe Arbeitsplatzgrenzwerte. Ausgabe: Januar 2006. Dortmund: Bundesanstalt für Arbeitsschutz und Arbeitsmedizin, 2006, zuletzt geändert und ergänzt: GMBl 2021, S. 471

TR Instandhaltung Technische Regel Instandhaltung von Betonbauwerken. Stand: Januar 2021. Berlin: Deutsches Institut für Bautechnik (DIBt), 2021

WU-Richtlinie Wasserundurchlässige Bauwerke aus Beton. Stand: 2017. Berlin: Deutscher Ausschuss für Stahlbeton (DAfstB), 2017

ZDB-Fachinformation Megaformate. Stand: November 2022. Berlin: Fachverband Fliesen und Naturstein im Zentralverband des Deutschen Baugewerbes e. V. (ZDB), 2022

ZDB-Fachinformation Zementäre Fugen in Bekleidungen und Belägen aus Fliesen und Platten. Stand: November 2022. Berlin: Landesverband Fliesen Baden-Württemberg im Zentralverband des Deutschen Baugewerbes e. V. (ZDB), 2022

ZDB-Merkblatt Abdichtungen im Verbund (AIV) Hinweise für die Ausführung von Abdichtungen mit Bekleidungen und Belägen aus Fliesen und Platten für den Innenbereich. Stand: November 2022. Ersatz für die Ausgabe August 2019. Berlin: Fachverband Fliesen und Naturstein im Zentralverband des Deutschen Baugewerbes e. V. (ZDB), 2022

ZDB-Merkblatt Außenbeläge – Belagskonstruktionen mit Fliesen und Platten außerhalb von Gebäuden. Berlin: Fachverband Fliesen und Naturstein im Zentralverband des Deutschen Baugewerbes e. V. (ZDB)

ZDB-Merkblatt Beläge auf Gussasphaltestrich – Fliesen und Platten aus Keramik, Naturwerkstein und Betonwerkstein auf Gussasphaltestrich (AS). Stand: November 2022. Berlin: Fachverband Fliesen und Naturstein im Zentralverband des Deutschen Baugewerbes e. V. (ZDB), 2022

ZDB-Merkblatt Beläge auf Zement- und Calciumsulfatestrichen – Keramische Fliesen und Platten, Naturwerkstein und Betonwerkstein auf zement- und calciumsulfatgebundenen Estrichen im Wohnungsbau oder bei ähnlicher Nutzung. Stand: November 2022. Berlin: Fachverband Fliesen und Naturstein im Zentralverband des Deutschen Baugewerbes e. V. (ZDB), 2022

ZDB-Merkblatt Bewegungsfugen in Bekleidungen und Belägen aus Fliesen und Platten. Stand: November 2022. Berlin: Fachverband Fliesen und Naturstein im Zentralverband des Deutschen Baugewerbes e. V. (ZDB), 2022

ZDB-Merkblatt Fassadenbekleidungen im Dünnbettverfahren. Stand: November 2022. Berlin: Fachverband Fliesen und Naturstein im Zentralverband des Deutschen Baugewerbes e. V. (ZDB), 2022

ZDB-Merkblatt Großformate. Stand: November 2022. Berlin: Fachverband Fliesen und Naturstein im Zentralverband des Deutschen Baugewerbes e. V. (ZDB), 2022

ZDB-Merkblatt Hinweise zur Planung und Ausführung von Fußbodenkonstruktionen bei Rohren, Leitungen und Einbauteilen auf Rohdecken. Stand: Januar 2015. Berlin: Fachverband Fliesen und Naturstein im Zentralverband des Deutschen Baugewerbes e. V. (ZDB), 2015

ZDB-Merkblatt Hoch belastete Beläge – Mechanisch hoch belastbare keramische Bodenbeläge. Stand: Oktober 2005. Berlin: Fachverband Fliesen und Naturstein im Zentralverband des Deutschen Baugewerbes e. V. (ZDB), 2005

ZDB-Merkblatt Höhendifferenzen in keramischen, Betonwerkstein- und Naturwerksteinbekleidungen und Belägen. Stand: August 2019. Berlin: Fachverband Fliesen und Naturstein im Zentralverband des Deutschen Baugewerbes e. V. (ZDB), 2019

ZDB-Merkblatt Reinigen, Schützen, Pflegen – Fliesen und Platten aus Keramik. Naturwerksein und Betonwerkstein reinigen, schützen und pflegen. Stand: November 2022. Berlin: Fachverband Fliesen und Naturstein im Zentralverband des Deutschen Baugewerbes e. V. (ZDB), 2022

ZDB-Merkblatt Schwimmbadbau Hinweise für Planung und Ausführung keramischer Beläge im Schwimmbadbau. Stand: November 2022. Berlin: Fachverband Fliesen und Naturstein im Zentralverband des Deutschen Baugewerbes e. V. (ZDB), 2022

ZDB-Merkblatt Toleranzen im Hochbau nach DIN 18202. Stand: November 2022. Berlin: Fachverband Fliesen und Naturstein im Zentralverband des Deutschen Baugewerbes e. V. (ZDB), 2022

ZDB-Merkblatt Verlegung von Fliesen und Platten auf Entkopelungssystemen im Innenbereich. Stand: August 2019. Berlin: Fachverband Fliesen und Naturstein im Zentralverband des Deutschen Baugewerbes e. V. (ZDB), 2019

ZDB-Merkblatt Wanduntergründe im Innenbereich. Stand: November 2022. Berlin: Fachverband Fliesen und Naturstein im Zentralverband des Deutschen Baugewerbes e. V. (ZDB), 2022

Zement-Merkblatt Betontechnik B 1 Zemente und ihre Herstellung. Stand: September 2017. Erkrath: InformationsZentrum Beton GmbH, 2017

Zement-Merkblatt Betontechnik B 9 Expositionsklassen für Betonbauteile im Geltungsbereich des EC2. Stand: Januar 2020. Erkrath: InformationsZentrum Beton GmbH, 2020